国家出版基金项目
NATIONAL PUBLICATION FOUNDATION

“十三五”国家重点出版物出版规划项目
偏振成像探测技术学术丛书

全偏振测量与成像

马 辉 何宏辉 曾 楠 廖 然 著

科学出版社
北 京

内 容 简 介

偏振方法可获得复杂介质光学性质和微观结构的丰富信息，具有无标记、无损伤、跨尺度、多模态和定量等特点，可用于复杂样本定量表征、细致分类和动态测量。本书介绍基于弹性散射的偏振光学测量方法，及其在复杂样本测量特别是生物医学诊断等领域的应用。主要内容包括：生物组织的偏振散射模型，偏振光在散射介质中传播的基本规律与模拟，光的偏振态与介质偏振光学特性测量，复杂样本微观结构的偏振表征与偏振特征提取，偏振光散射与成像方法在生物医学和海洋、大气观测等领域的潜在应用。

本书面向不同学科背景和行业领域，着重介绍基础知识、基本方法和典型案例，力图帮助从事相关研究与应用的读者全面了解偏振散射方法，并促进其应用。

图书在版编目（CIP）数据

全偏振测量与成像 / 马辉等著．—北京：科学出版社，2022.11

（偏振成像探测技术学术丛书）

“十三五”国家重点出版物出版规划项目　国家出版基金项目

ISBN 978-7-03-073906-3

Ⅰ．①全…　Ⅱ．①马…　Ⅲ．①偏振光-光学测量②偏振光-成像处理　Ⅳ．①TB96②TN911.73

中国国家版本馆 CIP 数据核字（2022）第 220917 号

责任编辑：张艳芬 / 责任校对：崔向琳

责任印制：师艳茹 / 封面设计：陈　敬

科学出版社 出版

北京东黄城根北街 16 号

邮政编码：100717

http://www.sciencep.com

北京中科印刷有限公司印刷

科学出版社发行　各地新华书店经销

*

2022 年 11 月第　一　版　开本：720 × 1000　B5

2022 年 11 月第一次印刷　印张：25 3/4

字数：515 000

定价：198.00 元

（如有印装质量问题，我社负责调换）

“偏振成像探测技术学术丛书”序

信息化时代大部分的信息来自图像，而目前的图像信息大都基于强度图像，不可避免地存在因观测对象与背景强度对比度低而“认不清”，受大气衰减、散射等影响而“看不远”，因人为或自然进化引起两个物体相似度高而“辨不出”等难题。挖掘新的信息维度，提高光学图像信噪比，成为探测技术的一项迫切任务，偏振成像技术就此诞生。

我们知道，电磁场是一个横波、一个矢量场。人们通过相机来探测光波电场的强度，实现影像成像；通过光谱仪来探测光波电场的波长(频率)，开展物体材质分析；通过多普勒测速仪来探测光的位相，进行速度探测；通过偏振来表征光波电场振动方向的物理量，许多人造目标与背景的反射、散射、辐射光场具有与背景不同的偏振特性，如果能够捕捉到图像的偏振信息，则有助于提高目标的识别能力。偏振成像就是获取目标二维空间光强分布，以及偏振特性分布的新型光电成像技术。

偏振是独立于强度的又一维度的光学信息。这意味着偏振成像在传统强度成像基础上增加了偏振信息维度，信息维度的增加使其具有传统强度成像无法比拟的独特优势。

(1) 鉴于人造目标与自然背景偏振特性差异明显的特性，偏振成像具有从复杂背景中凸显目标的优势。

(2) 鉴于偏振信息具有在散射介质中特性保持能力比强度散射更强的特点，偏振成像具有在恶劣环境中穿透烟雾、增加作用距离的优势。

(3) 鉴于偏振是独立于强度和光谱的光学信息维度的特性，偏振成像具有在隐藏、伪装、隐身中辨别真伪的优势。

因此，偏振成像探测作为一项新兴的前沿技术，有望破解特定情况下光学成像“认不清”“看不远”“辨不出”的难题，提高对目标的探测识别能力，促进人们更好地认识世界。

世界主要国家都高度重视偏振成像技术的发展，纷纷把发展偏振成像技术作为探测技术的重要发展方向。

近年来，国家 973 计划、863 计划、国家自然科学基金重大项目等，对我国偏振成像研究与应用给予了强有力的支持。我国相关领域取得了长足的进步，涌现出一批具有世界水平的理论研究成果，突破了一系列关键技术，培育了大批富有创新意识和创新能力的人才，开展了越来越多的应用探索。

“偏振成像探测技术学术丛书”是科学出版社在长期跟踪我国科技发展前沿，广泛征求专家意见的基础上，经过长期考察、反复论证后组织出版的。一方面，本丛书汇集了本学科研究人员关于偏振特性产生、传输、获取、处理、解译、应用等方面的系列研究成果，是众多学科交叉互促的结晶；另一方面，本丛书还是一个开放的出版平台，将为我国偏振成像探测的发展提供交流和出版服务。

我相信这套丛书的出版，必将为推动我国偏振成像研究的深入开展做出引领性、示范性的作用，在人才培养、关键技术突破、应用示范等方面发挥显著的推进作用。

王家骐

二〇一九年十一月廿八日

前　言

在光学成像过程中，样本的散射会影响光的传播方向，从而降低图像质量。偏振光在生物组织等复杂介质中传播时，散射也会影响光的偏振态，其变化同介质中散射颗粒和间质的光学特征，以及散射颗粒的粒径、形状、表面形貌、内部结构、空间取向、有序排列等微观结构信息密切相关。测量透射和散射偏振光，可以筛选弱散射光子，改善表层组织成像质量；同时也可以由偏振特征获得散射样本微观结构特征的大量信息，包括尺度小于探测波长的超光学分辨结构特征信息。由于偏振光散射测量和成像不需要标记、不产生损伤，并且实验装置和所得数据都同非偏振光学方法兼容，它们十分适合于探测生物体系的微观结构特征，或对活体生物进行动态检测。近年来，偏振光学方法在基础理论、技术方法和仪器装置方面迅速发展，并已开始在生物医学及其他很多领域展示出十分诱人的应用前景。

作者所在团队在国家自然科学基金委员会、科学技术部等持续支持下，针对偏振光散射与成像开展了长期系统性研究。本书系统总结归纳了偏振光散射与成像相关的基础理论、实验技术、分析方法和应用案例，力图为不同学科背景、不同行业领域的读者介绍偏振光散射与成像相关的基础知识和前沿动态，促进偏振散射领域基础理论和技术方法研究，拓展此类方法在不同领域的应用。

本书第 1 章和第 2 章介绍偏振光学和偏振光散射的基础知识和研究方法，包括光和介质偏振性质的表征和变换、偏振光米氏散射理论、介质散射模型与偏振光散射传播过程的模拟；第 3 章和第 4 章介绍偏振测量学基础知识，包括偏振测量的降噪、优化和校准，以及不同类型的全偏振成像装置；第 5 章介绍偏振信息提取方法，由偏振测量数据获取微观结构特征；第 6 章重点介绍全偏振显微成像方法在生物医学领域的应用，特别是临床病理诊断应用；第 7 章简单介绍如何利用偏振散射方法实现悬浮颗粒物细致分类，及其在海洋颗粒物和气溶胶监测领域的应用。

本书获得以下项目资助：国家自然科学基金重大科研仪器研制项目(61527826，41527901)，国家自然科学基金面上项目(60778044，10974114，11174178，11374179，11974206，61405102，61975088)，国家重点研发计划项目(2016YFC0208600，2018YFC1406600)，广东省重点研发计划项目(2020B1111040001)，特此致谢！

限于作者水平和学识，书中难免存在不足之处，恳请广大读者批评指正。

目　录

第 1 章　偏振与简单体系缪勒矩阵

1.1　光 的 偏 振

光是一种电磁波，电磁波作为一种横波具有偏振特性。光同时包含振动传播的电场和磁场，当仅考虑物质对电场的响应时，可以使用振动的电场来描述光。对于沿 z 轴方向传播的光，其电场的振动方向将局限在与 z 轴正交的 xy 平面(x 和 y 方向正交)，电场是空间 z 和时间 t 的函数，可在 x 和 y 方向分解，具体表达式为

$$\begin{aligned}\boldsymbol{E}(z,t) &= \boldsymbol{E}(z_0,t_0)\exp\left(\mathrm{i}\left(\frac{2\pi}{\lambda}(n+\mathrm{i}k)z-\omega t+\delta_E(z_0,t_0)\right)\right)\\ &= E_x(z,t)+E_y(z,t)\\ &= E_x(z,t)x+E_y(z,t)y\\ &= E_x(z_0,t_0)\exp\left(\mathrm{i}\left(\frac{2\pi}{\lambda}(n+\mathrm{i}k)z-\omega t+\delta_x(z_0,t_0)\right)\right)x\\ &\quad +E_y(z_0,t_0)\exp\left(\mathrm{i}\left(\frac{2\pi}{\lambda}(n+\mathrm{i}k)z-\omega t+\delta_y(z_0,t_0)\right)\right)y\end{aligned} \tag{1-1}$$

式中，$\boldsymbol{E}(z_0,t_0)$、$\delta_E(z_0,t_0)$ 分别为初始时刻的电场矢量和相位；$E_x(z,t)$ 和 $E_y(z,t)$ 分别为总电场 $\boldsymbol{E}(z,t)$ 在 x 和 y 方向的分量；$E_x(z_0,t_0)$、$E_y(z_0,t_0)$ 和 $\delta_x(z_0,t_0)$、$\delta_y(z_0,t_0)$ 分别为初始时刻 x、y 方向电场的振幅和相位；ω 为光振动的圆频率；$n'=n+\mathrm{i}k$ 表示介质的复折射率，n 为折射率，k 为吸收系数。

当不存在吸收即 $k=0$ 时，电场按照余弦形式振动，本应使用三角函数如余弦函数描述，但人们经常使用指数形式(复数形式)描述电场，其原因是指数的代数运算要比正弦或余弦更为容易[1]，特别是在处理多个电场相干叠加时指数运算尤为简便。当然，运算结束后只能取 e 指数的实数部分即余弦项。若仅考虑光在无吸收介质中传播的情形，则电场可表示为

$$\begin{aligned}\boldsymbol{E}(z,t) &= E_x(z_0,t_0)\cos\left(\frac{2\pi n}{\lambda}z-\omega t+\delta_x(z_0,t_0)\right)x\\ &\quad +E_y(z_0,t_0)\cos\left(\frac{2\pi n}{\lambda}z-\omega t+\delta_y(z_0,t_0)\right)y\end{aligned} \tag{1-2}$$

在某一特定的 xy 平面，电场矢量尖端的轨迹为一个振动椭圆，在某一特定的时间，电场矢量尖端的“快照”是一条螺旋线。电场在某个 xy 平面的振动方式决定了光在该平面的偏振态。假设电场 E_x、E_y 具有相同的振幅，当相位差 $\chi=\delta_y(z_0,t_0)-\delta_x(z_0,t_0)$ 为 0°时，总电场 $\boldsymbol{E}$ 为 45°线偏振光；当相位差为 180°(半波长)时，总电场 $\boldsymbol{E}$ 为–45°线偏振光；当相位差为±90°时，总电场 $\boldsymbol{E}$ 的振幅不随时间改变，且电场方向随时间绕 z 轴旋转，其中 90°对应右旋圆偏振光，–90°对应左旋圆偏振光。除了 0°、±90°和±180°之外，其他相移产生椭圆偏振光。

注：判断一束光是右旋(顺时针)还是左旋(逆时针)，目前并无统一的规定，这取决于观察者是站在光源的立场看(约定 I)，还是站在探测器的立场看(约定 II)。电气与电子工程师协会采用约定I，因此在工程领域广泛采用约定I；量子物理学领域同样采用约定 I，以便符合粒子自旋定义的惯例；此外，由于国际天文联合会的决议，射电天文学家也采用约定 I。然而，各类光学教科书却经常使用约定 II，如 Born 等撰写的《光学原理》[2]以及 Chipman 撰写的《光学手册》[3] (Feynman 等在撰写物理学讲义时使用约定 I[1])。为保持与多数光学教科书和偏振测量领域文献的一致性，本书使用约定 II。为了避免误解，在定义左旋和右旋前，研究者最好注明是站在光源的角度还是站在探测器的角度观察。

1.2 光的偏振态表征

1.2.1 纯偏振态表示-琼斯向量

通常使用琼斯向量描述完全偏振态[3,4]。任意电场 $\boldsymbol{E}$ 都可以沿 x 和 y 轴方向分解为两个矢量，每个方向的分解量都具有实数振幅 A_i 和相位 ϕ_i。在常见的界面反射或透射测量中(椭偏仪测量模式)，x 轴和 y 轴通常选择平行和垂直于入射面的 p 和 s 偏振方向，电场的琼斯向量可以定义为

$$\begin{bmatrix} E_x \\ E_y \end{bmatrix}=\begin{bmatrix} E_{\mathrm{p}} \\ E_{\mathrm{s}} \end{bmatrix}=\begin{bmatrix} A_{\mathrm{p}}\mathrm{e}^{\mathrm{i}\varphi_{\mathrm{p}}} \\ A_{\mathrm{s}}\mathrm{e}^{\mathrm{i}\varphi_{\mathrm{s}}} \end{bmatrix} \tag{1-3}$$

琼斯向量包含绝对相位，因此可以处理两束光或多束光的干涉现象。如果仅使用一束光，那么绝对相位项可以忽略，此时可令 $\phi_{\mathrm{p}}=0$。根据琼斯向量的定义，可使用线性变换描述光与物质相互作用前后的偏振态的变化，具体表达式为

$$\begin{bmatrix} E_{\mathrm{p}}^{\mathrm{out}} \\ E_{\mathrm{s}}^{\mathrm{out}} \end{bmatrix}=\begin{bmatrix} J_{\mathrm{pp}} & J_{\mathrm{ps}} \\ J_{\mathrm{sp}} & J_{\mathrm{ss}} \end{bmatrix}\begin{bmatrix} E_{\mathrm{p}}^{\mathrm{in}} \\ E_{\mathrm{s}}^{\mathrm{in}} \end{bmatrix} \tag{1-4}$$

式中，J_{ij} 为琼斯矩阵的阵元。与琼斯向量类似，琼斯矩阵也包含绝对相位，假设

仅考虑正交偏振方向的相对相位变化而非绝对相位变化，此时琼斯矩阵中某个阵元的相位项也可以设为 0，从而使该阵元变为实数，这样琼斯矩阵将仅取决于 7 个实数参数；假设进一步忽略透射率或反射率的绝对强度值，琼斯矩阵将仅包含 6 个自由实数参数。

在很多科学研究和工业应用中，椭偏测量的薄膜都是各向同性的，其琼斯矩阵将简化为对角形式，其对角阵元可使用平行于反射面(或透射面)的偏振态的反射系数 r_p(或透射系数 t_p)和垂直于反射面的偏振态的反射系数 r_s(或透射系数 t_s)表示为

$$\begin{bmatrix} E_p^{out} \\ E_s^{out} \end{bmatrix} = \begin{bmatrix} r_p & 0 \\ 0 & r_s \end{bmatrix} \begin{bmatrix} E_p^{in} \\ E_s^{in} \end{bmatrix} \tag{1-5}$$

椭偏仪测量的是 r_p 和 r_s 的比值 ρ，该比值可用椭圆参数角 Ψ 和 Δ 表示，即

$$\rho = \frac{r_p}{r_s} = \tan\psi e^{i\Delta}, \quad 0° \leqslant \psi \leqslant 90°, 0° \leqslant \Delta \leqslant 360° \tag{1-6}$$

$$\tan\Psi = \frac{|r_p|}{|r_s|}, \quad \Delta = \arg(r_p) - \arg(r_s) = \delta_p - \delta_s \tag{1-7}$$

式中，$\tan\Psi$ 代表相对的反射幅度；Δ 代表 p 光和 s 光相位变化的差异；ρ 代表探测光的入射角 θ 和波长 λ 的函数，$\rho = f(\theta,\lambda)$。因此，基本椭偏仪可拓展为多角度椭偏仪和多光谱椭偏仪。

1.2.2　一般偏振态表示-斯托克斯向量

1. 斯托克斯向量

琼斯向量不适合描述部分偏振光和完全非偏振光[3]。对于部分偏振光，电场矢量末端在 xy 平面的瞬时运动状态是半无序的(完全非偏振光则是完全无序的)。对于部分偏振态，原则上可以通过精确记录电场 $\boldsymbol{E}$ 随时间的演化规律和概率密度函数来描述，但目前的光电探测器无法达到光频率级别的响应速度。假设存在一种高速光强探测器，它能够测量光频率量级的信号，人们将会发现普通光强探测器测量的光强度都是电场 $\boldsymbol{E}$ 的二阶矩(即 $\boldsymbol{E}$ 的二次函数的统计平均)。可以利用无序状态的统计规律来描述部分偏振光的性质。在线性光学的范畴内，任意的部分偏振态都可以用一个四维向量完全描述，该矢量称为相干向量 $\boldsymbol{C}$[5]，表达式为

$$\boldsymbol{C} = (C_1, C_2, C_3, C_4)^T = \left(\langle E_p E_p^* \rangle, \langle E_p E_s^* \rangle, \langle E_s E_p^* \rangle, \langle E_s E_s^* \rangle\right)^T \tag{1-8}$$

式中，$\langle\cdot\rangle$ 代表求数学期望，相干向量 $\boldsymbol{C}$ 的第 1 项和第 4 项为实数，第 2 项和第 3

项互为复共轭。由相干向量 $\boldsymbol{C}$ 可计算斯托克斯向量 $\boldsymbol{S}$，具体表达式为

$$\boldsymbol{S}=\boldsymbol{AC},\quad \boldsymbol{A}=\begin{bmatrix}1&0&0&1\\1&0&0&-1\\0&1&1&0\\0&i&-i&0\end{bmatrix} \tag{1-9}$$

斯托克斯向量 $\boldsymbol{S}$ 的形式为

$$\boldsymbol{S}=\begin{bmatrix}S_1\\S_2\\S_3\\S_4\end{bmatrix}=\begin{bmatrix}\left\langle E_{\mathrm{p}}E_{\mathrm{p}}^*+E_{\mathrm{s}}E_{\mathrm{s}}^*\right\rangle\\\left\langle E_{\mathrm{p}}E_{\mathrm{p}}^*-E_{\mathrm{s}}E_{\mathrm{s}}^*\right\rangle\\\left\langle E_{\mathrm{p}}E_{\mathrm{s}}^*+E_{\mathrm{s}}E_{\mathrm{p}}^*\right\rangle\\\mathrm{i}\left\langle E_{\mathrm{p}}E_{\mathrm{s}}^*-E_{\mathrm{s}}E_{\mathrm{p}}^*\right\rangle\end{bmatrix}=\begin{bmatrix}I_{\mathrm{p}}+I_{\mathrm{s}}\\I_{\mathrm{p}}-I_{\mathrm{s}}\\I_{45^\circ}-I_{-45^\circ}\\I_{\mathrm{L}}-I_{\mathrm{R}}\end{bmatrix} \tag{1-10}$$

式中，可以看到斯托克斯向量能够直接和光强测量值联系起来，包括不同方向的线偏振成分的强度 $I_{\mathrm{p}}, I_{\mathrm{s}}, I_{45^\circ}, I_{-45^\circ}$，以及左旋和右旋光成分的强度 $I_{\mathrm{L}}, I_{\mathrm{R}}$。这些分量都应在电场振动的平面内定义。与此相反的是，琼斯向量是由电场的振幅和相位定义的，而电场是以光频振动的，因此这两项无法直接测量。

斯托克斯参量有多种不同的记法：Stokes[6]使用 A, B, C, D；Rozen 使用 S_1, S_2, S_3, S_4[7]。为了避免混淆，本书统一使用 S_1, S_2, S_3, S_4。为了保证与斯托克斯向量记法的一致性，本书中缪勒矩阵的阵元从 M_{11} 开始。

2. 部分偏振光的性质

式(1-10)还可以写为

$$\boldsymbol{S}=\begin{bmatrix}S_1\\S_2\\S_3\\S_4\end{bmatrix}=\begin{bmatrix}\left\langle E_{\mathrm{p}}E_{\mathrm{p}}^*+E_{\mathrm{s}}E_{\mathrm{s}}^*\right\rangle\\\left\langle E_{\mathrm{p}}E_{\mathrm{p}}^*-E_{\mathrm{s}}E_{\mathrm{s}}^*\right\rangle\\\left\langle E_{\mathrm{p}}E_{\mathrm{s}}^*+E_{\mathrm{s}}E_{\mathrm{p}}^*\right\rangle\\i\left\langle E_{\mathrm{p}}E_{\mathrm{s}}^*-E_{\mathrm{s}}E_{\mathrm{p}}^*\right\rangle\end{bmatrix}=\begin{bmatrix}\left\langle a_{\mathrm{p}}^2+a_{\mathrm{s}}^2\right\rangle\\\left\langle a_{\mathrm{p}}^2-a_{\mathrm{s}}^2\right\rangle\\\left\langle 2a_{\mathrm{p}}a_{\mathrm{s}}\cos\delta\right\rangle\\\left\langle 2a_{\mathrm{p}}a_{\mathrm{s}}\sin\delta\right\rangle\end{bmatrix} \tag{1-11}$$

式中，$\delta=\delta_{\mathrm{p}}-\delta_{\mathrm{s}}$ 表示两个正交方向电场的相位差；$\langle\cdot\rangle$ 代表对一段时间(远长于周期时间，光的周期时间很短)取平均值。由式(1-11)可得

$$S_1^2-\left(S_2^2+S_3^2+S_4^2\right)=4\left(a_{\mathrm{p}}^2a_{\mathrm{s}}^2-a_{\mathrm{p}}a_{\mathrm{s}}\mathrm{e}^{\mathrm{i}\delta}a_{\mathrm{p}}a_{\mathrm{s}}\mathrm{e}^{-\mathrm{i}\delta}\right) \tag{1-12}$$

只要两个正交方向电场的相位差 d 随时间变化保持恒定($\mathrm{d}\delta/\mathrm{d}t=0$)，即它们是相关的，那么不管这个相位差为何值，式(1-12)等号右方都等于 0，即 $S_1^2=$

$S_2^2+S_3^2+S_4^2$，该斯托克斯向量代表一种完全偏振光，电场矢量尖端的轨迹构成一个确定的椭圆，它的手性、椭圆率及方位角都是恒定的，不会随时间变化。

然而，当两个正交方向电场的相位差 δ 是随时间变化的 $(\mathrm{d}\delta/\mathrm{d}t\neq 0)$，即它们是部分相关的甚至是不相关的时，$a_\mathrm{p}a_\mathrm{s}\mathrm{e}^{\mathrm{i}\delta}$和 $a_\mathrm{p}a_\mathrm{s}\mathrm{e}^{-\mathrm{i}\delta}$的值都是时间的函数，它们有可能取正值也有可能取负值，平均之后 $\langle a_\mathrm{p}a_\mathrm{s}\mathrm{e}^{\mathrm{i}\delta}\rangle\langle a_\mathrm{p}a_\mathrm{s}\mathrm{e}^{-\mathrm{i}\delta}\rangle$ 的值将小于 $\langle a_\mathrm{p}^2\rangle\langle a_\mathrm{s}^2\rangle$，该斯托克斯向量代表一种部分偏振光，电场矢量尖端的轨迹构成的椭圆的手性、椭圆率及方位角都会随时间缓慢变化，这意味着经过足够的时间，各种不同形状、方向和手性的椭圆都将依次交替出现，但每个椭圆出现的概率密度不是相同的，存在一个优先的椭圆。

当两个正交方向电场的相位差 δ 随时间变化且完全随机时，若积分时间足够长，则 $a_\mathrm{p}a_\mathrm{s}\mathrm{e}^{\mathrm{i}\delta}$和 $a_\mathrm{p}a_\mathrm{s}\mathrm{e}^{-\mathrm{i}\delta}$的值会遍历所有可能的值，且它们取正负的概率是相同的，平均之后为 0。该斯托克斯向量代表完全非偏振光，电场矢量尖端的轨迹构成的椭圆的手性、椭圆率及方位角都会随时间缓慢变化，而且并不存在一个优先的椭圆，这意味着经过足够的时间，各种不同形状，方向和手性的椭圆都将被经历。

综上所述，斯托克斯向量应满足 $S_2^2+S_3^2+S_4^2\leqslant S_1^2$，由此可定义偏振度为

$$\mathrm{DOP}=\frac{\sqrt{S_2^2+S_3^2+S_4^2}}{S_1} \tag{1-13}$$

任意光的偏振度都应在[0,1]，0 对应完全非偏振光，1 对应完全偏振光，不在此区间的偏振度都是物理不可实现的，这是斯托克斯向量的内在约束。与此相反，琼斯向量没有这种约束，琼斯向量的两个分量可以是任意的复数。类似地，同样可以定义线偏振度 $\mathrm{DOLP}=(S_2^2+S_3^2)^{1/2}/S_1$ 和圆偏振度 $\mathrm{DOCP}=S_4/S_1$，DOCP 的正负代表圆偏振的手性。

3. 光退偏的原因

式(1-11)中的数学期望运算 $\langle\cdot\rangle$ 可以是对时间平均，也可以对空间或光谱平均，这三种平均方式可以互相类比，本节对此分别论述。对于一个同时性的偏振态测量仪，斯托克斯向量测量是基于光强测量的。①光强测量必然是对一段时间的光强积分，如果这段时间内两个正交方向电场的相位差 δ 不是恒定的，即偏振态是快速变化的，那么按照式(1-11)将会产生退偏；②光强测量都有一定的光束截面，在这个截面内，即使每个光线本身的两个正交方向电场的相位差 δ 是恒定的，但是不同光线的相位差是不同的，这和时间积分产生的效果是相似的，同样会产生退偏；③光强测量都有一定的光谱带宽，在这段探测带宽内，即使每个波

长的单色光本身的两个正交方向电场的相位差 δ 是恒定的，但是不同波长单色光的相位差是不同的，这和时间积分也是类似的，也会产生退偏。因此，退偏产生的原因可能来自时间平均，也可能来自空间平均和光谱平均，要根据探测光束和待测样品的特点进行判断。

部分偏振态可以理解为多种不同完全偏振态的非相干叠加；而对于完全偏振态，电场按照单一固定的方式振动，式(1-11)中的数学期望符号是可以移除的。

4. 斯托克斯向量的分解

非相干光是可以标量相加的，斯托克斯向量的每个参量也可以标量相加，因此部分偏振光可以分解为完全非偏振光和完全偏振光的叠加[8]，即

$$\begin{aligned}\boldsymbol{S} &= \boldsymbol{S}_{\mathrm{u}} + \boldsymbol{S}_{\mathrm{p}} \\ &= \Big(\big((S_u)_1, 0, 0, 0\big) + \big(S_1 - (S_u)_1, S_2, S_3, S_4\big)\Big)\end{aligned} \tag{1-14}$$

式中，$\boldsymbol{S}_{\mathrm{u}}$ 和 $\boldsymbol{S}_{\mathrm{p}}$ 为完全非偏振光成分和完全偏振光成分。

1.2.3 图像表示

为了建立直观的物理图像，通常使用图形化的方式描述偏振态。偏振态可使用琼斯向量或斯托克斯向量表示，琼斯向量可使用电场振动的椭圆来图形化，斯托克斯向量可使用庞加莱球来图形化，两种方法是相通的。

由式(1-2)可知，在某一特定的 xy 平面，电场矢量可分解为 x 轴和 y 轴方向的分量，两个方向分量电场振动的相位差为 $\chi = \delta_y(z_0,t_0) - \delta_x(z_0,t_0)$，电场矢量尖端的轨迹为一个振动椭圆，如图 1.1(a)所示。图中的虚线矩形框的长和宽分别是椭圆的长、短轴长度，实线框是长和宽沿 xy 轴方向的椭圆外接矩形，图中所示的几个特殊角度记为 χ (椭率)、ψ (长轴方向)、φ，它们与 δ (相位差)的关系为

$$\tan 2\psi = \tan 2\varphi \cos\delta, \quad \sin 2\chi = -\sin 2\varphi \sin\delta \tag{1-15}$$

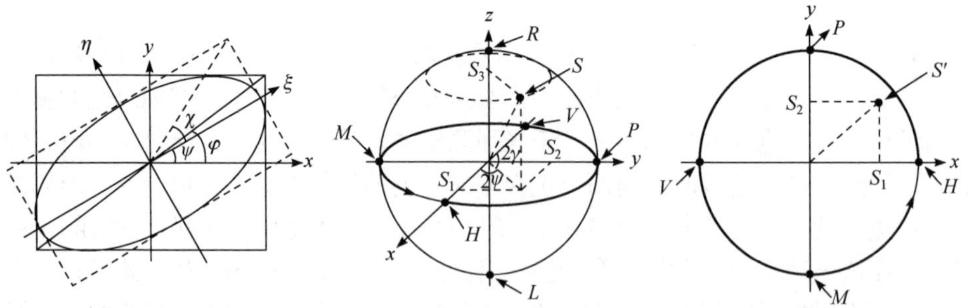

(a) 电场的椭圆描述法　(b) 斯托克斯向量的庞加莱球描述法　(c) 线偏振光的庞加莱球平面描述法

图 1.1　偏振态的图像化描述方式

对于完全偏振光，椭圆的形状方位和手性可以描述任意一种偏振态(不考虑偏振光的光强)。对于部分偏振态 $\mathrm{d}\delta/\mathrm{d}t \neq 0$，上述振动椭圆的形状、方位和手性都是不断改变的。当然，若把部分偏振光看成某种完全偏振光和完全非偏振光的叠加，则完全偏振光部分仍然可以使用振动椭圆法描述。

把斯托克斯参量 S_2、S_3、S_4 分别投影到直角坐标系的 xyz 轴，由于 $S_2^2+S_3^2+S_4^2 \leqslant S_1$，任意斯托克斯向量都在半径为 S_1 的球内，称为庞加莱球，如图 1.1(b)所示。图中，球表面或内部的某个点 M 能够代表任意的偏振态，M 对应的斯托克斯向量与 z 轴的夹角为 2χ，向量在 xy 平面的投影与 x 轴的夹角为 2ψ。对于线偏振光或部分线偏振光，偏振态都位于庞加莱球的赤道平面上，如图 1.1(c)所示。斯托克斯向量与椭圆参数的关系为

$$\boldsymbol{S}=\begin{bmatrix} S_1 \\ S_2 \\ S_3 \\ S_4 \end{bmatrix}=\begin{bmatrix} 1 \\ \mathrm{DOP}\cdot\cos 2\varphi \\ \mathrm{DOP}\cdot\sin 2\varphi\cos\delta \\ \mathrm{DOP}\cdot\sin 2\varphi\sin\delta \end{bmatrix}=S_1\begin{bmatrix} 1 \\ \mathrm{DOP}\cdot\cos 2\chi\cos 2\psi \\ \mathrm{DOP}\cdot\cos 2\chi\sin 2\psi \\ \mathrm{DOP}\cdot\sin 2\chi \end{bmatrix} \tag{1-16}$$

式中

$$\delta=\arctan\left(\frac{S_4}{S_3}\right),\quad \psi=0.5\arctan\left(\frac{S_3}{S_2}\right)$$

$$\chi=0.5\arcsin\left(\frac{S_4}{\sqrt{S_2^2+S_3^2+S_4^2}}\right)=0.5\arctan\left(\frac{S_4}{\sqrt{S_2^2+S_3^2}}\right)$$

$$\varphi=0.5\arccos\left(\frac{S_2}{\sqrt{S_2^2+S_3^2+S_4^2}}\right)=0.5\arctan\left(\frac{S_2}{\sqrt{S_3^2+S_4^2}}\right) \tag{1-17}$$

需要指出的是，两个正交的斯托克斯向量在庞加莱球空间并不是几何正交的，而是在同一直径上方向相反，即在庞加莱球上关于球心对称的两个点是一对正交偏振态。此外，对于缪勒矩阵，因为它们的自由度较多，并没有简单的图形化描述方法。

1.3　介质对偏振态变换的表征

1.3.1　琼斯矩阵

为了简化计算，通常将光强 $I=E_x^2+E_y^2$ 归一化为 1，此时的琼斯向量称为标

准归一化的琼斯向量。计算方法是把琼斯向量的分量除以 $\sqrt{I}$ 。表 1.1 为常见偏振态的琼斯向量表示。

表 1.1　常见偏振态的琼斯向量表示

琼斯向量举例	未归一化	标准归一化
水平线偏振	$\begin{bmatrix} E_0 e^{i\delta_x} \\ 0 \end{bmatrix}$	$\begin{bmatrix} 1 \\ 0 \end{bmatrix}$
竖直线偏振	$\begin{bmatrix} 0 \\ E_0 e^{i\delta_y} \end{bmatrix}$	$\begin{bmatrix} 0 \\ 1 \end{bmatrix}$
45°线偏振	$\begin{bmatrix} 1 \\ 1 \end{bmatrix}$	$\frac{1}{\sqrt{2}}\begin{bmatrix} 1 \\ 1 \end{bmatrix}$
–45°线偏振	$\begin{bmatrix} 1 \\ -1 \end{bmatrix}$	$\frac{1}{\sqrt{2}}\begin{bmatrix} 1 \\ -1 \end{bmatrix}$
右旋圆偏振	$\begin{bmatrix} 1 \\ i \end{bmatrix}$	$\frac{1}{\sqrt{2}}\begin{bmatrix} 1 \\ i \end{bmatrix}$
左旋圆偏振	$\begin{bmatrix} 1 \\ -i \end{bmatrix}$	$\frac{1}{\sqrt{2}}\begin{bmatrix} 1 \\ -i \end{bmatrix}$

与琼斯向量对应的是琼斯矩阵，它表示介质(如偏振器件)对偏振光的作用。假设偏振光 $\begin{bmatrix} E_x \\ E_y \end{bmatrix}$ 通过一个偏振元件后，其偏振态变成 $\begin{bmatrix} E'_x \\ E'_y \end{bmatrix}$ 。$\begin{bmatrix} E'_x \\ E'_y \end{bmatrix}$ 与 $\begin{bmatrix} E_x \\ E_y \end{bmatrix}$ 之间的关系可用一个 2×2 的矩阵来描述：

$$\begin{bmatrix} E'_x \\ E'_y \end{bmatrix} = \begin{bmatrix} J_{11} & J_{12} \\ J_{21} & J_{22} \end{bmatrix} \begin{bmatrix} E_x \\ E_y \end{bmatrix} = \boldsymbol{J} \begin{bmatrix} E_x \\ E_y \end{bmatrix} \tag{1-18}$$

该矩阵就是该偏振元件的传输矩阵，即琼斯矩阵。偏振光依次通过多个偏振器件 $\boldsymbol{J}_1\boldsymbol{J}_2\cdots\boldsymbol{J}_n$ 后的琼斯向量可通过下式得到：

$$\begin{bmatrix} E'_x \\ E'_y \end{bmatrix} = \boldsymbol{J}_n\boldsymbol{J}_{n-1}\cdots\boldsymbol{J}_2\boldsymbol{J}_1 \begin{bmatrix} E_x \\ E_y \end{bmatrix} \tag{1-19}$$

琼斯向量表示法的优点是包含了相位信息，可以计算偏振光的干涉等，在偏重相位测量中应用较多，如一些模拟偏振敏感光学相干断层扫描技术(polarization-sensitive optical coherence tomography，PS-OCT)成像的蒙特卡罗模拟程序中用于表征光的偏振态。由于琼斯向量只能描述完全偏振光，不能处理部分偏振光，不适合研究散射退偏过程。

1.3.2　缪勒矩阵

如果用斯托克斯向量描述入射光和出射光，那么这样两个光的斯托克斯向量便可以通过一个描述介质的 4×4 的缪勒矩阵联系起来：

$$\begin{bmatrix} S_1 \\ S_2 \\ S_3 \\ S_4 \end{bmatrix}^{\text{out}} = \begin{bmatrix} M_{11} & M_{12} & M_{13} & M_{14} \\ M_{21} & M_{22} & M_{23} & M_{24} \\ M_{31} & M_{32} & M_{33} & M_{34} \\ M_{41} & M_{42} & M_{43} & M_{44} \end{bmatrix} \cdot \begin{bmatrix} S_1 \\ S_2 \\ S_3 \\ S_4 \end{bmatrix}^{\text{in}} \tag{1-20}$$

如果入射光依次通过 n 个物体，它们的缪勒矩阵为 $M_i(i=1,2,\cdots,n)$，那么从第 n 个物体出射的光的斯托克斯向量为

$$\begin{bmatrix} S_1 \\ S_2 \\ S_3 \\ S_4 \end{bmatrix}^{\text{out}} = M_n \cdots M_2 M_1 \begin{bmatrix} S_1 \\ S_2 \\ S_3 \\ S_4 \end{bmatrix}^{\text{in}} \tag{1-21}$$

缪勒矩阵可以用来描述光学系统、介质的偏振光学特征。表 1.2 为几种常见光学器件的缪勒矩阵表示。

表 1.2　几种常见光学器件的缪勒矩阵表示

光学元件	缪勒矩阵
理想的水平偏振片	$\frac{1}{2}\begin{bmatrix} 1 & 1 & 0 & 0 \\ 1 & 1 & 0 & 0 \\ 0 & 0 & 0 & 0 \\ 0 & 0 & 0 & 0 \end{bmatrix}$
相位延迟 δ 的延迟器	$\begin{bmatrix} 1 & 0 & 0 & 0 \\ 0 & 1 & 0 & 0 \\ 0 & 0 & \cos\delta & \sin\delta \\ 0 & 0 & -\sin\delta & \cos\delta \end{bmatrix}$
旋转器(偏振态新参考系相当于原参考系逆时针旋转 θ)	$\begin{bmatrix} 1 & 0 & 0 & 0 \\ 0 & \cos 2\theta & \sin 2\theta & 0 \\ 0 & -\sin 2\theta & \cos 2\theta & 0 \\ 0 & 0 & 0 & 1 \end{bmatrix}$

在斯托克斯向量和缪勒矩阵表示法中，被描述的光可以是完全偏振光、部分偏振光和完全非偏振光；可以是单色光或非单色光。同时，斯托克斯向量与光强有关，可以直接测量，能够表示部分偏振光。所有的缪勒矩阵阵元和斯托克斯向

量都是实数，运算比较简单。当光经过散射介质多次散射作用后，入射偏振光会变为部分偏振光，因此斯托克斯向量适合表示光的散射过程。但是，斯托克斯向量不能表示光的相位，不考虑相干性。

1.3.3 转换关系

对于完全偏振光与非退偏样品的情形，可使用琼斯表述描述偏振光与样品相互作用前后的变化

$$\left(E_i E_j^*\right)^{\text{out}} = \sum_{k,l} J_{ik} J_{jl}^* \left(E_k E_l^*\right)^{\text{in}} \tag{1-22}$$

对于存在部分偏振光与退偏样品的情形，式(1-22)左右两端都需要求数学期望。在常见样品和光源强度下，一般不会有非线性光学效应，样品的琼斯矩阵阵元与入射光电场振幅之间不应有任何统计关联，因此可对琼斯矩阵阵元及电场独立地取数学期望，即

$$\left(E_i E_j^*\right)^{\text{out}} = \sum_{k,l} J_{ik} J_{jl}^* \left(E_k E_l^*\right)^{\text{in}}, \quad C^{\text{out}} = FC^{\text{in}} \tag{1-23}$$

按照相干向量 $\boldsymbol{C}$ 对基底 ik 和 jl 编号可得到矩阵 $\boldsymbol{F}$[9]：

$$\boldsymbol{F} = \begin{bmatrix} \left\langle J_{\text{pp}} J_{\text{pp}}^* \right\rangle & \left\langle J_{\text{pp}} J_{\text{ps}}^* \right\rangle & \left\langle J_{\text{ps}} J_{\text{pp}}^* \right\rangle & \left\langle J_{\text{ps}} J_{\text{ps}}^* \right\rangle \\ \left\langle J_{\text{pp}} J_{\text{sp}}^* \right\rangle & \left\langle J_{\text{pp}} J_{\text{ss}}^* \right\rangle & \left\langle J_{\text{ps}} J_{\text{sp}}^* \right\rangle & \left\langle J_{\text{ps}} J_{\text{ss}}^* \right\rangle \\ \left\langle J_{\text{sp}} J_{\text{pp}}^* \right\rangle & \left\langle J_{\text{sp}} J_{\text{ps}}^* \right\rangle & \left\langle J_{\text{ss}} J_{\text{pp}}^* \right\rangle & \left\langle J_{\text{ss}} J_{\text{ps}}^* \right\rangle \\ \left\langle J_{\text{sp}} J_{\text{sp}}^* \right\rangle & \left\langle J_{\text{sp}} J_{\text{ss}}^* \right\rangle & \left\langle J_{\text{ss}} J_{\text{sp}}^* \right\rangle & \left\langle J_{\text{ss}} J_{\text{ss}}^* \right\rangle \end{bmatrix} = \left\langle \boldsymbol{J} \otimes \boldsymbol{J}^* \right\rangle \tag{1-24}$$

式中，“⊗”代表克罗内克积。相干向量 $\boldsymbol{C}$ 的变换用矩阵 $\boldsymbol{F}$ 表示，斯托克斯向量 $\boldsymbol{S}$ 的变换用缪勒矩阵 $\boldsymbol{M}$ 表示，即

$$\boldsymbol{S}^{\text{out}} = \begin{bmatrix} S_1 \\ S_2 \\ S_3 \\ S_4 \end{bmatrix}^{\text{out}} = \boldsymbol{M}\boldsymbol{S}^{\text{in}} = \begin{bmatrix} M_{11} & M_{12} & M_{13} & M_{14} \\ M_{21} & M_{22} & M_{23} & M_{24} \\ M_{31} & M_{32} & M_{33} & M_{34} \\ M_{41} & M_{42} & M_{43} & M_{44} \end{bmatrix} \begin{bmatrix} S_1 \\ S_2 \\ S_3 \\ S_4 \end{bmatrix}^{\text{in}} \tag{1-25}$$

由式(1-23)和式(1-24)可得

$$\boldsymbol{M} = \boldsymbol{A}\boldsymbol{F}\boldsymbol{A}^{-1} = \boldsymbol{A}\boldsymbol{J} \otimes \boldsymbol{J}^* \boldsymbol{A}^{-1} \tag{1-26}$$

其展开形式为[9]

$$
\boldsymbol{M}=\left[\begin{matrix}
\frac{1}{2}\left\langle\left|J_{\mathrm{pp}}\right|^2+\left|J_{\mathrm{ss}}\right|^2+\left|J_{\mathrm{sp}}\right|^2+\left|J_{\mathrm{ps}}\right|^2\right\rangle & \frac{1}{2}\left\langle\left|J_{\mathrm{pp}}\right|^2-\left|J_{\mathrm{ss}}\right|^2+\left|J_{\mathrm{sp}}\right|^2-\left|J_{\mathrm{ps}}\right|^2\right\rangle \\
\frac{1}{2}\left\langle\left|J_{\mathrm{pp}}\right|^2-\left|J_{\mathrm{ss}}\right|^2-\left|J_{\mathrm{sp}}\right|^2-\left|J_{\mathrm{ps}}\right|^2\right\rangle & \frac{1}{2}\left\langle\left|J_{\mathrm{pp}}\right|^2+\left|J_{\mathrm{ss}}\right|^2-\left|J_{\mathrm{sp}}\right|^2-\left|J_{\mathrm{ps}}\right|^2\right\rangle \\
\left\langle\operatorname{Re}\left(J_{\mathrm{sp}}J_{\mathrm{pp}}^*+J_{\mathrm{ss}}J_{\mathrm{ps}}^*\right)\right\rangle & \left\langle\operatorname{Re}\left(J_{\mathrm{sp}}J_{\mathrm{pp}}^*-J_{\mathrm{ss}}J_{\mathrm{ps}}^*\right)\right\rangle \\
\left\langle\operatorname{Im}\left(J_{\mathrm{sp}}J_{\mathrm{pp}}^*+J_{\mathrm{ss}}J_{\mathrm{ps}}^*\right)\right\rangle & \left\langle\operatorname{Im}\left(J_{\mathrm{sp}}J_{\mathrm{pp}}^*-J_{\mathrm{ss}}J_{\mathrm{ps}}^*\right)\right\rangle
\end{matrix}\right.
$$

$$
\left.\begin{matrix}
\frac{1}{2}\left\langle\left|J_{\mathrm{pp}}\right|^2+\left|J_{\mathrm{ss}}\right|^2+\left|J_{\mathrm{sp}}\right|^2+\left|J_{\mathrm{ps}}\right|^2\right\rangle & \frac{1}{2}\left\langle\left|J_{\mathrm{pp}}\right|^2-\left|J_{\mathrm{ss}}\right|^2+\left|J_{\mathrm{sp}}\right|^2-\left|J_{\mathrm{ps}}\right|^2\right\rangle \\
\frac{1}{2}\left\langle\left|J_{\mathrm{pp}}\right|^2-\left|J_{\mathrm{ss}}\right|^2-\left|J_{\mathrm{sp}}\right|^2+\left|J_{\mathrm{ps}}\right|^2\right\rangle & \frac{1}{2}\left\langle\left|J_{\mathrm{pp}}\right|^2+\left|J_{\mathrm{ss}}\right|^2-\left|J_{\mathrm{sp}}\right|^2-\left|J_{\mathrm{ps}}\right|^2\right\rangle \\
\left\langle\operatorname{Re}\left(J_{\mathrm{sp}}J_{\mathrm{pp}}^*+J_{\mathrm{ss}}J_{\mathrm{ps}}^*\right)\right\rangle & \left\langle\operatorname{Re}\left(J_{\mathrm{sp}}J_{\mathrm{pp}}^*-J_{\mathrm{ss}}J_{\mathrm{ps}}^*\right)\right\rangle \\
\left\langle\operatorname{Im}\left(J_{\mathrm{sp}}J_{\mathrm{pp}}^*+J_{\mathrm{ss}}J_{\mathrm{ps}}^*\right)\right\rangle & \left\langle\operatorname{Im}\left(J_{\mathrm{sp}}J_{\mathrm{pp}}^*-J_{\mathrm{ss}}J_{\mathrm{ps}}^*\right)\right\rangle
\end{matrix}\right] \tag{1-27}
$$

当不存在退偏即具有确定形式的琼斯矩阵时，可以移除式(1-27)中的求期望符号。当不关注透射或反射光的绝对强度值时，缪勒矩阵可以写成归一化的形式，阵元 $m_{11}=1$。由于斯托克斯向量具有描述任意偏振态的能力，缪勒矩阵便能完全地描述任意样品的偏振变换性质，或简称为偏振性质；同时，缪勒偏振计是能够测量任意样品完整偏振性质的仪器。

任意一个 2 维复数矢量都可以构成一个物理上可实现的琼斯向量，但并非任意的 4 维实数矢量都可以构成一个物理上可实现的斯托克斯向量，必须保证偏振度在 0 和 1 之间。与此类似，任意一个 2×2 的复数矩阵都是物理上可实现的琼斯矩阵(矩阵阵元的模也是可大于 1，即存在光强放大器件)，但任意一个 4×4 的实数矩阵不一定是物理上可实现的缪勒矩阵。任意一个物理上可实现的斯托克斯向量经过 $\boldsymbol{M}$ 矩阵变换后，必须成为另一个在物理上可实现的斯托克斯向量，否则 $\boldsymbol{M}$ 矩阵就不是物理上可实现的缪勒矩阵。

测量得到的缪勒矩阵应当都是物理上可实现的缪勒矩阵。然而，由于测量误差的影响，测得的缪勒矩阵常常与物理上可实现的缪勒矩阵有轻微偏离，例如使用庞加莱球上任意的完全偏振态与测得的缪勒矩阵相乘，得到的出射偏振态的 DOP 若出现大于 1 的情况，则该缪勒矩阵不是物理上可实现的缪勒矩阵。验证缪勒矩阵是否是物理上可实现的缪勒矩阵有助于衡量缪勒矩阵测量准确度。

1.4　简单体系的缪勒矩阵

如前所述，部分偏振光可以理解为不同的完全偏振光的非相干叠加，类似地，退偏器也可以解释为不同非退偏的偏振器件的非相干叠加。可以这样想象退偏器的物理图像：一束光照射样品，光的入射偏振态本来是均一的，但由于样品包含时间、空间或光谱中的某种非均匀性(如多次反射、折射以及散射)，出射光的偏振态也将具有某种非均匀性，所有这些不同偏振态对应的光强度会被探测器积分探测。若该退偏物理图像成立，则最基本的偏振性质仅包含二向色性和相位延迟，而不包含退偏。下面分别介绍样品具有的基本偏振性质，即基本的缪勒矩阵，它们包括不改变入射光偏振度的基本缪勒矩阵——二向色性矩阵与相位延迟矩阵，也包括改变入射光偏振度的基本缪勒矩阵——退偏矩阵与起偏矩阵。

为便于讨论，这里引入一对正交偏振本征态的概念，所谓正交是指两个电场本征态是正交的，在斯托克斯表述中它指的是两个斯托克斯向量的参量 S_2, S_3, S_4 是大小相同、符号相反的。这对正交本征态可以取一对线偏振态，也可以取一对圆偏振态，还可以取一对任意的椭圆偏振态。绝大多数的偏振光学元件如相位延迟器和二向色性器对应的本征态都可以选用线偏振态。若入射光是线性二向色性器对应的两个本征态之一，则出射光的椭率或方位角都将保持不变，但是强度会改变；若入射光是线性相位延迟器对应的两个本征态之一，则出射光的椭率、方位角和强度都将保持不变，但是两者的相对相位会改变；任意偏振态的光通过完全退偏器都不会保留任何之前的偏振信息(除非入射光已经是完全非偏振光)；对于部分退偏器，挑选合适的偏振态，仍然能够部分保留原来的偏振信息，但是偏振度将会变化。

1.4.1　纯相位延迟

当一束光通过相位延迟器时，会存在两个本征偏振态，一个偏振态的光传播速度较快，另一个偏振态的光传播速度较慢，这两个本征态的电场振动之间将产生一定的时间延迟，它可用相位延迟 R 表示，考虑到双折射的方向性，相位延迟的矢量形式 $\boldsymbol{R}$ 为

$$\boldsymbol{R} = R\begin{bmatrix} R_1 \\ R_2 \\ R_3 \end{bmatrix} = \begin{bmatrix} R_{0^\circ} \\ R_{45^\circ} \\ R_C \end{bmatrix} \tag{1-28}$$

式中，$R_1^2 + R_2^2 + R_3^2 = 1$。光速较快的本征态和光速较慢的本征态的斯托克斯向量 $\boldsymbol{S}_\mathrm{f}$ 和 $\boldsymbol{S}_\mathrm{s}$ 为

$$\boldsymbol{S}_\mathrm{f}^\mathrm{T} = (1, R_1, R_2, R_3), \quad \boldsymbol{S}_\mathrm{s}^\mathrm{T} = (1, -R_1, -R_2, -R_3) \tag{1-29}$$

一个“纯净”相位延迟器可以认为是斯托克斯向量空间的“几何旋转”，相位延迟器的缪勒矩阵 $\boldsymbol{M}_R$ 可表示为[10]

$$\boldsymbol{M}_R=\begin{bmatrix}1 & \mathbf{0}^{\mathrm{T}}\\ \mathbf{0} & \boldsymbol{m}_R\end{bmatrix},\quad (\boldsymbol{m}_R)_{ij}=\delta_{ij}\cos R+r_i r_j(1-\cos R)\sum_{k=1}^{3}\varepsilon_{ijk}r_k\sin R \tag{1-30}$$

式中，$\mathbf{0}$ 代表零向量；$\boldsymbol{m}_R$ 代表 3×3 的子矩阵，该子矩阵正交且行列式为 1；δ_{ij} 为克罗内克记号；ε_{ijk} 为 Levi-Civita 排序符号。相位延迟可由缪勒矩阵计算，其中 Tr 代表求矩阵的迹。

$$R=\arccos\left(\frac{\mathrm{Tr}(\boldsymbol{M}_R)}{2}-1\right) \tag{1-31}$$

$$r_i=\frac{1}{2\sin R}\sum_{j,k=1}^{3}\varepsilon_{ijk}(\boldsymbol{m}_R)_{jk} \tag{1-32}$$

1.4.2　纯二向色性

二向色性用标量 D 表示，它描述透射(或反射)光强随入射偏振态的变化，其中有两种偏振态对应的透射(或反射)光强的差异最大。

$$D=\frac{I_{\max}-I_{\min}}{I_{\max}+I_{\min}} \tag{1-33}$$

式中，$I_{\max}$ 和 $I_{\min}$ 分别为两个本征态的透射(或反射)强度。值得注意的是，二向色性的定义和椭偏仪中椭圆参数角 $\varPsi$ 的定义相似，D 的定义是基于强度的，而 $\varPsi$ 的定义是基于电场振幅的，$\tan^2\varPsi=I_{\max}/I_{\min}$，因此

$$D=\frac{1-\tan^2\varPsi}{1+\tan^2\varPsi}=\cos 2\varPsi \tag{1-34}$$

对于理想偏振片，$I_{\min}$ 接近于 0，$I_{\min}/I_{\max}$ 通常在 10^{-3}～10^{-6} 量级，因此 D 几乎为 1，Y 几乎为 0°或 90°。

考虑二向色性本征态的方向性，二向色性具有如下向量形式：

$$\boldsymbol{D}=D\begin{bmatrix}D_1\\ D_2\\ D_3\end{bmatrix}=\begin{bmatrix}D_{0^\circ}\\ D_{45^\circ}\\ D_C\end{bmatrix} \tag{1-35}$$

式中，$D_1^2+D_2^2+D_3^2=1$。两个本征态对应的斯托克斯向量 $\boldsymbol{S}_{\max}$ 和 $\boldsymbol{S}_{\min}$ 为

$$\boldsymbol{S}_{\max}^{\mathrm{T}}=(1,D_1,D_2,D_3),\quad \boldsymbol{S}_{\min}^{\mathrm{T}}=(1,-D_1,-D_2,-D_3) \tag{1-36}$$

式中，二向色性的三个分量分别表示 0°、45°和圆二向色性，任意样品的二向色性都可简单地由样品缪勒矩阵的第一行阵元计算，即

$$\boldsymbol{D}=\frac{1}{M_{11}}\begin{bmatrix}M_{12}\\M_{13}\\M_{14}\end{bmatrix} \tag{1-37}$$

一个“纯净”的二向色性器的缪勒矩阵可以用二向色性的标量 D 和矢量 $\boldsymbol{D}$ 表示为[11]

$$\boldsymbol{M}_D=\tau\begin{bmatrix}1 & \boldsymbol{D}^{\mathrm{T}}\\ D & \boldsymbol{m}_d\end{bmatrix},\quad \boldsymbol{m}_d=\sqrt{1-D^2}I_3+\left(1-\sqrt{1-D^2}\right)D\boldsymbol{D}^{\mathrm{T}} \tag{1-38}$$

矩阵 $\boldsymbol{M}_D$ 的第一行和第一列由二向色性向量 $\boldsymbol{D}$ 表示；$\boldsymbol{m}_d$ 为 3×3 的对称子矩阵；τ 为完全非偏振光透射或反射后的相对强度。

1.4.3 退偏

一个“纯净”的退偏器的缪勒矩阵 $\boldsymbol{M}_\Delta$ 可表示为

$$\boldsymbol{M}_\Delta=\begin{bmatrix}1 & 0^{\mathrm{T}}\\ 0 & \boldsymbol{m}_\Delta\end{bmatrix} \tag{1-39}$$

式中，$\boldsymbol{m}_\Delta$ 为 3×3 的实数对称矩阵，若经过坐标变换找到适当的正交基底(3 维基底，3 个本征态 $\boldsymbol{v}_i$)，则该矩阵可以简化为对角矩阵，即在 4 个斯托克斯向量(退偏态与上述 $\boldsymbol{m}_\Delta$ 对应的 3 个完全偏振的本征态)

$$\boldsymbol{S}_1^{\mathrm{T}}=(1,0,0,0),\quad \boldsymbol{S}_i^{\mathrm{T}}=\left(1,\boldsymbol{v}_i^{\mathrm{T}}\right),\quad 2\leqslant i\leqslant 4 \tag{1-40}$$

组成的基底下，退偏器的缪勒矩阵 $\boldsymbol{M}_\Delta$ 可简化为如下对角形式：

$$\boldsymbol{M}_\Delta=\begin{bmatrix}1&0&0&0\\0&a&0&0\\0&0&b&0\\0&0&0&c\end{bmatrix} \tag{1-41}$$

式中，a、b、c 为 −1～1 的实数。式(1-4)表明，如果入射光是式(1-40)中 $\boldsymbol{m}_\Delta$ 的 3 个斯托克斯向量，那么它们的偏振度将会下降为 a、b、c；如果入射光是完全退偏光，即其偏振度不发生任何改变，那么也意味着，退偏器仅具有一个本征的偏振态即完全退偏态。

由于 $\boldsymbol{m}_\Delta$ 的对称性，式(1-39)定义的“纯净”退偏器仅具有 6 个自由度，即 $\boldsymbol{m}_\Delta$ 的完全独立的参数仅有 6 个。这 6 个自由度可以选为 3 个对角值 a、b、c 和 3 个欧拉角，这 3 个角定义了(S_2, S_3, S_4)空间的归一化向量 $\boldsymbol{v}_i$。退偏器在最一般的情况下具有 6 个独立参数，因此它在数学上比二向色性器(3 个独立参数)和相位延迟器(3 个独立参数)更为复杂。但是，当测量和样品都具有空间对称性时，样品缪勒矩阵的对称性会大大减少独立参数的个数，例如，当观测前向或者正背向的小球悬浮液散射时，散射介质的作用就如同一个“纯净”的退偏器，它对线偏振光和圆偏振光的退偏能力不同，但对不同方向的线退偏的退偏能力相同，即 $a=b\neq c$，式(1-40)中的本征态可以选为

$$\boldsymbol{v}_1^{\mathrm{T}}=(\cos\alpha,\sin\alpha,0),\quad \boldsymbol{v}_2^{\mathrm{T}}=(-\sin\alpha,\cos\alpha,0),\quad \boldsymbol{v}_3^{\mathrm{T}}=(0,0,1) \tag{1-42}$$

式中，α 的角度可任意选取。为了便于了解一个样品的退偏能力，有必要定义一个单值参数用来表示退偏器整体的退偏能力。针对“纯净”的退偏器，Lu 等将退偏指标 Δ_{MMD} 定义为[10]

$$\Delta_{\mathrm{MMD}}=1-\frac{1}{3}(|a|+|b|+|c|) \tag{1-43}$$

Chipman 提出，对庞加莱球上所有的入射完全偏振态与样品作用后的 DOP 进行积分，可以得到平均退偏指标[11]：

$$\Delta_{\text{average}}=1-\text{Average}\cdot\mathrm{DOP}(\boldsymbol{M})=1-\frac{1}{4\pi}\int_{\varepsilon=0}^{\pi}\int_{\zeta=-\pi/2}^{\pi/2}\mathrm{DOP}(M\cdot S(\chi,\psi))\cos\chi\,\mathrm{d}\chi\,\mathrm{d}\psi$$

$$\boldsymbol{S}(\chi,\psi)=[1\quad \cos2\chi\cos2\psi\quad \cos2\chi\sin2\psi\quad \sin2\chi]^{\mathrm{T}} \tag{1-44}$$

式中，χ 和 ψ 分别表示偏振椭圆的椭率角和长轴方向角，如图 1.1(a)所示。

Gil 等提出使用指标 DI($\boldsymbol{M}$)来衡量退偏大小[12]：

$$\mathrm{DI}(\boldsymbol{M})=\sqrt{\frac{\sum_{ij}M_{ij}^2-M_{11}^2}{3M_{11}^2}}=\sqrt{\frac{\mathrm{Tr}(\boldsymbol{M}^{\mathrm{T}}\boldsymbol{M})-M_{11}^2}{3M_{11}^2}} \tag{1-45}$$

式中，上标 T 代表转置；Tr 代表求迹算符；DI($\boldsymbol{M}$)的取值范围为[0,1]，0 对应于完全退偏器，仅 M_{11} 非 0，1 对应于非退偏器件。这个指标直接由缪勒矩阵阵元计算，不仅适用于“纯净”的退偏器，也适用于任意样品。

退偏指标 Δ_{MMD} 和(1–DI)图像一般较为相似，但在二向色性较大的区域有明显差异。

1.4.4　起偏

起偏是指光与样品相互作用后偏振度增加的现象，例如可以通过吸收某一方向的偏振分量来实现起偏。一束完全非偏振光与样品相互作用后的偏振态为

$$\boldsymbol{S}_{\text{out}}=\begin{bmatrix}M_{11}\\M_{12}\\M_{13}\\M_{14}\end{bmatrix}=\begin{bmatrix}M_{11}&M_{12}&M_{13}&M_{14}\\M_{21}&M_{22}&M_{23}&M_{24}\\M_{31}&M_{32}&M_{33}&M_{34}\\M_{41}&M_{42}&M_{43}&M_{44}\end{bmatrix}\begin{bmatrix}1\\0\\0\\0\end{bmatrix} \tag{1-46}$$

出射光的斯托克斯向量由样品缪勒矩阵的第一列决定，出射光的偏振度称为起偏标量 P，类似于二向色性，也可以定义起偏向量 $\boldsymbol{P}$ 为

$$\boldsymbol{P}=\frac{\sqrt{M_{21}^2+M_{31}^2+M_{41}^2}}{M_{11}},\quad \boldsymbol{P}=\frac{1}{M_{11}}\begin{bmatrix}M_{21}\\M_{31}\\M_{41}\end{bmatrix} \tag{1-47}$$

很多时候二向色性向量和起偏向量相同，即 $\boldsymbol{P}=\boldsymbol{D}$。例如，一束非偏振光通过具有二向色性的偏振片后都会起偏，因此可能会以为 $\boldsymbol{P}$ 和 $\boldsymbol{D}$ 永远都相同。如果确实如此，就不用特意强调起偏的定义了，但事实上，对于非均一的介质，$\boldsymbol{P}$ 和 $\boldsymbol{D}$ 是不同的。例如：①考虑一个系统，该系统在偏振片后加入一个完全退偏器，因为不同入射偏振光的透过率显然是不同的，该系统显然具有二向色性。但是，任意偏振态的光都会被完全退偏器退偏为非偏振光，因此该系统虽然具有很强的二向色性，但却不具有任何起偏性质。②考虑另一个系统，该系统在完全退偏器后加入一个偏振片，这样一个系统显然具有起偏性质，但不具有二向色性[10]。

值得注意的是，上述起偏仅包含缪勒矩阵的第一列，仅适合描述完全非偏振光通过样品后的起偏。为了描述样品对部分偏振光的起偏，Lu 等认为起偏向量还应包含后面 3 列更多的阵元[10]，同时其推广退偏的概念，把起偏也包含在退偏中，认为退偏共包含 6+3=9 个自由参数。这种退偏或应称为广义退偏，因为光与广义退偏样品相互作用前后偏振度可能减少(狭义的退偏)，也可能增加(起偏)。

起偏向量 $\boldsymbol{P}$ 仅需处理单一的完全退偏光入射，即(1,0,0,0)入射光，因此缪勒矩阵的第一行才会起作用，即入射态只有一种，出射态为 $(1,S_2^{\text{out}},S_3^{\text{out}},S_4^{\text{out}})$，共有 3 个自由度。如果要描述任意的非退偏光的起偏，就涉及更多阵元；而广义退偏需要描述任意偏振态，即入射态为 $(1,S_2^{\text{in}},S_3^{\text{in}},S_4^{\text{in}})$，共有 3 个自由度，每种入射态对应的出射态 $(1,S_2^{\text{out}},S_3^{\text{out}},S_4^{\text{out}})$ 都有 3 个自由度，例如固定 S_3^{in}、S_4^{in} 而改变 S_2^{in}，都对应出射态的 3 个自由度，以此类推，描述广义退偏共有 9 个自由度。

1.4.5 常用偏振器件的缪勒矩阵

光的偏振态的改变实质上是电场的振幅或相位的改变。对于非退偏介质，可将各向异性分为两类：一类是二向色性(强度各向异性)，仅影响振幅；另一类是双折射(相位各向异性)，仅影响相位。如果介质同时含有两类各向异性，它将同时影响电场的振幅和相位。基本的各向异性包含四种：线二向色性(本征态是线偏振态)；圆二向色性(本征态是圆偏振态)；线相位延迟(本征态是线偏振态)；圆相位延迟(本征态是圆偏振态)。线二向色性的缪勒矩阵为

$$
\boldsymbol{M}_{\mathrm{LD}}(P,\theta_D) = \begin{bmatrix} 1+P & (1-P)\cos 2\theta_D & (1-P)\sin 2\theta_D & 0 \\ (1-P)\cos 2\theta_D & \cos^2 2\theta_D(1+P)+2\sin^2 2\theta_D\sqrt{P} & \cos 2\theta_D \sin 2\theta_D\left(1-\sqrt{P}\right)^2 & 0 \\ (1-P)\sin 2\theta_D & \cos 2\theta_D \sin 2\theta_D\left(1-\sqrt{P}\right)^2 & \sin^2 2\theta_D(1+P)+2\cos^2 2\theta_D\sqrt{P} & 0 \\ 0 & 0 & 0 & 2\sqrt{P} \end{bmatrix} \tag{1-48}
$$

式中，P 为电场在两正交方向的相对透过率，等于最小透过率和最大透过率的比值；θ_D 为线二向色性各向异性的方位角，即透射最高的线偏振态的方向与 x 轴的夹角。对于消光比无穷大的理想偏振片，线二向色性的缪勒矩阵为

$$
\boldsymbol{M}_{\mathrm{LD}}(P=0,\theta_D) = \begin{bmatrix} 1 & \cos 2\theta & \sin 2\theta_D & 0 \\ \cos 2\theta_D & \cos^2 2\theta_D & \cos 2\theta_D \sin 2\theta_D & 0 \\ \sin 2\theta_D & \cos 2\theta_D \sin 2\theta_D & \sin^2 2\theta_D & 0 \\ 0 & 0 & 0 & 0 \end{bmatrix} \tag{1-49}
$$

圆二向色性的缪勒矩阵为

$$
\boldsymbol{M}_{\mathrm{CD}}(R) = \begin{bmatrix} 1+R^2 & 0 & 0 & 2R \\ 0 & 1-R^2 & 0 & 0 \\ 0 & 0 & 1-R^2 & 0 \\ 2R & 0 & 0 & 1+R^2 \end{bmatrix} \tag{1-50}
$$

式中，R 为两正交圆偏振分量的相对吸收比。线相位延迟的缪勒矩阵为

$$
\boldsymbol{M}_{\mathrm{LR}}(\delta,\theta) = \begin{bmatrix} 1 & 0 & 0 & 0 \\ 0 & \cos^2 2\theta + \sin^2 2\theta\cos\delta & \cos 2\theta \sin 2\theta(1-\cos\delta) & -\sin 2\theta \sin\delta \\ 0 & \cos 2\theta \sin 2\theta(1-\cos\delta) & \sin^2 2\theta + \cos^2 2\theta \cos\delta & \cos 2\theta \sin\delta \\ 0 & \sin 2\theta \sin\delta & -\cos 2\theta \sin\delta & \cos\delta \end{bmatrix} \tag{1-51}
$$

式中，δ 为电场两正交方向的相位延迟；θ 为线相位延迟各向异性的方位角，即快轴方向与 x 轴的夹角。

圆相位延迟的缪勒矩阵为

$$
\boldsymbol{M}_{\mathrm{CR}}(\varphi)=\begin{bmatrix}1 & 0 & 0 & 0\\ 0 & \cos 2\varphi & \sin 2\varphi & 0\\ 0 & -\sin 2\varphi & \cos 2\varphi & 0\\ 0 & 0 & 0 & 1\end{bmatrix} \tag{1-52}
$$

式中，φ为电场两正交圆偏振分量之间的相位差。值得注意的是，当式(1-51)中的相位延迟为 180°时，线相位延迟的缪勒矩阵与圆相位延迟在形式上很相似，即半波片和圆相位延迟器将具有相似的性质和功能。

$$
\boldsymbol{M}_{\mathrm{LR}}(\delta=180°,\theta)=\begin{bmatrix}1 & 0 & 0 & 0\\ 0 & \cos 4\theta & \sin 4\theta & 0\\ 0 & \sin 4\theta & -\cos 4\theta & 0\\ 0 & 0 & 0 & -1\end{bmatrix} \tag{1-53}
$$

上述四种各向异性共包含 6 个各向异性独立参量，分别为P、θ_D、R、δ、θ和φ。除了上述几类基本的偏振器件，光在介质表面的反射和折射也是最常见的偏振模型，它也是椭偏仪常用的测量情景。由于不涉及退偏，反射和折射可使用琼斯矩阵描述，也可使用缪勒矩阵描述，缪勒矩阵与标准椭偏仪的参数$\varPsi$和$\varDelta$的关系为

$$
\boldsymbol{M}(\tau,\varPsi,\varDelta)=\tau\begin{bmatrix}1 & -\cos 2\varPsi & 0 & 0\\ -\cos 2\varPsi & 1 & 0 & 0\\ 0 & 0 & \sin 2\varPsi\cos\varDelta & \sin 2\varPsi\sin\varDelta\\ 0 & 0 & -\sin 2\varPsi\sin\varDelta & \sin 2\varPsi\cos\varDelta\end{bmatrix} \tag{1-54}
$$

该偏振模型包含线二向色性和线相位延迟，可称为线二向色性相位延迟器[10]。处于不同方位角的线性二向色性相位延迟器的缪勒矩阵可以通过旋转矩阵的方式简单计算。

参 考 文 献

[1] Feynman R P, Leighton R B, Sands M. The Feynman Lectures on Physics, Desktop Edition Volume I. New York: Pergamon, 2013.

[2] Born M, Wolf E. Principles of Optics: Electromagnetic Theory of Propagation, Interference and Diffraction of Light. Cambridge: Cambridge University Press, 2000.

[3] Chipman R A. Handbook of Optics. 3rd ed. New York: McGraw-Hill, 2009.

[4] Azzam R M A, Bashara N M. Ellipsometry and Polarized Light. New York: Elsevier Science Publishing Co., Inc., 1987.

[5] Wolf E. Coherence properties of partially polarized electromagnetic radiation. Il Nuovo Cimento, 1959, 13(6): 1165-1181.

[6] Stokes G G. On the composition and resolution of streams of polarized light from different sources. Philosophical transactions-Royal Society. Biological Sciences, 1852, 9: 399-416.

[7] Bohren C F, Huffman D R. Absorption and Scattering of Light by Small Particles. New York: John Wiley & Sons, 2008.

[8] Tyo J S. Considerations in polarimeter design. Proceedings of SPIE, 2000, 4133: 65-74.

[9] Garcia-Caurel E, Ossikovski R, Foldyna M, et al. Advanced Mueller ellipsometry instrumentation and data analysis//Losurdo M，Hingerl K. Ellipsometry at the Nanoscale. Berlin:Springe, 2013: 31.

[10] Lu S Y, Chipman R A. Interpretation of Mueller matrices based on polar decomposition. Journal of the Optical Society of America A-Optics Image Science and Vision, 1996, 13(5): 1106.

[11] Chipman R A. Depolarization index and the average degree of polarization. Applied Optics, 2005, 44(13): 2490.

[12] Gil J J, Bernabeu E. Depolarization and polarization indices of an optical system. Optica Acta, 1985, 32: 259.

第 2 章　光的散射、模拟和散射体系缪勒矩阵

2.1　光的散射与传播理论

光在浑浊介质中传播时，散射效应起主导作用。历史上曾经提出了两种不同的理论来研究多次散射问题，一种叫做电磁理论，另一种叫做辐射传输理论。

电磁理论是以麦克斯韦方程或波动方程为基础，引进粒子的散射和吸收特性并考虑了介质的统计特性和光的波动性。该理论考虑了多次散射、衍射和干涉效应，用严格的数学形式描述了光在生物组织内传播时的各种光学现象，可以说是最基本的理论方法。它的不足之处在于数学上求解相当复杂，很难得到解析解，因此在处理生物组织光传输问题中很少使用，一般在分析生物组织构成微元的散射特性时使用较多。电磁理论又包含连续随机介质模型和离散随机介质模型两个研究方向。对于离散随机介质模型，目前主要的研究手段包括 Lorentz-Mie 理论、T 矩阵法和有限元分析法等。

2.1.1　辐射传输理论

辐射传输理论不直接从麦克斯韦方程出发，它忽略光的波动性和生物组织的内在结构，将组织抽象为随机分布的散射和吸收中心元，描述光能量在生物组织内的统计平均传输规律。该理论最早由 Schuster 在 1903 年提出，其基本的微分方程叫做辐射传输方程，该方程等效于在气体动力学和中子传输理论中使用的 Boltzmann 方程。

虽然该理论缺乏像电磁理论的严密性，但是它具有良好的实验基础，适用于绝大多数的光传输问题。事实上，生物组织一般是高散射、低吸收的多粒子体系，且这些粒子在时间和空间上是随机变化的，因此光在穿过厚密组织时要经历大量的散射事件，光波动性的大部分特性都丢失了，这时将光传输看成能量粒子流在均匀分布散射和吸收元内的传播过程而忽略光的波动性是合理的。因此，该理论方法在组织光学内具有广泛的应用。

式(2-1)给出了微分形式的稳态辐射传输方程。

$$\begin{aligned}\frac{\mathrm{d}I(r,s)}{\mathrm{d}s} &= -\gamma\sigma_{\mathrm{t}}I(r,s) \\ &\quad + \frac{\gamma\sigma_{\mathrm{t}}}{4\pi}\int_{4\pi} p(s,s')I(r,s')\mathrm{d}\omega' + \varepsilon(r,s)\end{aligned} \tag{2-1}$$

式中，$I(r,s)$ 为空间 r 处沿 s 方向传播的辐射强度；$\varepsilon(r,s)$ 为空间 r 处的辐射源对沿 s 方向传播的辐射强度的贡献；$\gamma\sigma_{\mathrm{t}}=\mu_{\mathrm{t}}$ 称为消光系数；$p(s,s')$ 为散射相函数，描述了沿 s' 方向传播的光辐射被粒子散射到 s 方向的概率。

到目前为止，辐射传输方程还没有涉及偏振效应。一般来说，在随机介质里的电磁波都是部分偏振的，这是因为即使入射波是线偏振，散射波一般也是椭圆偏振，加上介质具有随机特征，波的偏振应是随机变化的。在考虑偏振效应和辐射强度随时间变化时，辐射强度 $I(r,s)$ 应由 $\boldsymbol{S}(r,s,t)$ 代替，它的各个分量是辐射强度的斯托克斯向量(I,Q,U,V)。式(2-1)可转化为矢量辐射传输方程：

$$
\begin{aligned}
&\frac{1}{v}\frac{\partial \boldsymbol{S}(r,s,t)}{\partial t}+s\nabla\boldsymbol{S}(r,s,t)\\
&=-\mu_{\mathrm{t}}\boldsymbol{S}(r,s,t)+\frac{\mu_{\mathrm{s}}}{4\pi}\int_{4\pi}p(s,s')\boldsymbol{S}(r,s',t)\mathrm{d}\omega'+\varepsilon(r,s,t)
\end{aligned}
\tag{2-2}
$$

式中，v 为光在介质中的传播速度，消光系数 $\mu_{\mathrm{t}}=\mu_{\mathrm{s}}+\mu_{\mathrm{a}}$，$\mu_{\mathrm{a}}$ 为吸收系数，μ_{s} 为散射系数。等式左边第一项表示辐射强度随时间的变化，第二项表示辐射强度随空间的变化；等式右边第一项为吸收和散射引起的辐射强度衰减，第二项为沿 s 方向传播的光辐射由于散射作用对沿 s 方向传播的光辐射的贡献，第三项表示光源引起辐射强度的变化。可以看出，辐射传输方程描述了 t 时刻空间某点 r 处的微小体积元内辐射能量的平衡情况。它遵守能量守恒原理，描述了光在介质中的统计传输过程。

辐射传输方程虽然突破了数学求解麦克斯韦方程组的困难限制，使得复杂问题有可能处理，但是作为一个微分-积分方程，它除了在几种简单情形下有解析解外，仍然无法直接求解，只能采用近似或者数值模拟方法来求解，如漫射近似、随机模型等。

2.1.2　漫射近似方法

漫射近似是 P_N 近似在 $N=2$ 时的一个特例，它仅适用于处理多次散射占优[$(1-g)\mu_{\mathrm{s}}\geqslant\mu_{\mathrm{a}}$，$g$ 为各向异性因子]时的情形。一般来说，当体密度(即粒子所占据的体积与介质的总体积之比)比 1%大得多时，漫射近似能给出相对简单的解。因此，漫射近似常被用来建立光在厚组织中的传播模型。

在强散射介质(如生物组织)中，辐射强度可以看成约化入射强度 $I_{\mathrm{c}}(r,s)$ 和漫射强度 $I_{\mathrm{d}}(r,s)$ 两部分：

$$
I(r,s)=I_{\mathrm{c}}(r,s)+I_{\mathrm{d}}(r,s)
\tag{2-3}
$$

式中，约化入射强度$I_{\mathrm{c}}(r,s)$满足 Beer-Lambert 定律

$$I_{\mathrm{c}}(r,s)=I_0\mathrm{e}^{-\mu_{\mathrm{t}}l} \tag{2-4}$$

式中，I_0为入射强度；μ_{c}为消光系数；l为光传播的距离。

漫射强度通过近似处理得到一个微分方程描述，即著名的漫射方程，也称为扩散方程：

$$D\nabla^2\varphi(r)-\mu_{\mathrm{a}}\varphi(r)+\varepsilon(r)=0 \tag{2-5}$$

若考虑与时间相关的情形，则式(2-5)可写成

$$\frac{1}{v}\frac{\partial\varphi(r,t)}{\partial t}=D\nabla^2\varphi(r,t)-\mu_{\mathrm{a}}\varphi(r,t)+\varepsilon(r,t) \tag{2-6}$$

式中，$\varphi(r,t)$为漫射光通量密度；$\varepsilon(r,t)$为光源；D为漫射系数，其表达式为

$$D=\frac{1}{3\left[\mu_{\mathrm{a}}+\mu_{\mathrm{s}}(1-g)\right]} \tag{2-7}$$

式中，g为各向异性因子

$$g=\int_0^{\pi}p(\theta)\cos\theta 2\pi\sin\theta\mathrm{d}\theta$$

2.1.3 随机模型方法

随机模型方法包括蒙特卡罗模拟方法、随机行走理论和路径积分法等。蒙特卡罗方法是用一种数值模拟统计方法来求解辐射传输方程。它以光学参数和辐射传输方程的概率化定义为基础，将光在介质中的传输过程抽象成能量粒子流在均匀随机分布的散射和吸收粒子群中的统计传输过程。

随机行走理论是蒙特卡罗模型的一个简化理论。它将介质假设为由各向同性的简立方晶格组成，晶格参数取决于实际散射的平均自由程。该理论假设光子在简立方晶格中随机行走，但是只能沿晶格的六个正交方向进行传播，沿每个方向的概率相等，每次只能到达相邻格点。有研究人员将该模型应用到各向异性介质中。对应生物组织沿不同方向散射系数的不同，模型中光子在立方晶格六个正交方向的传播概率也不同。

路径积分法则是抛弃了传统蒙特卡罗模型对光子随机行走过程中每一步都进行离散化的思路，采用对随机行走过程的平均路径进行随机化处理。不过，该方法仅能提供组织内局部位置的辐射强度信息。

2.2　单粒子的偏振光散射理论与计算

2.2.1　球粒子散射

1908 年，Mie 经过严格的数学推导得到了对均质球状粒子在电磁场中对平面波散射的精确解，称为 Mie 散射理论。Mie 散射的散射光强主要取决于入射光的波长、粒子大小和折射率等，它们之间的关系比 Rayleigh 散射更复杂。Rayleigh 散射是 Mie 散射在散射体远小于波长时的近似。

如图 2.1 所示，一束沿 x 轴方向偏振的平面波从 z 轴入射到无吸收的球状散射体上，考察 $\boldsymbol{e}_r$ 方向的散射光场。入射光和散射光构成的平面称为散射平面。将入射光电场分解为平行于散射平面和垂直于散射平面的两个分量，分别记为 $E_{//\mathrm{i}}$ 和 $E_{\perp\mathrm{i}}$。散射场同样分解为两个分量，记为 $E_{//\mathrm{s}}$ 和 $E_{\perp\mathrm{s}}$，其中 $E_{//\mathrm{s}}$ 在散射面内。

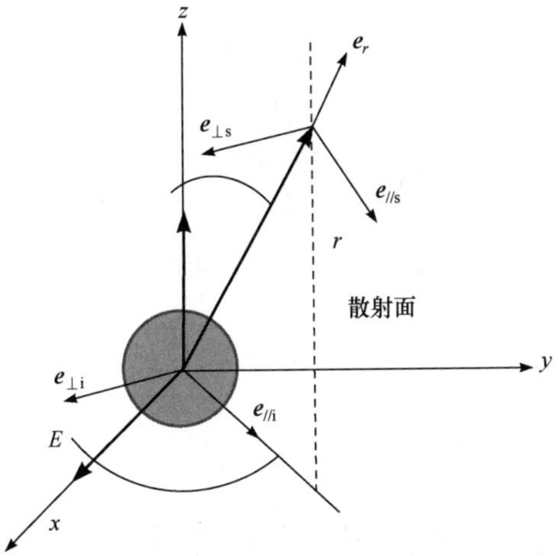

图 2.1　Mie 散射坐标系

散射场与入射场的关系如下：

$$\begin{bmatrix} E_{//\mathrm{s}} \\ E_{\perp\mathrm{s}} \end{bmatrix} = \frac{\mathrm{e}^{\mathrm{i}k(r-z)}}{-\mathrm{i}kr} \begin{bmatrix} S_2 & 0 \\ 0 & S_1 \end{bmatrix} \begin{bmatrix} E_{//\mathrm{i}} \\ E_{\perp\mathrm{i}} \end{bmatrix} \tag{2-8}$$

将入射光和散射光按照球面矢量波展开，并根据其在球表面的边界条件求得展开系数，这里略去详细的求解过程，给出如下结果：

$$\begin{cases} S_1(\theta) = \displaystyle\sum_{n=1}^{\infty} \frac{2n+1}{n(n+1)} \left[a_n \pi_n(\cos\theta) + b_n \tau_n(\cos\theta) \right] \\ S_2(\theta) = \displaystyle\sum_{n=1}^{\infty} \frac{2n+1}{n(n+1)} \left[b_n \pi_n(\cos\theta) + a_n \tau_n(\cos\theta) \right] \end{cases} \tag{2-9}$$

式中，S_1 和 S_2 只与散射角 θ 有关；a_n 和 b_n 称为米氏散射系数；π_n 和 τ_n 称为角系数。式(2-9)中，a_n 和 b_n 可由下式计算得到：

$$\begin{cases} a_n = \dfrac{\psi_n'(m\alpha)\psi_n(\alpha) - m\psi_n(m\alpha)\psi_n'(\alpha)}{\psi_n'(m\alpha)\xi(\alpha) - m\psi_n(m\alpha)\xi_n'} \\ b_n = \dfrac{m\psi_n'(m\alpha)\psi_l(\alpha) - \psi_n(m\alpha)\psi_n'(\alpha)}{m\psi_n'(m\alpha)\xi(\alpha) - \psi_n(m\alpha)\xi_n'(\alpha)} \end{cases} \tag{2-10}$$

式中，$\alpha = \dfrac{2\pi a}{\lambda}$，$a$ 为球粒子半径，λ 为波长；$m = m_1 - \mathrm{i}m_2$ 为粒子相对周围介质的复折射率，当虚部不为零时表示有吸收。

$$\begin{cases} \psi_n(\rho) = \left(\dfrac{\pi\rho}{2}\right)^{1/2} \mathrm{J}_{n+1/2}(\rho) \\ \xi_n(\rho) = \left(\dfrac{\pi\rho}{2}\right)^{1/2} \mathrm{H}_{n+1/2}^{(2)}(\rho) \\ \psi_n'(\rho) = \dfrac{\mathrm{d}\psi_n(\rho)}{\mathrm{d}\rho} \\ \xi_n'(\rho) = \dfrac{\mathrm{d}\xi_n(\rho)}{\mathrm{d}\rho} \end{cases} \tag{2-11}$$

式中，ρ 为变量；$\mathrm{J}_{n+1/2}(\rho)$ 为半整数阶第一类贝塞尔函数；$\mathrm{H}_{n+1/2}(\rho)$ 为半整数阶第二类汉克尔函数。

式(2-9)中，π_n 和 τ_n 可由下式计算得到：

$$\begin{cases} \pi_n(\cos\theta) = \dfrac{1}{\sin\theta} P_n^{(1)}(\cos\theta) \\ \tau_n(\cos\theta) = \dfrac{\mathrm{d}}{\mathrm{d}\theta} P_n^{(1)}(\cos\theta) \end{cases} \tag{2-12}$$

式中，$P_n^{(1)}(\cos\theta)$ 为缔合勒让德多项式。

求出振幅散射矩阵元 S_1 和 S_2 后，可以计算散射截面。散射截面表达式为

$$\sigma_\mathrm{s} = \frac{2\pi}{k^2}\sum_{n=1}^{\infty}(2n+1)\left(|a_n|^2 + |b_n|^2\right) \tag{2-13}$$

当介质中散射体数密度为 n 时，介质的散射系数 $\mu_\mathrm{s} = n\sigma_\mathrm{s}$。

由式(2-13)便可推导出散射的缪勒矩阵。由散射光强的斯托克斯向量与入射光强的斯托克斯向量之间的关系

$$
\begin{aligned}
I_{\mathrm{s}} &= E_{//\mathrm{s}}E_{//\mathrm{s}}^{*} + E_{\perp\mathrm{s}}E_{\perp\mathrm{s}}^{*} \\
&= \frac{(|S_2|^2 + |S_1|^2)I_{\mathrm{i}}}{2} + \frac{(|S_2|^2 - |S_1|^2)Q_{\mathrm{i}}}{2} \\
Q_{\mathrm{s}} &= E_{//\mathrm{s}}E_{//\mathrm{s}}^{*} - E_{\perp\mathrm{s}}E_{\perp\mathrm{s}}^{*} \\
&= \frac{(|S_2|^2 - |S_1|^2)I_{\mathrm{i}}}{2} + \frac{(|S_2|^2 + |S_1|^2)Q_{\mathrm{i}}}{2} \\
U_{\mathrm{s}} &= E_{//\mathrm{s}}E_{\perp\mathrm{s}}^{*} + E_{\perp\mathrm{s}}E_{//\mathrm{s}}^{*} \\
&= \frac{(S_2S_1^{*} + S_1S_2^{*})U_{\mathrm{i}}}{2} + \frac{i(S_1S_2^{*} - S_2S_1^{*})V_{\mathrm{i}}}{2} \\
V_{\mathrm{s}} &= i(E_{//\mathrm{s}}E_{\perp\mathrm{s}}^{*} - E_{\perp\mathrm{s}}E_{//\mathrm{s}}^{*}) \\
&= \frac{i(S_2S_1^{*} - S_1S_2^{*})U_{\mathrm{i}}}{2} + \frac{(S_2S_1^{*} + S_1S_2^{*})V_{\mathrm{i}}}{2}
\end{aligned} \tag{2-14}
$$

可以得到散射的缪勒矩阵：

$$
\begin{bmatrix} I_{\mathrm{s}} \\ Q_{\mathrm{s}} \\ U_{\mathrm{s}} \\ V_{\mathrm{s}} \end{bmatrix} = \frac{1}{k^2r^2}\begin{bmatrix} S_{11} & S_{12} & 0 & 0 \\ S_{12} & S_{11} & 0 & 0 \\ 0 & 0 & S_{33} & S_{34} \\ 0 & 0 & -S_{34} & S_{33} \end{bmatrix}\begin{bmatrix} I_{\mathrm{i}} \\ Q_{\mathrm{i}} \\ U_{\mathrm{i}} \\ V_{\mathrm{i}} \end{bmatrix} \tag{2-15}
$$

式中，矩阵元可由散射振幅矩阵导出：

$$
\begin{aligned}
S_{11} &= \frac{1}{2}\left(|\boldsymbol{S}_2|^2 + |\boldsymbol{S}_1|^2\right) \\
S_{12} &= \frac{1}{2}\left(|\boldsymbol{S}_2|^2 - |\boldsymbol{S}_1|^2\right) \\
S_{33} &= \frac{1}{2}\left(\boldsymbol{S}_2^{*}\boldsymbol{S}_1 + \boldsymbol{S}_2\boldsymbol{S}_1^{*}\right) \\
S_{34} &= \frac{i}{2}\left(\boldsymbol{S}_1\boldsymbol{S}_2^{*} - \boldsymbol{S}_2\boldsymbol{S}_1^{*}\right)
\end{aligned} \tag{2-16}
$$

需要注意的是，上述分析都是将入射光电场分解为平行和垂直于散射面两个分量，入射光的斯托克斯向量是以散射面作为参考平面的，因此在计算散射光的斯托克斯向量时需要先计算入射光以散射平面为参考系的斯托克斯向量。

假定入射光的斯托克斯向量为$(I_{\mathrm{i}}, Q_{\mathrm{i}}, U_{\mathrm{i}}, V_{\mathrm{i}})$，散射光方向的散射角为$\theta$、方位角为$\phi$。当散射光方位角为$\phi$时，散射面绕 z 方向旋转了ϕ，需先将入射光斯托克斯向量旋转到散射面内，再乘以旋转缪勒矩阵 $\boldsymbol{R}$，即

$$\begin{aligned}\boldsymbol{S}_{\mathrm{s}} &= \boldsymbol{R}(\varphi)\boldsymbol{S}_{\mathrm{i}} \\ &= \begin{bmatrix}1 & 0 & 0 & 0\\ 0 & \cos 2\varphi & \sin 2\varphi & 0\\ 0 & -\sin 2\varphi & \cos 2\varphi & 0\\ 0 & 0 & 0 & 1\end{bmatrix}\begin{bmatrix}I_{\mathrm{i}}\\ Q_{\mathrm{i}}\\ U_{\mathrm{i}}\\ V_{\mathrm{i}}\end{bmatrix} \\ &= \begin{bmatrix}I_{\mathrm{i}}\\ \cos(2\varphi)Q_{\mathrm{i}}+\sin(2\varphi)U_{\mathrm{i}}\\ -\sin(2\varphi)Q_{\mathrm{i}}+\cos(2\varphi)U_{\mathrm{i}}\\ 0\end{bmatrix}\end{aligned} \tag{2-17}$$

将其再乘以这个面内的单次散射矩阵，由式(2-15)得到

$$\begin{cases}I_{\mathrm{s}} = S_{11}(\theta)I_{\mathrm{i}} + S_{12}(\theta)(Q_{\mathrm{i}}\cos 2\varphi + U_{\mathrm{i}}\sin 2\varphi)\\ Q_{\mathrm{s}} = S_{12}(\theta)I_{\mathrm{i}} + S_{11}(\theta)(Q_{\mathrm{i}}\cos 2\varphi + U_{\mathrm{i}}\sin 2\varphi)\\ U_{\mathrm{s}} = S_{33}(\theta)(-Q_{\mathrm{i}}\sin 2\varphi + U_{\mathrm{i}}\cos 2\varphi)\\ V_{\mathrm{s}} = -S_{34}(\theta)(-Q_{\mathrm{i}}\sin 2\varphi + U_{\mathrm{i}}\cos 2\varphi)\end{cases} \tag{2-18}$$

由式(2-18)可见，对于线偏振入射光而言，散射光 I_{s} 是 θ 和 ϕ 的函数。由散射相函数的概念可知，球状散射体的相函数由下式求出：

$$p(\theta) = \frac{\sum_{\phi} I_{\mathrm{s}}(\theta,\phi)}{\sin\theta \sum_{\theta}\sum_{\phi} I_{\mathrm{s}}(\theta,\phi)} \tag{2-19}$$

定义各向异性因子 g 为散射光方向角余弦的平均值：

$$g = \int_0^{\pi} p(\theta)\cos\theta \times 2\pi \sin\theta \mathrm{d}\theta \tag{2-20}$$

由式(2-20)可知，g 表示散射光分布的对称性，g 越大，粒子对光的散射越集中于前向。$g=1$ 表示完全前向散射，$g=0$ 表示散射光前向与后向分布相等。

2.2.2　柱粒子散射

对于无穷长的圆柱状散射体，它的单次散射理论计算也是有严格解析解的。无穷长是指它的柱长度远大于柱的半径。经过理论推导发现，当一束平行光以 ζ 角斜入射到圆柱状散射体上时，散射光是以柱为轴、以 ζ 为半角的一个圆锥面，如图 2.2(a)所示。特别地，当垂直入射时，散射光分布在垂直于柱轴平面内。

(a) 空间分布　　　　　　　　(b) 偏振态坐标系

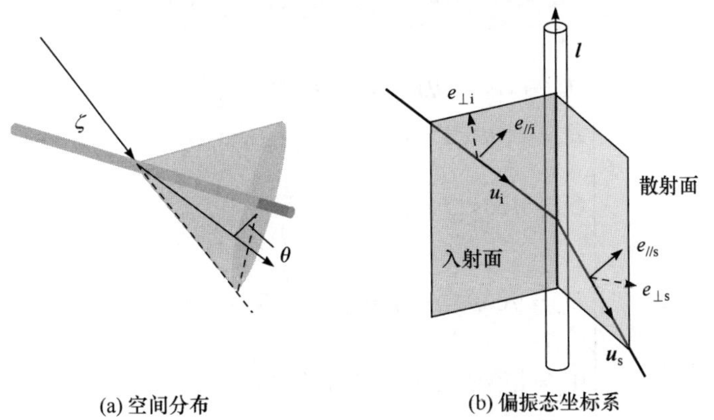

图 2.2　无穷长圆柱状散射体光散射示意图

下面简要介绍散射场的计算公式。如图 2.2(b)所示，入射光方向和柱轴方向确定了入射面，将入射光电场分解为平行于入射面和垂直于入射面的两个分量，分别记为 $E_{//i}$ 和 $E_{\perp i}$；出射光的方向和柱轴方向确定的平面为散射面，同样将出射电场分解为平行于散射面和垂直于散射面两个分量，分别记为 $E_{//s}$ 和 $E_{\perp s}$。将波动方程 $\nabla^2 \psi + k^2 \psi = 0$ 在柱坐标下展开，并利用柱的边界条件进行求解，可以得到散射场和入射场的关系如下：

$$\begin{bmatrix} E_{//s} \\ E_{\perp s} \end{bmatrix} = \mathrm{e}^{\mathrm{i}3\pi/4} \sqrt{\frac{2}{\pi k r \sin\zeta}} \mathrm{e}^{\mathrm{i}k(r\sin\zeta - z\cos\zeta)} \begin{bmatrix} T_1 & T_4 \\ T_3 & T_2 \end{bmatrix} \begin{bmatrix} E_{//i} \\ E_{\perp i} \end{bmatrix} \tag{2-21}$$

式中

$$\begin{cases} T_1 = \displaystyle\sum_{-\infty}^{\infty} b_{n\mathrm{I}} \mathrm{e}^{-\mathrm{i}n\Theta} = b_{0\mathrm{I}} + 2\sum_{n=1}^{\infty} b_{n\mathrm{I}} \cos(n\Theta) \\[3mm] T_2 = \displaystyle\sum_{-\infty}^{\infty} a_{n\mathrm{II}} \mathrm{e}^{-\mathrm{i}n\Theta} = a_{0\mathrm{II}} + 2\sum_{n=1}^{\infty} a_{n\mathrm{II}} \cos(n\Theta) \\[3mm] T_3 = \displaystyle\sum_{-\infty}^{\infty} a_{n\mathrm{I}} \mathrm{e}^{-\mathrm{i}n\Theta} = -2\mathrm{i}\sum_{n=1}^{\infty} a_{n\mathrm{I}} \sin(n\Theta) \\[3mm] T_4 = \displaystyle\sum_{-\infty}^{\infty} b_{n\mathrm{II}} \mathrm{e}^{-\mathrm{i}n\Theta} = -2\mathrm{i}\sum_{n=1}^{\infty} b_{n\mathrm{II}} \sin(n\Theta) \end{cases} \tag{2-22}$$

式中

$$\begin{cases} a_{n\mathrm{I}} = \dfrac{C_n V_n - B_n D_n}{W_n V_n + \mathrm{i}D_n^2}, \quad a_{n\mathrm{II}} = -\dfrac{A_n V_n - \mathrm{i}C_n D_n}{W_n V_n + \mathrm{i}D_n^2} \\[3mm] b_{n\mathrm{I}} = \dfrac{W_n B_n + \mathrm{i}D_n C_n}{W_n V_n + \mathrm{i}D_n^2}, \quad b_{n\mathrm{II}} = -\mathrm{i}\dfrac{C_n W_n + A_n D_n}{W_n V_n + \mathrm{i}D_n^2} \Theta = \pi - \theta \end{cases} \tag{2-23}$$

式中

$$\begin{cases} A_n = \mathrm{i}\xi[\xi \mathrm{J}'_n(\eta)\mathrm{J}_n(\xi) - \eta \mathrm{J}_n(\eta)\mathrm{J}'_n(\xi)] \\ B_n = \xi[m^2 \xi \mathrm{J}'_n(\eta)\mathrm{J}_n(\xi) - \eta \mathrm{J}_n(\eta)\mathrm{J}'_n(\xi)] \\ C_n = n\cos\zeta\eta \mathrm{J}_n(\eta)\mathrm{J}_n(\xi)\left(\dfrac{\xi^2}{\eta^2} - 1\right) \\ D_n = n\cos\zeta\eta \mathrm{J}_n(\eta)\mathrm{H}_n^{(1)}(\xi)\left(\dfrac{\xi^2}{\eta^2} - 1\right) \\ W_n = \mathrm{i}\xi[\eta \mathrm{J}_n(\eta)\mathrm{H}_n^{(1)\prime}(\xi) - \xi \mathrm{J}'_n(\eta)\mathrm{H}_n^{(1)}(\xi)] \\ V_n = \xi[m^2 \xi \mathrm{J}'_n(\eta)\mathrm{H}_n^{(1)}(\xi) - \eta \mathrm{J}_n(\eta)\mathrm{H}_n^{(1)\prime}(\xi)] \end{cases} \tag{2-24}$$

式中，J_n 为贝塞尔函数；$\mathrm{H}_n^{(1)} = \mathrm{J}_n + \mathrm{i}Y_n$ 为汉克尔函数；其他参数满足

$$\begin{cases} \xi = x\sin\zeta \\ \eta = x\sqrt{m^2 - \cos^2\zeta} \\ x = ka \end{cases} \tag{2-25}$$

式中，a 为圆柱半径；m 为柱散射体相对于周围介质的折射率；$k = 1/\lambda$ 为波数；ζ 为入射光与柱的夹角，如图 2.2(a)所示。由以上公式可得缪勒矩阵 $M(\zeta,\theta)$ 为

$$M(\zeta,\theta) = \frac{2}{\pi kr\sin\zeta}\begin{bmatrix} m_{11} & m_{12} & m_{13} & m_{14} \\ m_{21} & m_{22} & m_{23} & m_{24} \\ m_{31} & m_{32} & m_{33} & m_{34} \\ m_{41} & m_{42} & m_{43} & m_{44} \end{bmatrix} \tag{2-26}$$

式中

$$\begin{cases} m_{11} = (|T_1|^2 + |T_2|^2 + |T_3|^2 + |T_4|^2)/2 \\ m_{12} = (|T_1|^2 - |T_2|^2 + |T_3|^2 - |T_4|^2)/2 \\ m_{13} = \mathrm{Re}\left\{T_1T_4^* + T_2T_3^*\right\} \\ m_{14} = \mathrm{Im}\left\{T_1T_4^* - T_2T_3^*\right\} \\ m_{21} = (|T_1|^2 - |T_2|^2 - |T_3|^2 + |T_4|^2)/2 \\ m_{22} = (|T_1|^2 + |T_2|^2 - |T_3|^2 - |T_4|^2)/2 \\ m_{23} = \mathrm{Re}\left\{T_1T_4^* - T_2T_3^*\right\} \\ m_{24} = \mathrm{Im}\left\{T_1T_4^* + T_2T_3^*\right\} \end{cases}$$

$$
\begin{cases}
m_{31} = \mathrm{Re}\left\{T_1T_3^* + T_2T_4^*\right\} \\
m_{32} = \mathrm{Re}\left\{T_1T_3^* - T_2T_4^*\right\} \\
m_{33} = \mathrm{Re}\left\{T_1^*T_2 + T_3^*T_4\right\} \\
m_{34} = \mathrm{Im}\left\{T_1T_2^* + T_3T_4^*\right\} \\
m_{41} = \mathrm{Im}\left\{T_1^*T_3 + T_2T_4^*\right\} \\
m_{42} = \mathrm{Im}\left\{T_1^*T_3 - T_2T_4^*\right\} \\
m_{43} = \mathrm{Im}\left\{T_1^*T_2 - T_3^*T_4\right\} \\
m_{44} = \mathrm{Re}\left\{T_1^*T_2 - T_3^*T_4\right\}
\end{cases}
\tag{2-27}
$$

缪勒矩阵 $\boldsymbol{M}(\zeta,\theta)$ 与角度 ζ 和 θ 都有关，在本书中的数值模拟计算中，ζ 和 θ 均取 1°作为间隔计算相应参数条件下的 $\boldsymbol{M}(\zeta,\theta)$。

入射光方向与柱轴的夹角 ζ 确定之后，散射光的出射方向就分布在以柱为轴、以 ζ 为半角的一个圆锥面上[图 2.2(a)]。散射光在锥面上不同方位角 θ 处出射的概率是不相等的，这个以 θ 为参数概率分布函数即为柱散射的相函数。与计算球散射相函数情况类似，在计算柱散射的相函数之前，先将入射光斯托克斯向量的参考系旋转至图 2.2(b)所示，再乘以相应的缪勒矩阵 $\boldsymbol{M}(\zeta,\theta)$，具体计算公式为

$$
\boldsymbol{S}_{\mathrm{s}}(I_{\mathrm{s}},Q_{\mathrm{s}},U_{\mathrm{s}},V_{\mathrm{s}}) = \boldsymbol{M}(\zeta,\theta)\boldsymbol{R}\boldsymbol{S}_{\mathrm{i}} \tag{2-28}
$$

式中，$\boldsymbol{S}_{\mathrm{s}}$ 为从方位角 θ 出射的散射光的斯托克斯向量；$\boldsymbol{R}$ 为旋转矩阵；$\boldsymbol{S}_{\mathrm{i}}$ 为入射光的斯托克斯向量。

将 $I_{\mathrm{s}}(\theta)$ 按最大值归一化后便可得到相函数曲线。图 2.3(a)给出非偏振光($S_{\mathrm{i}} = (1,0,0,0)$)以不同入射角 ζ 入射时的相函数。图 2.3(b)给出不同偏振态的入射光垂直入射柱散射体上时的相函数。图 2.3 中相函数的计算参数为：柱直径为 2μm，介质折射率为 1.33，柱折射率为 1.52，入射光波长为 633nm。由图 2.3(a)可以看出，柱散射体的散射光主要集中在正前向，随着入射角变小，锥面各方向的散射概率差距变小。在同一入射角下，入射光的偏振态对相函数也有影响，如图 2.3(b)所示。

圆柱状散射体的散射系数除了与散射体参数(如柱半径、折射率、浓度等)有关，还与入射角 ζ 和入射光的偏振态有关。下面给出散射系数的计算过程。

对于平行于柱轴方向的线偏振光入射，散射效率为

$$Q_{\mathrm{sca},//}=\frac{W_{\mathrm{s},//}}{2aLI_i}=\frac{2}{x}\left[\left|b_{0\mathrm{I}}\right|^2+2\sum_{n=1}^{\infty}\left(\left|b_{n\mathrm{I}}\right|^2+\left|a_{n\mathrm{I}}\right|^2\right)\right] \tag{2-29}$$

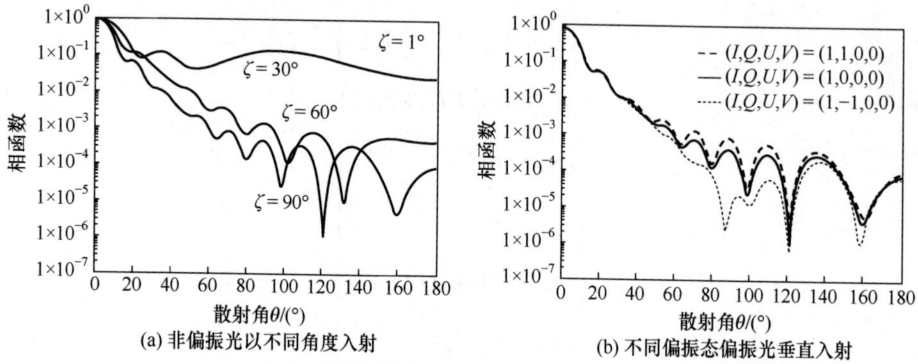

图 2.3　柱散射相函数

对于垂直于柱轴方向的线偏振光入射，散射效率为

$$Q_{\mathrm{sca},\perp}=\frac{W_{\mathrm{s},\perp}}{2aLI_i}=\frac{2}{x}\left[\left|a_{0\mathrm{II}}\right|^2+2\sum_{n=1}^{\infty}\left(\left|a_{n\mathrm{II}}\right|^2+\left|b_{n\mathrm{II}}\right|^2\right)\right] \tag{2-30}$$

对于非偏振光入射，散射效率为

$$Q_{\mathrm{sca}}=\frac{1}{2}\left(Q_{\mathrm{sca},//}+Q_{\mathrm{sca},\perp}\right) \tag{2-31}$$

对于一个任意偏振态 $\boldsymbol{S}=(I,Q,U,V)$ 的入射光以角度 ζ 入射时，其散射效率为

$$\begin{aligned}Q_{\mathrm{sca},S}(\zeta)&=\frac{W_{\mathrm{s},S}}{W_{\mathrm{s},//}}\cdot Q_{\mathrm{sca},//}(\zeta)=\frac{\sum\limits_{\theta=0}^{2\pi}I_{\mathrm{s},S}(\theta)}{\sum\limits_{\theta=0}^{2\pi}I_{\mathrm{s},//}(\theta)}\cdot Q_{\mathrm{sca},//}(\zeta)\\&=\frac{\sum\limits_{\theta=0}^{2\pi}M(\zeta,\theta)\cdot(I,Q,U,V)^{\mathrm{T}}(1)}{\sum\limits_{\theta=0}^{2\pi}M(\zeta,\theta)\cdot(1,1,0,0)^{\mathrm{T}}(1)}\cdot Q_{\mathrm{sca},//}(\zeta)\end{aligned} \tag{2-32}$$

当介质中柱散射体的面密度为 C_A 时，介质中柱散射体的散射系数为

$$\mu_{\mathrm{s,cyl}}(\zeta)=Q_{\mathrm{sca}}(\zeta)\cdot d\cdot C_A \tag{2-33}$$

式中，d 为柱散射体的直径。

2.2.3 非规则粒子散射计算

常见的非球形散射精确求解模型大致可分为三类：基于微分方程的散射模型、基于体积积分方程的散射模型及基于面积分的散射模型。基于微分方程的散射模型主要有 T 矩阵方法、分离变量法、有限时域差分、有限元方法、离散 Mie 形式等。基于体积分的散射模型主要有极子法、离散偶极子近似法。基于面积分的散射模型主要有零场等。本书重点介绍 T 矩阵方法和离散偶极子近似法。

1. T 矩阵方法

1965 年，Waterman 提出了基于数值求解麦克斯韦方程的 T 矩阵方法，该方法是计算非球形粒子散射特性的有力工具[1]。经过大量验证，目前 T 矩阵方法已经成为公认的应用最广泛的非球形散射计算模型之一。

T 矩阵是电磁波在入射场和散射场之间的传输矩阵，它的各个元素只与粒子的固有特征有关，如形状、尺寸参数和折射率等，而与入射场和散射场无关，因此 T 矩阵只需计算一次，就可以计算任意方向入射光的散射。根据矢量球面波与广义边界条件理论，单个散射粒子的入射场 $E^{\text{inc}}(R)$、散射场 $E^{\text{sca}}(R)$ 及内场 $E^{\text{int}}(R)$ 分别可由广义球面波函数展开[2]：

$$E^{\text{inc}}(R)=\sum_{n=1}^{n_{\max}}\sum_{m=-n}^{n}\left[a_{mn}RgM_{mn}(kR)+b_{mn}RgN_{mn}(kR)\right] \tag{2-34}$$

$$E^{\text{sca}}(R)=\sum_{n=1}^{n_{\max}}\sum_{m=-n}^{n}\left[p_{mn}M_{mn}(kR)+q_{mn}N_{mn}(kR)\right],\quad |R|>r_0 \tag{2-35}$$

$$E^{\text{int}}(R)=\sum_{n=1}^{n_{\max}}\sum_{m=-n}^{n}\left[c_{mn}RgM_{mn}(m_r kR)+d_{mn}RgN_{mn}(m_r kR)\right] \tag{2-36}$$

式中，M_{mn} 和 N_{mn} 为第一类汉克尔函数的矢量波函数；RgM_{mn} 和 RgN_{mn} 为基于贝塞尔函数的正则矢量波函数；$k=2\pi/\lambda$ 为周围环境中的波数；m_r 和 r_0 分别为粒子相对于周围环境的折射率和粒子外接球半径；a_{mn}、b_{mn}、c_{mn}、d_{mn}、p_{mn} 和 q_{mn} 为相应场的展开系数，它们之间的关系可用矩阵表示为[2, 3]

$$\begin{bmatrix} p \\ q \end{bmatrix}=\boldsymbol{T}\begin{bmatrix} a \\ b \end{bmatrix}=\begin{bmatrix} T^{11} & T^{12} \\ T^{21} & T^{22} \end{bmatrix}\begin{bmatrix} a \\ b \end{bmatrix} \tag{2-37}$$

$$\begin{bmatrix} a \\ b \end{bmatrix}=\begin{bmatrix} \Omega^{11} & \Omega^{12} \\ \Omega^{21} & \Omega^{22} \end{bmatrix}\begin{bmatrix} c \\ d \end{bmatrix} \tag{2-38}$$

式(2-37)中，转换矩阵 T 即为 T 矩阵。散射场展开系数和内场展开系数的关系可

表示为[2]

$$\begin{bmatrix} p \\ q \end{bmatrix} = -\begin{bmatrix} Rg\Omega^{11} & Rg\Omega^{12} \\ Rg\Omega^{21} & Rg\Omega^{22} \end{bmatrix}\begin{bmatrix} c \\ d \end{bmatrix} \tag{2-39}$$

因此由式(2-38)和式(2-39)可得

$$\begin{bmatrix} p \\ q \end{bmatrix} = -\begin{bmatrix} Rg\Omega^{11} & Rg\Omega^{12} \\ Rg\Omega^{21} & Rg\Omega^{22} \end{bmatrix}\begin{bmatrix} \Omega^{11} & \Omega^{12} \\ \Omega^{21} & \Omega^{22} \end{bmatrix}^{-1}\begin{bmatrix} a \\ b \end{bmatrix} \tag{2-40}$$

依据式(2-37)和式(2-40)，T 可表示为

$$T = -Rg\Omega\left[\Omega\right]^{-1} \tag{2-41}$$

式中，$Rg\Omega$ 和 Ω 可由矢量波函数 M_{mn} 、N_{mn} 和正则矢量波函数 RgM_{mn} 、RgN_{mn} 展开，具体形式如下[3]：

$$\begin{aligned} \Omega_{mnm'n'}^{11} &= -\mathrm{i}kk'J_{mnm'n'}^{21} - \mathrm{i}k^2 J_{mnm'n'}^{12} \\ \Omega_{mnm'n'}^{12} &= -\mathrm{i}kk'J_{mnm'n'}^{11} - \mathrm{i}k^2 J_{mnm'n'}^{22} \\ \Omega_{mnm'n'}^{21} &= -\mathrm{i}kk'J_{mnm'n'}^{22} - \mathrm{i}k^2 J_{mnm'n'}^{11} \\ \Omega_{mnm'n'}^{22} &= -\mathrm{i}kk'J_{mnm'n'}^{12} - \mathrm{i}k^2 J_{mnm'n'}^{21} \end{aligned} \tag{2-42}$$

式中

$$\begin{bmatrix} J_{mnm'n'}^{11} \\ J_{mnm'n'}^{12} \\ J_{mnm'n'}^{21} \\ J_{mnm'n'}^{22} \end{bmatrix} = (-1)^m \int_s \mathrm{d}sn \cdot \begin{bmatrix} Rg\boldsymbol{M}_{m'n'}(k'R,\theta,\phi) \times \boldsymbol{M}_{-mn}(kR,\theta,\phi) \\ Rg\boldsymbol{M}_{m'n'}(k'R,\theta,\phi) \times \boldsymbol{N}_{-mn}(kR,\theta,\phi) \\ Rg\boldsymbol{N}_{m'n'}(k'R,\theta,\phi) \times \boldsymbol{M}_{-mn}(kR,\theta,\phi) \\ Rg\boldsymbol{N}_{m'n'}(k'R,\theta,\phi) \times \boldsymbol{N}_{-mn}(kR,\theta,\phi) \end{bmatrix} \tag{2-43}$$

同样

$$\begin{aligned} Rg\Omega_{mnm'n'}^{11} &= -\mathrm{i}kk'RgJ_{mnm'n'}^{21} - \mathrm{i}k^2 RgJ_{mnm'n'}^{12} \\ Rg\Omega_{mnm'n'}^{12} &= -\mathrm{i}kk'RgJ_{mnm'n'}^{11} - \mathrm{i}k^2 RgJ_{mnm'n'}^{22} \\ Rg\Omega_{mnm'n'}^{21} &= -\mathrm{i}kk'RgJ_{mnm'n'}^{22} - \mathrm{i}k^2 RgJ_{mnm'n'}^{11} \\ Rg\Omega_{mnm'n'}^{22} &= -\mathrm{i}kk'RgJ_{mnm'n'}^{12} - \mathrm{i}k^2 RgJ_{mnm'n'}^{21} \end{aligned} \tag{2-44}$$

$$\begin{bmatrix} RgJ_{mnm'n'}^{11} \\ RgJ_{mnm'n'}^{12} \\ RgJ_{mnm'n'}^{21} \\ RgJ_{mnm'n'}^{22} \end{bmatrix} = (-1)^m \int_s \mathrm{d}sn \cdot \begin{bmatrix} Rg\boldsymbol{M}_{m'n'}(k'R,\theta,\phi) \times Rg\boldsymbol{M}_{-mn}(kR,\theta,\phi) \\ Rg\boldsymbol{M}_{m'n'}(k'R,\theta,\phi) \times Rg\boldsymbol{N}_{-mn}(kR,\theta,\phi) \\ Rg\boldsymbol{N}_{m'n'}(k'R,\theta,\phi) \times Rg\boldsymbol{M}_{-mn}(kR,\theta,\phi) \\ Rg\boldsymbol{N}_{m'n'}(k'R,\theta,\phi) \times Rg\boldsymbol{N}_{-mn}(kR,\theta,\phi) \end{bmatrix} \tag{2-45}$$

将式(2-42)～式(2-44)代入式(2-45)，得到 T 矩阵。求得 T 矩阵后，对于旋转对称、随机取向的粒子，消光截面和散射截面可表示为

$$C_{\text{ext}}=-\frac{2\pi}{k^2}\operatorname{Re}\sum_{n=1}^{n_{\max}}\sum_{m=-n}^{n}\left[T_{mnmn}^{11}+T_{mnmn}^{12}\right] \tag{2-46}$$

$$C_{\text{sca}}=\frac{2\pi}{k^2}\sum_{n=1}^{n_{\max}}\sum_{n'=1}^{n_{\max}}\sum_{m=-n}^{n}\sum_{m'=-n'}^{n'}\sum_{i=1}^{2}\sum_{j=1}^{2}\left|T_{mnm'n'}^{ij}\right|^2 \tag{2-47}$$

式中，T_{mnmn}^{ij} 为 T 矩阵的元素。

通过 T 矩阵可以计算粒子单次散射缪勒矩阵，与 2.2.1 节中球形粒子缪勒矩阵相比，具有旋转对称特定形状的非球形粒子的缪勒矩阵同样有 8 个元素为非零值，但是有 6 个是独立的，具体形式如下[3]：

$$\boldsymbol{F}(\theta)=\begin{bmatrix} a_1(\theta) & b_1(\theta) & 0 & 0 \\ b_1(\theta) & a_2(\theta) & 0 & 0 \\ 0 & 0 & a_3(\theta) & b_2(\theta) \\ 0 & 0 & -b_2(\theta) & a_4(\theta) \end{bmatrix} \tag{2-48}$$

式中，θ 为散射角，6 个非零值元素分别为 $a_1(\theta)$、$a_2(\theta)$、$a_3(\theta)$、$a_4(\theta)$、$b_1(\theta)$、$b_2(\theta)$。因此，只要计算这 6 个元素，缪勒矩阵的形式就可以完全确定，这些元素可以用广义球面函数展开：

$$a_1(\theta)=\sum_{l=0}^{l_{\max}}\alpha_1^l p_{00}^l\left(\cos(\theta)\right)$$

$$a_2(\theta)+a_3(\theta)=\sum_{l=2}^{l_{\max}}\left(\alpha_2^l+\alpha_3^l\right)p_{22}^l\left(\cos(\theta)\right)$$

$$a_2(\theta)-a_3(\theta)=\sum_{l=0}^{l_{\max}}\left(\alpha_2^l+\alpha_3^l\right)p_{2,-2}^l\left(\cos(\theta)\right)$$

$$a_4(\theta)=\sum_{l=0}^{l_{\max}}\alpha_4^l p_{00}^l\left(\cos(\theta)\right)$$

$$b_1(\theta)=\sum_{l=2}^{l_{\max}}\beta_1^l p_{02}^l\left(\cos(\theta)\right)$$

$$b_2(\theta)=\sum_{l=0}^{l_{\max}}\beta_4^l p_{02}^l\left(\cos(\theta)\right) \tag{2-49}$$

式中，p 为广义球面函数；$l_{\max}$ 只依赖数值计算的精度；α、β 为展开系数。

缪勒矩阵 $F(\theta)$ 的第一个元素 $a_1(\theta)$ 为单次散射相函数，根据广义球面函数的正交特性，不对称因子 g 可以简单地表示为[2]

$$g = \cos(\theta) = \frac{1}{2}\int_{-1}^{1} a_1(\theta)\cos(\theta)\mathrm{d}(\cos(\theta)) = \frac{\alpha_1^l}{3} \tag{2-50}$$

由式(2-44)、式(2-46)、式(2-47)和式(2-50)即可求得非球形散射粒子单次散射特性。

散射矩阵体现了散射介质的散射特性，表示了散射体对入射光的作用，同时揭示了散射微粒光的偏振特性，与散射微粒的形状、尺寸、折射率、光波的波长及散射角有关，对光子与散射微粒的碰撞过程产生直接的影响。入射光为自然光即完全非偏振光时，经过微粒散射可产生线偏振光，线偏振度 P_L 可表示为

$$P_\mathrm{L} = \frac{I_\perp - I_{//}}{I_\perp + I_{//}} = -\frac{b_1}{a_1} \tag{2-51}$$

a_1 表示光波经过微粒介质发生散射后，不同方向上散射光强度分布，$-b_1/a_1$ 表示非偏振光作为入射光时，散射光线偏振光部分的偏振度，a_3/a_1 表示入射光为左旋圆偏振光时，散射光的圆偏振度，b_2/a_1 表示入射光偏振态为−45°线偏振时，散射光中圆偏振光光强占总光强的比例。

2. 离散偶极子近似法

离散偶极子近似法是一种能够计算任意形状散射体对光的散射和吸收特性的重要方法。该方法最早由 Purcell 和 Pennypacker 于 1973 年提出，而后由 Draine 等发扬光大。离散偶极子近似的物理思想是：全角在入射光的作用下，散射体被分割成无数细小的电偶极子(图 2.4)，每个电偶极子都向外辐射电磁波，通过求解电偶极子的排布和辐射电磁波的总和效应，得到粒子散射特性的近似解。

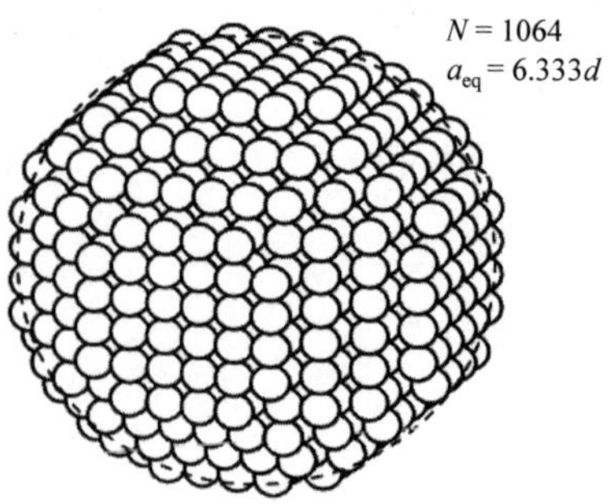

图 2.4　离散偶极子近似法散射体离散化示意图

基于离散偶极子近似的基本思想，将散射体用 N 个离散偶极子阵列代替，如图 2.4 所示，每个偶极子的极化率张量设为 α_j，中心位置设为 r_j，每个偶极子在局域场 $E\left(r_j\right)$ 的作用下产生的电偶极矩为[4]

$$P_j = \alpha_j \times E(r_j) \tag{2-52}$$

式中，$E(r_j)$ 是指 r_j 处的场，是由入射场在 j 处的电场 $E_{\mathrm{inc},j}$ 和所有在入射场作用下在 k 处($k \neq j$)产生的偶极子在 j 处共同产生的场 E_o 两部分组成：

$$E\left(r_j\right)=E_{\text{inc},j}+E_{\text{o},j} \tag{2-53}$$

$$E_{\text{inc},j}=E_{\text{o}}\exp(\text{i}k\times r_j-\text{i}wt) \tag{2-54}$$

$$E_{\text{o},j}=-A_{jk}P_k,\quad j\neq k \tag{2-55}$$

$-A_{jk}P_k$ 是位于 k 处的偶极子在 j 处产生的电场，可以求得其表达式为

$$A_{jk}P_k=\left\{k^2r_{jk}\times(r_{jk}\times P_k)+\frac{1-\text{i}kr_{jk}}{r_{jk}^2}\times\left[r_{jk}^2P_k-3r_{jk}(r_{jk}\times P_k)\right]\right\}\times\frac{\exp(\text{i}kr_{jk})}{r_{jk}^3},\quad j\neq k \tag{2-56}$$

考虑迟滞效应，A_{jk} 可表示为

$$A_{jk}=\frac{\exp(\text{i}kr_{jk})}{r_{jk}}\left[k^2\left(\hat{r}_{jk}\times\hat{r}_{jk}-I_3\right)+\frac{1-\text{i}kr_{jk}}{r_{jk}^2}\times\left(3\hat{r}_{jk}\times\hat{r}_{jk}-I_3\right)\right],\quad j\neq k \tag{2-57}$$

在 $j=k$ 处，定义 $A_{jj}=\alpha_j^{-1}$，于是散射问题可归结为一个 N 维复线性方程组：

$$\sum_{k=1}^{N}A_{jk}P_k=E_{\text{inc},j},\quad j=1,2,\cdots,N \tag{2-58}$$

根据式(2-58)可求出电偶极矩 P_k，进而求得消光截面和吸收截面：

$$C_{\text{exi}}=\frac{4\pi k}{\left|E_0\right|^2}\sum_{k=1}^{N}\text{Im}\left(E_{\text{inc},k}^{*}\times P_k\right) \tag{2-59}$$

$$C_{\text{abs}}=\frac{4\pi k}{\left|E_0\right|^2}\sum_{k=1}^{N}\left\{\text{Im}\left[P_k\times(\alpha_k^{-1})^{*}\times P_k^{*}\right]-\frac{2}{3}k^3\left|P_k\right|^2\right\} \tag{2-60}$$

在远场近似下，散射光的散射电场表示为

$$E_{\text{sca}}=\frac{k^2\exp(\text{i}kr)}{r}\sum_{j-1}^{N}\exp(-\text{i}k\hat{r}\times r_j)(\hat{r}\hat{r}-I_3)P_j \tag{2-61}$$

散射场 $\boldsymbol{E}_\text{s}$ 各分量与入射场 $\boldsymbol{E}_i$ 各分量可用散射振幅矩阵元素 $T_i(i=1,2,3,4)$ 联系起来，表示为

$$\begin{bmatrix}\boldsymbol{E}_\text{s}\cdot\hat{\theta}_\text{s}\\-\boldsymbol{E}_\text{s}\cdot\hat{\phi}_\text{s}\end{bmatrix}=\frac{\exp(\text{i}\boldsymbol{k}\times\boldsymbol{r})}{-\text{i}kr}\begin{bmatrix}T_2&T_3\\T_4&T_1\end{bmatrix}\begin{bmatrix}E_\text{i}(0)\cdot\hat{e}_{\text{i}//}\\E_\text{i}(0)\cdot\hat{e}_{\text{i}\perp}\end{bmatrix} \tag{2-62}$$

式中，$\hat{e}_{\text{i}//}$、$\hat{e}_{\text{i}\perp}$ 是指平行和垂直于散射面的极化状态，$\hat{e}_{\text{i}\perp}=\hat{e}_{\text{i}//}\times\hat{x}$；其他参数满足

$$\begin{aligned}
T_1 &= -\mathrm{i}\left[f_{21}(b\cos\phi_s - a\sin\phi_s) + f_{22}(d\cos\phi_s - c\sin\phi_s)\right] \\
T_2 &= -\mathrm{i}\left[f_{11}(a\cos\phi_s + b\sin\phi_s) + f_{12}(c\cos\phi_s + d\sin\phi_s)\right] \\
T_3 &= \mathrm{i}\left[f_{11}(b\cos\phi_s - a\sin\phi_s) + f_{12}(d\cos\phi_s - c\sin\phi_s)\right] \\
T_4 &= \mathrm{i}\left[f_{21}(a\cos\phi_s + b\sin\phi_s) + f_{22}(c\cos\phi_s + d\sin\phi_s)\right]
\end{aligned} \tag{2-63}$$

式中

$$f_{ml}\left(\hat{n}_0,\hat{n}\right) \equiv k^3\sum_{j=1}^{N} P_j^{(l)} \cdot \hat{e}_m^* \exp\left(-\mathrm{i}k\hat{n}\cdot r_j\right), \quad m,l=1,2 \tag{2-64}$$

$$\begin{aligned}
a &= \hat{e}_{01}^*\hat{y} \\
b &= \hat{e}_{01}^*\hat{z} \\
c &= \hat{e}_{02}^*\hat{y} \\
d &= \hat{e}_{02}^*\hat{z}
\end{aligned} \tag{2-65}$$

入射光和散射光的斯托克斯参量之间的关系可用缪勒矩阵表示为

$$\begin{bmatrix} S_{1s} \\ S_{2s} \\ S_{3s} \\ S_{4s} \end{bmatrix} = \frac{1}{k^2r^2}\begin{bmatrix} S_{11} & S_{12} & S_{13} & S_{14} \\ S_{21} & S_{22} & S_{23} & S_{24} \\ S_{31} & S_{32} & S_{33} & S_{34} \\ S_{41} & S_{42} & S_{43} & S_{44} \end{bmatrix}\begin{bmatrix} S_{1i} \\ S_{2i} \\ S_{3i} \\ S_{4i} \end{bmatrix} \tag{2-66}$$

在得到振幅散射矩阵元素 T_i 后，缪勒矩阵各元素可由下式算出：

$$S_{11} = \frac{1}{2}\left(|T_1|^2 + |T_2|^2 + |T_3|^2 + |T_4|^2\right)$$

$$S_{12} = \frac{1}{2}\left(|T_2|^2 - |T_1|^2 + |T_4|^2 - |T_3|^2\right)$$

$$S_{13} = \mathrm{Re}\left\{T_2T_3^* + T_1T_4^*\right\}$$

$$S_{14} = \mathrm{Im}\left\{T_2T_3^* + T_1T_4^*\right\}$$

$$S_{21} = \frac{1}{2}\left(|T_2|^2 - |T_1|^2 - |T_4|^2 + |T_3|^2\right)$$

$$S_{22} = \frac{1}{2}\left(|T_2|^2 + |T_1|^2 - |T_4|^2 - |T_3|^2\right)$$

$$S_{23} = \mathrm{Re}\left\{T_2T_3^* - T_1T_4^*\right\}$$

$$S_{24} = \mathrm{Im}\left\{T_2T_3^* + T_1T_4^*\right\}$$

$$S_{31} = \mathrm{Re}\left\{T_2T_4^* + T_1T_3^*\right\}$$

$$S_{32} = \mathrm{Re}\left\{T_2T_4^* - T_1T_3^*\right\}$$

$$S_{33} = \mathrm{Re}\left\{T_1T_2^* + T_3T_4^*\right\}$$

$$S_{34} = \mathrm{Im}\left\{T_2T_1^* + T_4T_3^*\right\}$$

$$S_{41} = \mathrm{Im}\left\{T_1T_3^* + T_4T_2^*\right\}$$

$$S_{42} = \mathrm{Im}\left\{T_4T_2^* - T_1T_3^*\right\}$$

$$S_{43} = \mathrm{Im}\left\{T_1T_2^* - T_3T_4^*\right\}$$

$$S_{44} = \mathrm{Re}\left\{T_1T_2^* - T_3T_4^*\right\} \tag{2-67}$$

2.3　偏振光散射的蒙特卡罗模拟计算过程

2.3.1　模拟计算的基本概念

蒙特卡罗模拟方法又称为计算机随机抽样方法。这一方法是在第二次世界大战期间美国研制原子弹的“曼哈顿计划”中，由尼克梅特珀利斯、冯 · 诺伊曼、斯坦乌尔姆等提出的。该计划的主持人之一冯 · 诺伊曼用驰名世界的赌城——摩纳哥的蒙特卡罗来命名这种方法。蒙特卡罗方法的基本思想可以追溯到 18 世纪法国的 Buffon 为确定 π 的近似值而进行的投针实验。20 世纪 40 年代以来，电子计算机的出现，特别是近年来高性能计算机及计算机集群计算、网格计算等计算方法的出现，推动了蒙特卡罗模拟的发展。

蒙特卡罗模拟方法的基本思想是：根据待求的随机问题或者物理过程的统计规律，构造出与之对应的概率模型或随机过程，使问题的解等于某个随机变量的期望值，通过产生符合实际中变量分布的随机数进行大量随机过程计算，通过统计平均求得该随机变量的期望值。该方法通常用于处理当研究对象各组成单元的特征量已知，但研究对象整体过于复杂，难以建立精确的数学模型进行求解时的问题。由于蒙特卡罗模拟的结果是统计平均的结果，随着模拟次数的增多，其计算精度也将逐渐提高，因此需要进行大量反复的运算，而这依赖于高性能的计算机，故而其在近些年得到了日益广泛的应用。

该方法的具体步骤如下：

(1) 根据提出的问题构造一个简单、适用的概率模型或随机模型，使问题的解对应于该模型中随机变量的某些特征(如概率、均值和方差等)，所构造的模型在主要特征参量方面要与实际问题或系统相一致。

(2) 在计算机上产生随机数，使得随机数的分布符合模型中各个随机变量的分布。

(3) 根据概率模型的特点和随机变量的分布特性，设计和选取合适的抽样方法，并对每个随机变量进行抽样(包括直接抽样、分层抽样、相关抽样、重要抽样等)。

(4) 按照所建立的模型进行仿真实验、计算，求出问题的随机解。

(5) 统计分析模拟实验结果，给出问题的概率解及解的精度估计。

光在浑浊介质中的散射过程可以抽象成多个光子的一系列随机过程，从而可以方便地引入蒙特卡罗模拟方法来研究光子在散射介质中的传播规律。1983年，Wilson等将蒙特卡罗模拟方法引入生物光子学中，给出了光在生物组织中传播的蒙特卡罗模拟的基本框架：包括光子随机步长的确定、光子吸收和散射随机过程的描述及待测物理量的统计描述[5]。1995 年，Wang 等在半无限大、均匀分布的散射介质模型基础上，开发了描述光在多层散射介质中传输的蒙特卡罗模拟程序并公布了程序源代码[6]，大大推动了蒙特卡罗模拟在生物光学方面的应用。随着偏振成像在组织光学中的广泛应用，人们开始对偏振光的散射模拟感兴趣。于是，一些研究小组在模拟中将光子的偏振信息加入考虑，提出了几种不同的方法追踪记录光子在各向同性介质中散射传播的偏振态[7]。

在模拟浑浊介质中光的散射过程时，假设光子是具有一定能量的独立粒子，光子与光子之间并无相互作用，将传播过程看成一个个独立光子随机散射过程的叠加。通过追踪大量光子在介质中随机传播的过程，并对光子的属性进行统计，得到光在散射介质中传播的规律，研究光子在生物组织中的传输过程。具体地讲，首先设置入射光子的初始状态，然后确定下一次发生散射的位置，接着确定光子与粒子作用时由吸收引起的权重衰减。根据相函数选择出射方向，若确定光子逸出界面或者吸收使得权重小于阈值，则结束对此光子的追踪，对下一个光子重复以上过程；否则，将光子移动到散射点，并确定下一步散射位置，继续追踪。直到所有光子都被追踪完毕，结束计算。

在研究光散射的蒙特卡罗模拟时，散射介质模型是相当重要的。对于简单的均匀散射介质模型，主要由散射体类型、散射体参数、散射体的散射系数和介质的吸收系数等表征。对于复杂介质，如包含多种散射体及介质分层等非均匀的情况，则更加复杂。

大部分生物组织对可见光和红外光都是高散射低吸收介质，因此在蒙特卡罗模拟方法中介质模型一般为散射吸收模型。对于各向同性的浑浊介质，其散射相

函数可以用 H-G 相函数来近似，归一化的 H-G 相函数为

$$p(\theta)=\frac{1}{4\pi}\frac{1-g^2}{(1+g^2-2g\cos\theta)^{3/2}} \tag{2-68}$$

该相函数与实验能够较好吻合，常用来计算光子在生物组织中的散射行为[7]。另外，实验上发现聚苯乙烯小球悬浮液等散射介质能用来模拟一些各向同性的实际生物组织，这些散射体都是由接近球状的粒子组成，因此在模拟中用球状粒子作为组织散射的物理模型，介质的散射相函数为球状粒子的散射相函数，见式(2-19)。

针对各向异性结构的生物组织，各向同性的散射模型已经不再适用，Kienle 通过引入一个新的散射体模型——无穷长圆柱状散射体，提出一个各向异性的介质模型[8]。在该模型中，包含以 H-G 相函数描述的散射体和以非偏振光散射时圆柱状散射体的相函数描述的散射体。该模型不考虑散射过程光的偏振改变，适用于研究非偏振光的散射传播。

2.3.2　模拟程序设计

模拟程序的目标是实现根据实际实验条件设定不同模拟参数，包括光源、入射方式、介质设定和程序控制参数等，记录所有出射光子的各种状态，并统计分析光子的分布和偏振特征。按照结构划分，程序可分为三大模块：①参数设定；②光子追踪；③数据处理。

参数设定模块为一个采用 VC++编写的前台界面操作程序，用于设置所有的模拟参数(图 2.5)：入射光波长，入射方向和介质表面的夹角，入射点的位置坐标，入射光斑半径，入射光的偏振态；介质中散射体周围环境的折射率和吸收系数，平板介质厚度；球状散射体的半径、折射率、散射系数；圆柱状散射体的半径、折射率，自然光垂直入射时的散射系数、空间取向及相应的高斯分布标准差；模拟用的总光子数，光子的截止散射次数等。该前端界面操作程序可一次性添加多个(系列)模拟任务。程序将依次执行模拟任务，并将相应的模拟参数写到 config.txt 文件中，保存到指定路径相应文件夹下。缪勒矩阵在光子每次散射中都会用到，而且有很多重复计算，这会严重影响程序运算速度，因此这部分计算在程序中独立于追踪过程，并入参数设定模块，在光子追踪之前将遍历所有入射和出射情况下的缪勒矩阵，并将结果存储在内存中随时调用。

光子追踪模块是蒙特卡罗程序的核心组成部分，光子在介质中的散射传播过程由这部分计算完成。这部分的核心算法包括光子偏振态坐标系到散射坐标系的变换、选择散射体类型、散射角度的采样、介质分层情况的处理等。光子追踪模块是整个模拟程序中最耗时的模块，因此对程序速度优化的讨论也集中在改进这

个模块的算法。

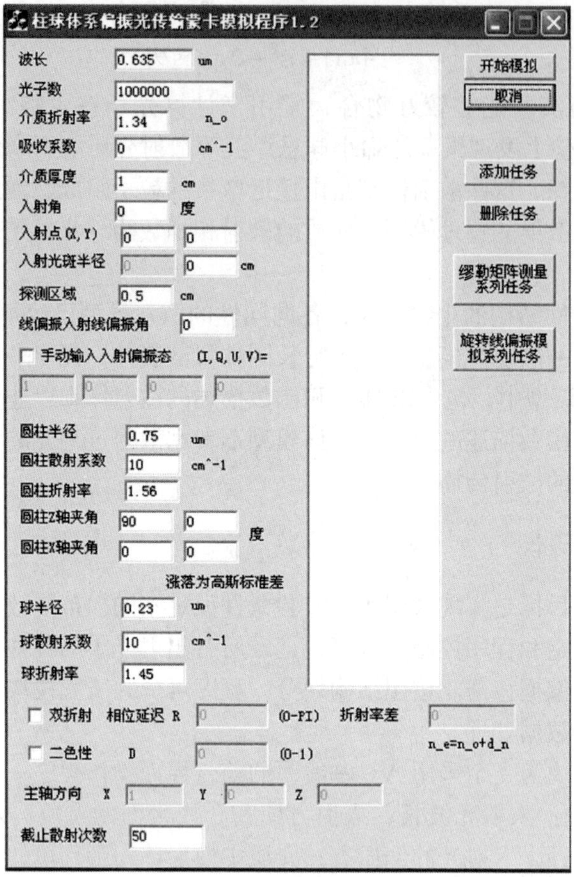

图 2.5　程序界面

本书将结果统计和数据处理部分独立为一个模块，并单独用 Matlab 编写处理程序。在光子追踪模块完成对所有光子的追踪后，会将每个出射光子的所有信息(空间位置，出射角度，偏振态，在介质中的散射次数，在介质中的传播路径，在介质中到达的最大深度等)按照统一的存储格式全部记录下来，保存到指定目录下的 result.dat 文件中。采用 Matlab 编写的处理程序通过读取 result.dat 文件，并根据实际需要对所有光子进行筛选统计，计算感兴趣的表征量并绘图。这样做的好处是实现了数据共享，只要通过调整 Matlab 处理程序就能用同一个模拟结果处理不同的统计量。

图 2.6 给出了利用蒙特卡罗模拟方法光子追踪模块的流程，其中的程序框架借鉴了文献[6]中的研究非偏振光传播的 MCML(Monte Carlo model of steady-state light transport in multi-layered tissues)程序框架，而偏振光表征及偏振态坐标系的

变换方法则借鉴了文献[8]中欧拉角的表示法。

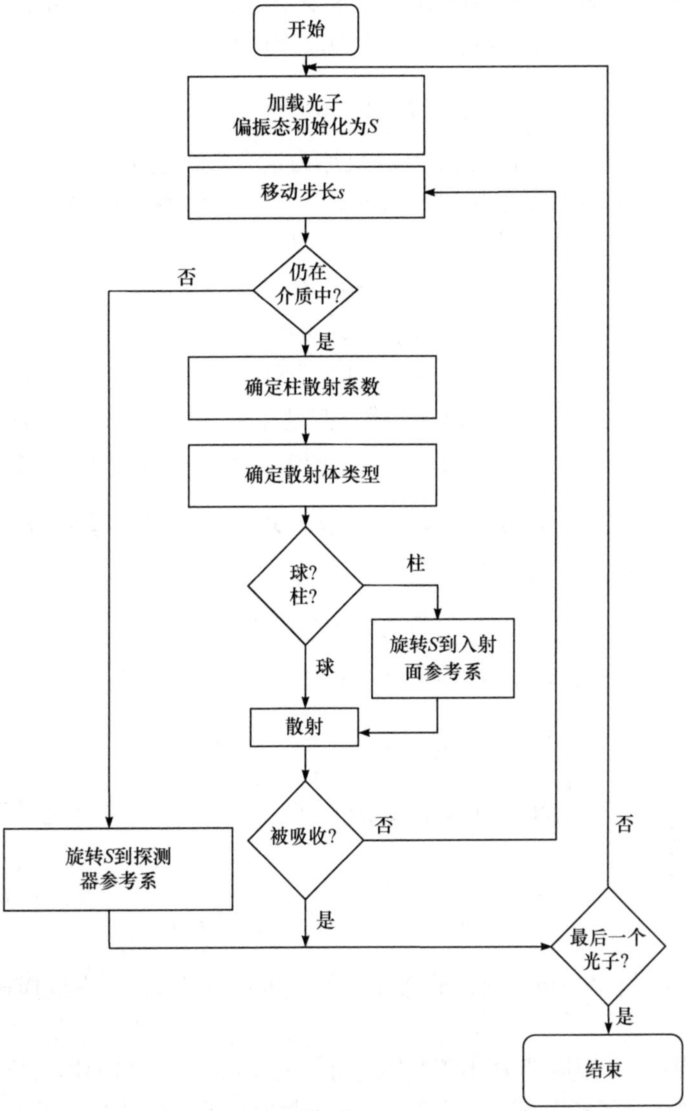

图 2.6　偏振光在球-柱体系中散射传播的蒙特卡罗模拟程序流程图

2.3.3　随机变量的取样

蒙特卡罗模拟方法是一种统计模拟随机取样的方法，因此随机变量的取样是蒙特卡罗模拟中一个核心和关键的问题。在本程序里，很多地方涉及随机变量的取样，如光子在两次散射事件之间移动的步长 s 、散射体类型的确定、柱形散射体的空间取向，与散射体发生散射后从相函数选取出射角度等。可以说，随机变量的取样直接关系到模拟结果的可靠性，同时也是影响程序运算时间的一大因素。

随机变量的抽样方法较为常用的有求反函数法[9]，对于要求的随机变量 χ，在 (a,b) 的概率密度函数为 $p(\chi)$，这个概率密度函数满足归一化：

$$\int_a^b p(\chi)\mathrm{d}\chi = 1 \tag{2-69}$$

为了模拟的需要，期望能重复随机地为这个随机变量 χ 选择一个值，这个变量的取值建立在随机数发生器的基础上。计算机可以提供一个在(0,1)均匀分布的随机变量 ξ。这个随机变量的累积分布函数为

$$F_\xi(\xi) = \begin{cases} 0, & \xi \leqslant 0 \\ \xi, & 0 < \xi \leqslant 1 \\ 1, & \xi > 1 \end{cases} \tag{2-70}$$

为了对非均匀分布函数 $p(\chi)$ 取样，假设存在一个单调递增函数 $\chi = f(\xi)$，这个函数将 $\xi \in (0,1)$ 映射到 $\chi \in (a,b)$，则两者的概率分布满足如下等式：

$$p\{f(0) < \chi \leqslant f(\xi_1)\} = p\{0 < \xi \leqslant \xi_1\} p\{a < \chi \leqslant \chi_1\} = p\{0 < \xi \leqslant \xi_1\} \tag{2-71}$$

根据累积函数分布的定义可得

$$F_\chi(\chi_1) = F_\xi(\xi_1) \tag{2-72}$$

将式(2-72)左边展开，根据式(2-70)可得

$$\int_a^{\chi_1} p(\chi)\mathrm{d}\chi = \xi_1, \quad \xi_1 \in (0,1) \tag{2-73}$$

通过对式(2-73)的求解可以得到函数 $f(\xi_1)$。若 $\chi = f(\xi)$ 是单调递减的函数，则

$$\int_a^{\chi_1} p(\chi)\mathrm{d}\chi = 1 - \xi_1, \quad \xi_1 \in (0,1) \tag{2-74}$$

ξ 和 $1-\xi$ 概率分布一致，故选择一种取样方法即可，本书选择式(2-73)作为取样方法。

本节程序中采用周期为 10^{6000} 的随机数发生器产生在(0,1)均匀分布的随机变量 ξ 序列[10]。程序采用 C 语言编写，随机数发生器产生的是一系列伪随机数，只要选取的随机种子相同，这个随机数列就是相同的，这将导致先后两次模拟的结果完全相同。为了解决这个问题，这里引入一个时间函数，用程序运行的当前时间作为种子，这样每次的结果就会不同。

2.3.4 坐标系的选取

光子的基本信息包括空间位置、传播方向和偏振态等，这些基本属性依赖于

坐标系的建立。在模拟程序中建立两个坐标系来描述光子的状态。如图 2.7 所示，第一个坐标系是实验室坐标系，用来描述样品摆放的空间位置及光子所处的空间位置 $r(x,y,z)$，其中 x-y 平面为样品表面，z 方向为样品深度方向；第二个坐标系 $(\boldsymbol{v},\boldsymbol{w},\boldsymbol{u})$ 为描述光子偏振态的坐标系，其中 $\boldsymbol{u}$ 始终与光子的传播方向一致，$\boldsymbol{w}$ 为光子电场平行分量方向，$\boldsymbol{v}$ 为光子电场垂直分量方向。描述光子偏振态的该坐标系随着光子的传播而不断变化，程序中通过记录光子的传播方向($\boldsymbol{u}$)和电场垂直分量方向($\boldsymbol{v}$)来记录该坐标系的改变。每次光子发生散射时，根据散射角和方位角来确定新的偏振态参考坐标系。光子在散射后的偏振态都是对应于新参考坐标系而言的。

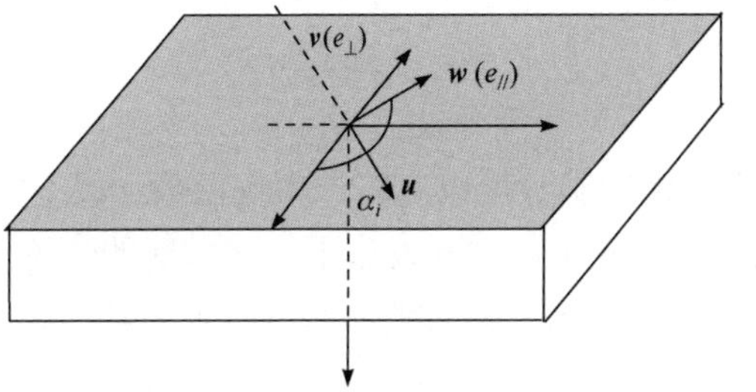

图 2.7　实验室坐标系与光子偏振态参考坐标系示意图

2.3.5　光子状态的初始化和光子移动

光子需要进行初始化的信息包含空间位置 (x_0,y_0,z_0)、传播方向 (u_{x0},u_{y0},u_{z0})、偏振态 (I_0,Q_0,U_0,V_0)、偏振态的参考坐标系电场垂直分量方向 $\boldsymbol{v}=(v_{x0},v_{y0},v_{z0})$ 等。光子入射的初始空间位置取决于入射点位置及光斑的样式大小。本模拟程序可以模拟无限细点入射、均匀圆光斑、高斯型圆光斑三种情况。例如，对于无限细点入射情况，$(x_0,y_0,z_0)=(0,0,0)$。为了模拟真实实验中一些斜入射的情况，本模拟程序设定入射光在 x-z 平面内，入射光与 z 轴的夹角为 α_i。此时，光子传播方向初始化为 $(u_{x0},u_{y0},u_{z0})=(\sin\alpha_i,0,\cos\alpha_i)$，偏振态的参考坐标系电场垂直分量初始化为 $\boldsymbol{v}_0=(v_{x0},v_{y0},v_{z0})=(0,-1,0)$。以正入射为例，当入射光相对于实验室坐标系为 x 方向线偏振入射时，$(I_0,Q_0,U_0,V_0)=(1,1,0,0)$；当入射光相对于实验室坐标系为 y 方向线偏振入射时，$(I_0,Q_0,U_0,V_0)=(1,-1,0,0)$；当入射光相对于实验室坐标系为右旋圆偏振入射时，$(I_0,Q_0,U_0,V_0)=(1,0,0,1)$。对光子的其他统计量，如散射次数，最深深度等，初始化为 0。光子在进入介质前，其权重 W 初始化为 1。

模拟程序中光子的步长根据光子自由程概率分布的取样来计算[6]。在计算光

子的步长时，光子的步长概率密度函数为

$$p(s)=\mu_t\exp(-\mu_t s),\quad \mu_t=\mu_a+\mu_s \tag{2-75}$$

进而可求得

$$\xi=\int_0^s p(s')\mathrm{d}s'=\int_0^s \mu_t\exp(-\mu_t s')\mathrm{d}s'=1-\exp(\mu_t s) \tag{2-76}$$

由上述公式求得

$$s=\frac{-\ln(1-\xi)}{\mu_t} \tag{2-77}$$

式中，ξ 为(0,1)的随机数，因此式(2-77)也可以写成

$$s=\frac{-\ln(\xi)}{\mu_t} \tag{2-78}$$

根据步长 s 的概率密度函数可以直接求得反函数，以上方法适用。

光子的步长确定后，光子移动到发生下一次散射的位置。光子在介质中移动之后，相应的坐标要发生变化，新的坐标通过原来的坐标和方向余弦得到：

$$\begin{cases} x'=x+su_x \\ y'=y+su_y \\ z'=z+su_z \end{cases} \tag{2-79}$$

2.3.6　光子的吸收

对于有吸收作用的介质，在光子传播过程中，光子的权重会下降。定义反照率

$$a=\frac{\mu_s}{\mu_t} \tag{2-80}$$

式中，a 代表光子被散射的概率，$1-a$ 代表光子被吸收的概率。经过 n 次散射之后，相应光子的权重为 a^n。光子吸收造成的光子权重的损失为

$$\Delta W=W\frac{\mu_a}{\mu_t} \tag{2-81}$$

经过以上变化，光子权重变为

$$W'=W-\Delta W \tag{2-82}$$

当光子的权重下降到设定的阈值以下时，光子被视为完全吸收，而当光子以确定的阈值 W 逸出介质时，相应的斯托克斯参量变为

$$S_{\text{out}}=WS \tag{2-83}$$

2.3.7　光子的散射

1. 确定散射体

模拟体系中存在球状和无穷长圆柱状两种散射体，因此在发生散射前需要先确定散射体的类型。与某一类型散射体发生散射的概率应该正比于这种散射体的散射系数占体系总散射系数的比例。对于球状散射体，散射系数只与粒子参数、浓度等有关，在程序中作为输入参数之一，其在模拟过程中是一个常数。对于圆柱状散射体，由式(2-32)可知，它的散射系数不但与入射角度有关，还与光子的偏振态有关。因此在每次散射之前都要计算一遍圆柱散射体的散射系数。

圆柱散射体在介质中的方向由散射角 θ 和方位角 φ 共同决定：

$$l=\begin{cases} l_x=\sin\theta\cos\varphi \\ l_y=\sin\theta\sin\varphi \\ l_z=\cos\theta \end{cases} \tag{2-84}$$

式中，θ 和 φ 均满足高斯分布，且有

$$\begin{cases} f(\theta)=\theta_0+\exp\left(-\dfrac{\theta^2}{2\varDelta_\theta^2}\right) \\ f(\varphi)=\varphi_0+\exp\left(-\dfrac{\varphi^2}{2\varDelta_\varphi^2}\right) \end{cases} \tag{2-85}$$

式中，θ_0 和 $\varDelta_\theta$ 分别为圆柱与 z 轴的夹角及高斯分布标准差；φ_0 和 $\varDelta_\varphi$ 分别为圆柱与 x 轴的夹角及高斯分布标准差。以上参数都是程序参数模块的输入参数。

采用反函数法获得满足该分布的 θ 和 φ，便可求出 l。根据光子传播的方向和圆柱在介质中的方向就能求出入射角度，再由光子的偏振态根据式(2-32)和式(2-33)求出圆柱散射体的散射系数(设为 $\mu_{\mathrm{s,cyl}}$)。假设球状散射体的散射系数为 $\mu_{\mathrm{s,sph}}$，则其与柱散射体发生散射的概率为

$$p_{\mathrm{cyl}}=\frac{\mu_{\mathrm{s,cyl}}}{\mu_{\mathrm{s,sph}}+\mu_{\mathrm{s,cyl}}} \tag{2-86}$$

其与球状散射体发生散射的概率为 $p_{\mathrm{sph}}=1-p_{\mathrm{cyl}}$。生成随机数 $\xi\in(0,1)$，若 $\xi\leqslant p_{\mathrm{sph}}$，则程序进入与球状粒子散射模块，反之则进入与圆柱状粒子散射模块。

2. 球状粒子散射

散射过程是光子追踪模块中最重要的组成部分，它独立成一个小模块，不同

类型散射体的散射在不同的模块中进行。对于球状散射体，从不同角度散射时，相应的缪勒矩阵在参数输入模块就已经完成计算，因此在该散射模块主要是对散射角度进行随机取样，从而确定选取相应的缪勒进行计算，同时需要更新光子的传播方向及偏振态参考系。球状散射体对光子的散射是全空间的，散射光的方向由散射角 θ 和方位角 φ 决定，$\theta\in[0,\pi]$，$\varphi\in[0,2\pi]$。

在考虑偏振特性时，散射偏转角 θ 和方位角 φ 满足联合概率密度：

$$p(\theta,\varphi;S)\mathrm{d}\theta\mathrm{d}\varphi=\left[a(\theta)+b(\theta)\frac{Q\cos(2\varphi)+U\sin(2\varphi)}{I}\right]\sin(\theta)\mathrm{d}\theta\mathrm{d}\varphi \tag{2-87}$$

式中，$a(\theta)$ 和 $b(\theta)$ 为归一化的缪勒矩阵阵元，根据 Mie 散射理论计算得到。由式(2-87)看出，散射角 θ 和方位角 φ 的概率分布是入射光的偏振态 S 的函数。光子在与球状散射体散射过程中，偏振态在不断变化，因此每次散射光的角度分布都需要通过式(2-87)计算，这与非偏振光散射所用的相函数不同。

针对该分布，这里采取了分别采样的方法。首先对 φ 积分进而得到 θ 的概率密度函数：

$$p(\theta)\mathrm{d}\theta=2\pi\cdot a(\theta)\sin(\theta)\mathrm{d}\theta \tag{2-88}$$

对应的累积概率分布函数为

$$P(\theta)=\int_0^{\theta}p(\theta')\mathrm{d}\theta' \tag{2-89}$$

利用反函数方法对 θ 采样，计算概率分布函数 $P(\theta)$，将其保存在数组中。采样时，产生[0,1)范围内均匀分布随机数 ξ，在 $P(\theta)$ 的数组中找到 ξ 对应的 θ 值。在模拟之前只需计算一次 $P(\theta)$。

确定了 θ 后，φ 满足以下条件概率分布：

$$p(\varphi|\theta,S)\mathrm{d}\varphi=\frac{p(\theta,\varphi;S)\mathrm{d}\theta\mathrm{d}\varphi}{p(\theta)\mathrm{d}\theta}=\frac{1}{2\pi}\left[1+\frac{b(\theta)}{a(\theta)}\frac{Q\cos(2\varphi)+U\sin(2\varphi)}{I}\right]\mathrm{d}\varphi \tag{2-90}$$

对 φ 采用拒绝方法采样，先产生[0,2π)的随机数 φ 和[0,1)的随机数 ξ，计算 $k_0=a(\theta)+|b(\theta)|$，$k=a(\theta)+b(\theta)[Q\cos(2\varphi)+U\sin(2\varphi)]$；若 $\xi k_0<k$，则接受 φ，否则重新产生随机数再比较。这种方法是在 θ 确定的情况下对 φ 采样，省去了产生无效的 θ 的时间。

通过采样确定散射角 θ 和方位角 φ 后，便确定了散射过程的缪勒矩阵。由于该缪勒矩阵对应于入射光的斯托克斯向量是以散射面作为参考平面，在计算每一次散射前，必须使得描述光子的参考面和散射面重合。如图 2.8 所示，$\boldsymbol{u}_{\mathrm{i}}$ 为散射前光子的传播方向，$\boldsymbol{w}_{\mathrm{i}}-\boldsymbol{v}_{\mathrm{i}}$ 为散射前光子偏振态的参考系。首先将 $\boldsymbol{w}_{\mathrm{i}}-\boldsymbol{v}_{\mathrm{i}}$ 绕 u_i 旋转 φ，使得 $\boldsymbol{w}'$ 在散射面内。新的偏振态参考系为

$$\begin{cases}\boldsymbol{v}'=\boldsymbol{v}\cos\varphi+\boldsymbol{w}\sin\varphi\\ \boldsymbol{w}'=\boldsymbol{w}\cos\varphi+\boldsymbol{v}\sin\varphi\end{cases} \tag{2-91}$$

偏振态参考系顺时针旋转，因此光子的斯托克斯向量变为

$$\boldsymbol{S}'=\boldsymbol{R}(-\varphi)\boldsymbol{S} \tag{2-92}$$

式中，$\boldsymbol{R}(-\varphi)$ 为旋转缪勒矩阵，其表达式为

$$\boldsymbol{R}(-\varphi)=\begin{bmatrix}1 & 0 & 0 & 0\\ 0 & \cos(2\varphi) & -\sin(2\varphi) & 0\\ 0 & \sin(2\varphi) & \cos(2\varphi) & 0\\ 0 & 0 & 0 & 1\end{bmatrix} \tag{2-93}$$

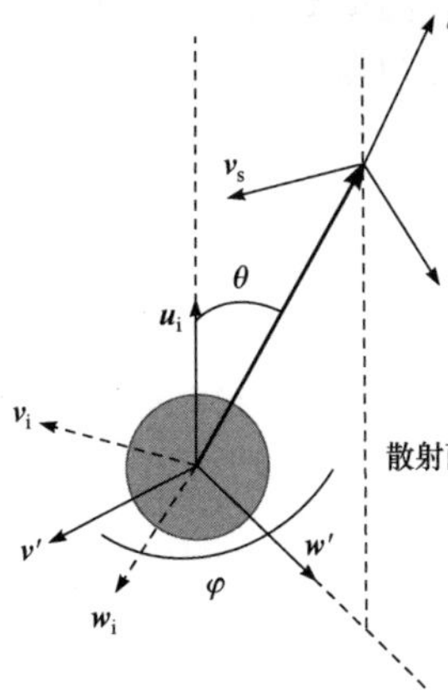

图 2.8　球散射过程中光子偏振态参考系的变化

经过散射，光子的斯托克斯向量变为

$$\boldsymbol{S}''=\boldsymbol{M}(\theta,\varphi)\boldsymbol{S}'=\boldsymbol{M}(\theta,\varphi)\boldsymbol{R}(-\varphi)\boldsymbol{S} \tag{2-94}$$

将光子的斯托克斯向量进行归一化，以保证能量守恒，即

$$\boldsymbol{S}_{\mathrm{out}}=\begin{bmatrix}1\\ Q''/I''\\ U''/I''\\ V''/I''\end{bmatrix} \tag{2-95}$$

此时，光子的传播方向及偏振态对应的参考系发生了改变。新的传播方向 $\boldsymbol{u}_{\mathrm{s}}$ 和偏振态参考系相当于绕 $\boldsymbol{v}'$ 旋转 θ，此时有

$$\begin{cases}\boldsymbol{u}_{\mathrm{s}}=\boldsymbol{u}\cos\theta+\boldsymbol{w}'\sin\theta\\ \boldsymbol{v}_{\mathrm{s}}=\boldsymbol{v}'\\ \boldsymbol{w}_{\mathrm{s}}=\boldsymbol{w}'\cos\theta-\boldsymbol{u}\sin\theta\end{cases} \tag{2-96}$$

3. 无穷长圆柱状粒子散射

2.2.2 节已经给出无穷长圆柱状粒子的散射特性和散射的缪勒矩阵计算公式。与球状散射粒子的计算类似，在这一模块，只需对散射角进行采样，并利用已经算好的对应缪勒矩阵计算散射后光子的偏振态，同时更新光子的传播方向和偏振态参考系。与球状粒子不同的是，对于确定的柱轴方向和光子入射方向，散射光的方向只由一个方位角 θ 来决定，$\theta\in[0,2\pi]$。

判定散射体类型时，已经根据圆柱状散射体的空间分布函数得到了它的空间取向 $\boldsymbol{l}$ (单位向量)，再由光子的传播方向 $\boldsymbol{u}_\mathrm{i}$ 便可以确定入射面，如图 2.9 所示。

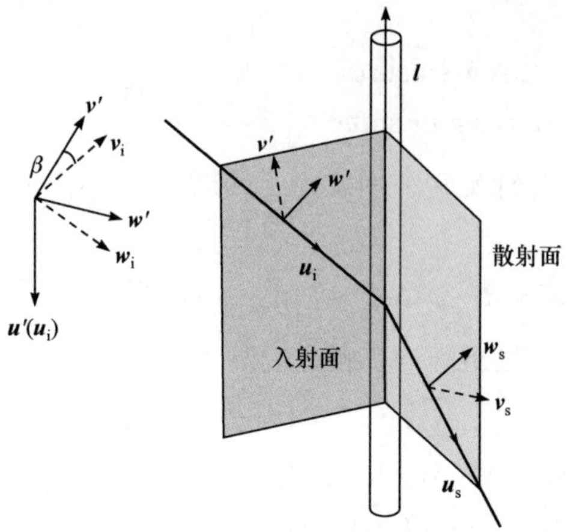

图 2.9　柱散射过程中光子偏振态参考系的变化

对于柱散射体的缪勒矩阵，对应的入射偏振态参考系中平行偏振分量 w' 位于入射面内

$$\begin{cases}\boldsymbol{v}' = \boldsymbol{l}\times\boldsymbol{u}_\mathrm{i}\\ \boldsymbol{w}' = \boldsymbol{u}\times\boldsymbol{v}'\end{cases} \tag{2-97}$$

因此，第一步需要把光子原偏振态的参考系旋转到这个新的参考系。如图 2.9 所示，假设原参考系 $\boldsymbol{w}_\mathrm{i}-\boldsymbol{v}_\mathrm{i}$ 与新参考系 $\boldsymbol{w}'-\boldsymbol{v}'$ 之间的夹角为 β，则光子的斯托克斯向量变为

$$\boldsymbol{S}' = \boldsymbol{R}(\beta)\boldsymbol{S} = \begin{bmatrix}1 & 0 & 0 & 0\\ 0 & \cos(2\beta) & \sin(2\beta) & 0\\ 0 & -\sin(2\beta) & \cos(2\beta) & 0\\ 0 & 0 & 0 & 1\end{bmatrix}\boldsymbol{S} \tag{2-98}$$

式中

$$\beta = \arctan\left(-\frac{\boldsymbol{w}_\mathrm{i}\cdot\boldsymbol{v}'}{\boldsymbol{v}_\mathrm{i}\cdot\boldsymbol{v}'}\right) \tag{2-99}$$

光子与圆柱发生散射的夹角为

$$\zeta = \arccos(\boldsymbol{u}_\mathrm{i}\cdot\boldsymbol{l}) \tag{2-100}$$

此时柱散射体的缪勒矩阵为 $\boldsymbol{M}(\zeta,\theta)$，详见式(2-26)，因此不同 θ 方位角出射光子的偏振态 $\boldsymbol{S}_\mathrm{s} = \boldsymbol{M}(\zeta,\theta)\boldsymbol{S}'$。散射方位角 θ 满足

$$p(\theta)\mathrm{d}\theta = \frac{\boldsymbol{M}(\zeta,\theta)\boldsymbol{S}'}{\int_{\theta=0}^{2\pi}\boldsymbol{M}(\zeta,\theta)\boldsymbol{S}'}\mathrm{d}\theta \tag{2-101}$$

对应的累积概率分布函数为

$$P(\theta) = \int_0^{\theta} p(\theta')\mathrm{d}\theta' \tag{2-102}$$

采用求反函数的方法对 θ 采样：计算概率分布函数 $P(\theta)$，将其保存在数组中。采样时，产生[0, 1]范围内均匀分布随机数 ξ，用折半查找法在 $P(\theta)$ 的数组中找到 ξ 对应的 θ_0 值。

确定散射方位角 θ_0 后，进而可确定散射光的斯托克斯向量：

$$\boldsymbol{S}'' = \boldsymbol{M}(\zeta,\theta_0)\boldsymbol{S}' = \boldsymbol{M}(\zeta,\theta_0)\boldsymbol{R}(\beta)\boldsymbol{S} \tag{2-103}$$

将光子的斯托克斯向量进行归一化，以保证能量守恒，即

$$\boldsymbol{S}_{\text{out}} = \begin{bmatrix} 1 \\ Q''/I'' \\ U''/I'' \\ V''/I'' \end{bmatrix} \tag{2-104}$$

散射后光子的传播方向变为 $\boldsymbol{u}_{\mathrm{s}}$，斯托克斯向量的参考系为图 2.9 中的 $\boldsymbol{w}_{\mathrm{s}} - \boldsymbol{v}_{\mathrm{s}}$。

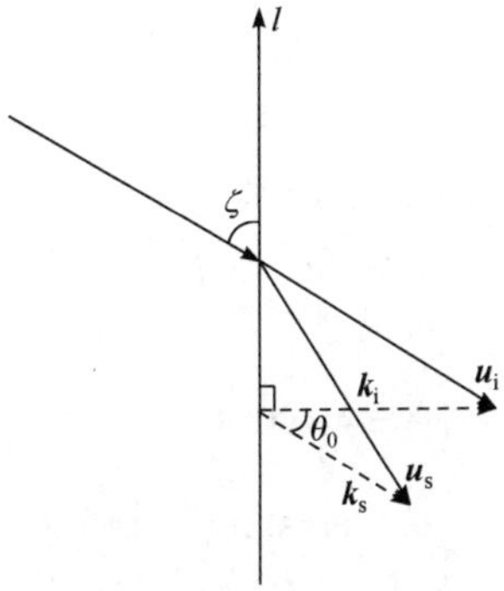

图 2.10　柱散射过程光子入射方向和出射方向的矢量关系

由图 2.10 中几何关系有

$$\begin{cases} \boldsymbol{k}_{\mathrm{i}} = \boldsymbol{l}\cos\zeta + \boldsymbol{u}_{\mathrm{i}} \\ \boldsymbol{k}_{\mathrm{s}} = \boldsymbol{k}_{\mathrm{i}}\cos\theta_0 - (\boldsymbol{l}\times\boldsymbol{k}_{\mathrm{i}})\sin\theta_0 \\ \boldsymbol{u}_{\mathrm{s}} = \boldsymbol{k}_{\mathrm{s}} - \boldsymbol{l}\cos\zeta \end{cases} \tag{2-105}$$

则

$$\begin{cases} \boldsymbol{v}_{\mathrm{s}} = \boldsymbol{l} \times \boldsymbol{u}_{\mathrm{s}} \\ \boldsymbol{w}_{\mathrm{s}} = \boldsymbol{u}_{\mathrm{s}} \times \boldsymbol{v}_{\mathrm{s}} \end{cases} \tag{2-106}$$

2.3.8 介质表面反射和折射及分层介质的分界面处理

当光子达到介质边界时，会发生反射和折射的情况。本书研究的介质为半无穷大平板介质，因此反射和折射只发生在介质的上表面和下表面。如图 2.11 所示，假设光子当前位置坐标为(x,y,z)，传播方向为$\boldsymbol{u}=(u_x,u_y,u_z)$，介质厚度为$d_0$，介质的折射率为$n$，介质外折射率为$n_0$。

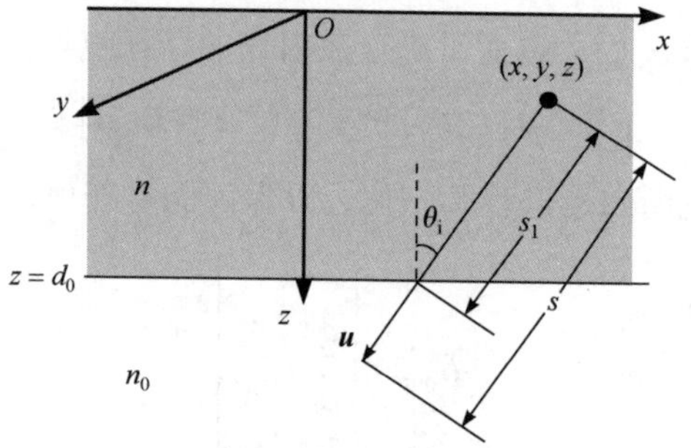

图 2.11 光子在介质表面反射或折射情况

光子沿传播方向的步长为s_1时，光子将到达介质上/下表面：

$$\begin{cases} s_1 = -z / u_z, & u_z < 0 \\ s_1 = (d_0 - z) / u_z, & u_z > 0 \end{cases} \tag{2-107}$$

因此在产生光子移动的随机步长s后应判断光子是否将到达表面，以进行反射或折射处理。若$s > s_1$，则光子将到达介质表面。设入射角为θ_{i}，折射角为θ_{t}，则有

$$\begin{cases} \theta_{\mathrm{i}} = \arccos|u_z| \\ \theta_{\mathrm{t}} = \arcsin\left(\dfrac{n}{n_0}\sin\theta_{\mathrm{i}}\right) \end{cases} \tag{2-108}$$

根据菲涅耳公式，可以计算得到反射率：

$$R = \frac{1}{2}\left(R_{\mathrm{s}} + R_{\mathrm{p}}\right) = \frac{1}{2}\left[\frac{\sin^2(\theta_{\mathrm{i}} - \theta_{\mathrm{t}})}{\sin^2(\theta_{\mathrm{i}} + \theta_{\mathrm{t}})} + \frac{\tan^2(\theta_{\mathrm{i}} - \theta_{\mathrm{t}})}{\tan^2(\theta_{\mathrm{i}} + \theta_{\mathrm{t}})}\right] \tag{2-109}$$

式中，R_{s}和R_{p}分别为 s 光和 p 光的反射率。

在程序中将产生[0,1]范围内的随机数，将其与上述反射率做比较，若其小于反射率则光子反射回介质内部继续散射，否则折射出介质。下面分两种情况分别处理。

1. 反射

更新光子在表面的位置坐标：

$$\begin{cases} x' = x + s_1 u_x \\ y' = y + s_1 u_y \\ z' = x + s_1 u_z \end{cases} \tag{2-110}$$

光子新的传播方向为 $\boldsymbol{u}' = \left(u_x, u_y, -u_z\right)$，光子将按该方向继续传播 $s - s_1$。反射光的偏振态可根据界面的缪勒矩阵算出：

$$\boldsymbol{S}' = \boldsymbol{M}_R \boldsymbol{S} = \frac{1}{2}\begin{bmatrix} r_\mathrm{p}^2 + r_\mathrm{s}^2 & r_\mathrm{p}^2 - r_\mathrm{s}^2 & 0 & 0 \\ r_\mathrm{p}^2 - r_\mathrm{s}^2 & r_\mathrm{p}^2 + r_\mathrm{s}^2 & 0 & 0 \\ 0 & 0 & 2r_\mathrm{p}r_\mathrm{s} & 0 \\ 0 & 0 & 0 & 2r_\mathrm{p}r_\mathrm{s} \end{bmatrix}\boldsymbol{S} \tag{2-111}$$

式中，r_p、r_s 为 p 光和 s 光的振幅反射系数，其表达式为

$$r_\mathrm{p} = \frac{\tan(\theta_\mathrm{i} - \theta_\mathrm{t})}{\tan(\theta_\mathrm{i} + \theta_\mathrm{t})}, \quad r_\mathrm{s} = \frac{-\sin(\theta_\mathrm{i} - \theta_\mathrm{t})}{\sin(\theta_\mathrm{i} + \theta_\mathrm{t})} \tag{2-112}$$

最后归一化斯托克斯向量。

2. 折射

记录光子在表面的位置坐标：

$$\begin{cases} x' = x + s_1 u_x \\ y' = y + s_1 u_y \\ z' = x + s_1 u_z \end{cases} \tag{2-113}$$

计算光子出射的角度：

$$u' = \begin{cases} u_x' = \dfrac{n}{n_0} u_x \\ u_y' = \dfrac{n}{n_0} u_y \\ u_z' = \sqrt{1 - \dfrac{n^2}{n_0^2}\left(1 - u_z^2\right)} \end{cases} \tag{2-114}$$

折射光的偏振态同样根据界面的缪勒矩阵算出：

$$S' = M_T S = \frac{1}{2}\begin{bmatrix} t_p^2 + t_s^2 & t_p^2 - t_s^2 & 0 & 0 \\ t_p^2 - t_s^2 & t_p^2 + t_s^2 & 0 & 0 \\ 0 & 0 & 2t_p t_s & 0 \\ 0 & 0 & 0 & 2t_p t_s \end{bmatrix} S \tag{2-115}$$

式中，t_p和t_s分别为 p 光和 s 光的振幅透射系数，其表达式为

$$t_p = \frac{2\sin\theta_t \cos\theta_i}{\sin(\theta_i + \theta_t)\cos(\theta_i - \theta_t)}, \quad t_s = \frac{2\sin\theta_t \cos\theta_i}{\sin(\theta_i + \theta_t)} \tag{2-116}$$

最后归一化斯托克斯向量。

很多实际的生物样品是有分层结构的(如皮肤)，每一层均具有不同的光学特性参数。为了模拟和研究这一类样品，在模拟程序中依据不同的光学参数进行了相应的考虑。

假设不同介质不同层的环境折射率是相同的，这样在层与层之间就不再考虑反射和折射，同时每一层介质都是均匀的。介质不同层之间所包含的散射体是不同的，因此需要实时通过光子的位置坐标来判断光子所在的层，以选取相应的计算参数。只要在同一层介质中传播，计算流程就与在单层均匀介质中相同。当光子穿越层与层的界面时，需要重新进行计算[11]。

如图 2.12 所示，假设光子原来所在位置坐标为(x, y, z)，位于介质Ⅰ层，消光系数为μ_{tI}，光子的传播方向为$\boldsymbol{u} = (u_x, u_y, u_z)$，下一步的随机移动步长为 s，介质Ⅰ层和Ⅱ层的分界面为$z = z_1$。当$z + u_z s > z_1$时光子将穿越界面。由于两层介质消光系数的不同，光子在两层介质中传播的随机步长也不同，因此光子的最终位置需要重新计算。

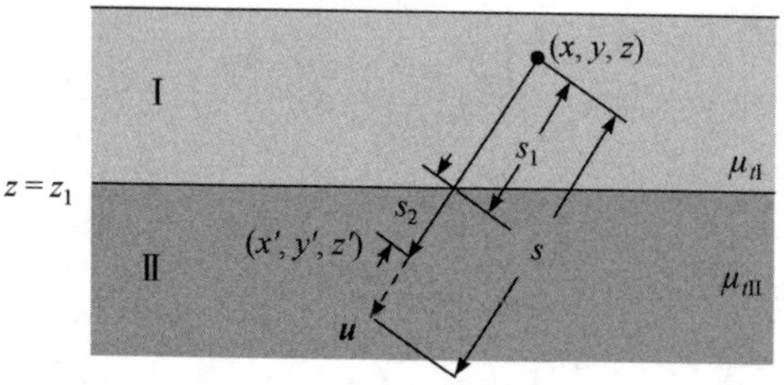

图 2.12　光子穿过介质分界面情况

光子在Ⅰ层中传播的步长为

$$s_1 = \frac{z_1 - z}{u_z} \tag{2-117}$$

则光子在Ⅱ层中传播的步长为

$$s_2 = \frac{\mu_{t\mathrm{I}}}{\mu_{t\mathrm{II}}}(s - s_1) \tag{2-118}$$

因此光子实际的移动步长为

$$s' = s_1 + s_2 \tag{2-119}$$

光子将在Ⅱ层中发生散射或吸收，位置坐标为

$$\begin{cases} x' = x + u_x s' \\ y' = y + u_y s' \\ z' = z + u_z s' \end{cases} \tag{2-120}$$

2.3.9　光子探测和记录

当光子从介质表面透射时，它将会被探测器接收。这时，光子描述偏振态的参考系仍然是以最后一次散射的散射面为基准，因此需要通过再次转动参考系使得偏振参考系与探测器所在的实验室参考系重合。这里通过两次坐标系变换来实现。

第一次坐标变换以光子出射方向 u 为轴旋转坐标系 ω-v，使得 v 旋转到 x-y 平面内(图 2.13 中 v 变为 v')。旋转角度 ε 通过下式计算得到：

$$\begin{cases} \varepsilon = 0, \quad v_z = 0; u_z = 0 \\ \varepsilon = \arctan\left(\dfrac{v_z}{w_z}\right), \qquad \text{其他情况} \end{cases} \tag{2-121}$$

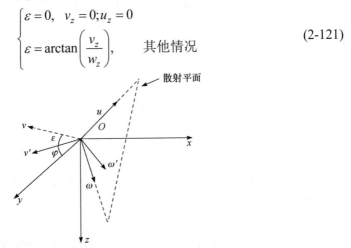

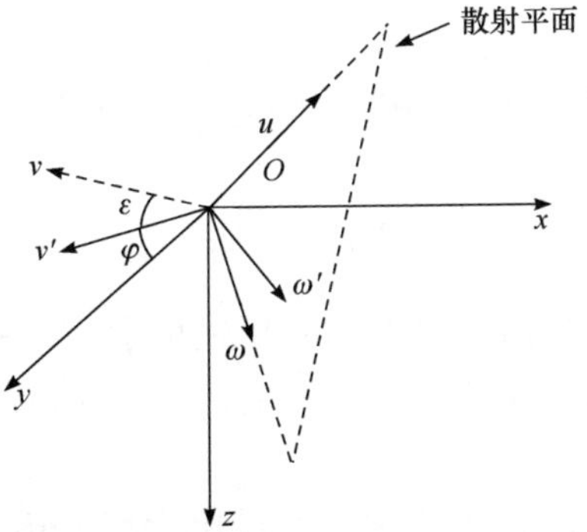

图 2.13　光子出射时偏振态参考系绕传播方向旋转 ε

第二次坐标变换以 z 为轴，旋转 v' 与 y 轴平行，如图 2.14 所示。旋转角度 φ 通过下式计算得到：

$$\begin{cases} \varphi = -\arctan\left(\dfrac{u_y}{u_x}\right), \quad \text{背向散射} \\ \varphi = \arctan\left(\dfrac{u_y}{u_x}\right), \quad \text{前向散射} \end{cases} \tag{2-122}$$

经过两次坐标变换，斯托克斯向量参考系和探测器的参考面重合，最终记录的斯托克斯向量为

$$\boldsymbol{S}_{\text{final}} = \boldsymbol{R}(\varphi)\boldsymbol{R}(\varepsilon)\boldsymbol{S} \tag{2-123}$$

当光子穿过介质的表面逃逸出介质时，对此光子的追踪就结束了。另外一种

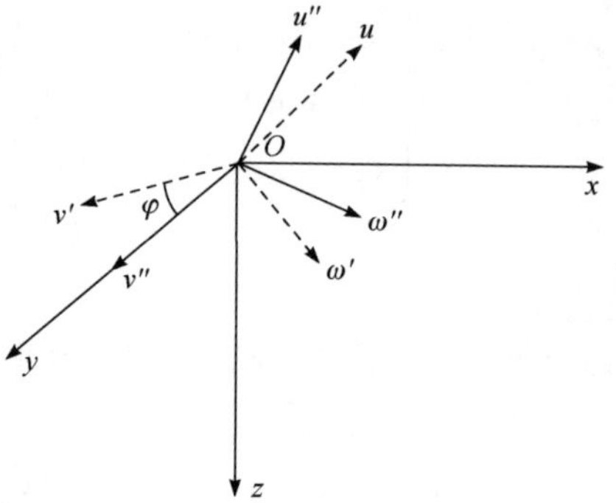

图 2.14　光子出射时偏振态参考系绕 z 轴旋转 φ

情况是：光子在介质中多次散射传播时被介质吸收。程序中设置一个阈值，当光子能量逐渐衰减至权重小于该阈值时就视为被完全吸收。若程序中直接减去低于阈值的这些光子，体系便不能保证能量守恒。本书采取了特殊的方法来解决该问题：当光子权重小于阈值时，给光子“轮盘赌”[6]的机会。存活的光子继续传播且权重相应增加，否则权重减为 0，被视为吸收。

设光子存活的机会为 $1/m$，则相应的存活光子权重 W 变为原来的 m 倍，即

$$W = \begin{cases} mW, & \xi \leqslant 1/m \\ 0, & \xi > 1/m \end{cases} \tag{2-124}$$

至此，该光子在介质内部的模拟过程就结束了。对一个光子的跟踪结束后，程序开始对下一个光子进行跟踪，直到所有的光子模拟过程结束。

2.4　蒙特卡罗模拟结果处理

光子追踪模块完成对所有光子的追踪后，便将所有出射光子的信息(包括位置坐标、传播方向、斯托克斯向量等)储存到结果文件中等待处理。采用 Matlab 编写的处理程序根据实际需求读取结果文件并做统计处理。该模拟结果处理程序界面如图 2.15 所示。

该处理程序主要包括以下三方面功能：①筛选光子；②二维统计分布；③二维图像卷积。下面分别介绍这三部分。

1. 筛选光子

对模拟结果进行数据处理的第一步便是要筛选出符合条件的光子。根据研究的需要预设二维成像面积的大小、探测光子的角度、从前向还是后向探测等，第

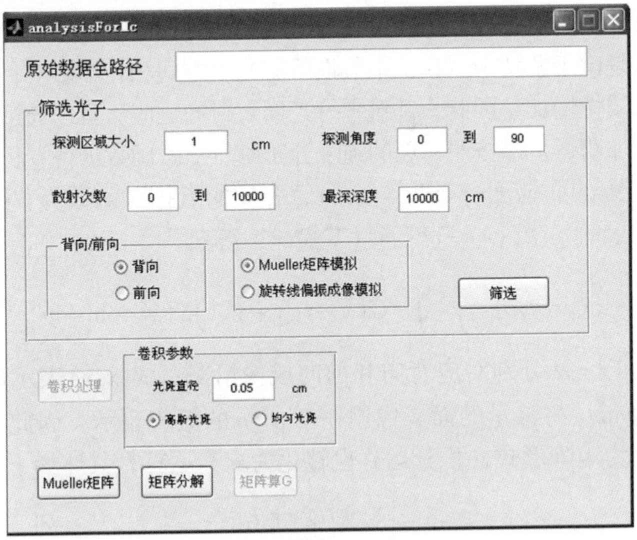

图 2.15　模拟结果处理程序界面

二步是从记录所有光子的结果文件中筛选出符合预设条件的光子。另外，光强与光子散射次数的关系、光子的总散射次数、到达介质的最深深度等也可作为预设的参数。

筛选的结果将以 Matlab 的.dat 格式文件保存，以备下一步处理，同时将相应的筛选条件保存下来以备查看。

2. 二维统计分布

对于某一物理量 $\boldsymbol{G}$ 的面成像(如光强的面分布)，处理程序将筛选的光子用 $n\times n$ 的矩阵记录，该矩阵对应预设的成像面积大小。按照光子出射的位置坐标，计算出矩阵相应的格点，将其累加，最后得到二维统计分布图 $\boldsymbol{G}_{n\times n}$。在获得斯托克斯向量各分量的二维分布后，只要按照计算公式进行矩阵运算，便可得到缪勒矩阵各个元素的二维分布图，其他物理量的二维分布也基于矩阵运算获得。

3. 二维图像卷积

实际成像实验中的入射光束大小都是有限的，有些实验研究的就是面光源入射情况，这些都要求在模拟中加入面光束入射。当然，通过改变入射光子的最初

位置，我们的模拟程序能计算有限大小各种光斑的入射情况，但是要得到有统计学意义的结果需要跟踪大量的光子，这使得模拟计算时间大幅上升。

注意，这里研究的介质为均匀介质，它对脉冲响应具有线性的特点。脉冲响应即是当入射光束是无限细光束(点入射)时得到的输出场分布，脉冲响应函数又称点扩散函数。线性的特点是指：①两束入射光之和的响应等于每一束光单独入射时的响应之和，这是由于蒙特卡罗模拟中假设所有光子之间相互不影响；②响应随着入射强度增加而线性增加。因此，针对平行光面入射的响应，可以通过将点入射的响应进行平移叠加获得，即按照光斑的强度分布对点扩散函数进行卷积计算。

设入射光束的面强度分布为 $S(x,y)$，介质的点扩散函数为 $G(x,y,z)$，介质对面入射情况的响应 $R(x,y,z)$ 可通过下式计算得到[7]：

$$R(x,y,z)=\int_{-\infty}^{\infty}\int_{-\infty}^{\infty}G(x-x',y-y',z)S(x',y')\mathrm{d}x'\mathrm{d}y' \tag{2-125}$$

式中，$z=0$ 和 $z=d$ 分别对应背向和前向成像情况；$R(x,y)$ 表示成像面上某一参量的二维分布。将参量的面成像用一个 $n\times n$ 的矩阵表示，因此式(2-125)中各个物理量均化为矩阵形式，积分运算也转化为求和运算，具体如下：

$$\begin{cases}x\to i, y\to j\\ x'\to k, y'\to l\end{cases}$$

$$R(i,j)=\sum_{k}\sum_{l}G(i-k,j-l)S(k,l) \tag{2-126}$$

式(2-126)为求矩阵 $\boldsymbol{S}$ 和 $\boldsymbol{G}$ 的二维卷积运算，利用 Matlab 自带函数 conv2 便可计算得到 $\boldsymbol{R}$。其中，矩阵 $\boldsymbol{G}$ 即是点入射情况下要研究物理量的二维分布 $\boldsymbol{G}_{n\times n}$。下面针对不同的入射光源求解矩阵 $\boldsymbol{S}$，设 $\boldsymbol{G}$ 对应的成像区域为 $l\times l$。

(1) 对于平行圆光束的情况，设光斑直径为 d，则矩阵 $\boldsymbol{S}$ 为

$$\boldsymbol{S}=\boldsymbol{I}_{m\times m} \tag{2-127}$$

式中，$\boldsymbol{I}$ 为单位矩阵；$m=\left[\dfrac{d}{l}n\right]$。

(2) 对于高斯光束情况，设 $d/2$ 为高斯光斑光强降至中心最大值 $1/e^2$ 处的半径，则矩阵 $\boldsymbol{S}$ 中的元素为

$$S(k,l)=\exp\left[-2\frac{\left(k-\dfrac{m+1}{2}\right)^2+\left(l-\dfrac{m+1}{2}\right)^2}{m^2}\right],\quad k,l\in[1,m] \tag{2-128}$$

式中，$m=\left[\dfrac{d}{l}n\right]$。

2.5　蒙特卡罗计算程序验证

本书中蒙特卡罗模拟程序是研究偏振光在包含球状、圆柱状散射体的各向异性介质中的散射传播规律。该模拟程序的创新点在于对“偏振+球-柱体系”的处理。因此，模型的验证只能与其他已有模拟结果作比较。下面通过比较两种简化后的程序模拟结果来进行验证。

2.5.1　纯球体系中的偏振模拟验证

将模型中柱散射体的散射系数设为 0，这样模型就变为纯球散射体系，计算该体系的背向缪勒矩阵二维分布图，并将其与文献[12]的结果进行比较，如图 2.16 所示，结果表明了模拟程序中关于偏振光偏振态的追踪、偏振态坐标变换及球散射过程等模块的可靠性。

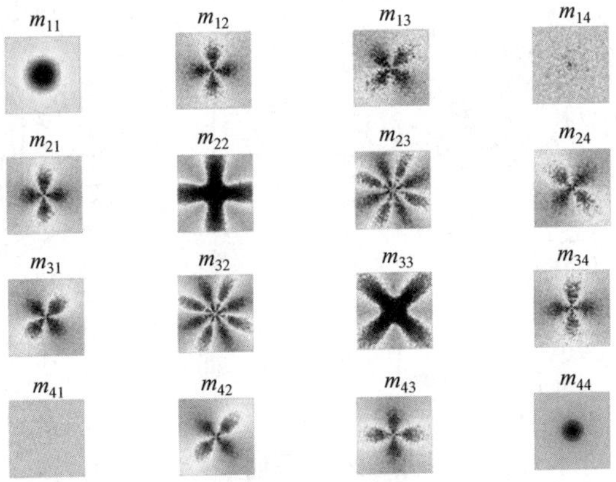

(a) 本书程序模拟结果

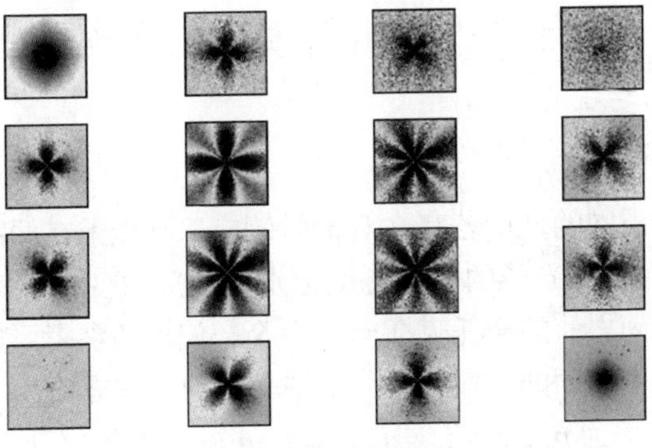

(b) 文献[12]的模拟结果

图 2.16　球散射体系背向缪勒矩阵二维分布图

2.5.2　纯柱体系中非偏振散射的验证

将模型中球散射系数设为 0 使体系简化为纯柱散射体系，并使入射的线偏振光偏振方向随机化，这里将程序用于测量非偏振光在纯柱体系中背向散射光强分布的模拟，并将结果与文献[13]的模拟结果进行比较。该模拟中，介质为只含有无穷长圆柱状散射体的半无穷大介质。其中，圆柱体直径为 1μm；圆柱体分布在 x-y 平面上，空间分布中心角度沿 x 轴且标准差 $\Delta_\varphi=10°$；圆柱体的散射系数 $u_{s(\xi=90)}=1420\text{cm}^{-1}$；介质的吸收系数 $\mu_a=0.1\text{cm}^{-1}$。

该模拟统计背向散射光子的斯托克斯向量 $\boldsymbol{S}=(I,Q,U,V)$ 的空间分布，将 $I(x,y)$ 按最大值归一化后得到 $R(x,y)$，如图 2.17(a)所示。图 2.16(b)为文献[13]的模拟结果。

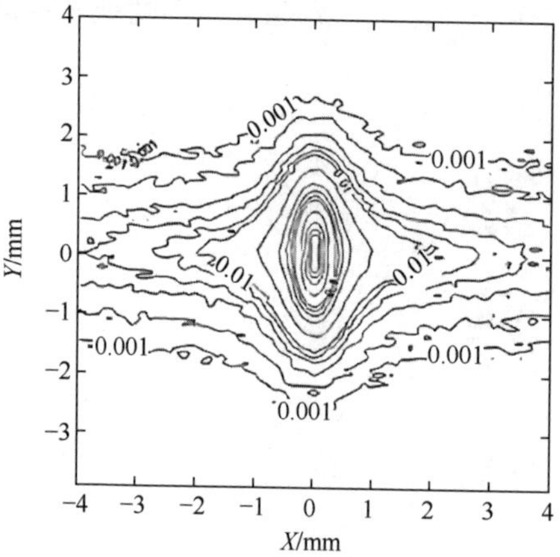

(a) 本书程序模拟结果

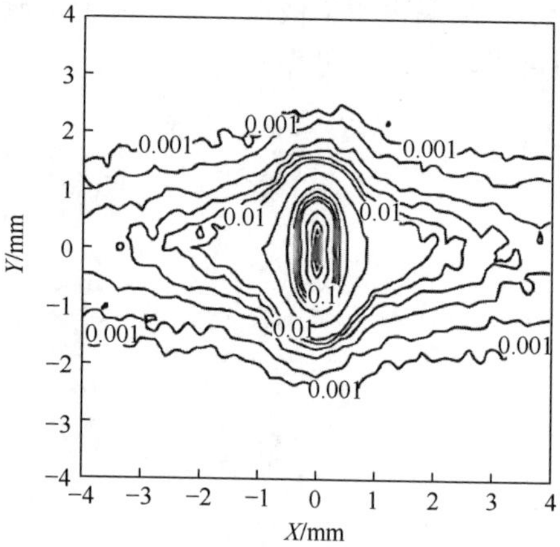

(b) 文献[13]的模拟结果

图 2.17　半无限大纯柱散射介质非偏振光背向散射光强分布图

2.6　模拟计算中双折射模块的实现及其验证

2.6.1　双折射模拟计算

介质中散射体周围的环境若存在双折射效应，则光子在两次散射之间移动步长 s 时就会受此影响，光子的偏振态就会发生相应改变。仅考虑单轴晶体的情形，假设光子在移动之前的斯托克斯向量为 $\boldsymbol{S}$，偏振态参考系的垂直分量为 v，平行分量为 w，光子移动的方向为 $\boldsymbol{u}$；单轴晶体的光轴方向为 M，o 光的折射率为 n_o，e 光的折射率为 n_e；令 $n_e=n_o+\Delta n$（Δn 可正可负），假定介质为正单轴，即 $n_e>n_o$。

要计算光子在沿 $\boldsymbol{u}$ 方向移动步长为 s 后的斯托克斯向量，只需求出这个过程的缪勒矩阵。可以将此过程看成光子经过了一个相位延迟器。

对于一个产生相位延迟 δ 的延迟器，其缪勒矩阵为

$$\boldsymbol{M}(\delta)=\begin{bmatrix}1 & 0 & 0 & 0\\ 0 & 1 & 0 & 0\\ 0 & 0 & \cos\delta & \sin\delta\\ 0 & 0 & -\sin\delta & \cos\delta\end{bmatrix}\infty \tag{2-129}$$

因此需要先计算光子沿着 $\boldsymbol{u}$ 方向移动 s 的过程中产生的相位延迟 δ：

$$\delta=\frac{2\pi s}{\lambda'}\Delta n'=\frac{2\pi sn}{\lambda}\Delta n' \tag{2-130}$$

式中，n 为介质的平均折射率；$\Delta n'$ 为垂直于光子传播方向 $\boldsymbol{u}$ 的电场平面上沿 e 光方向与沿 o 光方向的折射率差。双折射介质的折射率面如图 2.18 所示，其中 M 为光轴方向，位于 x-y 平面内。

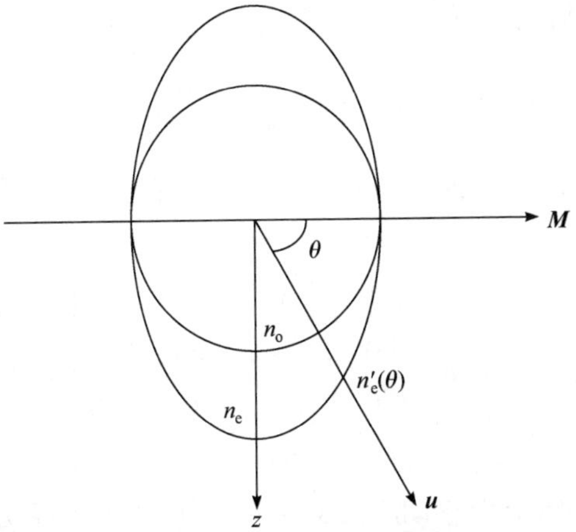

图 2.18　正单轴晶体的折射率面

$$n'_{\mathrm{e}}(\theta)=\frac{n_{\mathrm{o}}n_{\mathrm{e}}}{(n_{\mathrm{o}}^2\sin^2\theta+n_{\mathrm{e}}^2\cos^2\theta)^{1/2}} \tag{2-131}$$

$$\Delta n'=n'_{\mathrm{e}}(\theta)-n_{\mathrm{o}}=\frac{n_{\mathrm{o}}n_{\mathrm{e}}}{(n_{\mathrm{o}}^2\sin^2\theta+n_{\mathrm{e}}^2\cos^2\theta)^{1/2}}-n_{\mathrm{o}} \tag{2-132}$$

当介质为负单轴时，式(2-132)同样成立。

注意，相位延迟 δ 是以垂直于 $\boldsymbol{u}$ 的电场平面上 ***o-e*** 参考系来说的，因此还需要将入射光子的偏振态参考系旋转至该参考系，使得偏振态参考系 $\boldsymbol{w}'$ 与慢轴(e 光偏振方向)重合。设需要旋转的角度为 β，其计算过程分图 2.19(a)和图 2.19(b)

两种情况进行考虑。

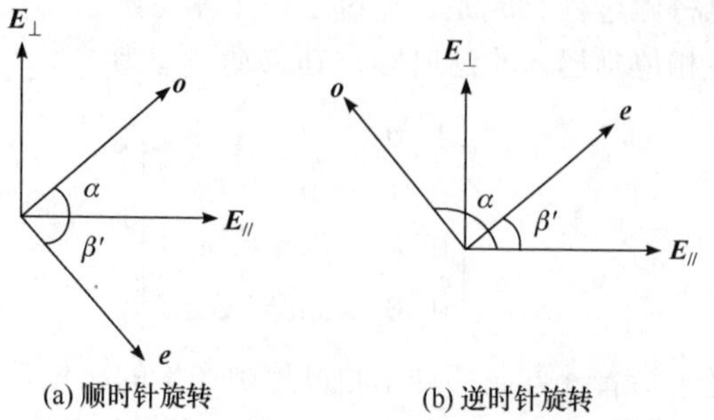

图 2.19　偏振态参考系向 ***o-e*** 参考系旋转示意图

在第一种情况下：$\tan\beta' = \dfrac{\sin\beta'}{\cos\beta'} = \dfrac{\cos\alpha}{\cos\beta'} = \dfrac{\boldsymbol{w}\cdot\boldsymbol{o}}{\boldsymbol{v}\cdot\boldsymbol{o}}$，$\beta = -\beta'$。

在第二种情况下：$\tan\beta' = \dfrac{\sin\beta'}{\cos\beta'} = \dfrac{-\cos\alpha}{\cos\beta'} = -\dfrac{\boldsymbol{w}\cdot\boldsymbol{o}}{\boldsymbol{v}\cdot\boldsymbol{o}}$，$\beta = \beta'$。

综合以上两种情况，旋转角度 β 通过下式计算得到：

$$\beta = \arctan\left(-\frac{\boldsymbol{w}\cdot\boldsymbol{o}}{\boldsymbol{v}\cdot\boldsymbol{o}}\right) \tag{2-133}$$

式中，o 光偏振方向总是垂直于光子前进方向和光轴方向，有 $\boldsymbol{o} = \boldsymbol{u}\times\boldsymbol{M}$。这样便可以计算出旋转矩阵：

$$\boldsymbol{R}(\beta) = \begin{bmatrix} 1 & 0 & 0 & 0 \\ 0 & \cos 2\beta & \sin 2\beta & 0 \\ 0 & -\sin 2\beta & \cos 2\beta & 0 \\ 0 & 0 & 0 & 1 \end{bmatrix} \tag{2-134}$$

因此，光子沿着 $\boldsymbol{u}$ 方向移动距离 s 的过程中产生的缪勒矩阵为

$$\boldsymbol{M}_b = \boldsymbol{R}(-\beta)\boldsymbol{M}(\delta)\boldsymbol{R}(\beta) \tag{2-135}$$

最后求出光子的斯托克斯向量为 $\boldsymbol{S}' = \boldsymbol{M}_b\boldsymbol{S}$，光子的传播方向和新偏振态参考系均不变，仍为 $\boldsymbol{u}$ 和 $\boldsymbol{w}-\boldsymbol{v}$。

本小节讲述的传输过程双折射效应模块，只需添加在原有模拟程序流程中“光子移动”步骤之后。在本算法中，介质双折射主轴的方向、正负单轴晶体的选择都可以任意设定，具有很强的适用性。同时，本算法为后续程序发展如再加入向色性等模块提供了很好的程序架构。

2.6.2　双折射计算程序验证

为了验证加入了双折射模块的新程序的可靠性，这里参考文献[14]做了一组

对照实验。模拟参数设定如下：波长为 594nm，介质折射率为 1.33，折射率差为 0.00133，介质吸收系数为 $1cm^{-1}$，厚度为 0.1cm；球状散射体直径为 0.7μm，折射率为 1.57，散射系数为 $90cm^{-1}$；模拟光子数为 10^6。图 2.20(a)为利用程序模拟球散射-双折射体系背向散射光圆偏振度(degree of polarization of circularly polarized light，DOPc)的空间分布情况。图中，从左到右依次为双折射光轴方向沿 x 轴、y 轴、z 轴方向。实验表明，本书程序模拟结果与参考文献[13]的模拟结果[图 2.20(b)]一致。

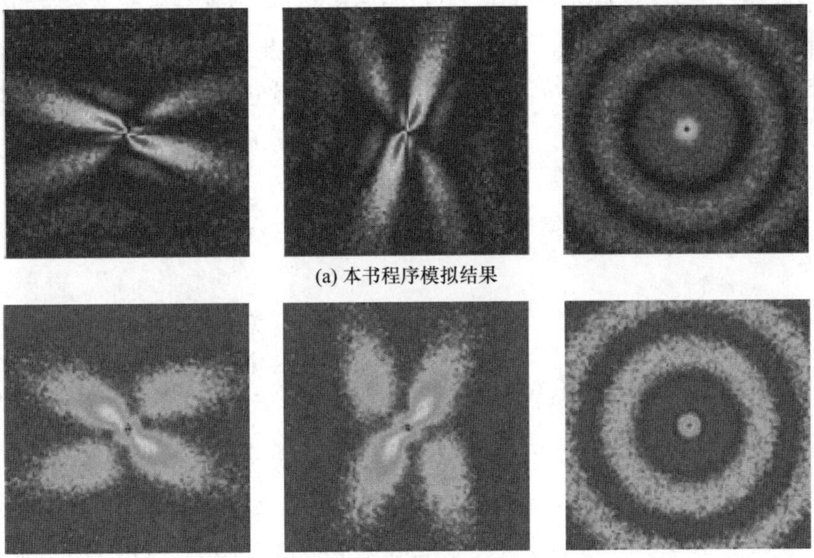

(a) 本书程序模拟结果

(b) 文献[13]的模拟结果

图 2.20　球散射-双折射介质背向散射光圆偏振度的空间分布图

2.7 旋光效应

2.7.1 蒙特卡罗模拟方法中旋光模块的实现

当一束线偏振光通过手性物质时，其振动方向会旋转一个角度，这称为旋光现象。物质的这种使线偏振光振动方向旋转的性质叫做旋光性，具有旋光性的物质叫做旋光物质。旋光物质使偏振光的振动面旋转时，可以右旋(顺时针方向，记做“+”)，也可以左旋(逆时针方向，记为“−”)，因此旋光物质可被分为右旋物质和左旋物质。绝大部分的天然有机物都是左旋物质，如 DNA、RNA、氨基酸、蛋白质、葡萄糖、酶等。

对于介质的旋光性，菲涅尔认为，在旋光物质中线偏振光分解成右旋圆偏振光和左旋圆偏振光，它们的传播速度不同，也就是说两者的折射率不同，经过旋光晶体后产生了不同的相位滞后，导致出晶体后合成的线偏振光的振动方向相对于原来的方向转动了一个角度。菲涅尔在提出上述观点的同时，也设计了巧妙的实验并验证了这一观点。介质的旋光效应和双折射效应十分类似，双折射效应是介质对两个垂直方向的线偏振光的折射率不同产生的，而旋光效应则是介质对左旋、右旋圆偏振光的折射率不同产生的。

散射体外周围介质的旋光效应类似于双折射效应，并不影响光子的散射过程，因此蒙特卡罗模拟程序中只需在光子传播过程中添加介质旋光效应的作用。若介质存在旋光效应，则光子在两次散射之间移动步长 s 时，光子的偏振态就会发生相应的变化。假设光子在移动之前的斯托克斯向量为 $\boldsymbol{S}$，则移动 s 步长后光子的斯托克斯向量为

$$\boldsymbol{S}' = \boldsymbol{R}(\varphi)\cdot\boldsymbol{S} \tag{2-136}$$

式中，$\boldsymbol{R}(\varphi)$ 为旋光介质的缪勒矩阵(即旋转矩阵)，φ 为旋转的角度，$\boldsymbol{R}(\varphi)$ 的表达式为

$$\boldsymbol{R}(\varphi)=\begin{pmatrix} 1 & 0 & 0 & 0 \\ 0 & \cos 2\varphi & -\sin 2\varphi & 0 \\ 0 & \sin 2\varphi & \cos 2\varphi & 0 \\ 0 & 0 & 0 & 1 \end{pmatrix} \tag{2-137}$$

$$\varphi = \chi \cdot s = \mathrm{ORD}\cdot\alpha\cdot s \tag{2-138}$$

式中，旋光系数 χ 为介质的比旋光度(optical rotation degree，ORD)和介质浓度 α 的乘积，比旋光度表示旋光介质的旋光能力(单位：$\mathrm{dm^{-1}(g/ml)^{-1}}$)，$\alpha$ 表示旋光介质的浓度(单位：g/ml)。

2.7.2 蒙特卡罗模拟方法中旋光模块的实验验证

为了对旋光模块进行验证，本书制备了球散射-旋光仿体，即在聚苯乙烯小球悬浮液中加入蔗糖。蔗糖分子具有旋光效应，其比旋光度为 $1.16\mathrm{dm^{-1}(g/ml)^{-1}}$。实验样品的参数为：聚苯乙烯小球的直径为 2μm，散射系数为 $8.43\mathrm{cm^{-1}}$，折射率为 1.59，蔗糖的浓度为 80g/dl，蔗糖溶液的折射率为 1.45，样品厚度为 2cm。

图 2.21(a)给出了样品的点光源照明背向缪勒矩阵的测量结果，图 2.21(b)给出了根据实验参数模拟得到的背向缪勒矩阵。可以看到，实验结果和模拟结果基本特征符合较好，对比球散射体系和球散射-旋光体系的背向缪勒矩阵，旋光物质对背向缪勒矩阵的影响表现为：①旋光物质对 m_{11} 和 m_{44} 阵元没有影响，这是因为旋光物质不改变非偏振光和圆偏振光，而 m_{11} 表示非偏振光的反射率，m_{44} 表示圆偏振光的反射率；②旋光物质对其他阵元的影响比较显著，表现为绕入射

点有一定程度的旋转，但是每一阵元的旋转程度并不完全一致；③旋光物质没有破坏 m_{12} 阵元和 m_{13} 阵元、m_{21} 阵元和 m_{31} 阵元、m_{22} 阵元和 m_{33} 阵元及 m_{23} 阵元和 m_{32} 阵元之间的旋转对称性，但是破坏了 m_{12} 阵元与 m_{21} 阵元及 m_{13} 阵元与 m_{31} 阵元之间的转置对称性，而且 m_{21} 阵元和 m_{31} 阵元旋转的角度相同，比 m_{12} 阵元和 m_{13} 阵元旋转的角度大；④m_{23} 阵元、m_{32} 阵元、m_{22} 阵元和 m_{33} 阵元旋转角度最大，受旋光物质的影响较为显著，因此可以利用这几个矩阵元判定体系中是否存在旋光物质。

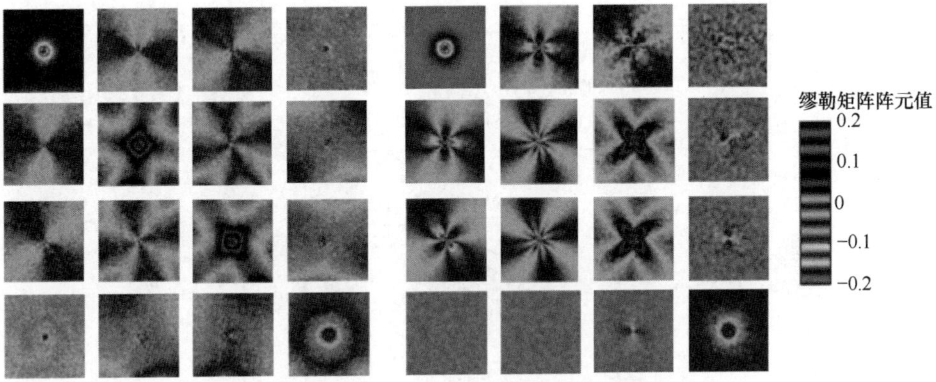

(a) 球散射-旋光体系背向缪勒矩阵的实验结果　　(b) 相应的蒙特卡罗模拟结果

图 2.21　球散射-旋光体系背向缪勒矩阵的实验结果与蒙特卡罗模拟结果的对照

2.8　生物组织散射体系模型与模拟

2.8.1　仅包含球散射粒子的介质缪勒矩阵模拟规律

1. 纯球散射模型

图 2.22(a)模拟结果中“——”“………”“----”对应的小球直径分别为 0.6μm、1μm、1.5μm，圆圈、三角形和方块标记的曲线分别代表体系相位延迟、散射退偏和二向色性的变化规律。模拟结果表明，同一散射系数下，小球直径小时散射退偏较大。给定小球的直径，则球散射系数越大，所产生的散射退偏效果越明显。在球体系中相位延迟的大小基本为零，球散射系数和直径的变化也不影响相位延迟，即纯粹的各向同性球体系不能产生相位延迟效应。为了验证模拟程序，这里同时给出实验结果[图 2.22(b)]，实验中使用直径分别为 1μm(对应图中的“——”)和 1.5μm(对应图中的“………”)的聚苯乙烯小球，配比相应散射系数的悬浮液，放入厚度为 1cm 的透明石英比色皿中。可以看到，实验结果与模拟结果在数值和趋势上都较为一致。

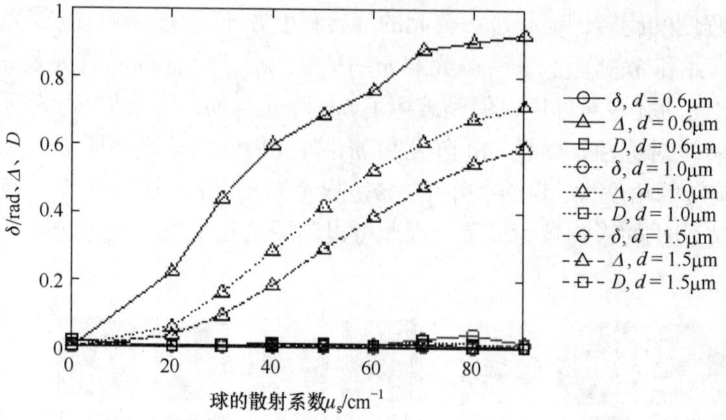

(a) 模拟结果

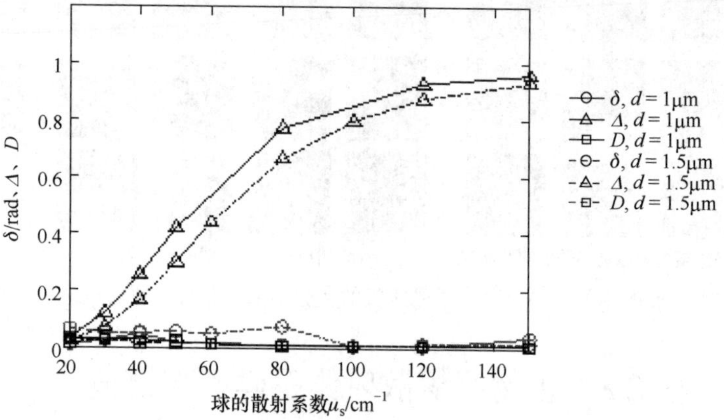

(b) 实验结果

图 2.22　纯球散射体系前向缪勒矩阵分解与散射系数的关系

2. 球双折射体系背向缪勒矩阵

为了对双折射模块进行验证，本书从简单的球双折射模型体系入手，制作了厚度为 1cm 的实验仿体，其中聚苯乙烯小球直径为 0.2μm，散射系数为 5cm^{-1}，小球的折射率为 1.59。周围环境 PAG 的折射率为 1.39，实验中通过拉伸仿体 5mm 从而产生大小为1×10^{-5}左右的折射率差，拉伸方向(介质双折射光轴方向)沿 x 轴方向。模拟参数与仿体保持一致，实验结果和模拟结果如图 2.23 所示：图 2.23(a)为球双折射凝胶仿体的点光源照明背向缪勒矩阵实验测量结果，缪勒矩阵阵元均通过 m_{11} 的最大值进行归一化处理，m_{11} 的色标区间是[0,1]。图 2.23(b)为蒙特卡罗模拟计算得到的球双折射体系的背向缪勒矩阵空间二维分布。

由图 2.23 可以看出，模拟结果和实验结果符合得很好。通过与纯球体系背向缪勒矩阵的空间二维分布对比，发现双折射对背向缪勒矩阵最为显著的影响体现在与圆偏振相关的第四行和第四列的阵元。在各向同性的球散射体系中，m_{14}、m_{24}、m_{34}、m_{41}、m_{42} 和 m_{43} 的二维分布强度十分微弱，几乎没有图样；球双折射体系中，m_{14} 和 m_{41} 表现为四瓣花样，m_{24} 和 m_{42} 表现为近似八瓣花样，m_{34} 和 m_{43} 分别出现了正值和负值分布，m_{44} 也表现出非同心圆花样。此外，加入的双折射对背向缪勒矩阵的 m_{11}、m_{12}、m_{21} 和 m_{22} 阵元几乎不产生影响。

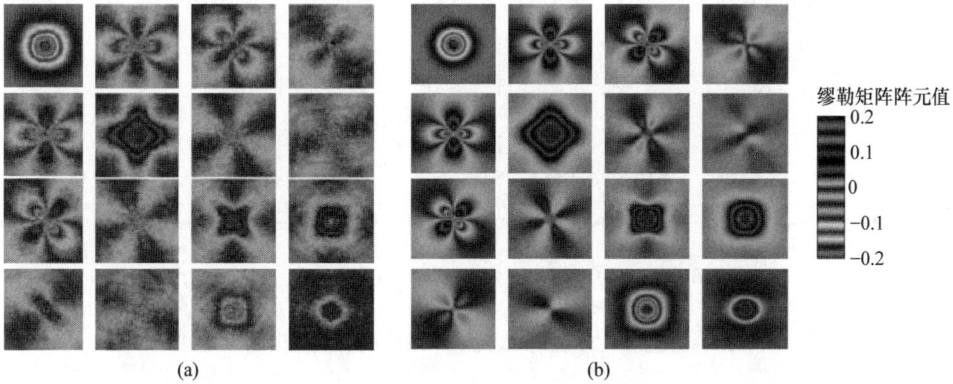

图 2.23　球双折射模型实验结果和蒙特卡罗模拟结果的缪勒矩阵

3. 球双折射体系前向缪勒矩阵

图 2.24 为各向异性球散射-双折射体系前向缪勒矩阵分解三个参数随介质双折射值变化的结果。图 2.24(a)为蒙特卡罗模拟结果，设定一系列介质双折射值 Δn，范围为 $0 \sim 1.5 \times 10^{-5}$，同时给出两组小球的散射系数，分别为 $\mu_s = 20\text{cm}^{-1}$ 和 35cm^{-1}，小球直径为 1μm。图中，纵轴为缪勒矩阵的分解参数。图中，叉号标记的曲线是介质不含散射体仅为双折射晶体时双折射带来的相位延迟的变化，圆圈标记的曲线代表双折射介质中含有不同散射系数的小球时相位延迟的变化规律。图中，叉号曲线与两条圆圈标记的曲线重合表明，相位延迟的变化随着介质中双折射的增大而线性增大，同时完全不受球散射存在的影响。同时，介质双折射变化时，体系的散射退偏保持不变，说明散射体间的双折射效应与退偏过程无关。图中，方块标记的曲线代表二向色性，其数值基本接近零，并且不变。图 2.24(b)为实验结果，实验使用的仿体为三块厚度为 1cm 的聚丙烯酰胺胶体，其中一块为纯聚丙烯酰胺胶体，不掺杂任何散射体，另外两块有不同浓度聚苯乙烯小球散射体分散在其中，其对应的散射系数分别为 22cm^{-1} 和 38cm^{-1}。实验中沿着一个固定方向拉伸胶体，则样品沿外力的方向产生应力双折射。图 2.24(b)中，聚丙烯酰胺胶体双折射的变化与拉伸长度成正比关系。其中，叉号标记的曲线代表不含散射体时纯聚丙烯酰胺胶体被拉伸时的双折射变化情况，与存在散射体时仿体的相位延迟变化规律一致。同时，实验中随着胶体的拉伸，双折射增大

时散射退偏值也没有变化。以上结果均与模拟结果相吻合，再次验证了以下结论：球散射体的加入，不影响体系原有相位延迟，而介质双折射是此类体系相位延迟的唯一来源，其对退偏过程无影响，退偏完全来源于小球的散射。

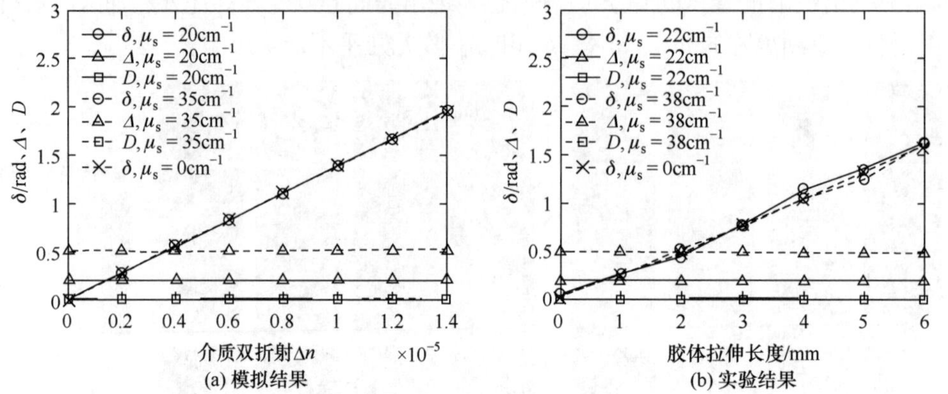

图 2.24　各向异性球散射-双折射体系前向缪勒矩阵分解结果

图 2.25 给出了球双折射模型中保持介质双折射不变，改变球散射系数时各个偏振参量的变化规律。可以看出，小球的散射系数变化只影响散射退偏，不影响相位延迟，这与图 2.23 中的结论类似。本实验设定的模拟参数如下：球直径为 1μm，散射系数为 20～120cm^{-1}，介质的相位延迟为 1.5rad。实验的仿体参数与模拟参数相同。

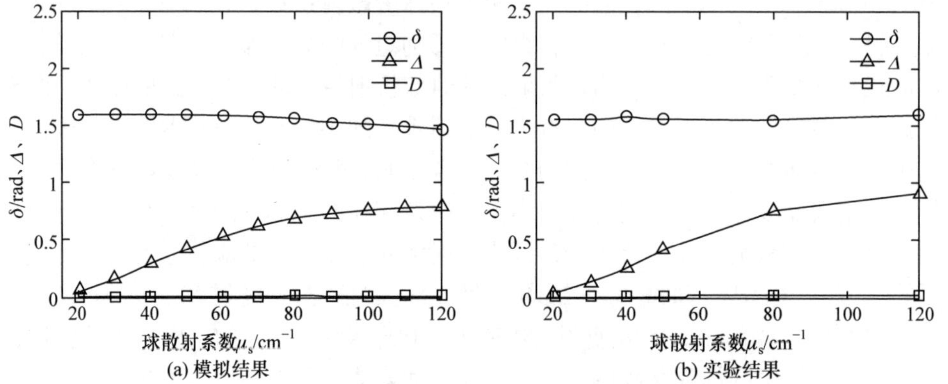

图 2.25　各向异性球散射-双折射体系前向缪勒矩阵分解结果

由以上的几组球双折射模型可以看出，球散射体与介质的双折射分别独立影响散射退偏与相位延迟效应。随着球参数的变化，散射退偏也随之变化，但并不影响体系的相位延迟。同样，随着介质双折射的增大，相位延迟线性增加，同时也不影响体系的散射退偏。二向色性的值接近于零。因此，对于球双折射体系，通过缪勒矩阵分解方法可以把散射退偏与相位延迟分离为相互独立的偏振参量。

4. 双球双折射体系

本书采用的双球双折射模型如下：大球直径为 1.5μm，小球直径为 0.2μm，总散射系数 μ_s-T 为 50cm^{-1}，其他参数同前。首先设定小球和大球的比例为 10∶40，得到双球体系总的约化散射系数 μ_s-T'，然后改变双折射率大小 Δn，得到双折射引起的附加退偏的归一值 RBID，发现 RBID 随着参数 $\Delta n/\mu_s$-T' 的增大而增大，增速先增大后减小，当 $\Delta n/\mu_s'$ 足够大时，RBID 趋近于 1。然后改变总散射系数 μ_s-T 令其分别为 75cm^{-1} 和 100cm^{-1}，发现 RBID～$\Delta n/\mu_s$-T' 的变化图跟 μ_s-T 取 50cm^{-1} 的情况完全重合，如图 2.26 所示，这表明在不同总散射系数的双球-双折射体系，都能用参数 $\Delta n/\mu_s$-T' 来归一体系的散射特征和双折射对双折射引起的退偏的影响。

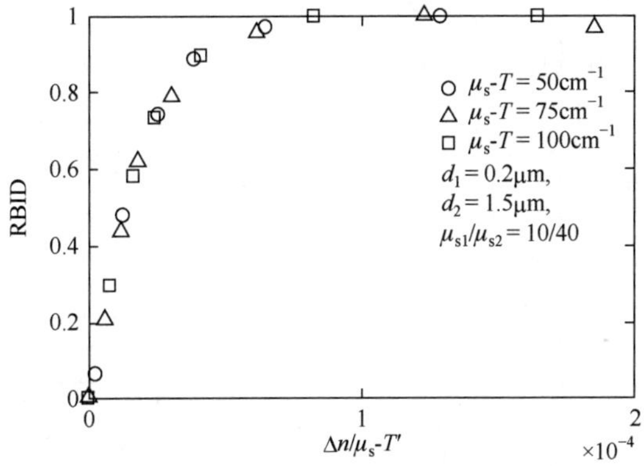

图 2.26　双球双折射体系在不同总散射系数下，RBID 随着 $\Delta n/\mu_s$-T' 的变化图

接着改变小球和大球的比例为 20∶30 和 40∶10(μ_s-T 为 50cm^{-1})，发现它们对应的 RBID～$\Delta n/\mu_s$-T' 变化曲线跟相同散射系数而比例为 10∶40 时的曲线基本重合，如图 2.27 所示，这表明对不同散射体比例的双球双折射体系，都能够统一地利用参数 $\Delta n/\mu_s'$ 来描述它们的双折射退偏的变化规律。

对于其他粒径的两种球的组合，包括两种小球组合(球直径分别为 0.1μm 和 0.2μm)和两种大球组合(球直径分别为 0.6μm 和 1.5μm)，两种球的散射系数分别为 20cm^{-1} 和 30cm^{-1}，RBID 随着 $\Delta n/\mu_s$-T' 的变化曲线和双球双折射体系(球直径分别为 1.5μm 和 0.2μm)的变化曲线基本重合，如图 2.28 所示，这表明对各种包含不同粒径球组合的双球双折射体系，都能够统一地利用参数 $\Delta n/\mu_s$-T' 来描述它们的双折射退偏的变化规律。综上所述，对于双球双折射体系，在总散射系数不同、两种球的比例不同、两种球直径组合的情况下，统一地利用参数 $\Delta n/\mu_s\text{-}T'$ 来描述它们的双折射退偏的变化规律，是适用的。

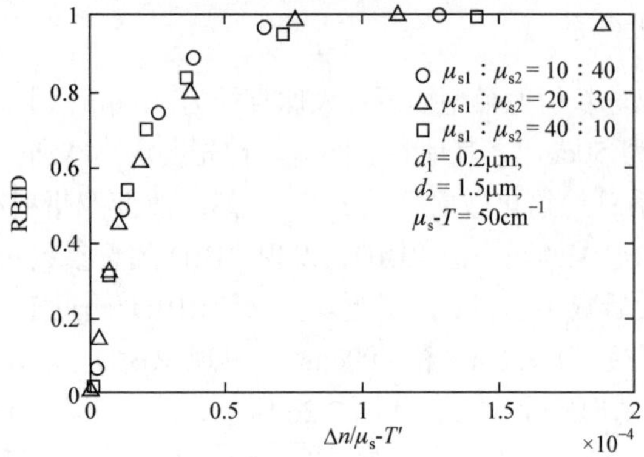

图 2.27　双球双折射体系在不同球散射系数之比 μ_{s1}/μ_{s2} 下，RBID 随着 $\Delta n/\mu_s\text{-}T'$ 的变化图

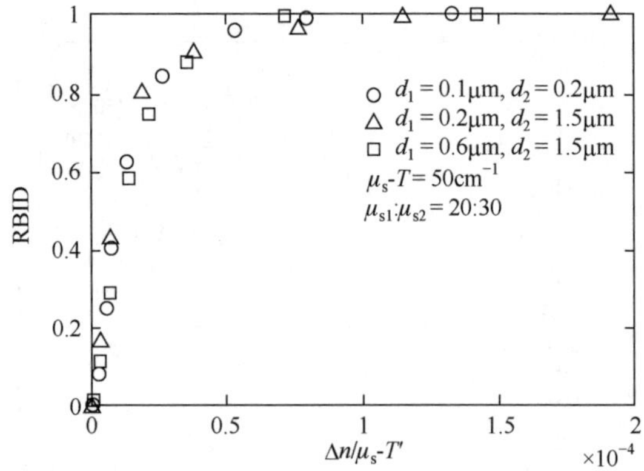

图 2.28　双球双折射体系在不同粒径球组合下，RBID 随着 $\Delta n/\mu_s\text{-}T'$ 的变化图

2.8.2　包含柱散射粒子的介质模型模拟规律

1. 各向异性柱散射体系模型

由以上球双折射模型的缪勒矩阵分解结果可知，各向同性的球散射体只影响介质的退偏效应而不会带来相位延迟的变化，因此球散射体不影响散射体系中的各向异性。本节引入柱散射体与传播双折射两种各向异性相关因素来分析缪勒矩阵分解参数的变化规律。下面从最基本的柱散射体系入手观察缪勒矩阵分解参数随介质结构变化的规律。

在研究柱散射体的缪勒矩阵实验中，本书利用玻璃纤维作为仿体模拟柱状散射体，将玻璃纤维整齐地缠绕在一个由铝片制成的小框架上，框架尺寸为 2cm×1cm，柱取向沿实验室坐标系的 x 轴，厚度约为 1mm。将多片缠有玻璃纤维的小框架层叠起来，增大整个散射过程的散射次数，这与在模拟中改变柱的散射系数的效果相当。实验中发现，柱散射体玻璃纤维可以产生相位延迟和二向色性，随着玻璃纤维层数的增加，体系的相位延迟和二向色性逐渐增大，同时散射退偏也随之增大。本书使用蒙特卡罗模拟来分析柱散射体的缪勒矩阵分解参数的规律，模拟中柱直径为 10μm，散射体折射率为 1.547，这与玻璃纤维在电镜下观测的实际直径与文献[14]给出的折射率一致。从图 2.29 中看出，模拟与实验所得到的规律一致。

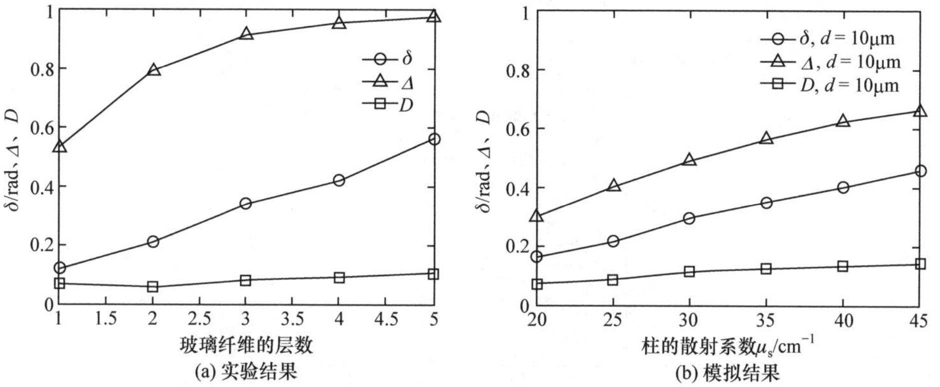

图 2.29　改变柱的散射系数时，各向异性纯柱散射体系

进一步分析柱散射体系，通过改变柱散射体的柱径与散射系数两个参数调节体系的散射状态。柱沿实验室坐标系的 x 轴方向，排列取向一致，入射光沿 z 轴方向垂直于柱散射体。

如图 2.30(a)～(c)所示，柱散射体在介质中同时产生散射退偏、相位延迟与二向色性三种效应，给定柱径下，三者的值随着柱的散射系数增大而近似线性增大。在相同的散射系数下，由散射带来的相位延迟、二向色性和散射退偏随着柱径的增大而相应变小，其随柱径变化的关系不是线性的。模拟中柱散射体的直径为 0.6μm、1.0μm 和 1.4μm，散射体折射率为 1.547。纯柱体系缪勒矩阵分解的结果表明，各向异性形态的柱散射体对偏振光中的散射与各向同性的小球体系有着本质上的区别。柱散射体能够产生除了散射退偏以外的二向色性和相位延迟效应，是介质各向异性的来源，而各向同性小球散射体本身不能产生具有各向异性特征的二向色性或相位延迟的效果。然而，由柱散射体带来的各向异性如相位延迟，与柱散射体自身结构参数有关，而柱径、散射体与介质的折射率有关。

研究单一取向排布的柱散射体系后，进一步考虑到介质中柱散射体的分布存在整体取向发生变化或者柱散射体取向角度满足一定分布规律的特殊情况，这里

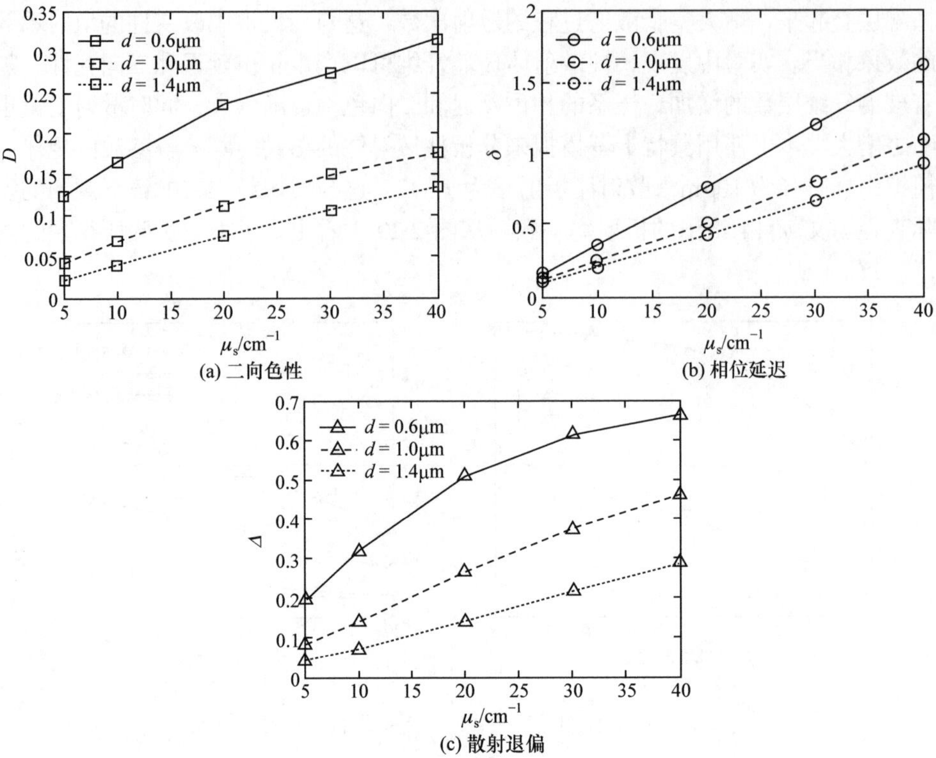

(a) 二向色性　　(b) 相位延迟

(c) 散射退偏

图 2.30　改变柱径与柱散射系数时，各向异性纯柱散射体系

有必要研究此时缪勒矩阵分解参数的变化规律。柱散射引起的光学各向异性，不仅仅与柱散射体自身的参数有关，还与柱散射体的空间分布有关。柱散射体在空间取向分布的有序程度也是影响光学各向异性的重要条件。

假设柱散射体整齐地分布在 x-y 平面内，柱沿 x 方向排布。入射光沿 z 方向，将柱散射体在 x-y 平面内整体旋转，分别与 y 轴成 20°、40°、60°、80°和 90°时，测量体系前向的缪勒矩阵，进行缪勒矩阵分解。由图 2.31 的模拟结果和实验结果均可以看出，相位延迟与散射退偏均不随柱轴与 y 轴夹角的改变而改变，这说明柱在 x-y 面内的整体取向的改变不影响柱体系的光学各向异性。模拟中设定柱直径为 10μm。实验仿体为缠绕整齐的玻璃纤维丝，样品在入射光的垂直面上旋转，测量得到的缪勒矩阵相位延迟和散射退偏参量，数值基本保持不变。

对于柱散射介质来说，空间取向的不一致分布会影响介质的各向异性。假设柱散射体的空间取向不仅仅是沿着单一的方向，而是以某一个取向角度为中心在一定角度范围内具有涨落的分布。这个分布函数在本书的蒙特卡罗模拟程序中用一个高斯分布函数来表示。图 2.32 中通过增加柱散射体系中柱的涨落角，即增加柱散射体取向角度高斯分布的标准差，来表示柱散射体系取向有序度的降低。

缪勒矩阵分解的结果显示，随着柱涨落的增加，体系产生的相位延迟效应明显减弱，二向色性明显减小，散射退偏有所增加。

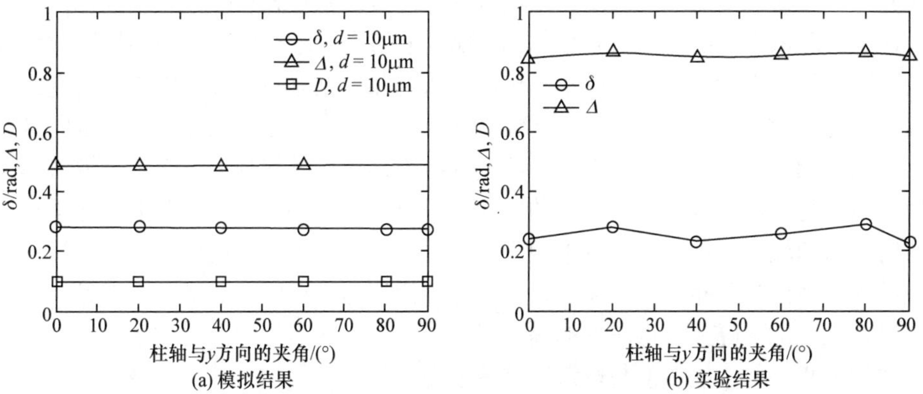

图 2.31　改变柱取向角时，各向异性纯柱散射体系

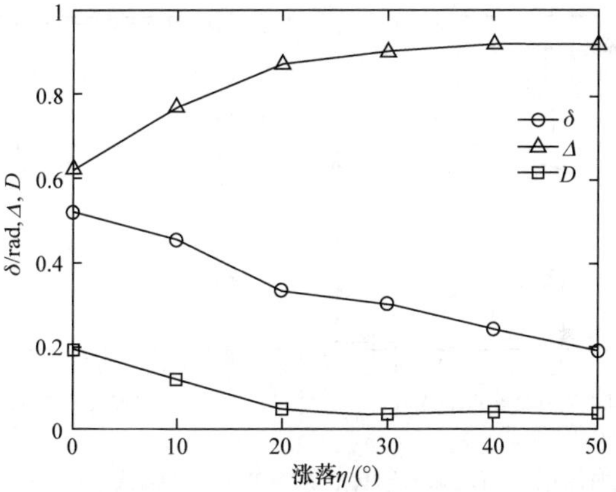

图 2.32　纯柱体系涨落的变化

当柱散射体的涨落分布变大时，可以形象地理解为柱散射体的取向无序性和多样化程度增加，体系由光学各向异性有序向各向同性紊乱趋近，因此表征体系各向异性的相位延迟与二向色性的值减小，而光子被散乱的柱体散射后偏振状态也更加无序，散射退偏项增加。

2. 各向异性球散射-柱散射体系模型

在分析了纯柱散射体的缪勒矩阵分解规律后，本节对各向异性柱散射体与各向同性球散射体的混合体系进行了研究，在介质中设定两种不同散射系数的柱散射体，并分别渐渐加入球散射体。图 2.33 中，横轴代表体系中球散射体的散射系数，相当于改变球、柱两类散射体的比例，考察各向同性散射成分增加对体系各向异性带来的影响。模拟参数设定如下：柱直径为 10μm，散射系数分别为 45cm^{-1}、70cm^{-1}，加入的小球直径为 1μm，小球的散射系数从 10cm^{-1} 增加到 50cm^{-1}。由图 2.33(a)可以看出，当柱散射体的散射系数较小时，如圆圈标记的实线所示，球散射体的加入对体系的相位延迟有微弱的减小作用，而当柱散射系数较大时，如圆圈标记的虚线所示，球的引入对相位延迟基本没有影响。一方面可以解释为球散射体本身作为各向同性结构不产生相位延迟，因此对体系各向异性变化的作用不明显；另一方面，由前述柱散射体单次散射理论可知，柱散射体的散射角总是分布在入射方向决定的锥面上，意味着有序度高的柱散射在光垂直入射时散射角较为集中于柱垂直平面内，而球散射体的加入，使得多次散射过程中光的入射散射角分布趋向于无序，不仅导致散射退偏有明显的增大，而且导致各向异性程度的下降。值得注意的是，对于这种两类散射体的混合体系，总散射退偏值的大小不等于柱散射与球散射体散射退偏的线性叠加，这一现象并不特别针对球、柱混合的散射体系，在不同粒径的大小球混合散射体系中也有类似结果。

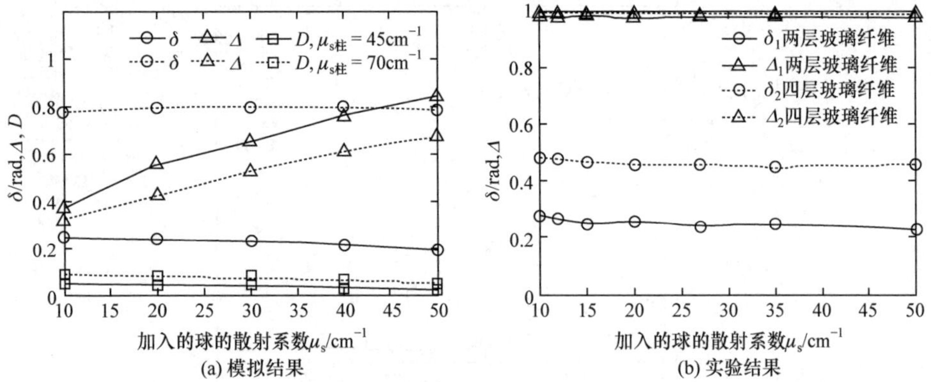

图 2.33　柱散射体系中加入球散射体，缪勒矩阵分解结果与柱球比变化时的关系

在此体系对应的仿体实验中，分别将两层玻璃纤维和四层玻璃纤维放入盛有小球溶液的比色皿中，聚苯乙烯小球的直径为 1μm，最初配得的小球散溶液散射系数为 50cm^{-1}，不断稀释小球溶液的浓度，使体系的柱球比发生改变。实验中测量缪勒矩阵分解的结果与模拟结果符合得较好，而实验中整体的散射退偏值较模拟偏大，这可能是玻璃纤维材质中的杂质与表面不平整造成的。

综上所述，在球-柱散射体混合体系中，球、柱散射体的散射系数均与体系的散射退偏效应正相关，柱成分同时贡献了相位延迟与二向色性，以上结论与前述纯球和纯柱体系相一致。球的存在对该体系的各向异性程度有影响。

3. 各向异性柱散射-介质双折射体系模型

从上述分析中可以发现，介质中的传播双折射与柱状散射体都能够影响介质的各向异性程度，对于缪勒矩阵分解方法来说，主要表现在相位延迟项的改变。本节将给出当介质中同时存在传播各向异性即传播双折射，以及散射各向异性即柱散射时，两类各向异性共同作用时相位延迟的变化规律。本节中设定双折射主轴方向与柱的取向一致。

本节中研究体系为柱散射体存在于双折射传播介质中。图 2.34 模拟了散射系数为 $20cm^{-1}$、直径分别为 1μm、1.4μm 和 2.0μm 的柱散射体，介质双折射 Δn 从 0 增加至 5×10^{-6}。可以发现，该体系与球双折射介质有类似之处，即当介质双折射发生变化时，仅影响体系相位延迟的变化，而散射退偏与二向色性基本没有变化。介质总的相位延迟 δ 的增量与 Δn 之间呈线性关系，即体系相位延迟的增量都来源于介质双折射的影响，且相位延迟曲线的斜率不随柱散射体参数的改变而改变，显示为三条平行的直线。有所不同的是，当介质双折射大小为 0 时，由于柱散射的影响，体系会产生一个初始的相位延迟，这个相位延迟的大小等于体系中柱散射所能产生的相位延迟，因此介质总体的相位延迟是柱固有相位延迟与介质中引入的传播双折射相位延迟的叠加。图中，不同线形的曲线代表不同的

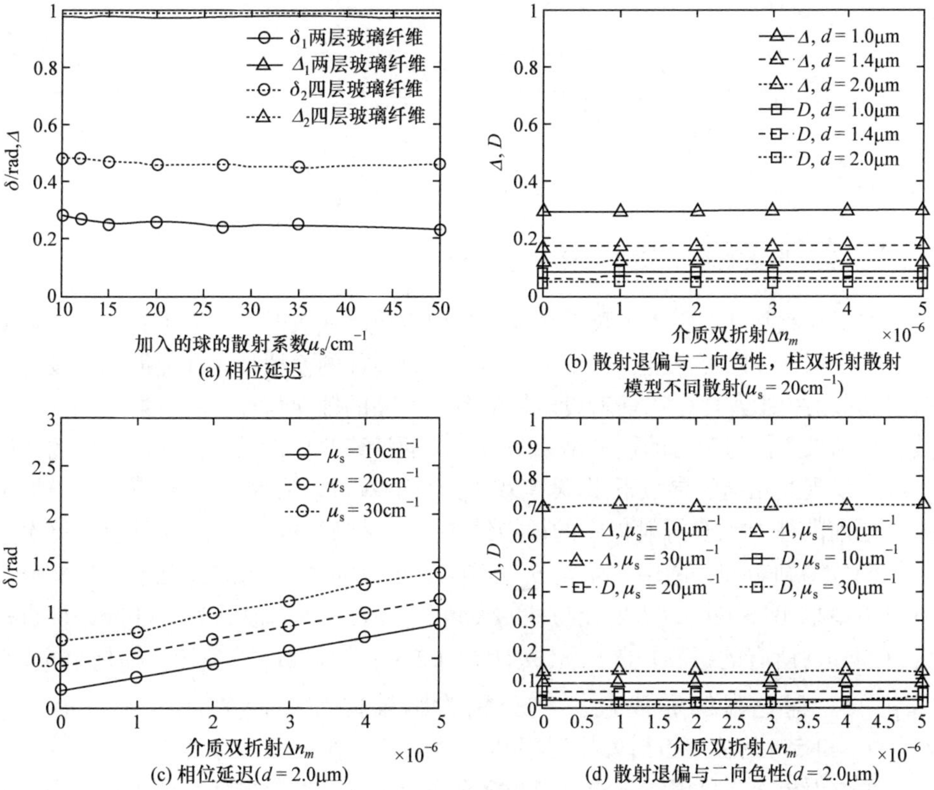

图 2.34　柱双折射散射模型不同柱径

柱散射系数，柱的散射系数变化与柱径的变化，不影响相位延迟、散射退偏和二向色性的变化规律。

图 2.35(a)和(b)是柱双折射模型的模拟结果与实验结果对照，两者一致验证了上述结论。此时模拟参数为：柱直径为 10μm，介质折射率为 1.393，散射系数为 50cm^{-1}，双折射介质的折射率差从 0 增加至 4×10^{-6}。柱轴与双折射主轴之间的夹角为 30°。实验中，将四层玻璃纤维丝埋入聚丙烯酰胺胶体中，由于这种复合型胶体不能沿着柱轴方向拉伸，为了引入散射间的传播双折射效应，实验中使得柱轴与双折射主轴之间有 30°的夹角。这解释了实验中介质总的相位延迟比两者之间没有夹角时相对较小的现象。

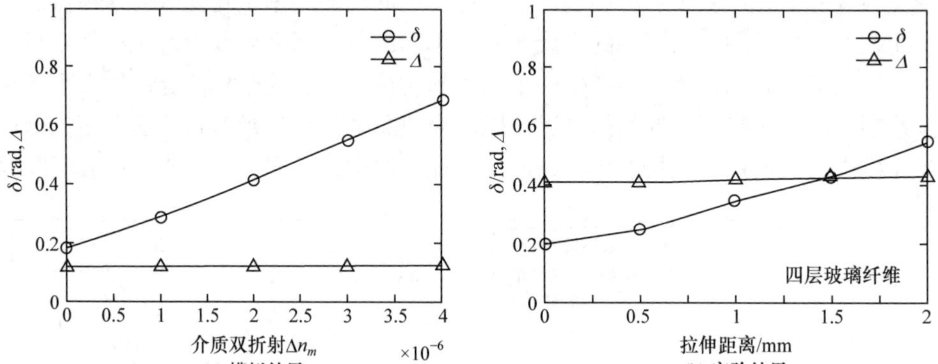

(a) 模拟结果　　(b) 实验结果

图 2.35　柱双折射散射模型

4. 各向异性双折射柱散射体体系模型

本书在此基础上引入了具有自身双折射效应的柱散射体。为了验证这一新蒙特卡罗模拟程序的可靠性，这里分别运行双折射柱的模拟程序和前期柱上没有双折射的散射模拟程序，当前者设定柱的参数和柱的轴向与径向的折射率相同时，其模拟结果应该与后者的模拟结果一致。下面计算两种柱散射体单次散射的缪勒矩阵，发现在相同的参数下(即设定双折射柱的双折射值为零)，双折射柱模拟结果与之前的柱上无双折射程序的模拟结果是完全吻合的。图 2.36 所示为单次散射相函数缪勒矩阵，图中，n_1 与 n_2 分别代表柱轴向和径向的折射率，横坐标的方位角 Φ 取 0°～180°，入射光与柱的夹角 $\zeta=45°$，入射波长为 633nm，柱直径为 1.5μm。所有的缪勒矩阵阵元 $m_{ij}(i,j=1,2,3,4)$，除 m_{11} 本身外，都是由 m_{11} 归一化的。深色虚线和浅色虚线分别为将轴向和径向的折射率设置一致 $(n_1=n_2=1.57)$ 的柱双折射模拟程序和柱上无双折射 $(n=1.57)$ 模拟程序的计算结果，可以看出，深色虚线与浅色虚线完全重合，这从一个方面验证了本书中新发展的蒙特卡罗模拟程序的正确性。

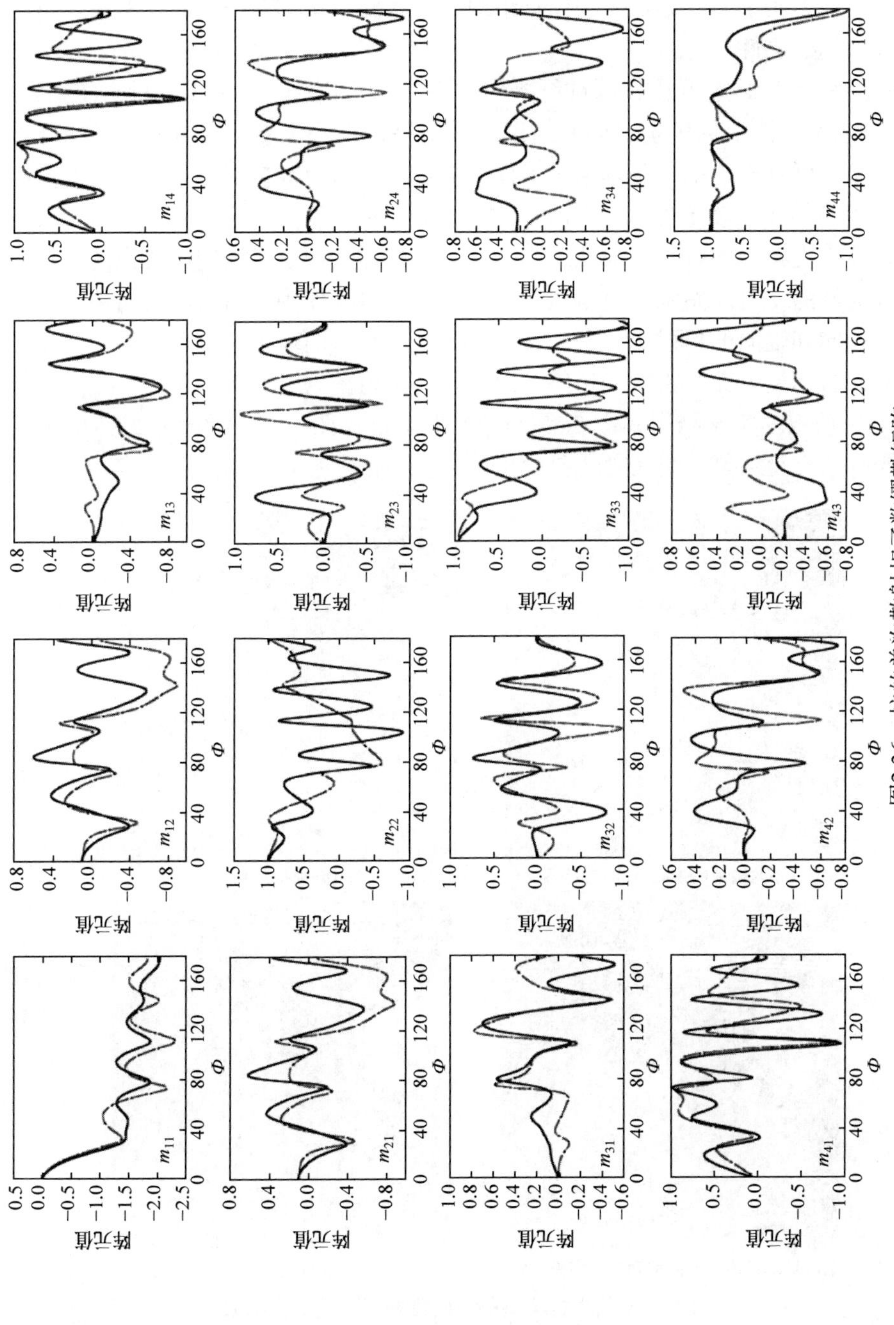

图2.36　柱的单次散射相函数缪勒矩阵

—$n_1 = 1.57, n_2 = 1.53$；·····$n_1 = n_2 = 1.57$；- - $n = 1.57$

图 2.36 中深色实线表示双折射柱的计算程序在柱上轴向和径向不同的折射率(n_1=1.57，n_2=1.53)的计算结果，发现当轴向与径向折射率不一致时，单次散射的相函数曲线明显地区别于折射率一致的情况，显示了柱自身双折射对散射过程的影响。这表明了研究偏振光与生物组织纤维状微结构相互作用时，考虑双折射柱的效应的必要性。

下面从实验结果上比较两种纤维仿体在有双折射(蚕丝)和无双折射(玻璃纤维)时在偏振特性上的区别，同时给出模拟结果来进一步验证双折射柱各向异性模拟程序的可靠性。书中分别给出了柱上无双折射与有双折射时柱体系的前向缪勒矩阵模拟结果和实验结果，如图 2.37 所示。在实验中准备了两种样品，分别为缠绕在小支架上的蚕丝和玻璃纤维样品，两种样品都是空间定向排列的。蚕丝是一种天然的、可观察到显色偏振的纤维，这里将其作为双折射柱的仿体样品，其沿着径向和轴向的折射率分别为 1.53 和 1.57[15]，而玻璃纤维内部应力分布均匀，可以看作柱上无双折射的仿体，散射体的折射率为 1.547。图 2.37(a)是蚕丝的前向缪勒矩阵实验结果；图 2.37(b)是模拟结果；图 2.37(c)是玻璃纤维的前向缪勒矩阵的实验结果；图 2.37(d)是模拟结果。模拟参数是根据仿体的实际情况设

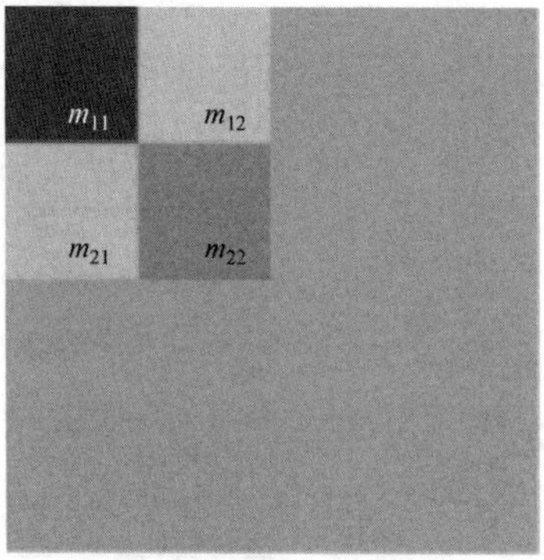

(a) 蚕丝的前向缪勒矩阵实验结果

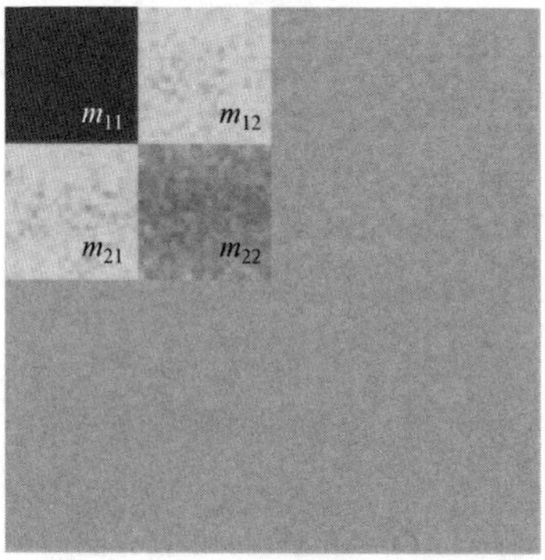

(b) 模拟结果

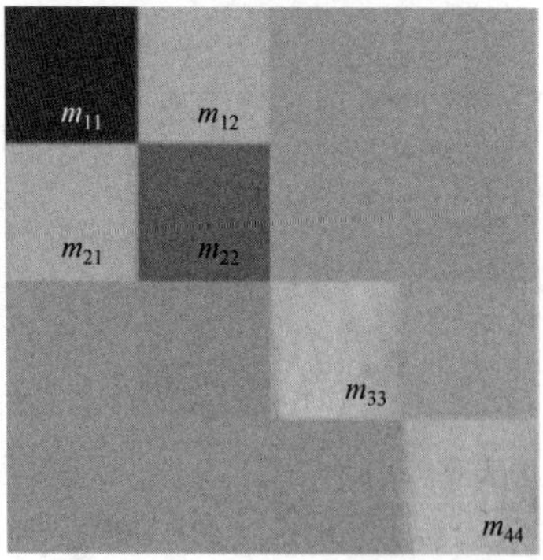

(c) 玻璃纤维的前向缪勒矩阵实验结果

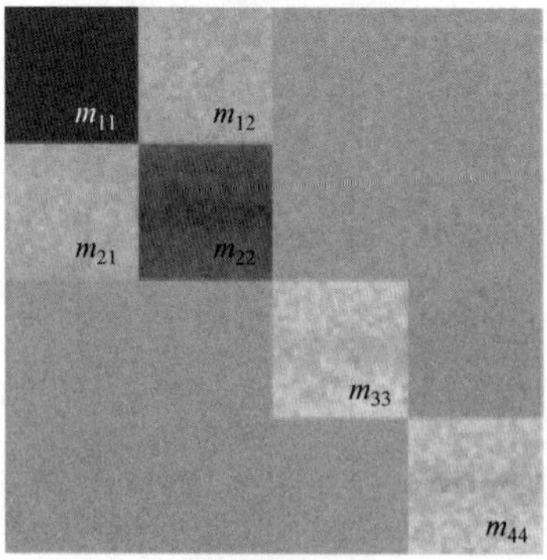

(d) 模拟结果

图 2.37　双折射柱模型的前向缪勒矩阵面成像结果

定的，两者对照表明模拟结果与实验结果相符：一方面验证了本书给出的双折射柱散射体模拟体系的正确性，另一方面也显示了两种柱散射体偏振特性的差异。

继续研究取向一致的双折射柱散射体系，利用蒙特卡罗模拟程序的结果，观测体系缪勒矩阵分解后相位延迟与散射退偏随柱上双折射值的变化规律。模拟中改变柱直径的大小，取值分别为 0.6μm、0.8μm、1.0μm、1.2μm、1.4μm 和 1.6μm，在每一种柱直径下取三种散射系数 $10cm^{-1}$、$20cm^{-1}$、$30cm^{-1}$，柱上双折射分别为 0、1×10^{-4}、1×10^{-3}、3×10^{-3}、5×10^{-3}、7×10^{-3} 和 1×10^{-2}，介质厚度为 1cm。

首先研究相位延迟随柱的轴向径向双折射差 Δn_c 与柱直径变化之间的规律。由图 2.38 所示，当柱上双折射为零时，体系就相当于无双折射的柱散射体，相位延迟取决于柱径与散射系数，柱径越小，柱的散射系数越大，体系的相位延迟越大。随着柱上双折射效应的增强，体系相位延迟的增量与柱上双折射 Δn_c 具有很好的正比关系，这一点非常类似于传播双折射在散射体之间的情况(如前关于球双折射、柱双折射体系的讨论)。分别取出三幅图中不同柱径下双折射变化曲线进行线性拟合得到斜率 k，它代表体系相位延迟随柱双折射大小变化的敏感程度。如图 2.39(a)和(c)所示，图中数据清楚地显示了此时双折射柱散射体系中相位

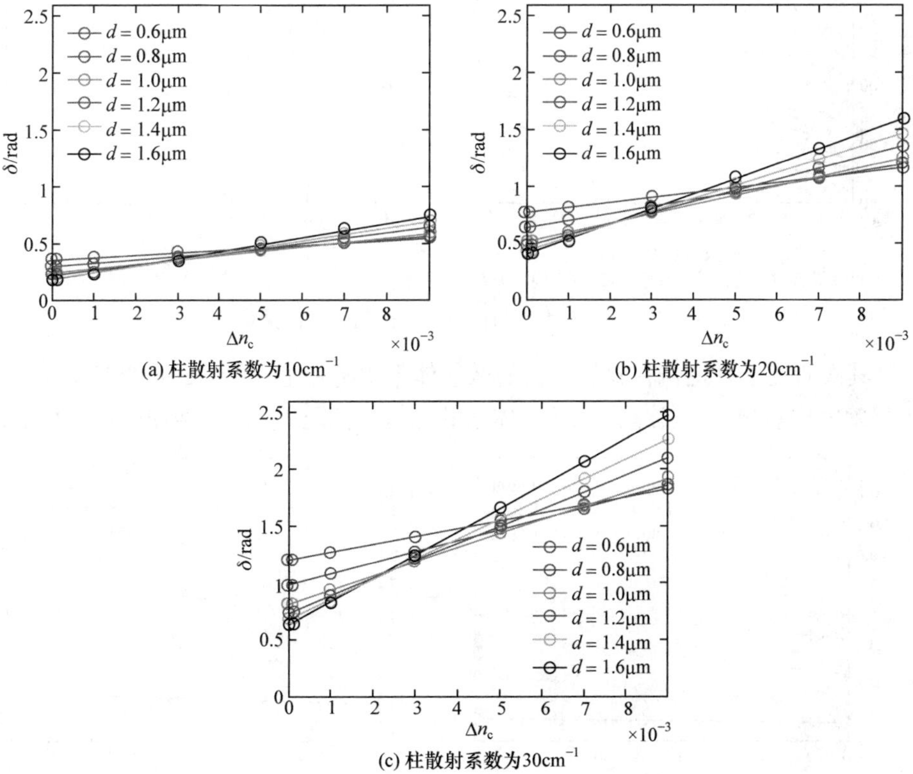

(a) 柱散射系数为$10cm^{-1}$　(b) 柱散射系数为$20cm^{-1}$

(c) 柱散射系数为$30cm^{-1}$

图 2.38　柱上双折射改变时相位延迟的变化

延迟对柱上双折射变化的敏感度与柱径和散射系数的正相关性，其近似正比于两者的乘积。将图 2.39(a)和(c)用 $\mu_s d$ 进行归一化，得到的图 2.39(b)和(d)支持了这一结论。

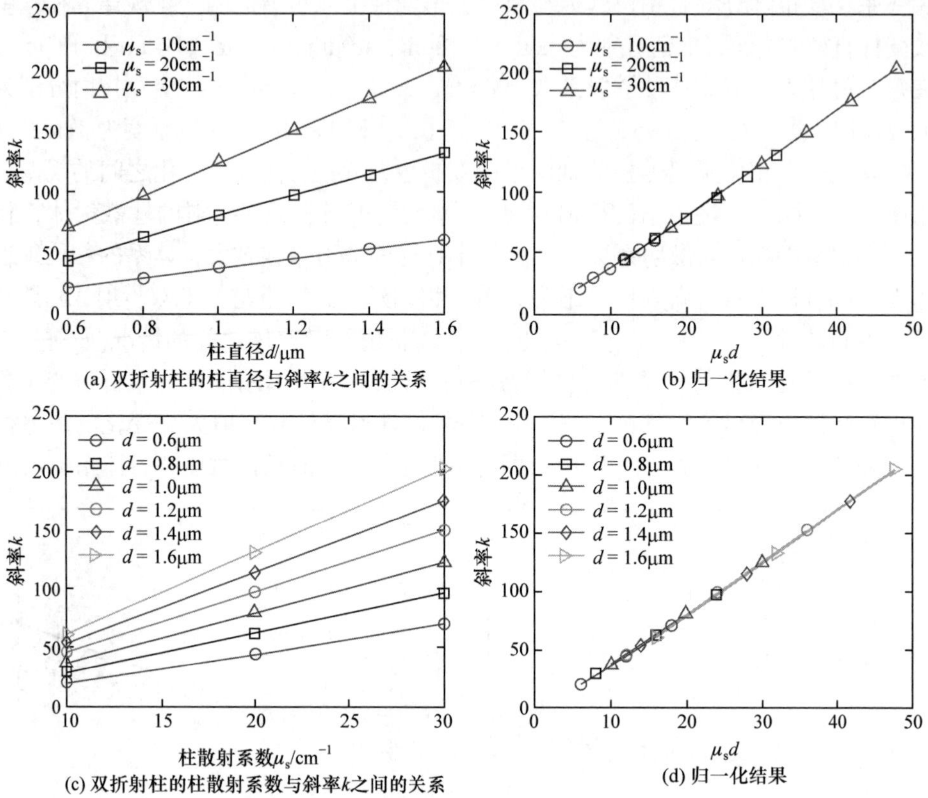

(a) 双折射柱的柱直径与斜率k之间的关系　(b) 归一化结果

(c) 双折射柱的柱散射系数与斜率k之间的关系　(d) 归一化结果

图 2.39　斜率 k 与柱直径、散射系数的关系

其次研究散射退偏在双折射柱的散射体系中随柱上双折射 Δn_c 的变化规律。从图 2.40 中看出，总体来说，散射体系的散射退偏随着 Δn_c 的增加而略微增加，

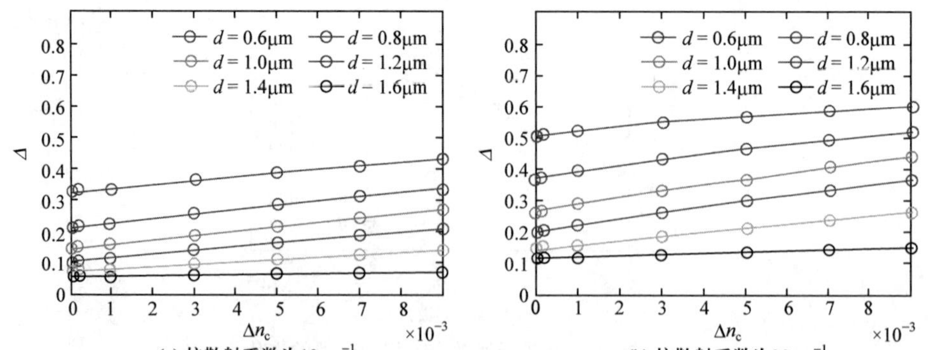

(a) 柱散射系数为10cm^{-1}　(b) 柱散射系数为20cm^{-1}

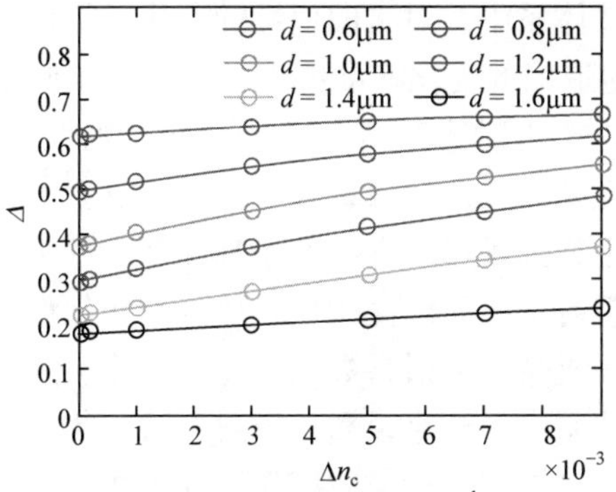

(c) 柱散射系数为30cm^{-1}

图 2.40　柱上双折射改变时散射退偏的变化

且其增加的程度即曲线斜率 k 与柱直径和散射系数无明显相关性。在图 2.41(a)和(c)中，k 随着柱直径先增大再减小，其随着散射系数的变化规律也不明显。因此，柱上双折射 Δn_c 的变化对体系退偏效应的影响远没有相位延迟的变化规律明显。

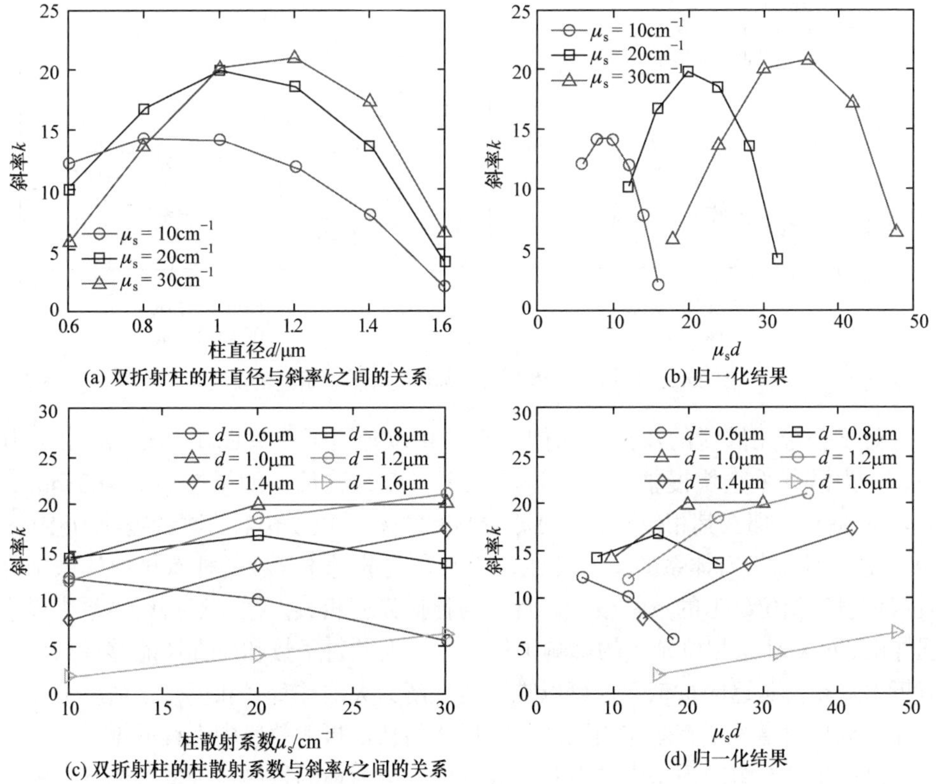

(a) 双折射柱的柱直径与斜率k之间的关系　(b) 归一化结果

(c) 双折射柱的柱散射系数与斜率k之间的关系　(d) 归一化结果

图 2.41　斜率 k 与柱直径、散射系数的关系

此外，在双折射柱体系中，对二向色性的变化规律也进行了研究，二向色性随 Δn_c 的改变相比散射退偏的变化程度更小，曲线更加平缓，k 的值也更小。

这里进一步分析柱双折射体系相位延迟的变化规律，如图 2.42 所示，图中仅考虑了两种各向异性来源——柱散射体与介质双折射的光轴方向平行或垂直的情况，即柱散射体产生相位延迟的等效快慢轴与介质双折射快慢轴重合。此时，相位延迟 δ 随介质双折射 Δn_{m} 而线性增加，并且其变化程度即斜率也是一致的，即不随着柱散射体的柱直径和散射系数的变化而变化。从图 2.38 与图 2.39 中可以看到，在双折射柱体系中，柱直径和柱散射系数对体系的相位延迟随双折射的增加程度有明显影响。这说明双折射效应作用在传播介质或者散射体自身的两种情况下，体系产生的相位延迟与体系参数结构之间的对应关系有所不同。为此，本节将重点比较柱双折射与双折射柱两个体系。观察图 2.38 和图 2.42，前者曲线的斜率绝对值约为 10^2 量级，而后者曲线的斜率绝对值约为 10^4～10^5 量级，这说明在柱双折射体系中，介质双折射 Δn_{m} 对体系相位延迟的影响远大于双折射柱体系中 Δn_{c} 带来的影响。

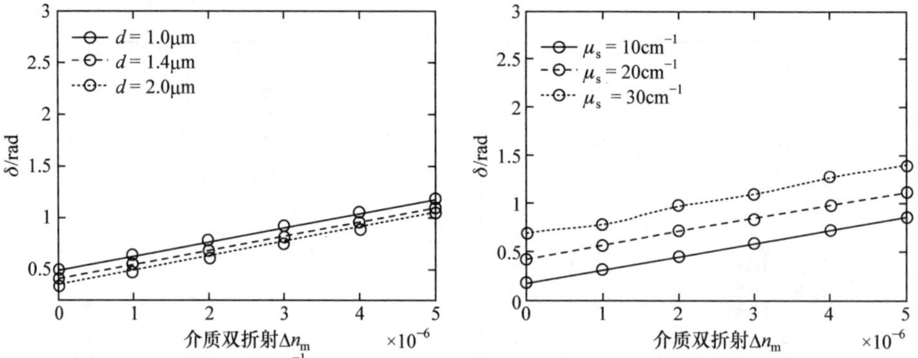

(a) $\mu_s = 20\mathrm{cm}^{-1}$　(b) $d = 2.0\mu\mathrm{m}$

图 2.42　柱双折射体系相位延迟随介质双折射的变化

对于一个无散射的双折射晶体，它的相位延迟可以写成 $\delta = 2\pi s \Delta n_{\mathrm{m}} / \lambda$，其中，$s$ 为沿着垂直快慢轴方向行进的距离，λ 为波长，如果按照 $\lambda = 633\mathrm{nm}$、$s = 1\mathrm{cm}$ 估算，那么其相位延迟与 Δn_{m} 之间的关系系数 $2\pi s/\lambda$ 的数量级约为 10^4～10^5，这与柱双折射体系的情况类似，说明在有散射体存在的柱双折射体系中介质双折射对相位延迟的贡献很大，且仅与传播光程相关。柱上双折射体系中设定同样的 Δn_{c} 对体系相位延迟的影响则较小，增大散射系数和柱直径能够提高柱上双折射对相位延迟的贡献，这可以唯象地理解为大的柱直径和更密集的柱分布，为柱上双折射增大了有效作用区间，类似于传播双折射效应中光程的增大。

进一步分析组织模型中散射各向异性即柱散射体的取向与传播各向异性的光

轴取向不重合时，体系表现出的总相位延迟将如何变化。图 2.43 给出了柱空间取向一致的柱散射体介质与双折射介质均匀混合的一个仿体模型，假设双折射介质的光轴方向为 x 轴方向，柱散射体的初始取向平行于 x 轴，介质相位延迟大小记为 $\delta_{\rm m}$，在 x-y 平面内改变柱散射体的取向，柱散射体的取向与光轴的夹角记为 φ，入射光的方向沿着 z 轴。

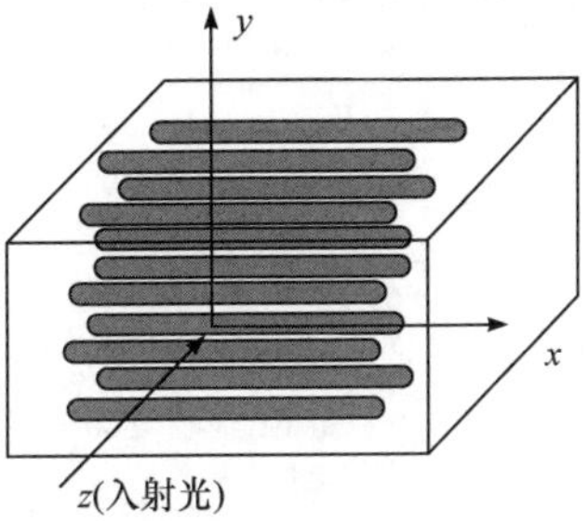

图 2.43　柱双折射模型

通过蒙特卡罗模拟来分析一定散射系数的柱在双折射介质中，当 $\delta_{\rm m}$ 与 φ 变化时，体系总的相位延迟 δ 与等效光轴方向的变化规律。模拟参数设定为：$\mu_{\rm s}=10{\rm cm}^{-1}$，柱直径为 1μm，柱散射体无涨落。模拟结果如图 2.44 所示。纯柱散射体的相位延迟大小为 0.25rad，$\delta_{\rm m}$ 取值为 0～1rad，φ 取值为 0°～90°，图 2.44(a)和(b)中不同形状的符号组成的曲线代表不同的柱散射体长轴方向与光轴夹角 φ 对应的柱双折射体系总相位延迟 δ 和等效光轴方向 θ 随 δ_m 变化的模拟结果。为便于与前面的研究结果相对照，这里沿用图 2.42 的实线，即两个双折射介质叠在一起时的总相位延迟与等效光轴取向的变化规律。可以看出，模拟的结果都落在了实线上。说明柱双折射体系中的总相位延迟 δ 和等效光轴 θ 的变化规律与两个双折射介质叠在一起的 δ 和 θ 的变化规律类似。由于柱的参数没有改变，柱带来的相位延迟也不发生改变，因此柱散射体对各向异性的贡献相当于 2.8.1 节中第一层双折射晶体带来的相位延迟 δ_1，此处散射间质中相位延迟的改变相当于 2.8.1 节提到的第二层双折射晶体带来的相位延迟 δ_2 的改变。由此可以推论出，有固定取向排列的柱散射体，具有类似双折射晶体的光学性质，它的光轴方向在柱的轴向。同时也表明，2.8.1 节中双层双折射晶体各向异性的耦合理论分析方法，适用于分析柱散射体和传播双折射两类各向异性混合时体系耦合的总相位延迟和等效光轴，这种理论分析对反映体系中传播或者散射中不同各向异性之间的耦合和等效性具有普适性。

当柱散射体有涨落，即取向不完全单一时，本书模拟了柱直径为 1μm、柱散射系数为 $30{\rm cm}^{-1}$、柱涨落 30°设定下的结果。由图 2.45 可以看出，模拟得到的柱双折射体系总相位延迟 δ 的变化规律与两层双折射介质叠加的结果符合得较好，但是等效光轴方向 θ 的变化规律与两层双折射介质叠加的结果有轻微偏离。考虑到增加柱散射体的涨落仅相当于对 δ_1 有影响，因此体系总相位延迟的变化规律还与双层双折射介质叠加的结果类似。此时柱散射体取向的涨落意味着，即使传播双折射效应已经非常强，光轴取向无论怎么变化也不可能符合所有的散射体轴向，部分散射体和双折射之间始终存在夹角，表明体系等效光轴必然会由于前述各向异性体系的耦合而与单一取向的柱散射体系有所不同，这归结于柱散射体的涨落破坏了柱体系各向异性的规则程度。

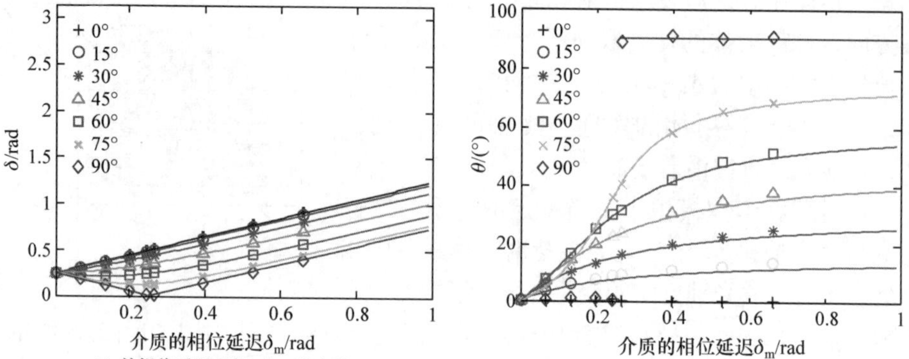

(a) 总相位延迟δ随δ_m与φ的变化　(b) 等效光轴方向θ随δ_m与φ的变化

图 2.44　柱双折射体系，$\delta_{柱}=0.25\text{rad}$

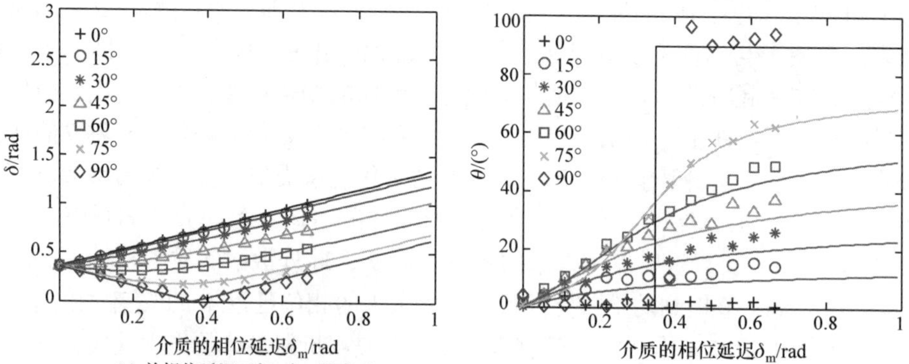

(a) 总相位延迟δ随δ_m与φ的变化　(b) 等效光轴方向θ随δ_m与φ的变化

图 2.45　柱双折射体系，$\delta_{柱}=0.359\text{rad}$，柱有涨落

2.8.3　生物组织偏振光散射模型模拟及相关实验对照

1. 双折射对背向缪勒矩阵的影响

对于大部分生物组织而言，其双折射的折射率差范围一般在 1×10^{-4}～1×10^{-2}，且生物组织的各向异性轴方向一般与纤维排列方向一致[16]，因此在程序中设定折射率差为 0、5×10^{-4}、1×10^{-3} 和 1×10^{-2}，将双折射的光轴方向设定与柱散射体的排列方向保持一致，均为 y 轴方向。

为了与球-柱体系背向缪勒矩阵的花样特征进行对比，模拟参数设置如下[17]：球散射体的直径为 0.2μm，散射系数为 10cm^{-1}，折射率为 1.59，柱散射体的直径为 1.5μm，散射系数为 65cm^{-1}，折射率为 1.56，周围介质的平均折射率为 1.33，

柱散射体沿 y 轴分布且角度涨落为 10°，双折射光轴方向和柱散射体的排列方向一致。图 2.46 显示了蒙特卡罗模拟得到的球-柱双折射体系背向缪勒矩阵的二维空间分布花样特征随着双折射折射率差变化的情况。对比球-柱体系，球-柱双折射体系的背向缪勒矩阵花样特征及变化规律可总结如下：

(1) 矩阵元 m_{11}：特征和球-柱体系相同，二维分布为菱形花样。花样特征及矩阵元整体强度不随折射率差的变化而变化。原因在于，m_{11} 代表的是非偏振光的反射率，因此双折射效应对其没有影响。

(2) 矩阵元 m_{12}/m_{21}、m_{22}：花样特征、整体强度与球-柱体系基本相同，基本不随折射率差的变化而变化。原因在于，缪勒矩阵的花样主要产生于保偏光子，这几个矩阵元只与平行偏振和垂直偏振分量相关，而双折射的光轴方向沿着 y 轴，平行和垂直偏振分量受相位延迟的影响较小。

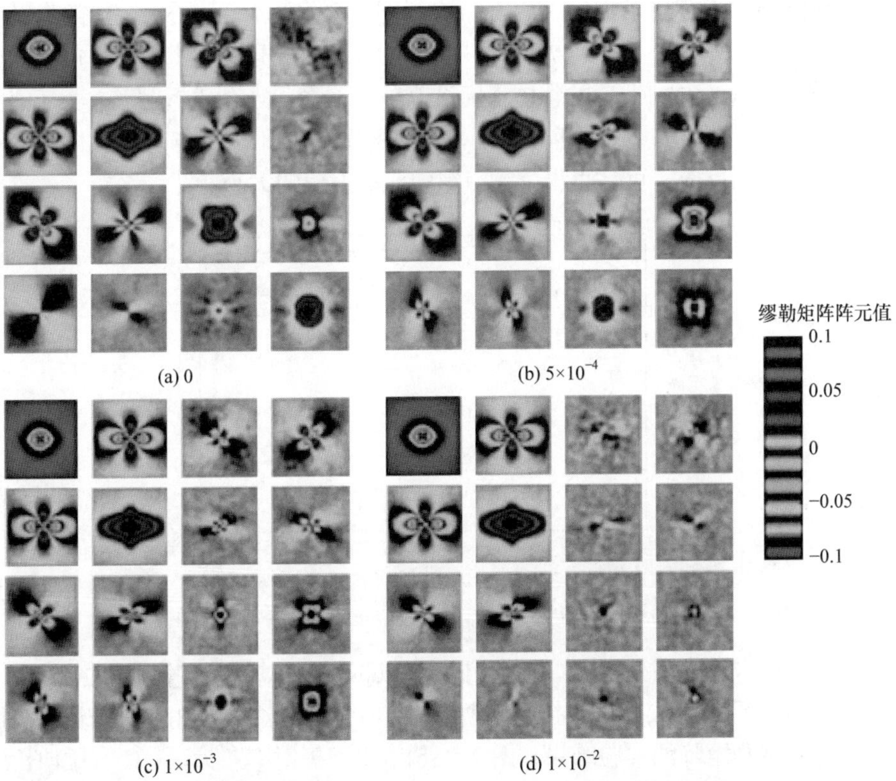

图 2.46　球-柱双折射体系背向缪勒矩阵的蒙特卡罗模拟结果

(3) 矩阵元 m_{13}/m_{31}、m_{23}/m_{32}、m_{33}、m_{44}：花样特征与球-柱体系基本相同，但是矩阵元整体强度随着折射率差增大而减弱。原因在于这些矩阵元与 45° 偏振、135°偏振或圆偏振分量相关，因此受相位延迟的影响较大。

(4) 矩阵元 m_{14}/m_{41}、m_{24}/m_{42}、m_{34}/m_{43}：花样特征与球-柱体系的 m_{13}、

m_{23}、m_{33}花样特征十分类似。原因在于，双折射效应导致了圆偏振态转化为线偏振态的比例提高。这6个矩阵元的整体强度随着折射率差的增大先增强后减弱。

根据以上对比分析可以发现：利用m_{11}、m_{12}、m_{21}和m_{22}这4个不受双折射影响的矩阵元，可以获取体系的散射各向异性(柱散射)的信息，而利用其他矩阵元则可以获取体系中光学各向异性(介质双折射)的信息。

下面利用不同的缪勒矩阵阵元对散射各向异性与光学各向异性分别进行定量提取。图2.47所示为m_{22}和m_{33}阵元的整体强度随着折射率差变化的曲线。图中，横坐标为折射率差，纵坐标为m_{22}和m_{33}的二维强度分布图相加之后，再被m_{22}的最大值归一化的结果。如图2.46所示，当双折射的光轴方向与柱散射体的排列方向一致时，m_{22}整体强度随着折射率差的增加而略有减小，基本不受双折射的影响。与m_{22}相比，m_{33}受到双折射的影响十分显著。从图中可以看到，当各向异性模型中不存在双折射时，m_{33}的整体强度约为m_{22}的75%，这部分强度差异是由柱散射引起的。图2.47表明，当模型体系中介质的折射率差在1×10^{-4}～1×10^{-3}范围内变化时，m_{33}的整体强度迅速单调下降，当介质折射率差大于1×10^{-3}时，m_{33}的整体强度趋近于0。这一结果表明，利用m_{22}与m_{33}的整体强度对折射率差的不同反应，可估算出生物组织中双折射值的大小。

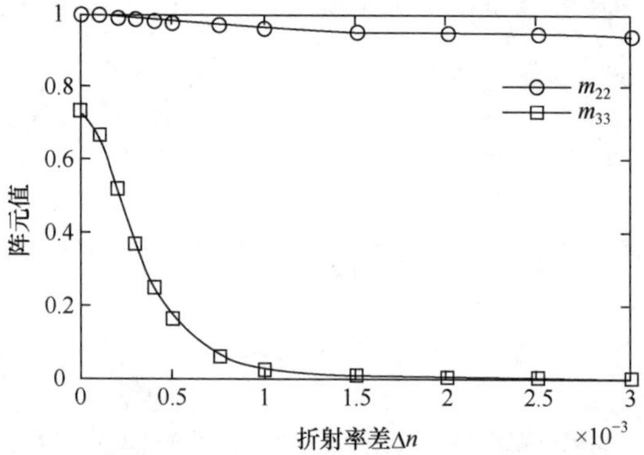

图2.47　球-柱双折射体系m_{22}、m_{33}总强度随折射率差变化的曲线

除了蒙特卡罗模拟外，本书还利用球-柱双折射仿体实验来验证图2.47所示的变化规律。图2.48(a)给出了折射率差为6×10^{-6}(拉伸长度为3mm)的球-柱双折射仿体背向缪勒矩阵的实验结果，图2.48(b)给出了折射率差为1×10^{-5}(拉伸长度为5mm)的球-柱双折射仿体的背向缪勒矩阵的实验结果，两个仿体的其他参数一致，蚕丝沿y轴分布，双折射的光轴方向与x轴成45°夹角。

图2.48表明，当双折射的光轴方向与x轴成45°角且双折射的大小小于1×10^{-5}时，m_{11}、m_{13}/m_{31}和m_{33}阵元基本不受双折射的影响；m_{12}/m_{21}、m_{22}、m_{23}/m_{32}阵元花样特征不变，整体强度随着折射率差的增大而减弱；其他阵元

m_{14}/m_{41}、m_{24}/m_{42}、m_{34}/m_{43}、m_{44}则随着折射率差的增大而增大。这一实验结果与之前模拟得到的规律完全符合。m_{11}代表非偏振反射率，因此m_{11}阵元不受双折射影响；由于介质双折射的光轴方向在45°方向，与45°、135°偏振方向相关的阵元m_{13}/m_{31}、m_{33}基本不受双折射的影响，而与0°、90°、圆偏振方向相关的其他阵元则受双折射的影响。尤其是m_{22}阵元表现最为显著，m_{22}的整体强度随着折射率的增加迅速减弱，这一实验结果正好验证了图 2.47 的模拟结果。

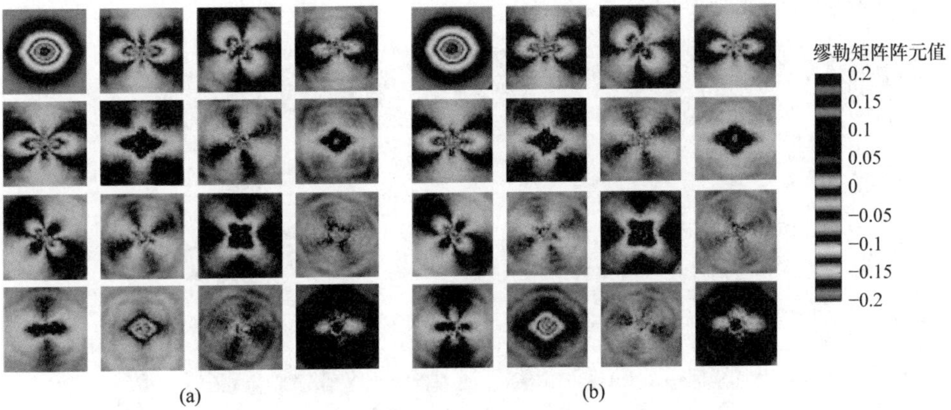

图 2.48　球-柱双折射体系背向缪勒矩阵的实验结果

2. 双折射光轴方向对背向缪勒矩阵的影响

实际生物组织中，多数情况下双折射光轴方向与柱散射体的排列方向基本保持一致。当组织物理状态发生变化时，双折射的光轴方向有可能会发生改变，如外力作用导致的拉伸等。这种改变也可能对生物组织背向缪勒矩阵的二维分布产生影响，从而有助于定量提取组织双折射的光轴方向信息。

如图 2.49 所示，这里利用蒙特卡罗模拟计算得到了球-柱双折射体系中介质双折射的光轴与柱轴存在夹角时的背向缪勒矩阵。模拟中柱散射体沿着y轴方向分布，而双折射光轴方向与x轴分别成0°、30°、60°和90°夹角，折射率差为1×10^{-3}。从图中可以看到，当模型中的双折射光轴方向发生变化时，背向缪勒矩阵的阵元m_{11}不受影响，其他阵元花样都绕入射点发生了一定程度的旋转，同时花样特征也发生了显著变化。下面观察双折射光轴较为特殊的两个方向。对比图 2.49(a)和图 2.49(d)可以看出，当双折射的光轴在x轴和y轴时，两者背向缪勒矩阵的二维空间分布上只有m_{14}、m_{41}、m_{24}、m_{42}、m_{34}和m_{43}之间存在一定的差异，其他阵元完全相同。将双折射光轴在x轴方向的m_{14}/m_{41}阵元顺时针旋转90°就可以得到双折射的光轴在y轴方向下的m_{14}/m_{41}阵元，m_{24}/m_{42}也是类似的情况，而m_{34}/m_{43}则只相差一个负号。可以看到：m_{12}/m_{21}、m_{22}阵元的花样特征基本保持不变，但是随着光轴的转动花样也会发生转动，并且整体强度先减弱后增强。m_{13} / m_{31} 、m_{33} 阵元的花样特征同样基本不变，并随着光轴的转动而转动，整体强度则先增强后减弱。m_{23} / m_{32} 阵元的花样特征发生很大变化，由八瓣强度正负交替的花样变为接近 m_{22} / m_{33}。第四行与第四列与圆偏振相关的阵元的整体强度变化不大，且随着光轴的变化发生了转动。从上述对不同阵元的简单分析可以看出，m_{22} 阵元的变化最为显著，因此本书尝试通过对 m_{22} 阵元进行分析来获取双折射的光轴方向信息。

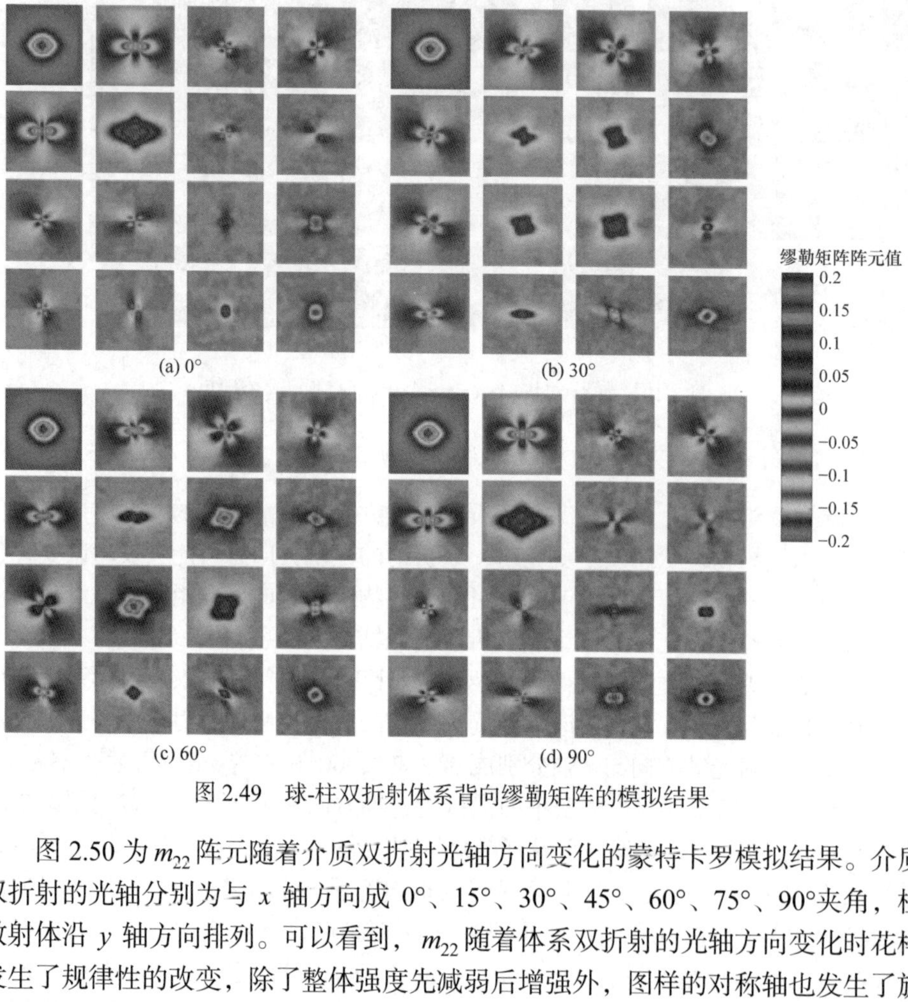

图 2.49　球-柱双折射体系背向缪勒矩阵的模拟结果

图 2.50 为 m_{22} 阵元随着介质双折射光轴方向变化的蒙特卡罗模拟结果。介质双折射的光轴分别为与 x 轴方向成 0°、15°、30°、45°、60°、75°、90°夹角，柱散射体沿 y 轴方向排列。可以看到，m_{22} 随着体系双折射的光轴方向变化时花样发生了规律性的改变，除了整体强度先减弱后增强外，图样的对称轴也发生了旋转。这一模拟结果表明，可以利用花样的对称轴旋转大致判断体系中介质双折射的光轴与柱散射体主轴之间的夹角。

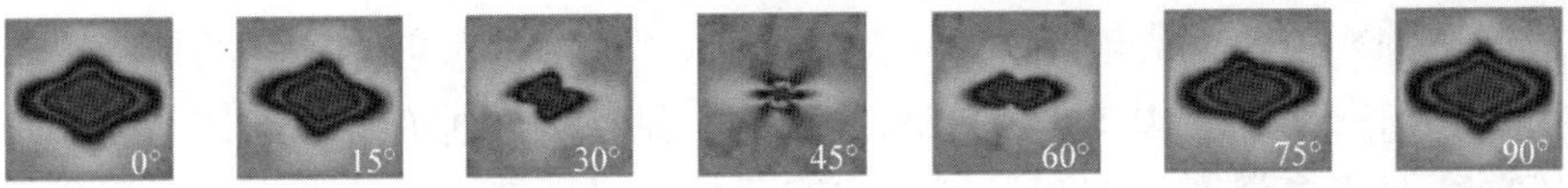

图 2.50　球-柱双折射体系的 m_{22} 阵元随着介质双折射光轴方向变化的模拟结果

3. 球-柱双折射体系背向缪勒矩阵特征

为了进一步对双折射模块进行验证，本书对比了球-柱双折射模型的背向缪勒矩阵空间二维分布的实验结果和模拟结果。图 2.51(a)给出了球-柱双折射仿体的点光源照明背向缪勒矩阵实验测量结果，图 2.51(b)给出了蒙特卡罗模拟计算得到的球-柱双折射体系背向缪勒矩阵的空间二维分布。

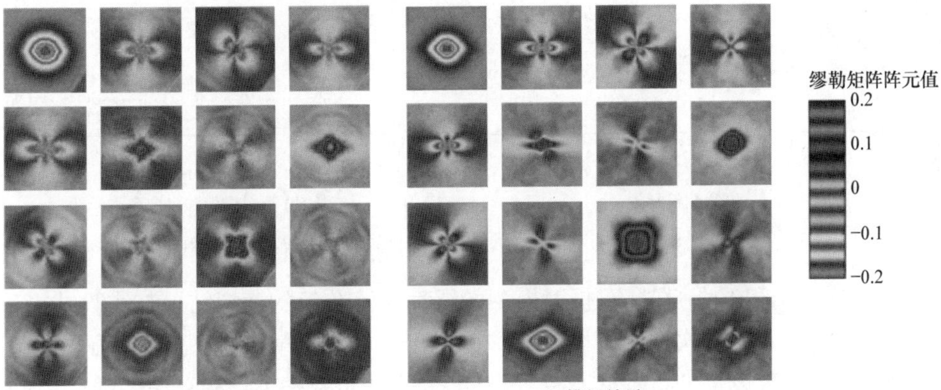

(a) 实验结果　　(b) 模拟结果

图 2.51　球-柱双折射样品的点光源照明背向缪勒矩阵的实验结果和模拟结果的对照

图 2.51(a)中球-柱双折射样品的厚度为 1cm，第一层聚苯乙烯小球胶体的厚度为 5mm，聚苯乙烯小球的直径为 0.2μm，散射系数为 5cm^{-1}，折射率为 1.59，第二层蚕丝的直径为 1.5μm，散射系数为 65cm^{-1}，折射率为 1.56。周围环境丙烯酰胺胶体的折射率为 1.39，实验中将其拉伸 5mm 从而产生大小为 1×10^{-5} 左右的折射率差，拉伸方向(介质双折射光轴方向)与 x 轴成 45°夹角。图 2.51(b)中的模拟参数与仿体保持一致，可以看到模拟结果与实验结果符合得很好。

4. 球-柱双折射体系前向缪勒矩阵

图 2.52 为球-柱双折射模型与柱双折射模型的模拟结果比较，此时体系的介质双折射发生变化而保持柱直径与柱的散射系数不变。模拟参数为柱直径 2.0μm，柱散射系数 20cm^{-1}；球直径 1μm，所加入的球的散射系数为 20cm^{-1}。图 2.52(a)中“─○─”代表球-柱双折射模型中相位延迟随介质双折射的变化，“…×…”代表没有球时的情况，可以看到两条曲线基本重合，说明球的加入对柱双

折射体系的相位延迟影响不大，这与前述球、柱两种散射体混合的情形类似。图 2.52(b)中三角、方块标记的实线和虚线分别代表两种有球散射体与没有球散射体存在时体系散射退偏和二向色性的变化，可以看出球的加入主要贡献了体系的退偏。这与球-柱模型中球散射体的增加得到的缪勒矩阵分解参数变化的规律类似。

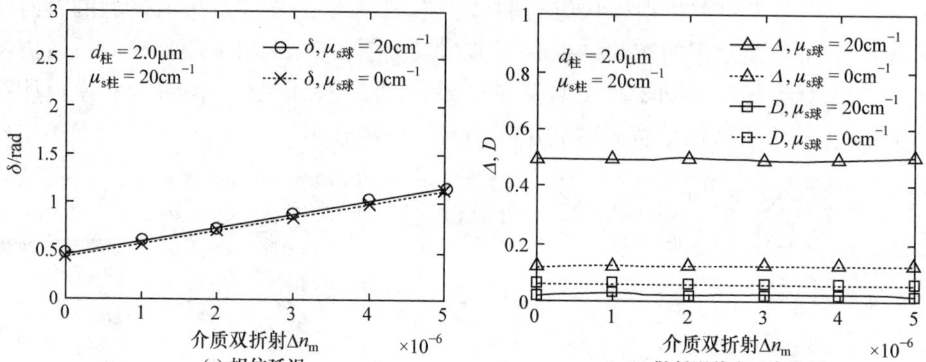

(a) 相位延迟　　　　(b) 散射退偏和二向色性

图 2.52　柱散射系数不同时，球-柱双折射模型与柱双折射模型的比较

图 2.53(a)和(b)是球-柱双折射模型的缪勒矩阵分解的模拟结果与实验结果。两者结果的一致性再次说明了图 2.52 中关于球-柱双折射模型下矩阵分解规律的结论。模拟参数设定如下：柱直径为 10μm，介质折射率为 1.393，柱散射系数为 $50cm^{-1}$，球散射系数为 $20cm^{-1}$，改变双折射介质的折射率差为 $0\sim4\times10^{-6}$。柱轴与双折射主轴之间的夹角为 30°。在实验中，将四层玻璃纤维丝埋入含有小球的聚丙烯酰胺胶体中，柱轴与双折射主轴之间有 30°的夹角。

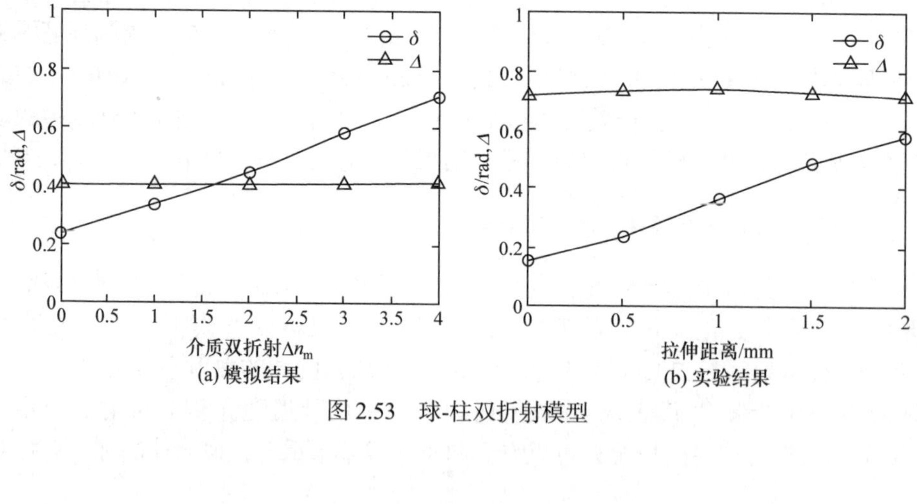

(a) 模拟结果　　　　(b) 实验结果

图 2.53　球-柱双折射模型

2.8.4　骨骼肌球-柱双折射模型及其实验验证

本课题组在前期研究中曾用球-柱散射模型解释牛骨骼肌组织背向缪勒矩阵的二维空间分布花样基本特征[18]。然而进一步研究表明，简单的球-柱模型并不能完全地描述具有丰富纤维结构的骨骼肌组织偏振光学特性。骨骼肌组织除了具有排列整齐的纤维状结构外，还具有较强的双折射效应。下面尝试利用球-柱双折射模型来描述骨骼肌组织，并分析其背向缪勒矩阵。此外，将通过与其他各向异性模型(球-柱散射模型和球双折射模型)进行对比来综合分析实验结果和模拟结果。

如图 2.54 所示，骨骼肌组织由直径为 10～100μm、长度为 1～40mm 的多核长柱形肌纤维(也就是肌细胞)构成。肌纤维呈深浅相间的横纹，因此骨骼肌也称为横纹肌。

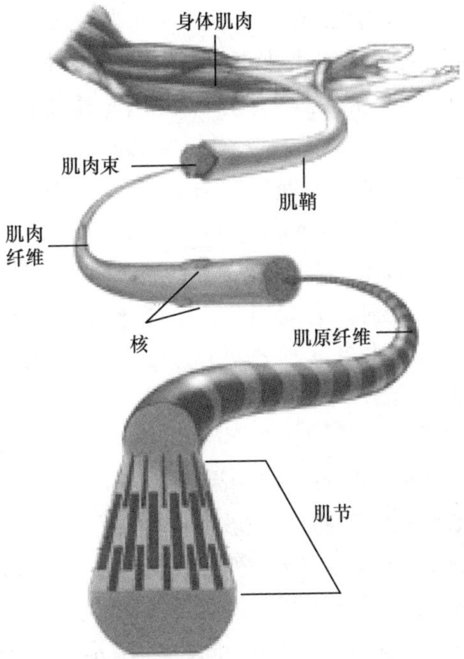

图 2.54　骨骼肌组织的结构示意图

肌纤维里包含细胞核、线粒体、肌红蛋白、脂肪、糖原及数以千计的蛋白丝(肌原纤维)。肌原纤维的直径约为 1～2μm，肌原纤维上存在着明暗交替的横纹，这正是骨骼肌呈现出深浅相间横纹的原因。每一根横纹又包括明带和暗带，其中明带称为 I 带(isotropic band)，在偏光显微镜下明带表现出各向同性单折光性，而暗带称为 A 带(anisotropic band)，它呈现出各向异性的双折射性。简而言之，肌原纤维由多个长约 2～2.5μm 的连续排列构成。

本书采用的骨骼肌样品为新鲜牛骨骼肌，实验进行的时间距离取样不超过 3 小时。骨骼肌组织被切成约 2cm 厚的样品，实验中，骨骼肌样品放置于实验坐标系的 x-y 平面内，并将肌纤维沿 y 轴方向放置。

利用点光源照明可以获得骨骼肌背向缪勒矩阵的二维分布花样。模型中球散射体用于模拟骨骼肌组织里的细胞器，其参数设定如下：直径为 0.2μm，散射系数为 5cm^{-1}，折射率为 1.4。柱散射体用于模拟骨骼肌组织里的纤维结构，其参数设定如下：直径为 1.5μm，散射系数为 60cm^{-1}，折射率为 1.45，柱散射体沿 y 轴分布，角度涨落为 10°。散射体外周围介质包含实际组织具有的双折射效应，其参数如下：平均折射率为 1.33，折射率差为 2×10^{-3}[19]，双折射的光轴沿 y 轴方向。

图 2.55(a)所示实验结果表明，骨骼肌组织的 m_{11} 阵元为菱形花样，m_{12}/m_{21} 阵元为沿着 x 轴方向拉伸的四瓣花样，m_{22} 阵元为沿 x 轴方向拉伸的正十字花样。球-柱双折射模型[图 2.55(b)]及球-柱散射模型的模拟结果[图 2.55(c)]也能产生相同的花样特征，而球双折射模型[图 2.55(d)]花样特征与骨骼肌实验结果不符。在球双折射模型的模拟结果中，m_{11} 呈现出同心圆花样，m_{12}/m_{21} 阵元为 x 轴方向和 y 轴方向强度相等的四瓣花样，m_{22} 阵元为 x 轴方向和 y 轴方向强度相等的正十字花样。这表明骨骼肌的 m_{11}、m_{12}、m_{21}、m_{22} 阵元的花样特征是由柱散射体产生的。当柱散射体在 y 轴方向分布时，保偏光子被散射到垂直于柱散射体方向的数目比平行于柱散射体方向的多，也就导致缪勒矩阵阵元的二维空间分布(花样)在 x 轴方向的强度比在 y 轴方向的强度大。因此，骨骼肌的偏振散射模型中柱散射体是必要组成部分。

图 2.55(a)还显示出骨骼肌组织背向缪勒矩阵的第三、四行和第三、四列存在微弱的花样。球-柱双折射模型的模拟结果[图 2.55(b)]及球双折射模型的模拟结果[图 2.55(d)]与实验结果一致，而球-柱散射模型[图 2.55(c)]的模拟结果中这些阵元具有清晰的花样特征，例如 m_{13}/m_{31} 阵元呈现出四瓣花样等。之前分析过双折射会使得缪勒矩阵的第三、四行和第三、四列阵元的整体强度减弱，当双折射值增大到一定程度后这些阵元将减弱为 0，同时当双折射光轴与柱散射体的取向不一致时，m_{22} 阵元会发生扭曲。综合上述特征可以推断出骨骼肌组织中存在较为明显的双折射，而且介质双折射的光轴方向应与纤维排列方向一致。

以上实验结果和模拟结果的对比分析表明，在三个各向异性模型中，球-柱双折射模型的模拟结果与骨骼肌的实验结果符合最好。这意味着球-柱双折射模型既包含结构各向异性，同时也包含光学各向异性。这一模型能更好地描述具有纤维结构的各向异性生物组织。

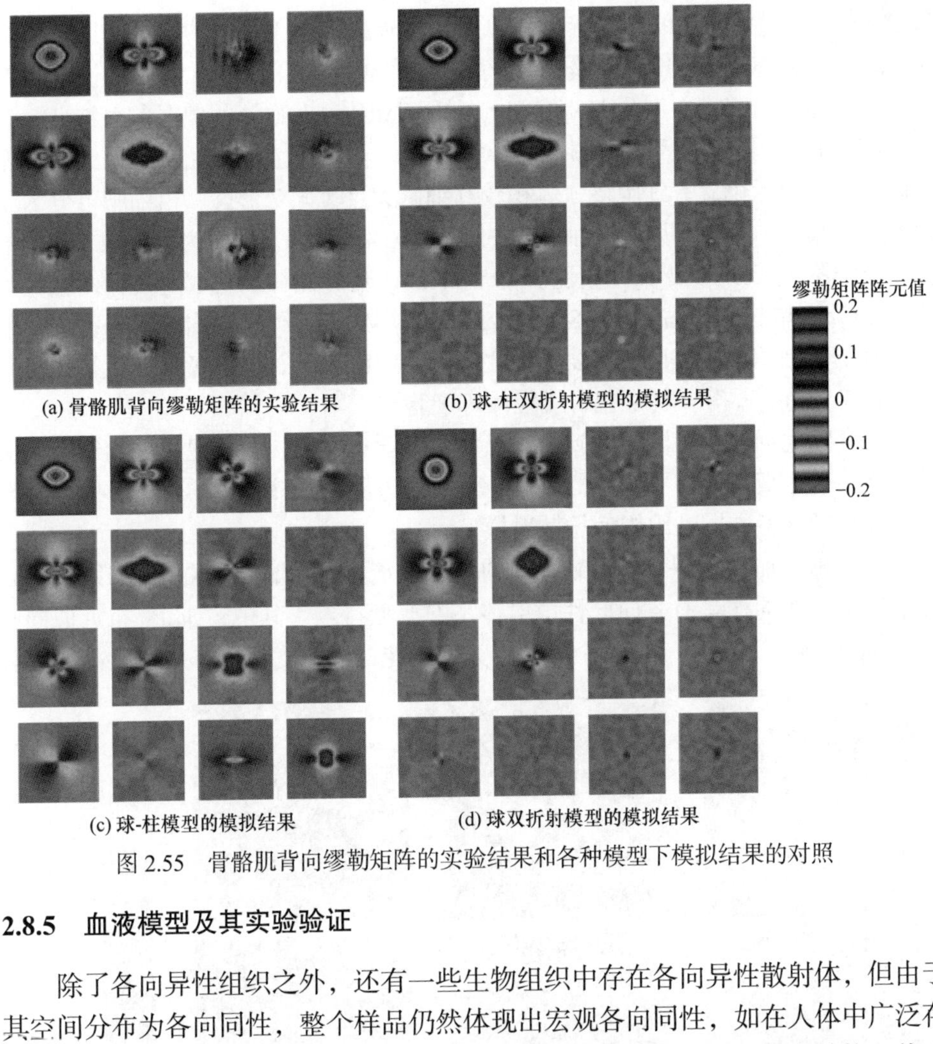

(a) 骨骼肌背向缪勒矩阵的实验结果　(b) 球-柱双折射模型的模拟结果

(c) 球-柱模型的模拟结果　(d) 球双折射模型的模拟结果

图 2.55　骨骼肌背向缪勒矩阵的实验结果和各种模型下模拟结果的对照

2.8.5　血液模型及其实验验证

除了各向异性组织之外，还有一些生物组织中存在各向异性散射体，但由于其空间分布为各向同性，整个样品仍然体现出宏观各向同性，如在人体中广泛存在的血液、组织液等，其中包含大小不一、形态各异的各种细胞和微结构。找到一个适合于这些组织的偏振散射模型对疾病诊断等同样非常重要。除了生物医学之外，很多其他领域的研究中也需要用到类似的各向同性散射模型，如分析细菌培养液的构成及海洋中微生物和藻类的分布等。将球-柱散射模型进行退化，去掉其中的柱散射体就能较好地模拟这一类组织。下面介绍各向同性生物组织的偏振散射模型。

血液是人体中广泛存在的一种组织，其质量占人体总质量的 7%～8%。血液包含四种成分：血浆、红细胞、白细胞和血小板，其中血浆约占 55%，血细胞约占 45%。血浆是一种水、糖类、脂肪、蛋白质和各种矿物质的混合物，而血液中的散射体主要是各种血细胞，下面对它们的形态做一些简单介绍。红细胞直径约为 7～9μm，呈中间凹的圆饼状，其中央处较薄，约为 1μm，边缘处较厚，约为 2μm，这种形态使红细胞具有较大的表面积。成熟的红细胞内无细胞核与细胞器，其细胞质内充满血红蛋白。红细胞的形态和数量对血液的偏振散射特性起着非常重要的作用，并且可用于相关疾病的检测。另外，血液中还含有白细胞和血小板，白细胞无色，有细胞核，体积较红细胞大且无固定形态。白细胞可分为不同种类，其中中性粒细胞占白细胞总数量的 50%～70%，直径为 10～12μm，嗜酸性粒细胞占 0.5%～3%，直径为 10～15μm，嗜碱性粒细胞数量很少，直径为 10～12μm，单核细胞占 3%～8%，体积较大，淋巴细胞占 20%～30%，分布较广。血小板是哺乳动物血液重要成分之一，没有细胞核，呈圆盘形，直径由 1～4μm 到 7～8μm 不等，其中包含线粒体等细胞器。

在实际生物医学检测中遇到的样品大部分含有血液，因此建立生物组织偏振散射模型时血液也是需要考虑的成分。下面通过测量血液样品的偏振反射率和缪勒矩阵来探索各向同性组织偏振散射模型。

图 2.56 为血液组织背向缪勒矩阵的二维分布。与线偏振相关的 9 个缪勒矩阵阵元二维分布同样具有各向同性散射体系的典型特点。其中，m_{11} 分布近似同心圆，m_{12}、m_{21}、m_{13}、m_{31} 四个阵元均为四瓣花样的强度分布，并且每一瓣的强

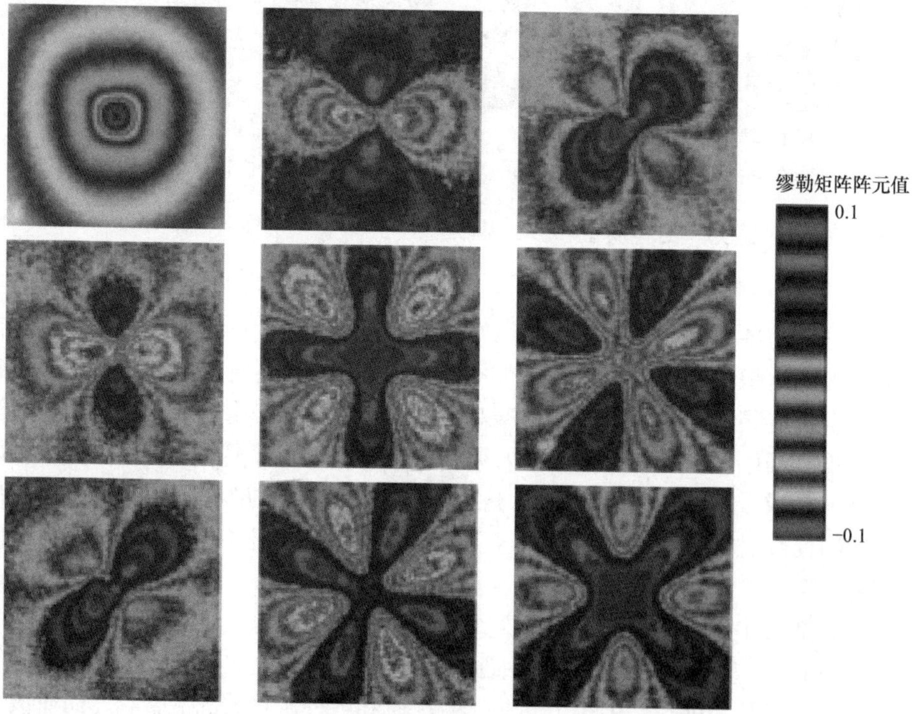

图 2.56　血液组织背向缪勒矩阵分布

度绝对值接近，m_{22}、m_{23}、m_{32}、m_{33}四个阵元则为强度交替分布的八瓣花样，其中m_{23}和m_{32}各瓣强度分布的绝对值接近，而m_{22}和m_{33}则是强度值为正的四瓣的分布强于强度值为负的四瓣，这比较符合小粒子散射缪勒矩阵特征。

至此，通过分析血液样品的偏振反射率和背向缪勒矩阵阵元的二维分布，本书证明了利用由实心球组成的各向同性偏振散射模型可以解释血液组织的偏振光学特征。利用定量分析手段结合蒙特卡罗模拟等方法，可以提取出血液组织中对偏振测量起作用的散射颗粒的有效平均粒径，这对于相关疾病的诊断有一定的帮助。在球-柱偏振散射模型中，通过将柱散射体的空间取向设定为随机分布，也可以形成各向同性散射模型。初步模拟结果显示，在这种各向同性散射介质中，空间随机分布的柱散射粒子仍可以近似视为实心球散射粒子，并且分析体系的偏振特征时，等效球半径小于柱散射体半径。因此，球-柱散射模型可以定量解释一些包括血液、肝脏、脂肪等在内的各向同性生物组织获得的偏振光散射实验数据。

2.9　散射体系的缪勒矩阵

2.9.1　散射体系缪勒矩阵研究的基本装置和仿体

1. 点光源照明和面光源照明缪勒矩阵的实验装置

点光源照明样品背向缪勒矩阵测量装置如图 2.57 所示。从激光器发出的线偏振光经过两个反射镜 M1 和 M2，使光路改变方向，再经过一个线偏振片 P 和一个 1/4 波片 QW，让入射线偏振光变成右旋圆偏振光，然后经过起偏器件(线偏振片 P1 和 1/4 波片 QW1)进行偏振态调制。调制后的偏振光通过一个中间带有直径为 5mm 小孔的反射镜 M3 垂直入射到样品表面。该反射镜的反射面朝向样品方向，与样品表面法线方向斜一个小角度放置，因而从样品表面直接反射回来的光将透过小孔而不会进入探测光路。来自样品的后向散射光经过反射镜反射后进入探测光路，先后经过检偏器件(1/4 波片 QW2 和偏振片 P2)，最后通过成像透镜 L 在 CCD 上成像。实验中将以六种不同的偏振态入射，分别为水平线偏振(H)、垂直线偏振(V)、45°线偏振(P)、135°线偏振(M)、右旋圆偏振(R)和左旋圆偏振(L)。相应地，针对每种入射偏振态也都按照这六种偏振态进行检偏，这样共进行 36 次成像实验后得到 36 幅强度图。根据这 36 幅强度图可以得到介质的缪勒矩阵。

具体的推导过程如下：

$$\boldsymbol{S}_{\mathrm{out}}=\boldsymbol{M}_{\mathrm{P2}}\boldsymbol{M}_{\mathrm{QW2}}\boldsymbol{M}_{\mathrm{sample}}\boldsymbol{M}_{\mathrm{QW1}}\boldsymbol{M}_{\mathrm{P1}}\boldsymbol{S}_{\mathrm{in}} \tag{2-139}$$

式中，$\boldsymbol{S}_{\text{in}}$ 为入射光的斯托克斯向量；$\boldsymbol{M}_{\text{P1}}$ 和 $\boldsymbol{M}_{\text{QW1}}$ 分别为起偏器件偏振片 P1 和 1/4 波片 QW1 的缪勒矩阵；$\boldsymbol{M}_{\text{P2}}$ 和 $\boldsymbol{M}_{\text{QW2}}$ 分别为检偏器件偏振片 P2 和 1/4 波片 QW2 的缪勒矩阵；$\boldsymbol{S}_{\text{out}}$ 为入射光经过样品和检偏器件后的斯托克斯向量。

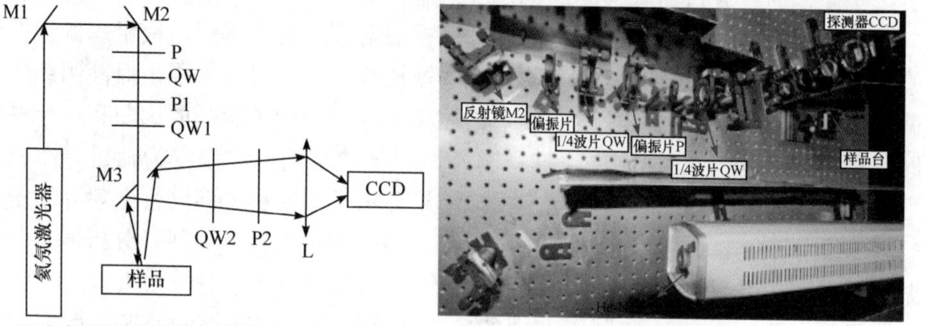

(a) 点光源照明测量背向缪勒矩阵的装置示意图　(b) 实验装置的实物图

图 2.57　点光源照明样品背向缪勒矩阵测量装置

水平线偏振(H)光入射，经过样品，再经过水平线偏振(H)检偏，最后在 CCD 上得到光强 I(记为 HH)。这里采用两个大写字母代表不同偏振反射率，第一个字母代表入射偏振态，第二个字母代表检偏偏振态。例如，HH 表示以水平线偏振状态入射和水平线偏振检偏测得的反射率。

根据式(2-139)可得

$$\begin{bmatrix} \boldsymbol{I} \\ \boldsymbol{Q} \\ \boldsymbol{U} \\ \boldsymbol{V} \end{bmatrix} = \frac{1}{2}\begin{bmatrix} 1 & 1 & 0 & 0 \\ 1 & 1 & 0 & 0 \\ 0 & 0 & 0 & 0 \\ 0 & 0 & 0 & 0 \end{bmatrix}\begin{bmatrix} 1 & 0 & 0 & 0 \\ 0 & 1 & 0 & 0 \\ 0 & 0 & 0 & 1 \\ 0 & 0 & -1 & 0 \end{bmatrix}\begin{bmatrix} m_{11} & m_{12} & m_{13} & m_{14} \\ m_{21} & m_{22} & m_{23} & m_{24} \\ m_{31} & m_{32} & m_{33} & m_{34} \\ m_{41} & m_{42} & m_{43} & m_{44} \end{bmatrix}\begin{bmatrix} 1 \\ 1 \\ 0 \\ 0 \end{bmatrix}$$

$$= \frac{1}{2}\begin{bmatrix} m_{11}+m_{12}+m_{21}+m_{22} \\ m_{11}+m_{12}+m_{21}+m_{22} \\ 0 \\ 0 \end{bmatrix} \tag{2-140}$$

这样，可以得到 CCD 上收集到的光强 I：

$$\mathrm{HH} = I = 1/2(m_{11}+m_{21}+m_{12}+m_{22}) \tag{2-141}$$

通过改变起偏器件和检偏器件，可以得到类似式(3-3)的其他 35 个方程。最后联立这 36 个方程：

$$
\begin{cases}
\mathrm{HH}=1/2(m_{11}+m_{21}+m_{12}+m_{22}), & \mathrm{HV}=1/2(m_{11}+m_{12}-m_{22}-m_{22}), & \mathrm{HP}=1/2(m_{11}+m_{31}+m_{12}+m_{32}) \\
\mathrm{HM}=1/2(m_{11}-m_{31}+m_{12}-m_{32}), & \mathrm{HR}=1/2(m_{11}+m_{12}+m_{41}+m_{42}), & \mathrm{HL}=1/2(m_{11}-m_{41}+m_{12}-m_{42}) \\
\mathrm{VH}=1/2(m_{11}+m_{21}-m_{12}-m_{22}), & \mathrm{VV}=1/2(m_{11}-m_{21}-m_{12}+m_{22}), & \mathrm{VP}=1/2(m_{1}+m_{31}-m_{12}-m_{32}) \\
\mathrm{VM}=1/2(m_{11}-m_{31}-m_{12}+m_{32}), & \mathrm{VR}=1/2(m_{11}-m_{12}+m_{41}-m_{42}), & \mathrm{VL}=1/2(m_{11}-m_{41}-m_{12}+m_{42}) \\
\mathrm{PH}=1/2(m_{11}+m_{21}+m_{13}+m_{23}), & \mathrm{PV}=1/2(m_{11}-m_{21}+m_{13}-m_{23}), & \mathrm{PP}=1/2(m_{11}+m_{31}+m_{13}+m_{33}) \\
\mathrm{PM}=1/2(m_{11}-m_{31}+m_{13}-m_{33}), & \mathrm{PR}=1/2(m_{11}+m_{13}+m_{41}+m_{43}), & \mathrm{PL}=1/2(m_{11}-m_{41}+m_{13}-m_{43}) \\
\mathrm{MH}=1/2(m_{11}+m_{21}-m_{13}-m_{23}), & \mathrm{MV}=1/2(m_{11}-m_{21}-m_{13}+m_{23}), & \mathrm{MP}=1/2(m_{11}+m_{31}-m_{13}-m_{33}) \\
\mathrm{MM}=1/2(m_{11}-m_{31}-m_{13}+m_{33}), & \mathrm{MR}=1/2(m_{11}-m_{13}+m_{41}-m_{43}), & \mathrm{ML}=1/2(m_{11}-m_{41}-m_{13}+m_{43}) \\
\mathrm{RH}=1/2(m_{11}+m_{21}+m_{14}+m_{24}), & \mathrm{RV}=1/2(m_{11}-m_{21}-m_{24}+m_{14}), & \mathrm{RP}=1/2(m_{11}+m_{31}+m_{14}+m_{34}) \\
\mathrm{RM}=1/2(m_{11}-m_{31}+m_{14}-m_{34}), & \mathrm{RR}=1/2(m_{11}+m_{14}+m_{41}+m_{44}), & \mathrm{RL}=1/2(m_{11}-m_{41}+m_{14}-m_{44}) \\
\mathrm{LH}=1/2(m_{11}+m_{21}-m_{14}-m_{24}), & \mathrm{LV}=1/2(m_{11}-m_{21}-m_{14}+m_{24}), & \mathrm{LP}=1/2(m_{11}+m_{31}-m_{14}-m_{34}) \\
\mathrm{LM}=1/2(m_{11}-m_{31}-m_{14}+m_{34}), & \mathrm{LR}=1/2(m_{11}-m_{14}+m_{41}-m_{44}), & \mathrm{LL}=1/2(m_{11}-m_{41}-m_{14}+m_{44})
\end{cases}
\tag{2-142}
$$

解方程组就可以得到样品的缪勒矩阵：

$$
\boldsymbol{M}=\begin{bmatrix} m_{11} & m_{12} & m_{13} & m_{14} \\ m_{21} & m_{22} & m_{23} & m_{24} \\ m_{31} & m_{32} & m_{33} & m_{34} \\ m_{41} & m_{42} & m_{43} & m_{44} \end{bmatrix}
$$

$$
=\frac{1}{2}\begin{bmatrix} \mathrm{HH}+\mathrm{HV}+\mathrm{VH}+\mathrm{VV} & \mathrm{HH}+\mathrm{HV}-\mathrm{VH}-\mathrm{VV} & \mathrm{PH}+\mathrm{PV}-\mathrm{MP}-\mathrm{MM} & \cdots & \mathrm{RH}+\mathrm{RV}-\mathrm{LH}-\mathrm{LV} \\ \mathrm{HH}-\mathrm{HV}+\mathrm{VH}-\mathrm{VV} & \mathrm{HH}-\mathrm{HV}-\mathrm{VH}+\mathrm{VV} & \mathrm{PH}+\mathrm{MV}-\mathrm{PV}-\mathrm{MH} & \cdots & \mathrm{RH}+\mathrm{LV}-\mathrm{RV}-\mathrm{LH} \\ \mathrm{HP}-\mathrm{HM}+\mathrm{VP}-\mathrm{VM} & \mathrm{HP}-\mathrm{HM}-\mathrm{VP}+\mathrm{VM} & \mathrm{PP}+\mathrm{MM}-\mathrm{PM}-\mathrm{MP} & \cdots & \mathrm{RP}+\mathrm{LM}-\mathrm{RM}-\mathrm{LP} \\ \mathrm{HR}-\mathrm{LL}+\mathrm{VR}-\mathrm{RL} & \mathrm{HR}+\mathrm{VL}-\mathrm{HL}-\mathrm{VR} & \mathrm{PR}+\mathrm{ML}-\mathrm{PL}-\mathrm{MR} & \cdots & \mathrm{RR}+\mathrm{LL}-\mathrm{RL}-\mathrm{LR} \end{bmatrix}
\tag{2-143}
$$

图 2.58 为面光源照明样品背向缪勒矩阵测量实验装置示意图。光源为中心波长 650nm、带宽 50nm、功率 3W 的 LED，从 LED 发出的光束经过 L1、L2 透镜组成的扩束系统进行准直扩束，再先后通过起偏器 P1 和 1/4 波片 QW1 进行偏振态调制。入射光束以 25°的倾角照射样品。在垂直于样品表面的方向，来自样品的背向散射光进入探测光路，先后经过 1/4 波片 QW2 和检偏器 P2，最后通过透镜 L3 在 CCD 相机上成像。样品成像区域大小约为 2cm×2cm。实验中将以六种不同的偏振态入射，分别为平行线偏振(H)、垂直线偏振(V)、45°线偏振(P)、135°线偏振(M)、右旋偏振(R)和左旋偏振(L)。相应地，针对每种入射偏振态也都按照这六种偏振态进行检偏，这样得到了 36 幅强度图，根据式(3-4)便可计算

出介质的背向缪勒矩阵。

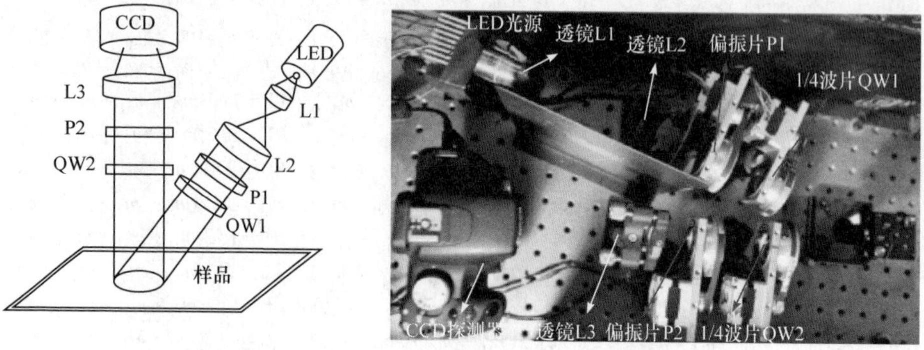

(a) 示意图　　(b) 实物图

图 2.58　面光源照明测量背向缪勒矩阵装置

近年来，有学者提出其他方法用于测量介质的缪勒矩阵，文献[20]提到，具有对称性的介质的 16 个缪勒矩阵阵元之间存在一定的关联，并非完全独立，因此进行 6 次测量即可获得该介质的全部缪勒矩阵阵元。但是该方法存在较大的局限性，只适合对称性很高的介质。对于49次测量方法而言，存在以下3点不足：①实验上很难获得理想的自然光，因此实现自然光起偏比实现线(圆)偏振光起偏难度大；②对自然光检偏时，探测光路中的偏振器件需要撤离，因此在测量中，需要调整光路，测量不方便，不利于多次重复测量；③49 次测量方法需要的时间最长，操作最为复杂。

2. 球-柱散射模型实验仿体

实验上制备一个均匀混合且柱散射体排列方向可控的球-柱散射标准样品比较困难，因此在书中采用了一个球和柱分层排布的仿体。

如图 2.59 所示，实验样品是将平行缠绕在一个金属支架上的蚕丝(广西壮族自治区质量技术监督局提供)放置于一个装有聚苯乙烯小球悬浮液的比色皿(5cm×2.8cm×2cm)中。该样品可以看成一个总厚度为 2cm 三层结构的介质：第一层和第三层都是聚苯乙烯小球悬浮液，第二层是蚕丝。仿体的光学参数具体如下：球散射体-聚苯乙烯小球的折射率为 1.59，小球直径和散射系数是可以调控的。柱散射体-蚕丝的折射率为 1.56，这里缠绕的蚕丝的散射系数为 65cm^{-1}，蚕丝的散射系数与蚕丝排列的疏密程度有关，而蚕丝排列的方向可以调节，即可在 x-y 平面内任意变化。蚕丝的直径为 1.5μm[16]。周围介质水的折射率为 1.33。

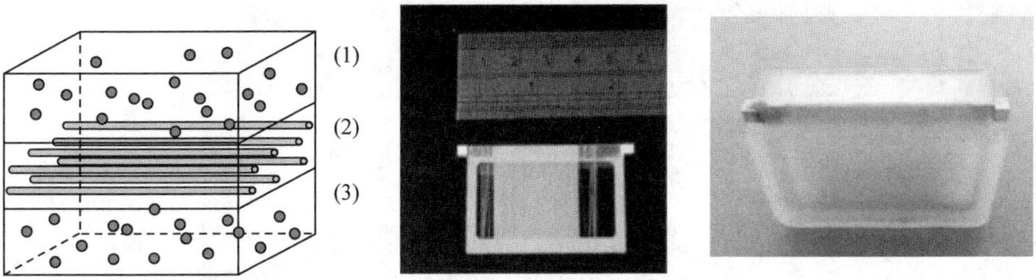

(a) 球-柱散射模型仿体示意图　(b) 实验中所使用的蚕丝标准样品　(c) 仿体实物图

图 2.59　球-柱散射模型仿体

2.9.2　球-柱散射体系背向缪勒矩阵的实验与模拟特征

为研究球-柱散射体系的不同微观参数对背向缪勒矩阵的影响，并尝试从缪勒矩阵的阵元中进行定量提取，从而得到反映球-柱散射体系结构特征的表征量，将从实验和模拟两个方面展开研究。

1. 柱散射体取向角度的提取表征

首先通过改变球-柱散射仿体中蚕丝的排列方向，观察柱散射体的取向角度对点光源照明背向缪勒矩阵空间分布的影响。实验测量结果如图 2.60 所示。球-柱散射仿体的其他光学参数设定如下：第一层聚苯乙烯小球溶液的厚度为 3mm，球散射体的直径为 0.2μm，散射系数为 5cm^{-1}，柱散射体的直径为 1.5μm，散射系数为 65cm^{-1}。

实验结果表明，在单组分球散射体系中，m_{11} 呈现同心圆强度分布，在球-柱散射体系(图 2.60)中，m_{11} 的二维分布呈现出菱形花样，并且 m_{11} 的二维分布花样会随着柱散射体排列方向的变化而发生相应角度的旋转。除了 m_{11} 以外，其他阵元也发生了显著且复杂的变化，例如 m_{22} 阵元在柱散射体沿 x 轴方向排列时，y 轴方向的强度比 x 轴方向的强度大。m_{22} 在柱散射体沿 45°方向排列时，x 轴与 y 轴方向的强度分布基本相等。当柱散射体沿 y 轴方向排列时，m_{22} 阵元在 x 轴方向的强度变得比 y 轴方向大。综合以上分析，本节从变化最为直观简单的 m_{11} 阵元入手，尝试提取定量表征指标进而得到柱散射排列的方向。

本节采用圆周分析法获取柱散射体角度信息[21]，以球-柱散射仿体(柱散射体沿 y 轴排列)的缪勒矩阵为例[图 2.60(c)]，如图 2.61(a)所示，以入射点为圆心，以一定的长度为半径做圆[规定水平向右(x 方向)为 0°，竖直向上(y 方向)为 90°，圆周为逆时针旋转方向]，然后提取圆周上各点的数值，在直角坐标系上相应地展开。

如图 2.61(b)所示，以 m_{11} 为例，横坐标为方位角，纵坐标为圆周上对应的 m_{11} 阵元的数值。取圆周的半径为 0.5cm(在本书中，表征量的提取与选取圆周的

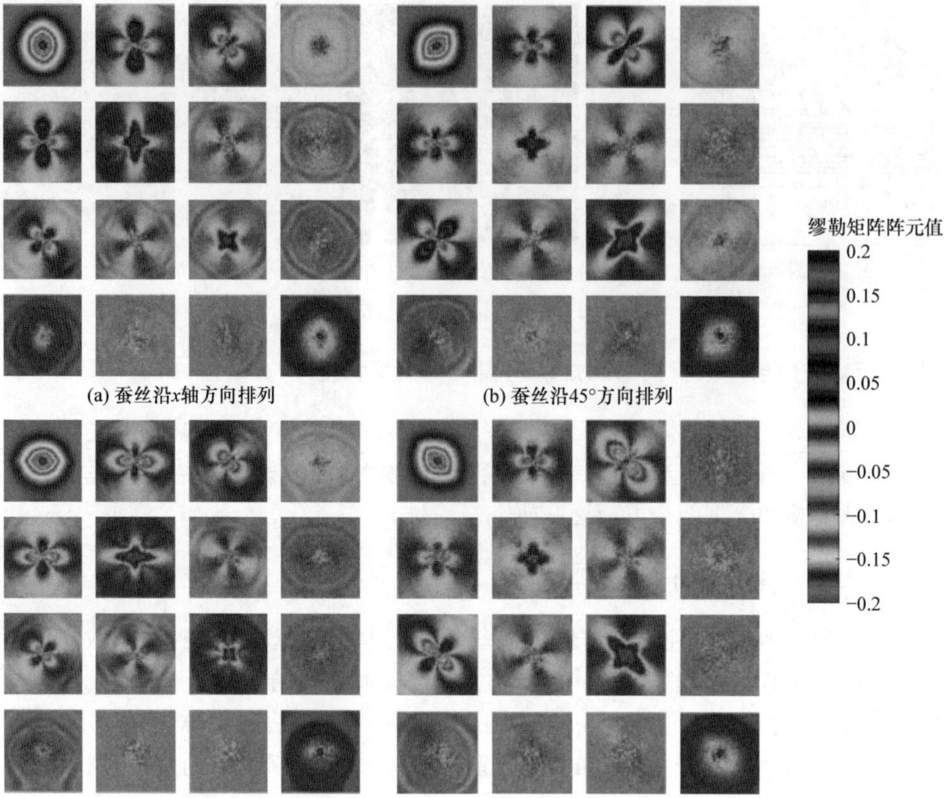

(a) 蚕丝沿x轴方向排列　(b) 蚕丝沿45°方向排列

(c) 蚕丝沿y轴方向排列　(d) 蚕丝沿135°方向排列

图 2.60　球-柱散射仿体的点光源照明背向缪勒矩阵实验测量结果

半径无关)，可以得到m_{11}在这个圆周上的强度曲线。m_{11}的强度曲线中最大值对应的方位角与柱散射体排列方向成 90°夹角，根据这个方位角就可以得到柱散射体的排列方向，即

$$\theta = |\phi(I_{\max}) - 90°| \tag{2-144}$$

式中，$\phi(I_{\max})$为m_{11}的强度曲线中最大值对应的方位角；θ为柱散射体的排列方向。图 2.61(b)中强度最大值对应的方位角$\phi(I_{\max})$为 0°，则该体系中柱散射体的排列方向在x-y平面内与x轴成 90°夹角，即柱散射体沿y轴方向分布。

由于球-柱散射仿体实验中对蚕丝排列的方向很难实现准确的多角度控制，需要借助蒙特卡罗模拟程序，来验证表征量$\phi(I_{\max})$与柱散射体的取向角度(ϑ)的关系。在均匀混合的球-柱散射体系中，保持其他参数不变，改变柱散射体的方向进行模拟。蒙特卡罗模拟程序中参数设置如下：球直径为 0.2μm，球散射系数为 5cm^{-1}，球折射率为 1.59，柱散射体的直径为 1.5μm，柱散射系数为 65cm^{-1}，折射率为 1.56，周围介质的折射率为 1.33。图 2.62 所示为柱散射体与x轴夹角为

0°、30°、45°、60°、90°时，球-柱散射体系的背向缪勒矩阵 m_{11} 阵元的二维分布花样的模拟结果。对比图 2.60 和图 2.62 发现，仿体实验结果与蒙特卡罗模拟结果吻合很好，m_{11} 阵元的二维空间分布花样随柱散射体取向角度的变化而发生相应角度的旋转。

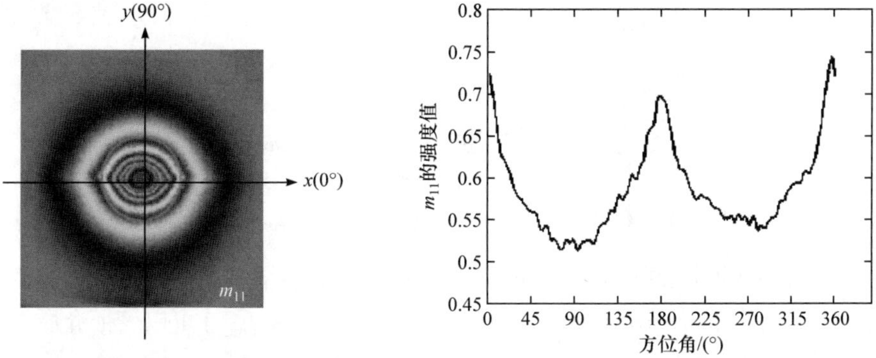

(a) m_{11}的二维分布图以及所选取的圆周示意图　　(b) m_{11}以方位角展开的强度曲线图

图 2.61　圆周分析法示意图

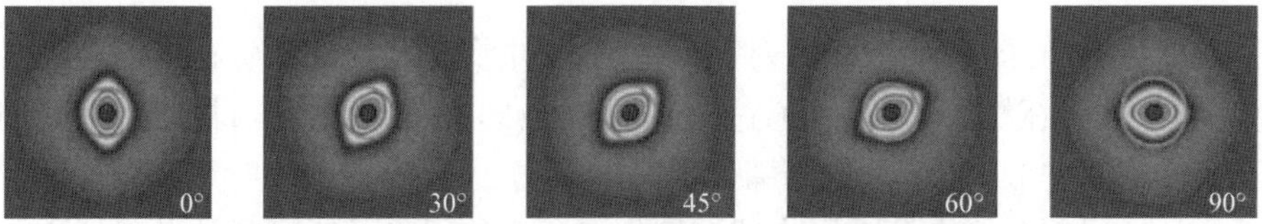

图 2.62　蒙特卡罗模拟 m_{11} 随柱散射体取向角度变化的情况

如图 2.63 所示，本节选取了半径为 0.5cm 的圆形区域，并得到了柱散射体在不同方向排列时 m_{11} 在这个圆环上的强度曲线。进一步可以得到曲线中最大值对应的方位角 $\phi(I_{\max})$ 与柱散射体取向角度的关系曲线，如图 2.64 所示，方位角

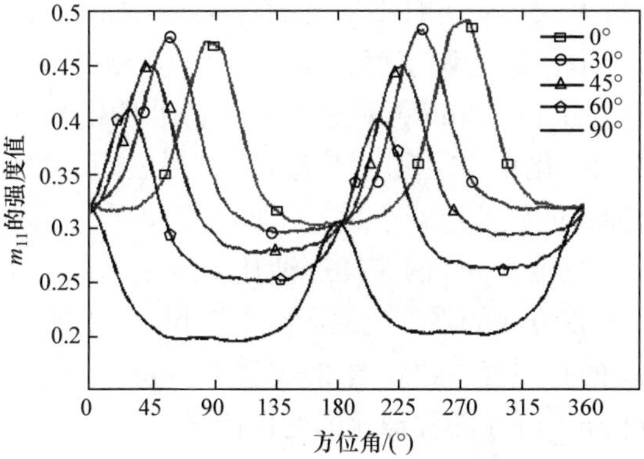

图 2.63　柱散射体排列方向不同时 m_{11} 的强度曲线

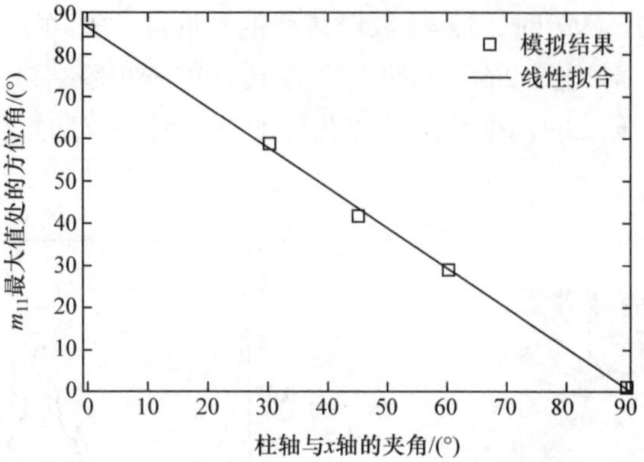

图 2.64　柱散射体取向角度(θ)与方位角 $\phi(I_{max})$ 的关系曲线

$\phi(I_{max})$ 与柱散射体的取向角度(θ)呈线性关系。实验结果和模拟结果均表明，从背向缪勒矩阵的 m_{11} 阵元空间分布中提取的定量指标 $\phi(I_{max})$ 可以表征介质中柱散射体的排列方向。

2. 球-柱散射体系柱球比的定量表征

在球-柱散射体系中，柱散射和球散射共同影响体系的缪勒矩阵，它们对体系缪勒矩阵的贡献并不相同。通过调节柱球比(即柱散射系数与球散射系数之比)可以改变这两种散射体的相对贡献比例。实验中，在保持球散射系数和柱散射系数不变的情况下，增大第一层小球溶液的厚度会使得光子碰到圆柱散射体之前与更多的球状散射体发生散射，相当于在均匀介质中减小柱球比。因此，本节通过移动第二层蚕丝的位置改变第一层聚苯乙烯小球溶液的厚度来等效改变球-柱混合散射体系的柱球比。

球-柱散射仿体的光学参数设定如下：球直径为 0.2μm，球散射系数为 $5cm^{-1}$，柱散射体的散射系数为 $65cm^{-1}$，柱散射体的直径为 1.5μm，柱散射体沿 y 轴方向排列。如图 2.65 所示，通过调节第一层聚苯乙烯小球溶液的厚度使其分别为 2mm、3mm、4mm、5mm、6mm，观察到点光源照明的背向缪勒矩阵中 m_{11}、m_{12}、m_{22} 和 m_{33} 阵元变化较为显著。实验测量结果表明，当球-柱散射体系中球散射体相对浓度增加，即柱球比减小时，介质的背向缪勒矩阵从各向异性的特征逐渐变为各向同性的特征。m_{11} 的花样逐渐从菱形变为圆形。m_{12}、m_{22} 的花样沿着 x 轴方向与沿 y 轴方向的强度比逐渐减小直到两方向强度相等。m_{33} 的花样逐渐增强直到与 m_{22} 的总强度一致。图 2.65 表明，m_{22} 阵元随柱球比的变化最为显著。下面定量分析 m_{22} 阵元随柱球比的变化情况。

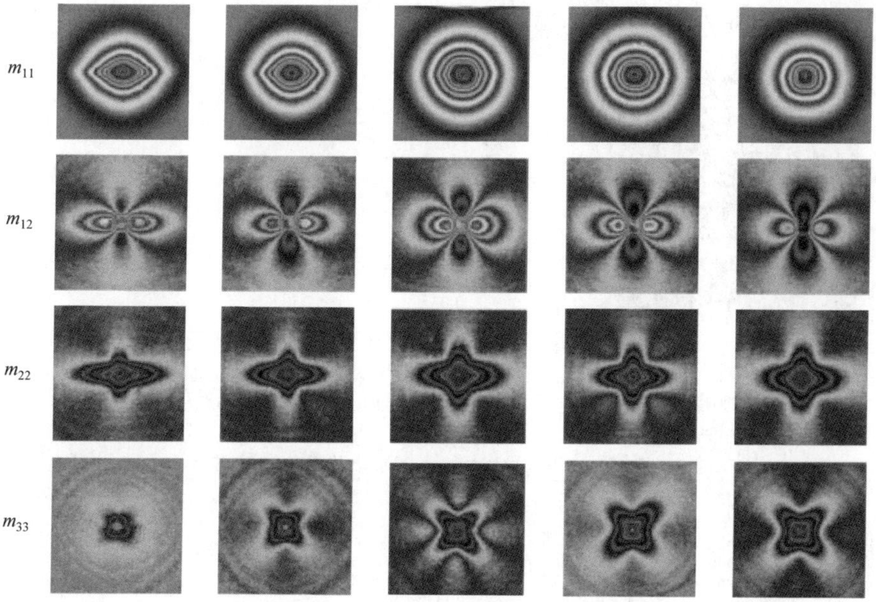

图 2.65　球-柱散射仿体的点光源照明背向缪勒矩阵

球-柱散射仿体的点光源照明背向缪勒矩阵 m_{11}、m_{12}、m_{22}、m_{33} 阵元，从左至右对应于样品第一层厚度 2mm、3mm、4mm、5mm、6mm(蚕丝排列在 y 轴方向上)

下面仍然采取圆周分析法，图 2.66(a)为针对 m_{22} 阵元所选的圆周区域，距离入射点半径为 0.5cm，图 2.66(b)为该圆周上 m_{22} 的强度曲线。从强度曲线中提取一个表征量参数 K，定义为

$$K = \frac{I_{x1} + I_{x2}}{I_{y1} + I_{y2}} \tag{2-145}$$

式中，I_{x1}、I_{x2} 为 m_{22} 强度曲线中 x 方向(与 x 轴夹角为 0°、360°)的值；I_{y1}、I_{y2} 为强度曲线中 y 方向(与 x 轴夹角为 90°、270°)的值。仿体是球-柱散射分层样品，因此无法精确地等效于混合均匀的球-柱散射样品中柱散射系数和球散射系数之比。为便于分析，将第一层聚苯乙烯小球溶液厚度为 6mm 的分层球-柱散射样品的柱球比记为 1，则第一层厚度为 5mm、4mm、3mm、2mm 的样品对应的柱球比依次为 1.2、1.5、2、3。在图 2.66 所示 m_{22} 的二维分布花样上，取相同半径的圆周，并提取表征量 K，即可得到如图 2.67 所示的表征量 K 随着柱球比变化的关系曲线。

实验结果表明，K 值与柱球比之间的关系是线性的。K 值等于 1，即 m_{22} 沿着 x 轴和 y 轴的强度相等，表明体系为各向同性；K 值大于 1，则 m_{22} 沿着 x 轴方向强度大于 y 轴方向强度，表明体系中柱散射体取向为 y 轴方向，体系为各向异性。K 值小于 1，即 m_{22} 沿着 y 轴方向强度大于 x 轴方向强度，表明体系中柱散射

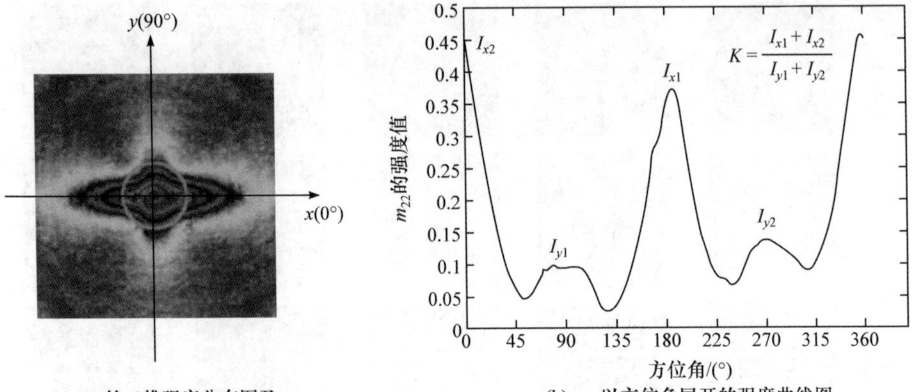

(a) m_{22}的二维强度分布图及所选取的圆周示意图

(b) m_{22}以方位角展开的强度曲线图

图 2.66　球-柱样本的 m_{22} 阵元散射分布结果

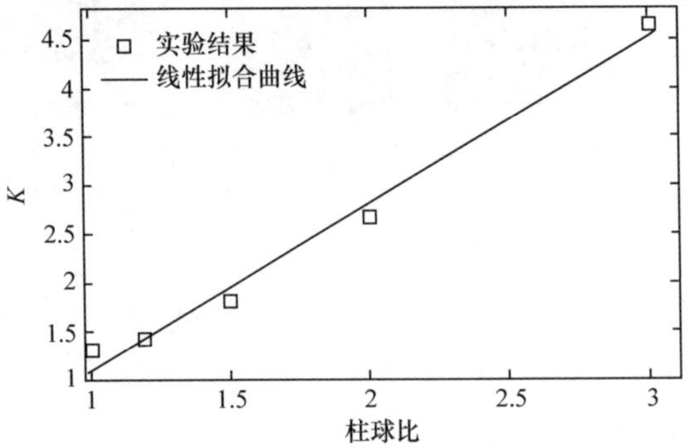

图 2.67　实验测得的表征量 K 随柱球比变化的关系曲线

体取向为 x 轴方向，体系为各向异性。实验样品是分层结构的球-柱散射体系，无法精确计算出样品等效的柱球比，因此需要借助蒙特卡罗模拟程序来验证均匀混合球-柱散射体系柱球比与 K 值之间的线性关系。

在均匀混合的球-柱散射介质中，保持总散射系数为 70cm^{-1} 而改变柱散射系数和球散射系数进行模拟。蒙特卡罗模拟程序中其他的参数设置如下：球散射体的直径为 0.2μm，球折射率为 1.59，柱散射体的直径为 1.5μm，柱折射率为 1.56，沿 y 轴排列，角度高斯分布的标准差为 10°。蒙特卡罗模拟程序在不同的柱球比参数下得到 m_{22} 的空间二维分布图，并按照上述圆周分析法得到定量表征参数 K。如图 2.68 所示，模拟得到的表征量 K 值与柱球比为线性关系，这一结论与实验结果符合很好。

3. 柱散射体取向角度对缪勒矩阵阵元的影响

为了观察柱散射体的排列方向对面光源照明背向缪勒矩阵的影响，本节采用球-柱散射仿体，并在实验中改变仿体中蚕丝的取向来测量其缪勒矩阵。

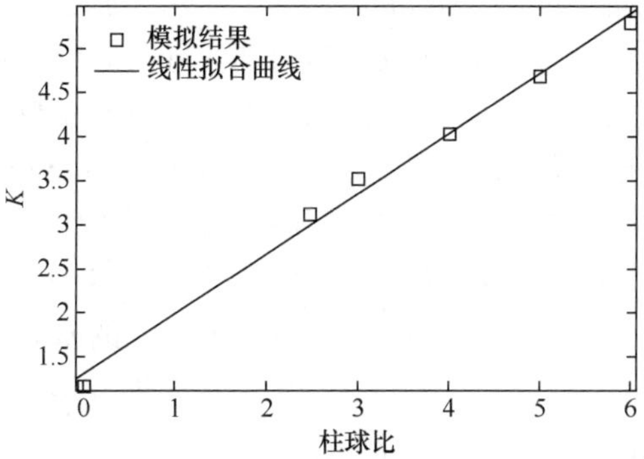

图 2.68　蒙特卡罗模拟表征量 K 随柱球比变化的关系

由图 2.69 可以看出，球-柱散射体系背向缪勒矩阵的非对角阵元的值不全为 0，并且 m_{22} 与 m_{33} 不相等。当柱散射体沿 x 或者 y 方向排列时，m_{12} 和 m_{21} 阵元

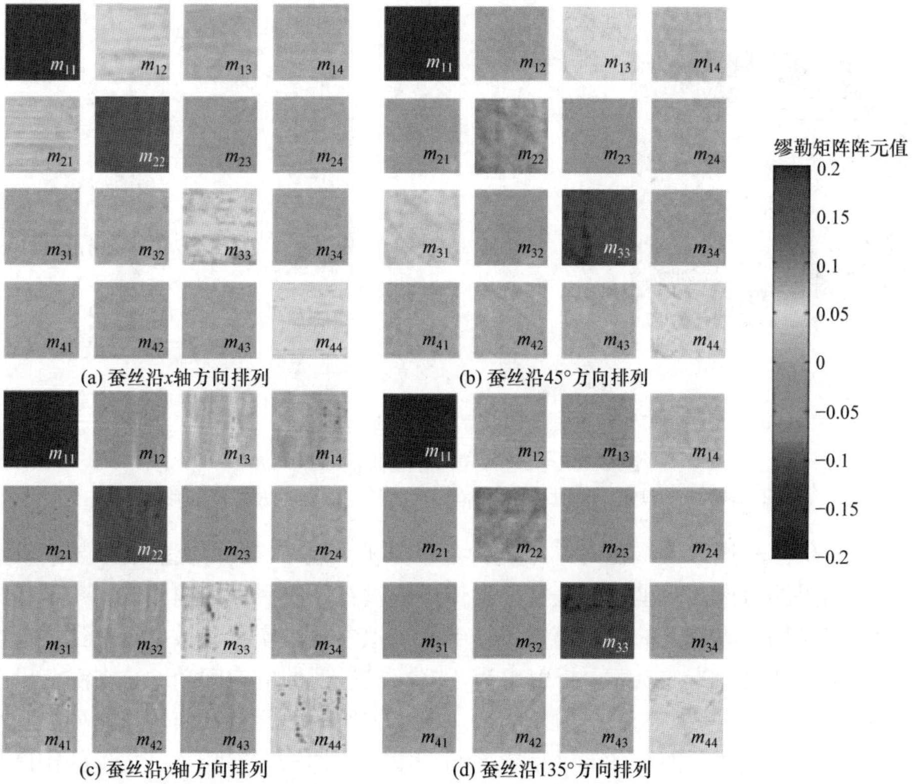

(a) 蚕丝沿 x 轴方向排列　(b) 蚕丝沿45°方向排列　(c) 蚕丝沿 y 轴方向排列　(d) 蚕丝沿135°方向排列

图 2.69　球-柱散射仿体的面光源照明背向缪勒矩阵实验结果

的值分别为正或负，m_{13} 和 m_{31} 为 0，m_{22} 的值大于 m_{33}。当柱散射体沿与 x 轴夹角为 45°或 135°排列时，m_{12} 和 m_{21} 阵元的值为 0，m_{13} 和 m_{31} 阵元的值分别为正或负，此时 m_{22} 阵元的值小于 m_{33}。实验结果表明，球-柱散射仿体的面光源照明背向缪勒矩阵阵元 m_{12}/m_{21}、m_{13}/m_{31}、m_{22}、m_{33} 的值沿柱散射体的排列方向呈现周期性变化，而其他阵元沿柱散射体的排列方向的变化并不明显。

为了更加直观地显示面光源照明情况下缪勒矩阵阵元与柱散射体排列方向之间的关系，这里制作了特殊的仿体。如图 2.70 所示，(a)图为蚕丝样品的实物图，(b)图为蚕丝样品面光源照明的背向缪勒矩阵实验测量结果。仿体是由紧密缠绕在一个金属垫圈上的蚕丝构成，包含了 0°到 360°连续分布的柱散射体(蚕丝)。由图 2.70(b)可以看出，蚕丝样品背向缪勒矩阵的 m_{12}、m_{13}、m_{21}、m_{22}、m_{23}、m_{31}、m_{32}、m_{33} 随蚕丝角度分布变化呈现周期性强度改变。其中，m_{12}、m_{13}、m_{21} 和 m_{31} 阵元的周期为 π，而 m_{22}、m_{23}、m_{32}、m_{33} 周期为 π/2。为了进一步研究这种周期性变化规律，下面对实验结果进行定量分析及相应的蒙特卡罗模拟验证。

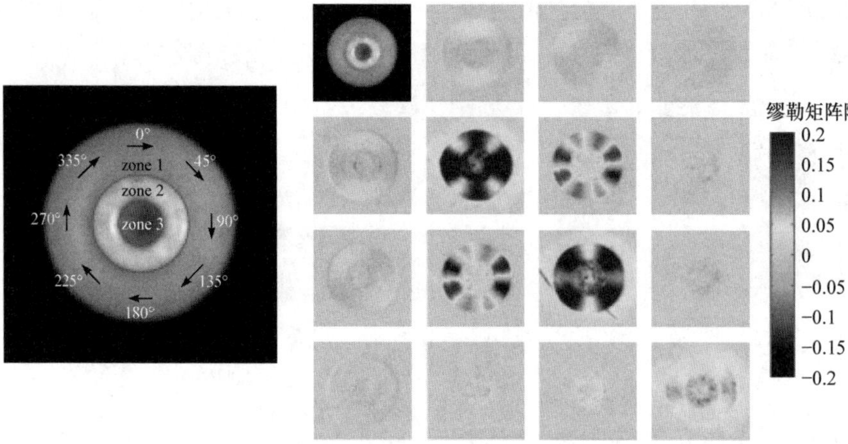

(a)　　(b)

图 2.70　蚕丝背向缪勒矩阵测量结果

缪勒矩阵阵元均通过 m_{11} 归一化处理，m_{11}、m_{22}、m_{33}、m_{44} 采用了 0-1 的色标显示

这里仍然采用取圆周法对结果进行定量分析。图 2.71 为实验结果与蒙特卡罗模拟结果的对比，横坐标代表柱散射体即蚕丝在 x-y 平面面内的取向角度，纵坐标代表缪勒矩阵阵元的强度值。蒙特卡罗模拟参数与实验参数保持一致：模拟中柱散射体的直径为 1.5μm，折射率为 1.56，柱散射体的空间角度分布涨落设置为 10°。周围介质是空气，折射率为 1。由于蚕丝的散射系数与蚕丝排列的密度及散射效率成正比，而蚕丝的散射效率与周围介质的折射率相关，蚕丝的密度与之前使用的球-柱散射仿体中蚕丝的密度相近。根据柱散射理论可以计算出蚕丝

在空气中的散射系数为 30cm^{-1}左右。

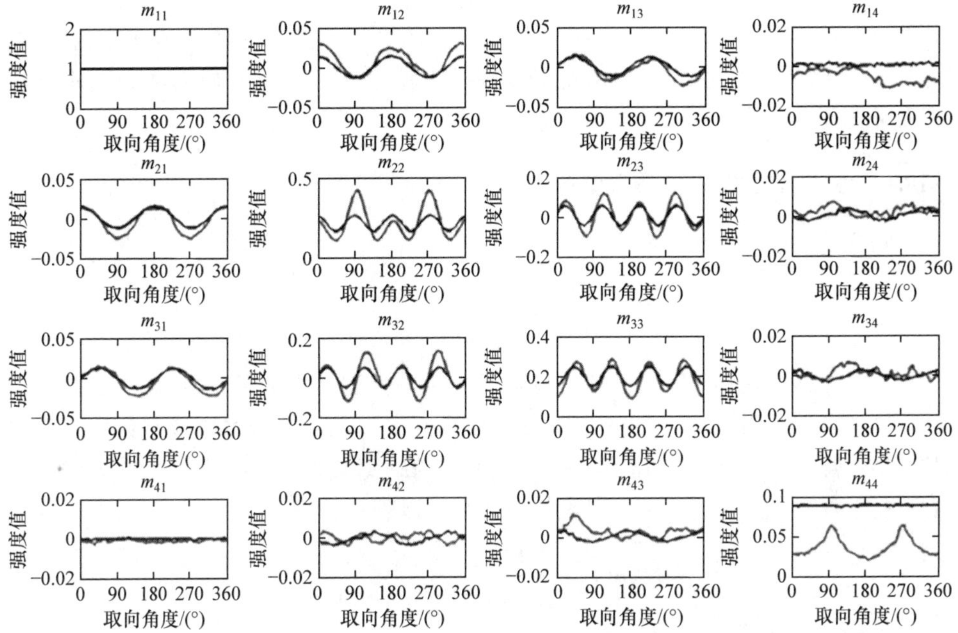

图 2.71　蚕丝样品缪勒矩阵阵元的强度随蚕丝角度的变化曲线

黑色实线代表蒙特卡罗模拟结果，灰色实线代表实验测量结果

由图 2.71 可以看到，灰色实线所代表的实验测量结果与黑色实线所代表的蒙特卡罗模拟结果基本规律符合较好，均呈现出明显的周期性变化趋势。但是需要指出的是，实验测量结果与蒙特卡罗模拟结果的缪勒矩阵阵元变化的振幅存在一定的差别。造成这种差别的原因有两点：①模拟数据中介质光学参数的设置与真实样品的光学参数存在一定的差异；②蒙特卡罗模拟中并未考虑实验测量中斜入射照明的影响。实验结果与模拟结果都显示出：m_{12}/m_{21}、m_{13}/m_{31}、m_{22}、m_{33}、m_{23}/m_{32}阵元随着柱散射体排列方向的变化呈现出周期改变，m_{14}/m_{41}、m_{24}/m_{42}、m_{34}/m_{43}阵元的值很小，m_{11}和m_{44}阵元与柱散射体的排列方向无关。进一步分析表明，简单地从单个阵元来获得柱散射体的排列方向非常困难，但是可以从多个阵元提取柱散射体的排列方向。

2.10　缪勒矩阵提取参数的空间分布特征

缪勒矩阵的每一个阵元都与体系的多个微观参数(如柱散射体的取向角度、散射体的散射系数、直径、周围介质折射率等)相关，而单独阵元并没有明确的物理意义，这给缪勒矩阵在实际偏振成像中的应用带来了很大的局限性。目前常用的基于缪勒矩阵提取的偏振成像表征参数包括偏振度、缪勒矩阵分解和缪勒矩阵变换参数等。下面将详细介绍这些偏振成像表征参数，并利用球-柱散射仿体实验和基于球-柱散射模型的蒙特卡罗模拟方法来研究散射介质的微观结构与这些偏振表征参数之间的关系。

2.10.1　球-柱散射体系偏振度参数

偏振度(DOP)成像参数为

$$\mathrm{DOP}=\frac{I_{//}I_{\perp}}{I_{//}I_{\perp}} \tag{2-146}$$

式中，$I_{//}$ 表示出射光中与入射光偏振态方向平行的光强分量；$I_{\perp}$ 表示出射光中与入射光偏振态方向正交的光强分量。在研究中发现，偏振度成像参数可以直接用缪勒矩阵阵元表示。偏振度成像中水平方向的定义为与入射面平行的方向，正是缪勒矩阵测量中的 H 方向。因此，DOP 可以表示为

$$\mathrm{DOP}=\frac{\mathrm{HH}-\mathrm{HV}}{\mathrm{HH}+\mathrm{HV}}=\frac{m_{21}+m_{22}}{m_{11}+m_{12}} \tag{2-147}$$

利用仿体实验和蒙特卡罗模拟方法，可以研究不同微观结构对 DOP 的影响。如图 2.72 所示，(a)图给出了直径为 0.2μm、散射系数为 5cm^{-1} 的聚苯乙烯小球溶液的 DOP 成像结果，(b)图给出了直径为 1.5μm、散射系数为 5cm^{-1} 的聚苯乙烯小球溶液的 DOP 成像结果。可以得知，在散射系数相等的情况下，不同直径的球散射体的 DOP 不同，粒径较小的球散射体的 DOP 较大。

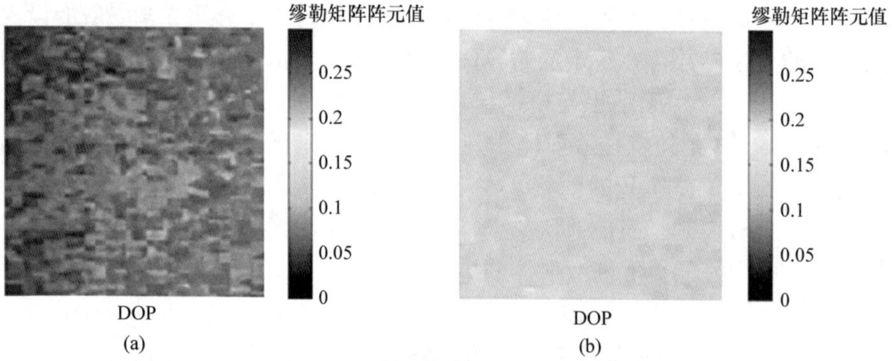

图 2.72　不同直径的聚苯乙烯球溶液的 DOP 成像结果

下面利用蒙特卡罗模拟程序定量研究纯球体系中散射体的直径、散射系数对 DOP 的影响。模拟中球散射体直径 d 分别为 0.2μm、1μm、1.5μm、2μm，折射率

为 1.59，球散射体的散射系数变化区间为 10～40cm^{-1}，样品厚度 L = 1cm，周围介质折射率为 1.33。图 2.73 的模拟结果表明：体系中球散射体的直径越大，体系的 DOP 越小；相同直径下，球散射体的散射系数越大，体系的 DOP 越小。这一结论与实验中观察的结果(图 2.72)是一致的。

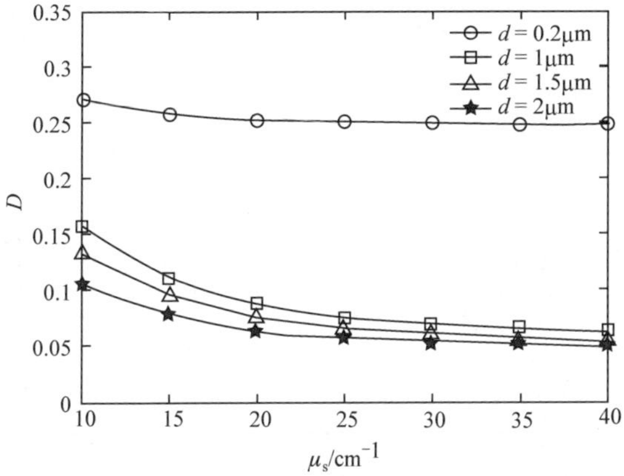

图 2.73　球散射体取不同直径时 DOP 与球散射系数关系的模拟结果

除了研究纯球散射体系中 DOP 与球径和散射系数的关系外，本书还研究了纯柱体系中 DOP 与柱散射体取向之间的关系。实验样品为图 2.70(a)所示环形缠绕的蚕丝。图 2.74 所示的实验结果表明，参数 DOP 随柱散射体的取向变化呈现出周期性强度改变。例如，蚕丝排列在 0°(90°)方向时 DOP 比蚕丝排列在 45°(135°)方向时 DOP 大。

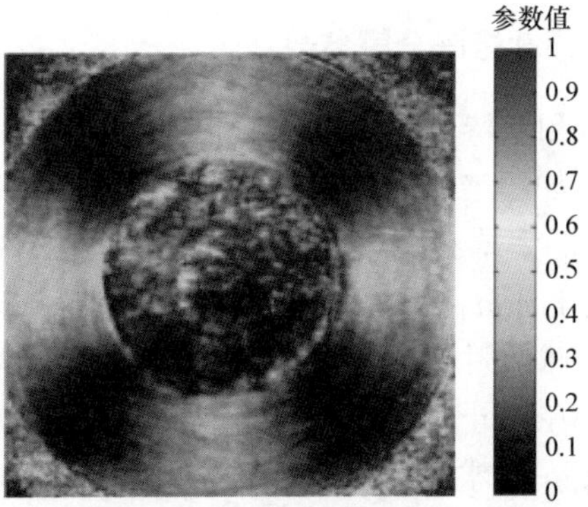

图 2.74　环形缠绕的蚕丝样品 DOP 成像结果

同样利用蒙特卡罗模拟程序研究了纯柱体系下柱散射体的取向角度对 DOP 的影响。模拟参数与实验参数保持一致，模拟结果和实验结果如图 2.75 所示。

模拟结果同样表明，DOP 随柱散射体的取向角度变化呈现出周期强弱改变。当柱散射体的取向角度在 0°到 180°之间变化时，DOP 出现两个峰值和两个谷值。柱散射体的取向角度在 0°和 90°时 DOP 较大，而在 45°和 135°时 DOP 较小。需要指出的是，实验结果和模拟结果的变化趋势相同，但在振幅强度上存在一定的差别。这是由蒙特卡罗模拟中并未考虑实验测量斜入射的影响造成的。

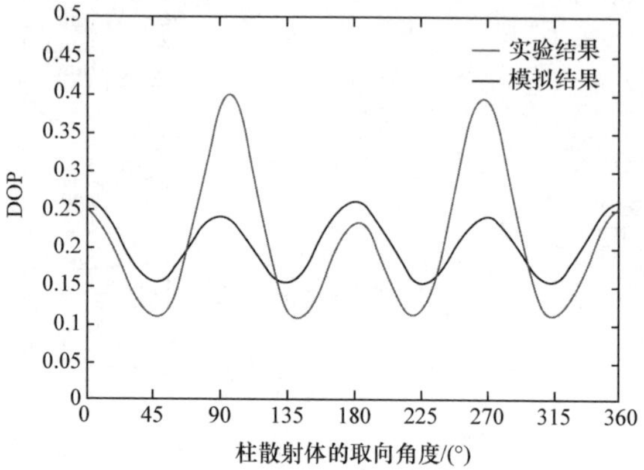

图 2.75 DOP 与柱散射体取向角度之间的关系曲线

综上所述，仿体实验结果和蒙特卡罗模拟结果都显示出，DOP 与散射体的直径、散射系数及柱散射体的取向角度等参数有关。其中，DOP 对散射体的直径变化比对散射系数的变化更敏感，直径越小 DOP 越大。DOP 与柱散射体的取向角度相关，因此对于具有良好排布纤维结构的生物组织成像时，DOP 不适用，需要使用其他的偏振表征参数。

2.10.2 球-柱散射体系缪勒矩阵分解参数

下面结合仿体实验和蒙特卡罗模拟方法定量分析缪勒矩阵分解参数在不同结构体系下的变化情况。如图 2.76 所示，(a)图给出了散射系数为 $5cm^{-1}$、直径为 0.2μm、折射率为 1.59 的聚苯乙烯球溶液的缪勒矩阵分解参数，(b)图给出了散射系数为 $5cm^{-1}$、直径为 1.5μm、折射率为 1.59 的聚苯乙烯球溶液的缪勒矩阵分解参数。实验结果表明，球散射体系的二向色性和相位延迟均接近 0，不同粒径体系的散射退偏不相等。在相同散射系数的情况下，直径为 0.2μm 的球散射体系的散射退偏比直径为 1.5μm 的球散射体系的散射退偏略大。

下面通过蒙特卡罗模拟程序来观察球散射体直径和球散射系数与缪勒矩阵分解参数之间的定量关系。蒙特卡罗模拟程序中的参数设置如下：球散射体直径 d 分别为 0.2μm、1.5μm，折射率为 1.59，球散射体的散射系数从 $10cm^{-1}$ 变到 $40cm^{-1}$，样品厚度 L = 1cm，周围介质折射率为 1.33。图 2.77 所示的模拟结果表明，对于球散射体系，二向色性和线性相位延迟都为 0，散射退偏随散射系数的增大变化不显著，并且在相同散射系数下，直径小的球散射体系的散射退偏比直径大的球散射体系略大。这些模拟结果与实验结果(图 2.76)符合得很好。

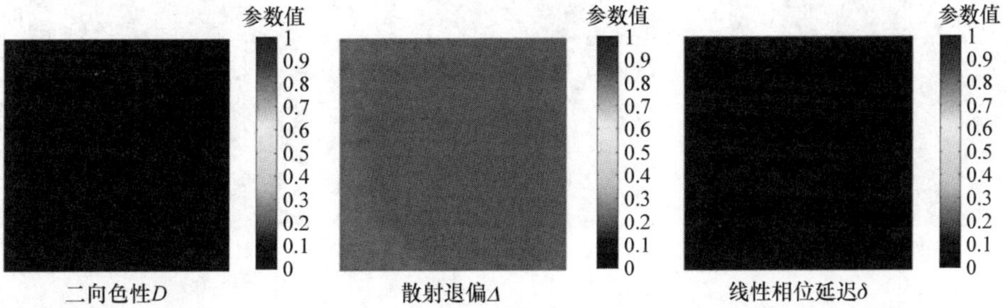

(a)

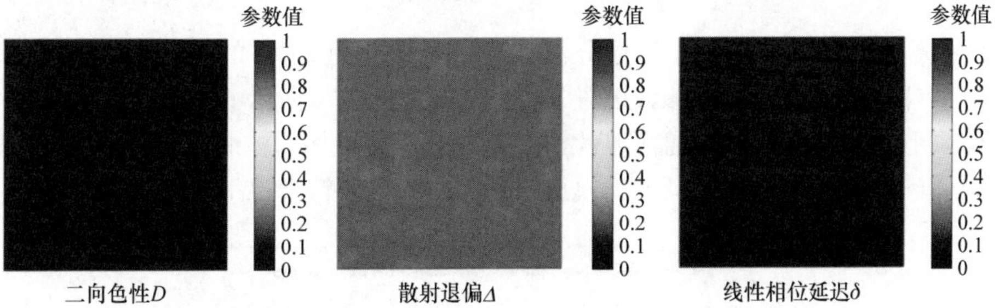

(b)

图 2.76　球散射体系缪勒矩阵分解参数的实验结果

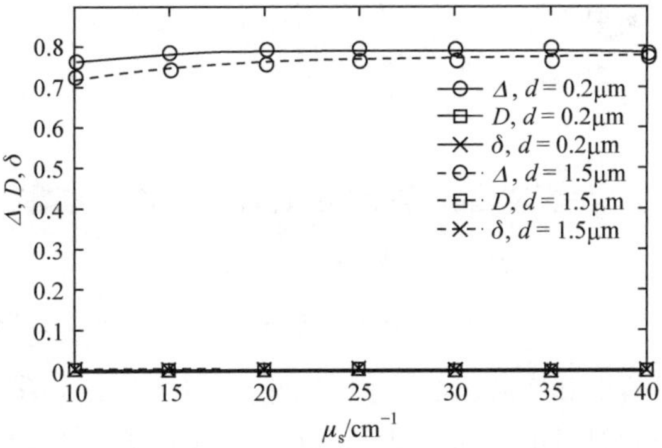

图 2.77　蒙特卡罗模拟纯球散射体系在不同球径下缪勒矩阵分解参数随球散射系数的变化曲线

下面将研究纯柱体系下缪勒矩阵分解参数与柱散射体取向角度之间的关系。实验样品仍为图 2.70(a)所示环形缠绕的蚕丝样品，实验结果如图 2.78 所示。可以看到对于纯柱体系，向色性接近 0，散射退偏和线性相位延迟都与柱散射体的取向角度无关。因此，对于具有良好取向纤维结构的生物组织成像，缪勒矩阵分解参数较为适用。对比图 2.76 和图 2.78 可以发现，球散射体的线性相位延迟为 0，而柱散射体系产生了较小的线性相位延迟。

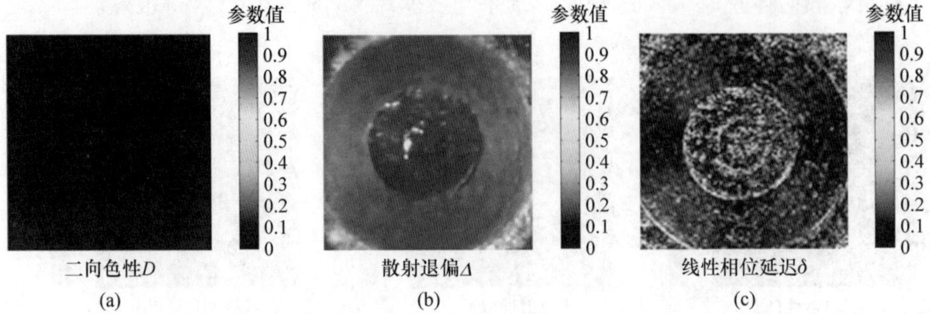

图 2.78　柱散射体系(蚕丝样品)缪勒矩阵分解参数的实验结果

同样利用蒙特卡罗模拟程序分析了纯柱体系下柱散射体的取向角度对缪勒矩阵分解参数的影响。模拟参数设置参照图 2.75。图 2.79 所示的模拟结果表明，纯柱体系下二向色性为 0，散射退偏和线性相位延迟与柱散射体的取向角度无关，柱散射体产生了较小的相位延迟，模拟结果与实验结果符合得很好(图 2.78)。

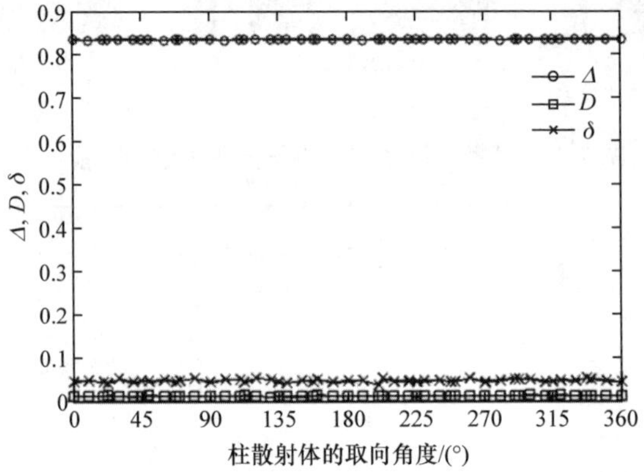

图 2.79　蒙特卡罗模拟纯柱体系下缪勒矩阵分解参数与柱散射体取向角度的关系

综合以上模拟结果和实验结果可以得到两个基本结论：①柱散射体产生了较小的相位延迟；②散射退偏与散射体的直径、散射系数、折射率相关。

2.10.3　球-柱散射体系缪勒矩阵变换参数

下面同样结合仿体实验和蒙特卡罗模拟方法来定量分析缪勒矩阵变换参数与介质微观结构之间的关系。如图 2.80 所示，(a)图给出了直径为 0.2μm、散射系数为 5cm^{-1} 的聚苯乙烯小球溶液的缪勒矩阵变换实验结果，(b)图给出了直径为 1.5μm、散射系数为 5cm^{-1} 的聚苯乙烯小球溶液的缪勒矩阵变换实验结果。由

图 2.80 可以得知，在球散射体的散射系数相等的情况下，不同直径的球散射体 b 参数不相等，粒径小的球散射体 b 值较大，而不同粒径的球散射体系的 A 参数均为 0。这是因为 A 参数反映的是体系的各向异性程度，纯球散射体系是各向同性介质，其 A 参数为 0。

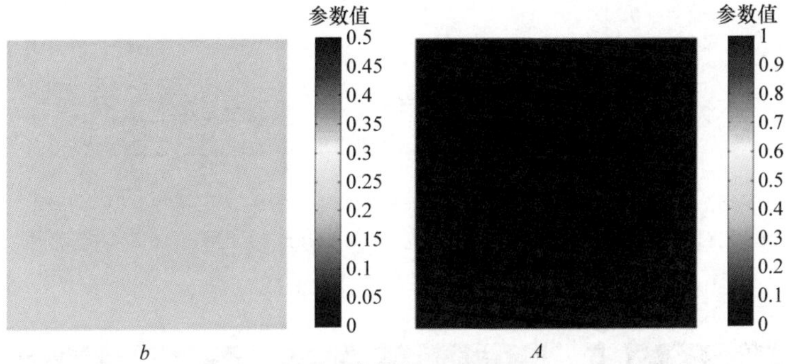

(a) 直径为0.2μm

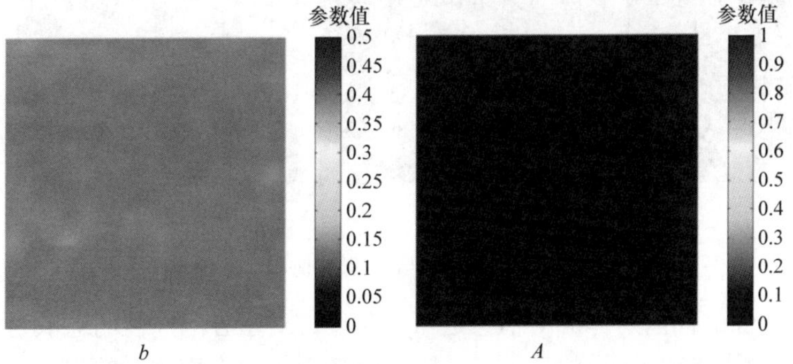

(b) 直径为1.5μm

图 2.80　聚苯乙烯球溶液的缪勒矩阵变换参数的实验结果

下面利用蒙特卡罗模拟程序定量研究缪勒矩阵变换参数与球散射体的直径和散射系数之间的关系。图 2.81 所示的模拟结果显示，球体系的缪勒矩阵变换 A 参数始终接近 0，而 b 参数随着球散射体的直径增大而减小，随着球散射体的散射系数增大而减小。上述模拟结果与实验结果(图 2.80)符合。

研究了简单的球体系后，本节继续研究纯柱体系缪勒矩阵分解参数与柱散射体取向角度之间的关系。实验样品仍为图 2.70(a)所示环形缠绕的蚕丝样品，图 2.82 所示的实验结果表明，b 参数和 A 参数都与柱散射体的取向角度无关，x 参数则随柱散射体取向角度变化呈现周期变化。

除了分析成像结果外，同样利用蒙特卡罗模拟程序定量分析了 b、A、x 参数与柱散射体角度分布之间的关系。图 2.83(a)显示的是 b、A 参数随着柱散射体角度变化的曲线，实验结果和模拟结果都表明，b、A 参数与柱散射体的角度无关。

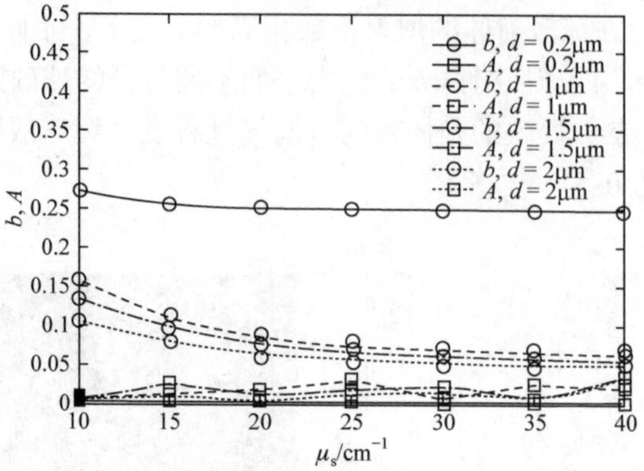

图 2.81　蒙特卡罗模拟纯球散射体系在不同球径下缪勒矩阵变换参数随球散射系数的变化曲线

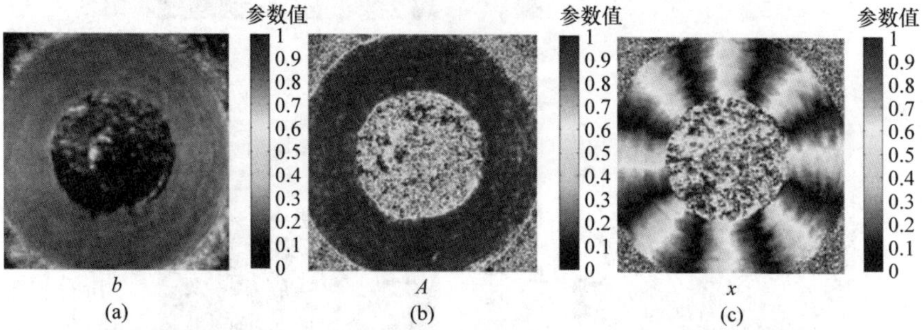

图 2.82　柱散射体系(蚕丝样品)缪勒矩阵变换参数的实验结果

对于各向异性的柱散射体，A 值接近 1；相反，对于各向同性的球散射体，A 值则趋近 0。图 2.83(b)显示的是 x 参数随着柱散射体角度变化时的强度分布改变。模拟结果和实验结果都表明，x 参数与纤维角度存在明确的对应关系，是一个能很好反映纤维状结构角度取向的指标。

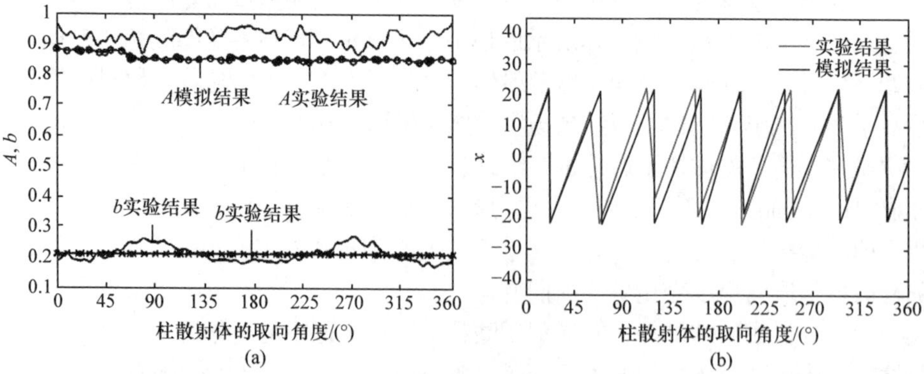

图 2.83　缪勒矩阵变换 b、A、x 参数随着柱散射体角度变化时强度分布改变的实验结果与模拟结果

2.11　分层散射介质的缪勒矩阵

从前面的研究中可以得出结论，柱散射介质同时有线二向色性和线相位延迟两种各向异性效应，而双折射散射介质只有线相位延迟各向异性效应。本节将模拟这两种介质分别在两层及混在同一层叠加的情况。

2.11.1　柱散射与双折射介质分层体系

由图 2.84(a)的模拟结果可以看到，当先有柱散射后有双折射(蓝色)时，m_{41}不为 0 而$m_{14}=0$，当这两层的次序相反(橙色)时，$m_{41}=0$而m_{14}不为 0。此外，当柱散射和双折射混在同一层时，m_{14}、m_{41}都不为零且符号相反，这是和圆二向色性效应相区分的重要特征(圆二向色性中的m_{14}、m_{41}等大同号)。当柱和双折射快轴的夹角为非特殊角(0°, 90°, 180°)时，可以看到矩阵为分块形式，符合镜像对称性。当介质存在分层时，缪勒矩阵的转置对称性有了明显的破坏。如果乘积分解理论成立，那么调转两层散射介质后得到的缪勒矩阵就应当互为转置的关系，理想的情况应如图 2.84(b)所示。然而可以从m_{33}、m_{44}等阵元看到，两种叠加次序的模拟结果并不是严格的转置变换关系。这是因为乘积分解只对没有背向传播光的情况成立，当存在背向散射时，叠加后的情况会更加复杂。

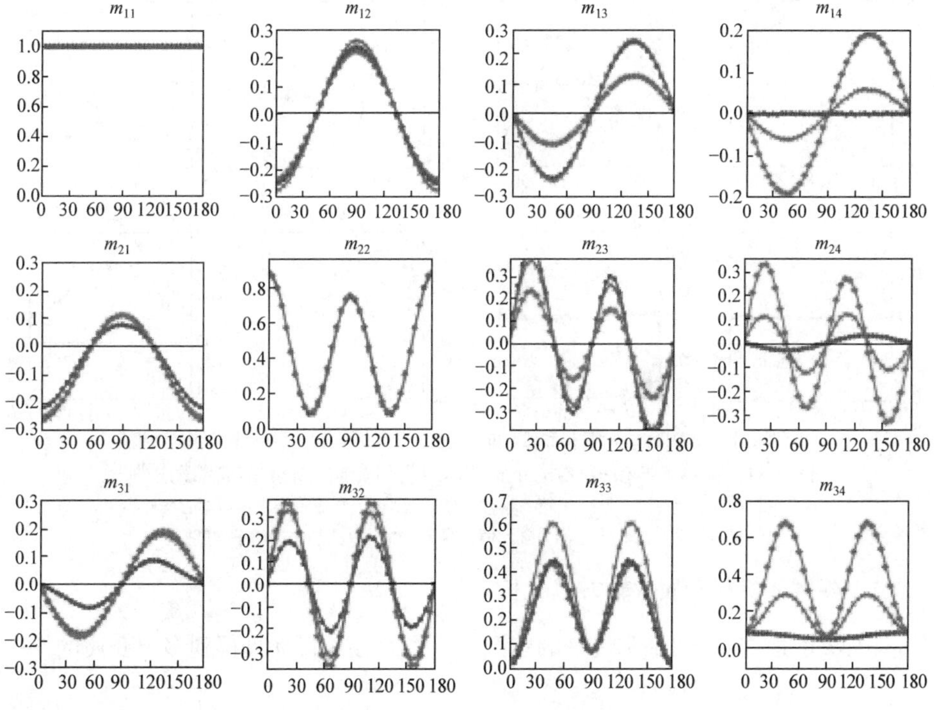

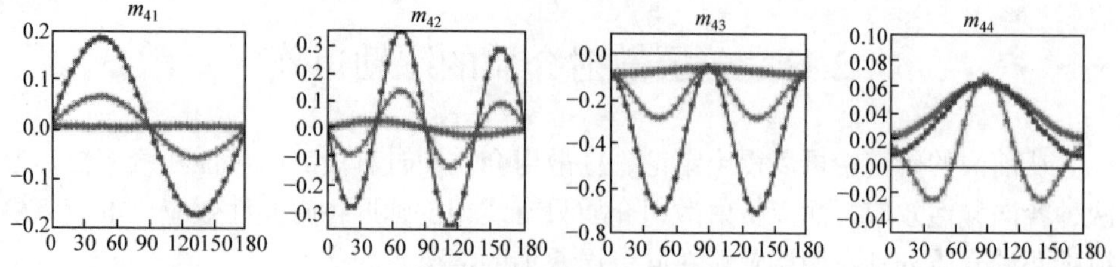

(a) 模拟得到的前向归一化缪勒矩阵

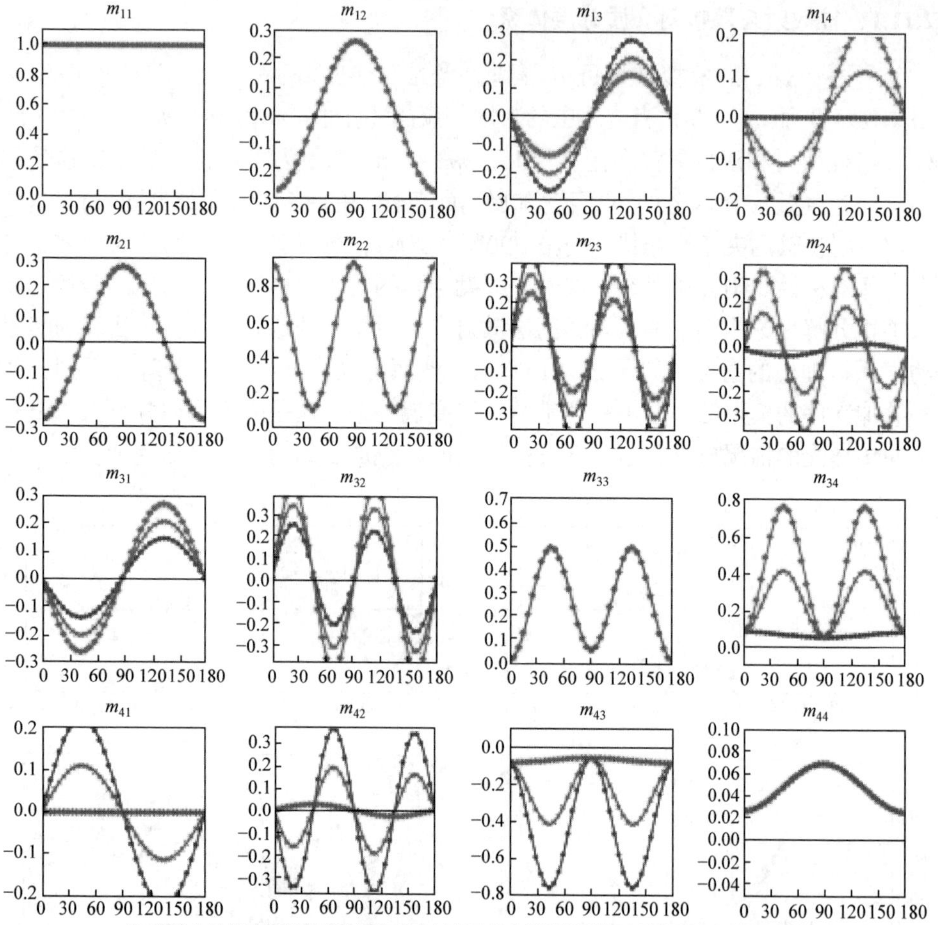

(b) 理论上将单独模拟的球柱层和球双折射层前向缪勒矩阵相乘并做旋转得到的结果

图 2.84　蒙特卡罗模拟球-柱介质和球双折射介质叠加的前向缪勒矩阵

×柱和双折射混在同一层　●第一层柱第二层双折射　*第一层双折射第二层柱

横坐标为角度，纵坐标为阵元值，绿色线为两种叠加次序的平均值

2.11.2　多层双折射介质快轴方位分析

根据线性双折射快轴和慢轴的定义，可以直接通过计算得到多层介质的快轴

取向与角度及相位延迟的关系。首先，快轴与慢轴的定义分别为双折射介质中垂直光线传播的面上的传播速度最大和传播速度最小的光线的振动方向。针对双层双折射介质，在同一振动方向上，传播的光组分通过速度快慢的加权叠加成为等效的光组分，这里定义最快的等效光组分振动方向为叠加的双折射介质的等效快轴方向。在本书中，多层双折射介质的等效快轴方向也称为实际快轴方向或理想快轴方向。同理，如果一个方向是传播最慢的等效光组分的振动方向，就定义该方向为叠加后的双折射介质的等效慢轴方向。下面从公式推导、理想模型实验、真实仿体实验来分别加以证实。

理想双折射介质的缪勒矩阵是已知的，由此可以直接计算获得双折射介质叠加后的缪勒矩阵。从该缪勒矩阵中可以求出线性相位延迟大小及理想的快轴方位随双折射介质之间快轴夹角的变化情况。在单层双折射介质情况下，缪勒矩阵极化分解(Mueller matrix polar decomposition，MMPD)方法计算出的快轴方位与实际快轴方位完全一致，因此可以认为对于单层的双折射介质，MMPD 方法能准确地反映其快轴取向。

根据定义，MMPD 的参数 θ 揭示了线性相位延迟的方位或双折射介质的快轴方向[22]，可以使用 r_1 和 r_2 计算获得。

$$\theta = 0.5\arctan(r_2 / r_1)$$
$$r_i = 0.5\arcsin\delta \sum_{j,k=1}^{3} \varepsilon_{ijk} m_{\mathrm{LR}}(j,k) \tag{2-148}$$

式中，ε_{ijk} 为 Levi-Civita 符号；m_{LR} 为 m_{LR} 的右下 3×3 子矩阵。将线性相位延迟矩阵元带入式(2-148)，可以获得 MMPD 中的快轴取向 θ 参数的计算公式：

$$\theta = 0.5\arctan\left(\frac{-M_{\mathrm{LR}}(2,4)+M_{\mathrm{LR}}(4,2)}{M_{\mathrm{LR}}(3,4)-M_{\mathrm{LR}}(4,3)}\right) \tag{2-149}$$

理想双折射介质的缪勒矩阵 M_{LR}^{i} 的表达式为

$$M_{\mathrm{LR}}^{i} = \begin{bmatrix} 1 & 0 & 0 & 0 \\ 0 & \cos^2 2\theta + \sin^2 2\theta\cos\delta & \sin 2\theta\cos 2\theta(1-\cos\delta) & -\sin 2\theta\sin\delta \\ 0 & \sin 2\theta\cos 2\theta(1-\cos\delta) & \sin^2 2\theta + \cos^2 2\theta\cos\delta & \cos 2\theta\sin\delta \\ 0 & \sin 2\theta\sin\delta & -\cos 2\theta\sin\delta & \cos\delta \end{bmatrix} \tag{2-150}$$

式中，θ 为双折射介质中快轴方向(单层双折射介质中 MMPD 中的 θ 与此处的 θ 等价)；δ 为线性相位延迟大小。

由式(2-150)可以推出，θ 的计算公式为

$$\theta = 0.5\arctan\left(\frac{-M_{\mathrm{LR}}^{i}(2,4)+M_{\mathrm{LR}}^{i}(4,2)}{M_{\mathrm{LR}}^{i}(3,4)-M_{\mathrm{LR}}^{i}(4,3)}\right) \tag{2-151}$$

在单层双折射介质情况下，$M_{\mathrm{LR}}^{i}=M_{\mathrm{LR}}$，因此式(2-149)与式(2-151)完全等价，即单层双折射介质下 MMPD 导出的θ值与原始缪勒矩阵直接计算出的θ值完全一致，因此说明了 MMPD 方法导出的θ值在单层双折射介质情况下是有效并准确的。

通过研究发现，在多层双折射介质叠加的情况下，MMPD 方法取得的双折射快轴参数θ与研究中认为的实际快轴发生了一定的偏离，不再能够准确地反映快轴的取向。

通过研究发现，实验结果与理想结果之间存在偏差的原因是单层双折射介质中计算θ使用的M_{LR}不能完整描述多层双折射介质的相位延迟情况。具体而言，两个具有不同光轴方向的双折射介质组成的样品，其相位延迟特性可等效于(线)双折射介质与圆双折射介质的综合作用，而圆双折射介质可以使部分缪勒矩阵阵元发生转换。因此，在此采用总相位延迟矩阵M_{R}代替线性相位延迟矩阵M_{LR}进行θ的计算。M_{CR}是圆相位延迟矩阵[22]，其公式为

$$\boldsymbol{M}_{\mathrm{CR}}=\begin{bmatrix}1 & 0 & 0 & 0\\ 0 & \cos 2\psi & \sin 2\psi & 0\\ 0 & -\sin 2\psi & \cos 2\psi & 0\\ 0 & 0 & 0 & 1\end{bmatrix} \tag{2-152}$$

当介质仅包含单层线性相位延迟器或可以视为单层线性相位延迟器($\Delta\theta=0°$)时，旋光参数ψ为 0rad，意味着M_{CR}是单位矩阵，因而$M_{\mathrm{R}}=M_{\mathrm{LR}}$。然而，当介质包含多层线性相位延迟器($\Delta\theta=90°$除外)时，$\Delta\theta$的范围为$(-90°,\ 0°)\cup(0°,\ 90°)$，这意味着$M_{\mathrm{CR}}$不再是单位矩阵，因而$M_{\mathrm{R}}\neq M_{\mathrm{LR}}$。在这种情况下，应使用总相位延迟矩阵$M_{\mathrm{R}}$来描述由线性相位延迟和分层结构引起的圆相位延迟组成的总相位延迟。因此，本书尝试使用总相位延迟矩阵阵元代替原始θ计算公式中的线性相位延迟矩阵阵元来计算θ值，校准后的θ使用θ_{e}来表示，θ_{e}的计算公式为

$$\theta_{\mathrm{e}} = 0.5\arctan\left(\frac{-M_{\mathrm{R}}(2,4)+M_{\mathrm{R}}(4,2)}{M_{\mathrm{R}}(3,4)-M_{\mathrm{R}}(4,3)}\right) \tag{2-153}$$

若仿体为纯双折射介质叠加，则M_{R}与单层双折射介质缪勒矩阵M_j的关系为

$$M_{\mathrm{R}} = M_i M_{j-1}\cdots M_1 \tag{2-154}$$

序号$1,2,\cdots,j$指缪勒矩阵与偏振光作用的顺序。在单层情况下，M_{R}退化为M_{LR}，此时θ_{e}与原始缪勒矩阵计算出的θ完全一致，校准公式是准确和有效

的。因此，本书不再通过实验验证在单层情况下 θ_e 计算公式的准确性。

1. 两层线性相位延迟相同的仿体实验

仿体实验 1 的实验装置如图 2.85(a)所示。其中，仿体由两片线性相位延迟完全相同的真零级 1/8 波片构成。两片 1/8 波片的设计波长为 633nm，其在不同波长下的线性相位延迟如表 2.1 所示。

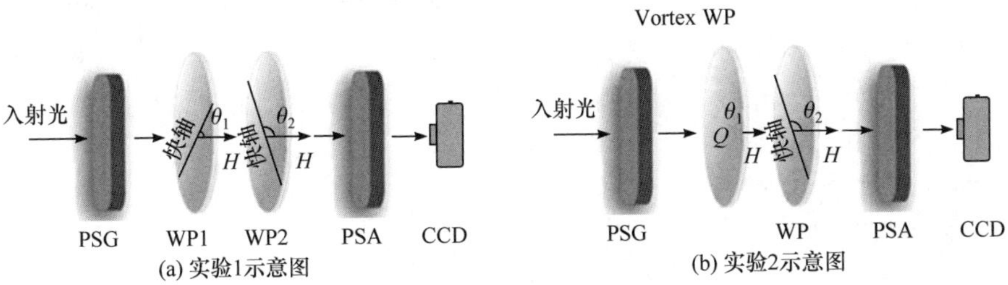

图 2.85　仿体实验装置图

实验 1 的仿体为 WP1 与 WP2 的组合；实验 2 的仿体为 Vortex WP 与 WP 的组合。PSG-偏振态产生器；PSA-偏振态分析器；WP1、WP2、WP-1/8 波片；Vortex WP-涡旋 1/4 波片

表 2.1　波片在不同波长下线性相位延迟测量值　(单位：rad)

波片	451nm	528nm	633nm
1/8 波片	1.022	0.920	0.755
涡旋波片	1.584	—	—

快轴方位的理论计算结果如图 2.86(b)所示。两个波片的线性相位延迟大小相同，因此两个波片叠加之后的快轴方向应该是在两个波片快轴的锐角角平分线上。θ 的理想值应为 $(\theta_1+\theta_2)/2$。特殊的情况是当两个波片的快轴相互垂直时，一个引入的线性相位延迟为 π/2，而另一个为−π/2，两个波片的线性相位延迟互相抵消，因此可以认为叠加后没有产生线性相位延迟。当两个波片的快轴相互平行即 $\Delta\theta=0°$ 时，可以认为叠加后完全等同于一个线性相位延迟是两个波片之和的单一波片。

然而在实验中发现[图 2.86(a)]，除了 $\Delta\theta=0°$ (两个快轴平行)和 $\Delta\theta=90°$ (两个快轴垂直)之外，理想值和参数 θ 的实验值之间始终存在偏差。在图 2.86(a)中还可以观察到，当 $\Delta\theta$ 由 0°增加到 45°时，偏差的绝对值逐步变大。当 $\Delta\theta$ 由 45°增加到 90°时，偏差的绝对值逐步变小。另外，随着光源的波长由 633nm(红线)变为 528nm(绿线)和 451nm(蓝线)，或者说，当波片的线性相位延迟大小由 0.755rad 增加到 0.920rad 和 1.022rad 时，偏差更为明显。总而言之，图 2.86 所示的实验结果和理论结果均证实，对于多层的双折射介质，θ 值和实际等效快轴之间存在偏差。该偏差的大小与各层的线性相位延迟值大小及不同层双折射介质的快轴之间角度差有关。α_q 表示缪勒矩阵下棱的变化，α_r 表示缪勒矩阵右棱的变化[23]，α_q 和 α_r 的表达式为

$$\begin{aligned}\alpha_q &= 0.5\arctan(m_{42} / -m_{43}) \\ \alpha_r &= 0.5\arctan(-m_{24} / m_{34})\end{aligned} \tag{2-155}$$

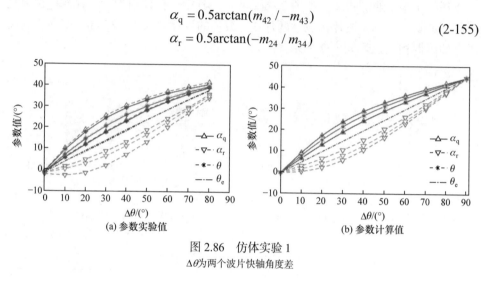

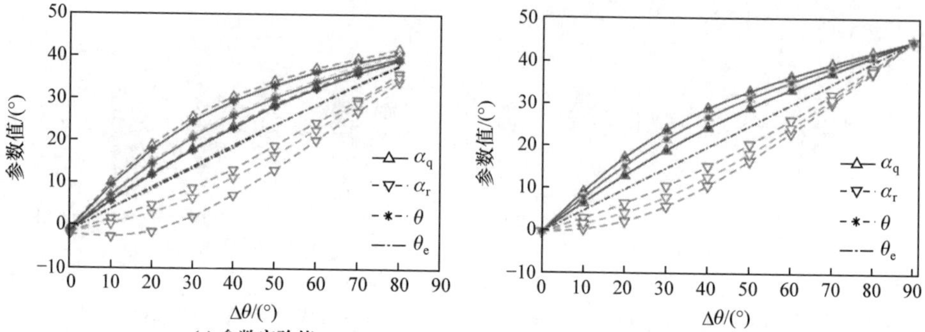

(a) 参数实验值　　(b) 参数计算值

图 2.86　仿体实验 1

Δθ为两个波片快轴角度差

2. 两层线性相位延迟不同的仿体实验

仿体实验 2 中使用一个涡旋波片和一个普通 1/8 波片作为仿体，其在光路中的先后顺序是涡旋波片在前，普通波片在后。普通波片的设计波长为 633nm。实验使用的涡旋波片设计波长为 633nm，阶次为 $m = 1$，涡旋波片快轴方向 θ_v 表示为

$$\theta_v = \frac{m}{2}\gamma + \theta_0 \tag{2-156}$$

式中，阶次 m 确定了快轴方向随方位角 γ 变化的快慢，初始($\gamma = 0$ 时)快轴方向为 θ_0。仿体实验 2 中使用的是阶次为 1 的涡旋波片。涡旋波片由 180 片扇形液晶线性相位延迟器组成，其快轴方位从−90°到 90°连续且线性变化。

在仿体实验 2 中使用 451nm 波长(蓝线)照明测量样品的缪勒矩阵，然后计算参数 θ [图 2.87(a)]和 θ_e [图 2.87(b)]的二维分布。两种波片的线性相位延迟值同样列于表 2.1 中。由实验结果可以看出，与图 2.87(a)中 θ 相比，图 2.87(b)中 θ_e 的变化更为线性。且在 $\Delta\theta \in (-90°, 0°)$ 时，θ 值出现了正值。考虑到 $\Delta\theta$ 是负值，有效快轴应在两个波片快轴的锐角内，且相位并未发生突变，因此有效快轴的角度应是负值，θ 值出现正值是不合理的，而一直为负值的 θ_e 是合理的。另外在 $\Delta\theta \in (0°, -90°)$ 时，θ 值出现了负值，这是不合理的，与前述原因相同，$\Delta\theta$ 是正值，有效快轴同样应在两个波片快轴的锐角内，相位也未发生突变，因此有效

快轴的角度也应一直为正值，而一直为正值的 θ_e 是合理的。综上所述，图中 2.87 显示的结果说明了具有不同线性相位延迟的双层双折射介质有效快轴使用 θ_e 表示更为合理。

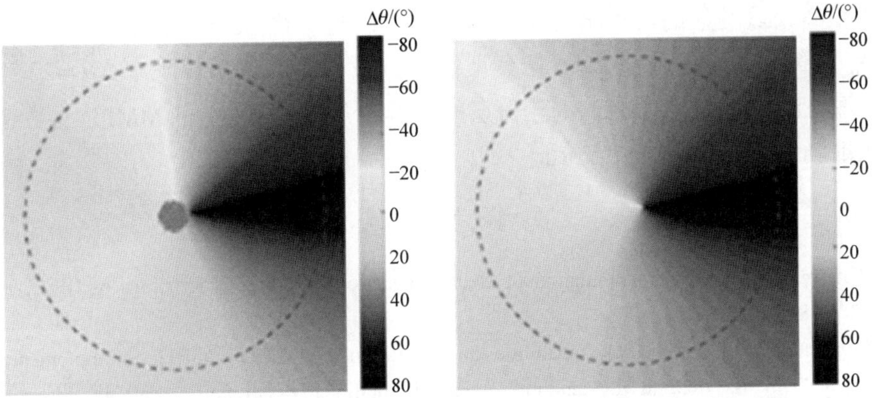

(a) 使用原始计算公式获得的实验 θ 值的二维分布　　(b) 使用校准后的计算公式获得的实验 θ_e 值的二维分布

图 2.87　仿体 2 的实验结果

为了进行更准确的定量对比，对于以上几个参数的实验值，选择了图 2.87 所示的参数二维图像上圆心为涡旋波片中心、半径为 150 像素点的圆形的边缘点进行计算，并将其按照 $\Delta\theta$ 变化展开。将参数 θ 、θ_e 、α_q 和 α_r 的实验值和理论计算值展示在图 2.88 中。

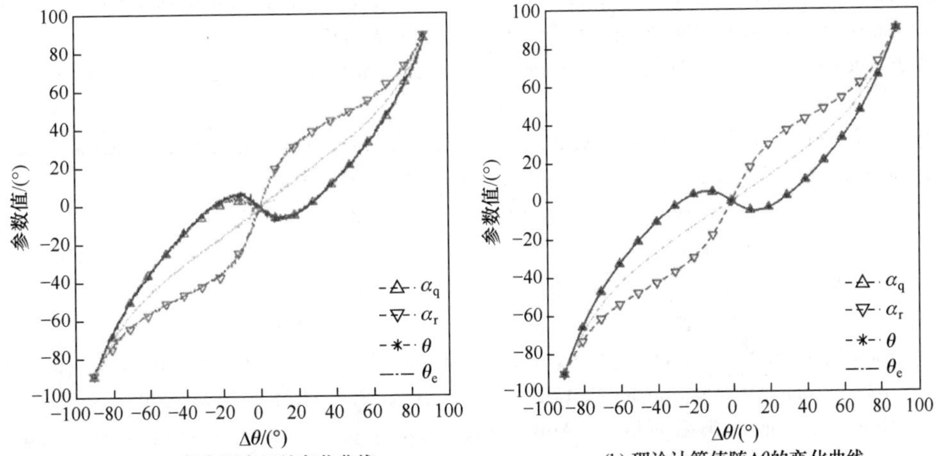

(a) 实验值随 $\Delta\theta$ 的变化曲线　　(b) 理论计算值随 $\Delta\theta$ 的变化曲线

图 2.88　仿体 2 实验结果与理论计算结果

θ 为原始快轴角度；θ_e 为校准快轴角度；α_q 表示缪勒矩阵下棱的变化；α_r 表示缪勒矩阵右棱的变化

显然，对于具有不同线性相位延迟值的两层双折射介质，相较于参数 θ_e，θ 、α_q 和 α_r 都出现了明显的偏离。具体来说，如图 2.88 所示，实验结果和理论计算结果均显示，当 $\Delta\theta \in (-90°, 0°)$ 时，参数 θ 和 α_q 具有正偏离，而参数 α_r 具有负偏离，最明显的偏离出现在 $\Delta\theta = -22.5°$ 附近。当 $\Delta\theta \in (0°, 90°)$ 时，参数 θ 和 α_q 具有负偏离，而参数 α_r 具有正偏离，最明显的偏离出现在 $\Delta\theta = 22.5°$ 附近。图 2.87 和图 2.88 显示，对于分层的双折射介质，校准后的 MMPD 参数 θ_e 可以更准确地表示介质快轴方位。

参 考 文 献

[1] Waterman P C. Matrix formulation of electromagnetic scattering. Proceedings of IEEE, 1965, 53(8): 805-812.

[2] Mishchenko M I, Travis L D. Capabilities and limitations of a current FORTRAN implementation of the T-matrix method for randomly oriented, rotationally symmetric scatterers. Journal of Quantitative Spectroscopy & Radiative Transfer, 1998，60(3): 309-324.

[3] Mishchenko M I, Travis L D, Lacis A. Scattering, Absorption, and Emission of Light by Small Particles. Cambridge: Cambridge University, 2002.

[4] 廖日威. 气溶胶在线动态偏振测量数据谱系及其表征应用. 北京:清华大学，2020.

[5] Wilson B C, Adam G. A Monte Carlo model for the absorption and flux distributions of light in tissue[J]. Medical Physics, 1983, 10(6): 824-830.

[6] Wang L H, Jacques S L, Zheng L Q. MCML-Monte Carlo modeling of photon transport in multilayered tissues. Comput Methods Programs Biomed, 1995, 47(2): 131-146.

[7] Ramella-Roman J, Prahl S, Jacques S. Three Monte Carlo programs of polarized light transport into scattering media: Part I. Optics Express, 2005, 13(12): 4420-4438.

[8] Jacques S L, Alter C A, Prahl S A. Angular dependence of HeNe laser light scattering by human dermis. Lasers for Life Sciences, 1987, 1(4): 309-333.

[9] Kienle A, Forster F K, Diebolder R, et al. Light propagation in dentin: Influence of microstructure on anisotropy. Bhysics in Medicine and Biology, 2003, 48(2), 7-14.

[10] Matsumoto M, Nishimura T. Mersenne twisterr: A 623-dimensionally equidistributed uniform pseudorandom number generator. ACM Transactions on Modeling and Computer Simulation, 1998,8(1): 3-30.

[11] 云天梁. 各向异性生物组织中偏振光散射与传播. 北京：清华大学, 2010.

[12] Ramella-Roman J C, Prahl S A, Jacques S L. Three Monte Carlo programs of polarized light transport into scattering media: Part II. Optics Express, 2005, 13(25): 10392-10405.

[13] Kienle A, Forster F K, Hibst R. Anisotropy of light propagation in biological tissue. Optics Letters, 2004, 29(22): 2617-2619.

[14] Wang X D, Wang L H V. Propagation of polarized light in birefringent turbid media: Time-resolved simulations. Optics Express, 2001, 9(5): 254-259.

[15] 于伟东，储才元. 纺织物理. 上海：东华大学出版社, 2009.

[16] Tuchin V V, Wang L H, Zimnyakov D A. Tissue Structure and Optical Models. New York: Springer, 2006.

[17] He H, Zeng N, Li W, et al. Two-dimensional backscattering Mueller matrix of sphere-cylinder scattering medium. Optics Letters, 2010, 35(14): 2323-2325.

[18] He H, Zeng N, Du E, et al. A possible quantitative Mueller matrix transformation technique for anisotropic scattering media. Photonics and Lasers in Medicine, 2013, 2(2): 129-137.

[19] Li Y B, Jia W J, Guo C Z, et al. Rapid measurement of a Mueller matrix for biological tissues. Optica Applicata, 2009, 48: D256-D261.

[20] Yun T L, Zeng N, Li W, et al. Monte Carlo simulation of polarized photon scattering in anisotropic media. Optics Express, 2009, 17: 16590-16602.

[21] He H, Zeng N, Du E, et al. A possible quantitative Mueller matrix transformation technique for anisotropic scattering media. Photonics and Lasers in Medicine, 2013, 2(2): 129-137.

[22] Ghosh N, Wood M F G, Vitkin I A. Mueller matrix decomposition for extraction of individual polarization parameters from complex turbid media exhibiting multiple scattering, optical activity, and linear birefringence. Journal of Biomedical Optic, 2008, 13(4).

[23] Li P, Lv D, He H, et al. Separating azimuthal orientation dependence in polarization measurements of anisotropic media. Optics Express，2018, 26(4): 3791-3800.

第 3 章　偏振测量理论

3.1　偏振测量的基本理论

偏振是基于光强测量的，不管是测量斯托克斯向量还是测量缪勒矩阵，都需要若干次光强测量。本章的偏振测量理论基于仪器矩阵方法[1]。第 4 章还会介绍基于傅里叶系数分析的偏振测量方法[2]。

3.1.1　斯托克斯向量的测量理论

斯托克斯向量可以描述任意的偏振态，能够测量斯托克斯向量就意味着能够测量任意的偏振态。测量斯托克斯向量的仪器也可称为检偏器(polarization state analyzer，PSA)，检偏器应能够检测任意的偏振态，而在实际的偏振测量仪器中，检偏器最少需要“直接”检测 4 种独立的完全偏振态，便能“间接”地测量其他任意的偏振态。

斯托克斯向量测量仪的结构如图 3.1 虚线框内所示，一束偏振态未知的光进入检偏器和光强探测器。检偏器计算一个未知的斯托克斯向量 $\boldsymbol{S}$ 需要检测 m 种独立的偏振分量，即以 m 种检偏态作为基底来检测任意未知偏振态在各个基底上的投影。对于某种未知的偏振态，检偏器需要进行 m 次光强测量，这些原始光强信号可以用矩阵 $\boldsymbol{I}$ 表示，其阵元为 $I_j(j=1,2,\cdots,m\,,\,m\geqslant 4)$。$m$ 次测量构成一个线性方程组，可用矩阵形式表示为

$$\boldsymbol{I}=\boldsymbol{A}\cdot\boldsymbol{S} \tag{3-1}$$

式中，$\boldsymbol{A}$ 为检偏器的调制矩阵，$\boldsymbol{A}$ 的每一行由检偏向量 $\boldsymbol{S}_j^{\mathrm{T}}$ 填充；$\boldsymbol{I}$ 为 m 列的光强向量。为了测量全部的斯托克斯参量，起偏器和检偏器必须是“完备”的，即都

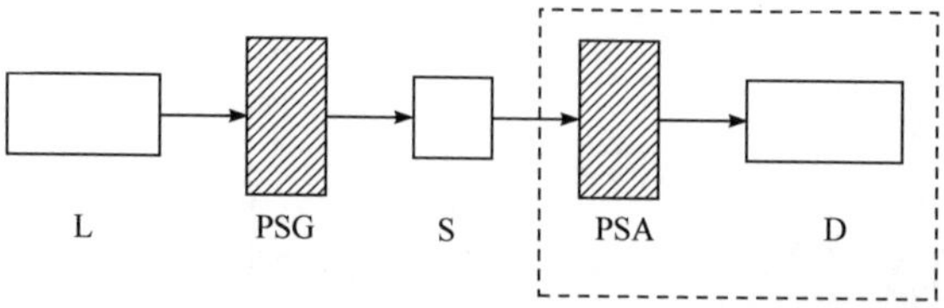

图 3.1　斯托克斯向量测量系统(虚线框内)与缪勒矩阵测量系统的示意图

L-光源；PSG-起偏器；S-样品；PSA-检偏器；D-光强探测器

具备至少 4 个互相独立的基底偏振态。当 $m = 4$ 时，式(3-1)的矩阵运算代表 4 个独立方程构成的线性方程组，可通过对矩阵 $\boldsymbol{A}$ 求逆以求解 $\boldsymbol{S}$:

$$\boldsymbol{S} = [\mathrm{inv}(\boldsymbol{A}) \cdot \boldsymbol{A}] \cdot \boldsymbol{S} = \mathrm{inv}(\boldsymbol{A}) \cdot (\boldsymbol{A} \cdot \boldsymbol{S}) = \mathrm{inv}(\boldsymbol{A}) \cdot \boldsymbol{I} = \boldsymbol{B} \cdot \boldsymbol{I} \tag{3-2}$$

式中，$\boldsymbol{B} = \mathrm{inv}(\boldsymbol{A})$代表 $\boldsymbol{A}$ 的逆矩阵，可称为重建矩阵。当 $m > 4$ 时，式(3-1)中的矩阵运算代表 m 个独立方程构成的线性方程组，方程组的数目大于未知数的个数，是一个超定方程组，一般不存在严格解，此时通过对 $\boldsymbol{A}$ 求伪逆来求解 $\boldsymbol{S}$:

$$\boldsymbol{S} = [\mathrm{pinv}(\boldsymbol{A}) \cdot \boldsymbol{A}] \cdot \boldsymbol{S} = \mathrm{pinv}(\boldsymbol{A}) \cdot (\boldsymbol{A} \cdot \boldsymbol{S}) = \mathrm{pinv}(\boldsymbol{A}) \cdot \boldsymbol{I} = \boldsymbol{B} \cdot \boldsymbol{I} \tag{3-3}$$

式中，$\boldsymbol{B} = \mathrm{pinv}(\boldsymbol{A})$代表 $\boldsymbol{A}$ 的伪逆矩阵。式(3-2)和式(3-3)是相似的，仅方程的个数不同。在测量中，每个方程中的已知量 $\boldsymbol{A}$ 和 $\boldsymbol{I}$ 都包含测量误差，求解超定方程组的过程类似于最小二乘法拟合，通常能够降低测量误差的影响。

3.1.2　缪勒矩阵的测量理论

与检偏器相对的概念是起偏器(polarization state generator，PSG)。起偏器和检偏器的结构相似，将某些检偏器倒置就是一种起偏器。起偏器与检偏器的一个不同之处是，在实际的偏振测量仪器中，检偏器最少需要“直接”检测 4 种独立的完全偏振态，便能“间接”地测量其他任意的偏振态；起偏器仅需产生 n 种($n \geqslant 4$)特定的完全偏振态，但它既无法产生其他完全偏振态，也无法产生更多部分偏振态及完全退偏态。要测量一个样品的缪勒矩阵，不仅需要检偏器，还需要起偏器，因此缪勒矩阵测量是一种基于斯托克斯向量测量的更为复杂的偏振测量。

缪勒矩阵测量仪的结构如图 3.1 所示，光源发出的光首先通过起偏器入射到待测样品，样品会改变入射光的偏振态，随后样品的出射光进入检偏器和光强探测器。待测样品的缪勒矩阵记为 $\boldsymbol{M}$，起偏器可以产生一组特定的斯托克斯向量 $\boldsymbol{S}_i$ ($i = 1, 2,\cdots, n, n \geqslant 4$)，这组斯托克斯向量经过与待测样品相互作用变为一组新的斯托克斯向量$\mathbf{MS}_i$，每个斯托克斯向量都须使用检偏器测量。如 3.1.1 节所述，检偏器计算一个未知的斯托克斯向量$\mathbf{MS}_i$需要检测 m 种独立的偏振分量，即以 m 种检偏态作为基底，来检测任意未知偏振态在各个基底上的投影。对于某种未知的偏振态，检偏器需要进行 m 次光强测量($j = 1, 2,\cdots, m-1, m \geqslant 4$)，对于 n 种未知的偏振态，检偏器共需要进行 $m \times n$ 次光强测量，这些原始光强信号可以用矩阵 $\boldsymbol{I}$ 表示，其阵元为 I_{ij} ($i = 1, 2,\cdots, n, n \geqslant 4$；$j = 1, 2,\cdots, m, m \geqslant 4$)。上述过程可用矩阵运算表示：

$$\boldsymbol{I} = \boldsymbol{A} \cdot \boldsymbol{M} \cdot \boldsymbol{G} \tag{3-4}$$

式中，$\boldsymbol{G}$ 为起偏器的调制矩阵，$\boldsymbol{G}$ 的每一列由起偏向量 $\boldsymbol{S}_i$ 填充；$\boldsymbol{A}$ 为检偏器的调

制矩阵，$\boldsymbol{A}$ 的每一行由检偏向量 $\boldsymbol{S}_j^{\mathrm{T}}$ 填充。在通常情况下，$\boldsymbol{I}$ 是 m 行 n 列的矩阵但不一定是方阵，m 和 n 分别是起偏器产生的偏振态数和检偏器检测的偏振态数。为了测量全部的缪勒矩阵阵元，起偏器和检偏器必须是“完备”的，即都具备至少 4 个互相独立的基底偏振态。当 $m = n = 4$ 时，式(3-4)的矩阵运算代表由 16 个独立方程构成的线性方程组，可通过对 $\boldsymbol{A}$ 和 $\boldsymbol{G}$ 求逆来求解 $\boldsymbol{M}$：

$$\begin{aligned}\boldsymbol{M} &= [\mathrm{inv}(\boldsymbol{A})\cdot\boldsymbol{A}]\cdot\boldsymbol{M}\cdot[\boldsymbol{G}\cdot\mathrm{inv}(\boldsymbol{G})] = \mathrm{inv}(\boldsymbol{A})\cdot(\boldsymbol{A}\cdot\boldsymbol{M}\cdot\boldsymbol{G})\cdot\mathrm{inv}(\boldsymbol{G})\\ &= \mathrm{inv}(\boldsymbol{A})\cdot\boldsymbol{I}\cdot\mathrm{inv}(\boldsymbol{G})\end{aligned} \tag{3-5}$$

式中，inv(·)代表求解逆矩阵。当 m，$n>4$ 时，式(3-4)的矩阵运算代表由 $m\times n$ 个独立方程构成的线性方程方程组，组的数目大于未知数的个数，是一个超定方程组，在数学上不存在严格解，可通过对 $\boldsymbol{A}$ 和 $\boldsymbol{G}$ 求伪逆来求解 $\boldsymbol{M}$：

$$\begin{aligned}\boldsymbol{M} &= [\mathrm{pinv}(\boldsymbol{A})\cdot\boldsymbol{A}]\cdot\boldsymbol{M}\cdot[\boldsymbol{G}\cdot\mathrm{pinv}(\boldsymbol{G})] = \mathrm{pinv}(\boldsymbol{A})\cdot(\boldsymbol{A}\cdot\boldsymbol{M}\cdot\boldsymbol{G})\cdot\mathrm{pinv}(\boldsymbol{G})\\ &= \mathrm{pinv}(\boldsymbol{A})\cdot\boldsymbol{I}\cdot\mathrm{pinv}(\boldsymbol{G})\end{aligned} \tag{3-6}$$

式中，pinv(·)代表求解伪逆矩阵。式(3-5)和式(3-6)是相似的，仅方程组的个数不同。在测量中，每个方程中的已知量 $\boldsymbol{A}$、$\boldsymbol{G}$ 和 $\boldsymbol{I}$ 都包含测量误差，求解超定方程组的过程类似于最小二乘法拟合，通常能够降低这些误差的影响。

若任意偏振态都可以使用 $\boldsymbol{A}$ 或者 $\boldsymbol{G}$ 的偏振基矢(m，$n\geqslant 4$)描述，则称 $\boldsymbol{A}$ 或者 $\boldsymbol{G}$ 是“完备”的。这些基矢能够在庞加莱球内部形成一定的体积，而非都位于庞加莱球内某个平面上，通常这些基矢互相之间差异越大，偏振测量系统的误差传递性质越优良。

3.1.3　斯托克斯向量和缪勒矩阵的测量理论的统一形式

缪勒矩阵的测量原理[式(3-5)]可以写成类似于斯托克斯向量的测量原理[式(3-2)]的形式，其矩阵维度变化如图 3.2 所示。

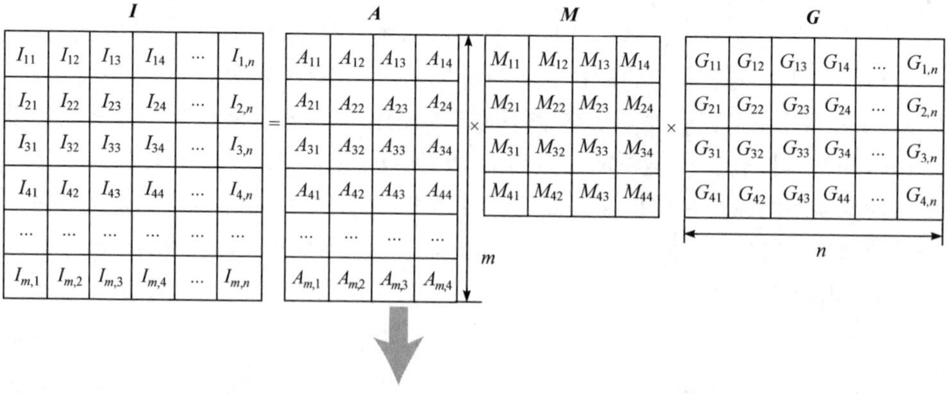

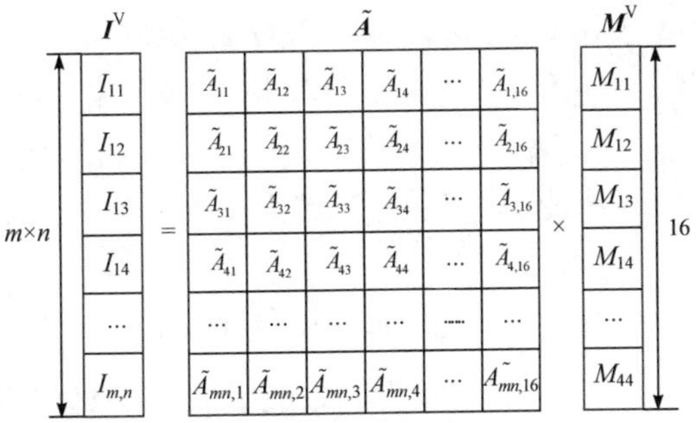

图 3.2　缪勒矩阵的测量原理可以写成类似于斯托克斯向量的形式

式(3-4)的展开形式为

$$I_{ij} = \sum_{k=1}^{4}\sum_{l=1}^{4} A_{ik} M_{kl} G_{lj} \tag{3-7}$$

式中，$A_{ik}M_{kl}G_{lj}$ 三个实数阵元的乘法可以交换顺序为 $A_{ik}G_{lj}M_{kl}$。这里进行如下操作：将光强矩阵 $\boldsymbol{I}$ 展开为 $m \times n = q$ 列的向量形式 $\boldsymbol{I}^{\mathrm{V}}$，并将缪勒矩阵 $\boldsymbol{M}$ 展开为 $4 \times 4 = 16$ 列的向量形式 $\boldsymbol{M}^{\mathrm{V}}$，则式(3-7)可改写为

$$I_i = \sum_{k=1}^{16} \tilde{A}_{ik} M_k \tag{3-8}$$

则求解向量 $\boldsymbol{M}^{\mathrm{V}}$ 的矩阵形式为

$$\boldsymbol{I}^{\mathrm{V}} = \tilde{\boldsymbol{A}}\boldsymbol{M}^{\mathrm{V}}$$

$$\begin{bmatrix} I_{11} \\ I_{12} \\ I_{13} \\ I_{14} \\ I_{21} \\ \vdots \\ I_{m,n} \end{bmatrix} = \boldsymbol{B} \begin{bmatrix} M_{11} \\ M_{12} \\ M_{13} \\ M_{14} \\ M_{21} \\ \vdots \\ M_{44} \end{bmatrix} \tag{3-9}$$

式中

$$\boldsymbol{B}=\begin{bmatrix} A_{11}G_{11} & A_{11}G_{12} & A_{21}G_{23} & A_{21}G_{24} & A_{22}G_{21} & \cdots & A_{24}G_{24} \\ A_{21}G_{21} & A_{21}G_{22} & A_{31}G_{33} & A_{31}G_{34} & A_{32}G_{31} & \cdots & A_{34}G_{34} \\ A_{31}G_{31} & A_{31}G_{32} & A_{41}G_{43} & A_{41}G_{44} & A_{42}G_{41} & \cdots & A_{44}G_{44} \\ A_{41}G_{41} & A_{41}G_{42} & A_{51}G_{53} & A_{51}G_{54} & A_{52}G_{51} & \cdots & A_{54}G_{54} \\ \vdots & \vdots & \vdots & \vdots & \vdots & & \vdots \\ A_{q,1}G_{q,1} & A_{q,1}G_{q,2} & A_{q,1}G_{q,3} & A_{q,1}G_{q,4} & A_{q,2}G_{q,1} & \cdots & A_{q,4}G_{q,4} \end{bmatrix}$$

式中，$\tilde{\boldsymbol{A}}$是 $q = m \times n$ 行 16 列的矩阵，q 最小取 16，即最少进行 16 次测量。式(3-9)可写成如下形式：

$$\boldsymbol{I}^{\mathrm{V}} = \tilde{\boldsymbol{A}}\boldsymbol{M}^{\mathrm{V}} = (\boldsymbol{G}^{\mathrm{T}} \otimes \boldsymbol{A})\boldsymbol{M}^{\mathrm{V}} \tag{3-10}$$

当 $m = n = 4$ 时，式(3-9)的矩阵运算代表 16 个独立方程构成的线性方程组，它可以严格求解出向量 $\boldsymbol{M}^{\mathrm{V}}$ 的 16 个元素，可通过对 $\tilde{\boldsymbol{A}}$ 求逆来求解 $\boldsymbol{M}^{\mathrm{V}}$：

$$\boldsymbol{M}^{\mathrm{V}} = \left(\mathrm{inv}\left(\tilde{\boldsymbol{A}}\right)\cdot\tilde{\boldsymbol{A}}\right)\cdot\boldsymbol{M}^{\mathrm{V}} = \mathrm{inv}\left(\tilde{\boldsymbol{A}}\right)\cdot\left(\tilde{\boldsymbol{A}}\cdot\boldsymbol{M}^{\mathrm{V}}\right) = \mathrm{inv}\left(\tilde{\boldsymbol{A}}\right)\cdot\boldsymbol{I}^{\mathrm{V}} \tag{3-11}$$

式中，$\mathrm{inv}(\tilde{\boldsymbol{A}})$代表 $\tilde{\boldsymbol{A}}$ 的逆矩阵。当 m，$n > 4$ 时，式(3-9)的矩阵运算代表 $m \times n$ 个独立方程构成的超定线性方程组，可通过对 $\tilde{\boldsymbol{A}}$ 求伪逆来求解 $\boldsymbol{M}^{\mathrm{V}}$：

$$\boldsymbol{M}^{\mathrm{V}} = [\mathrm{pinv}(\tilde{\boldsymbol{A}})\cdot\tilde{\boldsymbol{A}}]\cdot\boldsymbol{M}^{\mathrm{V}} = \mathrm{pinv}(\tilde{\boldsymbol{A}})\cdot(\tilde{\boldsymbol{A}}\cdot\boldsymbol{M}^{\mathrm{V}}) = \mathrm{pinv}(\tilde{\boldsymbol{A}})\cdot\boldsymbol{I}^{\mathrm{V}} \tag{3-12}$$

计算完成后，将 $\boldsymbol{M}^{\mathrm{V}}$ 重新写为缪勒矩阵 $\boldsymbol{M}$ 的形式。比较式(3-2)和式(3-10)可以发现，斯托克斯向量的测量公式和缪勒矩阵的测量公式具有相同的形式，$\boldsymbol{A}$ 描述的是检偏器的性质，$\tilde{\boldsymbol{A}}$ 描述的是检偏器加起偏器的性质，$\boldsymbol{A}$ 和 $\tilde{\boldsymbol{A}}$ 都可称为检偏矩阵，$\boldsymbol{A}$ 检测的偏振量是斯托克斯向量，$\tilde{\boldsymbol{A}}$ 检测的偏振量是缪勒矩阵。$\boldsymbol{A}$ 和 $\tilde{\boldsymbol{A}}$ 都能描述偏振测量仪器的偏振性质，因此它们都可称为"仪器矩阵"。在数学上，两者仅具有维度的差别，$\boldsymbol{A}$ 是 m 行 4 列的仪器矩阵，$\tilde{\boldsymbol{A}}$ 是 $q = m \times n$ 行 16 列的仪器矩阵，m，$n \geqslant 4$。

将偏振测量的原理写成统一的形式，可以帮助理解偏振测量的本质，即光强测量经过一定的变换成为最终的偏振量。斯托克斯向量测量和缪勒矩阵测量可以写成统一的形式，这也意味着两种测量对应的误差传递行为、测量系统优化及校准都存在很强的类比性。在本书后续章节，通常研究维度较低、测量较为简单的斯托克斯向量测量系统，得到的偏振优化设计和校准理论都可以扩展到缪勒矩阵测量系统中。

虽然上述偏振测量原理可以统一成一个简单的公式，看起来似乎非常简单直接，但实现一个准确的偏振测量系统，尤其是缪勒矩阵测量系统并非易事，甚至非常困难。最直接的原因是，既要准确地得到一个"完备"的检偏调制矩阵 $\boldsymbol{A}$，又要准确地得到一个"完备"的起偏调制矩阵 $\boldsymbol{G}$，还要确保光强测量 $\boldsymbol{I}$ 的准确度和精度，这将涉及很多技术上的难题，如基本偏振元件的精度等。对于任意测量仪器，它对应的误差的降噪和校准及仪器的优化设计都是关键，对于斯托克斯向量测量和更复杂的缪勒矩阵测量系统尤其如此。

3.1.4 偏振成像系统中测量理论的修正：等效仪器矩阵

单点偏振测量一般使用平行光模式，以斯托克斯向量测量系统为例，到达探测器上光束平面内的光线都平行地经过检偏元件如波片和偏振片，假设在光束直径内偏振片和波片是均一的，则每条光线的检偏矩阵是相同的。然而，偏振成像使用的并非严格的平行光，以旋转波片斯托克斯向量测量系统为例，光线在通过检偏元件如波片和偏振片时一般难以保证垂直入射，而偏振元件尤其是波片的缪勒矩阵是和入射光线角度相关的。对于一个成像系统，在不存在任意几何像差时，像平面上任意一个像素点的光强都由分布在一定圆锥角内的很多束光线汇聚而成，不妨设该点的坐标为(x,y)，该点对应的入射光线以不同角度经过波片，每条光线将对应不同的检偏矩阵。设像平面上任意一个像素点对应的入射光线路径数目为 Q，对于任意一条光线 q，它的检偏过程可使用缪勒矩阵表示为

$$\boldsymbol{S}_{\text{out},q} = \boldsymbol{M}_q \cdot \boldsymbol{S}_{\text{in},q} \tag{3-13}$$

每条光线都是物平面上一点发出的，假设偏振成像系统的数值孔径较小，且在较小的角度范围内光线的偏振态 $\boldsymbol{S}_{\text{in},q}$ 是相同的，记为 $\boldsymbol{S}_{\text{in}}$，则

$$\boldsymbol{S}_{\text{out},q} \approx \boldsymbol{M}_q \cdot \boldsymbol{S}_{\text{in}} \tag{3-14}$$

鉴于斯托克斯向量的可加性，像平面上该像素点处的斯托克斯向量 $\boldsymbol{S}_{\text{out,sum}}$ 将等于 Q 条光线的斯托克斯向量的叠加：

$$\boldsymbol{S}_{\text{out,sum}} = \sum_{q-1}^{Q}(\boldsymbol{M}_q \cdot \boldsymbol{S}_{\text{in},q}) \approx \sum_{q-1}^{Q}(\boldsymbol{M}_q) \cdot \boldsymbol{S}_{\text{in}} = M_{\text{sum}} \cdot \boldsymbol{S}_{\text{in}} \tag{3-15}$$

该像素点测量的光强等于斯托克斯向量 $\boldsymbol{S}_{\text{out,sum}}$ 的第一个分量。式(3-15)中，$\boldsymbol{M}_{\text{sum}}$ 为(x, y)像素点对应的等效缪勒矩阵，$\boldsymbol{M}_{\text{sum}}$ 的第一行为(x, y)像素点对应的等效检偏向量，转动波片若干次将得到(x, y)像素点对应的等效检偏矩阵 $\boldsymbol{A}_{\text{sum}}$：

$$\boldsymbol{I}_{\text{out,sum}} = (\boldsymbol{S}_{\text{out,sum}})_0 = \boldsymbol{A}_{\text{sum}} \cdot \boldsymbol{S}_{\text{in}} \Rightarrow \boldsymbol{S}_{\text{in}} = \text{inv}(\boldsymbol{A}_{\text{sum}}) \cdot \boldsymbol{I}_{\text{out,sum}} \tag{3-16}$$

经如上处理，即使对于偏振成像系统，每一个像素的检偏原理也可以按照与单点测量相似的方式写出，不同的是，每个像素对应的光束路径一般是不同的，

其等效检偏矩阵也将不同，必须对不同像素分别进行独立校准。当使用远心成像系统或使用与偏振性质与入射角度极不敏感的检偏器件时，每个像素对应的等效检偏矩阵将趋于相同，即等于平行光入射时的检偏矩阵。

根据 1.2.2 节的讨论，不同斯托克斯向量的叠加将造成某种程度的退偏现象，即检偏矩阵的每个检偏向量都将发生退化，成为部分偏振态。对于偏振成像系统，这里的修正会对仪器矩阵优化产生影响：等效检偏矩阵的每个检偏向量都将发生退化，成为部分偏振态，这将使得仪器矩阵偏离最佳状态；同时，这里的修正会对仪器矩阵校准产生影响：必须对不同像素分别进行独立校准。此外，对不同距离的物平面进行偏振成像时，每个像素对应的光束锥通常都是不同的，也需要进行独立校准。

3.2 偏振测量的调制方法与器件

本节介绍偏振调制器件，即起偏器和检偏器的实现器件。在偏振测量系统中，光源可以使用激光、LED 等，光强探测器可以使用光电二极管、CCD、CMOS 等，同样，检偏调制矩阵 $\boldsymbol{A}$ 和起偏调制矩阵 $\boldsymbol{G}$ 也具有多种不同的偏振调制方式。不同的偏振调制方式对应不同的偏振调制器件，如旋转波片、电控液晶器件、分振幅/分波前/分焦平面等多通道器件，以及 GLP 完全调制器件等。不管是斯托克斯向量还是缪勒矩阵，都需要经过若干次不同调制的光强测量。这些光强测量可以按照时间顺序依次串行测量，即时间调制测量，例如使用旋转相位延迟器和电控相位延迟器，也可以利用多个测量通道同时并行测量，即同时性偏振调制。非同时性偏振调制器件是研究其他偏振调制器件的基础，而同时性偏振调制器件则是本书研究的重点之一。

3.2.1 非同时性偏振调制器件(时间调制器件)

1. 旋转式偏振器件

旋转偏振片和波片是最基本的偏振调制方式，后续发展出来的其他偏振调制器件和调制方法都具有与旋转偏振器件类似的表达形式。通过旋转式偏振器件，可以检测任意偏振态，也可以产生任意的完全偏振态(旋转偏振片和 1/4 波片可以产生庞加莱球上所有的点)。由于其调制方式较为直观、易用控制且实现难度和成本较低，旋转偏振器件被广泛使用。

下面介绍旋转偏振器件如何产生任意的完全偏振态。如图 3.3 所示，光源发出的光经过准直后通过偏振片，某一个线偏振方向的光将被完全吸收，光束通过波片后，电场在波片快轴和慢轴方向的分量之间产生相位延迟，形成椭圆偏振

态，这时转动波片可以产生不同的椭圆偏振态，具体公式为

$$\boldsymbol{S}_{\mathrm{PSG}}=\boldsymbol{M}_{\mathrm{LR}}(\delta \boldsymbol{RG})\cdot \boldsymbol{M}_{\mathrm{LD}}(\boldsymbol{P}=0,\theta_{\mathrm{D}})\cdot \boldsymbol{S}_{\mathrm{LED}} \tag{3-17}$$

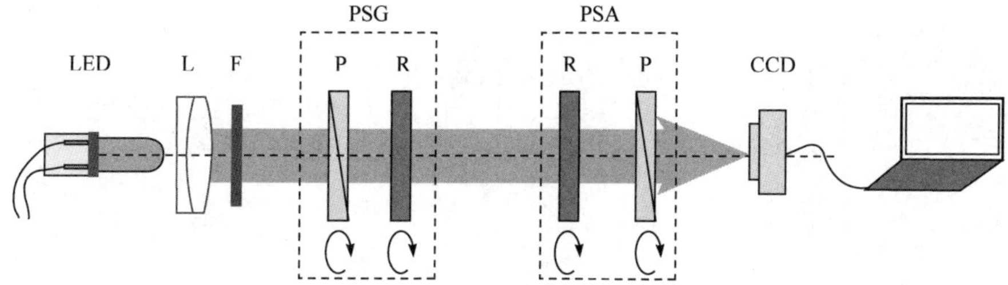

图 3.3　由旋转偏振片 P 和波片 R 构成的起偏器和检偏器

L-准直透镜；F-带通滤光片

不妨设光源发出的是自然光，$\boldsymbol{S}_{\mathrm{LED}}=(1,0,0,0)^{\mathrm{T}}$，根据式(1-49)和式(1-52)有

$$\boldsymbol{S}_{\mathrm{PSG}}=\frac{1}{2}\begin{bmatrix}1\\(\cos^2 2\theta+\sin^2 2\theta\cos\delta)\cos 2\theta_{\mathrm{D}}+(\cos 2\theta\sin 2\theta(1-\cos\delta))\sin 2\theta_{\mathrm{D}}\\(\cos 2\theta\sin 2\theta(1-\cos\delta))\cos 2\theta_{\mathrm{D}}+(\sin^2 2\theta+\cos^2 2\theta\cos\delta)\sin 2\theta_{\mathrm{D}}\\\sin 2\theta\sin\delta\cos 2\theta_{\mathrm{D}}-\cos 2\theta\sin\delta\sin 2\theta_{\mathrm{D}}\end{bmatrix} \tag{3-18}$$

改变偏振片和波片的角度，起偏器可以得到不同的偏振态，即 $\boldsymbol{S}_{\mathrm{PSG}}(1)$, $\boldsymbol{S}_{\mathrm{PSG}}(2), \boldsymbol{S}_{\mathrm{PSG}}(3), \cdots, \boldsymbol{S}_{\mathrm{PSG}}(n), n \geqslant 4$，这些起偏态一列一列地排列在一起构成起偏调制矩阵 $\boldsymbol{G}$:

$$\boldsymbol{G}=[\boldsymbol{S}_{\mathrm{PSG}}(1);\boldsymbol{S}_{\mathrm{PSG}}(2);\boldsymbol{S}_{\mathrm{PSG}}(3);\cdots;\boldsymbol{S}_{\mathrm{PSG}}(n)] \tag{3-19}$$

对于一个特定的波片，其相位延迟是固定的，若偏振片的通光方向取某一固定值，波片转动 180°产生的一系列偏振态在庞加莱球上将绘制出一个横跨南北半球表面的“8”字形轨迹，如图 3.4(a)所示。例如，当偏振片的通光方向固定在 0°时，“8”字形的节点在水平偏振态，当波片是 1/4 波片时，这个“8”字形轨迹经过南北极点，即“8”字形轨迹经过水平偏振态，左旋圆偏振态和右旋圆偏振态。对于 1/4 波片，同时改变偏振片的通光方向和波片的快轴方向，可以产生庞加莱球表面任意的偏振态，如图 3.4(b)所示。对于相位延迟在[0，90°)和(90°，180°]区间的波片，相位延迟和 90°的差越大，可产生的偏振态数目越小，对应的庞加莱球上的区域越局限于赤道附近，南北极附近的盲区越大。因此，“退偏准直光束+旋转偏振片 + 旋转 1/4 波片”的起偏器是完全起偏器，能够产生任意的完全偏振光。

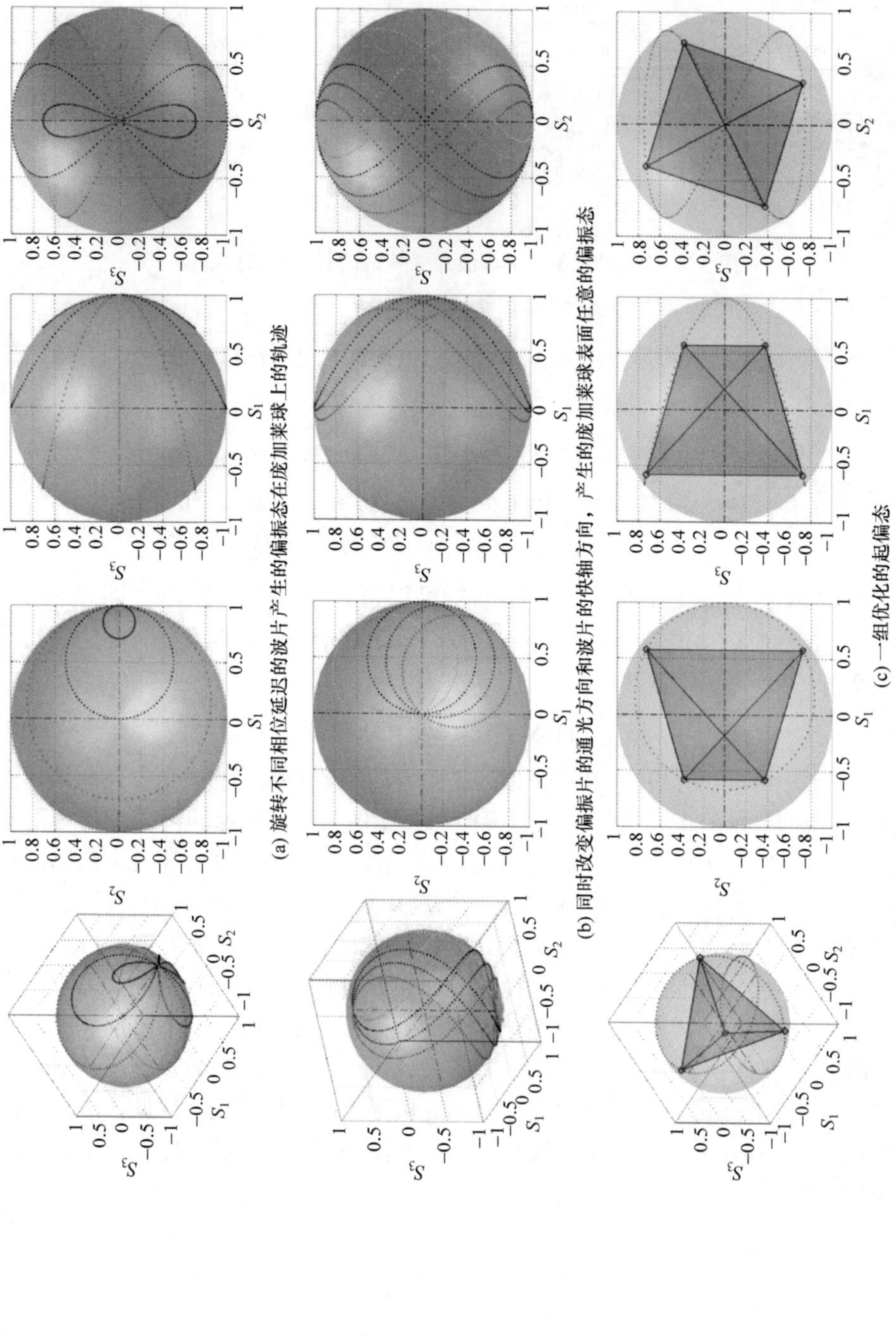

(a) 旋转不同相位延迟的波片产生的偏振态在庞加莱球上的轨迹

(b) 同时改变偏振片的通光方向和波片的快轴方向，产生的庞加莱球表面任意的偏振态

(c) 一组优化的起偏态

图3.4　在不同视角下，选装偏振器件产生的偏振态在庞加莱球上的轨迹

如图 3.4(a)所示，在平行于 S_1S_2 的视角，180 个点是均匀分布的，但是在 S_1S_3 视角，180 个点不是均匀分布的，两级附近比赤道附近密集。这也说明，转动波片，0°或 90°附近小小的转动都会造成 S_3 的明显变化，而 45°或 135°附近都比较接近极点。

这里给出一种优化的起偏方案，偏振片固定在 0°，波片的相位延迟设为 132°，波片快轴旋转 180°在庞加莱球上的轨迹为一个“8”字形，在该轨迹上选取 4 个起偏态可以在庞加莱球内形成一个正四面体，体积为 0.5132，如图 3.4(c)所示。

将偏振片和波片的前后顺序倒置，如图 3.3 中检偏器所示，就可以得到一个检偏器。一待测的偏振态 $\boldsymbol{S}_{\text{in}}$ 通过检偏器后的偏振态 $\boldsymbol{S}_{\text{out}}$ 为

$$\boldsymbol{S}_{\text{out}} = \boldsymbol{M}_{\text{LD}}(P=0,\theta_{\text{D}})\cdot\boldsymbol{M}_{\text{LR}}(\delta,\theta)\cdot\boldsymbol{S}_{\text{in}} \tag{3-20}$$

式中

$$\boldsymbol{M}_{\text{LR}}(\delta,\theta)\cdot\boldsymbol{S}_{\text{in}} = \begin{bmatrix} S_0 \\ (\cos^2 2\theta+\sin^2 2\theta\cos\delta)S_1+(\cos 2\theta\sin 2\theta(1-\cos\delta))S_2+(-\sin 2\theta\sin\delta)S_3 \\ (\cos 2\theta\sin 2\theta(1-\cos\delta))S_1+(\sin^2 2\theta+\cos^2 2\theta\cos\delta)S_2+(\cos 2\theta\sin\delta)S_3 \\ (\sin 2\theta\sin\delta)S_1+(-\cos 2\theta\sin\delta)S_2+(\cos\delta)S_3 \end{bmatrix} \tag{3-21}$$

光电探测器仅能记录 S_{out} 的第一个参量——光强 I：

$$\begin{aligned} I=&\frac{1}{2}S_0+\frac{1}{2}(\cos 2\theta_{\text{D}}(\cos 2\theta\sin 2\theta(1-\cos\delta))+\sin 2\theta_{\text{D}}(\cos 2\theta\sin 2\theta(1-\cos\delta)))S_1\\ &+\frac{1}{2}(\cos 2\theta_{\text{D}}(\cos^2 2\theta+\sin^2 2\theta\cos\delta)+\sin 2\theta_{\text{D}}(\sin^2 2\theta+\cos^2 2\theta\cos\delta))S_2\\ &+\frac{1}{2}(\cos 2\theta_{\text{D}}(-\sin 2\theta\sin\delta)+\sin 2\theta_{\text{D}}(\cos 2\theta\sin\delta))S_3 \end{aligned} \tag{3-22}$$

式(3-22)可以写为如下矩阵形式：

$$\boldsymbol{I}=\boldsymbol{S}_{\text{PSA}}\cdot\boldsymbol{S}_{\text{in}} \tag{3-23}$$

式中，向量 $\boldsymbol{S}_{\text{PSA}}$ 代表检偏向量，其表达式为

$$\boldsymbol{S}_{\text{PSA}}^{\text{T}}=\frac{1}{2}\begin{bmatrix} 1 \\ \cos 2\theta_{\text{D}}(\cos^2 2\theta+\sin^2 2\theta\cos\delta)+\sin 2\theta_{\text{D}}\left[\cos 2\theta\sin 2\theta(1-\cos\delta)\right] \\ \cos 2\theta_{\text{D}}\left[\cos 2\theta\sin 2\theta(1-\cos\delta)\right]+\sin 2\theta_{\text{D}}(\sin^2 2\theta+\cos^2 2\theta\cos\delta) \\ \cos 2\theta_{\text{D}}\sin 2\theta\sin\delta-\sin 2\theta_{\text{D}}\cos 2\theta\sin\delta \end{bmatrix} \tag{3-24}$$

式中，上标 T 代表转置。式(3-23)意味着任意偏振态都要与检偏向量的转置直接运算得到光强，若 $\boldsymbol{S}_{\text{in}} = 2\boldsymbol{S}_{\text{PSA}}$，即待测偏振光正好是一种检偏向量，则光强等于 $\boldsymbol{S}_{\text{PSA},1}^2 + \boldsymbol{S}_{\text{PSA},2}^2 + \boldsymbol{S}_{\text{PSA},3}^2 + \boldsymbol{S}_{\text{PSA},4}^2 = \boldsymbol{S}_{\text{PSA},1}^2 + \boldsymbol{S}_{\text{PSA},2}^2\text{DOP}(\boldsymbol{S}_{\text{PSA}}^2) = 1$；若 $\boldsymbol{S}_{\text{in}} = -\boldsymbol{S}_{\text{PSA}}$，即待测偏振光正好是一种检偏向量的正交向量，则光强等于 0；上述是两个极端情况，其他情况光强值位于[0，1]。

改变偏振片和波片的角度，检偏器直接检测不同的检偏态 $S_{\text{PSA}}(1), S_{\text{PSA}}(2), S_{\text{PSA}}(3), \cdots, S_{\text{PSA}}(m), m \geqslant 4$，它们逐行地排列构成起偏调制矩阵 $\boldsymbol{A}$：

$$\boldsymbol{A} = [S_{\text{PSA}}(1); S_{\text{PSA}}(2); S_{\text{PSA}}(3); \cdots; S_{\text{PSA}}(m)]^{\text{T}} \tag{3-25}$$

这正是式(3.1)的线性方程组 $\boldsymbol{I} = \boldsymbol{AS}$ 中的检偏调制矩阵 $\boldsymbol{A}$ 包含多个检偏基矢态，即检偏向量 S_{PSA} 的转置，每个基矢占据 $\boldsymbol{A}$ 的一行。

起偏器中具有 n 个不同的起偏态，检偏器中具有 m 个不同的检偏态，这些基矢如何选取关系到缪勒矩阵测量的精度，选取合适的起偏态和检偏态将使得光强 $\boldsymbol{I}$ 的原始测量误差向缪勒矩阵 $\boldsymbol{M}$ 测量的误差传递保持在较好范围，选取不合适的起偏态或者检偏态将使得光强 $\boldsymbol{I}$ 的原始测量误差向缪勒矩阵 $\boldsymbol{M}$ 测量误差传递进入较差范围，即微弱的光强误差就会造成较高的缪勒矩阵测量误差，甚至达到完全无法正确测量的程度。可以想象，起偏态(或检偏态)互相之间应保持足够的差异性。例如，共 4 个不同的起偏态(或检偏态)，若有 2 个起偏态(或检偏态)完全相同或非常接近，就相当于仅使用了 3 个起偏态(或检偏态)，线性方程组的个数将少于未知数的个数，显然是无法求解的。起偏态和检偏态如何选取将会在第 4 章中详细讨论。

此外，由式(3-19)和式(3-25)可以看到，检偏器和起偏器在物理器件上的差别仅是将偏振片和波片的前后顺序倒置，它们的调制矩阵的数学形式在本质上是完全相同的。因此，在后面的讨论中，凡是适用于起偏器的设置一般都适合检偏器，反之亦然。例如，起偏器采用某种设置能够产生最佳的起偏态，类似地，检偏器采用类似的设置也将产生最佳的检偏态。与图 3.4(c)中的起偏态类似，同样可以将检偏态表示在庞加莱球上。

2. 电控式偏振器件

电控式偏振器件一般是电控式相位延迟器件，包括向列式液晶(nematic liquid crystal，NLC)、铁电式液晶(ferroelectric liquid crystals，FLC)和光弹调制晶体(photoelastic modulator，PEM)[3-8]。它们与固定角度的偏振片组合可构成起偏器和检偏器。

对 NLC 施加不同大小的电压会产生不同大小的相位延迟，但快轴方向不变，这类似于传统的 Babinet Soleil Bravais 补偿器。NLC 需要使用交流电驱动，通常使用 0～15V 的方波电压。NLC 的快轴角度无法通过电控改变，设起偏器中仅包含固定的偏振片和一个固定的 NLC，偏振片通光方向固定在 0°，NLC 的快轴取不同方向，NLC 的相位延迟即使从 0°变化到 360°，起偏器在庞加莱球上的轨迹都是圆形且在一个平面上，如图 3.5 所示。平面圆上任取 4 点都无法具有体积，即无法形成 4 个线性独立的基矢，因此仅有一个固定的偏振片和一个固定的 NLC 无法通过电控完成实现起偏。为了实现起偏，应至少得到 4 个不同且独立的起偏态，它们不在一个平面上，若使用两块 NLC，则起偏器由固定偏振片和两个相位延迟分别为 δ_1、δ_2，快轴角度分别为 θ_1、θ_2 的 NLC 构成，光线通过起偏器后的偏振态为

$$\boldsymbol{S}_{\text{out}}(\delta_1,\theta_1,\delta_2,\theta_2)=\boldsymbol{M}_{\text{LR}}(\delta_2,\theta_2)\cdot\boldsymbol{M}_{\text{LR}}(\delta_1,\theta_1)\cdot\begin{bmatrix}1 & 1 & 0 & 0\end{bmatrix}^{\text{T}} \tag{3-26}$$

线相位延迟器的缪勒矩阵见式(1-51)，将其代入式(3-26)得

$$\boldsymbol{S}_{\text{out}}(\delta_1,\theta_1,\delta_2,\theta_2)$$
$$=\begin{bmatrix}1 \\ (c_1^2+s_1^2\cos\delta_1)(c_2^2+s_2^2\cos\delta_2)+c_1c_2s_1s_2(1-\cos\delta_1)(1-\cos\delta_2)-s_1s_2\sin\delta_1\sin\delta_2 \\ c_2s_2(1-\cos\delta_2)(c_1^2+s_1^2\cos\delta_1)+c_1s_1(1-\cos\delta_1)(c_2^2+s_2^2\cos\delta_2)+s_1c_2\sin\delta_1\sin\delta_2 \\ s_2\sin\delta_2(c_1^2+s_1^2\cos\delta_1)-c_1s_1c_2\sin\delta_2(c_1^2+s_1^2\cos\delta_1)(1-\cos\delta_1)+s_1\sin\delta_1\cos\delta_2\end{bmatrix} \tag{3-27}$$

式中，$s_i=\sin2\theta_i$、$c_i=\cos2\theta_i$，i = 1, 2。不同于一个固定的偏振片和一个固定的 NLC 的情形，一个固定的偏振片加两个固定的 NLC 可以产生 4 个不同的起偏态，且这 4 个起偏态互相之间线性独立，不在一个平面上。一般地，只要 $\theta_1\neq0°$ 且 $\theta_1\neq\theta_2$，都能形成 4 种线性独立的起偏态，这样的选择有很多种，例如设 $\theta_1=$ 45°、$\theta_2=0°$，改变 δ_1、δ_2，如图 3.5(b)中蓝色轨迹所示；设 θ_1=30°、θ_2=60°，改变改变 δ_1、δ_2，如图 3.5(b)中绿色轨迹所示；设 θ_1=45°、θ_2=90°，改变 δ_1、δ_2，如图 3.5(b)中红色轨迹所示。图 3.5(b)中 θ_1=30°、θ_2=60°对应的红色轨迹优于蓝色和绿色轨迹，因为它在庞加莱球上的跨度更大，能够提供 4 种互相之间更为“远离”的起偏态。

起偏器需要产生 4 种不同的偏振态，一种简单的方案是：偏振片的通光方向固定在 0°，两个 NLC 的快轴角度固定在两个待定角度，两个 NLC 仅在两个相位延迟值之间切换，两两组合产生 4 种不同的偏振态。该方案具有 4 个变量，有很多种选择，其起偏器的优化属于多解问题，其中一组能够保证 $\boldsymbol{G}$ 的条件数(condition number，CN)最小的解如下[3]：

$$\theta_1=27.4°\varepsilon+90°q,\quad \theta_2=72.4°\varepsilon+90°r$$

式中，$\varepsilon=\pm1$ 且在两个公式中取值相同；q 和 r 为任意整数。相位延迟为

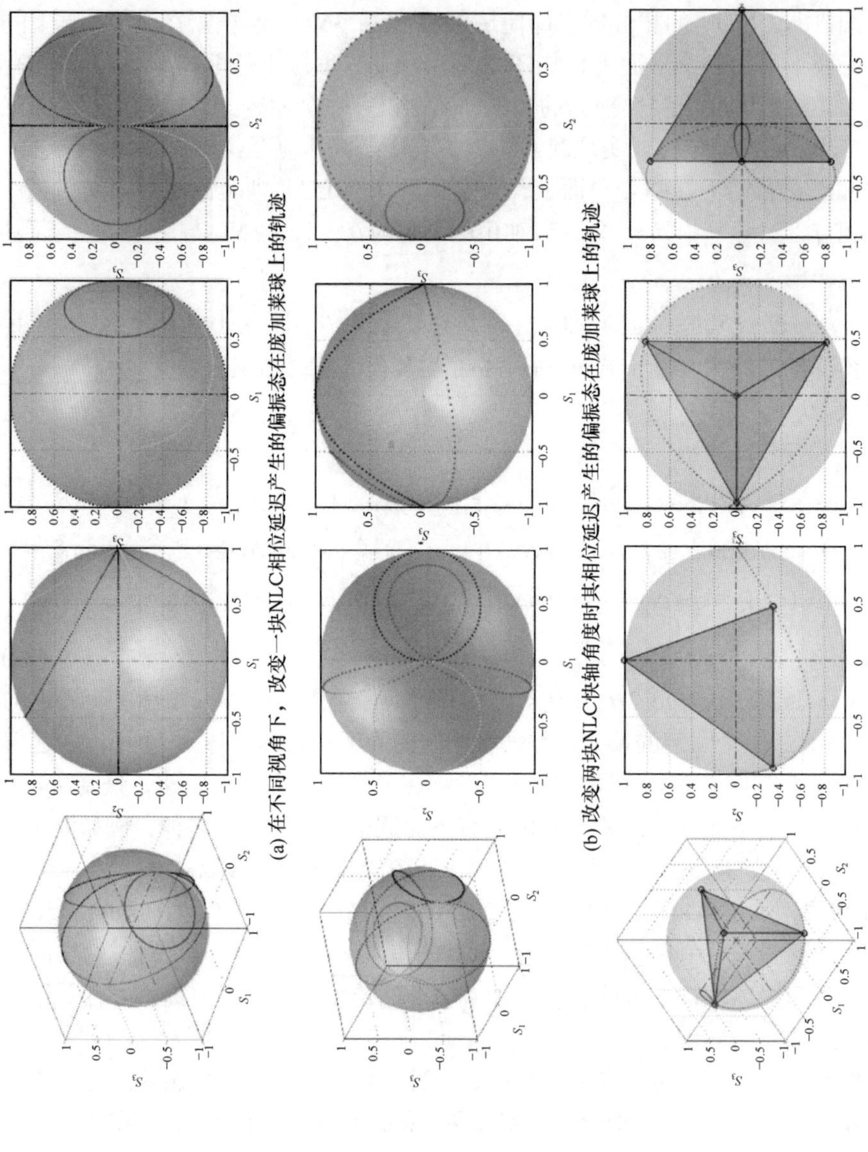

(a) 在不同视角下，改变一块NLC相位延迟产生的偏振态在庞加莱球上的轨迹

(b) 改变两块NLC快轴角度时其相位延迟产生的偏振态在庞加莱球上的轨迹

(c) 一组优化的起偏态

图3.5　采用NLC作为起偏器产生的偏振态在庞加莱球上的轨迹

$$(\delta_1,\delta_2)=(\Delta_1,\Delta_1),(\Delta_2,\Delta_1),(\Delta_1,\Delta_2),(\Delta_2,\Delta_2)$$

式中

$$\Delta_1=315°+90°p,\quad \Delta_2=135°+90°p$$

式中，p 为任意整数。在庞加莱球上观察上述设置对应的几何图像，设 $\theta_1=27.4°$、$\theta_2=72.4°$，改变 δ_1，δ_2，如图 3.5(c)蓝色轨迹所示。(δ_1,δ_2)=(315°，315°)，(315°，135°)，(135°，135°)，(135°，315°)对应的 4 个检偏态在庞加莱球中形成较大的体积，为 0.5132(与图 3.4(c)的体积完全相等)。

上面介绍了基于 NLC 的起偏器，基于 NLC 的检偏器由两个 NLC 和偏振片串联而成，其结构是起偏器的倒置，检偏向量和起偏向量具有相同的形式。

使用 NLC 作为起偏器和检偏器，可以保持全静态测量，使得缪勒矩阵成像时间在 1s 量级。无法进一步提高测量速度的原因是向列型液晶的相位延迟切换速度较慢，约在 10ms 数量级。因为 NLC 的相位延迟可以任意调节，所以原则上不管使用何种波长的测量光，都可以达到最优的测量状态，故 NLC 适用于多个分立波长的缪勒矩阵成像。然而，常用的液晶器件的可用相位延迟仅能覆盖可见光和近红外区域，液晶会强烈吸收中红外光，其脆弱的有机液晶分子也有可能在紫外波段被破坏，此外，液晶器件窗口使用的透明且能导电的薄膜氧化物对近红外波段(> 1500nm)吸收强烈，以至于不再透明[3]。

实验中发现，在一定的电压下，NLC 器件的相位延迟大小甚至快轴方向都会受到温度影响，如图 3.6 所示。这意味着，使用 NLC 进行缪勒矩阵测量时，不仅要克服光强 $\boldsymbol{I}$ 的系统误差和噪声，还要克服来自 4 个液晶器件的起偏矩阵 $\boldsymbol{G}$ 和检偏矩阵 $\boldsymbol{A}$ 的系统误差和噪声，要想实现准确的测量将更加困难。

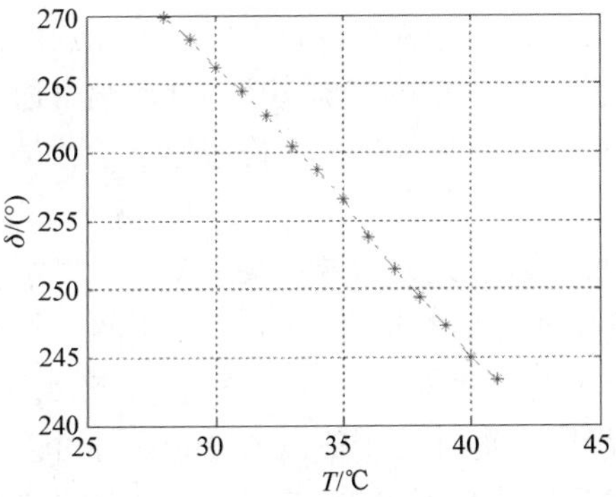

(a) NLC的相位延迟

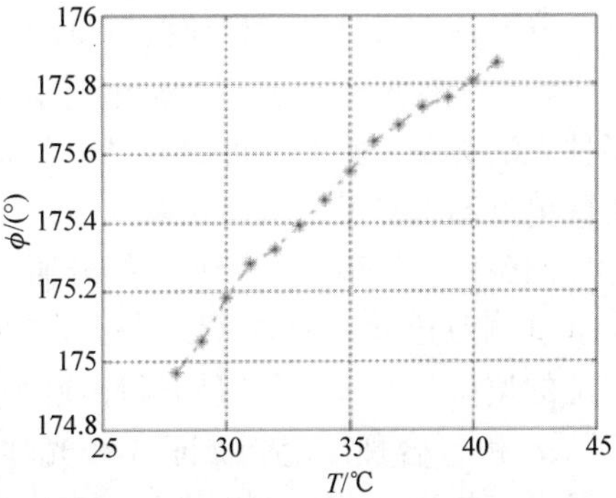

(b) 快轴取向角随温度的变化

图 3.6　NLC 的偏振性质随温度的变化

除了向列式液晶 NLC，还存在铁电型液晶 FLC，它也是线性相位延迟器，但其相位延迟是固定的，电压改变的是 FLC 的快轴方向，而且这个方向具有双稳态，即 FLC 仅有两个可实现的快轴方向且相差 45°；FLC 使用直流电驱动，不同的极性对应不同的快轴角度；FLC 的切换时间极快，通常小于 100μm，这使得高速缪勒矩阵测量成为可能。类似 NLC，基于 FLC 的起偏器也包含固定的偏振片和两个 FLC，通过改变电压极性，两个 FLC 的快轴角度交替变化以产生 4 种不同的偏振态。

与 NLC 类似，光弹调制晶体 PEM 也具有固定的快轴方向和随电压变化的相位延迟。但相对于 NLC，PEM 的驱动电压很高，偏振性质不易受温度影响，相位延迟切换速度更快，因此近年来开始被越来越多的研究者使用。但是，PEM 的相位延迟无法随意控制，而且对成像系统而言调制速度过快，因此其调制过程和旋转偏振器件及 NLC 具有较大的差异性。

3.2.2 同时性偏振调制器件

若说非同时性偏振调制是一种时间串行测量方法，则同时性偏振调制是一种并行测量方法，这种并行测量是通过多个测量通道实现的。多通道偏振器件就是将检偏矩阵每一行的检偏向量(或起偏矩阵每一列起偏向量)从一个物理通道分散到多个物理通道中，每个检偏通道仅检测某种特定的偏振态。这些通道可以在空间域内通过分光器件获得，例如分振幅器件、分波前器件和分焦平面器件，即空间调制器件，也可以在光谱域内通过色散器件获得，即光谱调制器件。对于每个检偏通道，同时性偏振调制方法和非同时性偏振调制方法本质相同，可以参考 3.2.1 节理解，因此本节仅对同时性偏振调制方法作简单介绍。

1. 分振幅器件

分振幅方法是同时性偏振测量的重要方法，分振幅器件将入射光按照强度比例分到多个检偏通道，每个检偏通道仅检测某种特定的偏振态[9]。分振幅可通过多种方法实现，例如，可通过多个分光棱镜将光线分配到 4 个检偏通道中[10-14]，实现单点偏振测量或偏振成像。

偏振分光棱镜就是最基本的分振幅器件，入射光分为两种线偏振态，如水平和垂直偏振分量，进而可以同时性地测量斯托克斯参量 S_0、S_1；使用两个不同方位的偏振分光棱镜可以同时性地测量斯托克斯参量 S_0、S_1、S_2，如图 3.7(a) 所示 α_1 和 α_2 合理设定能保证 3 个光强相等[12]；使用 3 个或以上分光元件可以将入射光束分为 4 束，同时性地测量斯托克斯参量 S_0、S_1、S_2、S_3，如图 3.7(b) 所示，图中的 W 为沃拉斯顿棱镜[14]。

Azzam 提出了多种分振幅器件，例如不使用任何常见检偏元件而仅基于菲涅尔定律的 4 探测器偏振计[图 3.7(c)[15]]，以及使用光栅衍射[16]、光纤[17]、平行玻璃板[18]等作为分振幅器件等。

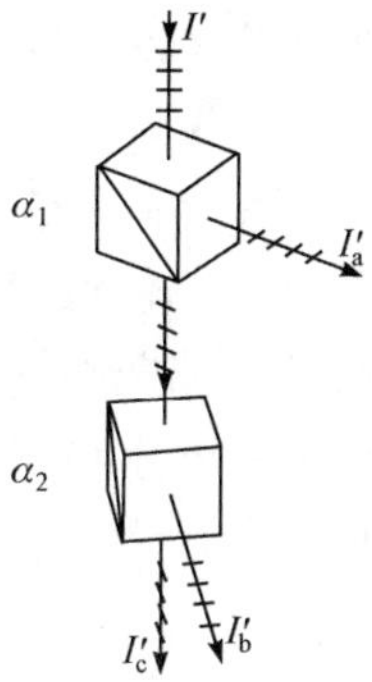

(a) 分振幅测量线偏振态

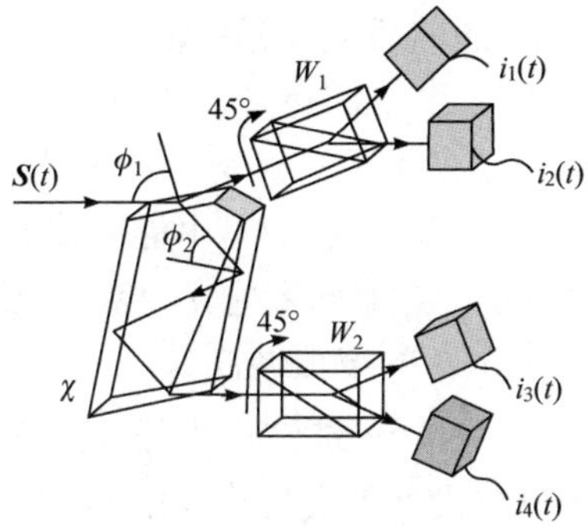

(b) 分振幅测量全偏振态[14]

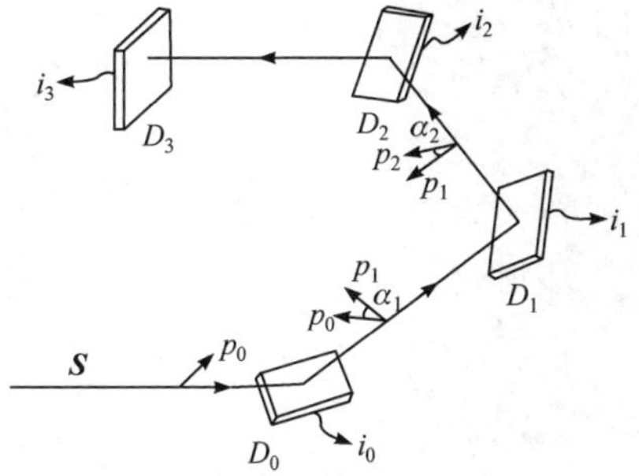

(c) 利用菲涅尔定律进行检偏的四探测器偏振计[15]

图 3.7　一些分振幅偏振测量器件与方法

2. 分波前器件

分波前器件在光束截面上划分成多个部分并进入相应的检偏通道，每个检偏通道仅检测某种特定的偏振态，对于成像系统，也可称其为分光圈器件[19-25]。一种分波前偏振成像装置如图 3.8(a)所示，它使用 4 个不同光轴的透镜系统建立 4 个检偏通道，每个通道仅检测某种特定的偏振态，所有通道的检偏态构成检偏矩阵，所有通道的图像合并得到光强，进而同时性完成偏振成像[19]。也可以使用微透镜阵列作为分光圈器件，如图 3.8(b)所示，共 4 个微透镜，每个微透镜后放置特定的检偏器件，最终在 CCD 上得到 4 幅经过不同检偏的图像[20]。利用四象限探测器设计了 4QP 偏振检测器件，其做法是在四象限探测器每个单独的象限探测器前加入特定的检偏偏振片和波片，其优点是利用四个象限的探测器相互之间光强响应比较一致及采样时间完全同步等优良特性[21]，4QP 偏振检测器件的具体设计与实现将在第 4 章详细介绍。此外，本节研究并设计了基于自聚焦透镜(GRIN lens)的自聚焦透镜偏振(GRIN lens polarimeter，GLP)系统，GRIN lens 不仅是波前调制器件，还是偏振调制器件，普通光学透镜使用弯曲的透镜表面弯折光线，而 GRIN lens 的前后表面是平面，但折射率沿半径方向向外服从抛物线分布，光线在 GRIN lens 内部按照正弦曲线传播。相比于普通光学透镜，GRIN lens 在体积、重量和灵活性上具有优势。GLP 偏振测量系统不仅能够实现单帧同时性偏振态测量，而且能够遍历所有可能的偏振调制方式，任意偏振计的调制方式都能在 GLP 上重现，这意味着它不仅包含现有的各种偏振测量系统的偏振调制方式，还能开发出全新的偏振调制方式。GLP 系统属于分波前器件，但其具有大量检偏通道($10^4 \sim 10^6$)，能够产生任意的偏振调制。基于 GRIN lens 的斯托克斯向量测量仪的具体设计与实现将在第 4 章详细介绍。

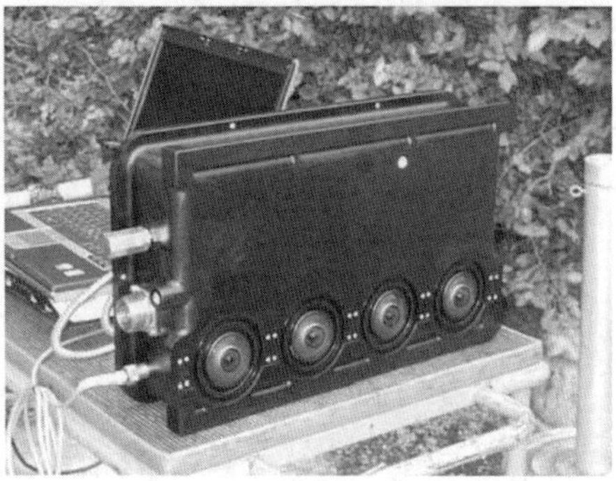

(a) 分振幅测量线偏振态

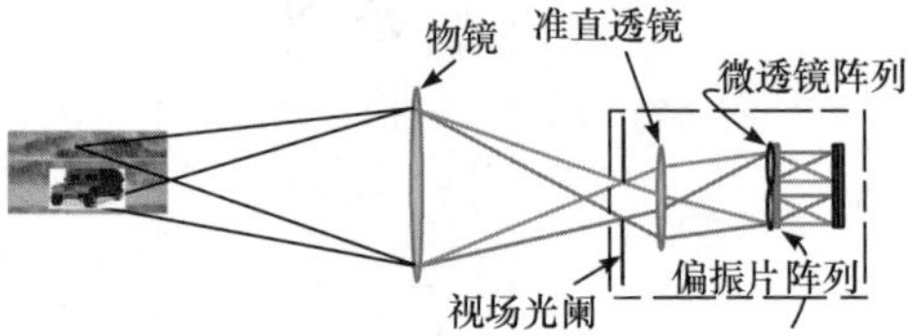

(b) 分振幅测量全偏振态

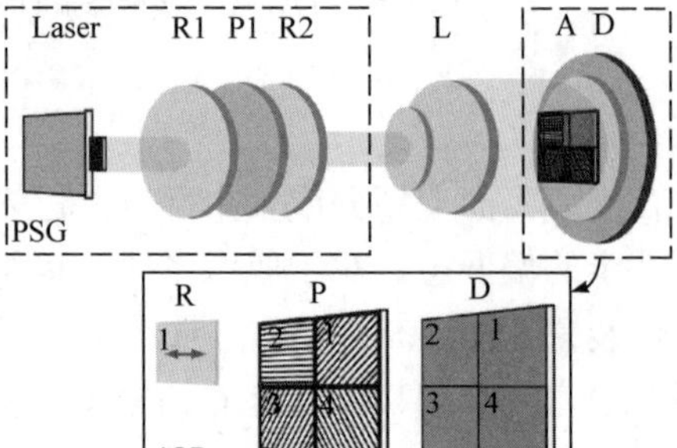

(c) 利用菲涅尔定律进行检偏的四探测器偏振计[15]

图 3.8　几种分波前器件

3. 分焦平面偏振相机

分焦平面器件包括微偏振片阵列线偏振相机和微波片阵列全偏振相机[26-41]。类似于彩色相机的拜尔滤光片阵列，微偏振片阵列偏振相机的每一个像素都覆盖不同方位的偏振片，当被拍摄场景的光强空间频率和偏振态空间频率都较低时，邻近 4 个分别覆盖 0°、45°、90°、135°方向的微偏振片的像素接收到的斯托克斯向量可以认为是一致的，把这 4 个像素看成 1 个偏振像素，具有 4 个检偏通道，可以求解斯托克斯向量的线偏振部分。这里利用分焦平面器件设计了基于单偏振相机的 3×4 缪勒矩阵显微镜和基于双偏振相机的透射式快速缪勒矩阵显微镜，具体的设计与实现将在第 4 章中详细介绍。

4. 空间偏振调制器件

分振幅方法、分波前方法、分焦平面方法是在空间域的多通道方法，所有通道都是分立的，每个通道都具有明确的、单一的检偏态。这样做的好处是，可以直接利用分时测量的理论计算；但是，由于具有多个通道和探测器，体积一般较大。若多个通道重叠在一起，有没有一种方法能够将它们分开呢？如图 3.9(a)、(b)所示，Oka 等于 2003 年提出一种同时性偏振成像的方法，它使用 4 块楔形波片和偏振片组成检偏器，入射光的每个斯托克斯参量都将被调制为特定的空间频率，其在 CCD 上重合，最终测量得到的是一幅单一的光强图[42]。对原始光强图进行傅里叶变换并在频域滤波可以筛选并计算出 4 个斯托克斯参量的图像。该偏振成像仪可称为楔形双折射棱镜成像偏振仪，也可称为空间调制偏振成像仪。事实上，分焦平面方法就是一种直观的、分立的空间调制方法，类似地，分时测量偏振计也可以称为时间调制偏振计。

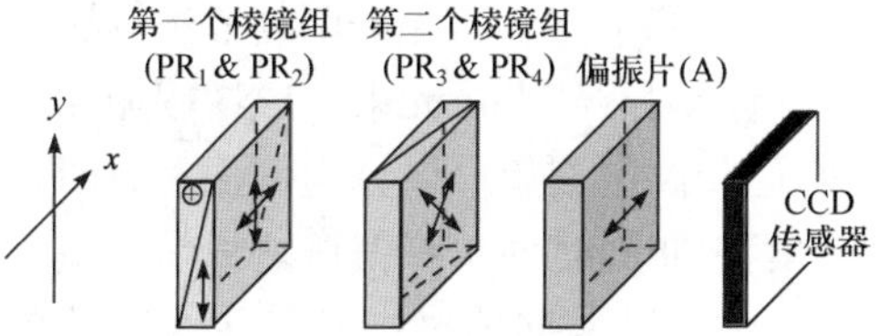

(a) 楔形双折射棱镜成像偏振仪[22]

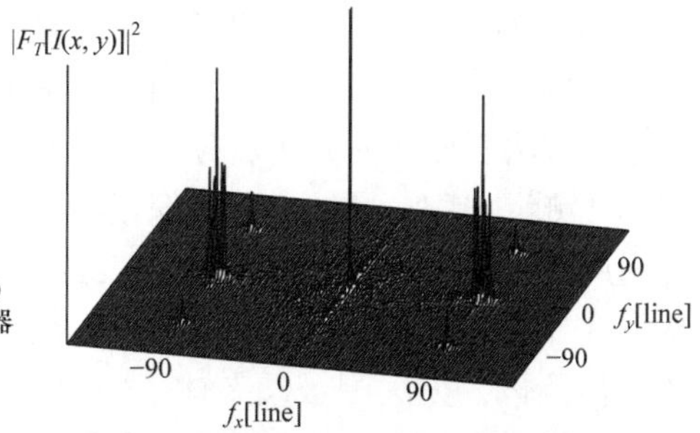

(b) 最终CCD上的光强经过傅里叶变换并在频域可以筛选并计算出每个斯托克斯参量[22]

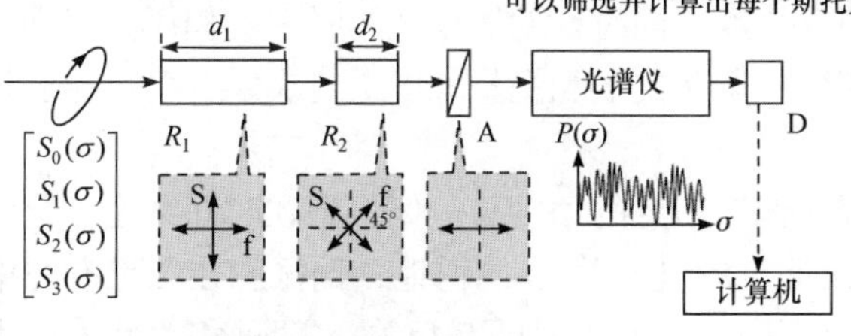

(c) 光谱通道偏振仪[43]

图 3.9　A 代表偏振片，PR_1～PR_4 代表 4 块不同方位的楔形双折射晶体

5. 光谱偏振调制器件

除了上述的时间调制和空间调制，还可以利用光谱进行偏振调制。与空间调

制方法相似，Oka 等于 1999 年提出一种新的同时性光谱偏振测量的方法，它使用两块厚度和快轴方向不同的双折射晶体和偏振片组成检偏器，如图 3.9(c)所示，入射光的每个斯托克斯参量都将被调制为特定的光谱频率，它们会被光谱仪一起测量，最终得到整体的频谱图[43]。对原始频谱图进行傅里叶变换并在频域滤波可以筛选并计算出 4 个斯托克斯参量的频谱。该同时性光谱偏振测量方法可称为光谱通道偏振仪，也可称为光谱调制偏振仪。

6. 复合式偏振测量系统

为了提高测量速度和准确度，检偏器可使用同时性检偏系统，但起偏器通常仍然使用分时起偏系统，这种缪勒矩阵测量系统可称为复合式偏振调制系统，例如可以使用旋转波片起偏器和分振幅检偏器测量缪勒矩阵；为了提高测量速度，也可以使用光弹晶体起偏器和分振幅检偏器测量缪勒矩阵。第 4 章中的基于单偏振相机的 3×4 透射式缪勒矩阵显微镜和基于双偏振相机的透射式快速缪勒矩阵显微镜就属于复合式偏振测量系统。

3.2.3　偏振测量的三个维度

3.2.1 节和 3.2.2 节介绍了不同的偏振调制方式，其中旋转器件和电控器件属于时间调制技术，对应的偏振测量方法属于分时测量方法即非同时性测量方法；分振幅方法、分波前方法、分焦平面方法、空间调制方法、光谱调制方法等属于同时性测量方法。另外，单点偏振测量使用点探测器和平行光束，成像偏振测量使用成像元件如 CCD 和成像光路。综上所述，偏振测量可以分为偏振、时间、空间 3 个维度(也可包含光谱，成为 4 个维度)。非同时性单点偏振测量是最基本的偏振测量，无法测量动态体系，也无法成像，仅占据偏振维度[44]；同时性单点偏振测量可以测量动态体系，占据偏振和时间两个维度；非同时性偏振成像占据偏振和空间两个维度；同时性偏振成像同时占据偏振、时间和空间 3 个维度，如 DoFP 偏振相机。调制方法和测量维度最终决定一个偏振测量系统的构成和具体实现方式。

此外，从理解偏振信息的角度看，偏振态在时间维度变化时可能具有时间相关性(同一点偏振信号的自相关)；同样地，偏振态在二维空间维度变化时也可能具有空间相关性(不同点偏振信号的互相关)。两种相关性可以类比研究。此外，各个偏振量之间也许存在着某些关联性，例如各个斯托克斯参量之间的关联及各个缪勒矩阵阵元之间的关联。

3.3　偏振测量与参考坐标系的选取

3.3.1　偏振量随参考坐标系的旋转

由于斯托克斯向量和缪勒矩阵都与角度有关，偏振测量系统必须考虑坐标系的选取问题。本节补充了偏振量与参考坐标系选取的关系，分析了偏振量随观测坐标系的旋转，以及背向测量和前向测量的坐标系定义原则。

1. 斯托克斯向量的旋转及旋转不变量

斯托克斯参量 S_1 和 S_2 的值取决于水平和竖直基矢方向的选择，若基矢 $\boldsymbol{e}_\mathrm{p}$ 和 $\boldsymbol{e}_\mathrm{s}$ 顺时针旋转角度 ϕ，变为新基矢 $\boldsymbol{e}_\mathrm{p}'$ 和 $\boldsymbol{e}_\mathrm{s}'$ (图 3.10)，则新基矢下的斯托克斯向量 $\boldsymbol{S}'=(S_0',S_1',S_2',S_3')$ 与原基矢下的斯托克斯向量 $\boldsymbol{S}=(S_0,S_1,S_2,S_3)$ 的关系为

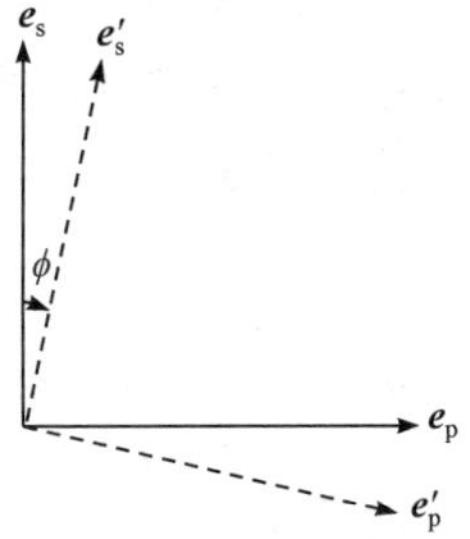

图 3.10　斯托克斯向量的旋转

$$\begin{bmatrix} S_0' \\ S_1' \\ S_2' \\ S_3' \end{bmatrix} = \begin{bmatrix} 1 & 0 & 0 & 0 \\ 0 & \cos 2\phi & \sin 2\phi & 0 \\ 0 & -\sin 2\phi & \cos 2\phi & 0 \\ 0 & 0 & 0 & 1 \end{bmatrix} \begin{bmatrix} S_0 \\ S_1 \\ S_2 \\ S_3 \end{bmatrix}, \quad \boldsymbol{S}' = \boldsymbol{R}(\phi)\boldsymbol{S} \tag{3-28}$$

式中，$\boldsymbol{R}(\phi)$ 为斯托克斯向量旋转矩阵。式(3-28)中有 3 个旋转不变量——S_0、S_3、$S_1^2+S_2^2$，即光强、圆偏振(或圆偏振度)、线偏振度。在测量斯托克斯向量时，S_1 和 S_2 会随着偏振计和样品的相对方位变化，同一种偏振光在不同方位测量结果不同，会造成一些干扰，因此偏振测量应充分利用这些旋转不变量。

2. 缪勒矩阵的旋转及旋转不变量

斯托克斯向量会因为坐标系的旋转而变化，而缪勒矩阵作为斯托克斯向量的变换，其数值也会受到坐标系旋转的影响。假设基矢 $\boldsymbol{e}_\mathrm{p}$ 和 $\boldsymbol{e}_\mathrm{s}$ 顺时针旋转角度，变为新基矢 $\boldsymbol{e}_\mathrm{p}'$ 和 $\boldsymbol{e}_\mathrm{s}'$，在原基矢下入射斯托克斯向量 $\boldsymbol{S}_\mathrm{in}$，出射斯托克斯向量 $\boldsymbol{S}_\mathrm{out}$，两者和缪勒矩阵 $\boldsymbol{M}$ 的关系为

$$\boldsymbol{S}_\mathrm{out} = \boldsymbol{M}\boldsymbol{S}_\mathrm{in} \tag{3-29}$$

在新基矢下入射斯托克斯向量 $\boldsymbol{S}_\mathrm{in}'$，出射斯托克斯向量 $\boldsymbol{S}_\mathrm{out}'$，两者和缪勒矩阵 $\boldsymbol{M}$ 的关系为

$$\boldsymbol{S}'_{\text{out}} = \boldsymbol{M}\boldsymbol{S}'_{\text{in}} \tag{3-30}$$

将式(3-28)代入式(3-30)可得

$$\boldsymbol{R}(\phi)\boldsymbol{S}_{\text{out}} = \boldsymbol{M}\boldsymbol{R}(\phi)\boldsymbol{S}_{\text{in}} \tag{3-31}$$

等式两边左乘矩阵 $\boldsymbol{R}(\phi)$ 可得

$$\boldsymbol{S}_{\text{out}} = \boldsymbol{R}(-\phi)\boldsymbol{M}\boldsymbol{R}(\phi)\boldsymbol{S}_{\text{in}} \tag{3-32}$$

式中，$\boldsymbol{R}(-\phi)$ 代表坐标旋转 $-\phi$，即逆时针旋转 ϕ。在测量缪勒矩阵时，一般认为测量者是固定的，即偏振计的坐标是固定的，而样品是可以旋转的，若这样理解，则式(3-32)可写为

$$\boldsymbol{S}_{\text{out}} = \boldsymbol{M}'\boldsymbol{S}_{\text{in}}, \quad \boldsymbol{M}' = \boldsymbol{R}(-\phi)\boldsymbol{M}\boldsymbol{R}(\phi) \tag{3-33}$$

展开对比 $\boldsymbol{M}'$ 和 $\boldsymbol{M}$ 可以发现，缪勒矩阵的旋转不变阵元包括 m_{00}、m_{03}、m_{30}、m_{33} 四个阵元，同时旋转也不会改变圆二向色性和线二向色性的标量大小，以及线相位延迟和圆相位延迟大小等。

3.3.2 背向测量坐标系定义原则

在背向测量时，需要定义入射光(z 向)的(s，p)基底，和出射光(z'向)的(s'，p')基底，如图 3.11(a)所示，$s = s'$，p 和 p' 指向远离反射表面的方向，这样做的好处是 (p，s，z)和 (p', s', z') 基底都符合右手定则，即入射光和反射光的线偏振和圆偏振左右旋定义是相同的。

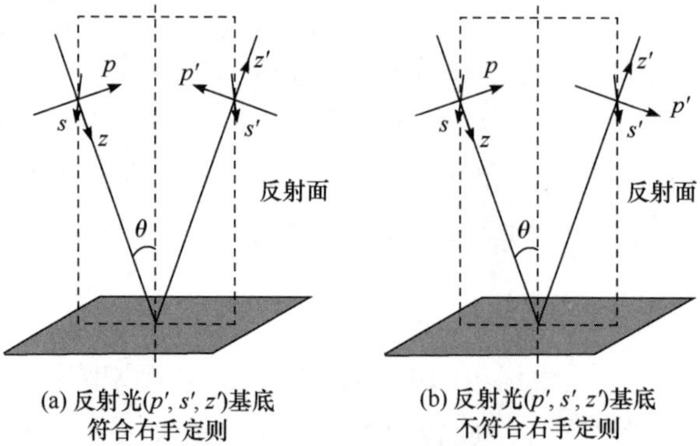

图 3.11 背向测量的两种坐标系定义方式

在接近于正入射情形，即 θ 很小时，找到正确的反射面比较困难，即(s，p)基底的选取难以保证足够准确。在正入射情形，即 $\theta = 0$ 时，有

$$(p', s', z') \to (-p, -s, -z) \tag{3-34}$$

按照图 3.11(a)的坐标系约定，正入射时镜子的缪勒矩阵 $\boldsymbol{M}_{\text{mirror}}$ 为

$$\boldsymbol{M}_{\text{mirror}}=\begin{bmatrix}1&0&0&0\\0&1&0&0\\0&0&-1&0\\0&0&0&-1\end{bmatrix}\tag{3-35}$$

若反射光选取同入射光一样的(s，p)基底，即不管光线方向而保持(s，p)恒定，如图 3.16(b)所示，则在正入射时，有

$$(p',s',z')\to(p,s,z)\tag{3-36}$$

此时 (p',s',z') 基底不符合右手定则，但镜面缪勒矩阵 $\boldsymbol{M}_{\text{mirror}}$ 是单位矩阵。由于在符合右手定则的坐标系惯例下的斯托克斯向量与在第二种坐标系定义下的斯托克斯向量的 S_2 是相反的，与 S_3 也是相反的，样品在符合右手定则的坐标系惯例下的缪勒矩阵与样品在第二种坐标系定义下的缪勒矩阵的最后两行也将是相反的。

偏振测量与参考坐标系的选取密切相关，在设计和使用偏振测量系统时须对该点给予足够重视。为了方便不同偏振测量系统的比较，背向测量的坐标系选取原则需要声明。

参 考 文 献

[1] Azzam R M A. Instrument matrix of the four-detector photopolarimeter: Physical meaning of its rows and columns and constraints on its elements. Journal of the Optical Society of America A, 1990, 7(1): 87.

[2] Azzam R M A. Photopolarimetric measurement of the Muller matrix by Fourier analysis of a single detected signal. Optics Letters, 1978, 2(6): 148-150.

[3] Martino A D, Kim Y K, Garcia-Caurel E, et al. Optimized Muller polarimeter with liquid crystals. Optics Letters, 2003, 28(8): 616-618.

[4] Laude-Boulesteix B, Martino A D, Drévillon B, et al. Muller polarimetric imaging system with liquid crystals. Applied Optics, 2004, 43(14): 2824-2832.

[5] Pust N J, Shaw J A. Dual-field imaging polarimeter using liquid crystal variable retarders. Applied Optics, 2006, 45(22): 5470-5478.

[6] Arteaga O, Freudenthal J, Wang B, et al. Muller matrix polarimetry with four photoelastic modulators: Theory and calibration. Applied Optics, 2012, 51(28): 6805-6817.

[7] Alali S, Yang T, Vitkin I A. Rapid time-gated polarimetric Stokes imaging using photoelastic modulators. Optics Letters, 2013, 38(16): 2997-3000.

[8] Nichols S, Freudenthal J, Arteaga O. Imaging with photoelastic modulators. SPIE Sensing Technology + Applications, Baltimore, 2014: 909912.

[9] Tyo J S, Goldstein D L, Chenault D B,et al. Review of passive imaging polarimetry for remote sensing applications. Applied Optics, 2006, 45(22): 5453-5469.

[10] Azzam R M A. Division-of-amplitude photopolarimeter(DOAP) for the simultaneous measurement of all four stokes parameters of light. Journal of Modern Optics, 2010, 29(5): 685-689.

[11] Jellison G E. Four-channel polarimeter for time-resolved ellipsometry. Optics Letters, 1987, 12(10): 766-768.

[12] Stenflo J, Povel H. Astronomical polarimeter with 2-D detector arrays. Applied Optics, 1985, 24(22): 3893-3898.

[13] Mazumder N, Qiu J, Foreman M R, et al. Stokes vector based polarization resolved second harmonic microscopy of starch granules. Biomedical Optics Express, 1998, 4(4): 538-547.

[14] Copain E, Drevillon B. Broadband division-of-amplitude polarimeter based on uncoated prisms. Applied Optics, 1998, 37(25): 5938-5944.

[15] Azzam R M A. Arrangement of four photodetectors for measuring the state of polarization of light. Optics Letters, 1985, 10(7): 309-311.

[16] Cui Y, Azzam R M A. Sixteen-beam grating-based division-of-amplitude photopolarimeter. Optics Letters, 1996, 21(1): 89-91.

[17] Bouzid A, Abushagur M A G, El-Sabae A, et al. Fiber-optic four-detector polarimeter. Optics Communications, 1995, 118(3/4): 329-334.

[18] El-Saba A, Azzam R M A, Abushagur M. Parallel-slab division-of-amplitude photopolarimeter. Optics Letters, 1996, 21(21): 1709-1711.

[19] Bhandari P, Voss K J, Logan Luke. An instrument to measure the downwelling polarized radiance distribution in the ocean. Optics Express, 2011, 19(18): 17609-17620.

[20] Pezzaniti J L, Chenault D B. A division of aperture MWIR imaging polarimeter. Proceedings of SPIE the International Society for Optical Engineering, 2005, 44(3): 515-533.

[21] He C, Chang J, Wang Y. Linear polarization optimized Stokes polarimeter based on four-quadrant detector. Applied Optics, 2015, 54(14): 4458-4463.

[22] Peinado A, Turpin A, Lizana A, et al. Conical refraction as a tool for polarization metrology. Optics Letters, 2013, 38(20): 4100-4103.

[23] Haigh J A, Kinebas Y, Ramsay A J. Inverse conoscopy: A method to measure polarization using patterns generated by a single birefringent crystal. Applied Optics, 2014, 53(2):184-188.

[24] Chang J, Zeng N, He H, et al. Single-shot spatially modulated Stokes polarimeter based on a GRIN lens. Optics Letters, 2014, 39(9): 2656-2659.

[25] Zimmerman B G, Ramkhalawon R, Alonso M, et al. Pinhole array implementation of star test polarimetry. Proceedings of the Spie Bios, San Francisco, 2014: 894912.

[26] Gao S, Gruev V. Gradient-based interpolation method for division-of-focal-plane polarimeters. Optics Express, 2013, 21(1): 1137-1151.

[27] Chun C S L, Fleming D L, Torok E J. Polarization-sensitive thermal imaging. Proceedings of the SPIE, Orlando, 1994: 2234.

[28] Nordin G P, Meier J T, Deguzman P C, et al. Micropolarizer array for infrared imaging polarimetry. Journal of the Optical Society of America A, 1999, 16(5): 1168-1174.

[29] Andreou A G, Kalayjian Z K. Polarization imaging: Principles and integrated polarimeters. IEEE

Sensors Journal, 2002, 2(6): 566-576.

[30] Millerd J E, Brock N J, Hayes J B. Pixelated phase-mask dynamic interferometer. Proceedings of the Interferometry XII: Techniques and Analysis, Denver, 2004: 640-647.

[31] Ratliff B M, Tyo S, Boger J K, et al. Dead pixel replacement in LWIR microgrid polarimeters. Optics Express, 2007, 15(12): 7596-7609.

[32] Ratiliff B M, LaCasse C f, Tyo J S. Interpolation strategies for reducing IFOV artifacts in microgrid polarimeter imagery. Optics Express, 2009, 17(11): 9112-9125.

[33] Tyo J S, LaCasse C F, Ratliff B M. Total elimination of sampling errors in polarization imagery obtained with integrated microgrid Polarimeters. Optics Letters, 2009, 34(20): 3187-3189.

[34] Chen Z, Wang X, Liang R. Calibration method of microgrid polarimeters with image interpolation. Applied Optics, 2015, 54(5):995-1001.

[35] Cruev V, Perkins R, York Timothy. CCD polarization imaging sensor with aluminum nanowire optical filters. Optics Express, 2010, 18(18): 19087-19094.

[36] Gao S, Cruev V. Bilinear and bicubic interpolation methods for division of focal plane polarimeters. Optics Express, 2011, 19(27): 26161-26173.

[37] York T, Powell S B, Gao S, et al. Bioinspired polarization imaging sensors: From circuits and optics to signal processing algorithms and biomedical applications. Proceedings of the IEEE, 2014, 102(10): 1450-1469.

[38] Zhao X, Pan X, Fan X, et al. Patterned dual-layer achromatic micro-quarter-wave-retarder array for active polarization imaging. Optics Express, 2014, 22(7): 8024-8034.

[39] Zhang Z, Dong F, Cheng T. Nano-fabricated pixelated micropolarizer array for visible imaging polarimetry. Review of Entific Instruments, 2014, 85(10): 1168-1174.

[40] Hsu W, Davis J, Balakrishnan K. Polarization microscope using a near infrared full: Stokes imaging polarimeter. Optics Express, 2015, 23(4): 4357.

[41] Liu Y, York T, Akers W J, et al. Complementary fluorescence-polarization microscopy using division-of-focal-plane polarization imaging sensor. Journal of Biomedical Optics, 2012, 17(11): 116001.

[42] Oka K, Kaneko T. Compact complete imaging polarimeter using birefringent wedge prisms. Optics Express, 2003, 11(13): 1510-1519.

[43] Oka K, Kato T. Spectroscopic polarimetry with a channeled spectrum. Optics Letters, 1999, 24(21):1475.

[44] Liao R, Ma H. Study on errors of nonsimultaneous polarized-light scattering measurements of suspended rod-shaped particles. Applied Optics, 2015, 54(3): 418-424.

第 4 章　偏振测量系统

4.1　偏振测量系统的误差及其传递规律

第 3 章介绍了偏振测量的基本理论，斯托克斯向量测量可表示为 $\boldsymbol{S} = \mathrm{inv}(\boldsymbol{A}) \times \boldsymbol{I}$，缪勒矩阵测量可表示为 $\boldsymbol{M}^{\mathrm{V}} = \mathrm{inv}(\tilde{\boldsymbol{A}})\boldsymbol{I}^{\mathrm{V}}$，两者具有相同的数学形式。上述偏振测量模型是理想的，不包含任何光强误差和仪器矩阵误差，但在实际测量中误差总是存在的，因此偏振测量模型应该包含上述误差项，使基本测量公式转换为误差传递公式。

鉴于缪勒矩阵测量和斯托克斯向量测量的相似性，为简单起见，本节仅对斯托克斯向量测量进行误差分析，缪勒矩阵测量的误差分析可以类比进行。本章将偏振测量的误差源分为两类，即原始光强 $\boldsymbol{I}$ 的误差和仪器矩阵 $\boldsymbol{A}$ 的误差。按照测量的准确度和精度的定义，上述误差还可以分为系统误差 $(\Delta\boldsymbol{I}, \Delta\boldsymbol{A})$ 和随机误差 $(\delta\boldsymbol{I}, \delta\boldsymbol{A})$ 两类，其中系统误差将影响测量准确度，随机误差将影响测量精度。系统误差是系统固有的误差，包括光电探测器的系统误差 $\Delta\boldsymbol{I}$ 如非线性响应等，以及仪器矩阵的系统误差 $\Delta\boldsymbol{A}$ 如偏振元件的角度偏差等。随机误差即测量仪器的噪声，包括光电探测器的噪声 $\delta\boldsymbol{I}$ 如光散粒噪声与基底噪声等，以及仪器矩阵的不稳定性 $\delta\boldsymbol{A}$ 如旋转偏振元件的定位精度、液晶相位延迟随温度随时间的随机波动等。

系统误差对测量准确度的影响通常可以通过校准降至很低的水平，而随机误差一般无法避免。例如，光散粒噪声在统计上服从泊松分布，它与探测器接收光子数 N 的平方根成正比，光强测量的信噪比也与光子数 N 的平方根成正比，在光子数较低时，信噪比较低，噪声的影响较大，因此对原始信号进行降噪是很重要的步骤。

4.1.1　基本的误差传递规律

1. 斯托克斯向量、仪器矩阵、光强的基本关系

设真实的斯托克斯向量、仪器矩阵、光强分别为 $\boldsymbol{S}_{\mathrm{real}}$、$\boldsymbol{A}_{\mathrm{real}}$、$\boldsymbol{I}_{\mathrm{real}}$，真实的重建矩阵记为 $\boldsymbol{B}_{\mathrm{real}} = \mathrm{inv}(\boldsymbol{A}_{\mathrm{real}})$，它们之间的关系为

$$\boldsymbol{S}_{\mathrm{real}} = \mathrm{inv}(\boldsymbol{A}_{\mathrm{real}}) \times \boldsymbol{I}_{\mathrm{real}} = \boldsymbol{B}_{\mathrm{real}} \times \boldsymbol{I}_{\mathrm{real}} \tag{4-1}$$

设实验测量的斯托克斯向量、计算使用的仪器矩阵、实验测量的光强分别记为 $\boldsymbol{S}_{\text{exp}}$、$\boldsymbol{A}_{\text{exp}}$、$\boldsymbol{I}_{\text{exp}}$，实验采用的重建矩阵记为 $\boldsymbol{B}_{\text{exp}}=\text{inv}(\boldsymbol{A}_{\text{exp}})$，它们之间的关系为

$$\boldsymbol{S}_{\text{exp}}=\text{inv}(\boldsymbol{A}_{\text{exp}})\times\boldsymbol{I}_{\text{exp}}=\boldsymbol{B}_{\text{exp}}\times\boldsymbol{I}_{\text{exp}} \tag{4-2}$$

此外，$\boldsymbol{S}_{\text{real}}$ 和 $\boldsymbol{S}_{\text{exp}}$ 也可以为(这种写法在后面即将用到)：

$$\begin{aligned}\boldsymbol{S}_{\text{real}}&=(\boldsymbol{B}_{\text{real}}\times\boldsymbol{A}_{\text{real}})\times\boldsymbol{S}_{\text{real}}=(\boldsymbol{B}_{\text{exp}}\times\boldsymbol{A}_{\text{exp}})\times\boldsymbol{S}_{\text{real}}\\ \boldsymbol{S}_{\text{exp}}&=(\boldsymbol{B}_{\text{real}}\times\boldsymbol{A}_{\text{real}})\times\boldsymbol{S}_{\text{exp}}=(\boldsymbol{B}_{\text{exp}}\times\boldsymbol{A}_{\text{exp}})\times\boldsymbol{S}_{\text{exp}}\end{aligned} \tag{4-3}$$

2. 建立偏振测量误差关于 $(\Delta\boldsymbol{B}+\delta\boldsymbol{B})$、$(\Delta\boldsymbol{I}+\delta\boldsymbol{I})$、$\boldsymbol{B}_{\text{real}}$、$\boldsymbol{I}_{\text{real}}$ 的关系式

设 $\boldsymbol{A}_{\text{exp}}=(\boldsymbol{A}_{\text{real}}+\Delta\boldsymbol{A}+\delta\boldsymbol{A})$、$\boldsymbol{B}_{\text{exp}}=(\boldsymbol{B}_{\text{real}}+\Delta\boldsymbol{B}+\delta\boldsymbol{B})$、$\boldsymbol{I}_{\text{exp}}=(\boldsymbol{I}_{\text{real}}+\Delta\boldsymbol{I}+\delta\boldsymbol{I})$、$\boldsymbol{S}_{\text{exp}}=(\boldsymbol{S}_{\text{real}}+\Delta\boldsymbol{S}+\delta\boldsymbol{S})$，则有

$$\begin{aligned}\boldsymbol{S}_{\text{exp}}&=\boldsymbol{B}_{\text{exp}}\times\boldsymbol{I}_{\text{exp}}\\ &=(\boldsymbol{B}_{\text{real}}+\Delta\boldsymbol{B}+\delta\boldsymbol{B})\times(\boldsymbol{I}_{\text{real}}+\Delta\boldsymbol{I}+\delta\boldsymbol{I})\\ &=\boldsymbol{B}_{\text{real}}\times\boldsymbol{I}_{\text{real}}+\boldsymbol{B}_{\text{real}}\times(\Delta\boldsymbol{I}+\delta\boldsymbol{I})+(\Delta\boldsymbol{B}+\delta\boldsymbol{B})\times\boldsymbol{I}_{\text{real}}+(\Delta\boldsymbol{B}+\delta\boldsymbol{B})\times(\Delta\boldsymbol{I}+\delta\boldsymbol{I})\\ &=\boldsymbol{S}_{\text{real}}+\boldsymbol{B}_{\text{real}}\times(\Delta\boldsymbol{I}+\delta\boldsymbol{I})+(\Delta\boldsymbol{B}+\delta\boldsymbol{B})\times\boldsymbol{I}_{\text{real}}+(\Delta\boldsymbol{B}+\delta\boldsymbol{B})\times(\Delta\boldsymbol{I}+\delta\boldsymbol{I})\end{aligned} \tag{4-4}$$

故斯托克斯向量测量的误差即测量值和真实值之差为

$$\boldsymbol{S}_{\text{exp}}-\boldsymbol{S}_{\text{real}}=\boldsymbol{B}_{\text{real}}\times(\Delta\boldsymbol{I}+\delta\boldsymbol{I})+(\Delta\boldsymbol{B}+\delta\boldsymbol{B})\times\boldsymbol{I}_{\text{real}}+(\Delta\boldsymbol{B}+\delta\boldsymbol{B})\times(\Delta\boldsymbol{I}+\delta\boldsymbol{I}) \tag{4-5}$$

式中，二次误差项 $(\Delta\boldsymbol{B}+\delta\boldsymbol{B})\times(\Delta\boldsymbol{I}+\delta\boldsymbol{I})$ 包含重建矩阵和光强的系统误差之间的耦合、重建矩阵和光强的随机误差之间的耦合、系统误差和随机误差之间的耦合。当光强误差 $(\Delta\boldsymbol{I}+\delta\boldsymbol{I})$ 相对于光强信号 $\boldsymbol{I}_{\text{real}}$ 很小，且重建矩阵误差 $(\Delta\boldsymbol{B}+\delta\boldsymbol{B})$ 相对于重建矩阵真实值 $\boldsymbol{B}_{\text{real}}$ 很小时，可忽略二次误差项，即

$$\boldsymbol{S}_{\text{exp}}-\boldsymbol{S}_{\text{real}}\approx\boldsymbol{B}_{\text{real}}\times(\Delta\boldsymbol{I}+\delta\boldsymbol{I})+(\Delta\boldsymbol{B}+\delta\boldsymbol{B})\times\boldsymbol{I}_{\text{real}} \tag{4-6}$$

观察式(4-6)可以看到，光强误差 $(\Delta\boldsymbol{I}+\delta\boldsymbol{I})$ 会经过重建矩阵 $\boldsymbol{B}_{\text{real}}$ 放大进而影响斯托克斯向量的测量精度，而重建矩阵误差 $(\Delta\boldsymbol{B}+\delta\boldsymbol{B})$ 会经过光强向量 $\boldsymbol{I}_{\text{real}}$ 放大进而影响斯托克斯向量的测量精度。

3. 建立偏振测量误差关于 $(\Delta\boldsymbol{B}+\delta\boldsymbol{B})$、$(\Delta\boldsymbol{I}+\delta\boldsymbol{I})$、$\boldsymbol{B}_{\text{exp}}$、$\boldsymbol{I}_{\text{exp}}$ 的关系

由于 $\boldsymbol{A}_{\text{real}}$、$\boldsymbol{B}_{\text{real}}$、$\boldsymbol{I}_{\text{real}}$ 是未知量，式(4-5)难以进行进一步分析，计算使用的都是 $\boldsymbol{A}_{\text{exp}}$、$\boldsymbol{B}_{\text{exp}}$、$\boldsymbol{I}_{\text{exp}}$，因此将式(4-5)写为

$$\begin{aligned}\boldsymbol{S}_{\exp}-\boldsymbol{S}_{\text{real}}&=\boldsymbol{B}_{\text{real}}\times(\Delta\boldsymbol{I}+\delta\boldsymbol{I})+(\Delta\boldsymbol{B}+\delta\boldsymbol{B})\times\boldsymbol{I}_{\text{real}}+(\Delta\boldsymbol{B}+\delta\boldsymbol{B})\times(\Delta\boldsymbol{I}+\delta\boldsymbol{I})\\&=(\boldsymbol{B}_{\exp}-\Delta\boldsymbol{B}-\delta\boldsymbol{B})\times(\Delta\boldsymbol{I}+\delta\boldsymbol{I})+(\Delta\boldsymbol{B}+\delta\boldsymbol{B})\times(\boldsymbol{I}_{\exp}-\Delta\boldsymbol{I}-\delta\boldsymbol{I})\\&\quad+(\Delta\boldsymbol{B}+\delta\boldsymbol{B})\times(\Delta\boldsymbol{I}+\delta\boldsymbol{I})\\&=\boldsymbol{B}_{\exp}\times(\Delta\boldsymbol{I}+\delta\boldsymbol{I})+(\Delta\boldsymbol{B}+\delta\boldsymbol{B})\times\boldsymbol{I}_{\exp}-(\Delta\boldsymbol{B}+\delta\boldsymbol{B})\times(\Delta\boldsymbol{I}+\delta\boldsymbol{I})\end{aligned}\tag{4-7}$$

比较式(4-5)和式(4-7)可得

$$\begin{aligned}&\boldsymbol{B}_{\exp}\times(\Delta\boldsymbol{I}+\delta\boldsymbol{I})+(\Delta\boldsymbol{B}+\delta\boldsymbol{B})\times\boldsymbol{I}_{\exp}\\&=\boldsymbol{B}_{\text{real}}\times(\Delta\boldsymbol{I}+\delta\boldsymbol{I})+(\Delta\boldsymbol{B}+\delta\boldsymbol{B})\times\boldsymbol{I}_{\text{real}}+2(\Delta\boldsymbol{B}+\delta\boldsymbol{B})\times(\Delta\boldsymbol{I}+\delta\boldsymbol{I})\end{aligned}\tag{4-8}$$

式(4-8)表示使用实验值$\boldsymbol{I}_{\exp}$、$\boldsymbol{B}_{\exp}$和使用真实值$\boldsymbol{I}_{\text{real}}$、$\boldsymbol{B}_{\text{real}}$两者之间存在的偏差。与式(4-6)类似，当光强误差$(\Delta\boldsymbol{I}+\delta\boldsymbol{I})$相对于光强信号$\boldsymbol{I}_{\text{real}}$很小，且重建矩阵误差$(\Delta\boldsymbol{B}+\delta\boldsymbol{B})$相对于重建矩阵真实值$\boldsymbol{B}_{\text{real}}$很小时，可忽略二次误差项，则

$$\boldsymbol{S}_{\exp}-\boldsymbol{S}_{\text{real}}\approx\boldsymbol{B}_{\text{real}}\times(\Delta\boldsymbol{I}+\delta\boldsymbol{I})+(\Delta\boldsymbol{B}+\delta\boldsymbol{B})\times\boldsymbol{I}_{\text{real}}\tag{4-9}$$

式(4-9)说明，若光强误差和重建矩阵误差很小，则式(4-5)和式(4-7)可认为相等。

4. 建立斯托克斯向量测量误差关于$(\Delta\boldsymbol{A}+\delta\boldsymbol{A})$、$(\Delta\boldsymbol{I}+\delta\boldsymbol{I})$、$\boldsymbol{B}_{\exp}$、$\boldsymbol{S}_{\text{real}}$的关系

一般仪器矩阵$\boldsymbol{A}$的表达式比重建矩阵$\boldsymbol{B}$更为直观和简洁，仪器中的某些误差源造成的$(\Delta\boldsymbol{A}+\delta\boldsymbol{A})$也比$(\Delta\boldsymbol{B}+\delta\boldsymbol{B})$更容易写成解析式。因此，可以建立斯托克斯向量测量误差关于$(\Delta\boldsymbol{A}+\delta\boldsymbol{A})$、$(\Delta\boldsymbol{I}+\delta\boldsymbol{I})$、$\boldsymbol{B}_{\exp}$、$\boldsymbol{S}_{\text{real}}$的关系，即

$$\begin{aligned}\boldsymbol{S}_{\exp}&=\boldsymbol{B}_{\exp}\times\boldsymbol{I}_{\exp}\\&=\boldsymbol{B}_{\exp}\times(\boldsymbol{I}_{\text{real}}+\Delta\boldsymbol{I}+\delta\boldsymbol{I})\\&=\boldsymbol{B}_{\exp}\times\boldsymbol{I}_{\text{real}}+\boldsymbol{B}_{\exp}\times(\Delta\boldsymbol{I}+\delta\boldsymbol{I})\\&=\boldsymbol{B}_{\exp}\times\boldsymbol{A}_{\text{real}}\times\boldsymbol{S}_{\text{real}}+\boldsymbol{B}_{\exp}\times(\Delta\boldsymbol{I}+\delta\boldsymbol{I})\end{aligned}\tag{4-10}$$

式(4-10)结合式(4-3)得

$$\begin{aligned}\boldsymbol{S}_{\exp}-\boldsymbol{S}_{\text{real}}&=\boldsymbol{B}_{\exp}\times(\boldsymbol{A}_{\text{real}}-\boldsymbol{A}_{\exp})\times\boldsymbol{S}_{\text{real}}+\boldsymbol{B}_{\exp}\times(\Delta\boldsymbol{I}+\delta\boldsymbol{I})\\&=-\boldsymbol{B}_{\exp}\times(\Delta\boldsymbol{A}+\delta\boldsymbol{A})\times\boldsymbol{S}_{\text{real}}+\boldsymbol{B}_{\exp}\times(\Delta\boldsymbol{I}+\delta\boldsymbol{I})\end{aligned}\tag{4-11}$$

可以看到，式(4-11)将式(4-7)中的$(\Delta\boldsymbol{B}+\delta\boldsymbol{B})$替换为$(\Delta\boldsymbol{A}+\delta\boldsymbol{A})$，更容易展开分析。综上所述，可以得到3种计算斯托克斯向量测量误差的公式，它们都是成立的，应根据具体的研究体系选择最方便的关系式。

$$\begin{aligned}\boldsymbol{S}_{\exp}-\boldsymbol{S}_{\text{real}}&=\boldsymbol{B}_{\text{real}}\times(\Delta\boldsymbol{I}+\delta\boldsymbol{I})+(\Delta\boldsymbol{B}+\delta\boldsymbol{B})\times\boldsymbol{I}_{\text{real}}+(\Delta\boldsymbol{B}+\delta\boldsymbol{B})\times(\Delta\boldsymbol{I}+\delta\boldsymbol{I})\\&=\boldsymbol{B}_{\exp}\times(\Delta\boldsymbol{I}+\delta\boldsymbol{I})+(\Delta\boldsymbol{B}+\delta\boldsymbol{B})\times\boldsymbol{I}_{\exp}-(\Delta\boldsymbol{B}+\delta\boldsymbol{B})\times(\Delta\boldsymbol{I}+\delta\boldsymbol{I})\end{aligned}$$

$$= -\boldsymbol{B}_{exp} \times (\Delta\boldsymbol{A} + \delta\boldsymbol{A}) \times \boldsymbol{S}_{real} + \boldsymbol{B}_{exp} \times (\Delta\boldsymbol{I} + \delta\boldsymbol{I})$$

一般情况下，真实仪器矩阵 $\boldsymbol{A}_{real} = \boldsymbol{A}_{exp} - (\Delta\boldsymbol{A} + \delta\boldsymbol{A})$ 包含很多原始误差项，例如，波片转动角度误差和相位延迟误差会表现在 $(\Delta\boldsymbol{A} + \delta\boldsymbol{A})$ 的各个阵元中，其公式通常比较复杂，对 $\boldsymbol{A}_{real}$ 求逆矩阵，$\boldsymbol{B}_{real} = \boldsymbol{B}_{exp} - (\Delta\boldsymbol{B} + \delta\boldsymbol{B})$ 的表达式将更为复杂。因此，在实验中 $(\Delta\boldsymbol{A} + \delta\boldsymbol{A})$ 比 $(\Delta\boldsymbol{B} + \delta\boldsymbol{B})$ 更容易表示，在分析斯托克斯向量测量误差时，这里使用含 $(\Delta\boldsymbol{A} + \delta\boldsymbol{A})$ 的公式，即式(4-11)。

4.1.2　仅考虑部分误差时的误差传递规律

一般来说，对于一个偏振测量系统，4 类误差都是存在的，但是同时考虑过多的误差会导致误差传递过程过于复杂。在真实的测量体系中，通常某种误差会占主导地位，其他误差占从属地位。为了研究单项误差的传递规律，以下分 4 类情况考虑：

当仅考虑光强误差时，$\delta\boldsymbol{A} = 0$、$\delta\boldsymbol{B} = 0$、$\Delta\boldsymbol{A} = 0$、$\Delta\boldsymbol{B} = 0$、$\boldsymbol{A}_{exp} = \boldsymbol{A}_{real}$、$\boldsymbol{B}_{exp} = \boldsymbol{B}_{real}$，进一步有

$$\begin{aligned} \boldsymbol{S}_{exp} - \boldsymbol{S}_{real} &= \boldsymbol{B}_{real} \times (\Delta\boldsymbol{I} + \delta\boldsymbol{I}) \\ &= \boldsymbol{B}_{exp} \times (\Delta\boldsymbol{I} + \delta\boldsymbol{I}) \end{aligned} \tag{4-12}$$

当仅考虑仪器矩阵误差时，$\delta\boldsymbol{I} = 0$、$\Delta\boldsymbol{I} = 0$、$\boldsymbol{I}_{exp} = \boldsymbol{I}_{real}$，进一步有

$$\begin{aligned} \boldsymbol{S}_{exp} - \boldsymbol{S}_{real} &= (\Delta\boldsymbol{B} + \delta\boldsymbol{B}) \times \boldsymbol{I}_{real} = (\Delta\boldsymbol{B} + \delta\boldsymbol{B}) \times \boldsymbol{A}_{real} \times \boldsymbol{S}_{real} \\ &= (\Delta\boldsymbol{B} + \delta\boldsymbol{B}) \times \boldsymbol{I}_{exp} = (\Delta\boldsymbol{B} + \delta\boldsymbol{B}) \times \boldsymbol{A}_{exp} \times \boldsymbol{S}_{exp} \\ &= -\boldsymbol{B}_{exp} \times (\Delta\boldsymbol{A} + \delta\boldsymbol{A}) \times \boldsymbol{S}_{real} \end{aligned} \tag{4-13}$$

当仅考虑随机误差时，$\Delta\boldsymbol{I} = 0$、$\Delta\boldsymbol{A} = 0$、$\Delta\boldsymbol{B} = 0$，进一步有

$$\begin{aligned} \boldsymbol{S}_{exp} - \boldsymbol{S}_{real} &= \boldsymbol{B}_{real} \times \delta\boldsymbol{I} + \delta\boldsymbol{B} \times \boldsymbol{I}_{real} + \delta\boldsymbol{B} \times \delta\boldsymbol{I} \approx \boldsymbol{B}_{real} \times \delta\boldsymbol{I} + \delta\boldsymbol{B} \times \boldsymbol{I}_{real} \\ &= \boldsymbol{B}_{exp} \times \delta\boldsymbol{I} + \delta\boldsymbol{B} \times \boldsymbol{I}_{exp} - \delta\boldsymbol{B} \times \delta\boldsymbol{I} \approx \boldsymbol{B}_{exp} \times \delta\boldsymbol{I} + \delta\boldsymbol{B} \times \boldsymbol{I}_{exp} \\ &= -\boldsymbol{B}_{exp} \times \delta\boldsymbol{A} \times \boldsymbol{S}_{real} + \boldsymbol{B}_{exp} \times \delta\boldsymbol{I} \end{aligned} \tag{4-14}$$

当仅考虑系统误差时，$\delta\boldsymbol{I} = 0$、$\delta\boldsymbol{A} = 0$、$\delta\boldsymbol{B} = 0$，进一步有

$$\begin{aligned} \boldsymbol{S}_{exp} - \boldsymbol{S}_{real} &= \boldsymbol{B}_{real} \times \Delta\boldsymbol{I} + \Delta\boldsymbol{B} \times \boldsymbol{I}_{real} + \Delta\boldsymbol{B} \times \Delta\boldsymbol{I} \approx \boldsymbol{B}_{real} \times \Delta\boldsymbol{I} + \Delta\boldsymbol{B} \times \boldsymbol{I}_{real} \\ &= \boldsymbol{B}_{exp} \times \Delta\boldsymbol{I} + \Delta\boldsymbol{B} \times \boldsymbol{I}_{exp} - \Delta\boldsymbol{B} \times \Delta\boldsymbol{I} \approx \boldsymbol{B}_{exp} \times \Delta\boldsymbol{I} + \Delta\boldsymbol{B} \times \boldsymbol{I}_{exp} \\ &= -\boldsymbol{B}_{exp} \times \Delta\boldsymbol{A} \times \boldsymbol{S}_{real} + \boldsymbol{B}_{exp} \times \Delta\boldsymbol{I} \end{aligned} \tag{4-15}$$

此外，需要指出的是，$\Delta\boldsymbol{I}$ 和 $\delta\boldsymbol{I}$ 是向量形式的误差，对于斯托克斯向量测量，假设检偏通道数为 m，$m \geqslant 4$，则 $\Delta\boldsymbol{I}$ 和 $\delta\boldsymbol{I}$ 至少包含 4 个标量误差；$\Delta\boldsymbol{A}$ 和 $\delta\boldsymbol{A}$ 是矩阵形式的误差，误差矩阵维数等同于仪器矩阵维数即 $m \times 4$ 维，至少包含 $4 \times$

4 = 16 个标量误差。这些误差有可能相互关联，例如旋转波片斯托克斯向量测量仪中波片的相位延迟误差会对仪器矩阵所有的阵元产生影响。因此，偏振测量的误差来源本身就很复杂，对于不同的测量体系，这些误差源会不同，并会经过不同的误差传递方式影响最终的偏振测量。因此，为了实现准确、高精度的偏振测量，既要寻找误差源的规律和关联，通过降噪和校准降低误差，还要选取最优化的误差传递模式。

4.2 偏振测量系统的优化

4.2.1 偏振测量系统优化设计的基础

以第 3 章的偏振测量理论和本章的误差传递规律为基础，建立一套设计偏振测量系统的理论框架，即优化-降噪-校准，如图 4.1 所示。偏振测量的误差源可分为两类，一类是光强测量和仪器矩阵的随机误差，其影响可以通过降噪和优化降低，另一类是光强测量和仪器矩阵的系统误差，其影响可以通过校准和优化降低。无论降噪还是校准，都是针对误差源的处理，只有在根源上降低这些误差，才能使得偏振量获得更好的测量精确度和准确度。然而，偏振量不是直接测量量，须经直接测量量间接求解，在计算偏振量的过程中，误差源会以某种方式传递到偏振量中。此时，如何设计一个对误差源不敏感的系统，减小误差在传递过程中的放大系数，是偏振系统优化设计的目标。一个优化设计的偏振测量系统能够改善偏振测量的误差传递过程，同时提升偏振测量的精确度和准确度。

偏振优化理论是建立在误差传递规律的基础上的。对于真实仪器，不同的偏振测量方案和不同的测量样品体系都将对应不同的测量误差。例如，有些系统的误差主要是光强测量的误差，而另外一些则主要是仪器矩阵的误差；再如，光强随机误差可以分为与光强无关的高斯本底噪声及与光强相关的泊松光散粒噪声。当多种误差同时存在且不同误差的大小不同时，应优先研究占据支配地位且会对测量精度影响最大的误差。在某些情况下，可以使用一些单值优化指标进行优化设计，例如当仅存在光强噪声，且噪声与光强大小无关时，使仪器矩阵的条件数最小能够保证斯托克斯参量 S_1 、S_2 、S_3 的测量误差最小且相等。条件数等优化指标使偏振优化设计有规可循且容易使用。但是，这些单值指标都存在局限性，对于误差更复杂的测量系统，单值的优化指标往往不足以找到最优的测量方案，需要考虑更多因素。

4.2.2 考虑光强误差时的系统优化

根据 4.1.2 节，若仅考虑光强误差，则 $\boldsymbol{S}_{\text{exp}} - \boldsymbol{S}_{\text{real}} = \boldsymbol{B}_{\text{exp}} \times (\Delta \boldsymbol{I} + \delta \boldsymbol{I})$ 。为了方

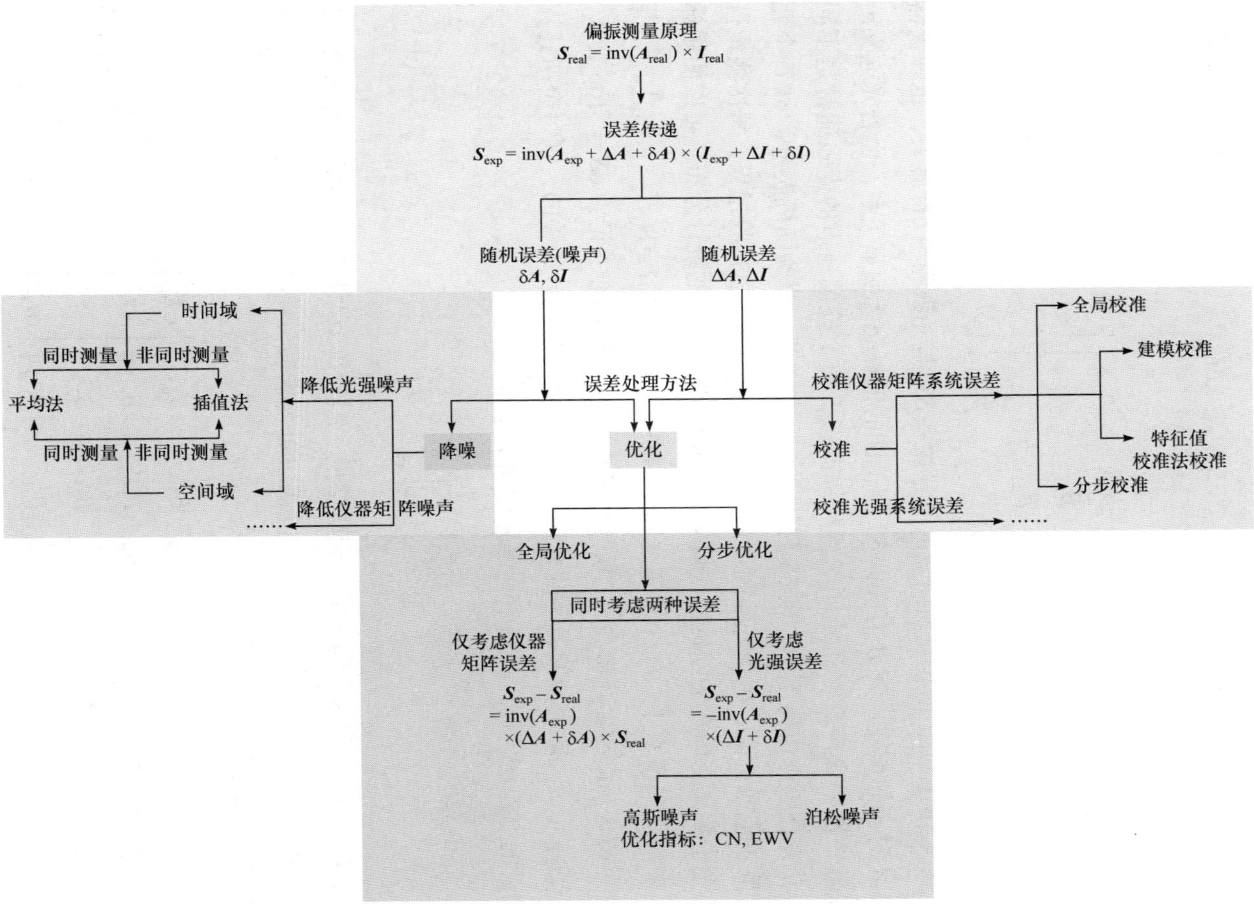

图4.1　偏振测量系统设计的理论框架：优化-降噪-校准

便讨论，仅考虑光强随机误差 $\delta \boldsymbol{I}$ ，则 $\delta \boldsymbol{S} = \boldsymbol{S}_{\exp} - \boldsymbol{S}_{\text{real}} = \boldsymbol{B}_{\exp} \times \delta \boldsymbol{I}$ 。后面的优化结论同样适用于光强的系统误差 $\Delta \boldsymbol{I}$ ，即偏振优化设计能够同时降低光强随机误差 $\delta \boldsymbol{I}$ 和光强系统误差 $\Delta \boldsymbol{I}$ 对偏振测量结果的影响。

设检偏通道数为 m，$m \geqslant 4$，$\delta \boldsymbol{I} = (\delta I_1, \delta I_2, \cdots, \delta I_m)^{\mathrm{T}}$ ，$\delta S = (\delta S_1, \delta S_2, \delta S_3, \delta S_4)^{\mathrm{T}}$ ，则 $\delta \boldsymbol{S} = \boldsymbol{B}_{\exp} \times \delta \boldsymbol{I}$ 可展开为

$$\begin{bmatrix} \delta S_1 \\ \delta S_2 \\ \delta S_3 \\ \delta S_4 \end{bmatrix} = \begin{bmatrix} B_{00} & B_{01} & \cdots & B_{0,m} \\ B_{10} & B_{11} & \cdots & B_{1,m} \\ B_{20} & B_{21} & \cdots & B_{2,m} \\ B_{30} & B_{31} & \cdots & B_{3,m} \end{bmatrix} \cdot \begin{bmatrix} \delta I_1 \\ \delta I_2 \\ \vdots \\ \delta I_m \end{bmatrix} \tag{4-16}$$

式(4-16)说明，斯托克斯向量的测量误差 $\delta \boldsymbol{S}_i$ 与光强噪声 $\delta \boldsymbol{I}_j$ 有关，也和仪器矩阵 $\boldsymbol{A}$ 对应的重建矩阵 $\boldsymbol{B}$ 有关。δS_i 与待测的偏振态无明显关系，但若光电噪声是光散粒泊松噪声，对于不同的待测偏振态，每个检偏通道的光强通常是不同的，其光强噪声也将不同，则 $\delta \boldsymbol{S}$ 与待测偏振态有关。作为随机误差，δI 每个元素可取正值或负值，因为光强测量是一个有限光子的随机接收过程，每次测量得到的光子数具有内在的随机性，但多次测量将满足一定的统计分布，可以使用标准差来描述噪声水平。每个通道光强信号的平均值记为 $\boldsymbol{I} = (I_1, I_2, \cdots, I_m)^{\mathrm{T}}$ ，标准差记为 $\sigma \boldsymbol{I} = (\sigma I_1, \sigma I_2, \cdots, \sigma I_m)^{\mathrm{T}}$ ，斯托克斯向量的测量标准差记为 $\sigma \boldsymbol{S} = (\sigma S_1, \sigma S_2, \sigma S_3, \sigma S_4)^{\mathrm{T}}$ ，若 m 个检偏通道的光强测量互相之间是统计无关的，则每个斯托克斯参量的方差 $\sigma {S_i}^2$ 可以使用下列误差传递关系计算[1, 2]：

$$\sigma {S_i}^2 = \sum_{j=1}^{m} \left(\frac{\sigma S_i}{\sigma I_j} \right) \sigma {I_j}^2 \tag{4-17}$$

式中，$i = 1, 2, 3$ 表示不同的斯托克斯参量。因为每个斯托克斯参量 S_i 与 m 个 B_{ij} 及 m 个 I_j 组成一个线性方程，所以式中每个偏微分都等于某个阵元 B_{ij} ，此时式(4-17)可以展开为

$$\begin{bmatrix} \sigma {S_1}^2 \\ \sigma {S_2}^2 \\ \sigma {S_3}^2 \\ \sigma {S_4}^2 \end{bmatrix} = \begin{bmatrix} B_{00}^2 & B_{01}^2 & \cdots & B_{0,m}^2 \\ B_{10}^2 & B_{11}^2 & \cdots & B_{1,m}^2 \\ B_{20}^2 & B_{21}^2 & \cdots & B_{2,m}^2 \\ B_{30}^2 & B_{31}^2 & \cdots & B_{3,m}^2 \end{bmatrix} \cdot \begin{bmatrix} \sigma I_0^2 \\ \sigma I_1^2 \\ \vdots \\ \sigma I_m^2 \end{bmatrix} \tag{4-18}$$

则每个斯托克斯参量的标准差为

$$\sigma S_i = \sqrt{\sum_{j=1}^{m} B_{ij}^2 \cdot \sigma I_j{}^2} \tag{4-19}$$

式(4-19)说明，各个斯托克斯参量测量的误差都与 m 个通道光强噪声相关。根据 3.1 节的偏振测量基本模型，斯托克斯向量测量可表示为 $\boldsymbol{S} = \mathrm{inv}(\boldsymbol{A}) \times \boldsymbol{I}$，缪勒矩阵测量可表示为 $\boldsymbol{M}^{\mathrm{V}} = \mathrm{inv}\left(\tilde{\boldsymbol{A}}\right) \times \boldsymbol{I}^{\mathrm{V}}$，两者具有相同的数学形式，因此对于缪勒矩阵测量，若仅考虑光强噪声，则其误差传递也可以写成类似形式：

$$\sigma M_i = \sqrt{\sum_{j=1}^{m} \tilde{B}_{ij}^2 \cdot \sigma I_j{}^2} \tag{4-20}$$

式中，$i = 1, 2, \cdots, 15$，对应 16 个缪勒矩阵阵元；$j = 1, 2, \cdots, m-1$，对应 m 个检偏通道；$m \geqslant 16$ 对应 m 次光强测量。

根据 4.2.1 节，探测器的光强随机误差可分为两类：一类与光强信号无关，例如可加性本底噪声，可认为服从高斯分布且平均值为 μ_{G}，标准差为 σ_{G}；另一类与光强信号有关，例如光散粒噪声，服从泊松分布且标准差为 $\sigma_{\mathrm{P}} = N^{1/2}$，$N$ 为光子数的统计平均值。高斯光强噪声的平均值是可以从光电信号中人为减掉的，仅需考虑高斯光强噪声的方差。设第 j 个检偏通道的光电探测器光强测量的平均值为 $I_j(j = 1, 2, \cdots, m-1, m \geqslant 4)$，一般光电信号远大于高斯光强噪声的平均值，则光散粒噪声的方差可记为 $\sigma_{\mathrm{P}}^2 = I_j$。同时考虑两种噪声，则第 j 个检偏通道的光电探测器光强噪声的标准差为

$$\sigma I_j = \sqrt{\sigma_{\mathrm{P}}^2 + \sigma_{\mathrm{G}}^2} = \sqrt{I_j + \sigma_{\mathrm{G}}^2} \tag{4-21}$$

一些情况下，可以认为仅存在可加性高斯噪声，或者高斯噪声占主导地位，泊松噪声占从属地位。例如，当光子数很大时，泊松分布将趋近于高斯分布，光子的计数也不再是逐个进行，这将使得泊松噪声和原本真正的高斯噪声无法区分，其他高斯噪声源对 N 造成的相对波动可能会超过散粒噪声。根据式(4-18)，每个通道的光强噪声 σI_j^2 都相等，因此每个斯托克斯参量的测量误差 σS_j 与斯托克斯向量本身是无关的。对于高斯噪声，在 4.2.2 节中将会提到，若使仪器矩阵 $\boldsymbol{A}$ 或重建矩阵 $\boldsymbol{B}$ 的条件数 CN 最小，则可以保证斯托克斯参量 S_2、S_3、S_4 的误差相等且全局最小。

另外一些情况下，可以认为仅存在与光信号有关的泊松噪声，或者泊松噪声占主导地位，高斯噪声占从属地位。例如，对于较高质量的光电探测器，本底噪声很小，当探测光子数较小时，泊松噪声会非常严重，信噪比 SNR 正比于 $N^{1/2}$

很低，例如 CCD 对弱光信号成像时会出现大量噪点。此时，根据式(4-18)，每个通道的光强噪声 σI_j^2 与光强信号 I_j 都是相关的，对于不同的待测偏振态，每个检偏通道的光强通常是不同的，其光强噪声也将不同，因此每个斯托克斯参量的测量误差 σS_j 同斯托克斯向量本身是密切相关的。对于泊松噪声，使仪器矩阵 $\boldsymbol{A}$、逆矩阵 $\boldsymbol{B}$ 的条件数 CN 或等权重方差最小化无法保证斯托克斯参量 S_2、S_3、S_4 的误差全局最小且相等[3]。

1. 奇异值指标

式(4-19)表明，当仅考虑光强噪声时，最终偏振量的误差与 m 个通道光强噪声相关，也和重建矩阵 $\boldsymbol{B}$ 或仪器矩阵 $\boldsymbol{A}$ 有关。m 个检偏的光强噪声可以使用更高品质的光电探测器抑制，或通过更多次测量取平均来抑制(SNR 正比于 $m^{1/2}$)。降噪之后残余的光强噪声仍会经过重建矩阵 $\boldsymbol{B}$ 传递到斯托克斯向量中，若一个偏振计的设计不合理，即仪器矩阵 $\boldsymbol{A}$ 选择不当，则最终的斯托克斯参量的测量误差会很大。问题在于，选择什么样的仪器矩阵 $\boldsymbol{A}$ 或重建矩阵 $\boldsymbol{B}$ 才能使得最终偏振量的测量误差最小。对于斯托克斯向量测量，仪器矩阵 $\boldsymbol{A}$ 共包含 $m \times 4(\geqslant 16)$个阵元，即包含 m 个直接检偏基矢态，选取不同的检偏态会产生不同的误差传递；对于缪勒矩阵测量而言，仪器矩阵 $\tilde{\boldsymbol{A}}$ 共包含 $m \times 16(\geqslant 256)$个阵元。如此多的参数，很难直接看出仪器矩阵的性质，如何衡量一个仪器矩阵的误差传递水平呢？需要从诸多参数中提取出形式简单且又能有效反映仪器矩阵最主要的性质、评价仪器矩阵的误差传递规律的指标。形式最为简单的指标是单值指标，对于检偏器而言，这个指标应该能够衡量在偏振空间中采样的合理程度。

仪器矩阵 $\boldsymbol{A}$ 本身的性质可以借助矩阵 $\boldsymbol{A}$ 的奇异值分解或特征值分解等方式来帮助理解。矩阵代表一种线性变换，以 $\boldsymbol{I} = \boldsymbol{AS}$ 为例，$\boldsymbol{I}$ 是 m 维向量，$\boldsymbol{S}$ 是 n 维向量(对于斯托克斯向量 $n = 4$)，$\boldsymbol{A}$ 是 $n \times m$ 维向量，m 和 n 可以相等也可以不相等，$\boldsymbol{I}=\boldsymbol{AS}$ 表示矩阵 $\boldsymbol{A}$ 可以将一个向量线性变换到另一个向量，这个过程可以包含旋转、缩放和投影三种基本的线性变换。奇异值分解便是对这种线性变换的一种描述方式，其表达式为

$$\boldsymbol{A} = \boldsymbol{U} \cdot \boldsymbol{\Sigma} \cdot \boldsymbol{V}^{\mathrm{T}} = \boldsymbol{U} \cdot \begin{bmatrix} \mu_1 & 0 & 0 & 0 \\ 0 & \mu_2 & 0 & 0 \\ 0 & 0 & \mu_3 & 0 \\ 0 & 0 & 0 & \mu_4 \\ \vdots & \vdots & \vdots & \vdots \end{bmatrix} \cdot \boldsymbol{V}^{\mathrm{T}} \tag{4-22}$$

式中，$\boldsymbol{U}$ 为 $m \times m$ 的酉矩阵；$\boldsymbol{V}$ 为 4×4 的酉矩阵；μ_j 为仪器矩阵 $\boldsymbol{A}$ 的奇异值；

$\boldsymbol{U}$ 和 $\boldsymbol{V}$ 由两组正交单位向量构成；$\boldsymbol{\Sigma}$ 是半正定的 $m\times 4$ 对角阵，对角线上的元素就是 $\boldsymbol{A}$ 的奇异值。$\boldsymbol{A}$ 矩阵的作用是将一个向量从 $\boldsymbol{V}$ 这组正交基向量的空间旋转到 $\boldsymbol{U}$ 这组正交基向量空间，并对每个方向进行一定的缩放，缩放因子就是各个奇异值。若 $\boldsymbol{V}$ 的维度比 $\boldsymbol{U}$ 大，则表示还进行了投影。因此，奇异值分解能够较为完整地描述一个矩阵具有的功能。相比而言，特征值分解只描述了矩阵的部分功能。特征值和特征向量由 $\lambda\boldsymbol{S}=\boldsymbol{AS}$ 得到，它表示若一个向量 $\boldsymbol{S}$ 处于 $\boldsymbol{A}$ 的特征向量方向，那么 $\boldsymbol{AS}$ 对 $\boldsymbol{S}$ 的线性变换作用只是一个缩放。

$$\boldsymbol{A}^{\mathrm{T}}\boldsymbol{A}=\boldsymbol{V}\boldsymbol{\Sigma}^{\mathrm{T}}\boldsymbol{U}^{\mathrm{T}}\cdot\boldsymbol{U}\boldsymbol{\Sigma}\boldsymbol{V}^{\mathrm{T}}=\boldsymbol{V}\boldsymbol{\Sigma}^{\mathrm{T}}\boldsymbol{\Sigma}\boldsymbol{V}^{\mathrm{T}}=\boldsymbol{V}\begin{bmatrix}\mu_1^2 & & \\ & \mu_2^2 & \\ & & \ddots\end{bmatrix}\boldsymbol{V}^{\mathrm{T}} \tag{4-23}$$

$\boldsymbol{V}$ 的每一列对应 $\boldsymbol{A}^{\mathrm{T}}\boldsymbol{A}$ 的一组特征向量，$\boldsymbol{\Sigma}^{\mathrm{T}}\boldsymbol{\Sigma}$ 的对角阵元便是 $\boldsymbol{A}^{\mathrm{T}}\boldsymbol{A}$ 的特征值。

$$\boldsymbol{A}\boldsymbol{A}^{\mathrm{T}}=\boldsymbol{U}\boldsymbol{\Sigma}\boldsymbol{V}^{\mathrm{T}}\cdot\boldsymbol{V}\boldsymbol{\Sigma}^{\mathrm{T}}\boldsymbol{U}^{\mathrm{T}}=\boldsymbol{U}\boldsymbol{\Sigma}\boldsymbol{\Sigma}^{\mathrm{T}}\boldsymbol{U}^{\mathrm{T}}=\boldsymbol{U}\begin{bmatrix}\mu_1^2 & & \\ & \mu_2^2 & \\ & & \ddots\end{bmatrix}\boldsymbol{U}^{\mathrm{T}} \tag{4-24}$$

$\boldsymbol{U}$ 的每一列对应 $\boldsymbol{A}\boldsymbol{A}^{\mathrm{T}}$ 的一组特征向量，$\boldsymbol{\Sigma}\boldsymbol{\Sigma}^{\mathrm{T}}$ 的对角阵元便是 $\boldsymbol{A}\boldsymbol{A}^{\mathrm{T}}$ 的特征值。$\boldsymbol{U}$ 和 $\boldsymbol{V}$ 的列分别对应奇异值的左右奇异向量。$\boldsymbol{U}$ 的列组成一套对 $\boldsymbol{A}$ 的正交“输入”基向量，这些向量是 $\boldsymbol{A}\boldsymbol{A}^{\mathrm{T}}$ 的特征向量。$\boldsymbol{V}$ 的列组成一套对 $\boldsymbol{A}$ 的正交“输出”基向量，这些向量是 $\boldsymbol{A}^{\mathrm{T}}\boldsymbol{A}$ 的特征向量。$\boldsymbol{\Sigma}$ 的对角阵元上的元素是 $\boldsymbol{A}$ 的奇异值，可视为在输入与输出之间的“膨胀控制”。特征值分解只表征在特征向量的哪个方向上矩阵的线性变化作用相当于简单的缩放，其他方向上则是不清楚的；奇异值分解则将原先隐含在矩阵中的旋转、缩放、投影三种功能清楚地表示出来，它是对矩阵的特征较完整的描述。

下面使用奇异值分解来判断仪器矩阵 $\boldsymbol{A}$ 是否合理。由式(4-19)，误差传递的关键是要考察矩阵 $\boldsymbol{B}$，$\boldsymbol{B}$ 的奇异值可视为在输入与输出之间的“膨胀控制”。式(4-22)中的仪器矩阵 $\boldsymbol{A}$ 的奇异值分解中，μ_j 是仪器矩阵 $\boldsymbol{A}$ 的奇异值，是非负数，可按数值由大到小排列，即 $\mu_1>\mu_2>\mu_3>\mu_4$，最小奇异值为 μ_4。仪器矩阵 $\boldsymbol{A}$ 的秩 R 等于非零奇异值的数目，对于偏振态测量，$R\leqslant 4$；对于全斯托克斯向量测量，仪器矩阵 $\boldsymbol{A}$ 的 $R=4$。若 $\boldsymbol{A}$ 的 4 个奇异值都非零，则 $\boldsymbol{A}$ 的逆($m>4$ 时求伪逆)可按照下式求解：

$$\boldsymbol{B}=\mathrm{inv}(\boldsymbol{A})=\boldsymbol{V}\cdot\begin{bmatrix}1/\mu_1 & 0 & 0 & 0 & \cdots \\ 0 & 1/\mu_2 & 0 & 0 & \cdots \\ 0 & 0 & 1/\mu_3 & 0 & \cdots \\ 0 & 0 & 0 & 1/\mu_4 & \cdots\end{bmatrix}\cdot\boldsymbol{U}^{\mathrm{T}} \tag{4-25}$$

若仪器矩阵 A 的最小奇异值 $\mu_4=0$，则秩 $R<4$，式(4-25)将出现无穷大阵元，将无法求解斯托克斯向量。而且，即使每个奇异值都大于 0，但若 μ_4 值较小，很接近 0，则此时使用式(4-25)将造成很严重的误差放大，不利于斯托克斯向量的精确测量。因此，可以使用奇异值 μ_4 作为衡量仪器矩阵是否优化的指标。事实上，为了优化仪器矩阵 A，所有奇异值 μ_1、μ_2、μ_3、μ_4 都需要考虑，这样就把考察指标从 16 维降到了 4 维。若仅想评估全部斯托克斯参量的整体测量精度，可以从这组奇异值中提取一些单值指标来衡量这些奇异值是否太小，并作为判断仪器矩阵 A 是否优化的依据。除了奇异值 μ_4，还存在 CN、EWV 等单值指标，这些指标都具有局限性，只有考虑所有的奇异值才能正确衡量仪器矩阵 A 的性质。

2. 条件数指标

对于任意大小的矩阵 A，其条件数 CN 的定义为

$$\mathrm{CN}(\boldsymbol{A})=\|\boldsymbol{A}\|\|\mathrm{inv}(\boldsymbol{A})\|=\|\boldsymbol{A}\|\|\boldsymbol{B}\| \tag{4-26}$$

式中，$\|\cdot\|$表示矩阵(或向量)的范数，它有多种定义，偏振测量适合使用欧几里得范数，而一个矩阵的欧几里得范数可定义为

$$\|\boldsymbol{A}\|=\max(\mu_i) \tag{4-27}$$

式中，μ_i 为 A 的奇异值。同时，CN 可写为[4]

$$\mathrm{CN}(\boldsymbol{A})=\frac{\mu_{\max}}{\mu_{\min}}=\frac{\mu_1}{\mu_4} \tag{4-28}$$

对于任意向量 S 和 I，应有

$$\boldsymbol{I}=\boldsymbol{AS}\Rightarrow\|\boldsymbol{I}\|\leqslant\|\boldsymbol{A}\|\|\boldsymbol{S}\| \tag{4-29}$$

及

$$\boldsymbol{S}=\boldsymbol{BI}\Rightarrow\|\boldsymbol{S}\|\leqslant\|\boldsymbol{B}\|\|\boldsymbol{I}\| \tag{4-30}$$

对于斯托克斯向量测量，若检偏器发生改变，即 4 个检偏通道有所变化，检偏矩阵 A 也会有相应的变化。通常，检偏器是由非退偏元件构成的，A 的每一行都是某一完全偏振态对应的斯托克斯向量的转置，可称为直接检偏态，这些直接检偏态都将被限制在庞加莱球表面，因此检偏器的变化不会造成 A 的范数的剧烈改变。但是，当 A 越来越接近奇异矩阵时，B 的范数会发生很大改变，例如，当 A 的任意两行检偏向量的值相同或非常接近时，意味着同一种检偏态被使用了两次，将存在一种入射偏振态 $S_{\min}$，它对应的每个检偏通道的光强 $I_{\min}$ 都较小，由于 $S_{\min}$ 的范数总在 1 和 2 之间，观察式(4-30)可知，B 的范数必须很大才能反

映 $\boldsymbol{S}$ 的变化。

假定每个检偏通道的光强测量都受到可加噪声 $\delta\boldsymbol{I}$ 的影响，斯托克斯向量测量误差为 $\delta\boldsymbol{S}=\boldsymbol{B}\times\delta\boldsymbol{I}$，同时假定，当改变检偏器即改变 $\boldsymbol{A}$ 时，虽然光强 $\boldsymbol{I}$ 会发生改变，但是噪声 $\delta\boldsymbol{I}$ 的范数不改变。在这种假设下，误差 $\delta\boldsymbol{S}$ 的范数的最大值将正比于 $\boldsymbol{B}$ 的范数，此时，为了最大化地降低误差 $\delta\boldsymbol{S}$，必须保证 $\boldsymbol{B}$ 的范数达到最小。因为 $\boldsymbol{A}$ 的范数的改变是较小的，所以根据式(4-26)，保证 $\boldsymbol{A}$ 的条件数 $\mathrm{CN}(\boldsymbol{A})$ 最小能够基本保证 $\boldsymbol{B}$ 的范数达到最小。

条件数可以用来衡量对任意矩阵 $\boldsymbol{A}$ 求逆或求伪逆的难度，它的两个极端是最难求逆的奇异矩阵($\boldsymbol{S}$，CN = ∞)和最容易求逆的酉矩阵($\boldsymbol{U}$，CN = 1)。对于酉矩阵，其 CN 达到理论最小值 1，酉矩阵如单位矩阵不会放大输入误差。但是对于偏振态测量，其仪器矩阵 $\boldsymbol{A}$ 的每一行都是某种检偏态，偏振度应介于 0 和 1 之间，而且若每个检偏通道的最大通光比相等，则这些斯托克斯参量都可以归一化，因此仪器矩阵的第一列都等于 1，这导致任意 4 个向量之间都不可能是两两正交的，无法形成酉矩阵，也无法达到 CN = 1 的理想状态，且 $\mathrm{CN}(\boldsymbol{A}) \geqslant 3^{1/2}$。虽然如此，仍可以对仪器矩阵 $\boldsymbol{A}$ 进行优化设计使得 $\boldsymbol{A}$ 的 CN 尽可能接近 $3^{1/2}$，即获得最接近酉矩阵、可逆性最好的测量矩阵。

类似地，对于缪勒矩阵偏振仪，也可以使用条件数 CN 衡量由起偏器和检偏器组成的偏振空间采样的优化程度。根据测量公式

$$\boldsymbol{I}^{\mathrm{V}}=\tilde{\boldsymbol{A}}\boldsymbol{M}^{\mathrm{V}}=\left(\boldsymbol{G}^{\mathrm{T}}\otimes\boldsymbol{A}\right)\boldsymbol{M}^{\mathrm{V}} \tag{4-31}$$

并根据表达式

$$\mathrm{CN}\left(\tilde{\boldsymbol{A}}\right)=\mathrm{CN}\left(\boldsymbol{G}^{\mathrm{T}}\otimes\boldsymbol{A}\right)=\mathrm{CN}\left(\boldsymbol{G}\right)\mathrm{CN}\left(\boldsymbol{A}\right) \tag{4-32}$$

可得 $\boldsymbol{A}$ 和 $\boldsymbol{G}$ 的条件数最小能够使得缪勒矩阵测量系统最优化。

3. 奇异值与条件数的比较

奇异值和条件数指标都能描述仪器矩阵的误差传递性质，有些情况下两者的结论是一致的，下面通过举例说明这一点。

设仪器矩阵 $\boldsymbol{A}_1$ 及其逆矩阵 $\boldsymbol{B}_1$ 为

$$\boldsymbol{A}_1=0.5\begin{bmatrix}1 & 1/\sqrt{3} & 1/\sqrt{3} & 1/\sqrt{3}\\ 1 & -1/\sqrt{3} & -1/\sqrt{3} & 1/\sqrt{3}\\ 1 & -1/\sqrt{3} & 1/\sqrt{3} & -1/\sqrt{3}\\ 1 & 1/\sqrt{3} & -1/\sqrt{3} & -1/\sqrt{3}\end{bmatrix},\quad \boldsymbol{B}_1=0.5\begin{bmatrix}1 & 1 & 1 & 1\\ \sqrt{3} & -\sqrt{3} & -\sqrt{3} & \sqrt{3}\\ \sqrt{3} & -\sqrt{3} & \sqrt{3} & -\sqrt{3}\\ \sqrt{3} & \sqrt{3} & -\sqrt{3} & -\sqrt{3}\end{bmatrix} \tag{4-33}$$

$\boldsymbol{A}_1$的条件数为1.7321，奇异值为1.0000、0.5774、0.5774、0.5774。$\boldsymbol{B}_1$的条件

数为1.7321，奇异值为1.7321、1.7321、1.7321、1.0000。

设仪器矩阵 $\boldsymbol{A}_2$ 及其逆矩阵 $\boldsymbol{B}_2$ 为

$$\boldsymbol{A}_2=0.5\begin{bmatrix}1 & 0.1\times 1/\sqrt{3} & 0.1\times 1/\sqrt{3} & 0.1\times 1/\sqrt{3}\\ 1 & -0.1\times 1/\sqrt{3} & -0.1\times 1/\sqrt{3} & 0.1\times 1/\sqrt{3}\\ 1 & -0.1\times 1/\sqrt{3} & 0.1\times 1/\sqrt{3} & -0.1\times 1/\sqrt{3}\\ 1 & 0.1\times 1/\sqrt{3} & -0.1\times 1/\sqrt{3} & -0.1\times 1/\sqrt{3}\end{bmatrix}$$

$$=0.5\times 0.1\begin{bmatrix}1 & 1/\sqrt{3} & 1/\sqrt{3} & 1/\sqrt{3}\\ 1 & -1/\sqrt{3} & -1/\sqrt{3} & 1/\sqrt{3}\\ 1 & -1/\sqrt{3} & 1/\sqrt{3} & -1/\sqrt{3}\\ 1 & 1/\sqrt{3} & -1/\sqrt{3} & -1/\sqrt{3}\end{bmatrix}+0.5\times 0.9\begin{bmatrix}1 & 0 & 0 & 0\\ 1 & 0 & 0 & 0\\ 1 & 0 & 0 & 0\\ 1 & 0 & 0 & 0\end{bmatrix} \tag{4-34}$$

$$\boldsymbol{B}_2=0.5\begin{bmatrix}1 & 1 & 1 & 1\\ 10\times\sqrt{3} & -10\times\sqrt{3} & -10\times\sqrt{3} & 10\times\sqrt{3}\\ 10\times\sqrt{3} & -10\times\sqrt{3} & 10\times\sqrt{3} & -10\times\sqrt{3}\\ 10\times\sqrt{3} & 10\times\sqrt{3} & -10\times\sqrt{3} & -10\times\sqrt{3}\end{bmatrix} \tag{4-35}$$

$\boldsymbol{A}_2$ 使用了偏振度为 0.1 的检偏向量。$\boldsymbol{A}_2$ 的条件数为 17.3205，奇异值为 1.0000、0.0577、0.0577、0.0577。$\boldsymbol{B}_2$ 的条件数为 17.3205，奇异值为 17.3205、17.3205、17.3205、1.0000。

因为每个斯托克斯参量测量误差的标准差为式(4-19)，且$\boldsymbol{B}$的奇异值可视为输入与输出之间的“膨胀控制”，因此$\boldsymbol{A}_1$和$\boldsymbol{A}_2$对应的斯托克斯参量 S_0 的噪声是相同的；对于$\boldsymbol{A}_1$，斯托克斯参量 S_1 、S_2 、S_3 的噪声的标准差是 S_0 的1.732倍；对于$\boldsymbol{A}_2$，斯托克斯参量 S_1 、S_2 、S_3 的噪声的标准差是 S_0 的17.32倍。上述倍数正是仪器矩阵的条件数。

而另外一些情况下，奇异值和条件数指标的结论是不一致的。条件数仅考虑最大和最小奇异值的比例，不包含奇异值的绝对大小。可以想象，当4个奇异值都接近于0时仍然可以保证CN很小，但式(4-25)中$\boldsymbol{B}$的奇异值将很大，根据式(4-19)，斯托克斯参量测量的标准差也将很大，显然不是最优化的情形。这一点是CN无法反映的。下面举例说明这一点。

(1) 光通量对偏振优化设计的影响。

若一个偏振测量仪具有更高的光通量，则仪器矩阵 $\boldsymbol{A}$ 的奇异值都会更大一些。例如，对于旋转相位延迟器斯托克斯向量测量仪，假设光通过波片后无任何衰减，而光通过线偏振片后，在通光方向也无任何衰减，在消光方向完全衰减，则该斯托克斯向量测量系统具有最高的光通量，即仪器矩阵的第一个阵元 $A_{11}=$

0.5。同时，在探测弱光环境时，探测器的光电灵敏度越高，等效于偏振测量仪的光通量越高。另外，使用更多的检偏通道数，奇异值也会更大。上述考虑都包含在奇异值分析中，但都是 CN 无法体现的。设仪器矩阵 $\boldsymbol{A}_1$ 及其逆矩阵 $\boldsymbol{B}_1$ 仍取式(4-33)，设仪器矩阵 $\boldsymbol{A}_2$ 及其逆矩阵 $\boldsymbol{B}_2$ 取式(4-34)和式(4-35)，$\boldsymbol{A}_2$ 的检偏向量使用了 0.1 倍于 $\boldsymbol{A}_1$ 的光通量。其条件数仍为 1.7321，但奇异值为 0.1000、0.0577、0.0577、0.0577。$\boldsymbol{B}_2$ 的条件数为 1.7321，奇异值为 17.321、17.321、17.321、10.000。

因为每个斯托克斯参量测量误差的标准差为式(4-19)，且 $\boldsymbol{B}$ 的奇异值可视为输入与输出之间的“膨胀控制”，所以对于 $\boldsymbol{A}_1$ 和 $\boldsymbol{A}_2$，斯托克斯参量 S_1、S_2、S_3 的噪声的标准差都是 S_0 的 1.7321 倍。但是对于 $\boldsymbol{A}_2$，斯托克斯参量的噪声标准差是 $\boldsymbol{A}_1$ 的 10 倍。因此，即使 $\boldsymbol{A}_1$ 和 $\boldsymbol{A}_2$ 的 CN 相同且达到最小值，$\boldsymbol{A}_2$ 也不是最优的仪器矩阵。

(2) 测量次数对偏振优化设计的影响。

CN 对光强测量次数是不敏感的，这意味着 CN 没有考虑测量数据的冗余性。例如，不管是 4 次测量、8 次测量，还是更多次测量，都可以达到相同的 CN 最小值，但事实上，相对于 4 次测量，8 次测量或更多次的测量可以有效抑制光强噪声的影响，效果类似于多次测量光强取平均可以抑制噪声。例如，设仪器矩阵 $\boldsymbol{A}_1$ 及其逆矩阵 $\boldsymbol{B}_1$ 仍取式(4-33)，设仪器矩阵 $\boldsymbol{A}_2$ 为

$$\boldsymbol{A}_2 = 0.5\begin{bmatrix} 1 & 1/\sqrt{3} & 1/\sqrt{3} & 1/\sqrt{3} \\ 1 & 1/\sqrt{3} & 1/\sqrt{3} & 1/\sqrt{3} \\ 1 & -1/\sqrt{3} & -1/\sqrt{3} & 1/\sqrt{3} \\ 1 & -1/\sqrt{3} & -1/\sqrt{3} & 1/\sqrt{3} \\ 1 & -1/\sqrt{3} & 1/\sqrt{3} & -1/\sqrt{3} \\ 1 & -1/\sqrt{3} & 1/\sqrt{3} & -1/\sqrt{3} \\ 1 & 1/\sqrt{3} & -1/\sqrt{3} & -1/\sqrt{3} \\ 1 & 1/\sqrt{3} & -1/\sqrt{3} & -1/\sqrt{3} \end{bmatrix} \tag{4-36}$$

$\boldsymbol{A}_2$ 的条件数为 1.7321，奇异值为 1.4142、0.8165、0.8165、0.8165；$\boldsymbol{A}_2$ 的逆矩阵 $\boldsymbol{B}_2$ 的条件数为 1.7321，奇异值为 1.2247、1.2247、1.2247、0.7071。$\boldsymbol{B}_1$ 与 $\boldsymbol{B}_2$ 的奇异值相比，1/0.7071=1.7321/1.2247= $2^{1/2}$，这说明虽然 $\boldsymbol{A}_2$ 的条件数与 $\boldsymbol{A}_1$ 相同，但 $\boldsymbol{A}_1$ 对应的斯托克斯向量的测量噪声标准差是 $\boldsymbol{A}_2$ 的 $2^{1/2}$ 倍。

此外，更多的测量通道数还能够保证仪器的最优状态具有更强的稳定性。例如，改变 $\boldsymbol{A}_1$ 矩阵和 $\boldsymbol{A}_2$ 矩阵的某个通道，看两者受变化影响的差异。设仪器矩阵 $\boldsymbol{A}_1$ 的第一个检偏通道出现偏差，仪器矩阵 $\boldsymbol{A}_1$ 变为

$$A_1 = 0.5\begin{bmatrix} 1 & 0 & 0 & 1 \\ 1 & -1/\sqrt{3} & -1/\sqrt{3} & 1/\sqrt{3} \\ 1 & -1/\sqrt{3} & 1/\sqrt{3} & -1/\sqrt{3} \\ 1 & 1/\sqrt{3} & -1/\sqrt{3} & -1/\sqrt{3} \end{bmatrix} \tag{4-37}$$

$\boldsymbol{A}_1$ 的条件数为 3.3179，奇异值为 1.0377、0.7014、0.5774、0.3128；$\boldsymbol{A}_1$ 的逆矩阵 $\boldsymbol{B}_1$ 的条件数为 3.3179，奇异值为 3.1970、1.7321、1.4257、0.9637。

设仪器矩阵 $\boldsymbol{A}_2$ 的第一个检偏通道出现偏差，仪器矩阵 $\boldsymbol{A}_2$ 变为

$$A_2 = 0.5\begin{bmatrix} 1 & 0 & 0 & 1 \\ 1 & 1/\sqrt{3} & 1/\sqrt{3} & 1/\sqrt{3} \\ 1 & -1/\sqrt{3} & -1/\sqrt{3} & 1/\sqrt{3} \\ 1 & -1/\sqrt{3} & -1/\sqrt{3} & 1/\sqrt{3} \\ 1 & -1/\sqrt{3} & 1/\sqrt{3} & -1/\sqrt{3} \\ 1 & -1/\sqrt{3} & 1/\sqrt{3} & -1/\sqrt{3} \\ 1 & 1/\sqrt{3} & -1/\sqrt{3} & -1/\sqrt{3} \\ 1 & 1/\sqrt{3} & -1/\sqrt{3} & -1/\sqrt{3} \end{bmatrix} \tag{4-38}$$

$\boldsymbol{A}_2$ 的条件数为 2.1411，奇异值为 1.4281、0.9215、0.8165、0.6670；$\boldsymbol{A}_2$ 的逆矩阵 $\boldsymbol{B}_2$ 的条件数为 2.1411，奇异值为 1.4993、1.2247、1.0852、0.7003。可以看到，某个通道偏离最佳时，更多的测量通道数能够降低该通道的影响，不管是考察奇异值还是条件数。

4. 等权重方差

除了条件数指标，研究者还使用行列式、EWV 等指标进行偏振测量系统的优化[5, 6]。EWV 的定义为[6]

$$\mathrm{EWV}(\boldsymbol{A}) = \sum_{j=1}^{R} \frac{1}{\mu_j^2}, \quad j = 1,2,3,4 \tag{4-39}$$

事实上，EWV 就是 $\boldsymbol{B}$ 的 Frobenius 范数的平方。与 CN 类似的是，EWV 的分母部分也包含奇异值，故 EWV 值越小，仪器矩阵 $\boldsymbol{A}$ 越远离奇异矩阵，偏振计的设计越优化。和 CN 不同，EWV 的计算使用了所有的奇异值，包含了所有奇异值的影响。

EWV 可以由测量公式 $\boldsymbol{S} = \mathrm{inv}(\boldsymbol{A}) \times \boldsymbol{I} = \boldsymbol{B} \times \boldsymbol{I}$ 及误差传递公式 $\delta\boldsymbol{S} = \boldsymbol{B} \times \delta\boldsymbol{I}$ 推导。设检偏通道数为 m，$m \geqslant 4$，每个通道的光强噪声 $\delta\boldsymbol{I} = (\delta I_1, \delta I_2, \delta I_3, \cdots, \delta I_m)^{\mathrm{T}}$，则可以使用 $m \times m$ 的协方差矩阵 $\boldsymbol{C}_{\delta I}$ 来描述所有的光强噪声 $\delta\boldsymbol{I}$ 的统计

性质：

$$C_{\delta I}=\left\langle\left(\delta\boldsymbol{I}-\langle\delta\boldsymbol{I}\rangle\right)\left(\delta\boldsymbol{I}-\langle\delta\boldsymbol{I}\rangle\right)^{\mathrm{T}}\right\rangle \tag{4-40}$$

式中，$\langle\cdot\rangle$表示求期望值，即统计一阶矩。此时，$\delta\boldsymbol{S}$的协方差矩阵为

$$\boldsymbol{C}_{\delta S}=\operatorname{inv}(\boldsymbol{A})\cdot\boldsymbol{C}_{\delta I}\cdot[\operatorname{inv}(\boldsymbol{A})]^{\mathrm{T}}=\boldsymbol{B}\cdot\boldsymbol{C}_{\delta I}\cdot\boldsymbol{B}^{\mathrm{T}} \tag{4-41}$$

假设每次光强测量是不相关的，光强噪声都是高斯噪声且方差σ_{G}^2相等，$\boldsymbol{C}_{\delta I}$的形式为$\sigma_{\mathrm{G}}^2\boldsymbol{I}_m$，$\boldsymbol{I}_m$为$m\times m$的单位矩阵，则式(4-41)可写为

$$\boldsymbol{C}_{\delta S}=\sigma^2\cdot\operatorname{inv}(\boldsymbol{A})\cdot[\operatorname{inv}(\boldsymbol{A})]^{\mathrm{T}}=\sigma^2\cdot\boldsymbol{B}\cdot\boldsymbol{B}^{\mathrm{T}} \tag{4-42}$$

另外，在真实测量中，户外和水下偏振成像都是偏振度很低的场景，S_0参量的数量级将远大于S_1、S_2和S_3，待测偏振态位于庞加莱球中心附近，而斯托克斯向量测量仪的 m 个直接检偏态是庞加莱球表面的完全偏振态，它们与待测的偏振态即庞加莱球中心附近的距离是近似相同的，m 个通道的光强也将近似相同。这时，即使光强噪声是与光强相关的泊松噪声，四个通道的光强噪声的方差σ_{P}^2的绝对数值也将近似相同，也满足噪声σ^2相等的假设，这就是EWV中的方差相等。

式(4-42)中，$\boldsymbol{B}\boldsymbol{B}^{\mathrm{T}}$的对角线代表噪声向斯托克斯参量误差传递的比例系数，非对角线代表不同斯托克斯参量的误差之间的关联。此时，可以构造一个指标，该指标等于权重不同的对角线的加权和，权重可以根据不同斯托克斯参量的重要程度确定。若不同对角线的权重是相同的，则对阵元求和相当于求解矩阵的迹，这就是 EWV：

$$\mathrm{EWV}(\boldsymbol{A})=\mathrm{Tr}\left[\operatorname{inv}(\boldsymbol{A})\cdot\left(\operatorname{inv}(\boldsymbol{A})\right)^{\mathrm{T}}\right]=\mathrm{Tr}\left(\boldsymbol{B}\cdot\boldsymbol{B}^{\mathrm{T}}\right) \tag{4-43}$$

即 EWV 就是 $\boldsymbol{B}$ 矩阵平方的迹。

在重建 4 个斯托克斯参量时，每个参量的误差的平均值将正比于 EWV。若偏振测量系统发生某种变化，即仪器矩阵 $\boldsymbol{A}$ 发生了变化，EWV 变为 xEWV，则重建斯托克斯向量的噪声预期改变应为 $0.5x$，且信噪比的预期改变应为 $x-0.5$。EWV 可以衡量当光强存在噪声或偏差时，仪器对该误差的全局放大情况。最终测量的全局误差是每个斯托克斯参量误差的总和。

5. 存在泊松光强噪声时的最优仪器矩阵

与高斯噪声不同，对于泊松噪声，使仪器矩阵 $\boldsymbol{A}$ 或者逆矩阵 $\boldsymbol{B}$ 的条件数 CN 或 EWV 最小化无法保证斯托克斯参量S_1、S_2、S_3的误差全局最小且相等[3]。当检偏通道为 4 时，CN 或 EWV 最小化仅能够保证检偏矩阵每一行构成的检偏基矢之间的欧几里得距离趋近相等且最大，每一行的检偏向量构成球内接正四面

体，而为了使不同斯托克斯向量的测量误差相等[不包含光强，只包含偏振部分，即 $\boldsymbol{S}=\boldsymbol{I}_0\left(1,\mathrm{DOP}\times\boldsymbol{s}^{\mathrm{T}}\right)$ 中的 $\boldsymbol{s}^{\mathrm{T}}$]，仪器矩阵仅有两种选择：

$$\boldsymbol{A}=0.5\begin{bmatrix}1 & 1/\sqrt{3} & 1/\sqrt{3} & 1/\sqrt{3}\\ 1 & -1/\sqrt{3} & -1/\sqrt{3} & 1/\sqrt{3}\\ 1 & -1/\sqrt{3} & 1/\sqrt{3} & -1/\sqrt{3}\\ 1 & 1/\sqrt{3} & -1/\sqrt{3} & -1/\sqrt{3}\end{bmatrix}$$
$$\boldsymbol{A}=0.5\begin{bmatrix}1 & -1/\sqrt{3} & -1/\sqrt{3} & -1/\sqrt{3}\\ 1 & 1/\sqrt{3} & 1/\sqrt{3} & -1/\sqrt{3}\\ 1 & 1/\sqrt{3} & -1/\sqrt{3} & 1/\sqrt{3}\\ 1 & -1/\sqrt{3} & 1/\sqrt{3} & 1/\sqrt{3}\end{bmatrix} \tag{4-44}$$

上述矩阵 $\boldsymbol{A}$ 的条件数为 1.732，仍然在庞加莱球内部构成正四面体，不同于其他正四面体，它们能够保证不论噪声是可加性高斯噪声还是与光强相关的泊松噪声，最终斯托克斯参量 S_1、S_2、S_3 的误差相等且全局最小。此外，上述矩阵 $\boldsymbol{A}$ 的不同行是可以任意交换的。$\boldsymbol{A}$ 的逆矩阵为

$$\boldsymbol{B}=0.5\begin{bmatrix}1 & 1 & 1 & 1\\ \sqrt{3} & -\sqrt{3} & -\sqrt{3} & \sqrt{3}\\ \sqrt{3} & -\sqrt{3} & \sqrt{3} & -\sqrt{3}\\ \sqrt{3} & \sqrt{3} & -\sqrt{3} & -\sqrt{3}\end{bmatrix}$$
$$\boldsymbol{B}=0.5\begin{bmatrix}1 & 1 & 1 & 1\\ -\sqrt{3} & \sqrt{3} & \sqrt{3} & -\sqrt{3}\\ -\sqrt{3} & \sqrt{3} & -\sqrt{3} & \sqrt{3}\\ -\sqrt{3} & -\sqrt{3} & \sqrt{3} & \sqrt{3}\end{bmatrix} \tag{4-45}$$

$\boldsymbol{A}$ 矩阵的不同行对应的检偏矢对应于庞加莱球表面上的 4 个点，这 4 个点构成如图 4.2 所示的两种正四面体，体积为 0.5132。和其他正四面体不同，这两个正四面体在 S_2S_3、S_1S_2、S_1S_3 三个平面的投影为大小相同的正方形。

6. *几何优化方法*

斯托克斯向量可以在庞加莱球上直观表示，因此对于斯托克斯向量测量，除奇异值、CN 和 EWV 等指标，还可以利用几何化的方法来直观地评价仪器矩阵 $\boldsymbol{A}$ 的优劣。仪器矩阵 $\boldsymbol{A}$ 是 m 行 4 列的矩阵，它的每一行都代表一种直接检偏态，这 m 个检偏态通常都是完全偏振态，若每个通道的最大光通量一致，它们都可以归一化，则这 m 个检偏态可以用庞加莱球表面上的 m 个点表示，把 m 个点作

为顶点连接起来可以形成一个球内接多面体。这样，$\boldsymbol{A}$ 如何构造，即 $\boldsymbol{A}$ 的检偏基矢如何选择这个问题在形式上转化为如何选取庞加莱球表面上的 m 个点这个几何问题。可以想象，这 m 个点代表直接检偏态，若它们聚集在庞加莱球的某个位置附近，彼此之间距离很小，则意味着 m 个直接检偏态互相之间相似性很大，而正交性很差；这 m 个点相互之间的距离越大，意味着直接检偏基矢的差异性越大，若它们相互之间的距离相等且达到最大值，则可能就是某种最优化的状态，如图 4.2 所示。例如，在使用旋转波片斯托克斯向量测量仪时，若波片仅在某个角度附近很小的范围内检偏，则显然不利于斯托克斯向量的精确测量，直觉上会将波片的 m 个检偏角度尽量离散开来(需要指出，使邦加球上 m 个检偏态均匀分布即相互之间的距离相等且达到最大值，并不意味着波片的 m 次旋转是等分的)。

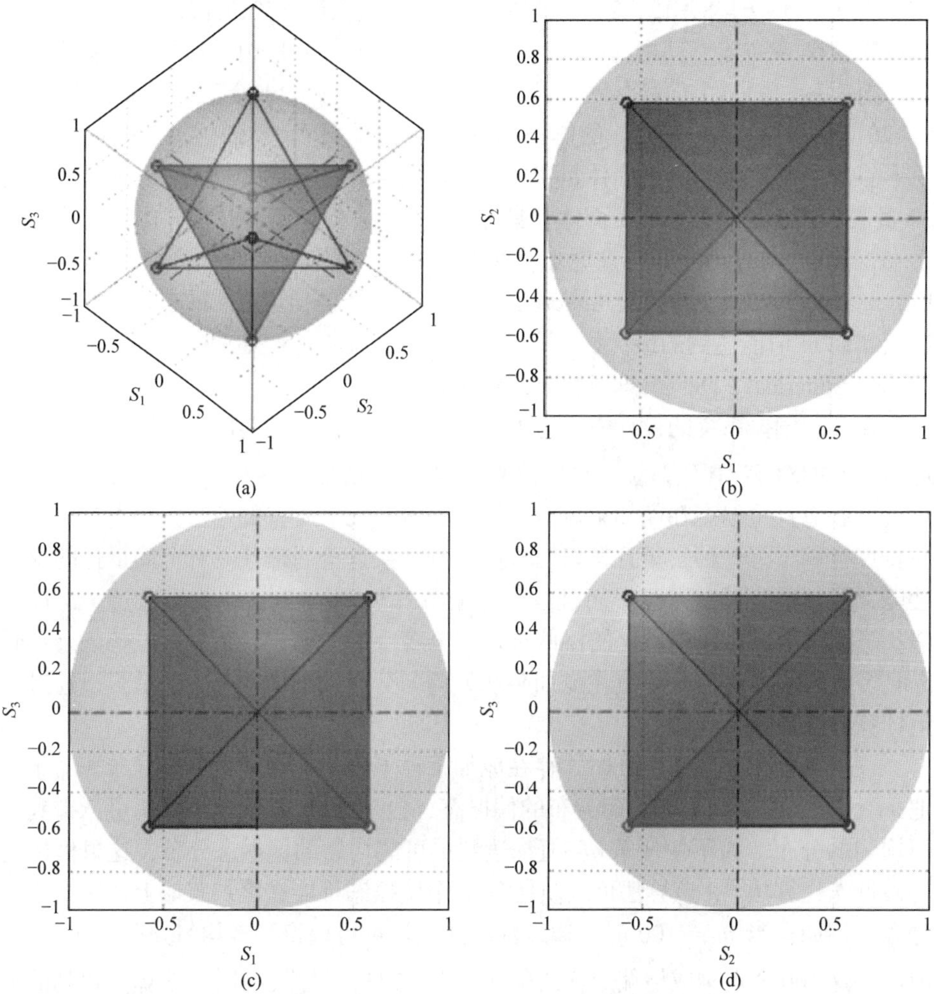

图 4.2　不同视角下，式(4-44)中仪器矩阵对应的直接检偏态在庞加莱球上构成的两种正四面体

最早把检偏态优化和庞加莱球内接多面体联系起来的学者是 Azzam[5]。1988 年，Azzam 在对偏振计进行校准时使用了 4 个偏振态，他指出这 4 个偏振态形成一个球内接正四面体时是较好的校准偏振态。随后的研究者采用了这个指标，并认为内接多面体的体积最大时即是最佳检偏状态[4,7]。2015 年，Foreman 等验证了使检偏调制矩阵的 CN 最小能保证最优测量状态[8]，并指出最佳检偏态的约束条件应符合 Spherical 2 Design，但是 CN 最小化并不意味着内接多面体的体积最大，这是近些年偏振优化的研究者们忽视的现象[4,7]。例如，当检偏态的个数 $m = 8$，且检偏调制矩阵的 CN 最小时，检偏态作为顶点将形成一个庞加莱球内接正方体，但实际上，球表面的 8 个点可以形成体积更大的多面体。其原因是，体积最大的内接多面体应为欧几里得单形，每个面都应为三角形[8]。

当 $m = 4$，6，8，12，20 时才存在庞加莱球上绝对均匀的偏振态分布，它们构成柏拉图多面体，其中 $m = 4$，6，12 对应的柏拉图多面体的体积都是最大的，因为它们的每个面都是正三角形，分别有 4、8、20 个三角形面；而 $m =$ 8，20 对应的柏拉图多面体的体积都不是最大的，因为它们的每个面都不是三角形。$M = 8$ 的柏拉图多面体是正方体，具有 6 个面，每个面都是正方形，$m =$ 20 的柏拉图多面体是正 12 面体，具有 12 个面，每个面都是正五边形。当 $m \neq$ 4，6，8，12，20 时，不存在庞加莱球上绝对均匀的偏振态分布，但不管 m 为何值，$m \geqslant 4$ 且 $m \neq 5$，仍然符合 Spherical 2 Design，能够保证 CN 最小。$m = 5$ 无法达到其他 m 值能达到的最优状态[8]。Foreman 等确定 CN 和 EWV 最小或者 m 个点符合 Spherical 2 Design 即可找到最优偏振态。

在实际偏振系统的设计中，为了改善信噪比和仪器稳定性往往使用大量检偏通道，例如对于 GLP 系统，总检偏通道数 m 一般在 $10^4 \sim 10^6$。当偏振计存在大量检偏通道且检偏态在庞加莱球上均匀分布时，几乎所有的完全偏振态都近似地被直接检偏了，这种密集且均匀的检偏态分布接近全局最佳具有全局最佳的检偏性能，虽然能证明这一点。而且，当检偏通道 m 很大时，自由参数过多，通过 CN 等优化指标寻找到最优的检偏态是一个棘手的问题，甚至是不可解的。不管 m 取多大的值，使这 m 个点在庞加莱球上均匀分布或准均匀分布都是可以通过数值计算方法快速实现的。

仅当 $m = 4, 6, 8, 12, 20$ 时才存在庞加莱球上绝对均匀的偏振态分布，对于其他 m 值，只能得到近似均匀分布的偏振态，但是无论 m 取何值，总可以得到近似均匀的分布。为了使任意 m 值都达到尽可能均匀的偏振态分布，这里借用电势最低迭代算法[9]，该算法可以使任意 m 个偏振态都能在庞加莱球上达到准均匀分布。例如，当 $m = 100$ 时，通过数值迭代计算可以得到准均匀分布，如图 4.3 所示。这 100 个点构成检偏矩阵的条件数为 1.733，很接近 $3^{1/2}$。该算法得到的多面体的每个面都为三角形且逼近正三角形，由于体积最大的内接多面体应为欧几里得单形[8]，准均匀分布也应为体积最大状态。

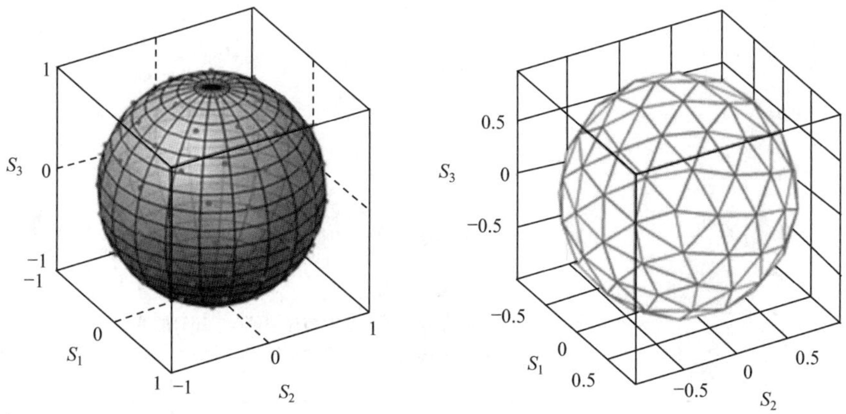

(a) 直接检偏态在庞加莱球上的分布　　(b) 检偏态构成的球内接多面体

图 4.3　利用迭代算法得到的 100 个直接检偏态

通过大量数值模拟发现，使 m 个点达到准均匀分布，$\boldsymbol{A}$ 的条件数 CN 和 EWV 往往会非常接近最小值。对于每个 m 值，本节都找到 m 个点在庞加莱球表面的准均匀分布，为了提高计算结果的精度，针对每个 m 值进行了 10000 次迭代计算，并选出最小条件数。图 4.4 是 $m = 4, 5,\cdots, 12$ 对应的数值计算结果，当 $m = 5$ 时，准均匀分布对应的条件数在 1.827 附近，这与理论最小条件数 1.732051 差距最大；当 $m = 7, 10$ 时，准均匀分布对应的条件数在 1.746 附近，和理论最小条件数 1.732051 差距较小，而其他 m 值和理论最小条件数 1.732051 的差都非常小。考虑到计算准均匀分布使用的迭代运算的误差，这里推测，m=5 时，准均匀分布无法达到条件数最优的状态，而 m 取其他值时，均能达到条件数最小的状态(其中，$m = 7, 10$ 时，该结论存在较大的不确定性，这也许隐含了准均匀分布和条件数最小之间的差别)。图 4.5(a)为 $m = 5$ 时的数值模拟结果，本节进行了 10000 次计算，CN 主要分布在 1.8385 附近，最小值为 1.8269。图 4.5(b)为 $m = 6$ 时的 CN 数值模拟结果，进行了 10000 次计算，CN 最小值为 1.7324。

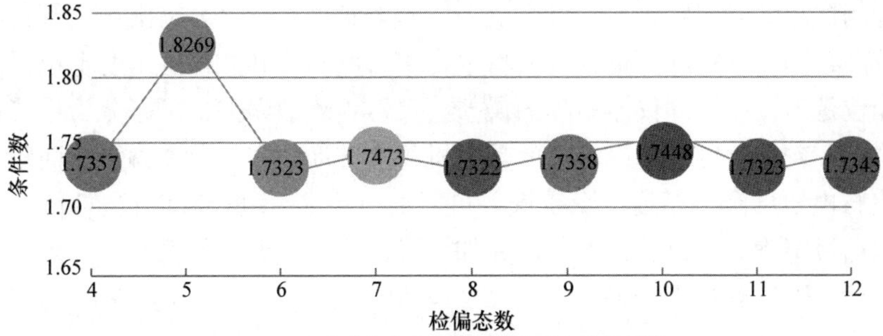

(a) m 个准均匀分布的检偏态对应的条件数

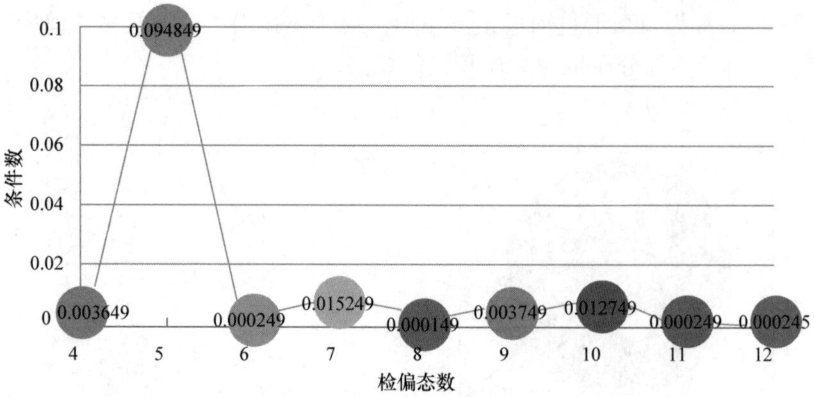

(b) m个准均匀分布的检偏态对应的条件数与最小值1.732051的差

图 4.4　准均匀态对应的条件数

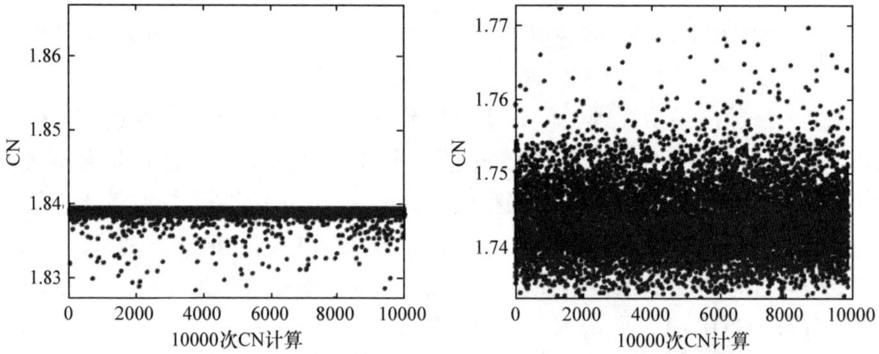

(a) m = 5时的最小CN迭代　　(b) m = 6时的最小CN迭代

图 4.5　10000 次重复数值计算得到的准均匀分布对应的条件数

4.2.3　考虑仪器矩阵误差时的系统优化

偏振测量系统的误差源不仅来自光强测量，也来自仪器矩阵。本节中暂时假定光强误差为 0，单独研究仪器矩阵的误差对偏振测量的影响。在某些真实的偏振测量系统中，这种假定是近似成立的。例如，在双波片旋转缪勒矩阵测量系统中，若待测样品的光照度较高，且光电探测器的暗电流噪声、读出噪声等较小，信噪比较高，则缪勒矩阵测量的误差将主要来自偏振片和波片的角度定位误差及波片的相位延迟误差，即仪器矩阵的误差。仪器矩阵的误差也可以分为系统误差和随机误差，例如角度系统误差指的是电机每次转动固定的角度偏置，而角度随机误差来自电机的定位精度，系统误差可以通过第 5 章的校准方法补偿，随机误差可以通过降噪方法改善，本节研究如何降低这些误差对偏振测量的影响。

当仅考虑仪器矩阵误差时，$\boldsymbol{S}_{\text{exp}} = \boldsymbol{B}_{\text{exp}} \times \boldsymbol{I}_{\text{exp}} = \boldsymbol{S}_{\text{exp}} = \boldsymbol{B}_{\text{exp}} \times \boldsymbol{I}_{\text{real}} = \boldsymbol{B}_{\text{exp}} \times$

$\boldsymbol{A}_{\text{real}} \times \boldsymbol{S}_{\text{real}}$，且 $\boldsymbol{S}_{\text{real}} = \left(\boldsymbol{B}_{\text{real}} \times \boldsymbol{A}_{\text{real}}\right) \times \boldsymbol{S}_{\text{real}}$，则斯托克斯向量测量的误差为 $\boldsymbol{S}_{\exp} - \boldsymbol{S}_{\text{real}} = \left(\Delta \boldsymbol{B} + \delta \boldsymbol{B}\right) \times \boldsymbol{A}_{\text{real}} \times \boldsymbol{S}_{\text{real}} = \left(\Delta \boldsymbol{B} + \delta \boldsymbol{B}\right) \times \boldsymbol{A}_{\exp} \times \boldsymbol{S}_{\exp}$。与此同时，$\boldsymbol{S}_{\text{real}} = \left(\boldsymbol{B}_{\exp} \times \boldsymbol{A}_{\exp}\right) \times \boldsymbol{S}_{\text{real}}$，则斯托克斯向量测量的误差为 $\boldsymbol{S}_{\exp} - \boldsymbol{S}_{\text{real}} = -\boldsymbol{B}_{\exp} \times \left(\boldsymbol{A}_{\text{real}} - \boldsymbol{A}_{\exp}\right) \times \boldsymbol{S}_{\text{real}} = -\boldsymbol{B}_{\exp} \times \left(\Delta \boldsymbol{A} + \delta \boldsymbol{A}\right) \times \boldsymbol{S}_{\text{real}}$，这表明，斯托克斯向量的测量误差和斯托克斯向量本身的数值相关。两种方式计算的斯托克斯向量误差应相等，即有

$$\begin{aligned}
& -\boldsymbol{B}_{\exp} \times \left(\Delta \boldsymbol{A} + \delta \boldsymbol{A}\right) = \left(\Delta \boldsymbol{B} + \delta \boldsymbol{B}\right) \times \boldsymbol{A}_{\text{real}} \\
& \Rightarrow -\boldsymbol{B}_{\exp} \times \left(\Delta \boldsymbol{A} + \delta \boldsymbol{A}\right) = \left(\Delta \boldsymbol{B} + \delta \boldsymbol{B}\right) \times \left(\boldsymbol{A}_{\exp} - \Delta \boldsymbol{A} - \delta \boldsymbol{A}\right) \\
& \Rightarrow \boldsymbol{B}_{\exp} \times \left(\Delta \boldsymbol{A} + \delta \boldsymbol{A}\right) + \left(\Delta \boldsymbol{B} + \delta \boldsymbol{B}\right) \times \boldsymbol{A}_{\exp} \\
& = \left(\Delta \boldsymbol{B} + \delta \boldsymbol{B}\right) \times \left(\Delta \boldsymbol{A} + \delta \boldsymbol{A}\right)
\end{aligned} \tag{4-46}$$

若忽略二次项，则可得到下列关系：

$$\boldsymbol{B}_{\exp} \times \left(\Delta \boldsymbol{A} + \delta \boldsymbol{A}\right) \approx -\left(\Delta \boldsymbol{B} + \delta \boldsymbol{B}\right) \times \boldsymbol{A}_{\exp} \tag{4-47}$$

二次项 $\left(\Delta \boldsymbol{B} + \delta \boldsymbol{B}\right) \times \left(\Delta \boldsymbol{A} + \delta \boldsymbol{A}\right)$ 可以类比 4.1.1 节的二次项 $\pm\left(\Delta \boldsymbol{B} + \delta \boldsymbol{B}\right) \times \left(\Delta \boldsymbol{I} + \delta \boldsymbol{I}\right)$。真实的仪器矩阵 $\boldsymbol{A}_{\exp} = \boldsymbol{A}_{\text{real}} + \left(\Delta \boldsymbol{A} + \delta \boldsymbol{A}\right)$ 的表达式包含很多原始误差项，例如，波片转动角度误差和相位延迟误差会表现在 $\left(\Delta \boldsymbol{A} + \delta \boldsymbol{A}\right)$ 的各个阵元中，其公式通常较为复杂，$\boldsymbol{A}_{\exp}$ 的逆矩阵 $\boldsymbol{B}_{\exp} = \boldsymbol{B}_{\text{real}} + \left(\Delta \boldsymbol{B} + \delta \boldsymbol{B}\right)$ 的表达式将更为复杂，因为下面使用包含 $\left(\Delta \boldsymbol{A} + \delta \boldsymbol{A}\right)$ 的公式进行讨论。

为了简明，这里仅考虑随机误差 $\delta \boldsymbol{A}$，$\delta \boldsymbol{S} = \boldsymbol{S}_{\exp} - \boldsymbol{S}_{\text{real}} = -\boldsymbol{B}_{\exp} \times \delta \boldsymbol{A} \times \boldsymbol{S}_{\text{real}} = -\boldsymbol{B}_{\exp} \times \delta \boldsymbol{I}'$，上式将仪器矩阵的误差 $\delta \boldsymbol{A}$ 转化为某种光强误差 $\delta \boldsymbol{I}'$。在 $\delta \boldsymbol{A}$ 确定的情况下，不同的待测斯托克斯向量 $\boldsymbol{S}_{\text{real}}$ 对应不同的光强误差 $\delta \boldsymbol{I}'$，不同的 $\delta \boldsymbol{I}'$ 会通过重建矩阵 $\boldsymbol{B}$ 传递产生斯托克斯向量测量误差 $\delta \boldsymbol{S}$。在 4.2.2 节中，当仅考虑光强随机误差 $\delta \boldsymbol{I}$ 时，$\delta \boldsymbol{S} = \boldsymbol{S}_{\exp} - \boldsymbol{S}_{\text{real}} = \boldsymbol{B}_{\exp} \times \delta \boldsymbol{I}$，两式仅相差一个负号。因此，两种情况对应的优化方法应具有相似性。斯托克斯向量的测量误差和重建矩阵 $\boldsymbol{B}$ 有关，也和光强误差 $\delta \boldsymbol{I}'$ 有关，而不同的待测斯托克斯向量将具有不同的光强误差。设检偏通道数为 m，$m \geqslant 4$，每个通道的光强误差 $\delta \boldsymbol{I}' = (\delta I_1', \delta I_2', \cdots, \delta I_m')^{\mathrm{T}}$，斯托克斯向量的测量误差 $\delta \boldsymbol{S} = (\delta S_1, \delta S_2, \cdots, \delta S_m)^{\mathrm{T}}$，则

$$\begin{bmatrix} \delta S_1 \\ \delta S_2 \\ \delta S_3 \\ \delta S_4 \end{bmatrix} = \begin{bmatrix} B_{11} & B_{12} & \cdots & B_{1,m} \\ B_{21} & B_{22} & \cdots & B_{2,m} \\ B_{31} & B_{32} & \cdots & B_{3,m} \\ B_{41} & B_{42} & \cdots & B_{4,m} \end{bmatrix} \cdot \begin{bmatrix} \delta I_1' \\ \delta I_2' \\ \vdots \\ \delta I_m' \end{bmatrix} \tag{4-48}$$

式中

$$\begin{bmatrix} \delta I'_1 \\ \delta I'_2 \\ \vdots \\ \delta I'_m \end{bmatrix} = \begin{bmatrix} (\delta \boldsymbol{A})_{1,1} & (\delta \boldsymbol{A})_{1,2} & (\delta \boldsymbol{A})_{1,3} & (\delta \boldsymbol{A})_{1,4} \\ (\delta \boldsymbol{A})_{2,1} & (\delta \boldsymbol{A})_{2,2} & (\delta \boldsymbol{A})_{2,3} & (\delta \boldsymbol{A})_{2,4} \\ \vdots & \vdots & \vdots & \vdots \\ (\delta \boldsymbol{A})_{m,1} & (\delta \boldsymbol{A})_{m,2} & (\delta \boldsymbol{A})_{m,3} & (\delta \boldsymbol{A})_{m,4} \end{bmatrix} \begin{bmatrix} S_1 \\ S_2 \\ S_3 \\ S_4 \end{bmatrix} \tag{4-49}$$

即

$$\delta \boldsymbol{I}'_j = \sum_{i=1}^{4} (\delta \boldsymbol{A})_{j,i} \times (\boldsymbol{S}_{\text{real}})_i \tag{4-50}$$

下面以旋转波片斯托克斯向量测量仪为例对式(4-50)的$\delta\boldsymbol{A}$进行展开。对于旋转波片斯托克斯向量测量仪，仪器矩阵的随机误差源为波片的旋转角度误差和相位延迟误差[1]，相位延迟值会受到摆放角度、光线平行度及温度等因素的影响。假定每次波片的旋转随机误差恒定，$\theta_{\exp} = \theta_{\text{real}} + \theta_{\text{error}}$，将$\theta_{\exp}$简记为$\theta$，将$\theta_{\text{error}}$简记为$\theta'$，$\delta_{\exp} = \delta_{\text{real}} + \delta_{\text{error}}$，将$\delta_{\exp}$简记为$\delta$，将$\delta_{\text{error}}$简记为$\delta'$，假设波片的角度误差和相位延迟误差都在较小的范围内，可以取一阶泰勒近似，则仪器矩阵的误差$\delta\boldsymbol{A} = \boldsymbol{A}_{\exp} - \boldsymbol{A}_{\text{real}}$可展开为

$$\begin{aligned} \delta \boldsymbol{A} &= \sum_{j=1}^{m} \left(\theta'_j \cdot \left(\frac{\boldsymbol{A}\left(\theta + \theta'_j\right) - \boldsymbol{A}(\theta)}{\theta'_j} \right) + \delta'_j \cdot \left(\frac{\boldsymbol{A}\left(\delta + \delta'_j\right) - \boldsymbol{A}(\delta)}{\delta'_j} \right) \right) \\ &= \sum_{j=1}^{m} \left(\theta'_j \cdot \left. \frac{\partial \boldsymbol{A}(\theta)}{\partial \theta} \right|_{\theta'_j} + \delta'_j \cdot \left. \frac{\partial \boldsymbol{A}(\delta)}{\partial \delta} \right|_{\delta'_j} \right) \end{aligned} \tag{4-51}$$

式中，$m \geqslant 4$，代表波片转动到m个检偏角度。对于双波片缪勒矩阵测量仪，$m \geqslant 16 \times 2$，代表起偏器和检偏器的两个波片的转动共有m种组合。根据 3.2.1 节，旋转波片斯托克斯向量测量仪的检偏调制矩阵$\boldsymbol{A}$为

$$\boldsymbol{A} = [(\boldsymbol{S}_{\text{PSA}})_1 \quad (\boldsymbol{S}_{\text{PSA}})_2 \quad \cdots \quad (\boldsymbol{S}_{\text{PSA}})_m]^{\text{T}} \tag{4-52}$$

式中，检偏向量$\boldsymbol{S}_{\text{PSA}}$的表达式为

$$\boldsymbol{S}_{\text{PSA}} = \begin{bmatrix} 1 \\ \cos 2\theta_{\text{D}} (\cos^2 2\theta + \sin^2 2\theta \cos \delta) + \sin 2\theta_{\text{D}} (\cos 2\theta \sin 2\theta (1 - \cos \delta)) \\ \cos 2\theta_{\text{D}} (\cos 2\theta \sin 2\theta (1 - \cos \delta)) + \sin 2\theta_{\text{D}} (\sin^2 2\theta + \cos^2 2\theta \cos \delta) \\ \cos 2\theta_{\text{D}} \sin 2\theta \sin \delta - \sin 2\theta_{\text{D}} \cos 2\theta \sin \delta \end{bmatrix} \tag{4-53}$$

式中，θ取不同的角度对应不同的检偏向量$\boldsymbol{S}_{\text{PSA}}$。不妨令偏振片的角度为0°，则式(4-53)简化为

$$\boldsymbol{S}_{\text{PSA}}=\begin{bmatrix}1\\ \cos^2 2\theta+\sin^2 2\theta\cos\delta\\ 0.5\sin 4\theta(1-\cos\delta)\\ \sin 2\theta\sin\delta\end{bmatrix}\tag{4-54}$$

仪器矩阵的误差$\delta\boldsymbol{A}$的每一行的形式都为

$$\begin{bmatrix}0\\ \theta'\cdot 2\sin 4\theta(\cos\delta-1)-\delta'\cdot\sin^2 2\theta\cdot\sin\delta\\ \theta'\cdot 2\cos 4\theta(1-\cos\delta)+\delta'\cdot 0.5\sin 4\theta\cdot\sin\delta\\ \theta'\cdot 2\cos 2\theta\sin\delta+\delta'\cdot\sin 2\theta\cdot\cos\delta\end{bmatrix}^{\mathrm{T}}\tag{4-55}$$

若使用标准 1/4 波片，则式(4-55)简化为

$$\begin{bmatrix}0\\ -\theta'\cdot 2\sin 4\theta-\delta'\cdot\sin^2 2\theta\\ \theta'\cdot 2\cos 4\theta+\delta'\cdot 0.5\sin 4\theta\\ \theta'\cdot 2\cos 2\theta+\delta'\cdot\sin 2\theta\end{bmatrix}^{\mathrm{T}}\tag{4-56}$$

仪器矩阵的误差$\delta\boldsymbol{A}$为 $m\times 4$ 的矩阵，且第一列都为 0。若考虑到旋转波片斯托克斯向量测量仪中偏振片的误差，则$\delta\boldsymbol{A}$ 的第一列也将存在误差。偏振片的性质较为稳定，且偏振片的方向是固定的，因此可以认为$\delta\boldsymbol{A}$ 的第一列都为 0。

类似地，也可以写出$\delta\boldsymbol{B}$ 的形式，它是 4×4 的矩阵，第一行都为 0，由 $\boldsymbol{S}_{\text{exp}}-\boldsymbol{S}_{\text{real}}=\delta\boldsymbol{B}\times\boldsymbol{I}$ 可以看到，仪器矩阵的噪声不会影响旋转波片斯托克斯向量测量仪的 S_0 参量即光强的测量精度。

$\delta\boldsymbol{A}$ 的每个元素可取正值或负值，应满足某种统计分布，设仪器矩阵的标准差为$\sigma\boldsymbol{A}$。与式(4-17)类似，每个通道光强的平均值记为$\boldsymbol{I}'=(I_1',I_2',\cdots,I_m')^{\mathrm{T}}$，标准差记为$\sigma\boldsymbol{I}'=(\sigma I_1',\sigma I_2',\cdots,\sigma I_m')^{\mathrm{T}}$，斯托克斯向量的测量标准差记为$\sigma\boldsymbol{S}=(\sigma S_1,\sigma S_2,\sigma S_3,\sigma S_4)^{\mathrm{T}}$，每个斯托克斯参量的方差$\sigma S_i^{\,2}$可以使用下列误差传递关系计算：

$$\sigma S_i^{\,2}=\sum_{j=1}^{m}\left(\frac{\sigma S_i}{\sigma I_j'}\right)\sigma I_j'^{\,2}\tag{4-57}$$

式中，i = 1, 2, 3, 4 表示不同的斯托克斯参量。因为每个斯托克斯参量 S_i 与 m 个 B_{ij} 及 m 个 I_j' 都组成一个线性方程，所以每个偏微分都等于某个阵元 B_{ij}，此时式(4-57)可展开为

$$\begin{bmatrix} \sigma S_1^2 \\ \sigma S_2^2 \\ \sigma S_3^2 \\ \sigma S_4^2 \end{bmatrix} = \begin{bmatrix} B_{11}^2 & B_{12}^2 & \cdots & B_{1,m}^2 \\ B_{21}^2 & B_{22}^2 & \cdots & B_{2,m}^2 \\ B_{31}^2 & B_{32}^2 & \cdots & B_{3,m}^2 \\ B_{41}^2 & B_{42}^2 & \cdots & B_{4,m}^2 \end{bmatrix} \cdot \begin{bmatrix} \sigma {I'_1}^2 \\ \sigma {I'_2}^2 \\ \vdots \\ \sigma {I'_m}^2 \end{bmatrix} \tag{4-58}$$

则每个斯托克斯参量的标准差为

$$\sigma S_i = \sqrt{\sum_{j=1}^{m} B_{ij}^2 \cdot \sigma {I'_j}^2} \tag{4-59}$$

根据式(4-50)，光强方差为

$$\delta I'_j = \sum_{j=1}^{4} \left(\frac{\partial I'_j}{\partial (\partial A)_{j,i}} \right) \cdot \sigma A_{j,i}^2 = \sum_{i=1}^{4} S_i^2 \cdot \sigma A_{j,i}^2 \tag{4-60}$$

最终每个斯托克斯参量的方差 $\sigma {S_i}^2$ 为

$$\sigma S_i^2 = \sum_{j=1}^{m} B_{ij}^2 \cdot \sum_{i=1}^{4} S_i^2 \cdot \sigma A_{j,i}^2 \tag{4-61}$$

对于旋转 1/4 波片斯托克斯向量测量仪，$\delta \boldsymbol{A}$ 的每一行如式(4-56)所示，则每一行元素对应的方差均为

$$\begin{bmatrix} 0 \\ \sigma \theta'^2 \cdot 4\sin^2 4\theta + \sigma \delta'^2 \cdot \sin^4 2\theta \\ \sigma \theta'^2 \cdot 4\cos^2 4\theta + \sigma \delta'^2 \cdot 0.25\sin^4 4\theta \\ \sigma \theta'^2 \cdot 4\cos^2 2\theta + \sigma \delta'^2 \cdot \sin^2 2\theta \end{bmatrix}^{\mathrm{T}} \tag{4-62}$$

不妨忽略相位延迟的噪声，仅考虑角度的转动噪声，且设 m 个检偏通道的 $\sigma\theta'$ 都相等，则式(4-62)可简化为

$$\begin{bmatrix} 0 \\ \sigma \theta'^2 \cdot 4\sin^2 4\theta \\ \sigma \theta'^2 \cdot 4\cos^2 4\theta \\ \sigma \theta'^2 \cdot 4\cos^2 2\theta \end{bmatrix}^{\mathrm{T}} \tag{4-63}$$

则 $\delta \boldsymbol{A}$ 每个阵元的方差 σS_i^2 均为

$$\begin{bmatrix} 0 & \sigma\theta'^2\cdot 4\sin^2 4\theta_1 & \sigma\theta'^2\cdot 4\cos^2 4\theta_1 & \sigma\theta'^2\cdot 4\cos^2 2\theta_1 \\ 0 & \sigma\theta'^2\cdot 4\sin^2 4\theta_2 & \sigma\theta'^2\cdot 4\cos^2 4\theta_2 & \sigma\theta'^2\cdot 4\cos^2 2\theta_2 \\ \vdots & \vdots & \vdots & \vdots \\ 0 & \sigma\theta'^2\cdot 4\sin^2 4\theta_{m-1} & \sigma\theta'^2\cdot 4\cos^2 4\theta_{m-1} & \sigma\theta'^2\cdot 4\cos^2 2\theta_{m-1} \end{bmatrix} \tag{4-64}$$

式(4-60)中的光强方差可写为

$$\delta I_j'^2 = \sigma\theta'^2\cdot\left(S_1^2\cdot 4\sin^2 4\theta_j + S_2^2\cdot 4\cos^2 4\theta_j + S_3^2\cdot 4\cos^2 2\theta_j\right) \tag{4-65}$$

它与斯托克斯参量S_0无关。

综上所述，当仅存在仪器矩阵误差时，其误差传递方式和仅存在光强误差具有一定的相似性，仪器矩阵误差可以在形式上转换为光强误差，不过每个通道的光强误差与待测偏振态相关，一般都是不相等的。此外，仪器矩阵噪声不会造成斯托克斯参量 S_0 即光强误差。

4.3　偏振测量系统的降噪

偏振测量的系统误差可通过系统校准降至较低水平，而偏振测量的随机误差通常总是存在的。为了抑制随机误差的影响，本节对偏振测量的降噪方法进行讨论。偏振测量的随机误差包括仪器矩阵的随机误差和光强的随机误差。仪器矩阵的随机误差主要存在于时间调制偏振测量系统中，例如旋转偏振元件系统中波片角度定位的随机误差，以及液晶调制系统中液晶相位延迟随温度的波动；在通常情况下，同时性偏振调制系统的偏振调制是固定的，因此仪器矩阵的随机误差可以忽略。简单起见，本节仅讨论光强随机误差。

4.3.1　光强随机误差

探测器的光强随机误差可分为两类：一类与光强信号无关，例如可加性的本底噪声，可认为服从高斯分布且标准差为 σ_{G}；另一类与光强信号有关，例如光散粒噪声，服从泊松分布且标准差为 $\sigma_{\mathrm{P}} = N^{1/2}$，$N$ 为光子数的统计平均值。由于高斯噪声和泊松噪声在后面会用到，下面进行简单介绍[2]。

1. 高斯噪声

高斯噪声是一种统计噪声，噪声的概率密度函数为正态分布或高斯分布，即噪声的取值服从高斯分布。高斯随机变量 z 的概率密度分布 p 为

$$p_{\mathrm{G}}(z) = \frac{1}{\sigma\sqrt{2\pi}}\mathrm{e}^{\frac{(z-\mu)^2}{2\sigma^2}} \tag{4-66}$$

式中，μ表示均值；σ表示标准差。概率密度分布p是一个钟形曲线。高斯噪声通常作为可加性白噪声使用，白噪声是指功率谱密度在整个频域内均匀分布的噪声。

2. 泊松噪声

当系统具有大量可能发生的事件，且每个事件发生的概率较低时，在某个固定的时间间隔内，这些事件发生的次数是一个随机数，服从泊松分布。若随机变量X服从下列概率分布函数，即

$$f(k;\lambda)=\Pr(X=k)=\frac{\lambda^k \mathrm{e}^{-\lambda}}{k!} \tag{4-67}$$

则X服从泊松分布。式中，$k=1, 2,\cdots$，$\lambda>0$，正数λ等于X的期望值，也等于X的方差，即$\lambda=E(X)=\mathrm{Var}(X)$。在使用光电探测器进行光子数计数时，光散粒噪声或称为量子噪声，是与光的粒子性即能量的离散化息息相关的，若每个光子的出现概率都是互相独立的，光子计数服从泊松分布，其标准差等于光子计数的平方根，则信噪比为

$$\mathrm{SNR}=\frac{N}{\sqrt{N}}=\sqrt{N} \tag{4-68}$$

式(4-68)说明，N越大信噪比越高，泊松噪声的影响越小。当光子数很大时，泊松分布将趋近于高斯分布，光子的计数也不再是逐个进行，这将使得泊松噪声和原本真正的高斯噪声无法区分。此时，其他噪声源对N造成的相对波动可能会超过散粒噪声。但是，若其他噪声源如热噪声处在较小的范围内，或者其增长速度小于$N^{1/2}$，则N的增大将使得散粒噪声占主导地位。光电测量中其他噪声一般小于散粒噪声，若忽略其他噪声，则光子噪声限制指的就是散粒噪声。

在使用光电倍增管或雪崩二极管进行单光子测量时，散粒噪声很容易察觉，而使用普通光电探测器测量大量光子时，若不存在其他噪声源，散粒噪声也可以利用光电信号进行计算，光散粒噪声引起的光电流波动将正比于光强平均值的平方根：

$$(\Delta I)^2=\langle(I-\langle I\rangle^2)\rangle\propto I \tag{4-69}$$

光电探测器通常同时存在两类噪声，对于高品质的光电探测器，可加性高斯噪声通常可以限制在较低水平，而泊松噪声总是存在的，这是与光的粒子性即能量的离散化息息相关的。但这并不意味着可加性高斯噪声是可以忽略的，恰恰相反，对于现阶段的面阵光电探测器，尤其是CMOS探测器，每个像素的暗电流噪声、读出噪声、固定图样噪声等都是不可忽略的。因此，这里将讨论高斯噪声

和泊松噪声对偏振测量的影响。

设可加性高斯光强噪声的平均值为 μ_{P}、方差为 σ_{P}^2，高斯光强噪声的平均值是可以从光电信号中人为减掉的，仅需考虑高斯光强噪声的方差。设第 j 个检偏通道的光电探测器光强测量的平均值是 $I_j\,(j=1,2,\cdots,m,\ m\geqslant 4)$，一般光电信号远大于高斯光强噪声的平均值，则光散粒噪声的方差记为 $\sigma_{\mathrm{P}}^2=I_j$，同时考虑两种噪声，则第 j 个检偏通道的光电探测器光强噪声的标准差为[2]

$$\sigma I_j=\sqrt{\sigma_{\mathrm{P}}^2+\sigma_{\mathrm{G}}^2}=\sqrt{I_j+\sigma_{\mathrm{G}}^2} \tag{4-70}$$

4.3.2　光强随机误差的降噪

3.2.3 节介绍了偏振测量具有偏振、空间、时间 3 个维度，非同时性单点偏振测量是最基本的偏振测量，无法测量动态体系，也无法成像，仅占据偏振维度；同时性单点偏振测量可以测量动态体系，占据偏振和时间两个维度；非同时性偏振成像占据偏振和空间两个维度；同时性偏振成像例如 DoFP 偏振相机同时占据偏振、时间和空间 3 个维度。偏振和时间的关系与偏振和空间的关系具有很强的相似性，时间序列偏振信息是一维的，而空间偏振图像信息是二维的，两者对应的光强降噪方法也是可以类比的。

1. 平均降噪法

这里阐述积分时间(对时间序列一维信号取平均)和积分面积(对空间图像二维信号取平均)对偏振测量的影响。

(1) 使用同时性偏振测量系统，对于随时间变化的偏振态信号，偏振测量的准确度和精度将依赖于单次测量的积分时间：若积分时间长于信号随时间变化的特征时间，则会出现退偏现象，若积分时间过短，则会因为光子数不足，光散粒泊松噪声将会造成较低的信噪比，影响偏振测量的精度。

(2) 在 2.1.3 节中讨论过产生退偏光的原因是不同的完全偏振光在时间、空间或者光谱域的非相干叠加。对于偏振态随空间变化的场景，测量的准确度和精度将依赖于单个像素的大小：若像素尺寸大于偏振在二维空间变化的特征尺寸，则会出现退偏现象；若像素尺寸过小，同样会因为光子数不足，光散粒泊松噪声将会造成较低的信噪比，影响偏振测量的精度。

综上所述，在同时性偏振测量中，动态体系单点时间序列测量需要找到平均降噪的积分时间和动态体系的特征时间之间的平衡点；静态体系偏振成像需要找到平均降噪的积分面积和二维空间偏振变化的特征尺寸之间的平衡点；动态体系偏振成像需要同时考虑时间降噪、空间降噪、特征时间和特征长度 4 个因素。

2. 插值降噪法

这里给出非同时测量(旋转波片)与非同位测量(分焦平面偏振相机)之间的类比：

(1) 使用非同时性偏振测量系统，当偏振信号随时间变化时，不同时刻测量的光强属于不同的偏振态，将会造成无效的测量结果，经常会出现较高的伪偏振度，甚至偏振度大于 1。

(2) 使用分焦平面的偏振成像系统，对于偏振态随空间变化的场景，测量的准确度和精度将依赖于单个偏振超像素的大小(4个检偏像素合成一个偏振超像素)，若偏振超像素尺寸大于偏振在二维空间变化的特征长度，则超像素内部不同检偏像素测量的光强属于不同的偏振态，将会产生无效测量结果，经常会出现较高的伪偏振度，甚至偏振度大于1。

对于这两种情况，使用时间序列插值或空间图像插值能够明显改善上述伪偏振现象；同时，不同的插值运算可以看成不同的滤波方法，插值重建的每个像素都融合了原始像素和周边像素的信息，具有平均降噪的效果。

综上所述，在非同时性偏振测量中，动态体系单点时间序列测量的错误需要使用一维插值降低；静态体系分焦平面偏振成像的错误也要使用二维插值降低；动态体系分焦平面偏振成像需要同时考虑时间信号插值和空间信号插值。在实验测量中，插值降噪法可与平均降噪法同时使用。平均降噪法的使用较为简单，这里不再赘述；插值降噪法将在 4.5.4 节继续讨论。

4.4 偏振测量系统的校准

4.4.1 偏振测量系统校准的意义

对偏振测量系统的校准包括对光强系统误差和仪器矩阵系统误差的校准。光强值测量的偏置、非线性等效应属于系统误差，会严重影响偏振测量的准确度。对光强的校准包括以下方面：

(1) 偏置校准。需要对暗场景进行多帧曝光并计算出暗电流等的平均值，在进行偏振成像时需要扣除暗电流等平均值的影响。对于不同的曝光时间，暗电流通常是不同的，较长的曝光时间对应的暗电流稍大。

(2) 非线性响应校准。可旋转偏振片利用马吕斯定律拟合线性曲线，计算光电探测器或 CCD 的非线性响应函数并对其进行校准。

(3) 其他因素，例如在使用 CCD 对高光场景成像时，高光区域通常会影响邻近像素的曝光，出现曝光污染，需要通过合适的方式校准或降低其影响；此外，除了对每个像素的曝光值校准，光强校准还包括对像差等的校准。

对于偏振测量系统，光强校准和仪器矩阵校准具有同样重要的地位。然而，光强值校准是所有光电测量都需要的操作，而仪器矩阵校准却是偏振测量特有的。因此，本节着重讨论仪器矩阵的校准。4.4.2 节将以双波片旋转缪勒矩阵测量系统为例，讨论几种不同的偏振元件系统误差校准方法，并在 4.4.3 节中通过实验定性和定量地对这几种校准方法进行比较。4.4.4 节将以 GRIN lens 为例，介绍非偏振元件偏振残差的校准方法。

进行偏振校准是因为偏振测量系统存在以下问题：

(1) 误差源多。偏振测量系统尤其是缪勒矩阵测量系统的构造较为复杂，独立元件和系统误差源较多。

(2) 误差传递复杂。偏振测量的误差传递规律异常复杂，各种误差会“纠缠”在一起共同影响多个斯托克斯参量或者缪勒矩阵阵元的测量。

(3) 校准对优化产生影响。系统误差源会影响仪器矩阵的优化状态，例如会造成仪器矩阵的条件数上升，影响测量系统对误差源的免疫能力。

(4) 校准过程本身包含误差。校准过程本身包含误差，在偏振校准过程中，即使校准元件的系统误差可以补偿或通过巧妙的方法回避，随机误差也是无法避免的，例如校准过程中一定会涉及一组光强测量，光散粒噪声等误差会对校准精度产生影响。

(5) 标准样品缺失。偏振校准需要的标准样品较难获取，缺少标准的偏振光及标准的偏振器件，主要表现为：

① 实验室可使用消光比很高的偏振片(可达 105：1)产生偏振度很高的线偏振态，但是偏振方向的定义取决于偏振片的摆放角度，例如，偏振片旋转可以产生水平偏振态(1, 1, 0, 0)，若角度定位精度为 0.5°，斯托克斯参量变为(1, 0.9998, 0.0175, 0)，可以看出斯托克斯参量 S_2 将具有较大的误差。

② 受制作工艺等限制，很多商用的偏振片具有微弱的线性相位延迟及不均匀性，旋转偏振片还会造成光束漂移，在实验中发现偏振片旋转前半周和后半周的光通量不是完全重合的。

③ 波片的制作精度通常小于偏振片，实验室使用的波片的精度通常只能达到1°左右，圆偏振态和椭圆偏振态的精度将无法保证。

④ 完全非偏振态可以通过某些途径获取，如多模光纤、积分球、各向同性强散射介质等。实验证明，使一束光通过普通的 A4 白纸后各种偏振态会致密地混在一起，若取一定大小的区域求平均，可以达到较好的完全退偏状态，然而完全非偏振态的获取通常也是不方便的。此外，很少有标准样品能够产生精确的部分偏振态。

偏振的测量结果是高维度的数据，缺乏足够的标准样品，必然影响经典校准的进行。

4.4.2 偏振元件系统误差的校准

本节将以双波片旋转缪勒矩阵测量系统为例，对几种偏振元件系统误差的校准方法进行总结。

1. 解析校准法

解析校准法的思路是针对缪勒矩阵测量装置建立包含系统误差的测量模型，同时也是系统传递模型，推导系统误差的解析表达式。

双波片旋转缪勒矩阵测量方法由 Azzam 提出[11]，相比于基于仪器矩阵的偏振测量方法，双波片旋转法的原理在于令起偏器和检偏器的波片以不同比例的角速度连续旋转以周期性地调制光电检测器检测到的光强信号，并通过对光强信号进行傅里叶分析，构建出光强信号傅里叶系数和缪勒矩阵阵元的函数对应关系，实现对样本缪勒矩阵的测量。其结构如图 4.6 所示。其中，线偏振片 LP1 和 1/4 波片 LR1 组成系统的起偏器，线偏振片 LP2 和 1/4 波片 LR2 组成系统的检偏器。两个偏振片的通光方向在同一角度，两个 1/4 波片按照 5∶1 的步进速率转动，如每次分别步进 30°和 6°。波片每转动到一个角度便记录探测器的光强信号，因为双波片旋转速度具有固定的倍频，所以对测量光强进行傅里叶变换可以计算全部缪勒矩阵阵元。将总的光强测量次数记为 Q，第 q 次测量可表示为

$$\boldsymbol{S}_{\text{out}}(q)=\boldsymbol{M}_{\text{sys}}\boldsymbol{S}_{\text{in}}=\boldsymbol{M}_{\text{LP2}}\boldsymbol{M}_{\text{LR2}}(q)\boldsymbol{M}_{\text{sample}}\boldsymbol{M}_{\text{LR1}}(q)\boldsymbol{M}_{\text{LP1}}\boldsymbol{S}_{\text{in}} \tag{4-71}$$

式中，$\boldsymbol{M}_{\text{sample}}$ 为待测的缪勒矩阵；$\boldsymbol{M}_{\text{LP1}}$ 和 $\boldsymbol{M}_{\text{LP2}}$ 分别为起偏器和检偏器的理想偏振片在通光方向位于水平 x 方向时的缪勒矩阵；$\boldsymbol{M}_{\text{LR1}}$ 和 $\boldsymbol{M}_{\text{LR2}}$ 分别为起偏器和检偏器理想波片的缪勒矩阵，直接测量量为 30 次旋转对应的 30 次光强测量，光强是式(4-71)中斯托克斯向量的第一项，记为 $\boldsymbol{I}(q)=(\boldsymbol{S}_{\text{out}}(q))_0$。经过矩阵运算，$\boldsymbol{I}(q)$ 可以展开为以下傅里叶级数的形式：

$$\boldsymbol{I}(q)=(\boldsymbol{S}_{\text{out}}(q))_0=\frac{1}{4}\left(a_0+\sum_{n-1}^{12}\left(a_n\cos 2n\gamma q+b_n\cos 2n\gamma q\right)\right) \tag{4-72}$$

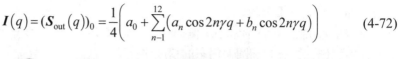

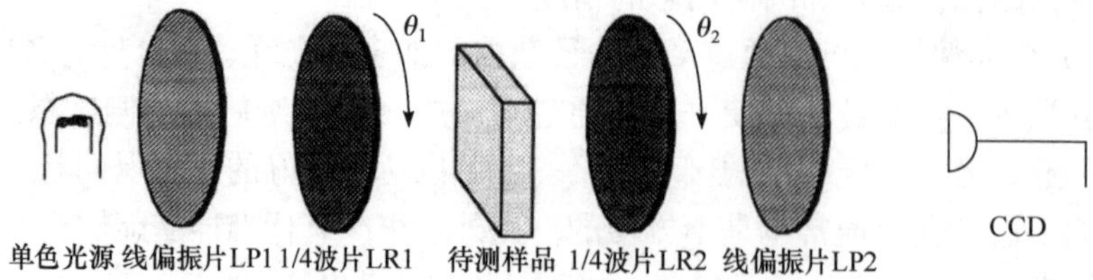

图 4.6 双波片旋转缪勒矩阵测量方法示意图[10]

由三角函数关系式可推出傅里叶级数 a_n 和 b_n 是 16 个缪勒矩阵阵元的函数，即

$$
\begin{aligned}
&a_0 = m_{11} + \frac{1}{2}m_{12} + \frac{1}{2}m_{21} + \frac{1}{4}m_{22},\quad a_1 = 0,\quad a_2 = \frac{1}{2}m_{12} + \frac{1}{4}m_{22},\quad a_3 = -\frac{1}{4}m_{43}\\
&a_4 = -\frac{1}{2}m_{44},\quad a_5 = 0,\quad a_6 = \frac{1}{2}m_{44},\quad a_7 = \frac{1}{4}m_{43},\quad a_8 = \frac{1}{8}m_{22} + \frac{1}{8}m_{33}\\
&a_9 = \frac{1}{4}m_{34},\quad a_{10} = \frac{1}{2}m_{21} + \frac{1}{4}m_{22},\quad a_{11} = -\frac{1}{4}m_{34},\quad a_{12} = \frac{1}{8}m_{22} - \frac{1}{8}m_{33}\\
&b_1 = m_{14} + \frac{1}{2}m_{24},\quad b_2 = \frac{1}{2}m_{13} + \frac{1}{4}m_{23},\quad b_3 = -\frac{1}{4}m_{42},\quad b_4 = 0\\
&b_5 = -m_{41} - \frac{1}{2}m_{42},\quad b_6 = 0,\quad b_7 = -\frac{1}{4}m_{42},\quad b_8 = -\frac{1}{8}m_{23} + \frac{1}{8}m_{32}\\
&b_9 = -\frac{1}{4}m_{24},\quad b_{10} = \frac{1}{2}m_{31} + \frac{1}{4}m_{32},\quad b_{11} = \frac{1}{4}m_{24},\quad b_{12} = \frac{1}{8}m_{23} + \frac{1}{8}m_{32}
\end{aligned}
\tag{4-73}
$$

经过逆运算可得到缪勒矩阵各个阵元：

$$
\begin{aligned}
&m_{11} = a_0 - a_2 - a_{10} + a_8 + a_{12} = a_0 - \frac{1}{2}m_{12} - \frac{1}{2}m_{21} - \frac{1}{4}m_{22}\\
&m_{12} = 2a_2 - 2a_8 - 2a_{12} = 2a_2 - \frac{1}{2}m_{22}\\
&m_{13} = 2b_2 - 2b_8 - 2b_{12} = 2b_2 - \frac{1}{2}m_{23}\\
&m_{14} = b_1 + b_9 - b_{11} = b_1 + 2b_9 = b_1 - 2b_{11} = b_1 - \frac{1}{2}m_{24}\\
&m_{21} = -2a_8 + 2a_{10} - 2a_{12} = 2a_{10} - \frac{1}{2}m_{22}\\
&m_{22} = 4a_8 + 4a_{12}\quad m_{23} = 4b_{12} - 4b_8,\quad m_{24} = -2b_9 + 2b_{11} = 4b_{11} = -4b_9\\
&m_{31} = -2b_8 + 2b_{10} - 2b_{12} = 2b_{10} - \frac{1}{2}m_{32},\quad m_{32} = 4b_{12} + 4b_8,\quad m_{33} = 4a_8 - 4a_{12}\\
&m_{34} = 2a_9 - 2a_{11} = 4a_9 = -4a_{11}\\
&m_{41} = b_3 - b_5 + b_7 = 2b_3 - b_5 = 2b_7 - b_5 = -b_5 - \frac{1}{2}m_{42},\quad m_{42} = -2b_3 - 2b_7 = -4b_3 = -4b_7\\
&m_{43} = -2a_3 + 2a_7 = 4a_7 = -4a_3,\quad m_{44} = a_6 - a_4 = 2a_6 = -2a_4
\end{aligned}
\tag{4-74}
$$

即缪勒矩阵的一些阵元可使用多种级数组合计算。如图 4.7(a)所示，计算 m_{13}、m_{23}、m_{33}、m_{32}、m_{31} 这 5 个阵元可使用 10 个傅里叶级数，更多的冗余数据会产生平均的效果，改善这些阵元的信噪比；在计算左上角 9 个阵元时仅可使用 9 个傅里叶级数，不存在可供利用的冗余信息。m_{11} 阵元的计算使用了 5 个傅里叶

级数，尤其是a_0级数的值很大，一般信噪比较高。如图 4.7(b)所示，a 级数和 b 级数各有 8 个自由元素。缪勒矩阵的左上角 4 阵元和右下角 4 阵元由 a 级数计算，缪勒矩阵的右上角 4 阵元和左下角 4 阵元由 b 级数计算。b 级数不包含对角缪勒矩阵阵元，因此空气缪勒矩阵对应的 b 级数都为 0。

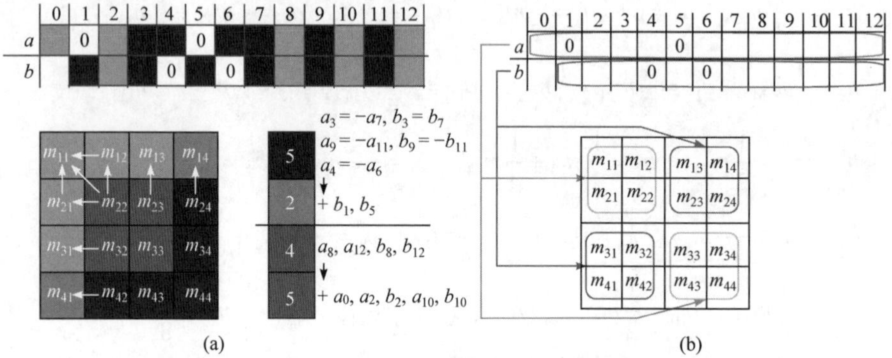

图 4.7　双波片旋转法中缪勒矩阵与傅里叶系数的关系

上述计算方法假定所有的偏振元件都是理想元件且不存在角度偏差。实际使用双波片旋转法时，非理想偏振元件和角度偏差都会对缪勒矩阵测量精度产生严重影响。若 LP1、LP2、LR1 和 LR2 的初始角度都设为 0°，定义 LP1 的通光方向为 x 轴方向，则 LP2、LR1 和 LR2 的真实初始角度与 LP1 的角度之差即角度误差为ε_3、ε_4和ε_5。假定电机每次进动精度都较高，即保证任意第 q 次测量的角度误差都保持为上述初始角度误差ε_3、ε_4和ε_5。除了角度误差，LR1 和 LR2 的相位延迟 δ_1和δ_2 也与严格的 1/4 波片存在一定的误差[10, 12]。一般可以认为这 5 项误差是最主要的系统误差，而其他系统误差有时可以被忽略，这些误差包括偏振片的二向色性小于 1、偏振片包含一定程度的相位延迟、偏振元件的摆放与平行照明光线不严格垂直或测量光束为非标准平行光等。在双波片系统中，以上 5 项系统误差可能会同时存在，它们各自对每个缪勒矩阵阵元测量精度的影响通常是不同的，很难通过简单指标来衡量。不同的样品具有不同的缪勒矩阵，以上 5 项系统误差对每种样品的影响也通常不同，例如对于“空气”样品测量，不管是相位延迟还是角度，1°的偏差便能造成明显的缪勒矩阵测量误差，因此，校准并消除系统误差的影响对准确的缪勒矩阵测量非常必要[10, 12]。考虑 5 项系统误差的缪勒矩阵测量系统可描述为

$$\begin{aligned}\boldsymbol{S}_{\text{out}}(q) &= \boldsymbol{M}_{\text{sys}}\boldsymbol{S}_{\text{in}} \\ &= \boldsymbol{M}_{\text{LP2}}(\varepsilon_5)\boldsymbol{M}_{\text{LR2}}(q,\delta_2,\varepsilon_4)\boldsymbol{M}_{\text{sample}}\boldsymbol{M}_{\text{LR1}}(q,\delta_1,\varepsilon_3)M_{\text{LP1}}S_{\text{in}}\end{aligned} \tag{4-75}$$

式中

$$\boldsymbol{M}_{\text{LP2}}(\varepsilon_5)=\boldsymbol{R}(-\varepsilon_5)\boldsymbol{M}_{\text{LP2}}\boldsymbol{R}(\varepsilon_5) \tag{4-76}$$

$\boldsymbol{R}(\varepsilon)$为缪勒矩阵旋转矩阵，其形式见式(3-30)。$\boldsymbol{M}_{\text{LP1}}$和$\boldsymbol{M}_{\text{LP2}}$分别为起偏器和检偏器的理想偏振片在通光方向位于水平 x 方向时的缪勒矩阵，其表达式为

$$\boldsymbol{M}_{\text{LP1}}=\boldsymbol{M}_{\text{LP2}}=\frac{1}{2}\begin{bmatrix}1&1&0&0\\1&1&0&0\\0&0&0&0\\0&0&0&0\end{bmatrix} \tag{4-77}$$

$\boldsymbol{M}_{\text{LR1}}(q,\delta_1,\varepsilon_3)$和$\boldsymbol{M}_{\text{LR2}}(q,\delta_2,\varepsilon_4)$是 LR1 和 LR2 包含相位延迟误差和角度误差的缪勒矩阵。对于 LR1，有

$$\begin{aligned}&\boldsymbol{M}_{\text{LR1}}(q,\delta_1,\varepsilon_3)\\&=\boldsymbol{R}(-\varepsilon_3)\boldsymbol{M}_{\text{LR1}}(q,\delta_1)\boldsymbol{R}(\varepsilon_3)\\&=\begin{bmatrix}1&0&0&0\\0&C_4\sin^2(\delta_1/2)+\cos^2(\delta_1/2)&S_4\sin^2(\delta_1/2)&-S_2\sin\delta_1\\0&S_4\sin^2(\delta_1/2)&-C_4\sin^2(\delta_1/2)+\cos^2(\delta_1/2)&C_2\sin\delta\\0&S_2\sin\delta_1&-C_2\sin\delta_1&\cos\delta_1\end{bmatrix}\end{aligned} \tag{4-78}$$

式中，$C_2=\cos(2\gamma q-2\varepsilon_3)$；$S_2=\sin(2\gamma q-2\varepsilon_3)$；$C_4=\cos(4\gamma q-4\varepsilon_3)$；$S_4=\sin(4\gamma q-4\varepsilon_3)$。$\boldsymbol{M}_{\text{LR2}}$的公式可类比$\boldsymbol{M}_{\text{LP1}}$写出。每次测量的光强都包含上述 5 项误差的影响，光强的傅里叶系数不仅是缪勒矩阵阵元的函数，同时还是 5 项误差的函数。

$$\begin{aligned}a_0=&\,m_{11}+\frac{1}{2}\beta_3 m_{12}+\frac{1}{2}\beta_4\cos2\varepsilon_5 m_{21}+\frac{1}{4}\beta_3\beta_4\cos2\varepsilon_5 m_{22}+\frac{1}{2}\beta_4\sin2\varepsilon_5 m_{31}\\&+\frac{1}{4}\beta_3\beta_4\sin2\varepsilon_5 m_{32}\end{aligned}$$

$$a_1=\sin\delta_1\sin2\varepsilon_3 m_{14}+\frac{1}{2}\sin\delta_1\beta_4\sin2\varepsilon_3\cos2\varepsilon_5 m_{24}+\frac{1}{2}\beta_4\sin\delta_1\sin2\varepsilon_3\sin2\varepsilon_5 m_{34}$$

$$\begin{aligned}a_2=&\,\frac{1}{2}\beta_1\cos4\varepsilon_3 m_{12}+\frac{1}{2}\beta_1\sin4\varepsilon_3 m_{13}+\frac{1}{4}\beta_1\beta_4\cos2\varepsilon_5 m_{22}\\&+\frac{1}{4}\beta_1\beta_4\sin4\varepsilon_3\cos2\varepsilon_5 m_{23}+\frac{1}{4}\beta_1\beta_4\cos4\varepsilon_3\sin2\varepsilon_5 m_{32}+\frac{1}{4}\beta_1\beta_4\sin4\varepsilon_3\sin2\varepsilon_5 m_{33}\end{aligned}$$

$$a_3=-\frac{1}{4}\beta_1\sin\delta_2\sin\alpha_3 m_{42}-\frac{1}{4}\beta_1\sin\delta_2\cos\alpha_3 m_{43}$$

$$a_4 = -\frac{1}{2}\sin\delta_1 \sin\delta_2 \cos\alpha_1 m_{44}$$

$$a_5 = \sin\delta_2 \sin\alpha_5 m_{41} + \frac{1}{2}\beta_3 \sin\delta_2 \sin\alpha_5 m_{41}$$

$$a_6 = \frac{1}{2}\sin\delta_1 \sin\delta_2 \cos\alpha_2 m_{44}$$

$$a_7 = -\frac{1}{4}\beta_1 \sin\delta_2 \sin\alpha_4 m_{42} + \frac{1}{4}\beta_1 \sin\delta_2 \cos\alpha_4 m_{43}$$

$$a_8 = \frac{1}{8}\beta_1\beta_2 \cos\alpha_9 \left(m_{22} + m_{33}\right) + \frac{1}{8}\beta_1\beta_2 \sin\alpha_9 \left(m_{32} + m_{23}\right)$$

$$a_9 = \frac{1}{4}\beta_2 \sin\delta_1 \sin\alpha_6 m_{24} + \frac{1}{4}\beta_2 \sin\delta_1 \cos\alpha_6 m_{34}$$

$$a_{10} = \frac{1}{2}\beta_2 \cos\alpha_{11} m_{21} + \frac{1}{4}\beta_2\beta_3 \cos\alpha_{11} m_{22} + \frac{1}{2}\beta_2 \sin\alpha_{11} m_{31} + \frac{1}{4}\beta_2\beta_3 \sin\alpha_{11} m_{32}$$

$$a_{11} = -\frac{1}{4}\beta_2 \sin\delta_1 \sin\alpha_7 m_{24} - \frac{1}{4}\beta_2 \sin\delta_1 \cos\alpha_7 m_{34}$$

$$a_{12} = \frac{1}{8}\beta_1\beta_2 \cos\alpha_{10} \left(m_{22} - m_{33}\right) + \frac{1}{8}\beta_1\beta_2 \sin\alpha_{10} \left(m_{23} + m_{32}\right)$$

(4-79)

$$b_1 = \sin 2\delta_1 \cos 2\varepsilon_3 m_{14} + \frac{1}{2}\beta_4 \sin\delta_1 \cos 2\varepsilon_3 \cos 2\varepsilon_5 m_{24} + \frac{1}{2}\beta_4 \sin\delta_1 \cos 2\varepsilon_3 \sin 2\varepsilon_5 m_{34}$$

$$\begin{aligned} b_2 = & -\frac{1}{2}\beta_1 \cos 4\varepsilon_3 m_{12} + \frac{1}{2}\beta_1 \cos 4\varepsilon_3 m_{13} + \frac{1}{4}\beta_1\beta_4 \cos 4\varepsilon_3 \cos 2\varepsilon_5 m_{23} \\ & -\frac{1}{2}\beta_1\beta_4 \sin 4\varepsilon_3 \cos 2\varepsilon_5 m_{22} + \frac{1}{4}\beta_1\beta_4 \cos 4\varepsilon_3 \sin 2\varepsilon_5 m_{33} - \frac{1}{4}\beta_1\beta_4 \sin 4\varepsilon_3 \sin 2\varepsilon_5 m_{32} \end{aligned}$$

$$b_3 = -\frac{1}{4}\beta_1 \sin\delta_2 \sin\alpha_3 m_{42} + \frac{1}{4}\beta_1 \sin\delta_2 \cos\alpha_3 m_{43}$$

$$b_4 = -\frac{1}{2}\sin\delta_1 \sin\delta_2 \sin\alpha_1 m_{44}$$

$$b_5 = -\sin\delta_2 \sin\alpha_5 m_{41} - \frac{1}{2}\beta_3 \sin\delta_2 \cos\alpha_5 m_{42}$$

$$b_6 = -\frac{1}{2}\sin\delta_1 \sin\delta_2 \sin\alpha_2 m_{44}$$

$$b_7 = -\frac{1}{4}\beta_1 \sin\delta_2 \cos\alpha_4 m_{42} - \frac{1}{4}\beta_1 \sin\delta_2 \sin\alpha_4 m_{43}$$

$$b_8 = -\frac{1}{8}\beta_1\beta_2 \sin\alpha_9 \left(m_{22} + m_{33}\right) - \frac{1}{8}\beta_1\beta_2 \cos\alpha_9 \left(m_{23} + m_{32}\right)$$

$$b_9 = -\frac{1}{4}\beta_2 \sin\delta_1 \cos\alpha_6 m_{24} + \frac{1}{4}\beta_2 \sin\delta_1 \sin\alpha_6 m_{34}$$

$$b_{10} = -\frac{1}{2}\beta_2 \sin\alpha_{11} m_{21} - \frac{1}{4}\beta_2\beta_3 \sin\alpha_{11} m_{22} + \frac{1}{2}\beta_2 \cos\alpha_{11} m_{31} + \frac{1}{4}\beta_2\beta_3 \cos\alpha_{11} m_{32}$$

$$b_{11} = \frac{1}{4}\beta_2 \sin\delta_1 \cos\alpha_7 m_{24} - \frac{1}{4}\beta_2 \sin\delta_1 \sin\alpha_7 m_{34}$$

$$b_{12} = -\frac{1}{8}\beta_1\beta_2 \sin\alpha_{10}\left(m_{22} - m_{33}\right) + \frac{1}{8}\beta_1\beta_2 \cos\alpha_{10}\left(m_{23} + m_{32}\right)$$

上述各式使用了若干中间项，最终可以写出缪勒矩阵各个阵元关于傅里叶系数和 5 项误差的解析式，即

$$\alpha_1 = 2\varepsilon_4 - 2\varepsilon_3 - 2\varepsilon_5，\ \alpha_2 = 2\varepsilon_4 + 2\varepsilon_3 - 2\varepsilon_5，\ \alpha_3 = 2\varepsilon_4 - 4\varepsilon_3 - 2\varepsilon_5$$
$$\alpha_4 = 2\varepsilon_4 + 4\varepsilon_3 - 2\varepsilon_5，\ \alpha_5 = 2\varepsilon_5 - 2\varepsilon_4，\ \alpha_6 = 2\varepsilon_5 - 4\varepsilon_4 + 2\varepsilon_3$$
$$\alpha_7 = 2\varepsilon_5 - 4\varepsilon_4 - 2\varepsilon_3，\ \alpha_8 = -2\varepsilon_5 + 4\varepsilon_4 - 2\varepsilon_3 = -\alpha_6$$
$$\alpha_9 = 4\varepsilon_4 - 4\varepsilon_3 - 2\varepsilon_5，\ \alpha_{10} = 4\varepsilon_4 + 4\varepsilon_3 - 2\varepsilon_5，\ \alpha_{11} = 4\varepsilon_4 - 2\varepsilon_5$$
$$\beta_1 = 1 - \cos\delta_1，\ \beta_2 = 1 - \cos\delta_2，\ \beta_3 = 1 + \cos\delta_1，\ \beta_4 = 1 + \cos\delta_2$$

$$m_{44} = \frac{1}{\sin\delta_1 \sin\delta_2}\left(-\frac{a_4}{\cos\alpha_1} + \frac{a_6}{\cos\alpha_2}\right)$$

$$m_{43} = 2\frac{-a_3\cos\alpha_3 + b_3\sin\alpha_3 + a_7\cos\alpha_4 - b_7\sin\alpha_4}{\beta_1\sin\delta_2}$$

$$m_{42} = -2\frac{a_3\sin\alpha_3 + b_3\cos\alpha_3 + a_7\sin\alpha_4 + b_7\cos\alpha_4}{\beta_1\sin\delta_2}$$

$$m_{41} = \frac{-\beta_3 m_{31}}{2} - \frac{b_5}{\cos\alpha_5 \sin\delta_2}$$

$$m_{24} = 2\frac{a_9\cos\alpha_6 - b_9\cos\alpha_6 - a_{11}\sin\alpha_7 + b_{11}\cos\alpha_7}{\beta_2\sin\delta_1}$$

$$m_{34} = 2\frac{a_9\cos\alpha_6 + b_9\cos\alpha_6 - a_{11}\cos\alpha_7 - b_{11}\sin\alpha_7}{\beta_2\sin\delta_1}$$

$$m_{14} = \frac{-\beta_4\cos 2\varepsilon_5 m_{13}}{2} + \frac{b_1}{\cos 2\varepsilon_3 \sin\delta_1} - \frac{\beta_4 \sin 2\varepsilon_5 m_{23}}{2}$$

$$m_{22} = 4\frac{a_8\cos\alpha_9 + a_{12}\cos\alpha_{10} - b_8\sin\alpha_9 - b_{12}\sin\alpha_{10}}{\beta_1\beta_2}$$

$$m_{23} = 4\frac{a_8\cos\alpha_9 - a_{12}\cos\alpha_{10} - b_8\sin\alpha_9 + b_{12}\sin\alpha_{10}}{\beta_1\beta_2}$$

$$m_{32} = 4\frac{a_8 \sin\alpha_9 + a_{12}\sin\alpha_{10} - b_8\cos\alpha_9 + b_{12}\cos\alpha_{10}}{\beta_1\beta_2}$$

$$m_{12} = \frac{4a_2\cos 4\varepsilon_3 - 4b_2\sin 4\varepsilon_3 - \beta_1\beta_4\cos 2\varepsilon_5 m_{22} - \beta_1\beta_4\sin 2\varepsilon_5 m_{32}}{2\beta_1}$$

$$m_{13} = \frac{4a_2\sin 4\varepsilon_3 + 4b_2\cos 4\varepsilon_3 - \beta_1\beta_4\cos 2\varepsilon_5 m_{23} - \beta_1\beta_4\sin 2\varepsilon_5 m_{33}}{2\beta_1}$$

$$m_{21} = \frac{4a_{10}\sin\alpha_{11} - 4b_{10}\sin\alpha_{11} - \beta_2\beta_3 m_{22}}{2\beta_2}$$

$$m_{31} = \frac{4a_{10}\sin\alpha_{11} + 4b_{10}\cos\alpha_{11} - \beta_2\beta_3 m_{32}}{2\beta_2}$$

$$\begin{aligned} m_{11} = a_0 - \frac{1}{2}\beta_3 m_{12} - \frac{1}{2}\beta_4\cos 2\varepsilon_5 m_{21} - \frac{1}{4}\beta_3\beta_4\cos 2\varepsilon_5 m_{22} \\ -\frac{1}{2}\beta_4\sin 2\varepsilon_5 m_{31} - \frac{1}{4}\beta_3\beta_4\sin 2\varepsilon_5 m_{32} \end{aligned} \tag{4-80}$$

式中，某些阵元的计算使用了其他阵元的值，计算须按顺序进行。当δ_1、δ_2、ε_3、ε_4、ε_5这 5 项误差都为 0 时，式(4-80)应回归到式(4-74)。上述 5 项系统误差通常是未知的，这里可以使用“空气”作为参考样品进行测量并计算误差的具体数值。“空气”的缪勒矩阵可认为是精确的对角单位矩阵，$m_{11} = m_{22} = m_{33} = m_{44} = 1$，其他阵元都等于 0，此时各傅里叶系数将仅是 5 项系统误差的函数，经过逆运算可写出这 5 项误差与傅里叶系数的关系式，即

$$\begin{aligned} \delta_1 &= \arccos\left(\frac{a_{10}\cos\alpha_9 - a_8\cos\alpha_{11}}{a_{10}\cos\alpha_9 + a_8\cos\alpha_{11}}\right) \\ \delta_2 &= \arccos\left(\frac{a_2\cos\alpha_9 - a_8\cos(4\varepsilon_3 - 2\varepsilon_5)}{a_2\cos\alpha_9 + a_8\cos(4\varepsilon_3 - 2\varepsilon_5)}\right) \\ \varepsilon_3 &= \frac{1}{4}\arctan\left(\frac{b_8}{a_8}\right) - \frac{1}{4}\arctan\left(\frac{b_{10}}{a_{10}}\right) \\ \varepsilon_4 &= \frac{1}{2}\arctan\left(\frac{b_2}{a_2}\right) - \frac{1}{2}\arctan\left(\frac{b_6}{a_6}\right) + \frac{1}{4}\arctan\left(\frac{b_8}{a_8}\right) - \frac{1}{4}\arctan\left(\frac{b_{10}}{a_{10}}\right) \\ \varepsilon_5 &= \frac{1}{2}\arctan\left(\frac{b_2}{a_2}\right) + \frac{1}{2}\arctan\left(\frac{b_8}{a_8}\right) - \frac{1}{2}\arctan\left(\frac{b_{10}}{a_{10}}\right) \end{aligned} \tag{4-81}$$

上述傅里叶系数可以通过对“空气”的测量直接写出。

综上所述，使用解析校准法对双波片缪勒矩阵测量系统校准的步骤如下[10,12]：

(1) 移除样品并让系统进行一组空测，利用式(4-80)计算傅里叶级数，进一

步利用式(4-81)计算 5 项系统误差。

(2) 根据上述误差值调节 LR1、LR2、LP2 的角度以降低 3 项角度误差(尽量在硬件层面更多地减少误差，避免风险)。

(3) 重复第(1)、(2)步操作使得 3 项角度误差尽量小。

(4) 加入样品并测量，代入 5 项系统误差，利用式(4-78)计算样品的缪勒矩阵。

2. 特征值校准法

建模式校准法通过建立一个包含系统误差的测量模型，通过参考样品测量求解仪器中每个测量环节的误差。然而，当测量系统越来越复杂时，建立一个包含所有系统误差的测量模型会变得越来越困难，校准过程所花费的时间和精力也会越来越多，有些时候甚至因为待校准的参数过多而彻底失去可操作性。这时，可利用测量系统自身的规律，绕过具体的误差源，直接对偏振测量的仪器矩阵进行校准，如特征值校准法(eigenvalue calibration method，ECM)[13, 14]。下面对该校准法的实现过程进行阐述。

首先考虑透射式缪勒矩阵测量仪的校准。校准使用的若干参考样品的缪勒矩阵为 $\boldsymbol{M}_i$。先对“空气”进行测量，即空测，空气的缪勒矩阵 $\boldsymbol{M}_0$ 为单位对角矩阵，测得的光强为

$$\boldsymbol{I}_0 = \boldsymbol{A}\boldsymbol{M}_0\boldsymbol{G} = \boldsymbol{A}\boldsymbol{G} \tag{4-82}$$

接着，依次放入第 i 个标准样品进行测量，测得的光强为

$$\boldsymbol{I}_i = \boldsymbol{A}\boldsymbol{M}_i\boldsymbol{G} \tag{4-83}$$

这里使用实验数据 $\boldsymbol{I}_0$ 和 $\boldsymbol{I}_i$ 定义矩阵 $\boldsymbol{C}_i$，即

$$\boldsymbol{C}_i = \boldsymbol{I}_0^{-1}\boldsymbol{I}_i = \boldsymbol{G}^{-1}\boldsymbol{M}_i\boldsymbol{G} \tag{4-84}$$

式(4-84)两端左乘 $\boldsymbol{G}$，得

$$\boldsymbol{G}\boldsymbol{C}_i = \boldsymbol{M}_i\boldsymbol{G} \tag{4-85}$$

$\boldsymbol{M}_i$ 是已知量，而 $\boldsymbol{C}_i$ 可由直接测量量 $\boldsymbol{I}_0$ 和 $\boldsymbol{I}_i$ 求得，因此式(4-85)构成一个线性方程组，其未知量就是 $\boldsymbol{G}$ 的各个阵元。虽然可以假定 $\boldsymbol{M}_i$ 是精确已知的，但是 $\boldsymbol{C}_i$ 不可避免会受到原始光强误差的影响，因此，这个方程组很有可能不存在理想的确定的解。考虑到校准过程中存在误差，应保证 $\boldsymbol{M}_i$ 和 $\boldsymbol{C}_i$ 中的误差尽可能小并寻求最接近于理想解的近似解。可利用最小二乘法求解方程组(4-85)，寻找一个 $N \times 4m$(不妨设 $m = 4$)的矩阵 $\boldsymbol{X}$，使得 $\boldsymbol{M}_i\boldsymbol{X} - \boldsymbol{X}\boldsymbol{C}_i$ 的所有元素的平方和最小。定义作用于矩阵 $\boldsymbol{X}$ 的线性算符 $\boldsymbol{T}_i$：

$$T_i(X)=M_iX-XC_i \tag{4-86}$$

矩阵 X 可以以固定的顺序投影成为向量形式 $X_k^{(16)}$：

$$(T_i(X))_k^{(16)}=Y_{i,k}^{(16)}=\sum_m H_{i,km}^{(16,16)}X_m^{(16)} \tag{4-87}$$

$H^{(16,16)}$ 矩阵是对 X 和 $T_i(X)$ 的阵元的重新编号，对于第 i 个参考样品，有

$$\left|Y_i^{(16)}\right|^2=\left[X_i^{(16)}\right]^{\mathrm{T}}\left[H_i^{(16,16)}\right]^{\mathrm{T}}H_i^{(16,16)}X_i^{(16)}=\left[X_i^{(16)}\right]^{\mathrm{T}}K_iX_i^{(16)} \tag{4-88}$$

显然，16 × 16 的矩阵 K_i 是对称半正定矩阵，它的特征值都为正数或 0。若 C_i 无误差，则向量 $G^{(16)}$ 是一个与 K 矩阵的 0 特征值相关的特征向量。设 K 矩阵的特征值 $\lambda_1\sim\lambda_{16}$ 按照从大到小排序。定义矩阵 K_{tot} 为

$$K_{\mathrm{tot}}=\sum_i K_i \tag{4-89}$$

所有 K_i 矩阵的特征值都是正数或 0，当参考样品的数量足够时，K_{tot} 将仅具有一个特征值为 0 的特征向量 $G^{(16)}$，进而唯一地确定 G 矩阵。由于 C_i 矩阵必然包含实验误差，这将导致一般情况下 K 矩阵的阵元不会等于 0。然而，只要能在一定程度上保证光强测量的准确性，以及参考样品足够求解方程组，K 矩阵的 16 个特征值中必然会有一个，即 λ_{16}，远远小于其他特征值并接近于 0。G 矩阵等价于 λ_{16} 对应的特征向量，而 A 矩阵由 G 矩阵和 I_0 矩阵确定。

上述公式不仅提供了寻找 G 矩阵的有效手段，还能帮助选择最佳参考样品。需要保证尽可能准确地确定 K 矩阵的特征值，特征值 $\lambda_1\sim\lambda_{15}$ 越大，λ_{16} 和其他特征值的差距也应当越大，λ_{16} 就越容易从所有特征值中提取出来；反之，若 λ_{15} 太小，则难以区分 λ_{15} 和 λ_{16}，$G^{(16)}$ 也将难以同 λ_{15} 对应的特征向量 X 区分。因此，最佳的参考样品应保证 λ_{15} (或 λ_{15}/λ_1)取最大值。可以验证选取通光方向为 ϕ_{P1} 和 ϕ_{P2} 的两个偏振片，相位延迟为 Δ、快轴角度为 ϕ_{D} 的波片共 3 个参考样品时(此外还要进行空测)，只有一个特征值会趋近于 0。ϕ_{P1} 不妨取 0°，则共 3 个参数需要优化。当 $\phi_{\mathrm{P1}}=0°$、$\phi_{\mathrm{P2}}=90°$、$\phi_{\mathrm{D}}=30.5°$、$\Delta=109°$时，λ_{15}/λ_1 可取最大值 0.1015[13, 14]。

在实际校准双波片旋转缪勒矩阵测量系统时，本节选择实验室中容易获得的空气、0°偏振片，90°偏振片，30°1/4 波片作为参考样品，并对这 4 个参考样品进行 4 组测量，每组包含 16 次光强测量。在每组参考样品的测量中，起偏器和检偏器的 LR1 和 LR2 从 0°开始并按照表 4.1 中的角度顺序旋转 16 次，CCD 测量每一次的光强图像。

表 4.1　特征值校准法中 LR1 和 LR2 的角度序列

参数	1	2	3	4	5	6	7	8	9	10	11	12	13	14	15	16
LR1/(°)	0	70	140	210	0	70	140	210	0	70	140	210	0	70	140	210
LR2/(°)	0	0	0	0	70	70	70	70	140	140	140	140	210	210	210	210

虽然特征值校准法理解起来较为复杂，但当测量系统的自由组件及误差源较多时，相比建模校准法，特征值校准法能使全缪勒矩阵测量系统的校准更为简单。然而，特征值校准法同样存在局限性：校准过程依赖 4 个不同样品的测量，可能会有扩大误差来源，并增加校准风险；参考样品中偏振片的转动、偏振片和波片的摆放倾角、样品移除后进行空测等操作，都会造成光束漂移，尤其对于缪勒矩阵成像系统，若要做像素级的校准，偏振片的旋转、偏振片波片的切换和移除、偏振片和波片各自的表面质量(不平整的表面会造成成像畸变)、不均匀性(尤其是偏振片，因为它需要转动)，都将对实验操作水平和后续图像配准等提出较高要求。

3. 数值求解校准法

解析校准法广泛应用于旋转双波片缪勒矩阵测量系统中，是比较经典的校准方案。建模式校准法的局限性也很明显：LR1和LR2必须使用6°和30°的步进组合；只能使用空气作为标准样品标定系统；不能校准5个系统误差之外的其他误差，如波片的二向色性；不能校准 CCD 的本底噪声。针对二向色性校准的问题，如由分束镜反射和折射带来的寄生二向色性等，解析校准法并不适用。遵循解析校准法的理念，在旋转双波片模型的基础上，Chen等提出了数值求解校准法(numerical calibration method，NCM)以解决该问题[15-17]。通过数值求解直接计算误差模型中的误差值并重建仪器矩阵来计算样品的缪勒矩阵。解析校准法计算 5 个系统误差其实仅利用到 8 项独立的傅里叶系数，说明解析校准法计算系统误差的能力未充分发挥出来，仍然具备很大的提升空间，可以在误差模型中添加额外的系统误差以充分利用有限的傅里叶系数。光强的本底噪声与测量的光强数据的零频项对应，这是非常简单的误差形式，因此在数值校准过程中可以额外考虑光强的本底噪声的影响。

首先考虑LR1和LR2使用非6°和30°的步进组合，假设 LR1 每次旋转 θ_1，LR2 每次旋转 θ_2，重新定义 γ 为 θ_1 和 θ_2 的最大公约数(gcd)，其表达式为

$$\gamma = \gcd(\theta_1, \theta_2) \tag{4-90}$$

双波片旋转过程中，LR1的缪勒矩阵与 LR2 的缪勒矩阵相乘将会产生一系

列的和频与差频项，这些频率项可以写为$\cos(2n\gamma q)$与$\sin(2n\gamma q)$的三角函数形式，其中的 q代表第 q 次测量，n 为自然数。n 的最大值 N 由 γ、θ_1、θ_2来确定，其表达式为

$$N=\frac{2(\theta_1+\theta_2)}{\gamma} \tag{4-91}$$

那么第 q 次测量得到的光强数据就可以写为普通的傅里叶级数的形式：

$$\boldsymbol{I}(q)=a_0+\sum_{n=1}^{N}[\cos(2n\gamma q)+b_n\sin(2n\gamma q)] \tag{4-92}$$

与解析校准法相同，首先对实验测量得到的光强数据用式(4-92)计算$2N+1$项傅里叶系数，然后根据式(4-91)用计算得到的傅里叶系数重建光强数据，接着使用重建的光强数据来代替原始光强数据，以进一步降低光强的噪声。

与解析校准法相同，这里考虑5个系统误差，分别是 LR1与 LR2 的相位延迟 δ_1与δ_2，LR1、LR2、LP2 的角度误差ε_3、ε_4、ε_5，另外添加一项光强误差即CCD 的本底噪声μ，那么第q次测量得到的光强数据用旋转双波片的误差模型可以写为

$$\begin{aligned}\boldsymbol{I}(q)=\mu+c\eta\boldsymbol{M}_{\mathrm{LP2}}(\varepsilon_5)\boldsymbol{M}_{\mathrm{LR2}}\left(\delta_2,(q-1)\theta_2+\varepsilon_4\right)\\ \cdot\boldsymbol{M}_{\mathrm{sample}}\boldsymbol{M}_{\mathrm{LR1}}\left(\delta_1,(q-1)\theta_1+\varepsilon_3\right)\boldsymbol{M}_{\mathrm{LP1}}\boldsymbol{S}_{\mathrm{in}}\end{aligned} \tag{4-93}$$

式中，c为斯托克斯向量的第一项，即光强项；η为缩放系数。由于在误差模型中都要对缪勒矩阵的m_{11}做归一化处理，整个系统的归一化系数就是这里的缩放系数η。

假定总测量次数为Q，那么光强数据 $\boldsymbol{I}$ 就是一个 $Q\times 1$的矩阵，第q次测量的起偏矩阵$\boldsymbol{G}(q)$和检偏矩阵$\boldsymbol{A}(q)$分别写作

$$\begin{aligned}\boldsymbol{G}(q)&=\boldsymbol{M}_{\mathrm{LR1}}\left(\delta_1,(q-1)\theta_1+\varepsilon_3\right)\boldsymbol{M}_{\mathrm{LP1}}\boldsymbol{S}_{\mathrm{in}}\\ \boldsymbol{A}(q)&=c\boldsymbol{M}_{\mathrm{LP2}}(\varepsilon_5)\boldsymbol{M}_{\mathrm{LR2}}\left(\delta_2,(q-1)\theta_2+\varepsilon_4\right)\end{aligned} \tag{4-94}$$

式中，$\boldsymbol{G}(q)$和$\boldsymbol{A}(q)$分别为 4×1 和 1×4的矩阵，完整的起偏矩阵$\boldsymbol{G}$和完整的检偏矩阵 $\boldsymbol{A}$为$4\times Q$和$Q\times 4$的矩阵。使用$\boldsymbol{G}(q)$和$\boldsymbol{A}(q)$化简式(4-94)，可得

$$I(q)=\mu+\eta\boldsymbol{A}(q)\boldsymbol{M}_{\mathrm{sample}}\boldsymbol{G}(q) \tag{4-95}$$

用$\boldsymbol{F}$代表测量系统的仪器矩阵，对样品的缪勒矩阵$\boldsymbol{M}_{\mathrm{sample}}$做向量化处理，则式(4-95)可以写为

$$\boldsymbol{I}-\boldsymbol{J}\mu=\eta\boldsymbol{F}\mathrm{vec}\left(\boldsymbol{M}_{\mathrm{sample}}\right) \tag{4-96}$$

式中，$\boldsymbol{J}$为$Q\times 1$的全1矩阵；$\boldsymbol{F}$为$Q\times 16$的仪器矩阵。第 q 行的仪器矩阵可以利用克罗内克尔积(⊗)按如下方式来构建：

$$\boldsymbol{F}^{\mathrm{T}}(q)=\operatorname{vec}\left[\boldsymbol{G}^{\mathrm{T}}(q)\otimes\boldsymbol{A}^{\mathrm{T}}(q)\right] \tag{4-97}$$

使用空气或者任意已知的标准样品来标定系统，则前向测量系统的校准就转变为求解式(4-96)所描述的 Q 个方程组成的方程组。需要注意的是，在求缪勒矩阵时，式(4-96)是一个简单的线性方程组；在计算系统误差的过程中，式(4-96)描述的则是一个非线性方程组。求解该非线性方程组可以利用LM(Levenberg-Marquardt)算法[18]，一次性同时求解 5 个系统误差和 1 个光强误差。计算出系统误差后，可以利用式(4-97)构建测量系统的仪器矩阵，完成对系统的校准。校准完毕后的测量系统可以用来测量任意未知的样品缪勒矩阵，样品缪勒矩阵的计算公式为

$$\operatorname{vec}\left(\boldsymbol{M}_{\text{sample}}\right)=\operatorname{pinv}(\boldsymbol{F})(\boldsymbol{I}-\boldsymbol{J}\mu) \tag{4-98}$$

4.4.3　系统误差校准方法的对比

在实验室基于双波片旋转的透射式缪勒矩阵显微镜上分别应用解析校准法、特征值校准法和数值求解校准法定量地比较它们的校准结果，选择空气和参数已知的1/4波片作为标准样品，选择HeLa细胞作为真实样品。选择标准样品进行比较可以为不同校准方法提供精确的定量信息，因为标准样品的缪勒矩阵已知或在知道角度的情况下可以精确计算。但是，标准样品和真实样品之间还有差距。例如，标准样品无法提供成像所需的散射光。因此，实验中也利用真实样品进行了比较。真实样品，尤其是 HeLa 细胞的使用主要有三个意义：①HeLa 细胞的切片作为样品可以提供散射光，符合真实样品的测量情况。②HeLa 细胞样品本身厚度非常有限，这就意味着样品本身的信号较弱，因此 HeLa 细胞作为缪勒成像的实验样本，具有重要的探索意义[19]。一方面，这对成像质量提出了更高的要求，另一方面也是对弱信号样品缪勒成像的一个探索。③在对真实样品的缪勒矩阵事先缺少先验知识的情况下，如何定量、定性地讨论缪勒矩阵的成像质量具有重要意义。下面针对标准样品和真实样品进行讨论。

1. 基于标准样品

使用基于双波片旋转的透射式缪勒矩阵显微镜系统对空气和1/4波片两种标准样品进行测量，以比较三种校准方法的校准效果。为比较三种校准方法在前向透射式缪勒矩阵显微镜成像系统中的性能，同时使用空气和同一波片作为标准样

品。三种方法校准完全相同的系统后，对同一标准样品进行5次测量，并将测量结果与标准缪勒矩阵进行比较，将测量得到的缪勒矩阵和理论缪勒矩阵的差值作为误差。接下来计算校准结果的准确性和精确度，以比较这三种方法的性能。具体使用如下公式：

$$\text{average} = \frac{1}{5}\sum_{i=1}^{5}\text{test}_i$$

$$\text{accuracy} = \frac{1}{5}\sum_{i=1}^{5}|\,\text{test}_i - \text{true}\,| \tag{4-99}$$

$$\text{precision} = \sqrt{\frac{1}{5}\sum_{i=1}^{5}(\text{test}_i - \text{true})^2}$$

式中，test_i 代表第 i 次测量；true 代表理论值。此外，还使用相对误差来计算校准效果[13]，具体公式为

$$\text{relative} - \text{error} = \frac{\left|\boldsymbol{M}_{\text{standard}} - \boldsymbol{M}\right|}{\left|\boldsymbol{M}_{\text{standard}}\right|}$$
$$\left|\boldsymbol{M}\right| = \sqrt{\sum \boldsymbol{M}_{ij}^2} \tag{4-100}$$

图 4.8 给出了标准样品为空气时三种校准方法的定性结果，红、绿、蓝三种颜色分别代表解析校准法、数值求解校准法和特征值校准法校准后的误差分布。16 个横坐标代表缪勒矩阵的 16 个阵元。从图中可以明显看出，绿色的块更集中且值更接近 0，说明数值求解校准法结果更加稳定且更接近理论值。蓝色的块更分散，说明特征值校准法效果相对较差。从表 4.2 中可以看出，定量的结论同上述定性的结论是一致的。数值求解校准法无论是从精确度、准确度还是从缪勒矩阵相对误差的角度来说，都是表现最好的。接下来讨论基于 1/4 波片时三种校准方法的定性结果。作为样品的 1/4 波片的角度为 100°。

图 4.9 给出了基于角度为 100°的 1/4 波片时三种校准方法的定性结果。结论与空气的结论一致，即数值求解校准法结果更加稳定且更接近理论值，而特征值校准法效果相对较差。与空气误差分布不同的是，三种方法的误差分布离纵坐标零值更远了，也就是说三种方法普遍效果变差。表 4.3 提供的定量结论同图 4.9 中的定性结论一致，即数值求解校准法效果最好，因为误差的准确度、精确度和相对误差值都最小，解析法次之，特征值校准法效果最差。

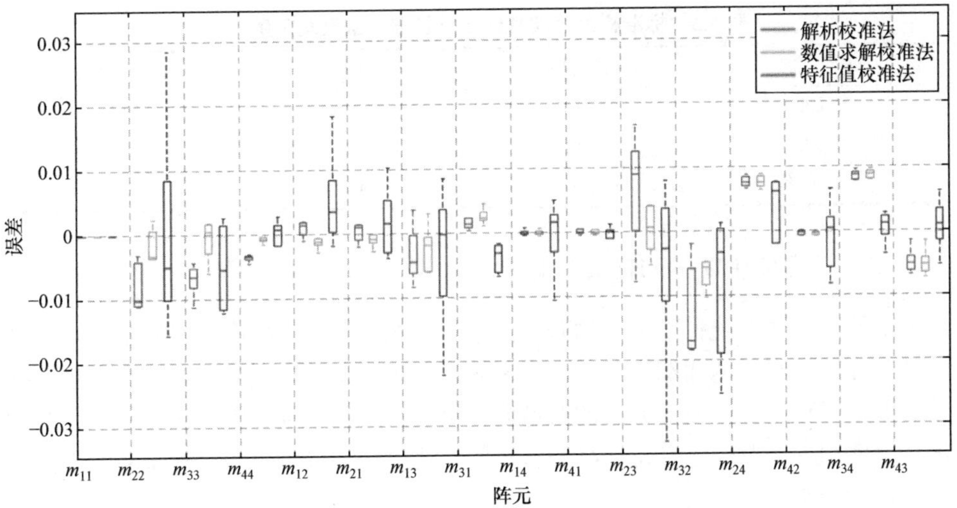

图 4.8　标准样品为空气时三种校准方法箱形图

表 4.2　标准样品为空气时三种校准方法误差定量分析

准确性指标	解析校准法	数值求解校准法	特征值校准法
准确度	0.0045	0.0029	0.0054
精确度	0.0022	0.0015	0.0069
相对误差	0.0032	0.0018	0.0039

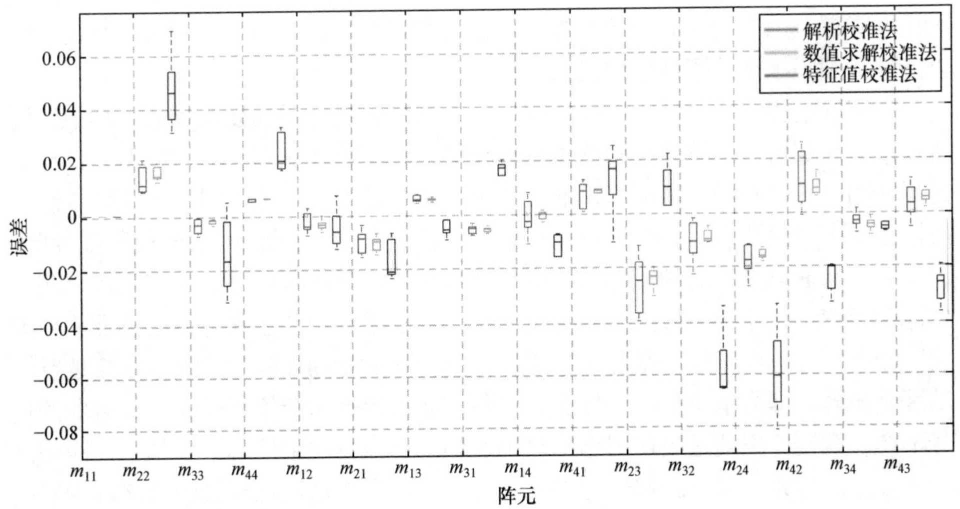

图 4.9　标准样品为波片时三种校准方法箱形图

表 4.3　标准样品为波片时三种校准方法误差定量分析

准确性指标	解析校准法	数值求解校准法	特征值校准法
准确度	0.0087	0.0080	0.0221
精确度	0.0048	0.0019	0.0087
相对误差	0.0059	0.0052	0.0144

2. 基于真实样品——HeLa 细胞

对缪勒成像系统校准方法的研究，最终目的都是为了提高成像质量。对于真实样品而言，真实的缪勒矩阵往往是未知的，也就是缺少先验知识。在这种情况下，要定量讨论不同校准方法的成像质量具有一定的难度，因为没有可以作为标准的真实值。因此，选择将样品和背景的对比度作为最重要的指标来衡量不同校准方法的效果。

对于任何成像系统而言，图像的对比度都是非常重要的评价指标。对比度太低，样品的信息会淹没在背景的噪声中，无论是定量还是定性，都无法提供被噪声淹没的有效信息。偏振成像的重要优点就是提高了图像的对比度。为了定量比较不同校准方法的成像对比度，这里选择 HeLa 细胞作为真实样品。HeLa 细胞作为一种被广泛研究和接受的细胞，具有重要的生物医学意义。载玻片上单层 HeLa 细胞厚度有限，其所能提供的信号较弱。以单层细胞切片为代表的弱偏振生物样本在偏振成像过程中得到的缪勒矩阵质量较差，因为样品厚度有限，能够提供的偏振信号强度也有限，很容易淹没在 CCD 引入的背景噪声中，导致图像对比度降低。用缪勒显微成像系统对其进行测量并比较不同校准方法的对比度，也能够为细胞级别的缪勒成像提供指导意义。

在实验过程中，对同一样品、同一位置的细胞进行缪勒显微成像。其中，解析校准法和数值求解校准法的测量流程相同，故使用了相同的原始数据，仅校准过程使用的算法不同。特征值校准法因为测量和校准流程都不同于前两种方法，所以进行了单独测量。整个测量过程中样品位置未改变，光源光强、曝光时间未改变，所选取显微镜的物镜都未改变。图 4.10 第二列显示了 HeLa 细胞实际测量的缪勒矩阵。从左到右依次是解析校准法、数值求解校准法和特征值校准法校准后的缪勒矩阵。由于样品很薄，利用 m_{11} 归一化后缪勒矩阵的结果非常接近空气的缪勒矩阵，即为单位矩阵。然而，对角阵元值接近 1 会使得样品本身较弱的信号不便于观察，因此这里使用范围较小的颜色条以方便定性观察。其中，对角阵元 m_{11}、m_{22}、m_{33} 和 m_{44} 都进行了减一处理。本书将这样处理过的矩阵称为减一缪勒矩阵。由于所有阵元都利用 m_{11} 阵元进行了归一化，包括 m_{11} 阵元本身，三组矩阵的 m_{11} 阵元值都为 0。从 HeLa 细胞周围空气的缪勒矩阵结果噪声较大可以看出，特征值校准法的校准效果较差，部分阵元甚至淹没了细胞本身的信号。此外，为了定量比较三种校准方法得到的缪勒矩阵的对比度，将缪勒矩阵图像分割为细胞和空气两部分，并将细胞区域作为感兴趣区域，如图 4.10 第 1 列所示。

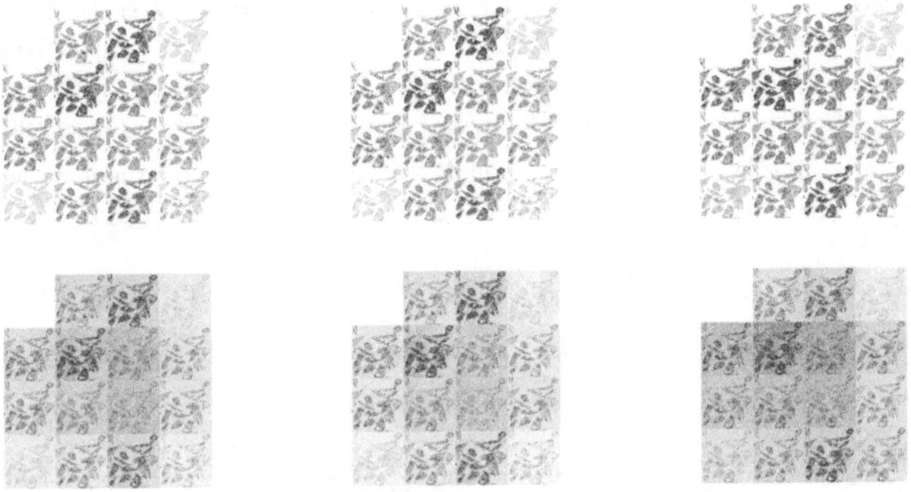

图 4.10　三种校准方法对 HeLa 细胞的校准结果

第一行和第二行分别显示了分割细胞区域后和分割细胞区域前的缪勒矩阵

实验中得到了三种校准方法的缪勒矩阵及细胞和空气区域的掩膜。下面计算缪勒矩阵中细胞和空气的对比度。首先计算两部分各自的标准差和均值，然后计算这两部分的变异系数，接着计算其对比度，如表 4.4 所示。结果显示，数值求解校准法计算细胞部分相比于空气部分的对比度稳定度最高，其次是解析校准法，特征值校准法对比度普遍最低，这意味着数值校准法更容易将细胞从空气中识别出来。

表 4.4　三种校准方法细胞、空气两部分的对比度

校准法	m_{11}	m_{12}	m_{13}	m_{14}	m_{21}	m_{22}	m_{23}	m_{24}
解析校准法	0.0	6.66	4.04	4.6	5.49	1.74	2.57	7.49
数值求解校准法	0.0	8.53	4.01	6.50	6.45	2.01	3.81	9.05
特征值校准法	0.0	3.26	2.74	2.90	4.24	1.31	2.21	4.18

校准法	m_{31}	m_{32}	m_{33}	m_{34}	m_{41}	m_{42}	m_{43}	m_{44}
解析校准法	6.30	3.42	0.48	7.00	4.88	6.62	3.30	0.70
数值求解校准法	7.26	4.48	0.58	8.43	6.45	7.37	3.08	0.76
特征值校准法	3.74	2.59	0.47	3.63	2.98	3.92	2.78	0.66

除对比度之外，实验还尝试在图像处理领域广泛使用图像质量评价(image quality evaluation，IQE)算法对三种校准方法进行比较。对于全参考图像质量评价方法而言，参考图像是必需的，由于难以获得真实样品的偏振图像进行参考，这里选择三种校准方法得到的缪勒矩阵图像分割后的细胞区域作为各自的参考图像，如图 4.10 第一列所示。共选择了两种参考图像质量评价指标：峰值信噪比(peak signal-to-noise ratio，PSNR)和结构相似性。峰值信噪比是全参考图像评价算法中最简单、应用最广泛的算法。它描述的是信号的最大可能能量相对于噪声的比率，通常同信噪比一样，以分贝作为单位。它由均方误差(mean squared error，MSE)定义。均方误差是一种广泛使用的全参考图像矩阵，定义为

$$\mathrm{MSE}=\frac{1}{mn}\sum_{i=1}^{m}\sum_{j=1}^{n}[\boldsymbol{I}(i,j)-\boldsymbol{K}(i,j)]^2 \tag{4-101}$$

式中，(i, j)为单个像素点的坐标；m、n为图像的尺寸；$\boldsymbol{I}$、$\boldsymbol{K}$分别代表真实图像和参考图像。在均方误差的基础上，峰值信噪比定义为

$$\mathrm{PSNR}=10\lg\left(\frac{\mathrm{MAX}_I^2}{\mathrm{MSE}}\right) \tag{4-102}$$

式中，MAX_I 为图像中最大的像素值。同信噪比一样，峰值信噪比计算结果值越高说明图像中信号相对于噪声的比率越高。根据以上公式，可以计算单通道图像的峰值信噪比。但是对于缪勒矩阵图像而言，有 16 个阵元，相当于对同一样品而言，图像有 16 个通道。对 16 个阵元分别计算峰值信噪比，结果如表 4.5 和图 4.11 所示。可以看出，数值求解校准法的峰值信噪比普遍最高，特征值校准法峰值信噪比普遍最低。

表 4.5　HeLa 细胞三种校准方法缪勒矩阵峰值信噪比结果

校准法	m_{11}	m_{12}	m_{13}	m_{14}	m_{21}	m_{22}	m_{23}	m_{24}
解析校准法	Inf	35.18	31.22	41.47	34.24	28.51	30.03	36.73
数值求解校准法	Inf	37.30	32.08	43.87	35.56	29.39	32.22	37.72
特征值校准法	Inf	35.40	32.76	42.59	29.58	24.74	26.65	33.13
校准法	m_{31}	m_{32}	m_{33}	m_{34}	m_{41}	m_{42}	m_{43}	m_{44}
解析校准法	35.53	32.53	29.94	36.85	42.72	37.05	32.80	42.31
数值求解校准法	36.59	34.20	31.37	38.24	44.74	38.48	33.79	43.46
特征值校准法	31.69	29.51	28.51	35.71	36.55	34.46	30.84	33.99

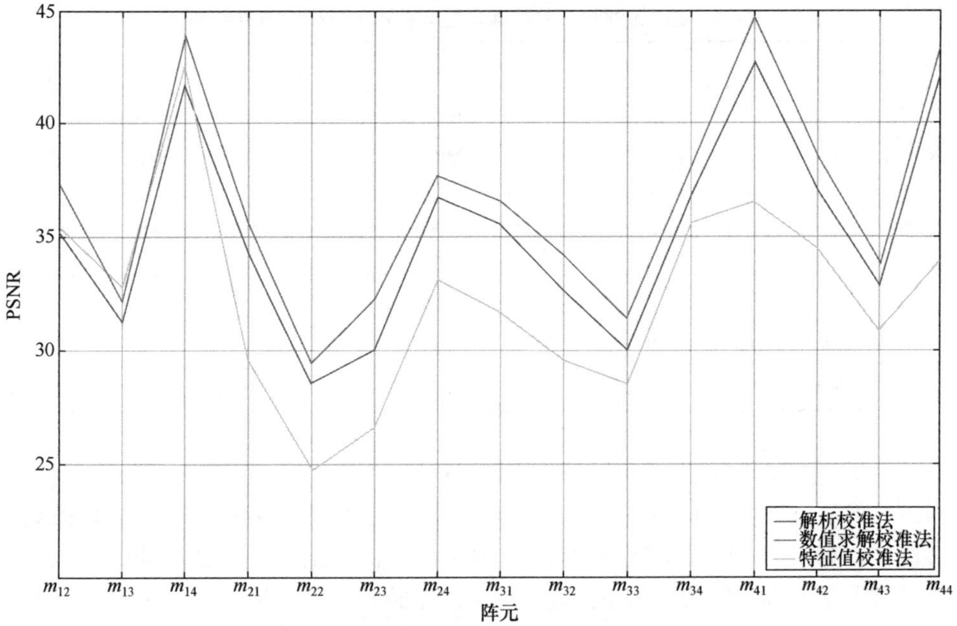

图 4.11　HeLa 细胞三种校准方法缪勒矩阵峰值信噪比结果折线图

相比于峰值信噪比所代表的传统图像品质衡量指标，结构相似性指标对图像质量评价与人眼判断更加接近。其计算公式为

$$\mathrm{SSIM}(x,y)=\left[l(x,y)\right]^{a}\left[c(x,y)\right]^{b}\left[s(x,y)\right]^{g} \tag{4-103}$$

$$l(x,y)=\frac{2\mu_x\mu_y+C_1}{{\mu_x}^2+{\mu_y}^2+C_1}$$

$$c(x,y)=\frac{2\sigma_x\sigma_y+C_2}{{\sigma_x}^2+{\sigma_y}^2+C_2}$$

$$s(x,y)=\frac{\sigma_{xy}+C_3}{\sigma_x\sigma_y+C_3}$$

式中，x、y 分别代表参考图像和失真图像；l 代表亮度；c 代表对比度；s 代表结构；μ_x、μ_y 代表均值；σ_x、σ_y 代表方差；σ_{xy} 代表协方差。结构相似性越大，代表两个图像的相似度越高，即图像质量越好。对三种校准方法的缪勒矩阵图像进行结构相似性计算，结果如表 4.6 和图 4.12 所示。可以看出，数值求解校准法的结构相似性指数普遍最高，解析校准法次之，特征值校准法的结构相似性指数普遍最低，同峰值信噪比的结论一致。

表 4.6　HeLa 细胞三种校准方法缪勒矩阵结构相似性结果

校准法	m_{11}	m_{12}	m_{13}	m_{14}	m_{21}	m_{22}	m_{23}	m_{24}
解析校准法	1	0.67	0.65	0.90	0.69	0.69	0.56	0.80
数值求解校准法	1	0.79	0.70	0.943	0.75	0.73	0.63	0.74
特征值校准法	1	0.74	0.66	0.91	0.54	0.61	0.48	0.63
校准法	m_{31}	m_{32}	m_{33}	m_{34}	m_{41}	m_{42}	m_{43}	m_{44}
解析校准法	0.78	0.66	0.64	0.78	0.92	0.79	0.66	0.96
数值求解校准法	0.80	0.79	0.71	0.81	0.95	0.85	0.73	0.98
特征值校准法	0.61	0.51	0.64	0.74	0.76	0.67	0.62	0.86

为了评价三种校准方法的校准性能，这里选用无参考图像质量评价方法中的自然图像质量评价(natural image quality evaluator，NIQE)算法[20]。该方法无须参考图像，利用失真图像特征模型参数与预先建立的恒定模型参数之间的差距来评价图像质量。该算法的值越小，说明图像质量越好。由于是无参考图像质量评价方法，直接使用三种校准方法给出的三组缪勒矩阵图像直接分阵元进行计算。结果如表 4.7 和图 4.13 所示。可以看到，对于大部分阵元，数值求解校准法的 NIQE 普遍最小，解析校准法次之，特征值校准法的 NIQE 值普遍最大。

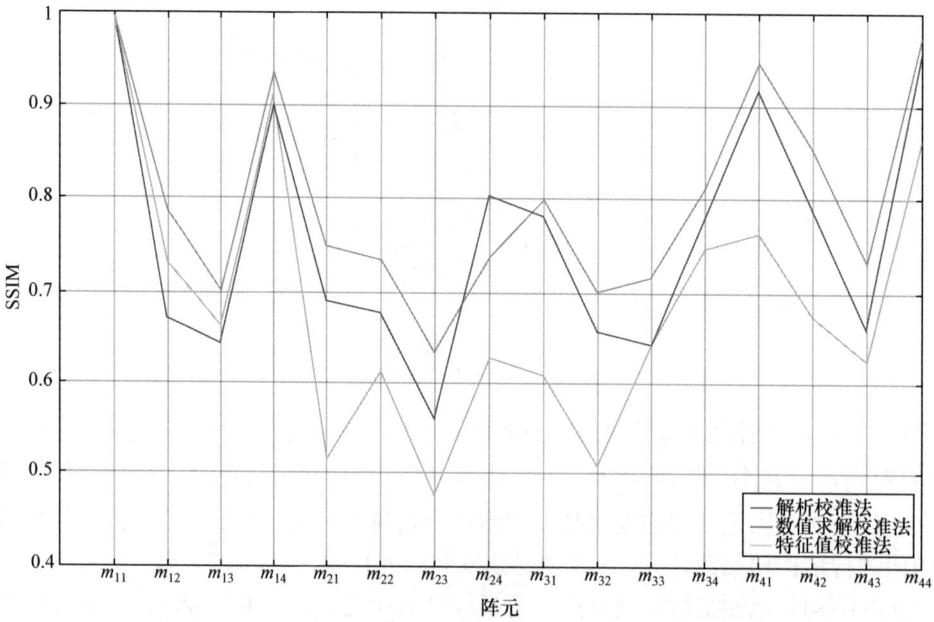

图 4.12　HeLa 细胞三种校准方法缪勒矩阵结构相似性结果折线图

表 4.7　HeLa 细胞三种校准方法缪勒矩阵自然图像质量评价结果

校准法	m_{11}	m_{12}	m_{13}	m_{14}	m_{21}	m_{22}	m_{23}	m_{24}
解析校准法	100	36.95	38.58	11.53	36.98	41.50	60.10	36.03
数值求解校准法	100	22.46	29.10	5.46	23.87	31.60	52.52	20.35
特征值校准法	100	50.08	54.49	39.86	27.43	46.12	58.68	43.18

校准法	m_{31}	m_{32}	m_{33}	m_{34}	m_{41}	m_{42}	m_{43}	m_{44}
解析校准法	33.90	53.18	62.48	32.81	6.60	23.23	29.18	6.43
数值求解校准法	20.01	43.20	57.00	18.34	5.16	10.15	18.94	5.70
特征值校准法	35.12	65.53	61.33	40.80	7.01	45.04	40.88	25.83

总体而言，实验结果显示三种校准方法中图像质量最好的是数值求解校准法，解析校准法效果次之，特征值校准法效果最差。本节将图像领域的质量评价算法和缪勒矩阵的性质结合用于评价缪勒矩阵图像。所使用的三种图像质量评价算法各有优劣，PSNR 和 SSIM 充分利用已知的空气缪勒矩阵的先验知识，评价信号相对于已知噪声的比率关系，能够给出可信的评价结果，但对于测量区域没有空气背景的样品缪勒矩阵质量评价束手无策。NIQE 作为一种全盲的评价方法，给出与前两种算法一致的结果，但不需要人工构造参考图像，操作更为简便，且适合用于各种样品的缪勒矩阵图像。

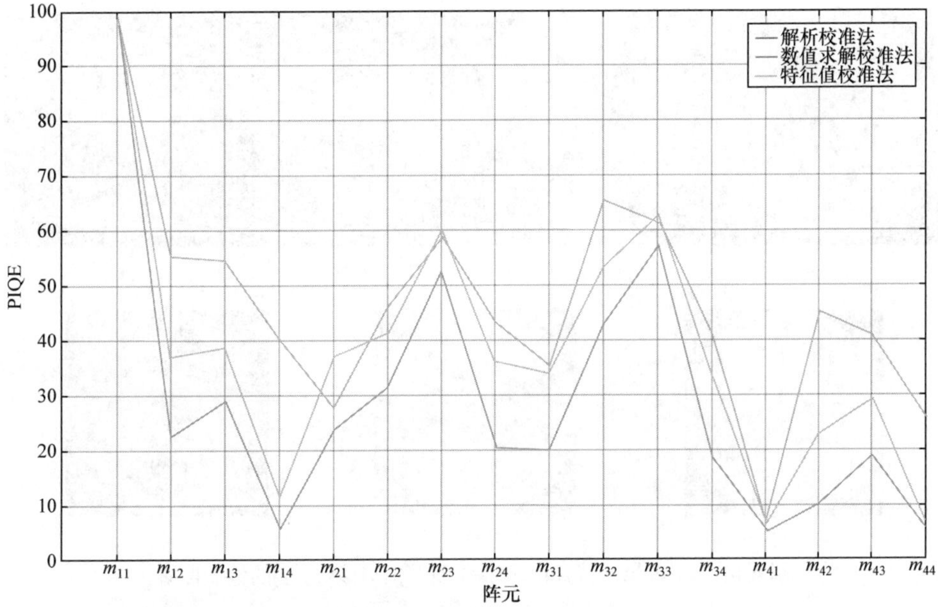

图 4.13　HeLa 细胞三种校准方法缪勒矩阵自然图像质量评价结果折线图

4.4.4 非偏振元件偏振残差的校准

4.4.2 节讨论的校准方法主要针对偏振元件的系统误差，如偏振片和波片本身的误差及其转动的角度误差等。偏振测量系统中，起偏器和检偏器之间经常需要使用一些光学元件，如成像系统中的透镜，一般认为这些元件是非偏振元件，不对偏振测量产生影响，即光线在经过透镜等成像系统时其偏振态不发生改变。然而，正如偏振元件具有偏振误差一样，透镜等非偏振元件也会具有某种程度的偏振残差，即光线在经过透镜等成像系统时其偏振态发生一定程度的改变。这种改变通常表现为透镜残余的双折射和透镜弯曲表面产生的退偏现象。

通常玻璃材质透镜残余的双折射较小，但对于一些有机材料制作的透镜，或者尺寸较小的透镜，其残余的双折射引起的相位延迟将会达到较显著的水平，并显著影响偏振测量的精度。例如，Wolfe 等发现透镜会因为内部应力双折射产生中心对称的相位延迟和快轴角度分布，对透镜进行退火处理可以降低应力双折射的大小，如图 4.14(a1)～(a4)所示。(a1)和(a2)分别为退火前的线相位延迟和快轴角度；(a3)和(a4)分别为退火后的线相位延迟和退偏。同时，受退火过程中透镜镀膜破裂等因素的影响，会产生很多非常微小的偏振态空间浮动，在有限的成像分辨率下会产生退偏的结果[21]。Wood 等在研究偏振内窥镜时发现，硬管内窥镜的石英光学窗口会对偏振成像造成影响，且对不同角度光线的影响不同，如图 4.14(b1)～(b3)所示[22]。(b1)、(b2)和(b3)分别为退偏、二向色性和线相位延迟。

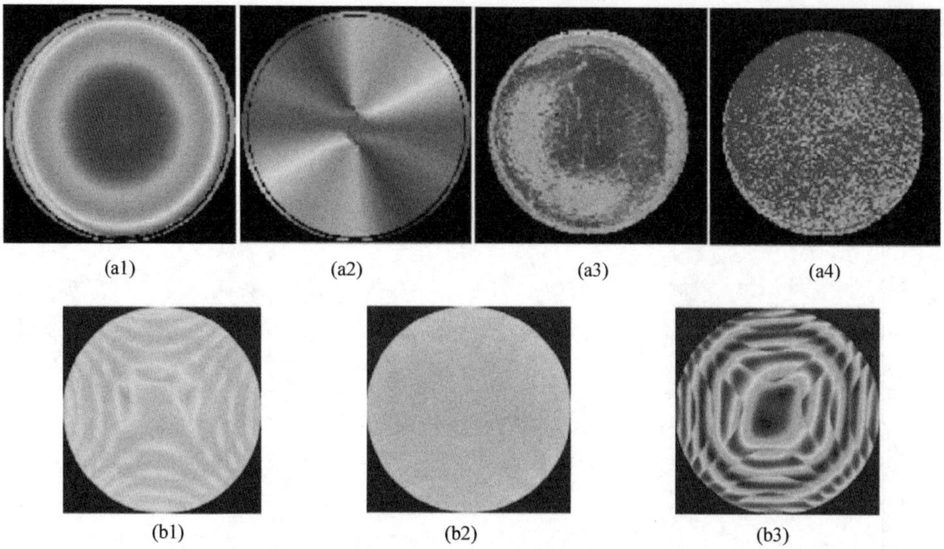

图 4.14　透镜(第一行)和内窥探头石英窗口(第二行)的偏振性质

普通光学透镜使用弯曲的透镜表面弯折光线，而 GRIN lens 的前后表面是平面，但折射率沿半径方向向外服从抛物线分布，光线在 GRIN lens 内部按照正弦曲线传播，如图 4.15(a)和(c)所示。相比于普通光学透镜，GRIN lens 在体积、重量和灵活性上具有优势，能够满足微型内窥镜的需求。然而，在实际使用 GRIN lens 进行偏振内窥实验验证时发现，GRIN lens 自身具有明显的双折射，该双折射为应力双折射，沿透镜半径方向，透镜中心双折射接近 0，从中心沿半径向外方向双折射不断增加，双折射截面满足径向对称，如图 4.15(b)所示[23]。

根据测算，GRIN lens 的双折射大小在 10^{-5} 量级左右，双折射值虽然较小，但对于较长的 GRIN lens，相位延迟值可以很大，甚至超过 360°。在使用 GRIN lens 作为物镜或中继透镜进行偏振成像时，GRIN lens 巨大的相位延迟会对偏振成像造成极大的干扰，GRIN lens 的偏振性质会覆盖在样品原本的偏振性质上，使得样品原有的偏振性质难以识别。

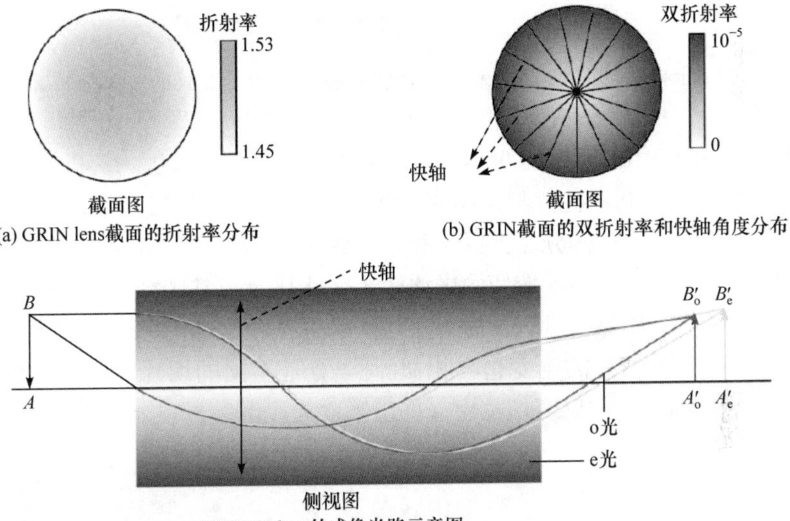

(a) GRIN lens截面的折射率分布　(b) GRIN截面的双折射率和快轴角度分布

(c) GRIN lens的成像光路示意图

图 4.15　GRIN lens 的偏振性质与成像光路示意图

AB 为物，$A'_oB'_o$ 和 $A'_eB'_e$ 为 o 光和 e 光对应的像

例如，使用如图 4.16 所示的装置对皮肤癌变切片样品进行背向偏振成像，作为背向内窥成像的前期验证。起偏器和检偏器之间包含样品和物镜系统 A，因此测量的是样品和物镜系统 A 总体的偏振性质。(a)为任意角度缪勒矩阵测量系统示意图，A 模组可在显微物镜和GRIN lens之间切换，探测臂 A-Q2-P2-L2-CCD 能够绕样品旋转以测量不同角度的散射图像。(b)为前向缪勒矩阵测量系统用来测量 GRIN lens 的偏振性质，GRIN lens 的双折射沿径向增加。在本实验中使用的是傍轴光线。(c)为测试过的 GRIN lens，本书使用 GRIN lens 得到的结果在图中虚线框内。实验发现，若物镜系统 A 使用普通显微物镜或光学透镜，则由于

普通显微物镜或光学透镜的偏振残差非常小，样品和物镜系统 A 总体的偏振性质与样品的偏振性质基本相同；若物镜系统 A 使用 GRIN lens，则由于 GRIN lens 的偏振残差非常大，样品和物镜系统 A 总体的偏振性质与样品的偏振性质将大相径庭，样品真实的偏振图像将会被极大地扰乱。

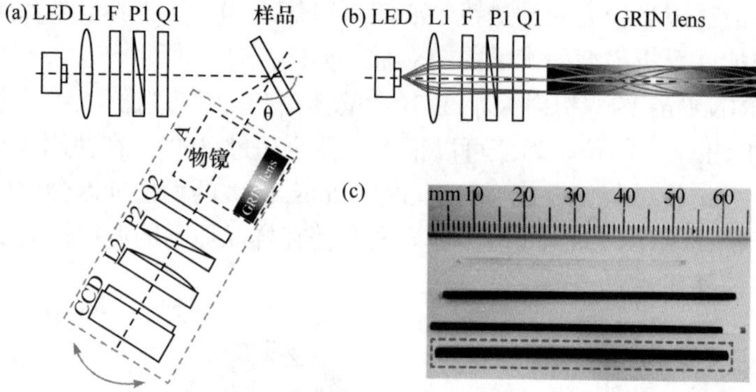

图 4.16　缪勒矩阵测量系统示意图及所用 GRIN lens 的实物图

L1-准直透镜；L2-成像透镜；F-带通滤光片；P1，P2-偏振片；Q1，Q2-1/4 波片

图 4.16 中使用的 GRIN lens 是耳镜的成像器件，长度为 60mm，直径为 2mm，数值孔径为 0.17。待测样品为 28μm 厚的未染色石蜡切片，如图 4.17(b)所示，仅有光强图无法区分癌变区域和正常区域。图 4.17(a)为 4μm 厚的标准 HE 染色石蜡切片，图中癌症区域使用虚线标出，相比于正常区域，癌变区域的颜色更深。上述两种切片都由组织切面依次切下，是互相毗邻的，因此未染色切片的癌变边界应与染色切片的癌变边界相似(但毕竟是不同的切片，因此癌变区域不能保证完全相同)。上述癌变切片由深圳市第六人民医院提供。

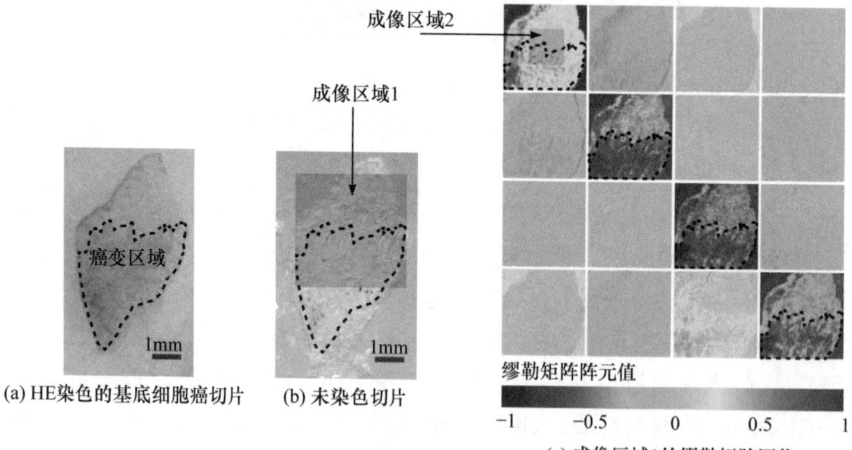

(a) HE染色的基底细胞癌切片　(b) 未染色切片　(c) 成像区域1的缪勒矩阵图像

图 4.17　细胞癌切片的显微图像与缪勒矩阵图像

首先使用显微物镜测量未染色切片的背向缪勒矩阵。该缪勒矩阵测量系统事先已完成校准。测得的缪勒矩阵可认为是样品真实的缪勒矩阵，其已经过归一化，结果如图 4.17(c)所示，可以看出，很多缪勒矩阵阵元能够将癌变边界清晰地显示出来。观察图 4.17(a)所示的 HE 染色图案发现，缪勒矩阵显示出的边界和 HE 染色显示出的边界是吻合的。

然后将显微物镜切换为 GRIN lens 并测量未染色切片的背向缪勒矩阵。由于视场大小和成像放大倍率不同，GRIN lens 成像的区域小于显微物镜的成像区域，如图 4.17(c)中成像区域 2 所示范围，在该区域内使用显微物镜测量的结果如图 4.18(a)所示。使用 GRIN lens 作为物镜测得的样品的缪勒矩阵如图 4.18(b)所示，与样品真实的缪勒矩阵相比，除 m_{11} 外其他阵元都被极大地干扰了，这导致样品的癌变边界无法辨识。

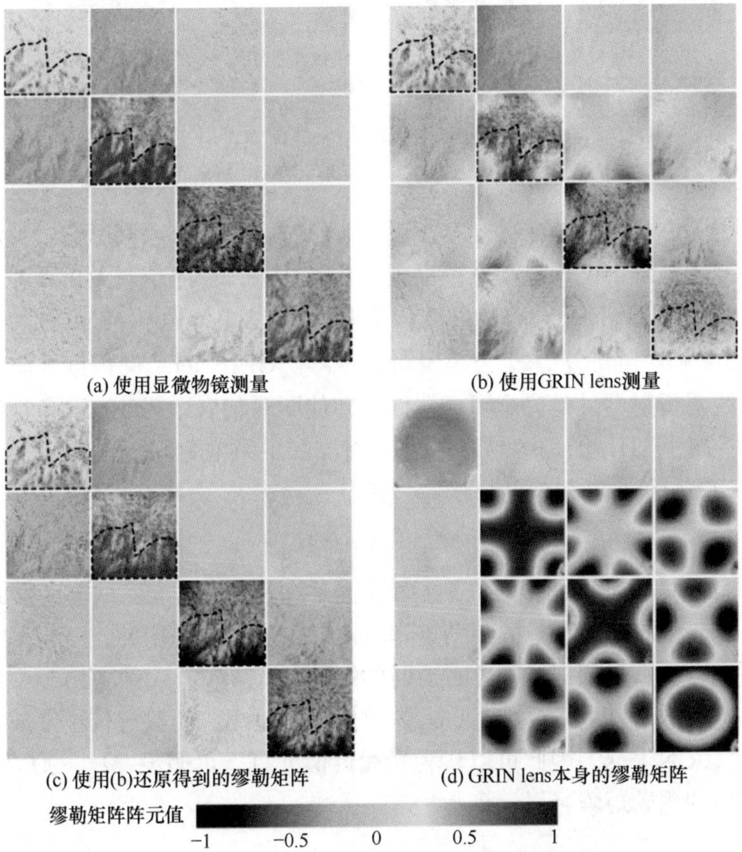

图 4.18　图 4.17 中成像区域 2 的缪勒矩阵图像

缪勒矩阵都经过归一化

为了消除 GRIN lens 对偏振成像的影响，旋转探测臂将缪勒矩阵测量系统切换为前向测量模式，并测量 GRIN lens 本身的缪勒矩阵，其结果如图 4.18(c)所示。图 4.18(d)为 GRIN lens 本身的缪勒矩阵。为了更好地理解 GRIN lens 的偏振性质，这里对 GRIN lens 进行了缪勒矩阵分解，即从缪勒矩阵中提取出物理意义明确的二向色性、相位延迟和散射退偏这 3 个参量的大小，如图 4.19 所示，GRIN lens 的偏振性质主要为应力双折射造成的线相位延迟，此外还包含由镜体污渍、表面缺陷及其他因素造成的微弱的二向色性和散射退偏。图 4.19 还表明 GRIN lens 的线双折射是中心对称的，图中并非完全对称主要由于夹持 GRIN lens 的夹具在竖直方向施加了一定的应力。

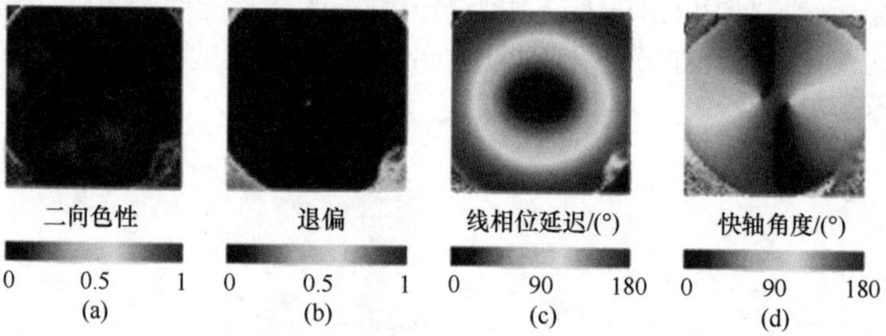

图 4.19 GRIN lens 缪勒矩阵的分解

在测得 GRIN lens 的缪勒矩阵之后，可以在数学上消除其影响。理论上，任意元件的缪勒矩阵都能通过与其缪勒矩阵的逆相乘得到单位对角矩阵即空气的缪勒矩阵，即 $\boldsymbol{M}\times\mathrm{inv}(\boldsymbol{M})=\boldsymbol{E}$ ，除非该元件的缪勒矩阵是不能求逆的。式中，$\mathrm{inv}(\boldsymbol{M})$ 为缪勒矩阵的逆，$\boldsymbol{E}$ 为单位对角矩阵。GRIN lens 的偏振性质主要为线双折射，线双折射器件是完全可逆器件，即使同时包含微弱的二向色性和散射退偏，其缪勒矩阵 $\boldsymbol{M}_{\mathrm{G}}$ 仍是容易求逆的。将样品的缪勒矩阵记为 $\boldsymbol{M}_{\mathrm{S}}$ ，将样品和 GRIN lens 总体的缪勒矩阵记为 $\boldsymbol{M}_{\mathrm{SG}}$ ，有

$$\boldsymbol{M}_{\mathrm{SG}}=\boldsymbol{M}_{\mathrm{S}}\times\boldsymbol{M}_{\mathrm{G}} \tag{4-104}$$

式中，$\boldsymbol{M}_{\mathrm{G}}$ 为样品发出的光线以某一角度分布进入 GRIN lens 时 GRIN lens 的缪勒矩阵。实验中 GRIN lens 的缪勒矩阵与入射光的方向是相关的。图 4.18(d)显示的是使用准直光垂直照射 GRIN lens 时的缪勒矩阵 $\boldsymbol{M}'_{\mathrm{G}}$ ，而图 4.16(a)中样品反射光是有一定发散角度的。GRIN lens 的数值孔径较小，而只有较小发散角的光线才能进入 GRIN lens，因此可以认为光线近似准直。可假设 $\boldsymbol{M}'_{\mathrm{G}}=\boldsymbol{M}_{\mathrm{G}}$ ，则还原得到的样品的缪勒矩阵可以计算为

$$\boldsymbol{M}'_{\mathrm{S}}=\boldsymbol{M}_{\mathrm{SG}}\times\mathrm{inv}\left(\boldsymbol{M}'_{\mathrm{G}}\right) \tag{4-105}$$

图 4.18(a)所示的样品的真实缪勒矩阵记为 $\boldsymbol{M}_{\mathrm{S}}$ 。通过上述方法还原得到的样品的缪勒矩阵如图 4.18(c)所示，与图 4.18(a)相比，样品的癌症边界已经清晰可

见，与样品真实的缪勒矩阵相比也是相近的。为了进一步评价上述还原过程的有效性，图 4.20 定量对比了还原得到的样品缪勒矩阵与真实缪勒矩阵之间的偏差。由于 GRIN lens 对样品中心部分的偏振影响较小，这里选取了远离中心的边缘区

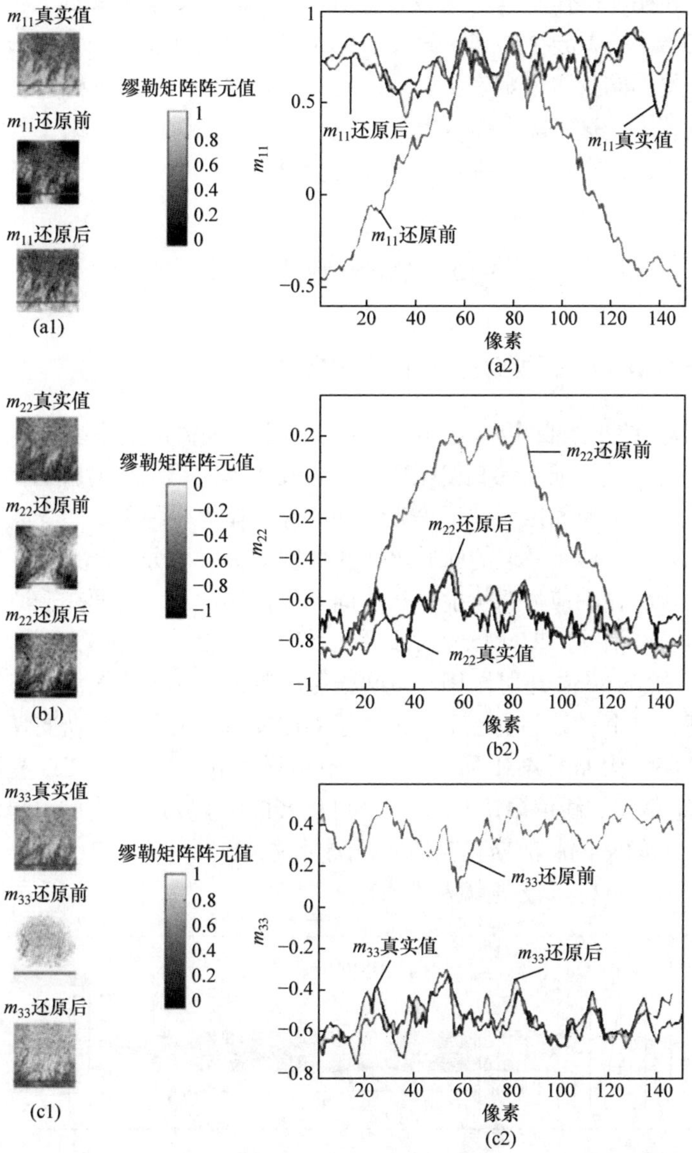

图 4.20　定量对比还原前及还原后样品的缪勒矩阵与样品真实的缪勒矩阵之间的偏差

域的某条直线，并将 $\boldsymbol{M}_{\mathrm{SG}}$、$\boldsymbol{M}'_{\mathrm{S}}$、$\boldsymbol{M}_{\mathrm{S}}$ 的缪勒矩阵阵元 m_{11}、m_{22} 和 m_{33} 沿该直线的数值画出。对于 m_{11}、m_{22} 和 m_{33}，还原前 $\boldsymbol{M}_{\mathrm{SG}}$ 和 $\boldsymbol{M}_{\mathrm{S}}$ 之间的平均偏差为 0.61、0.41、0.90，而还原后 $\boldsymbol{M}'_{\mathrm{S}}$ 和 $\boldsymbol{M}_{\mathrm{S}}$ 之间的平均偏差降低为 0.08、0.08、0.06。因此，通过上述还原操作基本上能够消除 GRIN lens 对偏振成像的严重干扰。还原结果和真实结果的差异主要来自假设条件 $\boldsymbol{M}'_{\mathrm{G}} = \boldsymbol{M}_{\mathrm{G}}$ 的偏离、GRIN lens 和显微物镜的光学像差不同及缪勒矩阵测量系统的误差。此外，还原过程中使用了两次缪勒矩阵测量结果，这可能会引入更大的测量误差，同时，对一组实验结果 $\boldsymbol{M}'_{\mathrm{G}}$ 进行了求逆操作，这有可能会进一步放大实验误差。

4.5　偏振测量装置

4.5.1　基于 GRIN lens 的斯托克斯向量测量仪

4.4.4 节介绍了当自聚焦透镜(GRIN lens)用于偏振测量系统中的光线聚焦和成像时，如何通过校准去除其偏振残差对缪勒矩阵测量结果的影响， GRIN lens 在其中被视作一个非偏振元件聚焦光线并成像。作为一种重要的分波前偏振调制器件，GRIN lens 具有平坦的前后表面和梯度变折射率分布，其在制作加工过程中会产生比较明显的应力双折射分布等固有偏振属性。一方面在普通光学应用中往往希望尽可能消除 GRIN lens 对成像结果产生的影响，另一方面由于其自带的偏振性质，GRIN lens 还可以用作空间偏振调制进而实现光线偏振态的测量。基于以上想法，本书设计并实现了一种基于 GRIN lens 的斯托克斯向量测量仪，实验的整体光路结构如图 4.21 所示[26]。图中左侧使用一个准直 LED 光源、滤光片 F、一个固定角度的线偏振片 P1 和一个可旋转的 1/4 波片 Q 构成了起偏器。图中右侧为基于 GRIN lens 的斯托克斯向量测量仪，包括一个 GRIN lens、一个固定角度的线偏振片 P2、成像透镜及 CCD。

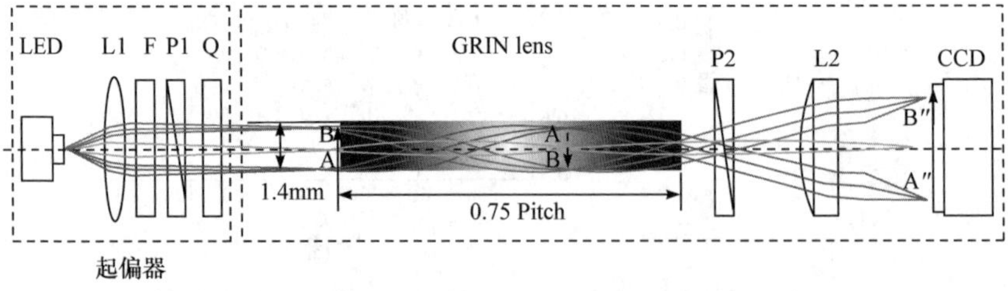

图 4.21　起偏器和基于 GRIN lens 的斯托克斯向量测量仪的结构图[26]

相比二向色性和退偏，GRIN lens 的偏振效应主要体现在相位延迟上。缪勒矩阵极化分解得到的 GRIN lens 的相位延迟和快轴角度如图 4.22 所示[26]。可以看到其线性相位延迟大小由中心向边缘逐渐增加，且非线性增加，此外其快轴角度随着方位角均匀变化。因此，可以将 GRIN lens 等效为 n 个具有不同线性相位延迟大小和不同快轴角度的子波片，由于其偏振效应对称分布，实际上 GRIN lens 具有 $n/2$ 个检偏通道。当起偏器产生的具有特定偏振态的入射光穿过 GRIN lens 和线偏振片 P2 时，CCD 即可接收到经过偏振调制的特定的光强图案，且不同入射偏振态会对应不同的图案。图 4.23(a)给出了 6 种不同偏振态入射光下 CCD 接收的光强图案，分别对应 0°线偏振光(H)、90°线偏振光(V)、45°线偏振光(P)、135°线偏振光(M)、左旋圆偏振光(L)和右旋圆偏振光(R)。图 4.23(b)给出了 GRIN lens 的相位延迟和快轴角度分布，图中环形子区域内的相位延迟值相等。

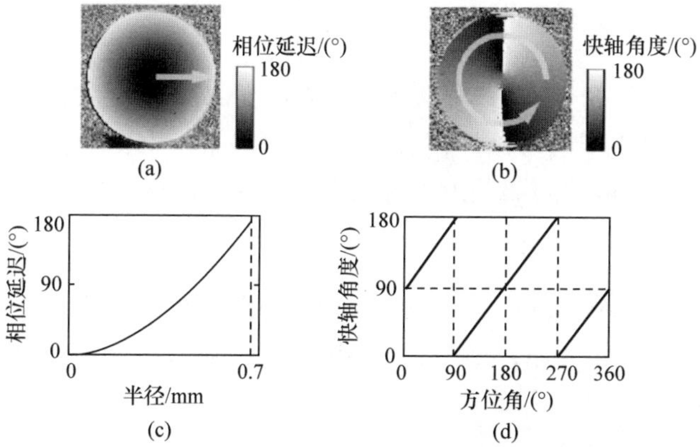

图 4.22　GRIN lens 线性相位延迟和快轴角度的分布

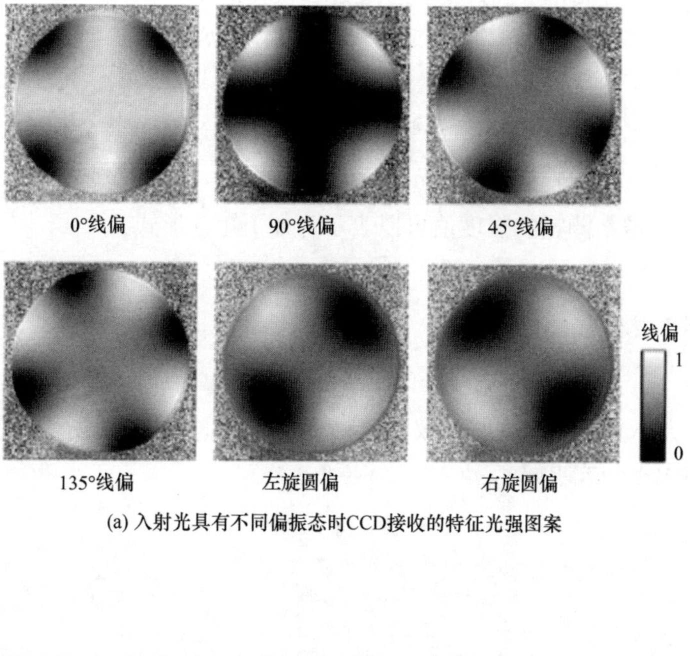

(a) 入射光具有不同偏振态时CCD接收的特征光强图案

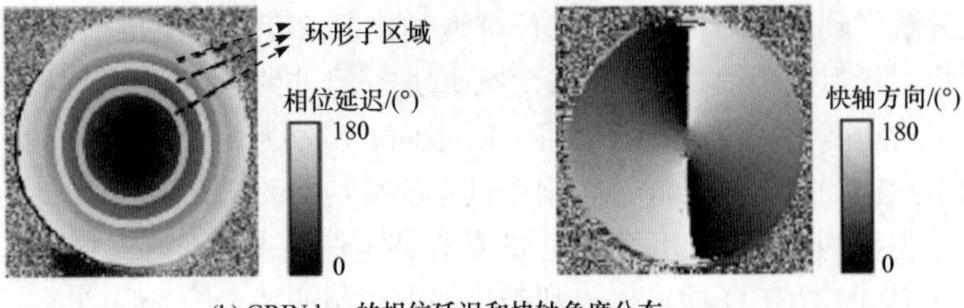

(b) GRIN lens的相位延迟和快轴角度分布

图 4.23　不同偏振态对应的特征光强图像及 GRIN lens 的偏振性质图像[26]

使用基于 GRIN lens 的斯托克斯测量仪测量待测光线偏振态的原理如下：将待测光的偏振态记作 $\boldsymbol{S}$，将线偏振片 P2 和 GRIN lens 的缪勒矩阵分别记作 $\boldsymbol{M}_{\text{P}}$ 和 $\boldsymbol{M}_{\text{GRIN}}$，则光线经过 GRIN lens 和线偏振片后，被 CCD 检测到的偏振态为

$$\boldsymbol{S}' = \boldsymbol{M}_{\text{P}} \cdot \boldsymbol{M}_{\text{GRIN}} \cdot \boldsymbol{S} \tag{4-106}$$

式中，$\boldsymbol{S} = \left(S_1, S_2, S_3, S_4\right)^{\text{T}}$；$\boldsymbol{S}' = \left(S_1', S_2', S_3', S_4'\right)^{\text{T}}$。CCD 只能测量光强信号，因此只能得到斯托克斯向量 $\boldsymbol{S}'$ 的第一个分量。GRIN lens 可以看作 n 个小波片的集合，因此其第 n 个波片的缪勒矩阵可以表示为

$$\boldsymbol{M}_{\text{GRIN}n} \approx \begin{bmatrix} 1 & 0 & 0 & 0 \\ 0 & \cos^2 2\theta_n + \sin^2 2\theta_n \cos\delta_n & 0.5\sin 4\theta_n(1-\cos\delta_n) & -\sin 2\theta_n \sin\delta_n \\ 0 & 0.5\sin 4\theta_n(1-\cos\delta_n) & \sin^2 2\theta_n + \cos^2 2\theta_n \cos\delta_n & \cos 2\theta_n \sin\delta_n \\ 0 & \sin 2\theta_n \sin\delta_n & -\cos 2\theta_n \sin\delta_n & \cos\delta_n \end{bmatrix} \tag{4-107}$$

式中，δ_n 和 θ_n 为第 n 个波片的相位延迟和快轴角度。在实际实验中，n 个波片对应 n 个 CCD 像素，即可以同时进行 n 个偏振通道的测量。经推导可知，第 n 个像素的强度值为

$$\begin{aligned} S_{0n}' = {} & p_t S_0 + p_t(\cos^2 2\theta_n + \sin^2 2\theta_n \cos\delta_n)S_1 \\ & + 0.5 p_t \sin 4\theta_n(1-\cos\delta_n)S_2 - p_t \sin 2\theta_n \sin\delta_n S_3 \end{aligned} \tag{4-108}$$

CCD 各个像素测量的强度值可以表示为如下矩阵形式：

$$\boldsymbol{I} = \boldsymbol{A} \cdot \boldsymbol{S} \tag{4-109}$$

式中，光强 $\boldsymbol{I}$ 表示为

$$\boldsymbol{I} = (S_{01}', S_{02}', \cdots, S_{0n}')^{\text{T}} \tag{4-110}$$

式中，$\boldsymbol{A}$ 为大小为 $n \times 4\ (n \geqslant 4)$ 的仪器矩阵。当 $\boldsymbol{A}$ 确定后，待测光线的斯托克斯向量可以通过以下公式求解：

$$\boldsymbol{S} = \boldsymbol{A}^{-1} \cdot \boldsymbol{I} \tag{4-111}$$

针对每次测量过程，在 CCD 上相同相位延迟的区域选择 4 个像素即可计算出待测光线的斯托克斯向量。为了减少测量误差，可以将 CCD 图像划分为具有不同相位延迟量的环形子区域，并在这些区域 360° 均匀选取像素计算斯托克斯向量。

为了评价基于 GRIN lens 的斯托克斯测量仪的测量准确度，选取最优化的环形子区域用于检偏，令起偏器以 3° 为步长从 0° 到180° 产生 60 个不同的入射偏振态。对于所有环形子区域，计算其条件数和测量值的平均角度准确度。其结果如图 4.24 所示，可以看到角度准确度的分布准确遵循了条件数的变化趋势，条件数在相位延迟等于130° 左右接近最佳值 1.732，此时角度准确度可达 0.6° 。图 4.25 显示了当相位延迟为130° 时系统测量到的起偏器调制的入射光偏振态 S_1 、S_2 、S_3 ，可以看到测量值和真实值之间的误差很小，说明系统具有较高的检偏精度。

4.5.2 基于 4QD 的斯托克斯向量测量仪

本节设计并实现了一种基于四象限探测器(four-quadrant detector，4QD)的斯托克斯向量测量仪，可以实现对待测光线斯托克斯向量的同时性检测，同时系统针对线偏振光的检测进行了优化。实验光路的结构如图 4.26 所示[27]，从激光器出射的光束经过起偏器的偏振调制，被光线扩束器扩束，最终被基于 4QD 的斯托克斯向量测量仪接收和检测。起偏器包括一个固定角度的 1/4 波片 R1、可旋转的偏振片 P1 和可旋转的 1/4 波片 R2。基于 4QD 的斯托克斯向量测量仪包括一个四象限探测器，该四象限探测器的1～4通道前分别固定有通光方向为45°、0°、60°、120°的薄膜偏振片，并在通道1的偏振片前固定了快轴角度为0°的1/4波片。

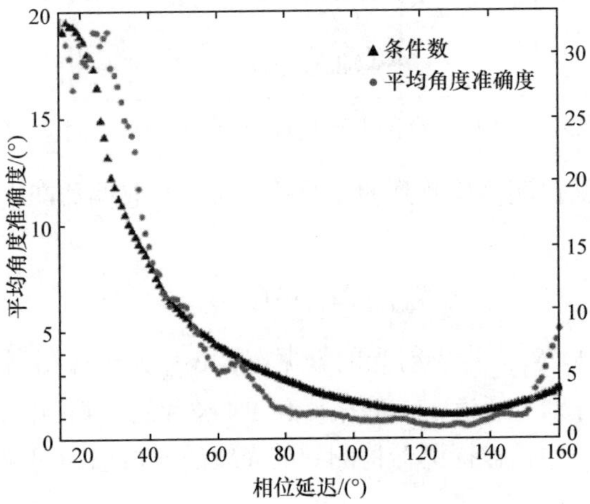

图 4.24　具有不同相位延迟的环形子区域的条件数及平均角度准确度[26]

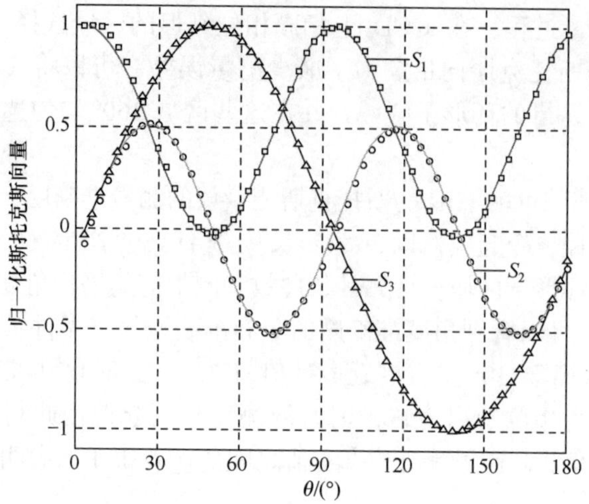

图 4.25　起偏器调制的入射光斯托克斯向量的测量值和理论值[26]

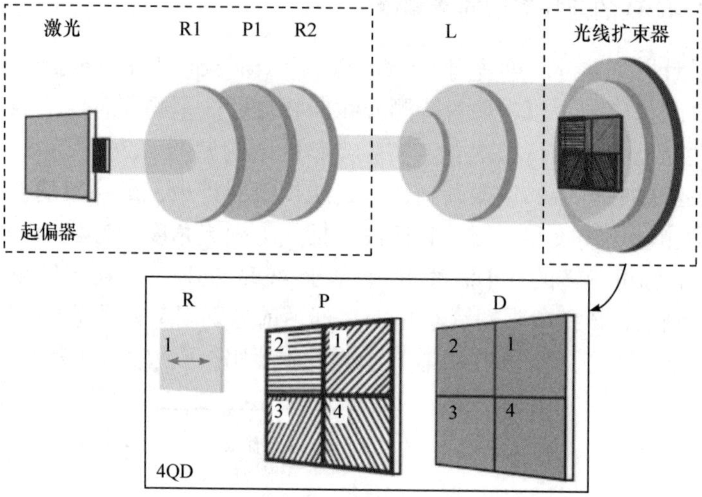

图 4.26　起偏器、光线扩束器和基于 4QD 的斯托克斯向量测量仪的结构图[27]

对于通道 1，被探测器检测到的光线的偏振态和起偏器产生的入射光偏振态具有以下关系：

$$\boldsymbol{S}_{\text{out}} = \boldsymbol{M}_{\text{P1}} \cdot \boldsymbol{M}_{\text{R}} \cdot \boldsymbol{S}_{\text{in}} \tag{4-112}$$

式中，$\boldsymbol{S}_{\text{in}} = (S_1, S_2, S_3, S_4)^{\text{T}}$ 为入射光的偏振态；$\boldsymbol{S}_{\text{out}}$ 为被探测器探测的光线的偏振态；$\boldsymbol{M}_{\text{P1}}$ 和 $\boldsymbol{M}_{\text{R}}$ 分别为通道 1 前偏振片和 1/4 波片的缪勒矩阵。

对于通道 2、3、4，被探测器检测到的光线的偏振态和起偏器产生的入射光偏振态具有以下关系：

$$\boldsymbol{S}_{\mathrm{out}} = \boldsymbol{M}_{\mathrm{p}n} \cdot \boldsymbol{S}_{\mathrm{in}} \tag{4-113}$$

式中，$\boldsymbol{M}_{\mathrm{p}n}$ 代表通道 n 前偏振片的缪勒矩阵。探测器只能测量光强信号，即斯托克斯向量的第一个分量，因此可以得到光强信号 $\boldsymbol{I} = (i_1, i_2, i_3, i_4)^{\mathrm{T}}$ 和入射光偏振态的对应关系：

$$\boldsymbol{I} = \boldsymbol{A} \cdot \boldsymbol{S}_{\mathrm{in}} \tag{4-114}$$

式中，$\boldsymbol{A}$ 为 4×4 仪器矩阵。可以根据式(4-112)和式(4-113)计算得到 $\boldsymbol{A}$ 每一行的表达式，当 $\boldsymbol{A}$ 确定后，待测光线的斯托克斯向量可以通过以下公式求解：

$$\boldsymbol{S}_{\mathrm{in}} = \boldsymbol{A}^{-1} \cdot \boldsymbol{I} \tag{4-115}$$

目前大多数偏振测量系统在设计时都采取全局优化策略，即考虑仪器测量全部 4 个斯托克斯分量的整体性能。然而，针对室外或水下成像等特定应用时，在这些情况下入射光线得到偏振成分主要是部分线偏振光，因此对斯托克斯向量的线偏振分量的准确测量更为重要。同样的原理，当只使用通道 2、3、4 的数据时，可以测量入射光斯托克斯向量的线偏振分量。即当只考虑入射光斯托克斯向量的线偏振分量 $\boldsymbol{S}_{\mathrm{in}}' = (S_0, S_1, S_2)^{\mathrm{T}}$ 时，将通道 2、3、4 检测的光强信号记作 $\boldsymbol{I}' = (i_2, i_3, i_4)^{\mathrm{T}}$，两者具有如下关系：

$$\boldsymbol{I}' = \boldsymbol{A}' \cdot \boldsymbol{S}_{\mathrm{in}}' \tag{4-116}$$

式中，$\boldsymbol{A}'$ 为 3×3 仪器矩阵。可以根据式(4-112)和式(4-113)计算得到 A' 每一行的表达式，当 A' 确定后，待测光线的斯托克斯向量可以通过以下公式求解：

$$\boldsymbol{S}_{\mathrm{in}}' = \boldsymbol{A}'^{-1} \cdot \boldsymbol{I}' \tag{4-117}$$

为了提升系统进行线偏振测量的准确性，首先针对系统的线偏振分量的测量进行优化。令通道 2 前的偏振片通光方向为 0°，改变通道 3、4 前偏振片的通光方向，并计算线偏振测量仪器矩阵 $\boldsymbol{A}'$ 的条件数。其结果如图 4.27 所示。结果显示，通道 3、4 前偏振片的通光方向分别为 60°和 120°时，仪器矩阵的条件数达到最小值 $2^{1/2}$，即系统可以取得最佳的线偏振测量效果，实际上通道 2、3、4 前偏振片通光方向各自相差 60°时可达到最佳状态。

针对线偏振测量优化完成后，对圆偏振测量进行优化。令通道 1 前偏振片的通光方向为 45°，改变通道 1 前波片的快轴角度和相位延迟，并计算全偏振仪器矩阵 $\boldsymbol{A}$ 的条件数，结果如图 4.28 所示。结果显示，当波片的相位延迟为 90°、快轴方向为 0°时，仪器矩阵的条件数达到最小值 2.482。

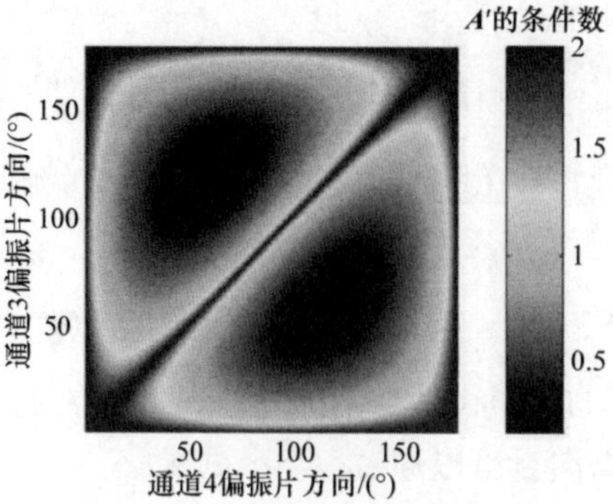

图 4.27　线偏振测量优化时 $\boldsymbol{A}'$ 的条件数[27]

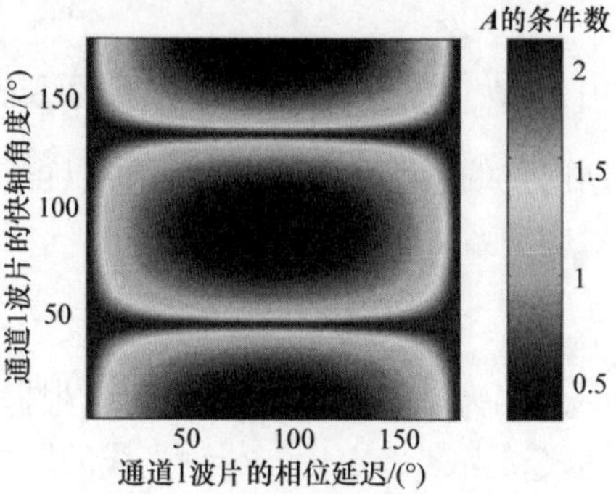

图 4.28　进行全偏振测量优化时 $\boldsymbol{A}$ 的条件数[27]

使用系统对具有标准偏振态的入射光进行测量以验证测量准确性。在第一次测量中，令起偏器的偏振片 P1 固定于 0°方向，令波片 R2 从 0°旋转到 180°，测量结果如图 4.29(a)所示。S_1 的平均测量误差为 1.02%，S_2 的平均测量误差为 1.28%，S_3 的平均测量误差为 1.95%。在第二次测量中，令起偏器的偏振片 P1 固定于 90°方向，令波片 R2 从 0°旋转到 180°，测量结果如图 4.29(b)所示。S_1 的平均测量误差为 1.33%，S_2 的平均测量误差为 1.00%，S_3 的平均测量误差为 2.28%。证明系统具有较好的测量准确性。

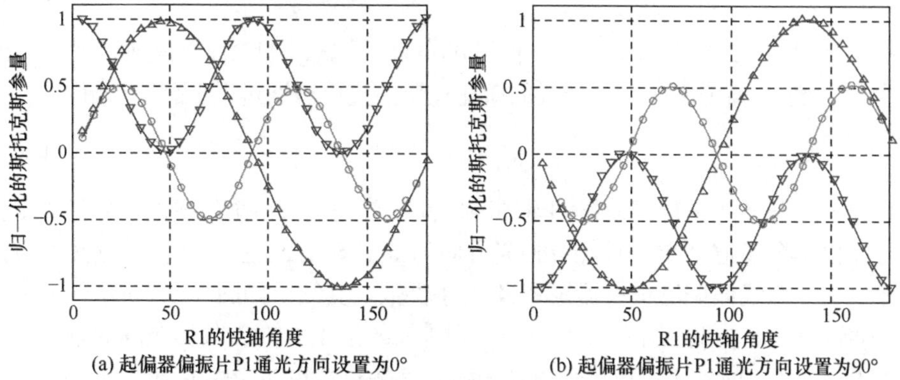

(a) 起偏器偏振片P1通光方向设置为0°　　(b) 起偏器偏振片P1通光方向设置为90°

图 4.29　系统进行两次偏振态测量的结果[27]

实验数据：▽S_1○S_2△S_3；标准数据：—S_1—S_2—S_3

4.5.3　基于双波片旋转的透射式缪勒矩阵显微镜

4.5.1 节和 4.5.2 节所述的偏振测量系统只能用于单点或均匀偏振态光线的偏振测量，而实际应用中遇到的真实样品常常具有复杂的二维偏振性质分布，在这种情况下需要进行缪勒矩阵显微成像才能完整地表征待测样品的偏振性质和微观结构信息。根据 4.4.2 节提及的基于双波片旋转的缪勒矩阵测量方法，这里设计并实现了一种透射式缪勒矩阵显微镜，以实现对病理切片等薄组织样品的缪勒矩阵显微成像，从而应用于病理组织特征定量评估和辅助癌症早期筛查等目标任务中。

基于双波片旋转的透射式缪勒矩阵显微镜装置与结构图如图 4.30 所示[28]。通过在商业透射式显微镜中增加起偏器和检偏器模块，将显微镜进行偏振化升级。起偏器包括一个固定角度的偏振片 P1 和一个可旋转的 1/4 波片 R1，而检偏器则由可旋转的 1/4 波片 R2 和固定角度的偏振片 P2 构成。由单色 LED 光源产生的准直平行光经过起偏器的偏振调制，照射到载物台的样品上，经过物镜放大，通过检偏器进行偏振调制并最终被 CCD 接收。在一次测量过程中，起偏器的波片 R1 和检偏器的波片 R2 以 1∶5 的步进角度转动，两个波片每转动一次 CCD 就进行一次光强图像采集，共采集了 30 帧不同偏振调制状态下的光强图像。根据偏振测量模型可以得到第 i 次光强信号 $\boldsymbol{I}_{\text{out}}(i)$ 与入射光偏振态 $\boldsymbol{S}_{\text{in}}$ 之间的关系：

$$\boldsymbol{I}_{\text{out}}(i)=c(1,0,0,0)\boldsymbol{M}_{\text{P}2}\boldsymbol{M}_{\text{R}2}(i)\boldsymbol{M}_{\text{sample}}\boldsymbol{M}_{\text{R}1}(i)\boldsymbol{M}_{\text{P}1}\boldsymbol{S}_{\text{in}} \tag{4-118}$$

式中，$\boldsymbol{M}_{\text{P}1}$、$\boldsymbol{M}_{\text{P}2}$、$\boldsymbol{M}_{\text{R}1}$、$\boldsymbol{M}_{\text{R}2}$ 分别代表起偏器和检偏器的偏振片及 1/4 波片的缪勒矩阵；c 代表 CCD 对光强的响应系数。当波片 R1 和 R2 按照一定速度连续旋转时，光强信号 $\boldsymbol{I}_{\text{out}}$ 可以表示成傅里叶系数的形式，进而可以推导出样品缪勒矩阵阵元和光强信号傅里叶系数的解析表达式，从而实现样品的缪勒矩阵测量。

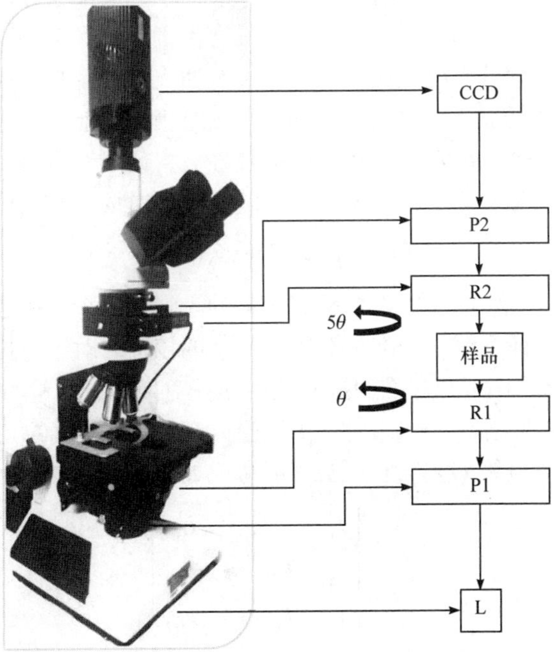

图 4.30　基于双波片旋转的透射式缪勒矩阵显微镜[28]

4.5.4 基于单偏振相机的透射式 3×4 缪勒矩阵显微镜

分焦平面(division of focal plane，DoFP)偏振相机属于一种重要的分焦平面偏振调制器件，通过在普通成像元件的每个像素表面覆盖不同角度的微型偏振片，不仅能够实现同时性偏振成像，而且具有和普通相机一致的尺寸和测量速度，因此非常适合偏振显微测量系统。DoFP 偏振相机的微偏振片阵列示意图如图 4.31 所示[29]，图中 4 个邻近像素上的微偏振片具有不同的通光方向，若将它们看成一个偏振像素，则其斯托克斯向量的线偏振部分可按下式计算：

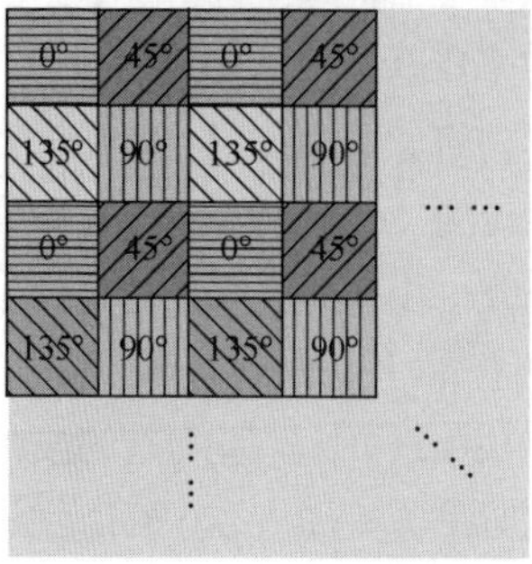

图 4.31　DoFP 偏振相机的微偏振片阵列示意图[29]

$$\boldsymbol{S}=\begin{bmatrix} S_0 \\ S_1 \\ S_2 \end{bmatrix}=\begin{bmatrix} I_{0^\circ}+I_{90^\circ} \\ I_{0^\circ}-I_{90^\circ} \\ I_{45^\circ}+I_{-45^\circ} \end{bmatrix} \tag{4-119}$$

式中，I_{0°、I_{90°、I_{45°、I_{-45° 分别代表对应 4 个邻近像素微偏振片的通光方向测量得到的光强图像。

DoFP 偏振相机的每个微偏振片都是像素大小，尺寸仅有几微米。在制作过程中，其最大透光率、消光比及偏振角都具有不确定性，会偏离预先的设置。从整体上看，每个像素的光电响应、二向色性及通光方向都具有很强的非均匀性。为了进行准确的斯托克斯向量测量，DoFP 偏振相机的上述所有像素的非均匀性必须予以校准。一个 DoFP 偏振相机完成校准后，便可获得每个偏振像素对应的偏振矩阵 $\boldsymbol{A}$，此时对于每个偏振像素，其斯托克斯向量 $\boldsymbol{S}$ 可以按下式计算：

$$\boldsymbol{I}=\boldsymbol{A}\cdot\boldsymbol{S}\Rightarrow\boldsymbol{S}=\mathrm{inv}(\boldsymbol{A})\cdot\boldsymbol{I} \tag{4-120}$$

式中，$\boldsymbol{I}$ 代表偏振超像素内部 4 个相邻像素的光强。每个偏振像素都具有独立的仪器矩阵，偏振成像系统的校准是对所有像素的校准。对于斯托克斯向量测量系统，偏振校准是使用 Q 种标准偏振光照射斯托克斯向量测量系统(对于线偏振测量，$Q\geqslant 3$)，标准偏振态 $q=1,2,\cdots,Q$，记录 4 个检偏通道的光强值，检偏通道 $j=1,2,3,4$，此时最终 $Q\times 4$ 个光强值可写成如下矩阵形式：

$$\boldsymbol{I}=\begin{bmatrix} I_{11} & I_{12} & \cdots & I_{1Q} \\ I_{21} & I_{22} & \cdots & I_{2Q} \\ I_{31} & I_{32} & \cdots & I_{3Q} \\ I_{41} & I_{42} & \cdots & I_{4Q} \end{bmatrix} \tag{4-121}$$

$\boldsymbol{I}$ 的每一行都代表一个检偏通道的光强。待校准的相机仪器矩阵 $\boldsymbol{A}$ 为

$$\boldsymbol{A}=\begin{bmatrix} A_{11} & A_{12} & A_{13} \\ A_{21} & A_{22} & A_{23} \\ A_{31} & A_{32} & A_{33} \\ A_{41} & A_{42} & A_{43} \end{bmatrix} \tag{4-122}$$

$\boldsymbol{A}$ 的每一行都代表一个检偏通道的检偏基矢向量。Q 个标准偏振态对应的斯托克斯向量也可以写为矩阵形式 $[\boldsymbol{S}_{\text{ref}}]$，可称其为校准矩阵，其每一列代表一种标准参考光的偏振态，则校准过程可以写为

$$\boldsymbol{I}=\boldsymbol{A}\cdot[\boldsymbol{S}_{\text{ref}}] \tag{4-123}$$

由式(4-123)可得

$$\boldsymbol{A}=\boldsymbol{I}\cdot\text{inv}([\boldsymbol{S}_{\text{ref}}]) \tag{4-124}$$

在实际偏振校准过程中，为了改善信噪比和稳定性，往往使用较多的标准偏振态。当标准偏振态个数 Q 很大且它们在庞加莱球的赤道上均匀分布时，可以近似认为几乎所有的完全线偏振态都用来校准。

此外，由于 DoFP 偏振相机存在偏振态原始光强测量的空间错位，需要在空间域进行双线性插值降噪，插值后的光强图像 $I_{0°}$、$I_{90°}$、$I_{45°}$、$I_{-45°}$ 与原始图像分辨率一致，而且可以有效降低边界区域的偏振伪影。

对 DoFP 偏振相机进行校准和插值后，设计并搭建基于单偏振相机的缪勒矩阵测量系统，其实物图和结构图如图 4.32 所示[29]。起偏器部分由固定角度的偏振片和可旋转 1/4 波片组成，检偏部分使用 DoFP 偏振相机进行检偏。当起偏器产生 4 组相互独立的入射偏振态 $[\boldsymbol{S}_{\text{in}}]$ 时，偏振相机可以测量得到出射光偏振态的线偏振分量 $[\boldsymbol{S}_{\text{out}}]$，此时样品的 3×4 缪勒矩阵可以通过如下公式计算：

$$\boldsymbol{M}_{\text{sample}}=[\boldsymbol{S}_{\text{out}}]\cdot\text{pinv}([\boldsymbol{S}_{\text{in}}]) \tag{4-125}$$

通过计算起偏器仪器矩阵的条件数，可以对起偏器进行优化。经过计算发现，当起偏器的波片转动角度采用(−51.69°, −15.12°, 15.12°, 51.69°)或(−74.88°, −38.31°, 38.31°, 74.88°)且波片相位延迟选择 132°时可以保证照明矩阵 $[\boldsymbol{S}_{\text{in}}]$ 的条件数达到理论最小值，仪器将拥有最佳的误差传递表现。鉴于通常使用的都是 1/4 波片，将波片相位延迟固定为 90°，寻找最佳的 4 个角度。由于对 4 个角度进行遍历的计算量很大，为了快速有效地寻找最佳的 4 个角度，在 Matlab 平台 optimization toolbox 上使用遗传算法进行计算。结果发现，即使相位延迟为 90°，最佳波片旋转角度组合仍为(−51.69°, −15.12°, 15.12°, 51.69°)或(−74.88°, −38.31°, 38.31°, 74.88°)，它可以保证条件数达到最小值 3.40。不过上述 4 个波片角度将产生 4 种

不常见的椭圆偏振态，虽然最终可以测量缪勒矩阵，但是单次测量结果不容易理解也不方便直接使用。将两个角度固定为角度 1 取 45°，角度 2 取 45°，可以产生常用的右旋和左旋圆偏振光，固定两个角度后，对另外两个角度进行遍历可以寻找条件数最小的状态。如图 4.33(a)所示，当角度 2 取 19.6°、角度 3 取 160.4°(或 −19.6°)时，条件数达到局部最小值 3.677，其产生的偏振态在庞加莱球上的轨迹如图 4.33(b)所示。最终选择这 4 个波片旋转角度集合进行起偏。

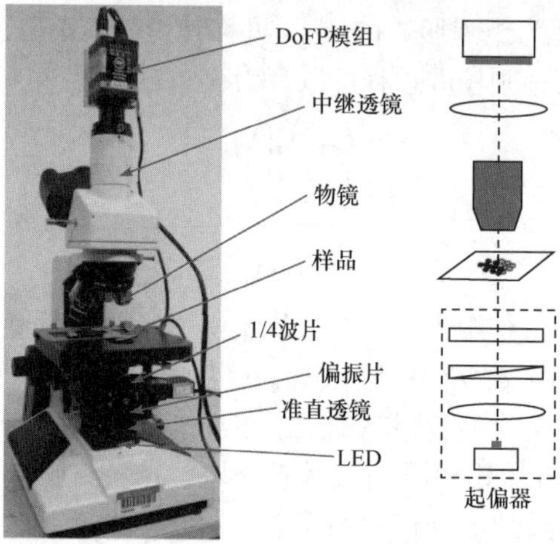

图 4.32　基于单偏振相机的透射式 3×4 缪勒矩阵显微镜实物图和结构图[29]

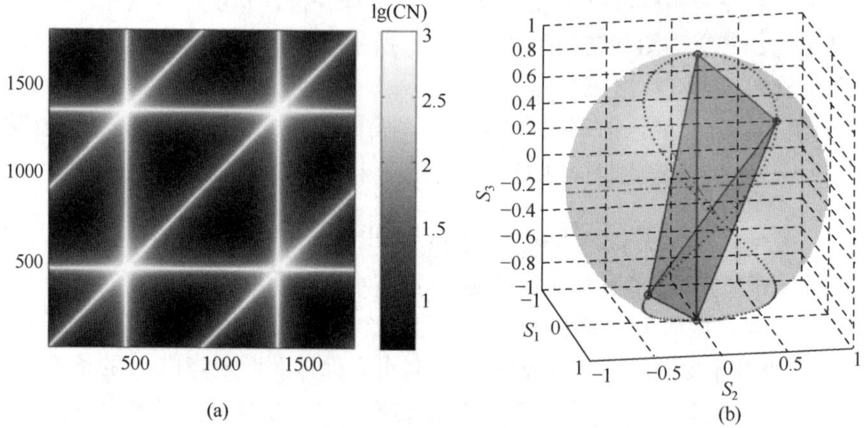

图 4.33　对起偏器仪器的优化

(a) 固定两个波片角度，改变另外两个波片角度时仪器矩阵的条件数；(b) 将波片旋转角度为[−45°, −19.6°, 19.6°, 45°]时偏振态在庞加莱球上的位置[29]

4.5.5　基于双偏振相机的透射式快速缪勒矩阵显微镜

4.5.4 节中介绍的基于单偏振相机的缪勒矩阵显微镜只能测量样品的 3 × 4 缪

勒矩阵，无法全面表征样品的偏振性质。为了测量样品的全部缪勒矩阵阵元，以实现对动态过程或活体组织的快速全偏振监测，这里设计并实现了基于双偏振相机的透射式快速缪勒矩阵显微镜。这种方式既充分利用了 DoFP 偏振相机的同时性偏振检测的优点，又克服了单一偏振相机无法测量圆偏振信息的缺点。

基于双偏振相机的透射式快速缪勒矩阵显微镜的实物图和结构图如图 4.34 所示[30]。其中，系统的检偏器部分包含一个固定角度的偏振片 P1 和一个可旋转的 1/4 波片 R1，起偏器部分包含两个 DoFP 偏振相机，一个 50：50 非偏振分束镜和一个固定角度的 1/4 波片 R2。两个 DoFP 偏振相机 DoFP-CCD1 和 DoFP-CCD2 分别固定在非偏振分束镜的透射端和反射端，其中波片 R2 固定在 DoFP-CCD1 和非偏振分束镜的透射端之间。初始状态时两个偏振片的通光方向和两个波片的快轴角度平行，且与两个 DoFP 偏振相机的 0°通光方向平行，两个偏振相机 DoFP-CCD1 和 DoFP-CCD2 各自的 0°通光方向平行，成像区域完全相同且经过了图像配准。由光源发出的准直单色光经过起偏器的偏振调制后穿过样品，经过非偏振分束镜分光后被两个偏振相机分别检测。

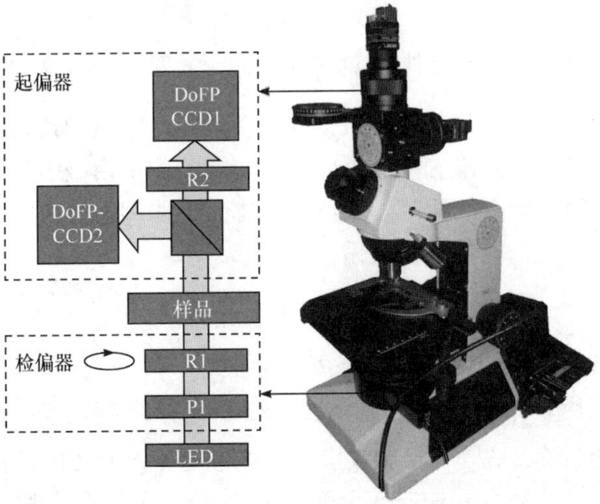

图 4.34　基于双偏振相机的透射式快速缪勒矩阵显微镜实物图和结构图[30]

DoFP 偏振相机上各个像素存在微偏振片消光比、通光方向等不均匀性，因此在使用前需先按照 4.5.4 节中偏振相机的校准方法进行校准，这里通过计算得到了每个像素点处的仪器矩阵 $\boldsymbol{A}_{\text{DoFP}}$。根据系统的缪勒矩阵测量模型，可以计算得到检偏器的整体仪器矩阵：

$$\boldsymbol{A}_{\text{PSA}}=\begin{bmatrix}\boldsymbol{A}_{\text{DoFP}}\boldsymbol{M}_{\text{R2}}(\theta_{\text{R2}},\delta_{\text{R2}})\\ \boldsymbol{A}_{\text{DoFP}}\end{bmatrix} \tag{4-126}$$

式中，$\boldsymbol{M}_{\mathrm{R2}}(\theta_{\mathrm{R2}},\delta_{\mathrm{R2}})$表示相位延迟为$\delta_{\mathrm{R2}}$且快轴角度处于$\theta_{\mathrm{R2}}$时波片 R2 的缪勒矩阵。通过遍历不同的相位延迟和快轴角度并计算检偏器仪器矩阵$\boldsymbol{A}_{\mathrm{PSA}}$的条件数，可以对检偏器进行系统优化，$\boldsymbol{A}_{\mathrm{PSA}}$的条件数随着波片 R2 的相位延迟和快轴角度的变化结果如图 4.35 所示[30]。可以发现，当波片 R2 的相位延迟为 90°时，$\boldsymbol{A}_{\mathrm{PSA}}$的条件数达到最小值 2，且$\boldsymbol{A}_{\mathrm{PSA}}$的条件数与波片 R2 的快轴角度取向无关。即只需要一个任意角度的 1/4 波片作为 R2，就可以使得检偏器处于最优化的状态。

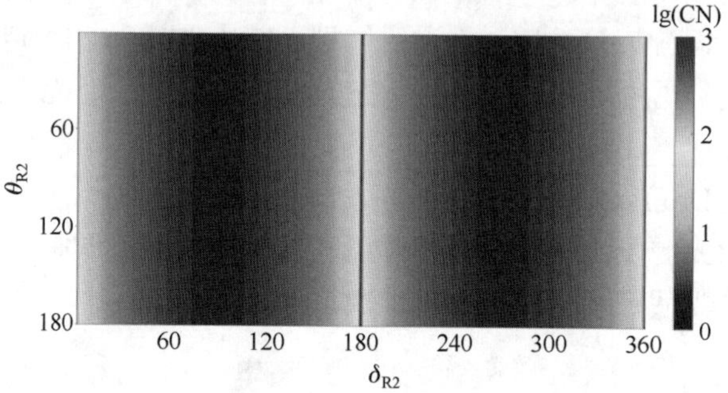

图 4.35 检偏器仪器矩阵条件数随波片 R2 的快轴角度和相位延迟的变化结果[30]

在实验过程中发现，非偏振分束镜也会引入不可忽略的残余偏振信息，从而影响最终测得的缪勒矩阵准确度。因此，在实际的测量模型中需要考虑非偏振分束镜透射端和反射端的缪勒矩阵。当不加样本时，非偏振分束镜透射端和反射端分别对应以下斯托克斯向量转换关系：

$$\begin{aligned}\boldsymbol{S}_{\mathrm{out}}^{\mathrm{trans\&R2}} &= \boldsymbol{M}_{\mathrm{trans\&R2}}\boldsymbol{S}_{\mathrm{in}} \\ \boldsymbol{S}_{\mathrm{out}}^{\mathrm{reflect}} &= \boldsymbol{M}_{\mathrm{reflect}}\boldsymbol{S}_{\mathrm{in}}\end{aligned} \tag{4-127}$$

式中，$\boldsymbol{M}_{\mathrm{trans\&R2}}$代表非偏振分束镜和波片 R2 的等效缪勒矩阵；$\boldsymbol{M}_{\mathrm{reflect}}$代表非偏振分束镜的缪勒矩阵；$\boldsymbol{S}_{\mathrm{out}}^{\mathrm{trans\&R2}}$和$\boldsymbol{S}_{\mathrm{out}}^{\mathrm{reflect}}$分别是被两个 DoFP 偏振相机检测的出射光斯托克斯向量。当令起偏器产生至少 4 组独立入射光偏振态$[\boldsymbol{S}_{\mathrm{in}}]$时，可以根据以下公式测量得到$\boldsymbol{M}_{\mathrm{trans\&R2}}$和$\boldsymbol{M}_{\mathrm{reflect}}$：

$$\begin{aligned}\boldsymbol{M}_{\mathrm{trans\&R2}} &= \left[\boldsymbol{S}_{\mathrm{out}}^{\mathrm{trans\&R2}}\right][\boldsymbol{S}_{\mathrm{in}}]^{-1} \\ \boldsymbol{M}_{\mathrm{reflect}} &= \left[\boldsymbol{S}_{\mathrm{out}}^{\mathrm{reflect}}\right][\boldsymbol{S}_{\mathrm{in}}]^{-1}\end{aligned} \tag{4-128}$$

式中，$\left[\boldsymbol{S}_{\mathrm{out}}^{\mathrm{trans\&R2}}\right]$和$\left[\boldsymbol{S}_{\mathrm{out}}^{\mathrm{reflect}}\right]$分别为两个 DoFP 偏振相机检测到的不同入射光偏振态下的出射光斯托克斯向量。由于单个 DoFP 偏振相机只能测量斯托克斯向量的线偏振分量，测量得到的$\boldsymbol{M}_{\mathrm{trans\&R2}}$和$\boldsymbol{M}_{\mathrm{reflect}}$均为 3×4 缪勒矩阵。不过，DoFP

偏振相机的仪器矩阵 $\boldsymbol{A}_{\text{DoFP}}$ 的第 4 列全为 0，因此不影响矩阵乘积 $\boldsymbol{A}_{\text{DoFP}}\boldsymbol{M}_{\text{trans\&R2}}$、$\boldsymbol{A}_{\text{DoFP}}\boldsymbol{M}_{\text{reflect}}$ 的计算结果。最终，可以得到消除了非偏振分束镜残余偏振影响的检偏器的仪器矩阵：

$$\boldsymbol{A}_{\text{PSA}} = \begin{bmatrix} \boldsymbol{A}_{\text{DoFP}}\boldsymbol{M}_{\text{trans\&R2}} \\ \boldsymbol{A}_{\text{DoFP}}\boldsymbol{M}_{\text{reflect}} \end{bmatrix} \tag{4-129}$$

并实现对未知入射光的偏振态的检偏：

$$\boldsymbol{S} = \boldsymbol{A}_{\text{PSA}}{}^{-1}\boldsymbol{I} \tag{4-130}$$

式中，$\boldsymbol{I} = (\boldsymbol{I}_0^{\text{CCD1}}, \boldsymbol{I}_{45}^{\text{CCD1}}, \boldsymbol{I}_{90}^{\text{CCD1}}, \boldsymbol{I}_{135}^{\text{CCD1}}, \boldsymbol{I}_0^{\text{CCD2}}, \boldsymbol{I}_{45}^{\text{CCD2}}, \boldsymbol{I}_{90}^{\text{CCD2}}, \boldsymbol{I}_{135}^{\text{CCD2}})^{\text{T}}$ 代表两个 DoFP 偏振相机共 8 个通道的光强信息。

当搭配起偏器时，可以根据下式实现样品全缪勒矩阵测量：

$$\boldsymbol{M}_{\text{sample}} = [\boldsymbol{S}_{\text{out}}][\boldsymbol{S}_{\text{in}}]^{-1} \tag{4-131}$$

起偏器采用固定偏振片 P1、旋转 1/4 波片 R1 的结构设计，在此基础上讨论两种不同的起偏方式：①依据 4.5.4 节中的优化结果，令 R1 旋转到 4 个特定的角度 ±45° 和 ±19.6° 进行起偏，每转动到 1 个角度两个偏振相机就进行数据采集，共进行 4 次采集。因为在这种情况下起偏器仪器矩阵的条件数等于 3.677，接近最优值 3.401，且旋转角度在 90°范围内，具有较快的起偏速度。但是，由于起偏方式 1 的波片转动时间和相机采集时间分离，且波片开始转动和停止转动会消耗一部分加速和减速时间，因此限制了起偏速度的进一步提升。②令 R1 从 –45° 开始连续旋转 180°进行起偏，与此同时两个偏振相机连续采集。在此过程中，每个相机分别采集 37 帧图像，由于 R1 近似看作匀速旋转过程且两个偏振相机均匀采样，相邻两帧图像对应的波片 R1 转动角度间隔为 5°。采用起偏方式 2 时不需要在起偏过程中多次加速或减速，且相机的采集时间和波片转动时间同步进行，因此具有更快的起偏速度。此外，起偏方式 2 的条件数为 3.537，相比于起偏方式 1 更小。两种起偏方式产生的入射光偏振态在庞加莱球上的轨迹如图 4.36 所示[30]。

为了验证系统进行缪勒矩阵测量的性能，使用系统对标准偏振样品偏振片和实际相位延迟为 92.62°的波片进行成像，其中两个标准样品从 0°到 180°以步长 10°进行旋转。这里采取了两种不同的起偏方式用于成像，分别记录了各自所需的测量时间以平均测量速度，并使用测量得到的各个缪勒矩阵阵元的均值计算 RMSE 指标评价测量准确度。实验结果如表 4.8 所示。结果显示，起偏方式 2 具有更快的缪勒矩阵测量速度和更高的缪勒矩阵测量准确度，这可能是由于后者相比前者检偏器仪器矩阵的条件数更小。

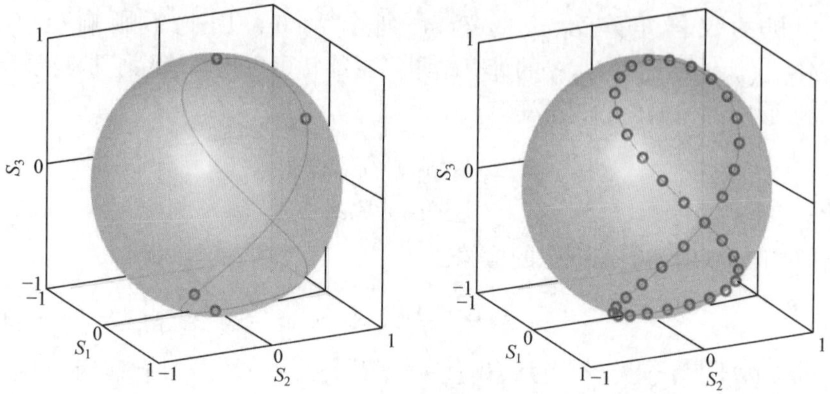

图 4.36　起偏方式 1 和起偏方式 2 产生的入射光偏振态在庞加莱球上的轨迹[30]

表 4.8　使用两种起偏方式测量缪勒矩阵的性能评价

起偏方式	单次测量时间/s	RMSE 偏振片	RMSE 波片
1	14	0.0073	0.0063
2	9	0.0070	0.0050

使用系统对真实血细胞涂片样品进行缪勒矩阵测量以进一步验证系统进行细胞样本的快速偏振测量能力。图 4.37 显示了使用缪勒矩阵计算血细胞得到的二向色性及 m_{12} 和 m_{13} 的方位角 α_D 两个偏振参数图像[30]。结果显示，即使针对血细胞这样的微弱偏振性质的样品，系统仍然能够以较高的信噪比表征样品的偏振性质，可以看到相比于背景，血细胞的二向色性被凸显了出来，且二向色性的方向与血细胞的形状很好地吻合，证明系统未来有潜力针对活细胞的动态过程进行偏振监测。

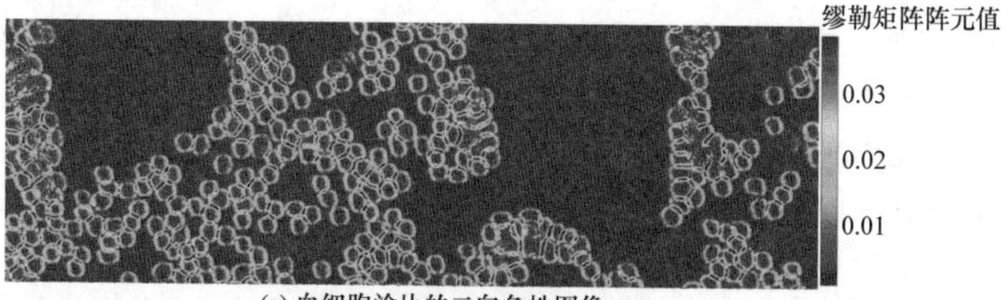

(a) 血细胞涂片的二向色性图像

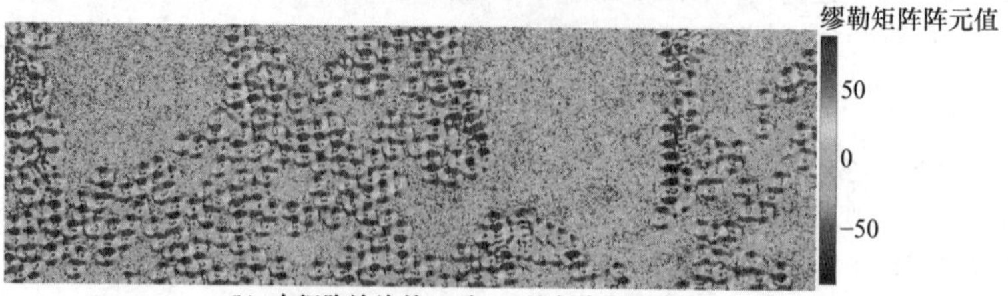

(b) 血细胞涂片的 m_{12} 和 m_{13} 的方位角图像

图 4.37　由缪勒矩阵计算的血细胞的偏振参数图像[30]

4.5.6 基于双波片旋转的反射式缪勒矩阵显微镜

透射式缪勒矩阵显微镜主要用于测量病理组织切片等薄样本的偏振性质，为了测量活体样本或厚组织的缪勒矩阵，需要搭建反射式缪勒矩阵测量装置。相比于斜背向缪勒矩阵测量，正背向缪勒矩阵测量装置测量的结果符合旋转对称性条件，很多从样品缪勒矩阵提取出的物理参量与方位角无关，因此可以极大提升偏振成像技术表征复杂样品特性的能力[24, 25]。

为了实现这个目标，这里设计并搭建了基于双波片旋转的正背向反射式缪勒矩阵显微镜。其实物图和结构图如图 4.38 所示[16,17]。其中，起偏器包含一个固定角度的偏振片 P1 和一个可旋转的 1/4 波片 R1，检偏器包含一个固定角度的偏振片 P2 和一个可旋转的 1/4 波片 R2。由 LED 光源发出的准直光线经过起偏器偏振调制后以 45°角入射到非偏振分束镜上并被反射到待测样品上，被样品散射回来的光束再次经过透光分束镜并被检偏器模块检偏，最后样品的光强信息被 CCD 所探测。

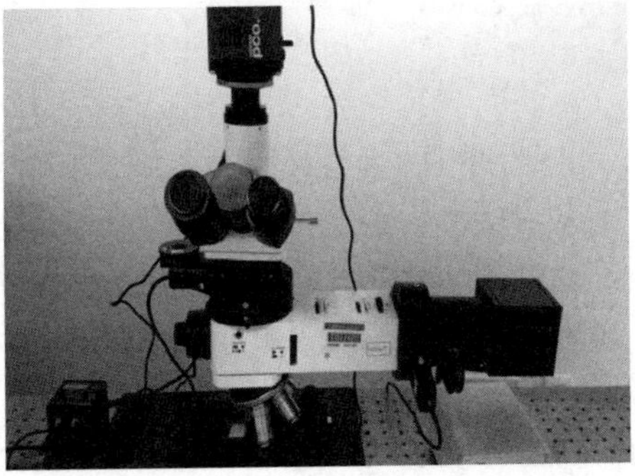

(a)

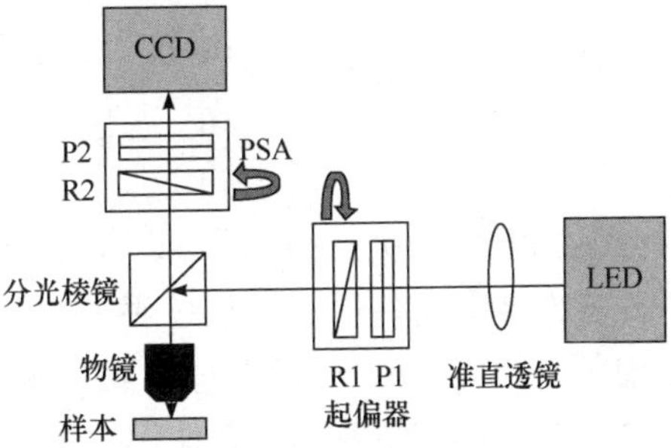

(b)

图 4.38　基于双波片旋转的正背向反射式缪勒矩阵显微镜实物图及结构图[16,17]

与透射式缪勒矩阵系统的测量过程类似，在正背向反射式缪勒矩阵测量系统中 1/4 波片 R1 和 R2 每次分别旋转 6°和 30°，按照 1:5 的比值步进，每个样品测量 30 幅光强图像。两台直流伺服电机的转动及 CCD 的曝光等具体的测量过程均由 LabView 程序自动化控制。

分束镜与光束的两次相互作用，一次反射过程和一次透射过程均会给测量系统引入一个未知的缪勒矩阵。记反射过程的缪勒矩阵为 $\boldsymbol{M}_{s1}$，透射过程的缪勒矩阵为 $\boldsymbol{M}_{s2}$。正背向测量系统校准的目的就是同时确定系统误差及分束镜引入的两个未知缪勒矩阵。若仅使用一个标准样品如反射镜来校准系统，则由于 $\boldsymbol{M}_{s1}$ 与标准样品缪勒矩阵及 $\boldsymbol{M}_{s2}$ 会混在一起等效为一个矩阵，无法确定和区分 $\boldsymbol{M}_{s1}$ 和 $\boldsymbol{M}_{s2}$。这里采用数值求解校准法进行系统的校准。

与前向缪勒矩阵测量系统类似，考虑 PSA 和 PSG 中线偏振片 P2 和 1/4 波片 R1 及 R2 的 5 个系统误差，也就是 R1 和 R2 的真实相位延迟 δ_1 与 δ_2，双波片

R1 与 R2 和线偏振片 P2 的角度误差 ε_3、ε_4、ε_5。设定 R1 和 R2 每次步进的角度分别为 θ_1 和 θ，则第 q 次测量时 P1、R1、R2、P2 的缪勒矩阵分别写作

$$\begin{gathered}\boldsymbol{M}_{\mathrm{P1}}(q)=\boldsymbol{M}_{\mathrm{P}}(0) \\ \boldsymbol{M}_{\mathrm{R1}}(q)=\boldsymbol{M}_{\mathrm{R}}\left(\delta_1,(q-1)\theta_1+\varepsilon_3\right) \\ \boldsymbol{M}_{\mathrm{R2}}(q)=\boldsymbol{M}_{\mathrm{R}}\left(\delta_2,(q-1)\theta_2+\varepsilon_4\right) \\ \boldsymbol{M}_{\mathrm{P2}}(q)=\boldsymbol{M}_{\mathrm{P}}(\varepsilon_5)\end{gathered} \tag{4-132}$$

下面对分束镜的反射缪勒矩阵 $\boldsymbol{M}_{\mathrm{s1}}$ 和透射缪勒矩阵 $\boldsymbol{M}_{\mathrm{s2}}$ 的特性进行分析。由于与分束镜相互作用的光束为近平行光，分束镜的反射与折射过程会产生二向色性和相位延迟等偏振效应，但不会对光束产生退偏效应。在不考虑退偏的情况下，$\boldsymbol{M}_{\mathrm{s1}}$ 和 $\boldsymbol{M}_{\mathrm{s2}}$ 均可以由下式来描述：

$$\begin{aligned}\boldsymbol{M}(\theta,\tau,\psi,\Delta)&=\tau\boldsymbol{R}(-\theta)\boldsymbol{M}_1(\psi,\Delta)\boldsymbol{R}(\theta) \\ &=\tau\boldsymbol{R}(-\theta)\begin{bmatrix}1 & -\cos 2\psi & 0 & 0 \\ -\cos 2\psi & 1 & 0 & 0 \\ 0 & 0 & \sin 2\psi\cos\Delta & \sin 2\psi\sin\Delta \\ 0 & 0 & -\sin 2\psi\cos\Delta & \sin 2\psi\cos\Delta\end{bmatrix}\boldsymbol{R}(\theta)\end{aligned} \tag{4-133}$$

式(4-133)中包含 θ、τ、ψ、Δ 共 4 个参量，若直接用来描述 $\boldsymbol{M}_{\mathrm{s1}}$ 和 $\boldsymbol{M}_{\mathrm{s2}}$，则必须额外考虑 8 个误差项，因此必须做进一步的简化处理。数值求解校准方法中已经考虑了缩放因子 η，因此在这里 $\boldsymbol{M}_{\mathrm{s1}}$ 和 $\boldsymbol{M}_{\mathrm{s2}}$ 两个缪勒矩阵中的透光率 τ 可以不用考虑。同时还应注意到，若使用式(4-133)来描述分束镜反射过程和透射过程的缪勒矩阵 $\boldsymbol{M}_{\mathrm{s1}}$ 和 $\boldsymbol{M}_{\mathrm{s2}}$，则由于这两个缪勒矩阵的 θ 其实是相同的，该方位角 θ 与 PSG 中线偏振片 P1 的透光轴角度相关。此时，可以把分束镜的两个缪勒矩阵简化为 5 个未知参量，分别是两者的方位角 ε_6、反射与透射过程中的二向色性参量 ρ_7 与 ρ_8、反射与透射过程中的相位延迟参量 δ_9 与 δ_{10}。使用式(4-133)来描述 $\boldsymbol{M}_{\mathrm{s1}}$ 和 $\boldsymbol{M}_{\mathrm{s2}}$，两者的形式为

$$\begin{gathered}\boldsymbol{M}_{\mathrm{s1}}=\boldsymbol{M}\left(\varepsilon_6,\rho_7,\delta_9\right) \\ \boldsymbol{M}_{\mathrm{s2}}=\boldsymbol{M}\left(\varepsilon_6,\rho_8,\delta_{10}\right)\end{gathered} \tag{4-134}$$

由于单个标准样品无法同时标定正背向系统这么多误差，这里采用 3 个标准样品：反射镜、快轴方向在 30°的 1/4 波片与反射镜的组合、快轴方向在 120°的 1/4 波片与反射镜的组合。其中，第二个和第三个标准样品中用到的都是同一块 1/4 波片和反射镜，1/4 波片的转动由直流伺服电机精确控制。实验过程中并不要求标准样品 1/4 波片的快轴是严格的 30°或者 120°，但是要求 1/4 波片的转动是精确的 90°。在正入射条件下，反射镜的缪勒矩阵 $\boldsymbol{M}_{\mathrm{m}}$ 形式如下：

$$M_{\mathrm{m}}=\begin{bmatrix}1&0&0&0\\0&1&0&0\\0&0&-1&0\\0&0&0&-1\end{bmatrix}\tag{4-135}$$

考虑到标准样品本身也会引入误差，因此必须对标准样品进行标定。反射镜的缪勒矩阵非常简单，在实验过程中应保证光束是正入射到反射镜上以避免额外的误差因素，校准过程中不再对反射镜缪勒矩阵形式进行标定。对于标准样品中的 1/4 波片必须要考虑其真实的相位延迟 δ_{11} 大小和真实的快轴方向 ε_{12} 两个误差项。光束第一次透过 1/4 波片时波片的快轴方向和光束第二次透过 1/4 波片时波片的快轴方向是呈镜面对称的，这是因为光束被反射镜正反射了一次。下面通过矩阵运算对标准样品 $\boldsymbol{D}_i(i=1,2,3)$ 做简化处理：

$$\begin{aligned}&\boldsymbol{D}_1=\boldsymbol{M}_{\mathrm{m}}\\&\boldsymbol{D}_2=\boldsymbol{M}_{\mathrm{R}}\left(\delta_{11},\varepsilon_{12}+\frac{\pi}{6}\right)\boldsymbol{M}_{\mathrm{m}}\boldsymbol{M}_{\mathrm{R}}\left(\delta_{11},\varepsilon_{12}+\frac{7\pi}{6}\right)=\boldsymbol{M}_{\mathrm{m}}\boldsymbol{M}_{\mathrm{R}}\left(2\delta_{11},\varepsilon_{12}+\frac{\pi}{6}\right)\\&\boldsymbol{D}_3=\boldsymbol{M}_{\mathrm{R}}\left(\delta_{11},\varepsilon_{12}+\frac{2\pi}{3}\right)\boldsymbol{M}_{\mathrm{m}}\boldsymbol{M}_{\mathrm{R}}\left(\delta_{11},\varepsilon_{12}+\frac{5\pi}{3}\right)=\boldsymbol{M}_{\mathrm{m}}\boldsymbol{M}_{\mathrm{R}}\left(2\delta_{11},\varepsilon_{12}+\frac{2\pi}{3}\right)\end{aligned}\tag{4-136}$$

第二个标准样品等效为两倍相位延迟 δ_{11} 的波片与反射镜缪勒矩阵的乘积，其中波片的快轴方向为 $\varepsilon_{12}+\pi/6$。第三个标准样品等效为两倍相位延迟 δ_{11} 的波片与反射镜缪勒矩阵的乘积，其中波片的快轴方向相对于第二个标准样品中的快轴顺时针旋转了 90°。与前向系统类似，这里同样需要考虑 CCD 的本底噪声 μ 及每个标准样品相对应的缩放系数 η_i。

正背向系统中误差模型已经包含波片 R1 与 R2 及线偏振片 P2 的 5 个系统误差[式(4-132)]、分束镜的反射和透射两个寄生缪勒矩阵的 5 个系统误差[式(4-134)]、标准样品自身的两个系统误差[式(4-136)]，另外还有每个标准样品对应的缩放系数 η_i 和 CCD 本底噪声 μ 共 4 个参量。整个误差模型中共计 16 项未知量。此时，使用第 i 个标准样品第 q 次测量出来的光强可以写为

$$\boldsymbol{I}_i(q)=\mu+\boldsymbol{c}\eta_i\boldsymbol{M}_{\mathrm{P}}(\varepsilon_5)\boldsymbol{M}_{\mathrm{R2}}(q)\boldsymbol{M}_{\mathrm{s2}}\boldsymbol{D}_i\boldsymbol{M}_{\mathrm{s1}}\boldsymbol{M}_{\mathrm{R1}}(q)\boldsymbol{M}_{\mathrm{P}}(0)\boldsymbol{S}_{\mathrm{in}}\tag{4-137}$$

式中，$\boldsymbol{S}_{\mathrm{in}}=(1,0,0,0)^{\mathrm{T}}$ 为入射光斯托克斯向量；$\boldsymbol{M}_{\mathrm{s1}}$ 和 $\boldsymbol{M}_{\mathrm{s2}}$ 分别为分束镜的反射和透射缪勒矩阵；$\boldsymbol{c}=\boldsymbol{S}_{\mathrm{in}}^{\mathrm{T}}$ 的作用为取斯托克斯向量的首项即光强项。

与前向系统类似，可以利用起偏矩阵 $\boldsymbol{G}$ 和检偏矩阵 $\boldsymbol{A}$ 简化式(4-137)。本书将分束镜的反射过程和透射过程分别使用矩阵 $\boldsymbol{G}$ 与 $\boldsymbol{A}$ 来表达。第 q 次测量起偏矩阵 $\boldsymbol{G}$ 和检偏矩阵 $\boldsymbol{A}$ 可以分别写成如下形式：

$$\begin{aligned} \boldsymbol{G}(q) &= \boldsymbol{M}_{\mathrm{s}1}\boldsymbol{M}_{\mathrm{R}1}(q)\boldsymbol{M}_{\mathrm{P}}(0)\boldsymbol{S}_{\mathrm{in}} \\ \boldsymbol{A}(q) &= \boldsymbol{c}\boldsymbol{M}_{\mathrm{P}}(\varepsilon_5)\boldsymbol{M}_{\mathrm{R}2}(q)\boldsymbol{M}_{\mathrm{s}2} \end{aligned} \tag{4-138}$$

式(4-137)可以简化为

$$\boldsymbol{I}_i(q) = \mu + \eta_i \boldsymbol{A}(q)\boldsymbol{D}_i\boldsymbol{G}(q) \tag{4-139}$$

利用克罗内克尔积构建仪器矩阵 $\boldsymbol{F}$，则式(4-139)可以改写为

$$\boldsymbol{I}_i - \boldsymbol{J}\mu = \eta_i \boldsymbol{F}\mathrm{vec}(\boldsymbol{D}_i) \tag{4-140}$$

式中，vec 为拉直算子；$\boldsymbol{J}$ 为 $Q\times 1$ 的全 1 矩阵。利用 Levenberg-Marquardt 算法来求解 $3Q$ 个方程构成的非线性方程组，计算得到 17 项误差量。由此可以确定整个测量系统的精确模型，同时也可以精确确定测量系统的仪器矩阵。首先依据下式重建仪器矩阵：

$$\boldsymbol{F}^{\mathrm{T}}(q) = \mathrm{vec}\left(\boldsymbol{G}^{\mathrm{T}}(q)\otimes \boldsymbol{A}^{\mathrm{T}}(q)\right) \tag{4-141}$$

然后依据下式计算任意样品的缪勒矩阵：

$$\mathrm{vec}\left(\boldsymbol{M}_{\mathrm{sample}}\right) = \mathrm{pinv}(\boldsymbol{F})(\boldsymbol{I} - \boldsymbol{J}\mu) \tag{4-142}$$

为了验证数值求解校准法的准确性，分别使用数值求解校准法和解析校准法对基于双波片旋转的正背向反射式缪勒矩阵显微镜进行校准，校准后测量反射镜的缪勒矩阵结果如图 4.39 所示。可以看到，使用数值求解校准法得到的反射镜缪勒矩阵更接近真实值，最大误差小于 0.02；使用解析校准法得到的缪勒矩阵则存在较大误差，且解析校准法计算过程中忽略了分束镜反射缪勒矩阵，导致 m_{33} 和 m_{44} 的符号为正。

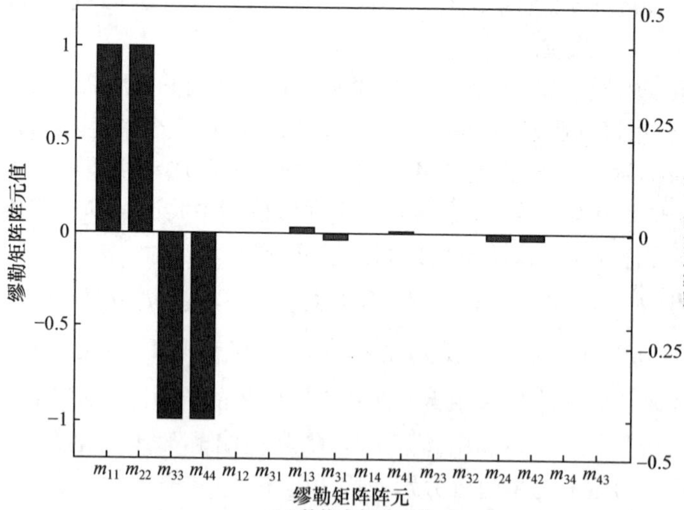

(a) 数值求解校准法

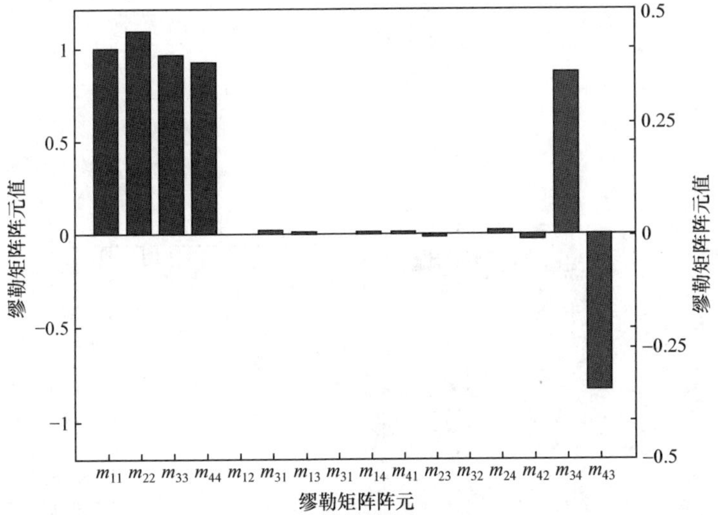

(b) 解析校准法

图 4.39　使用不同校准方法得到的反射镜缪勒矩阵[16]

为了对比正背向缪勒矩阵测量系统和斜背向缪勒矩阵测量系统的差异，这里测量了一个真实的样品，即固定在载玻片上的二维环状缠绕的蚕丝样品，如图 4.40 所示。蚕丝样品表现出很强的相位延迟特性，二向色性和退偏弱到几乎没有，用来研究双折射特性的理想样品。二维结构的环状蚕丝可以看成是方位角从 0°到 360°变化的一维蚕丝纤维样品，因此该样品是用来研究样品取向对测量缪勒矩阵的影响及研究与角度无关特征参量提取的完美选择。

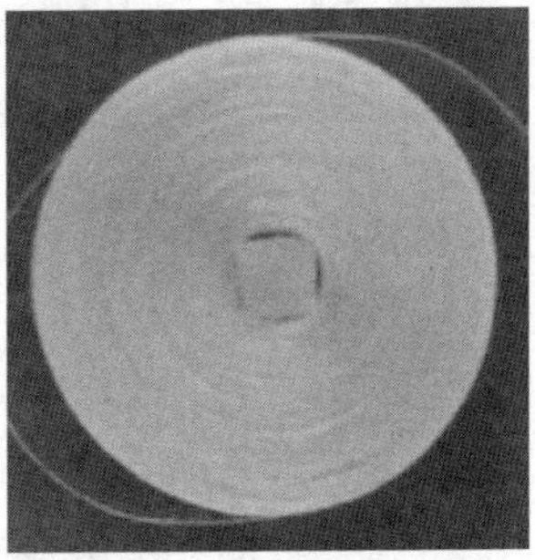

图 4.40　环形蚕丝样品

正背向实验中测量得到蚕丝样品缪勒矩阵图像如图 4.41(a)所示，斜背向实验中测量得到的蚕丝样品缪勒矩阵图像如图 4.41(b)所示。为了重点分析缪勒矩阵与样品取向的关系，以二维蚕丝样品的中心为圆点选取一个圆环，分析圆环上每个点的缪勒矩阵阵元的大小，并绘制出缪勒矩阵阵元与样品取向的关系图，如图 4.41(c)和(d)所示。其中，(c)图对应于正背向系统的测量结果，(d)图对应于斜背向系统的测量结果。

从图 4.41[17]中可以看出，正背向系统和斜背向系统的测量结果非常接近，这也侧面证明了数值校准法的准确性和可靠性。此外，缪勒矩阵阵元 m_{22}、m_{33}、m_{32}、m_{23}是非零的，并且呈现出明显的周期性结构，当蚕丝纤维取向从 0°变化到 360°时，这四个缪勒矩阵阵元每隔 90°就出现一个峰值，其中缪勒矩阵阵元 m_{22}和 m_{33}之间存在一个 45°的相位差，m_{23}与 m_{32}几乎完全相同。矩阵元 m_{12}、m_{13}、

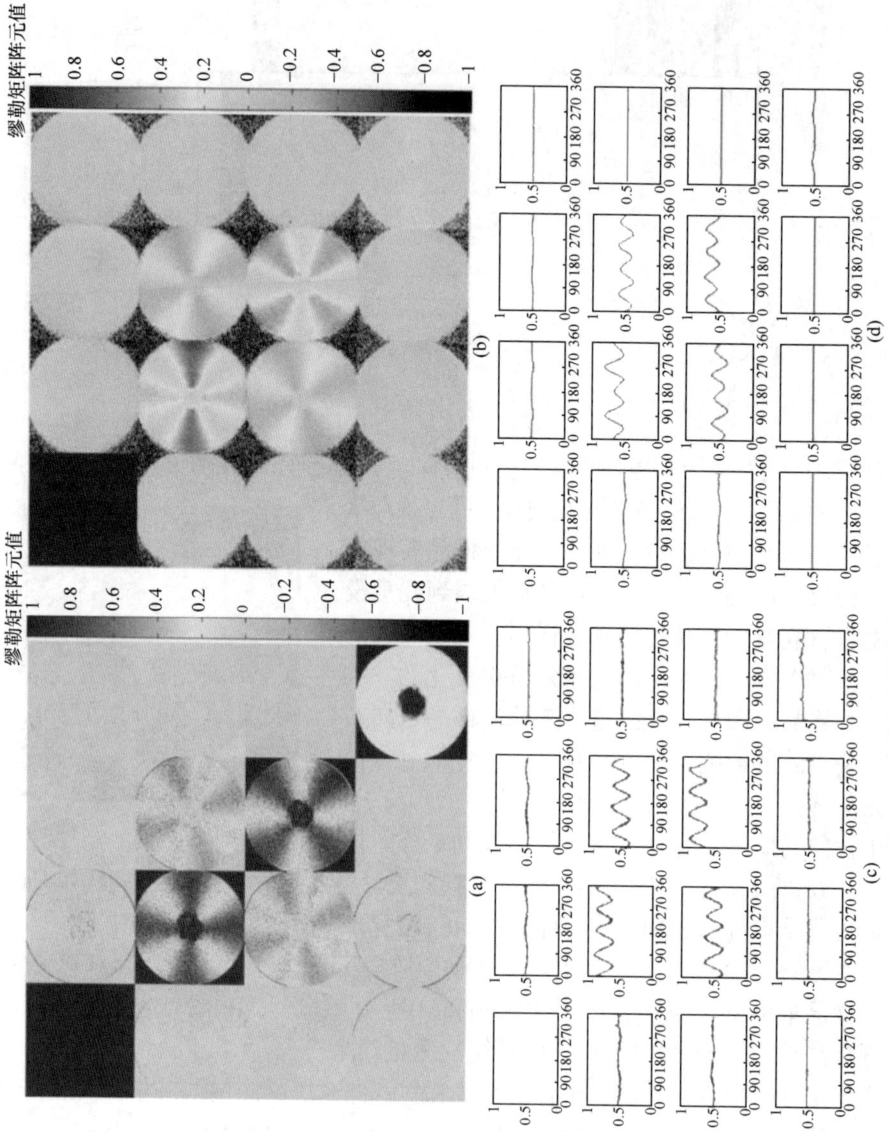

图4.41　正背向与斜背向系统测量得到的蚕丝样品缪勒矩阵[17]

(c)、(d)中，横坐标为蚕丝样品取向[单位：(°)]；纵坐标为缪勒矩阵阵元值

m_{21}、m_{31} 随着样品取向的变化也有轻微的变动，这四个缪勒矩阵阵元的值相比于前面提到的四个缪勒矩阵阵元值要小得多，反映出样品带有轻微的二向色性。缪勒矩阵阵元 m_{41}、m_{42}、m_{43}、m_{14}、m_{24}、m_{34} 的值完全为零，与蚕丝纤维的取向无关。

图 4.41 中正背向和斜背向系统测量结果的差异更值得关注。这里有两处比较明显的差异。

第一处差异：正背向系统测量结果 m_{22}、m_{33} 两个缪勒矩阵阵元以 90°为周期精确地重复，每隔 90°出现的四个峰值大小都是相同的；斜背向系统测量结果 m_{22}、m_{33} 两个缪勒矩阵阵元虽然每隔 90°也会有一个峰值出现，但是四个峰值的大小是不相同的，尤其是从 m_{22} 缪勒矩阵阵元可以明显地看出，其水平方向的值和其竖直方向的值差异明显。缪勒矩阵变换中的旋转不变量 b 参数可以用来表征散射退偏和吸收与纤维结构取向的关系，b 参数能够反映小散射结构的变化：当参数 b 较大时意味着体系的散射退偏较小，小散射颗粒密度较大。参数 b 的表达式为 $b = (m_{22} + m_{33})/2$，不难看出正背向系统测量的结果中参数 b 是与样品的取向无关的，是一个不变量；斜背向的测量结果中参数 b 与样品的取向相关，至少在水平方向和竖直方向上参数 b 的取值是不同的。这一处差异也表明，从正背向系统测量得到的样品缪勒矩阵中提取出与样品取向无关的物理参量更加方便，这是一个巨大的优势。

第二处差异：斜背向系统测量出的缪勒矩阵阵元 m_{22}、m_{33}、m_{44} 值均比正背向系统测量结果小，比较明显的是缪勒矩阵阵元 m_{44} 在图 4.41(b)中为 0，而在图 4.41(a)中其值在 0.1 和 0.2 之间。以上结果表明，斜背向测量系统还会对样品的测量结果引入退偏假象，而正背向系统的测量结果更能反映样品的真实属性。

参 考 文 献

[1] Mu T, Zhang C, Li Q. Error analysis of single-snapshot full-Stokes division-of-aperture imaging polarimeters. Journal of the Optical Society of America A, 2015, 23(8): 10822-10835.

[2] Bevington P R, Robinson D K, Blair J M. Data reduction and error analysis for the physical sciences. Computers in Physics, 1998, 7: 415.

[3] Martino A D, Kim Y K, Garcia-Caurel E, et al. Noise minimization and equalization for Stokes polarimeters in the presence of signal-dependent Poisson shot noise. Optics Letters, 2009, 34(5):647-649.

[4] Peinado A, Lizana A, Vidal J, et al. Optimization and performance criteria of a Stokes polarimeter based on two variable retarders. Optics Express, 2010, 18(10):9815-9830.

[5] Azzam R M A, Elminyawi I M, El-Saba A M. General analysis and optimization of the four-detector photopolarimeter. Journal of the Optical Society of America A, 1988, 5(5): 681-689.

[6] Sabatke D S, Descour M R, Dereniak E L, et al. Optimization of retardance for a complete Stokes

polarimeter. Optics Letters, 2000, 25(11): 802-804.
[7] Tyo J S. Considerations in polarimeter design. Proceedings of the Conference on Polarization Analysis, Measurement, and Remote Sensing, San Diego, 2000: 406642.
[8] Foreman M R, Favaro A, Aiello A. Optimal frames for polarization state reconstruction. Physical Review Letters, 2015, 115(26/31): 059901.
[9] Altschuler E L, Williams T J, Ratner E R, et al. Method of constrained global optimization. Physical Review Letters, 1994, 72(17): 2671-2674.
[10] Chenault D B, Pezzaniti J L, Chipman R A. Muller matrix algorithms. Proceedings of SPIE-The International Society for Optical Engineering, San Diego, 1992: 138793.
[11] Azzam R M A. Photopolarimetric measurement of the Muller matrix by Fourier analysis of a single detected signal. Optics Letters, 1978, 2(6): 148-150.
[12] Broch L, Naciri A E, Johann L. Second-order systematic errors in Muller matrix dual rotating compensator ellipsometry. Applied Optics, 2010, 49(17): 3250-3258.
[13] Compain E, Poirier S, Drevillon B. General and self-consistent method for the calibration of polarization modulators, polarimeters, and Muller-matrix ellipsometers. Applied Optics, 1999,38(16): 3490-3502.
[14] Martino A D, Garcia-Caurel E, Laude B, et al. General methods for optimized design and calibration of Muller polarimeters. Thin Solid Films, 2004, 112-119.
[15] Chen Z, Yao Y, Zhu Y, et al. A colinear backscattering Muller matrix microscope for reflection Muller matrix imaging. Proceedings of SPIE BiOS, San Francisco, 2018: 104890M.
[16] Chen Z, Yao Y, Zhu Y, et al. Removing the dichroism and retardance artifacts in a collinear backscattering Muller matrix imaging system. Optics Express, 2018, 26(22): 28288-28301.
[17] Chen Z, Meng R, Zhu Y, et al. A collinear reflection Muller matrix microscope for backscattering Muller matrix imaging. Optics and Lasers in Enigeering, 2020, 129: 106055.
[18] Marquardt D W. An algorithm for least-squares estimation of nonlinear parameters. Journal of the Society for Industrial and Applied Mathematics, 1963, 11(2): 431-441.
[19] Engel L W, Young N. Human breast carcinoma cells in continuous culture: A review. Cancer Research, 1978, 38 (11): 4327-4339.
[20] Mittal Anish, Soundararajan R, Bovik A C. Making a "completely blind" image quality analyzer. IEEE Signal Processing Letters, 2012, 20 (3): 209-212.
[21] Wolfe J, Cipman R A. Reducing symmetric polarization aberrations in a lens by annealing. Applied Optics, 2004, 12(15): 3443-3451.
[22] Wood T C, Elson D S. Polarization response measurement and simulation of rigid endoscopes. Biomedical Optics Express, 2010, 1(2): 463-470.
[23] Chang J, Zeng N, He H, et al. Removing the polarization artifacts in Muller matrix images recorded with a brief ringent gradient-index lens. Journal of Biomedical Opticsic, 2014, 19(9): 095001.
[24] Gil J J. Invariant quantities of a Muller matrix under rotation and retarder transformations. Journal of Optical Society of America A, 2016, 33(1): 52-58.
[25] Li P, Lv D, He H, et al. Separating azimuthal orientation dependence in polarization

measurements of anisotropic media. Optics Express, 2018, 26(4): 3791-3800.

[26] Chang J, Zeng N, He H, et al. Single-shot spatially modulated Stokes polarimeter based on a GRIN lens. Optics Letters, 2014, 39(9): 2656-2659.

[27] He C, Chang J, Wang Y, et al. Linear polarization optimized Stokes polarimeter based on four-quadrant detector. Applied Optics, 2015, 54(14):4458-4463.

[28] Wang Y, He H, Chang J, et al. Differentiating characteristic microstructural features of cancerous tissue using Mueller matrix microscope. Micron, 2015, 79: 8-15.

[29] Chang J, He H, Wang Y, et al. Division of focal plane polarimeter based 3 × 4 Mueller matrix microscope: a potential tool for quick diagnosis of human carcinoma tissues. Journal of Biomedical Optics, 2016, 21(5): 056002.

[30] Huang T, Meng R, Qi J, et al. Fast Mueller matrix microscope based on dual DoFP polarimeters. Optics Letters, 2021, 46(714): 1676-1679.

第 5 章　偏振特征量

本章将重点关注偏振光学检测中的信息提取问题，具体来说，主要研究如何从缪勒矩阵中提取或分离出有用的信息。虽然缪勒矩阵包含了样品对偏振光线性变换性质的完备信息，但缪勒矩阵元并不能直接为人们所用。这是因为单个缪勒矩阵阵元的物理意义并不明确，本书常见的物理效应(二向色性、相位延迟、旋光、退偏等)同多个缪勒矩阵阵元有关，这一现象通常被称为信息耦合问题(图 5.1)。本章将重点介绍缪勒矩阵变换概念。狭义的缪勒矩阵变换是指基于对样品的变换操作(如旋转、镜像、倒易等)推导出具有物理意义(通常与样品对称性有关)的偏振参量的方法。广义的缪勒矩阵变换可以囊括狭义缪勒矩阵变换方

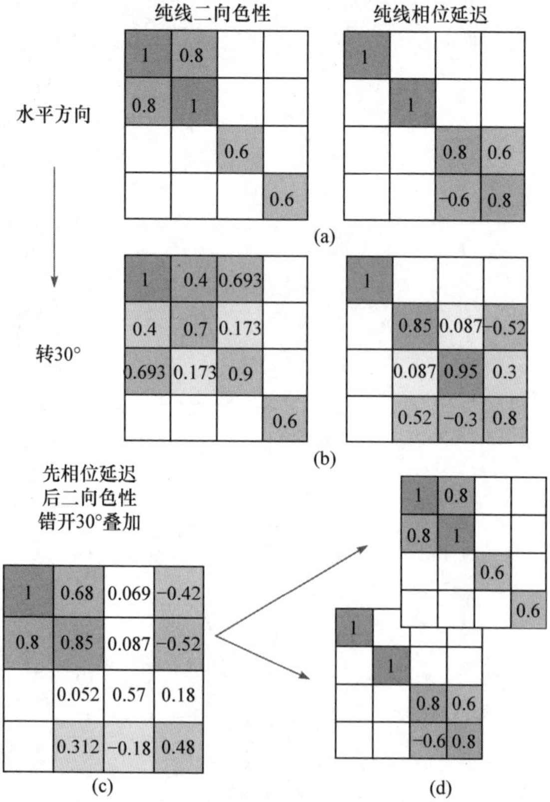

图 5.1　缪勒矩阵中信息耦合问题与变换过程演示

法和传统的缪勒矩阵分解方法，它们的目标都是将物理意义不明确的缪勒矩阵阵元参数集变换成物理意义明确的参数集，从而为应用科学服务。

图 5.1(a)为纯线二向色性和纯线相位延迟器摆放的方位角刚好为 0°的缪勒矩阵。可见，当样品只有纯线二向色性效应时，这里要从缪勒矩阵中提取二向色性信息很简单，只需要找 m_{12} 或 m_{21}。当样品只有纯相位延迟效应时情况类似，从右下 2 × 2 任意一个阵元均可提取出相位延迟角的大小。图 5.1(b)为两种样品方位角转 30°后的缪勒矩阵，从图中看到 m_{12} 的一部分信息开始跑向 m_{13} 阵元，样品的二向色性信息和方位角信息混合在了一起，分散在缪勒矩阵整个左上 3 × 3 阵元中。图 5.1(c)为 0°方位角的线二向色性和 30°的线相位延迟器叠加后的缪勒矩阵。可见，当样品中同时存在线二向色性和线相位延迟两种效应，且两者以任意夹角叠加时，得到的缪勒矩阵变得十分复杂。图 5.1(d)为从复杂的缪勒矩阵中分离出具有明晰物理意义的偏振参数，这是本书的目标。

目前，对缪勒矩阵参数变换实现信息提取的研究可以分为三类：缪勒矩阵分解法、(狭义的)缪勒矩阵变换法，以及以前面两类研究为基础新兴的大数据和机器学习方法。

5.1　缪勒矩阵分解

在介绍如何分解缪勒矩阵之前，介绍一下多个缪勒矩阵是怎样合成的。缪勒矩阵的合成方式分为两种。

(1) 当各个光学元件串联时，人们通常认为合成的缪勒矩阵为各个元件的缪勒矩阵按次序相乘的结果。例如在蒙特卡罗模拟中，光子依次和不同散射体发生散射，最终的缪勒矩阵为每次结果的相乘。在实验中，光源斜入射光滑的玻璃表面再接触样品，产生的二向色性缪勒矩阵和样品的缪勒矩阵也是相乘合成。

从宏观来看，应当注意这种相乘的合成方法只能在每层光学样品没有背向反射光时成立。例如本书已有蒙特卡罗模拟显示，当散射样品厚度加倍时，缪勒矩阵并不等于原来的平方，当多层不同的散射介质叠加时，合成的缪勒矩阵也和各层缪勒矩阵相乘的结果有明显偏离。

(2) 当各个光学元件并联时，要分两种情况讨论：①各支路之间的光相干叠加，合成的结果为各分支琼斯矩阵的凸线性和；②各支路之间的光非相干叠加，合成的结果为各分支缪勒矩阵的凸线性和[1]。做凸线性和之前，需要归一化各分支矩阵，使它们的透射率与合体的透射率相等[2]。

在蒙特卡罗模拟中，单独每个光子经散射后都没有退偏，当这里把它们的贡献求和时才有了退偏。此外，这里通常把蒙特卡罗模拟得到的缪勒矩阵在空间分布的花样进行求和，这也是在做加法合成。实验中，当光源不是平行光时，不同倾角的光经历了不同散射过程，进而被探测器积分探测产生退偏，这也是加法合成。因此，加法合成是退偏的主要来源。

由于存在以上两种缪勒矩阵的合成方式，相应地就存在两类缪勒矩阵的分解方式：

① 乘积分解，又称为串行分解。

乘积分解首先假设缪勒矩阵是由若干纯偏振效应的缪勒矩阵依次串联合成，然后使用代数学的方法给出分解矩阵的公式。这类方法存在一个共同的问题，即矩阵乘法是不对称的，因此理论上只有当样品真的是由各纯偏振效应依次发生时，矩阵分解的结果才是正确的。但在实际应用中，研究者很少能够事先已知各偏振效应的发生顺序，样品的分层情况也不会像严格串联那么理想。针对这一问题，第 5.3.1 节对各向异性效应叠加问题进行了研究，其中的缪勒矩阵对称性破坏指标可帮助研究者判断样品中各向异性效应的存在与否和叠加次序。

在各种乘积分解方法中，应用最广泛的是Lu等于1996年提出的Lu-Chipman的极分解法[3]，这种方法提出的分解顺序为线二向色性、线相位延迟、退偏，详见第 5.1.1 节。Ghosh 等在散射、双折射、旋光效应同时存在的复杂模型上研究了不同的缪勒矩阵分解顺序对分解结果的影响[4]。实验表明，对于大多数生物组织，线二向色性的效应要明显弱于另外两种效应，对于这种情况，Lu-Chipman的分解顺序是最合适的[4,5]。

除了各种偏振效应按顺序相乘的模型之外，还有一种应用广泛的分解法，它并不假设样品中各偏振效应的发生次序，而是假设样品的偏振性质随光线纵深方向均匀，这种方法称为微分分解或对数分解。微分分解是一种特殊的乘积分解法，又称为连续乘积分解[6]。它首先通过取对数将厚度的影响分离，然后按照矩阵对称和反对称将纯偏振效应和退偏效应分离，最后从它们各自对应的矩阵的不同阵元上提取出各类偏振信息。

微分分解理论最早由琼斯(Jones)于1948年提出[7]，但琼斯的理论只适用于线性的、无退偏的光学介质。1978 年，Azzam 将这一理论在形式上推广到斯托克斯矢量上，但并没有解释他的理论能够适用于退偏介质的理由。2011 年，Ossikovski[8]和 Ortega-Quijano[9,10]等才真正将微分分解理论推广到能够用于最一般的含退偏的各向异性介质的情况。Ortega-Quijano 等于 2015 年进一步提出纯偏振项随样品厚度的变化规律是线性的，而退偏项随厚度变化为二次函数规律[11]。关于微分分解理论的详细内容见第 5.1.2 节。

② 求和分解，又称为并行分解。

求和分解中目前研究得最多的是克劳德(Cloude)于 1986 年提出的克劳德分

解[12,13]，它将任意缪勒矩阵分解成最多 4 个无退偏的缪勒矩阵之和。在 MC 模拟的图景中，这就相当于只有 4 个光子，分别独立经历了不同的无退偏相互作用过程，最后被探测器积分探测。本书前面提到，加法合成是退偏的主要来源，因此求和分解所提取的信息也和样品的退偏有关。关于克劳德分解的具体步骤见第 5.1.3 节。

以上串行、并行等概念和电路中串联、并联概念很相似。若用电路来类比，则缪勒矩阵分解就像是在黑箱外测量一个复杂电路的输入输出，然后根据其响应规律来猜测电路的模型，分割出一个个集总电路元件。因此，不存在一个通用的缪勒矩阵分解算法，每种算法原则上都只适用于其对应的电路模型。由于本书在黑箱外所能获得的信息有限，最后分解出来的结果也不一定就是黑箱里的真实情况，而是复杂电路最后整体所表现出来的总包效应。例如，无数多个线相位延迟器的叠加，这里显然不可能从最终合成的一个缪勒矩阵的 16 个信息解出所有相位延迟器的信息(实际上已有研究指出，任意多个线相位延迟器的叠加最终都可以等效为一个椭相位延迟器[6])。

5.1.1 Lu-Chipman 极分解

Lu-Chipman 极分解是在生物医学等领域中应用较多的乘积分解法[3-5]，它假设各偏振效应发生的顺序依次为二向色性、相位延迟、广义退偏(含退偏和起偏)：

$$\boldsymbol{M}=m_{11}\begin{bmatrix}1 & \boldsymbol{D}^{\mathrm{T}}\\ \boldsymbol{P} & \boldsymbol{m}_{3\times3}\end{bmatrix}=\boldsymbol{M}_{\Delta}\boldsymbol{M}_{R}\boldsymbol{M}_{D}=\begin{bmatrix}1 & \boldsymbol{0}^{\mathrm{T}}\\ \boldsymbol{P}_{\Delta} & \boldsymbol{m}_{\Delta}\end{bmatrix}\begin{bmatrix}1 & \boldsymbol{0}^{\mathrm{T}}\\ 0 & \boldsymbol{m}_{R}\end{bmatrix}\begin{bmatrix}1 & \boldsymbol{D}^{\mathrm{T}}\\ \boldsymbol{D} & \boldsymbol{m}_{D}\end{bmatrix} \tag{5-1}$$

其具体执行步骤和提取的物理参数如下：

首先，直接从原始的归一化缪勒矩阵的上棱得到二向色性矢量 $\boldsymbol{D}$ 和标量 D：

$$D=\frac{1}{m_{11}}\sqrt{m_{12}^2+m_{13}^2+m_{14}^2} \tag{5-2}$$

然后，由式(5-3)得到整个二向色性缪勒矩阵 $\boldsymbol{M}_D$：

$$\boldsymbol{M}_D=m_{11}\begin{bmatrix}1 & \boldsymbol{D}^{\mathrm{T}}\\ \boldsymbol{P} & \boldsymbol{m}_{D3\times3}\end{bmatrix},\quad \boldsymbol{m}_{D3\times3}=\sqrt{1-\boldsymbol{D}^2}\,\boldsymbol{I}_3+\left(1-\sqrt{1-\boldsymbol{D}^2}\right)\hat{\boldsymbol{D}}\hat{\boldsymbol{D}}^{\mathrm{T}} \tag{5-3}$$

计算 $\boldsymbol{M}'\equiv\boldsymbol{M}\boldsymbol{M}_D^{-1}$，并认为这个矩阵是相位延迟阵和退偏阵的乘积：

$$\begin{bmatrix}1 & \boldsymbol{0}^{\mathrm{T}}\\ \boldsymbol{P}_{\Delta} & \boldsymbol{m}_{\Delta}\end{bmatrix}\begin{bmatrix}1 & \boldsymbol{0}^{\mathrm{T}}\\ 0 & \boldsymbol{m}_{R}\end{bmatrix}=\begin{bmatrix}1 & \boldsymbol{0}^{\mathrm{T}}\\ \boldsymbol{P}_{\Delta} & \boldsymbol{m}_{\Delta}\boldsymbol{m}_{R}\end{bmatrix}=\boldsymbol{M}\boldsymbol{M}_D^{-1} \tag{5-4}$$

$\boldsymbol{P}_{\Delta}$ 是起偏矢量，Lu-Chipman 极分解把它包含在广义退偏 $\boldsymbol{M}_{\Delta}$ 里面。$\boldsymbol{P}_{\Delta}$ 就是 $\boldsymbol{M}'$ 的左棱，它可以直接从原始缪勒矩阵的分块形式中提取：

$$\boldsymbol{P}_{\Delta}=\frac{\boldsymbol{P}-\boldsymbol{m}_{3\times3}\boldsymbol{D}}{1-\boldsymbol{D}^{2}} \tag{5-5}$$

此时问题简化为对 $\boldsymbol{m}'=\left(\boldsymbol{m}_{\Delta}\boldsymbol{m}_{R}\right)$ 这个 3 × 3 矩阵的分解，由于 $\boldsymbol{m}_{R}$ 是转动变换阵，这个问题实际上就是通过转动变换将 $\boldsymbol{m}'$ 对角化。矩阵代数中有一套成熟的工具叫作极分解，它将矩阵和其厄米转置相乘再求本征值，这种操作对非方阵同样适用。这里不存在非方阵的问题，设 $\boldsymbol{m}'\left(\boldsymbol{m}'\right)^{\mathrm{T}}$ 的本征值为 $\lambda_{1\sim3}$，则可得到以 $\sqrt{\lambda_{1\sim3}}$ 为对角线的对角阵 $\boldsymbol{m}_{\Delta}$。定义总退偏 Δ 为

$$\Delta=1-\frac{1}{3}\left|\mathrm{tr}\boldsymbol{m}_{\Delta}\right|\in\left[0,1\right] \tag{5-6}$$

则 Δ 是一个标量，取值为 0 时无退偏，取值为 1 时为完全退偏。

最后，$\boldsymbol{M}_{R}$ 中包含了相位延迟角 δ 和旋光角 α 的信息，提取这两个量的公式分别为[14,15]

$$\cos\delta=\sqrt{\left(M_{R22}+M_{R33}\right)^{2}+\left(M_{R32}-M_{R23}\right)^{2}}-1 \tag{5-7}$$

$$\tan\alpha=\frac{M_{R32}-M_{R23}}{M_{R22}+M_{R33}} \tag{5-8}$$

注意，Lu-Chipman 给出的相位延迟表达式为

$$\cos R=\frac{1}{2}\mathrm{tr}\,\boldsymbol{M}_{R}-1 \tag{5-9}$$

实际上 R 的意义是总相位延迟，它包含了线相位延迟和圆相位延迟(旋光)两种效应的信息[14]：

$$\cos R=2\cos^{2}\left(\alpha\right)\cos^{2}\left(\delta/2\right)-1 \tag{5-10}$$

Lu-Chipman 极分解对于缪勒矩阵行列式为负的情况并不适用，大粒径散射体的背向缪勒矩阵通常是这种情况(原理类似于镜面反射改变了参考系的原理详见文献[16]中的讨论)。若分解时在转动变换阵里加入反号因子[17,18]，则可以分解出正的本征值，此时 Lu-Chipman 分解对于行列式为负的情况依然可以适用。

5.1.2 微分分解和对数分解

微分分解是乘积分解法中较为特殊的一种(连续乘积分解)，它并不假设样品中各偏振效应的发生次序，而是假设样品的偏振性质随光线纵深方向均匀分布。因此，微分分解的优势是处理偏振参量随样品厚度变化的问题。

人类对光随介质厚度变化的研究历史悠久，最早在 1852 年就建立了有关光强随深度变化的比尔-朗伯定律(Beer-Lambert law)。假设介质沿光传播方向均匀，则光通过厚度微元都会减弱相同的比例 $\mathrm{d}I=-\mu_a I\mathrm{d}z$，从而可解得

$$I(z)=I_0\mathrm{e}^{-\mu_a z} \tag{5-11}$$

到了 1948 年，琼斯将类似的思想延伸到了偏振光学领域[7]。他假设光学样品的每个横截面都是均匀的，则样品的琼斯矩阵随深度 z 的变化应具有如下规律：

$$\frac{\mathrm{d}}{\mathrm{d}z}\boldsymbol{J}=\boldsymbol{NJ} \tag{5-12}$$

琼斯同时推出了光的琼斯矢量 $|\psi(z)=\boldsymbol{J}(z)\psi_0\rangle$ 随深度的变化规律：

$$\frac{\mathrm{d}}{\mathrm{d}z}|\psi\rangle=\left(\frac{\mathrm{d}}{\mathrm{d}z}\boldsymbol{J}\right)|\psi_0\rangle=\boldsymbol{NJ}|\psi_0\rangle=N|\psi\rangle \tag{5-13}$$

琼斯将上述公式中的 N 称为 N-matrix①，并和非偏振光中的 $\partial_z\boldsymbol{E}=\mathrm{i}\boldsymbol{kE}$ 类比($\boldsymbol{E}$ 为电场矢量)，建议将 N 视为对波矢 $\boldsymbol{k}$ 的推广。

琼斯理论只适用于线性的、无退偏的光学介质。1978 年，Azzam 将这一理论推广到了斯托克斯矢量上[19]：

$$\frac{\mathrm{d}}{\mathrm{d}z}\boldsymbol{S}=\boldsymbol{mS} \tag{5-14}$$

式中，$\boldsymbol{m}$ 称为微分矩阵。此外，Azzam 还系统地推导了几类常见的无退偏的光学元件的 $\boldsymbol{N}$ 和 $\boldsymbol{M}$，见表 5.1。

表5.1　琼斯和缪勒两套代数中的微分矩阵的对照

参数	各向同性吸收	整体相位延迟	线二向色性	线相位延迟
$\boldsymbol{N}$	$\frac{\Delta}{2}\begin{bmatrix}1&0\\0&1\end{bmatrix}$	$\frac{\varphi}{2}\begin{bmatrix}\mathrm{i}&0\\0&\mathrm{i}\end{bmatrix}$	$\frac{\ln(p_x/p_y)}{2}\begin{bmatrix}1&0\\0&-1\end{bmatrix}$	$\frac{\delta}{2}\begin{bmatrix}\mathrm{i}&0\\0&-\mathrm{i}\end{bmatrix}$
$\boldsymbol{m}$	$\begin{bmatrix}\Delta&0&0&0\\0&\Delta&0&0\\0&0&\Delta&0\\0&0&0&\Delta\end{bmatrix}$	$\begin{bmatrix}0&0&0&0\\0&0&0&0\\0&0&0&0\\0&0&0&0\end{bmatrix}$	$\begin{bmatrix}0&\ln(p_x/p_y)&0&0\\\ln(p_x/p_y)&0&0&0\\0&0&0&0\\0&0&0&0\end{bmatrix}$	$\begin{bmatrix}0&0&0&0\\0&0&0&0\\0&0&0&\delta\\0&0&-\delta&0\end{bmatrix}$
参数	±45°线二向色性	±45°线相位延迟	圆二向色性	圆双折射
$\boldsymbol{N}$	$\frac{\mathrm{LD}_{45^\circ}}{2}\begin{bmatrix}0&1\\1&0\end{bmatrix}$	$\frac{\mathrm{LD}_{45^\circ}}{2}\begin{bmatrix}0&\mathrm{i}\\\mathrm{i}&0\end{bmatrix}$	$\frac{\mathrm{CD}}{2}\begin{bmatrix}0&-\mathrm{i}\\\mathrm{i}&0\end{bmatrix}$	$\alpha\begin{bmatrix}0&1\\-1&0\end{bmatrix}$
$\boldsymbol{m}$	$\begin{bmatrix}0&0&\mathrm{LD}_{45^\circ}&0\\0&0&0&0\\\mathrm{LD}_{45^\circ}&0&0&0\\0&0&0&0\end{bmatrix}$	$\begin{bmatrix}0&0&0&0\\0&0&0&-\mathrm{LB}_{45^\circ}\\0&0&0&0\\0&\mathrm{LB}_{45^\circ}&0&0\end{bmatrix}$	$\begin{bmatrix}0&0&0&\mathrm{CD}\\0&0&0&0\\0&0&0&0\\\mathrm{CD}&0&0&0\end{bmatrix}$	$\begin{bmatrix}0&0&0&0\\0&0&2\alpha&0\\0&-2\alpha&0&0\\0&0&0&0\end{bmatrix}$

① 注意：琼斯代数和缪勒代数中的 N-matrix 是指不同的矩阵，缪勒代数中的 N-matrix 是指矩阵 $\boldsymbol{GM}^{\mathrm{T}}\boldsymbol{GM}$。

任意的$\boldsymbol{N}$和$\boldsymbol{m}$之间的换算公式由 Barakat 于 1996 年给出[20]：

$$\boldsymbol{m}=\boldsymbol{U}\left(\boldsymbol{N}\otimes\boldsymbol{I}_2+\boldsymbol{I}_2\otimes\boldsymbol{N}^*\right)\boldsymbol{U}^{-1} \tag{5-15}$$

式中，$\boldsymbol{I}_2$为2×2单位阵；“*”为复共轭；“$\otimes$”为克罗内克积。

值得一提的是，Azzam 只是在形式上将微分分解推广到了斯托克斯矢量，并没有解释其理论能够适用于退偏介质的理由。2011 年，Ossikovski[8]和 Ortega-Quijano[9,10]等才真正将微分分解理论推广到能够用于最一般的含退偏的各向异性介质的情况。同样，这里需要假定样品沿光线纵深的方向均匀，在这种情况下，缪勒矩阵$\boldsymbol{M}$随深度z的变化规律为

$$\frac{\mathrm{d}}{\mathrm{d}z}\boldsymbol{M}(z)=\boldsymbol{m}\boldsymbol{M}(z) \tag{5-16}$$

式中，$\boldsymbol{m}$称为微分缪勒矩阵。这里将$\boldsymbol{m}$按照度规$\boldsymbol{G}=\mathrm{diag}(1,-1,-1,-1)$拆分成转置反对称$\left(\boldsymbol{G}\boldsymbol{m}_{\mathrm{m}}^{\mathrm{T}}\boldsymbol{G}=-\boldsymbol{m}_{\mathrm{m}}\right)$和对称两部分$\left(\boldsymbol{m}=\boldsymbol{m}_{\mathrm{m}}+\boldsymbol{m}_{\mathrm{u}}\right)$：

$$\boldsymbol{m}_{\mathrm{m}}=\frac{1}{2}\left(\boldsymbol{m}-\boldsymbol{G}\boldsymbol{m}_{\mathrm{m}}^{\mathrm{T}}\boldsymbol{G}\right) \tag{5-17}$$

$$\boldsymbol{m}_{\mathrm{u}}=\frac{1}{2}\left(\boldsymbol{m}+\boldsymbol{G}\boldsymbol{m}_{\mathrm{m}}^{\mathrm{T}}\boldsymbol{G}\right) \tag{5-18}$$

Ossikovski 推广后的微分分解理论认为，$\boldsymbol{m}_{\mathrm{m}}$对应着样品沿纵深方向的偏振特性的平均值，代表纯偏振特性：

$$\boldsymbol{m}_{\mathrm{m}}=\langle\boldsymbol{m}\rangle \tag{5-19}$$

$\boldsymbol{m}_{\mathrm{u}}$对应着$\boldsymbol{m}$围绕平均值$\langle\boldsymbol{m}\rangle$的涨落，代表退偏振特性：

$$\boldsymbol{m}_{\mathrm{u}}=\langle\Delta\boldsymbol{m}\rangle^2 z \tag{5-20}$$

式中，$\langle\cdot\rangle$表示在介质的各微分横截面空间上取平均(注意在纵深方向上前面已假定样品均匀)。

厚度为零的介质的缪勒矩阵理应为单位阵，因此对于均匀的、线性的介质，这里可以根据(5-16)利用定积分求出任意z处的$\boldsymbol{M}$。值得一提的是，在 2012 年及以前[9,21]，研究者尚未注意到$\boldsymbol{m}_{\mathrm{u}}$可能与$z$相关，因此他们给出的积分结果为

$$\boldsymbol{M}(z)=\mathrm{e}^{\boldsymbol{m}z} \tag{5-21}$$

实际上，只有无退偏的缪勒矩阵才是式(5-21)的形式。Ossikovski 等提出，即便样品沿z方向均匀，其退偏项$\boldsymbol{m}_{\mathrm{u}}$也跟$z$有关，并认为其规律是线性的[11]，即满足式(5-20)。将$\boldsymbol{m}_{\mathrm{m}}=\langle\boldsymbol{m}\rangle+\langle\Delta\boldsymbol{m}^2\rangle z$代回式(5-16)进行积分，便可得出退偏项随厚度变化满足二次函数规律：

$$M(z)=\exp\left[\langle m\rangle z+\frac{1}{2}\langle\Delta m^2\rangle z^2\right] \tag{5-22}$$

Ossikovski 进一步补充声明，解(5-22)为近似解，仅当$\langle m\rangle$和$\langle\Delta m^2\rangle$对易时才严格成立[11]。

以上是对微分分解理论发展历程的概括。由这个理论的前提假设可知，微分分解法原则上只适用于沿光线纵深方向均匀的样品，且缪勒矩阵为前向探测的结果。但在实际应用中，人们通常不严格限制以上前提假设。若从实验中测得的缪勒矩阵 $\boldsymbol{M}$ 满足特定代数条件(例如行列式须为正，避免本征值出现虚部)，这里就可以求出缪勒矩阵的对数矩阵 $\boldsymbol{L}$，进而提取其中的偏振信息。

$$\boldsymbol{L}\equiv\ln\boldsymbol{M} \tag{5-23}$$

这种提取信息的方法称为缪勒矩阵的对数分解法。注意，对于背向探测的缪勒矩阵，其行列式可能为负，此时缪勒矩阵的本征值会出现虚部，微分分解或对数分解法失效，应考虑改用其他分解算法(Ossikovski 指出，可用于背向探测的分解为 Lu-Chipman 分解、积分分解、对称分解等，当然还有适用于任何情况的克劳德分解)。

对于对数分解，其计算偏振参量的方法同样是将 $\boldsymbol{L}$ 按照度规 $\boldsymbol{G}$ 拆分成转置反对称和对称两部分，即 $\boldsymbol{L}=\boldsymbol{L}_{\mathrm{m}}+\boldsymbol{L}_{\mathrm{u}}$①，其中

$$\boldsymbol{L}_{\mathrm{m}}=\frac{1}{2}\left(\boldsymbol{L}-\boldsymbol{G}\boldsymbol{L}^{\mathrm{T}}\boldsymbol{G}\right)=\langle\boldsymbol{m}\rangle z \tag{5-24}$$

$$\boldsymbol{L}_{\mathrm{u}}=\frac{1}{2}\left(\boldsymbol{L}+\boldsymbol{G}\boldsymbol{L}^{\mathrm{T}}\boldsymbol{G}\right)=\frac{1}{2}\langle\Delta\boldsymbol{m}^2\rangle z^2 \tag{5-25}$$

注：公式中第二个等号仅当$\langle\boldsymbol{m}\rangle$和$\langle\Delta\boldsymbol{m}^2\rangle$对易时才严格成立，在不对易的情况下还有高阶修正项[11]。

根据式(5-22)得出以下结论：纯偏振参量 $\boldsymbol{L}_{\mathrm{m}}$ 随厚度的变化近似为线性规律；退偏参量 $\boldsymbol{L}_{\mathrm{u}}$ 随厚度的变化近似为二次函数规律。

根据表 5.1 可推出 $\boldsymbol{L}_{\mathrm{m}}$ 的各个阵元对应的纯偏振效应分别为

$$\boldsymbol{L}_{\mathrm{m}}=\begin{bmatrix} 0 & \mathrm{LD} & \mathrm{LD}_{45^\circ} & \mathrm{CD} \\ \mathrm{LD} & 0 & \mathrm{CB} & -\mathrm{LB}_{45^\circ} \\ \mathrm{LD}_{45^\circ} & -\mathrm{CB} & 0 & \mathrm{LB} \\ \mathrm{CD} & \mathrm{LB}_{45^\circ} & -\mathrm{LB} & 0 \end{bmatrix} \tag{5-26}$$

① 注意，对数缪勒矩阵可以拆分成退偏和非退偏两项，原始的缪勒矩阵并不能拆分成退偏和非退偏两部分相乘，即 $\boldsymbol{M}=\mathrm{e}^{\boldsymbol{L}_{\mathrm{m}}+\boldsymbol{L}_{\mathrm{u}}}\neq\mathrm{e}^{\boldsymbol{L}_{\mathrm{m}}}\cdot\mathrm{e}^{\boldsymbol{L}_{\mathrm{u}}}$，因为乘法分解意味着两种效应有先后次序，与微分分解的模型不符。

式中，LD 为 0°～90°线二向色性(文献[11]给 LD 的定义曾带负号，但实际上应去掉)；$LD_{45°}$ 为 ±45° 线二向色性；LB 为线相位延迟；CD 为圆二向色性；CB 为圆双折射(旋光)。

对于 $\boldsymbol{L}_{\mathrm{u}}$ 的研究目前以对角线为主，并且通常还要减去其中各向同性吸收的贡献。此处以纯二向色性阵的微分分解为例，$\boldsymbol{M}_D\left(p_x,p_y\right)$ 的微分分解结果为

$$\boldsymbol{L}=\boldsymbol{L}_{\mathrm{m}}+\boldsymbol{L}_{\mathrm{u}}=\begin{bmatrix} 0 & \ln\left(p_x/p_y\right) & 0 & 0 \\ \ln\left(p_x/p_y\right) & 0 & 0 & 0 \\ 0 & 0 & 0 & 0 \\ 0 & 0 & 0 & 0 \end{bmatrix}+\ln\left(p_xp_y\right)\boldsymbol{I}_4 \tag{5-27}$$

若减去 $\boldsymbol{L}_{\mathrm{u}}$ 中的各向同性吸收 $\boldsymbol{L}'_{\mathrm{u}}=\boldsymbol{L}_{\mathrm{u}}-L_{\mathrm{u}11}\boldsymbol{I}_4$，则 $\boldsymbol{L}'_{\mathrm{u}}=0$，即理想的纯二向色性元件不含退偏效应。

在减去 $\boldsymbol{L}_{\mathrm{u}}$ 中的各向同性吸收后，研究者通常把得到的三个表征退偏的参量记作

$$\alpha_{ii}=L_{\mathrm{u}ii}-L_{\mathrm{u}11},\quad i=2,3,4 \tag{5-28}$$

式中，α_{22}、α_{33}、α_{44} 分别代表 0°～90°线退偏、±45°线退偏和圆退偏。它们是位于缪勒矩阵指数上的参数，因此正常情况下取值为负，绝对值越大表示退偏效应越强。

式(5-26)和式(5-28)被视为对数分解所提取的参数，但这些参数和缪勒矩阵元一样受样品方位角转动的影响，例如对于取向任意的波片，相位延迟 δ 的信息会分散在 LB 和 $LB_{45°}$ 两个阵元中。Li 等在研究人造皮肤样品的实验测量结果中发现了这一问题[22]，并借鉴了 5.2.2 节中缪勒矩阵变换理论的思想，推导出了对数分解框架下的转动不变参量。对数缪勒矩阵的转动变换推导过程如下。

对一个矩阵求其对数矩阵的方法是：首先做本征值分解 $\boldsymbol{M}=\boldsymbol{U}\boldsymbol{\Lambda}\boldsymbol{U}^{-1}$，得到以本征值为对角线的对角阵$\boldsymbol{\Lambda}$，然后取本征值的对数，用$\boldsymbol{U}$ 恢复出对数矩阵 $\boldsymbol{L}=\boldsymbol{U}\ln\left(\boldsymbol{\Lambda}\right)\boldsymbol{U}^{-1}$。若样品的方位角发生了转动，则转动后的缪勒矩阵 $\boldsymbol{M}'=\boldsymbol{R}\boldsymbol{M}\boldsymbol{R}^{-1}$，其中 $\boldsymbol{R}$ 为转动变换阵(5-49)。$\boldsymbol{M}'$ 的本征值跟 $\boldsymbol{M}$ 相同，其对数矩阵变成

$$\boldsymbol{L}'=\boldsymbol{R}\boldsymbol{U}\ln(\boldsymbol{\Lambda})\boldsymbol{U}^{-1}\boldsymbol{R}^{-1} \tag{5-29}$$

也就是说，$\boldsymbol{L}$ 阵元随方位角转动的变换规律和 $\boldsymbol{M}$ 相同。这里将矩阵 $\boldsymbol{L}'$ 按度规 $\boldsymbol{L}$ 反对称和对称拆分 $\boldsymbol{L}'_{\mathrm{m}}$ 和 $\boldsymbol{L}'_{\mathrm{u}}$，得 $\boldsymbol{L}'_{\mathrm{m}}$ 的具体表达式为

$$
\boldsymbol{L}_{\mathrm{m}}' = \frac{1}{2}\begin{bmatrix} 0 & (L_{12}+L_{21})c_2-(L_{13}+L_{31})s_2 & (L_{13}+L_{31})c_2+(L_{12}+L_{21})s_2 & L_{14}+L_{41} \\ (L_{12}+L_{21})c_2-(L_{13}+L_{31})s_2 & 0 & L_{23}-L_{32} & (L_{24}-L_{42})c_2+(L_{43}-L_{34})s_2 \\ (L_{13}+L_{31})c_2+(L_{12}+L_{21})s_2 & L_{32}-L_{23} & 0 & (L_{34}-L_{43})c_2+(L_{24}-L_{42})s_2 \\ L_{14}+L_{41} & (L_{42}-L_{24})c_2+(L_{34}-L_{43})s_2 & (L_{43}-L_{34})c_2+(L_{42}-L_{24})s_2 & 0 \end{bmatrix} \tag{5-30}
$$

由式(5-30)可以总结出以下不变量——线二向色性参量

$$
\ln\left(p_x / p_y\right)=\sqrt{L_{m12}^2+L_{m13}^2}=\sqrt{L_{m21}^2+L_{m31}^2}=\frac{1}{2}\sqrt{\left(L_{12}+L_{21}\right)^2+\left(L_{13}+L_{31}\right)^2} \tag{5-31}
$$

和线相位延迟参量：

$$
\delta=\sqrt{L_{m52}^2+L_{m43}^2}=\sqrt{L_{m24}^2+L_{m34}^2}=\frac{1}{2}\sqrt{\left(L_{24}+L_{42}\right)^2+\left(L_{34}+L_{43}\right)^2} \tag{5-32}
$$

注意，由式(5-32)计算得到的δ存在相位打包的问题(图 5.2)，即δ的范围只能在[0, π]区间内变动。

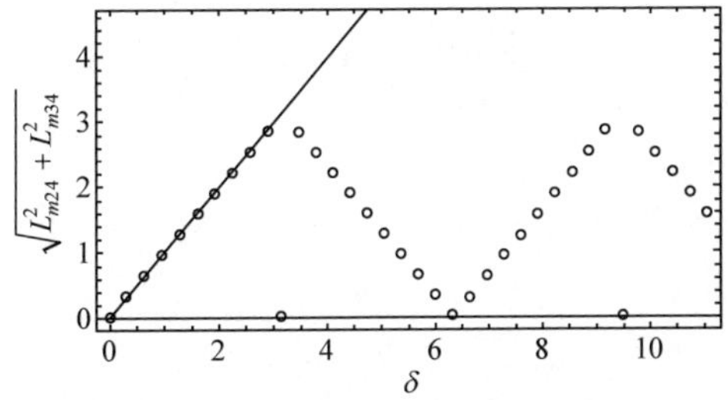

图 5.2　对数分解出的相位延迟参数存在的相位打包现象示意图

实线为未打包的理想结果，圆点为纯相位延迟器的对数分解理论计算得出的结果

在实验中，若这里测量的不同厚度的样品数据点较少且较离散，则相位打包问题有可能产生反常的现象，例如可能出现厚样品的相位延迟反而比薄样品还小的情况。

这里继续归纳转动不变量，除了以上线各向异性参量外，还有圆双折射(旋光)参量

$$
2\alpha=L_{m23}=-L_{m32}=L_{23}-L_{32} \tag{5-33}
$$

及圆二向色性参量：

$$\mathrm{CD}=L_{m14}=L_{m41}=L_{14}+L_{41} \tag{5-34}$$

以上就是纯偏振效应的转动不变参量。描述退偏的参量在矩阵 $\boldsymbol{L}_{\mathrm{u}}'$ 中，其具体表达式为

$$\boldsymbol{L}_{\mathrm{u}}'=\frac{1}{2}\begin{bmatrix} 2L_{11} & (L_{12}-L_{21})c_2+(L_{13}-L_{31})s_2 & (L_{13}-L_{31})c_2+(L_{12}-L_{21})s_2 & L_{14}-L_{41} \\ (L_{21}-L_{12})+(L_{13}-L_{31})s_2 & L_{22}+L_{33}+(L_{22}-L_{33})c_4-(L_{23}+L_{32})s_4 & (L_{23}+L_{32})c_4+(L_{22}-L_{33})s_4 & (L_{24}+L_{42})c_2-(L_{43}+L_{34})s_2 \\ (L_{31}-L_{13})c_2+(L_{12}+L_{21})s_2 & (L_{23}+L_{32})c_4+(L_{22}-L_{33})s_4 & L_{22}+L_{33}+(L_{33}-L_{22})c_4+(L_{23}+L_{32})s_4 & (L_{43}+L_{34})c_2+(L_{42}+L_{24})s_2 \\ L_{41}-L_{14} & (L_{42}+L_{24})c_2-(L_{34}+L_{43})s_2 & (L_{43}+L_{34})c_2+(L_{42}+L_{24})s_2 & 0 \end{bmatrix} \tag{5-35}$$

这里记 $\alpha_{ii}=L_{\mathrm{u}ii}$，转动不变的退偏参量有线退偏

$$\alpha_L\equiv\frac{1}{2}\left(\alpha_{22}+\alpha_{33}\right)=\frac{1}{2}\left(L_{22}+L_{33}\right) \tag{5-36}$$

和圆退偏:

$$\alpha_{44}=L_{44} \tag{5-37}$$

类似于推出缪勒矩阵的 t_1 参量的过程，这里可以验证 $\boldsymbol{L}_{\mathrm{u}}'$ 的 2 × 2 中心块的迹、范数

$$L_{\mathrm{u}22}^2+L_{\mathrm{u}23}^2+L_{\mathrm{u}32}^2+L_{\mathrm{u}33}^2=L_{22}^2+\frac{1}{2}\left(L_{23}+L_{32}\right)^2+L_{33}^2 \tag{5-38}$$

和行列式

$$L_{\mathrm{u}22}L_{\mathrm{u}33}-L_{\mathrm{u}23}L_{\mathrm{u}32}=-\frac{1}{4}\left(L_{23}+L_{32}\right)^2+L_{22}L_{33} \tag{5-39}$$

均为转动不变量，可由它们构造出表征线各向异性退偏的参量:

$$\alpha_{\mathrm{LA}}\equiv\frac{1}{2}\sqrt{\left(\alpha_{22}-\alpha_{33}\right)^2+\left(L_{\mathrm{u}23}+L_{\mathrm{u}32}\right)^2}=\frac{1}{2}\sqrt{\left(L_{22}-L_{33}\right)^2+\left(L_{23}+L_{32}\right)^2} \tag{5-40}$$

此外，还可以验证 $\boldsymbol{L}_{\mathrm{u}}'$ 的四个角和四条棱的模为转动不变量。理论上，它们应当对应式(5-26)中相应种类的各向异性在样品横截面上的涨落产生的退偏效应，针对它们的应用研究尚有待发掘。

以上转动不变量的结论不受缪勒矩阵是否归一化的影响。是否去掉各向同性吸收也不影响不变量的表达式，因为 L_{11} 本身就是一个转动不变量。

5.1.3　克劳德分解

前面介绍了两种典型的缪勒矩阵乘积分解法，这里介绍的克劳德分解法[12,13]则是求和分解的典型代表。克劳德分解的大致步骤如下。

首先用泡利矩阵 $\boldsymbol{\sigma}$ 作为基将缪勒矩阵映射为厄米矩阵 $\boldsymbol{H}(\boldsymbol{M})$①：

$$\boldsymbol{H}(\boldsymbol{M})=\frac{1}{4}\sum_{i,j=1}^{4}m_{ij}\sigma_i\otimes\sigma_j \tag{5-41}$$

这样一来由 $\boldsymbol{H}$ 求出的 4 个本征值就一定是实数，将它们按大小降序排列为 $\lambda_1\geqslant\lambda_2\geqslant\lambda_3\geqslant\lambda_4\geqslant 0$，这 4 个本征值包含关于退偏的关键信息，例如对于任意无退偏的缪勒矩阵 $\boldsymbol{M}_J$，λ_1 为 1，$\lambda_2\sim\lambda_4$ 均为 0[23]。

当样品有退偏时，会得到多个非零本征值：

$$\boldsymbol{H}(\boldsymbol{M})=\frac{1}{m_{11}}\sum_{i=1}^{4}\lambda_i\boldsymbol{H}_i,\quad \boldsymbol{H}_i\equiv m_{11}(\boldsymbol{u}_i\otimes\boldsymbol{u}_i\dagger) \tag{5-42}$$

式中，$\boldsymbol{H}_i$ 为非零本征值 λ_i 对应本征矢 $\boldsymbol{u}_i$ 外积还原的矩阵。由于 $\boldsymbol{H}_i$ 的秩为 1，这里实际上是把缪勒矩阵分解成至多 4 个无退偏缪勒矩阵之和，式(4-42)便是缪勒矩阵的克劳德分解[12]。由于本征值又称为矩阵的谱，这种分解法又称为谱分解[6]。完全退偏时 $\lambda_1\sim\lambda_4$ 均为 1，其他情况下 λ_i 介于 0 和 1 之间。

为了便于用较少指标来表征样品的退偏特性，研究者们用 λ_i 组合出各种偏振参数，常见的有偏振熵[24,25]

$$\boldsymbol{S}(\boldsymbol{H})=-\sum_{i=1}^{4}(\lambda_i\log_4\lambda_i),\qquad \lambda_i\text{ 按 }m_{11}\text{ 归一化} \tag{5-43}$$

及 3 个偏振纯度指标[2,26]：

$$P_1=\frac{\lambda_1-\lambda_2}{m_{11}},\quad P_2=\frac{\lambda_1-\lambda_2-2\lambda_3}{m_{11}},\quad P_3=\frac{\lambda_1+\lambda_2+\lambda_3-3\lambda_2}{m_{11}} \tag{5-44}$$

基于偏振纯度指标，研究者们又进一步组合出退偏指标[27]

$$P_\Delta=\sqrt{\frac{1}{3}\left(2P_1^2+\frac{2}{3}P_2^2+\frac{1}{3}P_3^2\right)} \tag{5-45}$$

和整体纯度指标[28]

$$\mathrm{PI}=\sqrt{(P_1^2+P_2^2+P_3^2)/3} \tag{5-46}$$

等参量，以便在一个平面图上观察退偏的分布情况[28,29]。例如，无退偏的缪勒矩阵都位于$(P_\Delta,\mathrm{PI})=(1,1)$的点上，完全退偏的缪勒矩阵位于原点，其他物理上可实现的缪勒矩阵都应当位于[0, 1]的一块近似于多边形的区域中，如图 5.3 所示。

---

① $\boldsymbol{H}(\boldsymbol{M})$称为缪勒矩阵的协方差矩阵[13]，也有部分文献将其称为相干矩阵，但实际上缪勒矩阵的相干矩阵是指 $\boldsymbol{C}(\boldsymbol{M})\equiv\boldsymbol{U}\boldsymbol{H}(\boldsymbol{M})\boldsymbol{U}^{-1}$[6,12]。

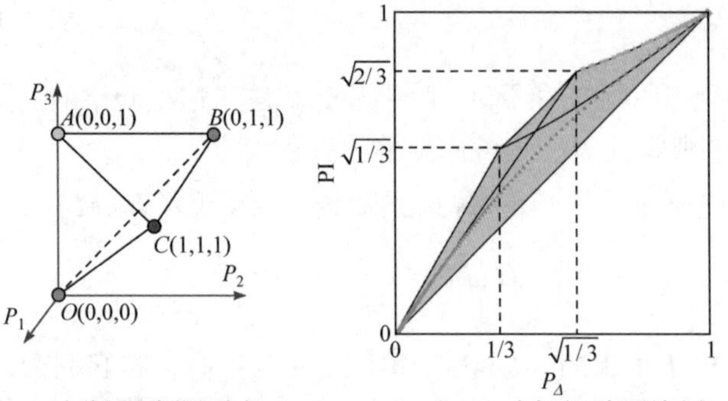

(a) 在偏振纯度指标空间中，可行区域为四面体[30]　　(b) 在 PI-P_Δ空间中可行区域为标阴影的近似四边形区域[28]

图 5.3　物理上可实现的缪勒矩阵的退偏参数分布图

(1, 1)点上的绿色菱形为无退偏缪勒矩阵的数据，四边形最上边橙色方形为球单次散射缪勒矩阵(属于缪勒琼斯矩阵 $\boldsymbol{M}_J$)的数据，中间红色三角为小粒径球多次散射缪勒矩阵的数据

克劳德分解适用于任何缪勒矩阵，不存在对缪勒矩阵行列式非负的要求。根据克劳德分解还可以提出物理上可实现的缪勒矩阵的条件($0\leqslant\lambda_i\leqslant1$)，可以检验并修正实验误差(将负的 λ 丢弃，然后重新做逆幺正变换合成缪勒矩阵)。在 PI-P_Δ 平面图上也能直观地检查这些误差，表现为数据点跑到可行区域之外(当然，由于该平面本质上是三维偏振纯度指标参数空间在二维平面上的投影，存在三维空间中不可行的点经投影后仍落在区域内的可能)[28]。

5.2　缪勒矩阵变换

广义的缪勒矩阵变换概念可以囊括缪勒矩阵分解理论和狭义的缪勒矩阵变换理论。本节将介绍狭义的缪勒矩阵变换理论。

在早期的研究中，人们通过实验和模拟都可以观察到，缪勒矩阵在样品绕光线转动时，有的阵元不变，有的阵元以三角函数的规律变化。此外，处在转置位置上的缪勒矩阵阵元有时对称，有时反对称，这暗示着此时的缪勒矩阵正受某种法则的约束。依据物理学的经验，这里研究的物理对象若具有对称性，则常常能够产生这种约束。若缪勒矩阵不再满足某个约束，则可能和样品的某种对称性被破坏相关。因此，研究缪勒矩阵的变换操作和光学样品的对称性质，是从缪勒矩阵中提取物理信息的又一大突破口。

5.2.1　缪勒矩阵变换理论

偏振光学检测的研究者发现，样品摆放的方位角会对偏振检测的结果产生影响，在图 5.1(b)中曾演示了方位角转动对缪勒矩阵阵元的影响。这一问题促使人们开展了对缪勒矩阵随样品转动的变化规律的研究。

2000 年，Jacques 等提出了偏振差成像法[31,32]。其大致流程是：首先采用线偏振光入射，检偏器与之平行或垂直，然后计算两次测量探测到的光强之差 $\left(I_{平行}-I_{垂直}\right)$，称为偏振差。进一步，定义偏振度：

$$\mathrm{DOP}=\frac{I_{平行}-I_{垂直}}{I_{平行}+I_{垂直}} \tag{5-47}$$

Jacques 等发现，DOP 应用于皮肤疾病的诊断时，能够提高病变与正常皮肤组织之间的对比度。然而，偏振差成像法存在样品摆放方位任意选取的问题，在实践中，可能碰到有的方位测 DOP 效果好，有的方位测 DOP 效果不明显等情况。这个现象可以从理论上进行解释，见图 5.4。由于样品中的各向异性结构取向未知，若本书选择的两次线偏振测量恰好和结构平行或垂直，则此时的 DOP 效果最明显。若本书选择的两次线偏振测量不幸和结构成 ±45°，则此时的 DOP 效果就最差。

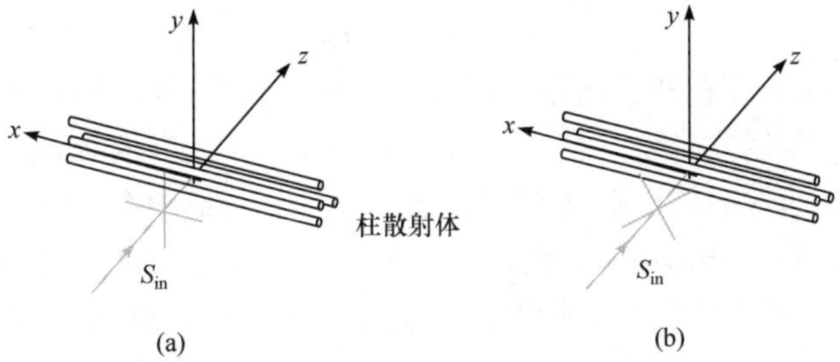

图 5.4 球-柱散射模型的蒙特卡罗模拟，柱散射体方位角置于 0°

(a) 入射光为 0° 线偏振光，得 $\boldsymbol{S}_{out}=(0.30, 0.27, 0.00, 0.00)$，分别在 0°和 90°检偏，得 DOP = 0.47；
(b) 入射光为 45°线偏振光，得 $\boldsymbol{S}_{out}=(0.25, 0.05, -0.01, 0.05)$，分别在 45°和−45°检偏，得 DOP = 0.04

为了解决偏振测量受样品方位角取向影响的问题，Jiang 等和 Zeng 等发表了旋转线偏振成像方法[33,34]，提出让测量的参考线偏振方位转一整圈，对各个方位角的偏振差都进行测量，此时测到的光强的变化规律可以用若干个三角函数进行拟合，提取三角函数的振幅和基线便可以得到与样品方位角取向无关的偏振参量。他们当时提取出来的偏振参量有表征各向异性的参数 G 和表征样品纤维取向的 $x_3=\alpha\tan2\left(m_{31}/m_{21}\right)$(原文献中将方位角参量都记作 x，本书中都记作α)等参数，这些参数都只涉及缪勒矩阵左上 3×3 的阵元，即线偏振的部分，因此这套测量方法也称为旋转线偏振法。

2013 年，He 等[35]将角度无关量的结论扩展到整个缪勒矩阵，定义了表征各向异性的 A、t_1 参数和对小粒径散射体敏感的 b 等参数，总结了方位角参数 $x=$

$\frac{1}{2}\alpha\tan2\left(m_{31}/m_{21}\right)$，并提出缪勒矩阵中心的阵元 $x=\frac{1}{4}\alpha\tan2\left(\frac{m_{23}+m_{32}}{m_{22}-m_{33}}\right)$ 同样可以提取方位角，并于 2014 年进一步对比研究了这两种方位角参量[36]，指出它们的取值范围的简并性存在差异。He 等将这套研究方法命名为缪勒矩阵变换，然而实际上，Jiang 等和 He 等在导出上述结论时并未借助缪勒矩阵转动变换相关理论，而是对各个缪勒矩阵元进行三角函数拟合，并使用绕成圈的蚕丝的背向缪勒矩阵实验数据和蒙特卡罗模拟工具予以验证。此后，Du 等[37]、He 等[38]、He 等[39]的后续研究使 A、b、x 等参数在生物医学领域中逐渐展露出强大的应用价值。

与之同时，国际上还有其他研究组在不同领域、不同方向的研究中建立了类似的理论，并推导出了部分转动不变量。2011 年，Arteaga 等[40]研究了三种类型的各向异性缪勒矩阵(这三类矩阵分别以 0°～90°线偏振、±45°线偏振和圆偏振为本征态)，并提出了相应的描述各向异性度的参量，其中与圆二向色性 $(m_{14}+m_{41})$ 和圆双折射 $(m_{23}-m_{32})$ 相关的便是转动不变量。2014 年，Ushenko 等[41]研究了包含线二向色性和线双折射这两类各向异性的生物样品特征，并推导出了方位角稳定参量 m_{11}、m_{44}、$m_{22}+m_{33}$ 和 $m_{23}-m_{32}$，并且在 2015 年的研究中[42]提出 $m_{14}\neq 0$ 表征样品中存在线二向色性(本书已知这个阵元实际上需要同时存在线二向色性和线相位延迟才非零，但 Ushenko 在其文章中研究的对象是血浆多晶薄层样品，这类样品通常都具有相位延迟)，$m_{41}\neq 0$ 表征样品中存在圆二向色性效应。

早在 2005 年，Pravdin 等就推导了样品方位角转动时缪勒矩阵的变化规律[43]。他们分前向和背向两种情况进行讨论，推导出两种情况下各自的转动不变量(缪勒矩阵的四个角、四条棱的模、$m_{22}+m_{33}$、$m_{23}-m_{32}$ 和 $\sqrt{\left(m_{22}-m_{33}\right)^2+\left(m_{23}+m_{32}\right)^2}$，并把缪勒矩阵中心 2×2 块的方位角参数用于皮肤样品的快轴取向识别。这是最早的推导一般样品的缪勒矩阵随方位角转动变换规律的报道，其为提取缪勒矩阵中的转动不变量和角度量指明了方向。

2016 年，Gil 完整地建立了缪勒矩阵在入射和出射光经历变换时缪勒矩阵的不变量理论[44]。从相位延迟器和旋光器的缪勒矩阵形式可以看出，它们在数学上其实都是转动变换阵，只不过作用的行列不同。因此，Gil 通过设想在样品两边贴上波片，推导出了缪勒矩阵的双相位延迟变换和单相位延迟变换(后者指两侧所贴波片相位延迟大小相等)，以及设想入射光和出射光绕各自 z 轴转动，推导出了双转动变换和单转动变换(后者指入射光和出射光绕转角度相等)这 4 类变换下缪勒矩阵中的不变量。Gil 将视角放在对入射和出射斯托克斯矢量的变换上，因此他的推论对实验系统没有限制(不要求入射光和出射光共线)，同时也就没有和样品自身的对称性建立联系。贴波片这种操作只停留在数学的解释上，没有找到有物理意义的应用场景。

2018 年，Li 等的研究[45]发现，当要求入射光和出射光共线时，Gil 所推导的单转动变换可以等价为对样品的空间转动变换，从而将 Gil 的推论和样品的转动对称性联系起来。除此之外，Li 等还研究了样品的镜像变换，发现镜像变换和 Gil 的单相位延迟变换的 $\delta=\pi$ 时的情况等价，从而提出了缪勒矩阵中的角度量，并解释了角度的物理意义是样品镜像对称面的角度。5.2.2 节和 5.2.3 节将详细介绍由缪勒矩阵变换理论推导出的不变量和角度量。

5.2.2　缪勒矩阵转动不变量

不变量是指不随观察者选取的参考系变化的量①，例如对于一根针，若本书讨论它的宽度或高度，则会产生不同观察者得出不同结论的问题，如图 5.5 所示。

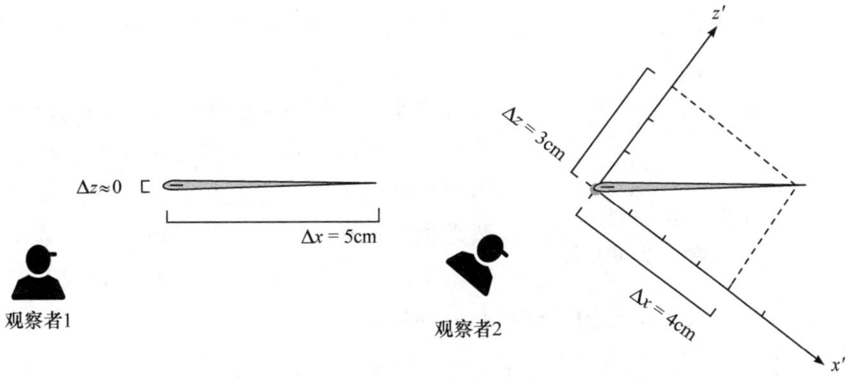

(a) 观察者 1 认为针的宽度为 5cm，高度约为0　　(b) 观察者 2 认为针的宽度为 4cm，高度为 3cm

图 5.5　不同观察者观察同一根针的宽度Δx 和高度Δz 时得出的不同结论

对于缪勒矩阵，本书也遇到了类似的问题，单独每个缪勒矩阵阵元本身并不是转动不变量，它们就像针的宽度和高度一样，会随着参考偏振光的方位或样品的方位变化，影响人们对样品偏振性质的定量判断。

为了解决这个问题，本书需要找到缪勒矩阵中的转动不变量是什么。例如对于那根针，只有当本书讨论针的长度[定义为宽度和高度的平方和 $\sqrt{(\Delta x)^2+(\Delta z)^2}$]时，得到的才是与观察者无关的量，这些不变量反映的才是样品的本征物理属性。

下面首先从理论上推导缪勒矩阵的转动变换公式，然后根据推导结果总结归纳出不变量的表达式。

① 注意和常量的区分，常量一般是指不随时间变化的量。

1. 缪勒矩阵的方位角转动变换

缪勒矩阵的方位角转动变换阵在大多数光学手册中均有提供，不同的版本对旋转的正方向及参考系的选取方案不同，导致表达式之间有正负号的差异。这里将从第一原理出发，仅基于线性变换假设，通过物理分析推导出转动变换阵的表达式。在逐步建立起理论的过程中，正方向、参考系选取等细节都将得到明确。

考虑一束向 z 方向传播的偏振光，其斯托克斯矢量为 $\boldsymbol{S}_{\text{in}}$。沿用缪勒矩阵的线性变换假设，即本书所研究的样品对偏振光的变换都是线性变换。在线性假设的前提下，要描述样品对所有种类的斯托克斯矢量的变换，只需选取 4 个线性无关的斯托克斯矢量进行分析。此处，本书选择自然光、0°线偏振光、45°线偏振光和右旋圆偏振光，这样选择可以让后续的计算更为方便。

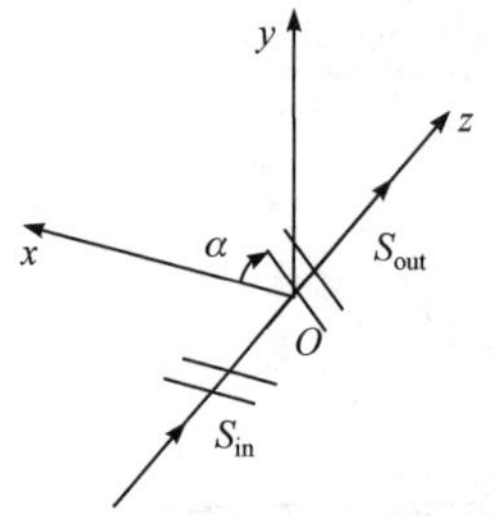

图 5.6　斯托克斯矢量方位角转 α 角的变换，右手螺旋为正方向

将这 4 个斯托克斯矢量在 xOy 面内绕 z 轴右手螺旋方向旋转 α 角，如图 5.6 所示。本书可以从物理上分析出这 4 种光经转动变换的结果，即自然光和圆偏振光不变，0°线偏振光变成 α 方位线偏振光，45°线偏振光变成 45° + α 线偏振光。进而可以根据定义写出变换后的斯托克斯矢量：

$$\begin{bmatrix}1\\0\\0\\0\end{bmatrix}\to\begin{bmatrix}1\\0\\0\\0\end{bmatrix},\quad \begin{bmatrix}1\\1\\0\\0\end{bmatrix}\to\begin{bmatrix}1\\\cos(2\alpha)\\\sin(2\alpha)\\0\end{bmatrix},\quad \begin{bmatrix}1\\0\\1\\0\end{bmatrix}\to\begin{bmatrix}1\\-\sin(2\alpha)\\\cos(2\alpha)\\0\end{bmatrix},\quad \begin{bmatrix}1\\0\\0\\1\end{bmatrix}\to\begin{bmatrix}1\\0\\0\\1\end{bmatrix} \tag{5-48}$$

将后 3 个斯托克斯矢量减去自然光的斯托克斯矢量，可得到 4 个单位基矢。将这 4 个基矢按列排列即可得出线性变换的矩阵表示：

$$\boldsymbol{R}(\alpha)=\begin{bmatrix}1&0&0&0\\0&\cos(2\alpha)&-\sin(2\alpha)&0\\0&\sin(2\alpha)&\cos(2\alpha)&0\\0&0&0&1\end{bmatrix} \tag{5-49}$$

式(5-49)便是斯托克斯矢量的转动变换阵，即偏振光绕光传播方向向右手螺旋方向旋转 α 角后，其斯托克斯矢量将变为

$$\boldsymbol{S}_{\text{out}}=\boldsymbol{R}(\alpha)\boldsymbol{S}_{\text{in}} \tag{5-50}$$

式(5-49)的形式和旋光器的缪勒矩阵完全相同，因此在本章中它们将使用相同的记号。

以上推导了偏振光的转动变换。下面推导任意元件的缪勒矩阵经过绕 z 轴的空间转动变换的形式。设元件的前向缪勒矩阵为 $\boldsymbol{M}$，即 $\boldsymbol{S}_{\text{out}}=\boldsymbol{M}\boldsymbol{S}_{\text{in}}$。现将元件绕 z 轴转 α 角，并在原来参考系下测量其新的前向缪勒矩阵 $\boldsymbol{M}'$。实际上，这次测量等价于元件没有转动，而是入射斯托克斯矢量和出射斯托克斯矢量都转了 $-\alpha$ 角：

$$\boldsymbol{R}(-\alpha)\boldsymbol{S}_{\text{out}}=\boldsymbol{M}\boldsymbol{R}(-\alpha)\boldsymbol{S}_{\text{in}} \tag{5-51}$$

将式(5-51)移项得 $\boldsymbol{S}_{\text{out}}=\boldsymbol{R}(\alpha)\boldsymbol{M}\boldsymbol{R}(-\alpha)\boldsymbol{S}_{\text{in}}$，则转动后的缪勒矩阵和原来的缪勒矩阵的关系为

$$\boldsymbol{M}'=\boldsymbol{R}(\alpha)\boldsymbol{M}\boldsymbol{R}(-\alpha) \tag{5-52}$$

由于 $\boldsymbol{R}$ 的表达式是已知的，本书可以推出 $\boldsymbol{M}'$ 的各个阵元的具体表达式，具体为

$$\boldsymbol{R}(\alpha)\boldsymbol{M}\boldsymbol{R}(-\alpha)=\begin{bmatrix} m_{11} & m_{12}c_2-m_{13}s_2 & m_{12}s_2+m_{13}c_2 & m_{14} \\ m_{21}c_2-m_{31}s_2 & b+\left(\tilde{b}c_4-\tilde{\beta}s_4\right) & \beta+\left(\tilde{b}s_4+\tilde{\beta}c_4\right) & m_{42}c_2-m_{34}s_2 \\ m_{21}s_2+m_{31}c_2 & -\beta+\left(\tilde{b}s_4-\tilde{\beta}c_4\right) & b-\left(\tilde{b}c_4-\tilde{\beta}s_4\right) & m_{24}s_2+m_{34}c_2 \\ m_{41} & m_{42}c_2-m_{43}s_2 & m_{42}s_2+m_{43}c_2 & m_{44} \end{bmatrix} \tag{5-53}$$

式中

$$s_n=\sin(n\alpha)$$

$$c_n=\cos(n\alpha),\quad n=2,4$$

$$b=\frac{1}{2}(m_{22}+m_{33}) \tag{5-54}$$

$$\tilde{b}=\frac{1}{2}(m_{22}-m_{33}) \tag{5-55}$$

$$\beta=\frac{1}{2}(m_{23}-m_{32}) \tag{5-56}$$

$$\tilde{\beta}=\frac{1}{2}(m_{23}+m_{32}) \tag{5-57}$$

本书取一个非平凡的缪勒矩阵(具有非零的线相位延迟和线二向色性效应)，将其各个阵元随方位角转动变换的情况可视化(图 5.7)，以帮助理解式(5-53)。实际上，He 等的早期研究[35]就是通过实验和模拟获得类似的图，然后总结规律并归纳出不变量。

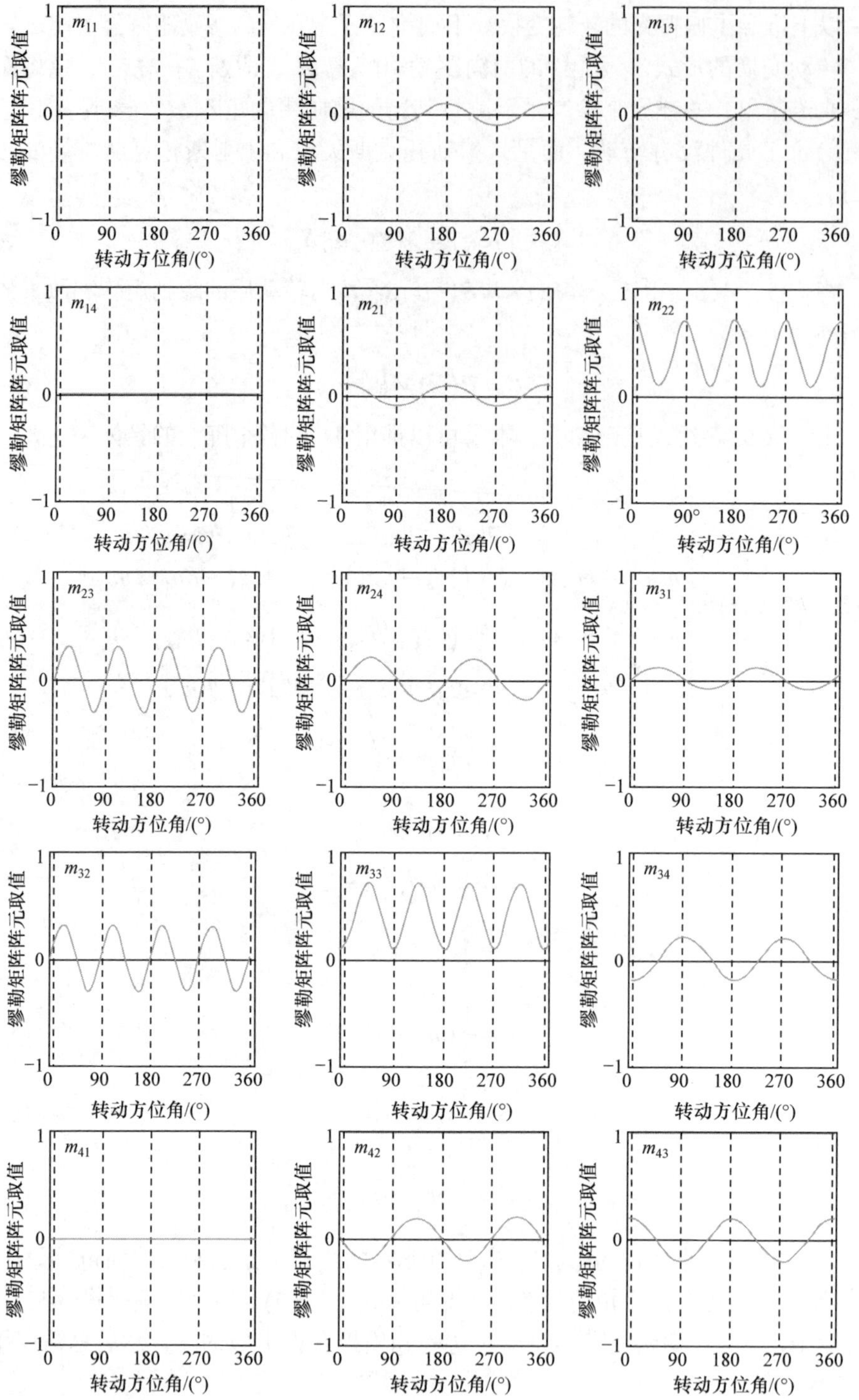
m_{11}
m_{12}
m_{13}
m_{14}
m_{21}
m_{22}
m_{23}
m_{24}
m_{31}
m_{32}
m_{33}
m_{34}
m_{41}
m_{42}
m_{43}
缪勒矩阵阵元取值
1
0
−1
0
90
180
270
360
转动方位角/(°)

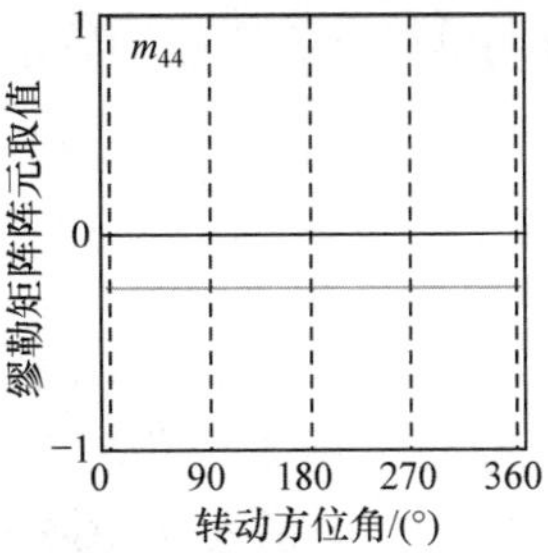

图 5.7　可视化一个缪勒矩阵随方位角转动时各阵元的变化情况

通过可视化可以初步得出以下定性结论：缪勒矩阵的 4 个角转动不变；4 条棱以180° 为周期变化，各棱振幅相等；中心 2×2 共4 个阵元以 90° 为周期变化，且振幅相等。实际上，用这些阵元的振幅和基线就可以构造出转动不变量：对于棱来说，它们的基线都为零，因此棱的模就是转动不变量；对于2×2 中心块来说，它们的基线就是$\begin{bmatrix} b & -\beta \\ \beta & b \end{bmatrix}$，它们的振幅记作$t_1$，$t_1$可以表征线各向异性度。参数的物理意义将在后续章节中详细介绍。

以下推论在缪勒矩阵研究中较为常用，可用于快速目视检验实验或模拟是否有明显错误。

推论 5.1　任意缪勒矩阵转 45° 后的结果为

$$\boldsymbol{R}(45^\circ)\boldsymbol{M}\boldsymbol{R}(-45^\circ)=\begin{bmatrix} m_{11} & -m_{13} & m_{12} & m_{14} \\ -m_{31} & m_{33} & -m_{32} & -m_{34} \\ -m_{21} & -m_{23} & m_{22} & m_{24} \\ m_{41} & -m_{43} & m_{42} & m_{44} \end{bmatrix} \tag{5-58}$$

推论 5.2　任意缪勒矩阵转 90° 后的结果为 4 条棱反号：

$$\boldsymbol{R}(90^\circ)\boldsymbol{M}\boldsymbol{R}(-90^\circ)=\begin{bmatrix} m_{11} & -m_{12} & -m_{13} & m_{14} \\ -m_{21} & m_{22} & m_{23} & -m_{24} \\ -m_{31} & m_{32} & m_{33} & -m_{34} \\ m_{41} & -m_{42} & -m_{43} & m_{44} \end{bmatrix} \tag{5-59}$$

推论 5.3　任意缪勒矩阵转180° 后形式都不变。

此推论可用于节省实验或模拟的方位角 $360^\circ \to 180^\circ$，可以检查缪勒矩阵转过180° 后是否和 0° 相衔接。

下面这个推论将把缪勒矩阵和样品的转动对称性联系起来。

推论 5.4　设一个样品有转动α角的不变性，即

$$\boldsymbol{R}(\alpha)\boldsymbol{M}_{\alpha\text{sym}}\boldsymbol{R}(-\alpha)-\boldsymbol{M}_{\alpha\text{sym}}=0 \tag{5-60}$$

当$\alpha \neq n\pi\left(n \in \mathbb{Z}\right)$时，由式(5-60)可推导出缪勒矩阵的 4 条棱必须为零(由推论 5.2 也可得出此结论)。

当$\alpha \neq n\dfrac{\pi}{2}$时，除了 4 棱为零之外还要求 $t_1 = 0$。此时，样品的缪勒矩阵形式为式(5-109)，和 van de Hulst 在散射光学中得出的结论相同。注意，本书的限制条件更宽，并不要求样品有任意角度转动不变性，例如样品可以仅具有 60°角转动不变性，如图 5.8 所示。模拟中采用正入射并采集正前向缪勒矩阵，(a)图为纯球散射，有任意角的转动不变性，模拟结果 $t_1 < 10^{-4}$。(b)图的样品中有两组柱，相隔 90°方位角排列，不同柱径的模拟结果 t_1取 0～1。(c)图的样品中有三组柱，相隔 60°方位角排列，模拟结果 $t_1 < 10^{-4}$。三种模拟下，m_{14}和 m_{41}的绝对值都小于 10^{-3}。

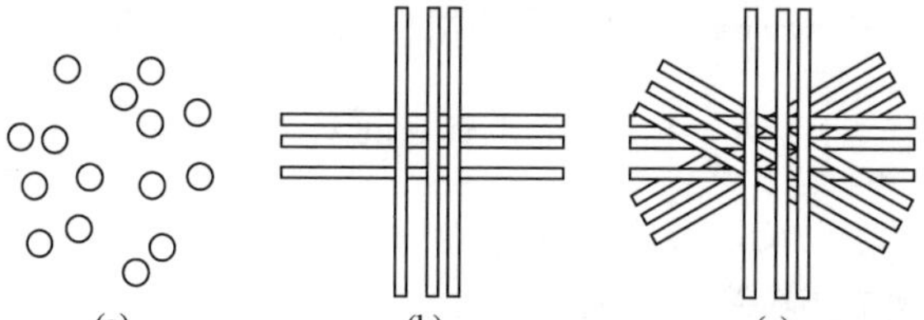

图 5.8　球与多组柱散射的模型示意图

因此，缪勒矩阵的 4 条棱模及 t_1不为零标志着样品对转动不变性的破坏，可以表征样品中存在线各向异性，但不表征样品的圆各向异性。后续章节将介绍 m_{14}、m_{41} 不为零(且同号)表征样品存在圆二向色性，β参量不为零表征样品中存在圆双折射(又称圆相位延迟、旋光)。

注意，t_1非零和 4 条棱模非零之间没有必然联系。$t_1 = 0$而棱模不为零的例子有圆起偏器[式(5-68)]和圆检偏器[式(5-67)]，$t_1 \neq 0$而 4 条棱模均为零的例子有半波片及图 5.8(b)演示的任意有且只有 90°转动不变性的样品。

注意，以上结论的成立要求背向参考系的选取为左手系，同时要求入射光和出射光共线。

2. 背向探测缪勒矩阵的参考系选取问题

式(5-52)和式(5-53)后的所有推论只适用于前向探测和背向掠入射探测的缪勒矩阵，因为前向探测和背向掠入射探测不存在参考系选取习惯的差异(人们都会选择出射光和入射光的参考系保持一致)。对于接近正背向探测的缪勒矩阵，学术界存在两种参考系的选取方案，而式(5-52)只适用于图 5.9 中(b)方案。图 5.9 中实验室参考系为 xyz，在斜入射时，入射光和出射光还有各自的参考系：光子参考系的 z 轴为光子前进的方向；光子参考系的 y 轴和实验室参考系统一，均为

s 偏振。在描述接近正背向探测的反射光时，光子参考系的 x 轴正向(p 偏振)存在两种参考系选取方案：(a)为出射光参考系的 x 轴正向与入射光几乎反向(若斜入射是向实验室参考系 y 轴方向倾斜，则是 x 轴不变 y 轴反向)。(b)为出射光参考系的 x, y 与入射光保持一致，相当于在(a)的基础上额外做了一次镜面反射。

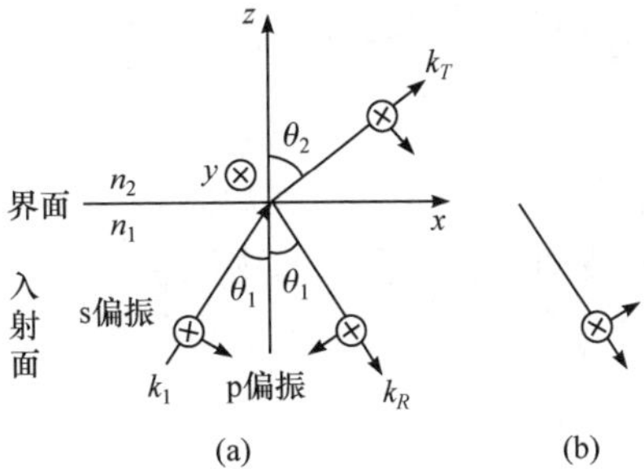

图 5.9　反射时的两种参考系选取方案

图 5.9 中(a)方案的优点是保持了参考系为右手系，在前向探测和背向掠入射探测的情况下，它和入射光的参考系一致，大多数光学教材选用的都是这种参考系(Born 等的《光学原理》[46]、钟锡华《现代光学基础》[47]、van de Hulst 的《光在小粒子上的散射》[48])。该方案的缺点是，对于接近正背向探测的情况，这种参考系的 $x-y$ 平面无法再和入射光参考系保持一致。对于(a)方案，理想的平面反射镜在正背向探测时的缪勒矩阵为 diag(1, 1, −1, −1)。由于出射光的转动在(a)参考系下看起来和入射光旋向相反，移项后，本书得出(a)方案下背向缪勒矩阵的转动变换规律为[43]

$$\boldsymbol{M}' = \boldsymbol{R}(-\alpha)\boldsymbol{M}\boldsymbol{R}(\alpha) \tag{5-61}$$

由此推导出的转动不变量的表达式也要经历正负号上的修改，这给研究背向缪勒矩阵带来不便。因此，学术界还存在另一种参考系选取方案，如图 5.9(b)所示，即增加一次镜面反射来使反射光的参考系和入射光的参考系保持一致。这样一来，适用于前向缪勒矩阵的所有结论都将原封不动地继续适用于背向缪勒矩阵。作者所在课题组此前的缪勒矩阵变换研究[35,49]及蒙特卡罗模拟程序[50,51]沿用了文献[52]的习惯，对背向缪勒矩阵采用了(b)方案。

可以证明，这两种参考系下测得的缪勒矩阵的最后两行符号相反，注意将 $\boldsymbol{R}(-\alpha)$ 转换成 $\boldsymbol{R}(\alpha)$ 需要在 $\boldsymbol{R}$ 两边都乘以镜像变换缪勒矩阵 $\boldsymbol{H}_0$ (后面将给出 $\boldsymbol{H}_0$ 的具体表达式)。举个例子，设方案(a)测得的是 $\boldsymbol{M}$，方案(b)测得的是 $\boldsymbol{H}_0\boldsymbol{M}$，它们旋转同一个角度后的结果分别为 $\boldsymbol{M}'_a = \boldsymbol{RMR}^{-1}$ 和 $\boldsymbol{M}'_b = (\boldsymbol{H}_0\boldsymbol{RH}_0)(\boldsymbol{H}_0\boldsymbol{M})\boldsymbol{R}^{-1} = \boldsymbol{H}_0\boldsymbol{M}'_a$。

理想的平面反射镜在(b)方案下的缪勒矩阵为 diag(1, 1, 1, 1)，故镜子可作为鉴别实验上使用了哪种参考系方案的常用样品。

方位角转动是指样品绕入射光和出射光线转动(假设它们共线，若不共线则不变性会被破坏)。注意，除了方位角转动之外，样品还可以有天顶角的转动，这一维度上的转动无法通过参考系变换来恢复，需要借助多角度测量来求解。天顶角转动的问题不属于本节研究的范围，在此不作阐述。

3. 转动不变量的物理意义

图 5.7 已经定性地描述了三类方位角转动不变量(角、棱和中心块)，这里将结合各位学者对缪勒矩阵转动不变量的研究[33-35,41,42,53]，系统性地讨论这些方位角转动不变量潜在的物理意义。

首先，本书将缪勒矩阵的四个角(m_{11}，m_{44}，m_{14}，m_{41})作为转动不变量：

$$m_{11} \in [0,1] \tag{5-62}$$

m_{11}作为不变量具有重要意义，它保证了本书的不变量结论对于归一化和未归一化的缪勒矩阵都同样适用。

$$m_{44} \in [-1,1] \tag{5-63}$$

在纯退偏体系中，m_{44}的意义是圆保偏，它联合线保偏参量 b 可以估计散射体的粒径。在纯相位延迟样品中，m_{44}的意义是相位延迟角的余弦，即$m_{44} = \cos\delta$。在纯二向色性样品中，m_{44}的意义是两个正交方向透光率的乘积，即$m_{44} = p_x p_y$。当上述效应同时存在时，m_{44}包含所有这些效应的贡献，需要借助缪勒矩阵分解等手段将信息分离。可以认为旋光效应对m_{44}没有贡献，纯旋光器的$m_{44} = 1$。

然后，本书将另外两个角的阵元作为不变量，它们在 Gil 的研究中被命名为D_C和P_C，其中下标 C 表示圆偏振分量：

$$D_C = m_{14} \in [-1,1] \tag{5-64}$$

$$P_C = m_{41} \in [-1,1] \tag{5-65}$$

将缪勒矩阵的上棱和左棱分别命名为 D 和 P 的历史由来已久，最早是 1992 年 Xing 在缪勒矩阵的理论研究中[54]提出了将缪勒矩阵按如下方式分块：

$$\boldsymbol{M} = m_{14}\begin{bmatrix} 1 & \boldsymbol{D}^{\mathrm{T}} \\ \boldsymbol{P} & \boldsymbol{m}_{3\times 3} \end{bmatrix} \tag{5-66}$$

这一分块方法在 1996 年 Lu 等提出极化分解的论文中[3]得到进一步沿用，从那时开始，$\boldsymbol{D}$和$\boldsymbol{P}$这套记号开始被后续的研究广泛采纳。

$\boldsymbol{D}$矢量被称为二向衰减矢量，由缪勒矩阵本身的物理意义可以得出，$\boldsymbol{D}$的物理意义是将入射偏振光的纯偏振部分转化成自然光效率最高的偏振态矢量。此处的偏振态矢量指的是斯托克斯矢量的后三维，也就是位于庞加莱球空间的$\boldsymbol{r}'$矢量。

$\boldsymbol{P}$矢量被称为起偏矢量，类似地可以得出，$\boldsymbol{P}$的物理意义是将入射自然光转化成偏振光效率最高的偏振态矢量。

因此，D_C 和 P_C 直接的物理意义就是圆二向衰减(对左右旋圆偏振的透过率不同)和圆起偏。本书举一个生活中常见的例子，即观看 3D 电影时常用的左右旋圆偏振通道眼镜，它由一个 $\lambda/4$ 波片和线偏振片组成，两种各向异性之间的夹角为±45°，可以算出它的 $P_C = 0$、$D_C = 1$：

$$\boldsymbol{M}_{\text{右旋圆偏振通道}} = \boldsymbol{R}(-45°)\boldsymbol{M}_D(1,0)\boldsymbol{R}(45°)\boldsymbol{M}_R\left(\frac{\pi}{2}\right) = \frac{1}{2}\begin{bmatrix} 1 & 0 & 0 & 1 \\ 0 & 0 & 0 & 0 \\ 1 & 0 & 0 & 1 \\ 0 & 0 & 0 & 0 \end{bmatrix} \tag{5-67}$$

若顺序反过来，即将自然光转换为圆偏振光的圆起偏器，可以算出它的 $P_C = 1$、$D_C = 0$：

$$\boldsymbol{M}_{\text{右旋圆起偏器}} = \boldsymbol{M}_R\left(\frac{\pi}{2}\right)\boldsymbol{R}(45°)\boldsymbol{M}_D(1,0)\boldsymbol{R}(-45°) = \frac{1}{2}\begin{bmatrix} 1 & 0 & 1 & 0 \\ 0 & 0 & 0 & 0 \\ 0 & 0 & 0 & 0 \\ 1 & 0 & 1 & 0 \end{bmatrix} \tag{5-68}$$

D_C 和 P_C 对于纯圆二向色性同号，两者的和 $(D_C + P_C)$ 被 Artega 称为圆二向色性各向异性度[6,40]。

除了圆二向色性之外，m_{14}、m_{41} 还有另一个重要用途：它们的非零性标志着样品镜像对称性的破坏，可以作为多种各向异性(线二向色性、线相位延迟)同时存在的特征指标。此时，m_{14}、m_{41} 不一定同号，它们的取值和线二向色性、线相位延迟的大小及它们之间的夹角都有关。蒙特卡罗模拟证实了柱和双折射混在同一层时 m_{14}、m_{41} 刚好反号，因此可以作为区别圆二向色性和线各向异性叠加的标志。

本书将缪勒矩阵左上右下四条棱的模作为转动不变量，Gil 使用下标 L 表示线偏分量[44]：

$$P_L = \sqrt{m_{21}^2 + m_{31}^2} \in [0,1] \tag{5-69}$$

$$D_L = \sqrt{m_{12}^2 + m_{13}^2} \in [0,1] \tag{5-70}$$

同前面对 P_C 和 D_C 的讨论，P_L 和 D_L 的物理意义分别是线起偏和线二向衰减。对于纯二向色性，它们的模 $D = \frac{1}{2}\left(P_x^2 - P_y^2\right)$，但这并不是说 P_L 的物理意义也是二向衰减。例如，若光先经过线偏振片再经过一个完全退偏器，则通过物理分析可知这个组合元件没有起偏能力，但不同方位线偏振透光率不同，因此仍有二向衰减性质。通过计算发现，缪勒矩阵相乘后的结果同本书的预期一致：

$$\boldsymbol{M}_{\Delta}\boldsymbol{M}_{\mathrm{D}}(1,0)=\begin{bmatrix}1&0&0&0\\0&0&0&0\\0&0&0&0\\0&0&0&0\end{bmatrix}\times\frac{1}{2}\begin{bmatrix}1&1&0&0\\1&1&0&0\\0&0&0&0\\0&0&0&0\end{bmatrix}=\frac{1}{2}\begin{bmatrix}1&1&0&0\\0&0&0&0\\0&0&0&0\\0&0&0&0\end{bmatrix} \tag{5-71}$$

若光先经过完全退偏器再经过一个线偏振片，则它对任何输入偏振态的透过率都相同，没有二向衰减，但仍有起偏。矩阵相乘后的结果为式(5-71)的转置，$P_{\mathrm{L}}=\frac{1}{2}$，$D_{\mathrm{L}}=0$，和本书的预期相符。

当存在多个二向色性效应混合时，$\boldsymbol{P}_{\mathrm{L}}$ 和 $\boldsymbol{D}_{\mathrm{L}}$ 这两个矢量的模仍相等，但方位角变得不再相等，$\boldsymbol{D}_{\mathrm{L}}$ 提取入射端的二向色性信息较多，而 $\boldsymbol{P}_{\mathrm{L}}$ 提取出射端的二向色性信息较多，详见 5.3.1 节的讨论。当蒙特卡罗模拟模型包含柱散射体时，$\boldsymbol{P}_{\mathrm{L}}$ 和 $\boldsymbol{D}_{\mathrm{L}}$ 之间对称性的破坏常常更为强烈。

之前，He 等对 P_{L}、D_{L} (曾认为它们相等，因此都记作 t_2)的定义有时有因子 $\frac{1}{2}$ [35,53]有时又没有[36]。此处将各个振幅对应的不变量统一，即都定义为表征图 5.7 中相应阵元的振幅。在此规范下，四条棱的模参量不带因子 $\frac{1}{2}$，而后面的 t_1 参量需要带因子 $\frac{1}{2}$。

对于缪勒矩阵的右棱和下棱，Gil 将其分别记作 r 和 q：

$$r_{\mathrm{L}}=\sqrt{m_{24}^2+m_{34}^2}\in[0,1] \tag{5-72}$$

$$q_{\mathrm{L}}=\sqrt{m_{42}^2+m_{43}^2}\in[0,1] \tag{5-73}$$

类似地，He 等曾认为它们的绝对值相等，即 $m_{42}=-m_{24}$、$m_{43}=-m_{34}$，因此曾有过错位的定义 $t_3=\sqrt{m_{42}^2+m_{34}^2}$ 及 $x_3=\frac{1}{2}\alpha\tan2(m_{42},m_{34})$ [53]，原因是实验上缪勒矩阵不同棱元的信噪比不同，如此错位选择可使信噪比较好。这种定义已从 2018 年的综述文献开始[55]被修正为本章中总结的形式。

对于它们的物理意义，本书同样从缪勒矩阵本身的物理意义出发，得出 r_{L} 对应的是样品将圆偏振转化成线偏振的能力，q_{L} 对应的是样品将线偏振转化成圆偏振的能力。对于纯相位延迟器，它们的大小都等于相位延迟角的正弦 $\sin\delta$，也就是说，这个量为零并不意味着样品中一定没有线相位延迟效应。例如当相位延迟 $\delta=\pi$ 时，样品对偏振光的作用是镜像变换，因此没有将圆偏振转化成线偏振的能力，$r_{\mathrm{L}}=q_{\mathrm{L}}=0$。

由表 5.1 可以看到，经过微分分解，可以获得能够线性地反映相位延迟角 δ

的偏振指标(但仍存在相位打包的问题，见图 5.2)。

当存在多个线相位延迟效应混合时，$\boldsymbol{r}_L$ 和 $\boldsymbol{q}_L$ 这两个矢量的模仍相等，但方位角不等，它们之间通常没有清晰的入射端、出射端对应关系。

下面分析缪勒矩阵 2 × 2 的中心块，本书将这个子矩阵记作 $\boldsymbol{B}$，由代数学中转动变换的性质可知，矩阵 $\boldsymbol{B}$ 的迹、行列式、Frobenius 范数是转动不变量：

$$\operatorname{tr}(\boldsymbol{B}) = m_{22} + m_{33} = 2b \tag{5-74}$$

b 参量在纯退偏体系中的意义是线保偏，它联合圆保偏参量 m_{44} 可以估计散射体的粒径。旋光、线相位延迟和线二向色性都可对 b 产生影响，不变量参数在三种常见纯偏振效应样品中的取值见表 5.2。

表 5.2　不变量参数在三种常见纯偏振效应样品中的取值

参数	纯旋光	纯线相位延迟	纯线二向色性(归一化)
b	$\cos(2\alpha)$	$\frac{1}{2}(1+\cos\delta)=\cos^2(\delta/2)$	$(p_x+p_y)^2/(p_x^2+p_y^2)$
$\lvert\boldsymbol{B}\rvert$	1	$\cos\delta$	$2p_xp_y$
$\lVert\boldsymbol{B}\rVert$	$\sqrt{2}$	$\sqrt{1+\cos^2\delta}$	$\sqrt{p_x^4+6p_x^2p_y^2+p_y^4}/(p_x^2+p_y^2)$
t_1	0	$\frac{1}{2}(1-\cos\delta)=\sin^2(\delta/2)\in[0,1]$	$\frac{1}{2}(p_x-p_y)^2/(p_x^2+p_y^2)\in\left[0,\frac{1}{2}\right]$
β	$-\sin(2\alpha)$	0	0

下面继续分析和 $\boldsymbol{B}$ 有关的其他不变量：

$$\lvert\boldsymbol{B}\rvert = (m_{22}m_{33} - m_{23}m_{32}) \tag{5-75}$$

$$\lVert\boldsymbol{B}\rVert = \sqrt{m_{22}^2 + m_{33}^2 + m_{23}^2 + m_{32}^2} \tag{5-76}$$

同样，旋光、线相位延迟和线二向色性都可对 $\boldsymbol{B}$ 的行列式和范数产生影响，结果列于表 5.2 中。以前的学者对这两个参数的物理意义的讨论较少，但由它们组合出的 t_1 参数有着广泛的应用。

在图 5.7 中，缪勒矩阵中心块的阵元都有相同的振幅，在 He 等的前期研究中[35]，这个量被记作 t_1，用于表征样品整体的各向异性度：

$$t_1 = \sqrt{\tilde{b}^2 + \tilde{\beta}^2} = \sqrt{\left(M_{R22} + M_{R33}\right)^2 + \left(M_{R32} - M_{R23}\right)^2} \tag{5-77}$$

t_1 作为不变量曾在 Pravdin 等的会议文章中出现过[43]，但没有出现在 Gil 提供的不变量列表中[44]。Li 等在其文章中补充说明了 t_1 变量并不是一个新的不变量[45]，它还可以表示成

$$t_1 = \frac{1}{2}\sqrt{\|\boldsymbol{B}\|^2 - 2|\boldsymbol{B}|} \tag{5-78}$$

从表 5.2 中可以看出，t_1 参数并不表征圆各向异性(旋光)，只表征两种线各向异性，对两种线各向异性的取值可视化如图 5.10 所示。(a)图给出了纯相位延迟器的 t_1 参数取值，δ 为相位延迟角，t_1 在物理上可实现的取值范围为[0, 1]。(b)图给出了纯二向色性的 t_1 参数取值，P_x，P_y 为两个正交方向线偏振光的透射率，t_1 在物理上可实现的取值范围为[0, 0.5]。可见，对于半波片有 $t_1 = 1$，而 t_1 在相位延迟角 $\delta = 0$ 或 2π 时归零，符合本书对各向异性度的预期[式(5-73)指示，右棱或下棱的模 r_{L}，q_{L} 不符合这一预期，它们对半波片取值为零]。对于纯二向色性，它的取值范围比相位延迟器小了一半，见表 5.2(若使用未归一化的缪勒矩阵，则其取值范围还会更小，为[0,1/4])。

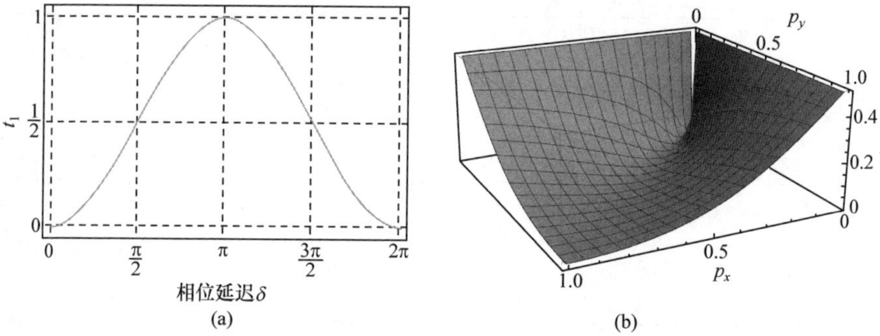

图 5.10 不同偏振光学元件的 t_1 参数取值

值得一提的是，He 等在以往的研究中曾认为[35]，t_1 的取值范围不会超过 b (从表 5.2 中看到，反例有很多，如旋光和相位延迟在 π 附近的情况)，故将 t_1 参数结合 b 参数进行归一化，由此得出的表征各向异性度参数记为

$$A = \frac{2bt_1}{b^2 + t_1^2} \tag{5-79}$$

A 参数对两种线各向异性的取值如图 5.11 所示，(a)图给出了纯相位延迟器的 A 参数取值，δ 为相位延迟角，A 在物理上可实现的取值范围为[0, 1]。(b)图给出了纯二向色性的 A 参数取值，P_x，P_y 为两个正交方向线偏振光的透射率，A 在物理上可实现的取值范围为[0, 0.8]。本书发现 A 参数存在以下问题：

(1) 对于半波片，A 参数取值为零，行为不符合对各向异性度的预期。

(2) 在强退偏体系中，存在数值不稳定的问题，例如对于理想的完全退偏缪勒矩阵 diag(1, 0, 0, 0)可以计算出 $A = 0$，但实验中测得的结果不会精确为零，例如测得的结果是 diag(1, 0.002, 0.001, 0)，此时会计算出 $A = 0.6$，但实际上这是数值涨落被除以一个接近零的数这个操作给放大了。

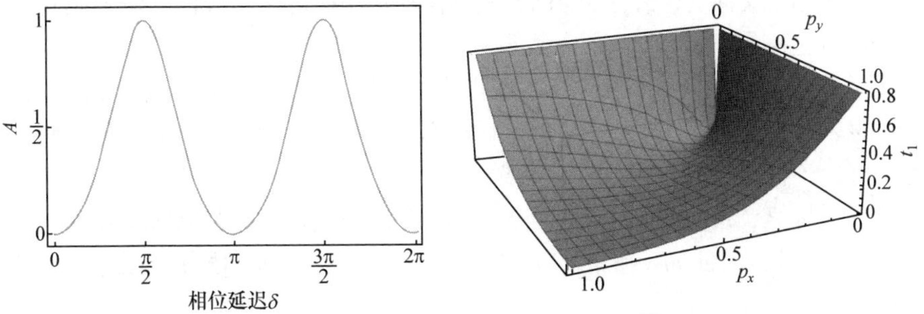

(a)　　(b)

图 5.11　不同偏振光学元件的 A 参数取值

此外，对于强吸收的缪勒矩阵，t_1 和 A 都会存在数值不稳定的问题，见图 5.11(b)和图 5.12(b)，曲面在接近原点时斜率无限大，即微小的数值涨落可产生巨大的取值差异。实际上，由于强吸收时缪勒矩阵的 m_{11} 很小，对缪勒矩阵归一化会导致所有缪勒矩阵阵元都存在数值不稳定的问题。针对这种情况，使用未归一化的缪勒矩阵计算 t_1 可避免这一问题，其效果见图 5.12。图中利用未归一化的线二向色性缪勒矩阵计算出 t_1，此时 $t_1 = \dfrac{1}{4}(P_x - P_y)^2$，物理上可实现的取值范围为[0, 0.25]。纯线相位延迟缪勒矩阵是否归一化对 t_1 没有区别，因此这里未做可视化。

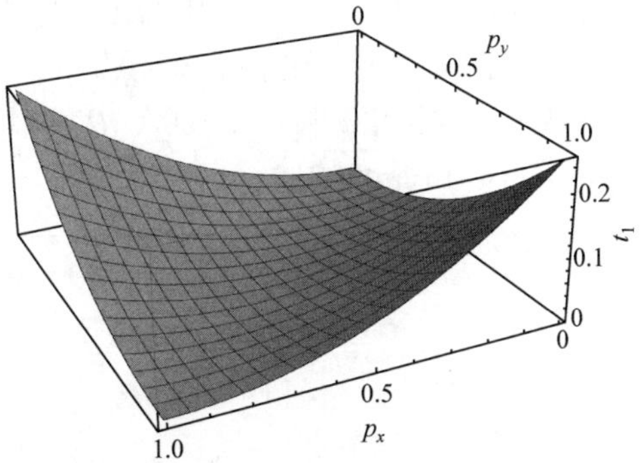

图 5.12　利用未归一化的线二向色性缪勒矩阵计算出的 t_1 的行为

另外，若采用 $\sqrt{t_1}$ 参量，则这个面还会进一步变成平面，即对线二向色性的表征是线性的，取值范围变为[0, 0.5]。

下面介绍最后一个转动不变量，即式(5-56)已定义的 $\beta = \dfrac{1}{2}(m_{23} - m_{32})$，Arteaga 等曾指出该参量表征圆双折射(旋光)各向异性度[40]。本书计算了 β 对 3 种纯各向异性的取值，列于表 5.2 中，发现β参数和旋光角α之间也不是线性关系。由表5.1可以看到，经过微分分解，本书可以获得更加线性的偏振指标(但仍存在相位打包问题)。

除了圆双折射之外，5.3.1 节还将指出β的另一个重要用途：和 m_{14}、m_{41} 一样，β的非零性标志着样品镜像对称性的破坏，可以作为多个线各向异性(可以同类也可以不同类)同时存在的特征指标。

对于纯旋光，m_{23} 和 m_{32} 等大反号，而由多个线各向异性叠加产生的 m_{23} 和 m_{32}有可能同号，因此m_{23}和m_{32}是否等大反号可以作为区别旋光和线各向异性叠加的标志。

β同样不是一个新的独立的转动不变量，它和前面已提出的不变量的关系为

$$4\left(b^2+\beta^2\right)=\|\boldsymbol{B}\|^2-2\left|\boldsymbol{B}\right| \tag{5-80}$$

可见，独立不变量集合$\{b, t_1, \beta\}$和$\{\mathrm{tr}(\boldsymbol{B}), |\boldsymbol{B}|, \|\boldsymbol{B}\|\}$之间可相互替代。目前，本书对集合$\{b, t_1, \beta\}$的物理意义认识得更多一些，因此在工程实践中应用得更为普遍[37,41,42,53]。

4. 转动不变量成立的条件

He 等开创的缪勒矩阵变换法[35]已经可以看到实验的数据偏离了图 5.7 所示的完美的正弦函数规律，呈现有高有低的现象。这一现象可以用光源斜入射样品的蒙特卡罗模拟再现出来，如图 5.13 所示。图中给出了球-柱散射的蒙特卡罗模拟背向缪勒矩阵结果，入射光倾斜 20°，柱半径 $r_c = 0.75\mu m$，$n = 1.56$，柱散射系数$\mu_c = 70 cm^{-1}$，天顶角$\theta = 90°$，方位角ϕ取 0°～360°，θ和ϕ均有 5°的高斯涨落，另外图中加入了 $r_s = 1\mu m$、$\mu_s = 0.1 cm^{-1}$ 的球。

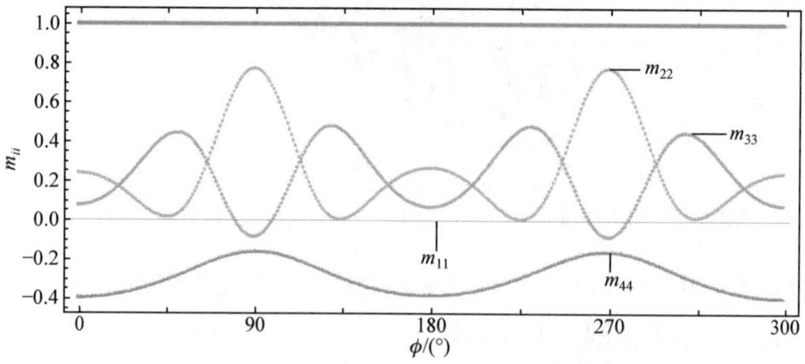

图 5.13　球-柱散射的蒙特卡罗模拟背向缪勒矩阵成果

实验在对绕圈蚕丝样品进行背向测量时，光源和探测器不可能共线，两者必须存在一定的夹角，如图 5.14 所示。

(a) 绕圈蚕丝样品　　(b) 背向缪勒矩阵成像系统

图 5.14　背向测量绕圈蚕丝样品的实验

2014 年，Sun 等进一步用纺织物的斜入射实验定量研究了这个问题[49]，发现斜入射的倾角偏离正入射越多，转动不变量 A、b 随布料样品的方位角转动的波动越明显，周期为 180°。

2016 年，Gil 推导了入射光和出射光绕各自的 z 轴做转动变换时的缪勒矩阵不变量[44]，在这种变换方式下，不变量的结论不会因入射光或出射光的倾斜而有所改变。但在本书早期旋转线偏振[33,34]及缪勒矩阵变换相关的应用研究中[35,49]，更常见的做法是保持入射和探测系统不变，对样品进行转动。因此，5.2.2 节的推导所采取的视角是对样品进行变换，只有这样，才能将不变量和样品的对称性联系起来。

这种转动样品的方案对不变量成立的条件提出了一个额外的要求，即入射光线和出射光线必须共线，否则式(5-51)的推理将不能成立。在不共线的情况下，对样品的转动变换将无法通过入射光和出射光的同步反向转动变换来恢复，实质上是对样品进行了多角度测量，测量结果包含了样品天顶角发生变动时的额外信息。

因此，转动不变量的破坏可以帮助本书检查入射光或探测系统的准直性误差。未来，本书既可以研究正背向缪勒矩阵探测系统[56]，使得本征偏振参量和方位角信息分离得更彻底，也可以发展多角度测量技术，从样品中提取出更丰富的信息。

下面总结前面所有关于方位角转动不变量的成立条件：

(1) 所有的推导基于线性变换假设，因此对于非线性光学样品，上述推论都不成立。

(2) 背向参考系若选取图 5.9(a)的方案，则转动不变量的表达式需要经历一些正负号上的修改。

(3) m_{11} 本身就是一个转动不变量，因此上述结论对归一化或未归一化的缪勒矩阵都成立。

(4) 不变量成立最重要的一个条件是入射光线和出射光线(探测器法线)必须共线。值得一提的是，在探测器做面成像并求平均的情况下，这一条件可以放宽。以本书的蒙特卡罗模拟程序为例，若光源为点入射，则理论上不变量理论只对探测器正中心那一个像素测到的结果成立。然而，本书可以对探测器以中心像素为圆心的圆形区域求和，此时不变量理论对求和平均后的结果成立。因为虽然有些像素属于倾斜探测，但整个系统是转动对称的，所以能够通过对光的转动变换恢复。(注意，若探测器求平均的区域是方形的，则还是会破坏转动不变量理论的成立。)

澄清一个常见的理解上的误区：本书只要求入射光线和探测器法线共线，而对样品的表面是否和该线垂直并无要求，对于样品内部微观结构是否有天顶角也并无要求。也就是说，样品可以相对于探测光路倾斜一个非平凡的(除0°、90°、180°以外)天顶角，样品内部的柱散射体也可以有非平凡的天顶角。注意，这种情况要求对样品的方位角转动有着正确的理解。此时，样品的方位角转动仍然是指整套样品系统绕光线即实验室系 z 轴转动，而不是样品绕自身的法线转动，见图 5.15。(a)图为整个样品片绕光线转动，空间轨迹为圆锥形，此时转动不变量成立。(b)图为样品片绕自身法线转动，此时为多角度测量，转动不变量不成立。

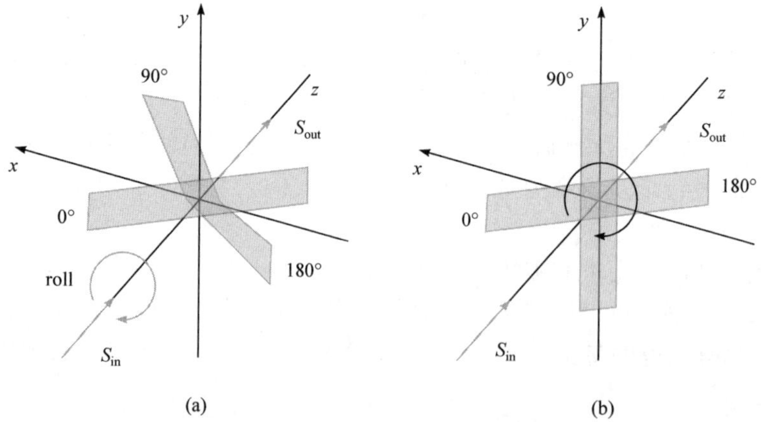

图 5.15　样品片有天顶角时的转动

5.2.3　缪勒矩阵角度量

5.2.2 节通过转动变换理论严格推导了缪勒矩阵中的方位角转动不变量，把方位角信息作为干扰因素予以排除。但在某些应用场景中，方位角也可能成为有用的信息。例如，偏振光学检测常应用于生物组织、医学病理切片等样品，这些生物样品中通常包含纤维状结构，提取这些纤维状结构取向的分布对生物医学的研究同样有重要帮助[36]。

因此，本节将介绍方位角的信息提取过程。首先从简单的情形开始讨论，当样品中只存在一种纤维(各向异性)结构时，样品该局域通常具备镜像对称性。Li 等的研究表明[45]，当样品有纵向镜像对称性时，可以提取出该镜像对称面的方位角，并通过理论推导补全 5 个提取方位角参量的表达式，进而利用蒙特卡罗模拟验证镜像对称面取向不等同于各向异性结构取向的情况。

在物理学中，镜像变换是常见程度仅次于转动变换的空间变换。镜像变换是指物理体系关于一个镜面做空间反射变换，镜像对称则是指物体在反射后仍和原物体重合。可做镜像的面有很多，若是关于过入射光线和出射光线的面的镜像变换，则称其为纵向镜像变换[45]。若入射光线和出射光线满足 5.2.2 节中共线性的要求，则这个面可以是任意过共线轴(z 轴)的面。本节的推论不强制要求入射光线和出射光线共线，若不共线，则纵向镜像变换面就唯一确定，由此产生的相关结论的区别将在后续小节陆续展开。此外，若是关于角平分面(见图 5.16，共线时就是指 xOy 面)的镜像变换，则称其为倒易变换，这种变换与纵向镜像变换不同，还涉及对入射光和出射光角色的倒转，这部分内容将在 5.3.1 节讨论。

同 5.2.2 节的思路相同，本书通过分析镜像变换对 4 个斯托克斯基矢量的变换来获得变换矩阵。

首先推导不要求入射光和出射光共线的情况。例如，光线斜入射光滑表面的案例就属于这种情况[其缪勒矩阵表达式见式(5-114)]。此时的纵向镜像对称面被限制为只有一个，即图 5.16 定义的散射平面(其他的面做镜像变换都会改变光路，测量系统无法通过参考系变换复原)，本书将这个面记作 xOz。对于琼斯矢量，本书可以从物理上分析出偏振光关于 xOz 面的变换结果：水平线偏振态不变，垂直线偏振态振幅乘以−1，即镜像变换的琼斯矩阵为

$$\boldsymbol{h}(0)=\begin{bmatrix}1 & 0\\ 0 & -1\end{bmatrix} \tag{5-81}$$

对于斯托克斯矢量，本书可以通过分析对基矢的变换(水平线偏振态不变，斯托克斯矢量忽视相位，垂直线偏振态也不变，±45°线偏振态互换，左右旋线偏振态互换)写出斯托克斯矢量的镜像变换矩阵：

$$H_0 \equiv \begin{bmatrix} 1 & 0 & 0 & 0 \\ 0 & 1 & 0 & 0 \\ 0 & 0 & -1 & 0 \\ 0 & 0 & 0 & -1 \end{bmatrix} \tag{5-82}$$

由于镜像变换矩阵无退偏(行列式等于 4)，本书也可以使用琼斯-缪勒转换公式 $\boldsymbol{H}=\boldsymbol{U}(\boldsymbol{h}\otimes\boldsymbol{h})\boldsymbol{U}^{-1}$ 得到相同的结果。

本书发现，式(5-82)的形式和半波片的缪勒矩阵完全相同，因此半波片又称为镜像旋光、赝旋光器等[57]。在本书中，半波片和镜像变换阵将使用相同的符号。此外，图 5.9 中(a)方案的镜面背向缪勒矩阵也和 $\boldsymbol{H}_0$ 的形式相同，但镜面的背向反射属于倒易变换，并不属于本节所讨论的纵向镜像变换的范畴。

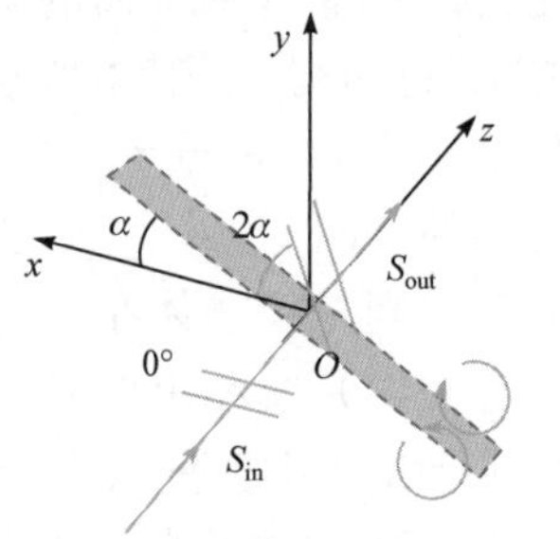

图 5.16　偏振光关于过 z 轴方位角为 α 的平面的镜像变换示意图

下面推导入射光和出射光共线的情况。针对这种情况，纵向镜像对称面可以是过 z 轴的任意面(注意：这里只是说可以研究这些镜像变换面，做这些变换不会造成光路改变，并不是说样品有关于过 z 轴任意面的镜像对称性)。本书取方位角为 α 的镜像面进行研究，右手螺旋为正方向，如图 5.16 所示。

对于琼斯矢量，水平线偏振变成 2α 角线偏振，垂直线偏振变成$(2\alpha-\pi/2)$角线偏振，即

$$\begin{bmatrix} 1 \\ 0 \end{bmatrix} \to \begin{bmatrix} \cos(2\alpha) \\ \sin(2\alpha) \end{bmatrix},\quad \begin{bmatrix} 0 \\ 1 \end{bmatrix} \to \begin{bmatrix} \cos(2\alpha-\pi/2) \\ \sin(2\alpha-\pi/2) \end{bmatrix} \tag{5-83}$$

由此得关于方位角为 α 的镜像面的镜像变换琼斯矩阵为

$$\boldsymbol{h}(\alpha)=\begin{bmatrix} \cos(2\alpha) & -\sin(2\alpha) \\ \sin(2\alpha) & \cos(2\alpha) \end{bmatrix} \tag{5-84}$$

对于斯托克斯矢量，本书既可以通过分析基矢量关于 α 方位角镜像面的变换结果(自然光不变，45°线偏振变成$(2\alpha-45°)$线偏振，右旋圆偏振变左旋)

$$\begin{bmatrix} 1 \\ 0 \\ 0 \\ 0 \end{bmatrix} \to \begin{bmatrix} 1 \\ 0 \\ 0 \\ 0 \end{bmatrix},\quad \begin{bmatrix} 1 \\ 1 \\ 0 \\ 0 \end{bmatrix} \to \begin{bmatrix} 1 \\ \cos(4\alpha) \\ \sin(4\alpha) \\ 0 \end{bmatrix},\quad \begin{bmatrix} 1 \\ 0 \\ 1 \\ 0 \end{bmatrix} \to \begin{bmatrix} 1 \\ -\sin(4\alpha) \\ \cos(4\alpha) \\ 0 \end{bmatrix},\quad \begin{bmatrix} 1 \\ 0 \\ 0 \\ 1 \end{bmatrix} \to \begin{bmatrix} 1 \\ 0 \\ 0 \\ -1 \end{bmatrix} \tag{5-85}$$

得出

$$
\boldsymbol{h}(\alpha)=\begin{bmatrix}1 & 0 & 0 & 0\\ 0 & \cos(4\alpha) & -\sin(4\alpha) & 0\\ 0 & \sin(4\alpha) & \cos(4\alpha) & 0\\ 0 & 0 & 0 & 1\end{bmatrix} \tag{5-86}
$$

也可以通过对 0°的镜像变换矩阵 $\boldsymbol{H}_0$ 做转动变换 $\boldsymbol{R}(\alpha)\boldsymbol{H}\boldsymbol{R}(-\alpha)$ 得到相同的结果。

前面推导了对偏振光的镜像变换，下面继续讨论对样品的镜像变换。由于 $\boldsymbol{H}(\alpha)$ 的逆变换就是它本身，经过类似于式(5-52)的讨论可得样品经 α 方位角镜像面变换后的缪勒矩阵为

$$
\boldsymbol{M}'=\boldsymbol{H}(\alpha)\boldsymbol{M}\boldsymbol{H}(-\alpha) \tag{5-87}
$$

其具体表达式此处不再展开。本书关注这样一个特例，当 $\alpha=0°$ 或 $\alpha=90°$ 时，缪勒矩阵的镜像变换形式很简单，是右上和左下 2 × 2 分块反号：

$$
\boldsymbol{H}_0\boldsymbol{M}\boldsymbol{H}_0=\begin{bmatrix}m_{11} & m_{12} & -m_{13} & -m_{14}\\ m_{21} & m_{22} & -m_{23} & -m_{24}\\ -m_{31} & -m_{32} & m_{33} & m_{34}\\ -m_{41} & -m_{42} & m_{43} & m_{44}\end{bmatrix} \tag{5-88}
$$

假设样品具有关于 xOz 面的镜像对称性，即 $\boldsymbol{H}_0\boldsymbol{M}\boldsymbol{H}_0=\boldsymbol{M}$。根据式(5-88)，可以推出这限制了缪勒矩阵的右上和左下 2 × 2 分块必须都为零[这和 van de Hulst 在散射光学中的推论(5-107)完全一致]：

$$
\boldsymbol{M}_{\text{镜像对称}}=\begin{bmatrix}m_{11} & m_{12} & 0 & 0\\ m_{21} & m_{22} & 0 & 0\\ 0 & 0 & m_{33} & m_{34}\\ 0 & 0 & m_{43} & m_{44}\end{bmatrix} \tag{5-89}
$$

注意到 $\boldsymbol{H}(0°)=\boldsymbol{H}(90°)=\boldsymbol{H}_0$，因此若只是看到缪勒矩阵有镜像不变[式(5-89)]的形式，是无法分辨元件是 0° 还是 90° 镜面对称的。实际上，样品关于 xOz 和 yOz 这两个面镜像变换的像属于180° 转动变换的关系，而本书提出过任意元件 180° 转动变换的缪勒矩阵形式是完全相同的。

还有一个常用结论是，当样品同时具有转动对称性[式(5-109)]和纵向镜像对称性[式(5-89)]时，这两个约束条件共同作用将使缪勒矩阵成为对角阵，此时只剩下 3 个参数的信息：

$$
\boldsymbol{M}_{\text{纯球}}=\begin{bmatrix}m_{11} & 0 & 0 & 0\\ 0 & b & 0 & 0\\ 0 & 0 & b & 0\\ 0 & 0 & 0 & m_{44}\end{bmatrix} \tag{5-90}
$$

例如，纯球散射体系(且实验满足 5.2.2 节的共线条件)就具有这种对称性，将缪勒矩阵归一化后，只有两个偏振指标需要关注——线保偏 b 和圆保偏 m_{44}，这两个指标可以反映出粒径的信息。

值得一提的是，本节推导的镜像变换和 Gil 推导的单相位延迟变换[44]具有一定的联系：镜像变换实际上是线相位延迟角 δ 取π时单相位延迟变换特例。注意，Gil 的所有推导视角都是放在对入射光和出射光的变换上，他提出相位延迟变换的物理实现是在样品两边贴上波片，这么做并没有清晰的物理意义。只有讨论对样品做镜像变换时，本书才能把缪勒矩阵参数的特征和样品的镜像对称性特性联系起来。

He 等的前期研究中提出用

$$x=\frac{1}{4}\alpha\tan2\left(m_{23}+m_{32},m_{22}-m_{33}\right) \tag{5-91}$$

$$x=\frac{1}{2}\alpha\tan2\left(m_{13},m_{12}\right) \tag{5-92}$$

来测绘蚕丝样品和乳头状甲状腺癌的局域各向异性的取向分布[36]，同时用

$$x_3=\frac{1}{2}\alpha\tan2\left(m_{42},m_{34}\right) \tag{5-93}$$

测绘肝癌组织的各向异性取向分布[53](x_3 参数的错位问题已在第 5.2.2 节提及)。式(5-93)中的$\alpha\tan2(\cdot)$是通过反正切函数 arctan 计算角度的函数，区别是$\alpha\tan2(\cdot)$分开接收两个参数(dy, dx)，因此能够返回整个[0, 2π]的方位角结果，而用arctan(dy/dx)来计算会导致简并掉一半的取值范围。注意，$\alpha\tan2$ 函数返回的方位角还要除以 2 或 4 才是样品镜像对称面的方位角。对于样品中各向异性取向的方位角，α 和($\alpha+\pi$)没有区别，故只要[0, π]的范围即可完全表征。因此，从棱边提取的方位角参数式(5-92)、式(5-93)是完全表征，能区分所有方位角取向。中心块角度参量(5-91)因简并而少了一半的取值范围，不能区分所有方位角取向。不过实验发现，中心块角度参量的信噪比要比棱边方位角参量好[35]。

李鹏程等通过理论推导将 5 个角度量找全[45]。对于有 xOz 面镜像对称性的缪勒矩阵(5-89)，其转动变换的形式较为简单，即

$$\boldsymbol{M}'_{\text{镜像对称}}=\boldsymbol{R}(\alpha)\boldsymbol{M}_{\text{镜像对称}}\boldsymbol{R}(-\alpha)=\begin{bmatrix} m_{11} & m_{12}c_2 & m_{12}s_2 & 0 \\ m_{21}c_2 & b+\tilde{b}c_4 & \tilde{b}s_4 & -m_{34}s_2 \\ m_{21}s_2 & \tilde{b}s_4 & b-\tilde{b}c_4 & m_{34}c_2 \\ 0 & -m_{42} & m_{43}c_2 & m_{44} \end{bmatrix} \tag{5-94}$$

因此，若要从转动后的缪勒矩阵 $\boldsymbol{M}'_{\text{镜像对称}}$ 中求解出 α ，则可以使用以下公式：

$$\alpha_1 = \frac{1}{4}\alpha\tan2\left(m'_{23} + m'_{23}, m'_{23} - m'_{23}\right), \quad t_1 \neq 0 \tag{5-95}$$

$$\alpha_P = \frac{1}{2}\alpha\tan2\left(m'_{31}, m'_{21}\right), \quad P_L \neq 0 \tag{5-96}$$

$$\alpha_D = \frac{1}{2}\alpha\tan2\left(m'_{13}, m'_{12}\right), \quad D_L \neq 0 \tag{5-97}$$

$$\alpha_q = \frac{1}{2}\alpha\tan2\left(m'_{42}, -m'_{43}\right), \quad q_L \neq 0 \tag{5-98}$$

$$\alpha_r = \frac{1}{2}\alpha\tan2\left(-m'_{24}, -m'_{34}\right), \quad r_L \neq 0 \tag{5-99}$$

以上公式中αtan2 函数分开接收两个参数(dy, dx)(注意，不同数学软件中这两个参数的顺序可能不同)，能够返回整个[0, 2π]的方位角。以上提取角度公式有效的前提是与之相关的模不变量非零。若模接近于零，则提取到的角度会有很大的随机性，对实验的信噪比有较高的要求。

在推出式(5-89)时，本书假设样品具有关于 xOz 面的镜像对称性，实际上样品若有关于yOz面的镜像对称性，则缪勒矩阵的形式也是相同的。当样品具有不止一个纵向镜像对称面时，本书所提取的方位角可能是纤维的方向，也有可能是与纤维垂直的方向，要将这两者区分出来需要对正负号进行约定。本书在定义式(5-95)～式(5-99)时采用的正负号约定基于如下假设：当$\alpha=0$时，$\tilde{b}$, m_{12}, m_{21}, $m_{34}>0$ 且 $m_{43}<0$。若实际情况并非如此，则αtan2 接收的两个参数(dy, dx)都需要反号(或者在αtan2 函数的计算结果上加 π)，由此将对α_1 产生 45°角的差异，对α_P，α_D，α_q，α_r产生 90°的差异。

注意，本节所推导的提取方位角参数不是转动不变量，相反，它们是直接和方位角相关联的量。注意将它们和 5.2.3 节提出的夹角不变量α_{DP}和α_{rq}等进行区分，后者虽然也和方位角有关，但由于是相对夹角，因此其是转动不变量。

5.2.2 节提出缪勒矩阵的转动不变量有 4 个角、4 条棱的模，以及 2 × 2 中心块、可以定义 3 个独立的转动不变量($\{\mathrm{tr}\,\boldsymbol{B}, |\boldsymbol{B}|, \|\boldsymbol{B}\|\}$或$\{b, t_1, \beta\}$)，总计 11 个独立的转动不变量。然而，缪勒矩阵有 16 个阵元，去掉一个方位角信息后，应当还有 15 个独立的转动不变量[44]。

Gil 在其推导中提出了种类丰富的转动不变量，其中有些是和本书已列举的 11 个不变量线性相关的，例如整个缪勒矩阵的迹 tr $\boldsymbol{M}$，其值为 $m_{11}+b+m_{44}$。另外，还有整个缪勒矩阵的行列式 det $\boldsymbol{M}$、整个 $\boldsymbol{P}$ 矢量或 $\boldsymbol{D}$ 矢量的模等。此外，还有不能显式给出以缪勒矩阵阵元为自变量的函数表达式，例如 5.1.3 节介绍的偏振纯度指标，它的计算需要将缪勒矩阵厄米化再求其本征值进而重新组合，可表征样品的退偏性质[28]。此外还有 N-matrix($\boldsymbol{GM}^{\mathrm{T}}\boldsymbol{GM}$)的本征值、分块矩阵 $\boldsymbol{m}_{3\times3}$ 的奇异值等，这些不变量都没有显式表达式，不适合用来补全本书前面的 11 个不变量集合。还有一些基于缪勒矩阵的分块形式[式(5-66)]的不变量 $\boldsymbol{P}^{\mathrm{T}}\boldsymbol{D}$、$\boldsymbol{P}^{\mathrm{T}}\boldsymbol{m}\boldsymbol{D}$、$\boldsymbol{P}^{\mathrm{T}}\boldsymbol{m}^{\mathrm{T}}\boldsymbol{D}$ 等，它们当中的确包含新的不变量信息，但和本书前面提出的 11 个不变量有部分重叠。

实际上，当深入理解图 5.7 中缪勒矩阵转动变化的规律后，就不难找到能够补全完备集的剩下 4 个不变量。缪勒矩阵阵元的转动规律就是：4 条棱矢量以相同的速度转动，因此这 4 条棱矢量之间的 3 个夹角就是新的不变量。中心块以 2 倍的速度转动，它也包含一个相对夹角的不变量。由此，本书便补全了 15 个独立转动不变量的集合。理论上，这 15 个不变量已包含全部的转动不变量信息，任何新的转动不变量都可由这 15 个不变量的组合表示出来。

夹角不变量的取法不唯一。以右棱和下棱的夹角为例，本书可以取$(\alpha_r - \alpha_q)$作为不变量，它们的计算需要反正切函数。本书也可以通过内积构造夹角不变量$\cos\alpha_{rq}$，这样构造的不变量有关于缪勒矩阵阵元的显示表达式：

$$\cos\alpha_{rq} = \frac{\boldsymbol{r}_{\mathrm{L}} \cdot \boldsymbol{q}_{\mathrm{L}}}{r_{\mathrm{L}} q_{\mathrm{L}}} = \frac{m_{24}m_{42} + m_{34}m_{43}}{\sqrt{m_{24}^2 + m_{34}^2}\sqrt{m_{42}^2 + m_{43}^2}} \tag{5-100}$$

夹角不变量$\cos\alpha_{rq}$对应着缪勒矩阵转置对称性的破坏，理论上可用于识别样品的倒易不对称性，详见 5.3.1 节的讨论。后面将会发现，它可用于识别多种线相位延迟效应以非平凡的夹角叠加的情况。

左棱和上棱的夹角不变量的构造同理：

$$\cos\alpha_{PD} = \frac{\boldsymbol{P}_{\mathrm{L}} \cdot \boldsymbol{D}_{\mathrm{L}}}{P_{\mathrm{L}} D_{\mathrm{L}}} = \frac{m_{12}m_{21} + m_{13}m_{31}}{\sqrt{m_{12}^2 + m_{13}^2}\sqrt{m_{21}^2 + m_{31}^2}} \tag{5-101}$$

相应地，它取非零可表征多种线二向色性效应以非平凡的夹角叠加的情况详见 5.3.1 节的讨论。

除了方位角直接作差、点乘(角度差的余弦)是不变量之外，叉乘(角度差的正弦)及棱之间作矢量差显然也可以构造出转动不变量，即

$$\sin\alpha_{PD} = \frac{m_{12}m_{31} + m_{13}m_{21}}{D_{\mathrm{L}} P_{\mathrm{L}}} \tag{5-102}$$

$$\sin\alpha_{rq} = \frac{m_{24}m_{43} - m_{34}m_{42}}{r_{\mathrm{L}} q_{\mathrm{L}}} \tag{5-103}$$

$$\left|\boldsymbol{D}_{\mathrm{L}} - \boldsymbol{P}_{\mathrm{L}}\right| = \sqrt{D_{\mathrm{L}}^2 + P_{\mathrm{L}}^2 - 2D_{\mathrm{L}}P_{\mathrm{L}}\cos\alpha_{rq}} \tag{5-104}$$

$$\left|\boldsymbol{r}_{\mathrm{L}} - \boldsymbol{q}_{\mathrm{L}}\right| = \sqrt{r_{\mathrm{L}}^2 + q_{\mathrm{L}}^2 - 2r_{\mathrm{L}}q_{\mathrm{L}}\cos\alpha_{rq}} \tag{5-105}$$

以上角度差不变量虽然具有不同的缪勒阵元表达式，但所反映的都是角度

差的信息，有着相似的识别效果。在透明胶带样品的实验数据图 5.17(c)、(d)上，可以看到$\left(\alpha_r-\alpha_q\right)$和$\cos\alpha_{rq}$参数识别各向异性叠加的区域有相似的效果。图 5.17 给出的透明胶带是一种具有线相位延迟效应的样品，本书把各个方向的透明胶带贴在一起，用它可以产生相位延迟效应叠加的效果。(a)图为由常金涛等测量的透明胶带的前向缪勒矩阵成像结果，m_{11}按灰度图绘制，其他阵元按m_{11}逐像素归一化。(b)图为参数$\beta=\frac{1}{2}\left(m_{23}-m_{32}\right)$的取值分布。(c)图为右棱和下棱提取方位角之差$\left(\alpha_r-\alpha_q\right)$的分布图，色相代表角度，亮度代表右棱的模$r_{\mathrm{L}}$。若角度差的范围超出$\left[-\frac{\pi}{2},\frac{\pi}{2}\right]$，则取值为∓π。(d)图为通过内积的反余弦计算出的夹角不变量α_{rq}的取值分布图，亮度代表右棱的模r_{L}。

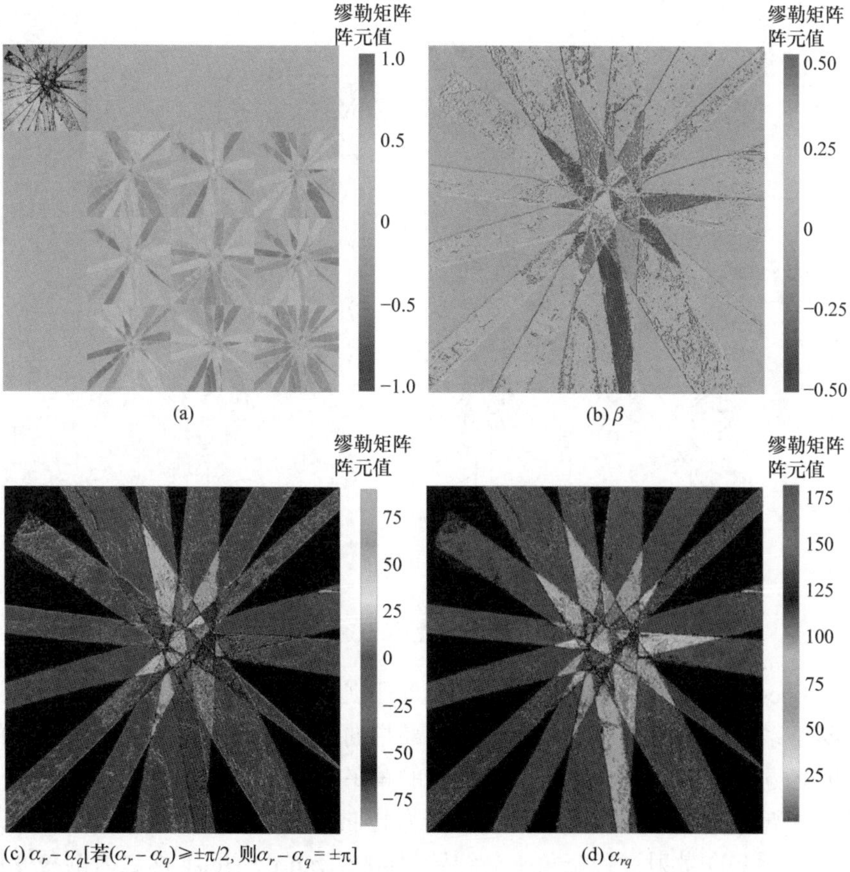

(a)　(b) β

(c) $\alpha_r-\alpha_q$[若$(\alpha_r-\alpha_q)\geqslant\pm\pi/2$，则$\alpha_r-\alpha_q=\pm\pi$]　(d) α_{rq}

图 5.17　多条透明胶带的前向缪勒矩阵测量结果

实际上，若样品不存在纵向的镜像对称面，则 5.2.3 节提出的角度量就不能准确反映样品中各向异性的方位角信息。在信息提取的研究中，本书希望能够回答以下问题：

(1) 哪些物理特征会产生镜像对称性的破坏。

(2) 是否有缪勒矩阵指标能够识别镜像对称性被破坏。

5.3　缪勒矩阵对称性

关于缪勒矩阵有哪些对称性可以研究？将缪勒矩阵和样品对称性关联起来的讨论，最早见于 van de Hulst 于 1981 年撰写的著作[48]。van de Hulst 研究的体系是微小散射颗粒的集合，他仔细地分析了光和单个颗粒的每次散射过程，如图 5.18 所示。

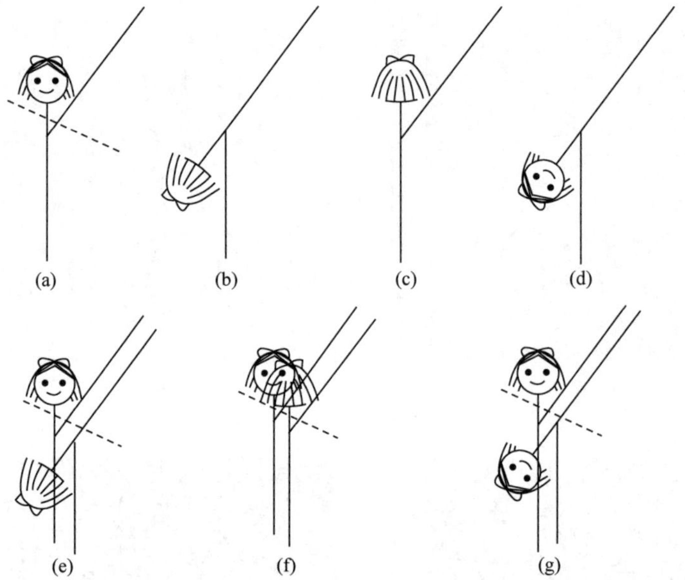

图 5.18　光与微小颗粒散射的示意图

van de Hulst 将单个散射颗粒绘制成非平凡的人脸形状，以帮助人们看清颗粒经参考系变换后的结果。卡通小人头部指向入射光方向，卡通小人举起的手为散射光方向，虚线为入射光和散射光的角平分线，纸面称为散射平面，过虚线垂直于纸面的面称为角平分面。(a)图为基准散射过程，卡通小人举起的是左手；(b)图为基准散射过程绕角平分线转 180°，van de Hulst 称之为倒易变换，(c)图为基准散射过程关于散射平面的镜像，卡通小人举起的是右手，即这种操作会改变体系的手性；(d)图为基准散射过程关于角平分面的镜像；(e)图中，(a)

图和(b)图共存可视为样品具有绕角平分线转 180°的对称性；(f)图中，(a)图和(b)图共存可视为样品具有关于散射平面(纵向)镜像对称性；(g)图中，(a)图和(b)图共存可视为样品具有关于角平分面(横向)镜像对称性。

在散射光学的框架下，van de Hulst 得出了以下推论：

推论 5.5　若体系中对于任意一次散射过程[图 5.18(a)]，都存在一个与之对应的散射过程[图 5.18(b)]，则这个散射体系的缪勒矩阵转置对称，第 3 维反对称，只有 10 个独立参数，其具体形式为

$$\boldsymbol{M}_X=\begin{bmatrix} m_{11} & m_{12} & m_{13} & m_{14} \\ m_{12} & m_{22} & m_{23} & m_{24} \\ -m_{13} & -m_{23} & m_{33} & m_{34} \\ -m_{14} & -m_{24} & -m_{34} & m_{44} \end{bmatrix} \tag{5-106}$$

式(5-106)表明体系有倒易对称性。

推论 5.6　若体系中对于任意一次散射过程[图 5.18(a)]，都存在一个与之对应的散射过程[图 5.18(c)]，则这个散射体系的缪勒矩阵只有 8 个独立参数，其具体形式为

$$\boldsymbol{M}_H=\begin{bmatrix} m_{11} & m_{12} & 0 & 0 \\ m_{21} & m_{22} & 0 & 0 \\ 0 & 0 & m_{33} & m_{34} \\ 0 & 0 & m_{43} & m_{44} \end{bmatrix} \tag{5-107}$$

式(5-107)表明散射样品具有镜像对称面 xOz(或 yOz)。

推论 5.7　若体系中对于任意一次散射过程[图 5.18(a)]，都存在一个与之对应的散射过程[图 5.18(d)]，则这个散射体系的缪勒矩阵转置对称，第 4 维反对称，只有 10 个独立参数，其具体形式为

$$\boldsymbol{M}_T=\begin{bmatrix} m_{11} & m_{12} & m_{13} & m_{14} \\ m_{12} & m_{22} & m_{23} & m_{24} \\ m_{13} & m_{23} & m_{33} & m_{34} \\ -m_{14} & -m_{24} & -m_{34} & m_{44} \end{bmatrix} \tag{5-108}$$

此外，van de Hulst 还提出，当散射体系中只存在一种散射颗粒时，即使这种颗粒有各向异性，整个体系的缪勒矩阵也具有转动对称性。这种情况下的缪勒矩阵只有 6 个独立参数，其具体形式为

$$\boldsymbol{M}_{\text{转动不变}}=\begin{bmatrix} m_{11} & 0 & 0 & m_{14} \\ 0 & b & \beta & 0 \\ 0 & -\beta & b & 0 \\ m_{41} & 0 & 0 & m_{44} \end{bmatrix} \tag{5-109}$$

van de Hulst 还讨论了散射体系同时兼具以上多种对称性的情况，在那些情况下缪勒矩阵的独立参数还将更少。因此，van de Hulst 是最早系统性地研究样品的倒易对称性、镜像对称性和转动对称性的人，他的上述推论是针对散射颗粒物体系的一般性结论(不要求入射光和出射光共线)，但也因此没有将这些结论推广到任意光学样品的对称性上。

实际上，van de Hulst 的研究也可应用到一般光学样品上，如图 5.19(e)～(g)所示。后面三种变换中的任意两者可以合成第三者，例如，横向镜像变换(d)等价于(a)经历了倒易和散射面镜像两次变换(数学上可解释为 $\boldsymbol{T} = \boldsymbol{XH}$)。四种常见的缪勒矩阵变换与相应对称性总结见表 5.3[58]。

表 5.3　四种常见的缪勒矩阵变换与相应对称性总结

变换类型	转动变换	纵向镜像变换	横向镜像变换	倒易变换
操作	绕光线转动(要求入射、探测方向共线)	关于散射平面镜像	关于角平分面镜像	绕角平分线转 180°
变换后的缪勒矩阵	$\boldsymbol{R}(\alpha)\boldsymbol{M}\boldsymbol{R}(-\alpha)$	$\boldsymbol{HMH}$ $\boldsymbol{H}=\mathrm{diag}(1, 1, -1, -1)$	$\boldsymbol{TM}^{\mathrm{T}}\boldsymbol{T}$ $\boldsymbol{T}=\mathrm{diag}(1, 1, 1, -1)$	$\boldsymbol{XM}^{\mathrm{T}}\boldsymbol{X}$ $\boldsymbol{X}=\mathrm{diag}(1, 1, -1, 1)$

5.3.1　缪勒矩阵对称性破坏的原因

目前已知的缪勒矩阵对称性破坏有以下 3 类原因：

(1) 样品中有多种各向异性效应叠加(可以是多层也可以是均匀混在同一层，两种情况所体现出的对称性破坏程度也有所不同，详见第 5.3.2 节)。

(2) 样品中只有一种各向异性效应，但它的取向相对于光路方向有非平凡(非平行或垂直)的天顶角。

(3) 样品有吸收效应。

其中，第 3 类原因尚待研究，因此以下主要讨论前两类原因。

当样品是多个各向异性叠加或者混合而成的，且它们之间的夹角非平凡(不平行或垂直)时，整个样品就无法再找到纵向镜像对称面，从而体现在缪勒矩阵的对称性被破坏上。Li 等从理论上研究了纯二向色性、纯相位延迟器叠加后的缪勒矩阵形态[45,59]，并总结出如下规律。

1. 纯二向色性的叠加

第一种情况是，当同时存在多个线二向色性效应且以非平凡的夹角叠加时：

$$\boldsymbol{R}(\alpha_c)\boldsymbol{M}_D\left(p_{cx},p_{cy}\right)\boldsymbol{R}(-\alpha_c)\cdots\boldsymbol{R}(\alpha_a)\boldsymbol{M}_D\left(p_{ax},p_{ay}\right)\boldsymbol{R}(-\alpha_a) \tag{5-110}$$

这种情况的具体缪勒矩阵表达式略。理论推导发现[59]，叠加后缪勒矩阵的左棱和上棱的模仍相等，即 $P_L = D_L$，$m_{14} = m_{41} = 0$，$q_L = r_L = 0$。然而，缪勒矩阵的转置对称性有破缺，体现在左棱和上棱的方位角不再相等。镜像对称性有破缺，体现在 $\beta \neq 0$ 。

叠加后，α_P 和 α_D 的物理意义变得不再清晰，本书针对以下几种特殊情况可以讨论：当串联叠加的二向色性都是完全偏振片时(对某一个方向的吸收彻底，$p_{cy}, p_{by}, p_{ay} = 0$)，角度参量 α_D 和 α_P 给出的恰好分别是第一个二向色性(α_a)和最后一个二向色性(α_c)的方位角，而中心块 α_1 给出的是它们的平均值 $\frac{1}{2}(\alpha_a + \alpha_c)$，具体表达式为

$$
\begin{aligned}
&\boldsymbol{R}(\alpha_c)\boldsymbol{M}_D(p_{cx},0)\boldsymbol{R}(-\alpha_c)\cdot\boldsymbol{R}(\alpha_b)\boldsymbol{M}_D(p_{bx},0)\boldsymbol{R}(-\alpha_b)\cdot\boldsymbol{R}(\alpha_a)\boldsymbol{M}_R(p_{ax},0)\boldsymbol{R}(-\bar{\alpha}_a)\\
&=\frac{1}{2}p_{ax}^2 p_{bx}^2 p_{cx}^2\cos^2(\alpha_a-\alpha_b)\cos^2(\alpha_b-\alpha_c)\\
&\times\begin{bmatrix}
1 & \cos(2\alpha_a) & \sin(2\alpha_a) & 0\\
\cos(2\alpha_c) & \cos(2\alpha_a)\cos(2\alpha_c) & \sin(2\alpha_a)\cos(2\alpha_c) & 0\\
\sin(2\alpha_c) & \cos(2\alpha_a)\sin(2\alpha_c) & \sin(2\alpha_a)\sin(2\alpha_c) & 0\\
0 & 0 & 0 & 0
\end{bmatrix}
\end{aligned} \tag{5-111}
$$

第二种情况是，叠加的两种二向色性效应都十分微弱，记 $p_{ax} = p_{bx} = 1$，$p_{ay} = 1-\varepsilon_a$，$p_{by} = 1-\varepsilon_b$，在结果中略去二阶及以上的小量，则合成的缪勒矩阵为

$$
\begin{aligned}
&\boldsymbol{M}_D(1,1-\varepsilon_b)\cdot\boldsymbol{R}(\alpha_a)\boldsymbol{M}_D(1,1-\varepsilon_a)\boldsymbol{R}(-\alpha_a)\\
&=\begin{bmatrix}
1-\varepsilon_a-\varepsilon_b & \varepsilon_b & \varepsilon_a\sin(2\alpha_a) & 0\\
\varepsilon_b & 1-\varepsilon_a-\varepsilon_b & 0 & 0\\
\varepsilon_a\sin(2\alpha_a) & 0 & 1-\varepsilon_a-\varepsilon_b & 0\\
0 & 0 & 0 & 1-\varepsilon_a-\varepsilon_b
\end{bmatrix}
\end{aligned} \tag{5-112}
$$

也就是说，当参与叠加的两个二向色性效应十分微弱时，即使错开非平凡的夹角叠加，也看不到转置对称性的破坏(偏离属于高阶小量)。实验上，由柱散射或斜入射光滑表面产生的二向色性都较弱，很少观察到因多个二向色性叠加而破坏转置对称性的情况。

2. 纯相位延迟的叠加

当同时存在多个线相位延迟效应且以非平凡的夹角叠加时，记 $S_{a,b} =$

$\sin\delta_{a,b}, C_{a,b}=\cos\delta_{a,b}$，有

$$\boldsymbol{M}_R(\delta_b)\boldsymbol{R}(\alpha)\boldsymbol{M}_R(\delta_a)\boldsymbol{R}(-\alpha)$$
$$=\begin{bmatrix}1 & 0 & 0 & 0\\ 0 & c_2^2+s_2^2C_a & s_2c_2(1-C_a) & -s_2S_a\\ 0 & s_2\left[c_2(1-C_a)C_b+S_aS_b\right] & \left(c_2^2C_a+s_2^2\right)C_b-c_2S_aS_b & C_aS_b+c_2S_aC_b\\ 0 & s_2\left[-c_2(1-C_a)S_b+S_aC_b\right] & -\left(c_2^2C_a+s_2^2\right)C_b-c_2S_aS_b & C_aS_b-c_2S_aC_b\end{bmatrix}$$

(5-113)

理论推导发现，叠加后缪勒矩阵的右棱和下棱的模仍相等，即 $r_{\mathrm{L}}=q_{\mathrm{L}}$，$m_{14}=m_{41}=0$，$P_{\mathrm{L}}=D_{\mathrm{L}}=0$。然而，缪勒矩阵的转置对称性有破缺，体现在右棱和下棱的方位角不再相等，因此本书可以用$\left(\alpha_r-\alpha_q\right)$或$\cos\alpha_{rq}$作为识别多个双折射效应叠加的指标。镜像对称性有破缺，体现在$\beta\neq0$。此结论已用透明胶带的缪勒矩阵实验数据加以验证。由图 5.18(b)的参数可见，胶带叠加的地方$\beta\neq0$，其正负号和胶带叠加前后次序有关。图 5.18(c)、(d)显示叠加破坏了方位角的转置对称性，同理论预测相符。

从几何上理解，旋光就是庞加莱球绕 y 轴转动变换，线相位延迟就是庞加莱球绕 z 轴转动变换，因此，任意多个线相位延迟以不同方位角叠加的缪勒矩阵实际上都是庞加莱球上的一次纯转动，它最多只能提供 3 个实数的信息(转轴的方位角、天顶角及转动角度)。因此，即使对于只有两个相位延迟叠加的情况，完全求解出两个波片的信息($\delta_{a,b}$和$\alpha_{a,b}$)也缺条件，需要多提供一个限制条件(如两者的δ相等，或夹角已知)才能求解。实际上，历史上有多个学者提出并证明过，任意多个线相位延迟叠加的结果可以等价为一个椭相位延迟器[6,60]，也就是本征态是椭圆偏振光(对应庞加莱球上的转轴)的延迟器。任意一个椭相位延迟器有多种分解方法，例如可以分解成两个非平凡取向的相位延迟器[60]，或一个相位延迟器夹在两个旋光器之间[6,61]。

3. 二向色性和相位延迟的混合

研究发现，只有同时存在线二向色性和线相位延迟且以非平凡的夹角叠加时，才会产生非零的 m_{14} 和 m_{41}。并且，当两种各向异性分属不同的层、有明确的先后顺序时，m_{14} 和 m_{41} 中只有一个非零，可以反映出两种效应的叠加次序。对于这个现象，可以从矩阵乘法的角度提供一个简明的解释，见图 5.19。图中的数据分别为蒙特卡罗模拟得出的球-柱前向缪勒矩阵和球双折射前向缪勒

矩阵。对 m_{41} 的讨论与 m_{14} 类似，只不过次序换成先经历二向色性后经历相位延迟。

单层球柱(前向)

0.7988	−0.0591	−0.0001	0.0000
−0.0556	0.7799	0.0003	0.0000
0.0000	−0.0002	0.5322	0.0313
0.0000	0.0000	−0.0295	0.5326

×

单层球双折射(前向)

0.9721	0.0000	0.0000	0.0000
0.0016	0.9628	0.0001	−0.0001
0.0000	0.0001	0.5204	0.7967
0.0000	0.0002	−0.7954	0.5137

图 5.19　产生非零的 m_{14} 的过程示意图

如图 5.19 所示，由于单独一种各向异性满足镜像对称性，每个矩阵的右上和左下 2×2 分块都为零。要让矩阵相乘的结果产生非零的 m_{14}，则必须是先经历的(位于右侧的)缪勒矩阵有非零的右棱，后经历的(位于左侧的)缪勒矩阵有非零的上棱。然而，直接这样相乘，点乘的结果仍然为零，还需要它们之间转动一个非平凡的夹角才能产生非零的 m_{14}。当线二向色性和线相位延迟这两种效应的取向相同时，两者叠加后的结果仍满足镜像对称性，这反映在缪勒矩阵右上和左下 2 × 2 分块为零上，故此时 m_{14} 和 m_{41} 当然也都为零。例如，单组柱散射介质的缪勒矩阵就属于这种情况。另外，光线斜入射光滑表面时产生的缪勒矩阵也具有镜像对称性①。式(5-114)中的 κ 和 δ 参数由菲涅尔公式给出，可由椭偏仪直接测量。

$$\boldsymbol{M}_{\text{光滑表面反射}} = m_{11}\begin{bmatrix} 1 & -\cos\kappa & 0 & 0 \\ -\cos\kappa & 1 & 0 & 0 \\ 0 & 0 & \sin\kappa\cos\delta & \sin\kappa\sin\delta \\ 0 & 0 & -\sin\kappa\sin\delta & \sin\kappa\cos\delta \end{bmatrix} \tag{5-114}$$

如此多的限制条件解释了实验上不常遇见非零的 m_{14} 和 m_{41} 的现象。实验上相位延迟能产生最大的右下棱的模为 1，本书设概率最大值为 0.5。通过蒙特卡罗模拟发现柱散射产生的左上棱的模很小，只有极细的柱能达到 $P_L = D_L \approx 0.2$，典型值都小于 0.1。两者相乘，本书实验上能碰见的 m_{14}，m_{41} 就大概在小于 0.05 的范围了，这还是在夹角刚好为 45°的条件下产生的，其他夹角还会让 m_{14} 和 m_{41} 的取值变得更小，样品若有退偏也会让它们的取值进一步减小。

下面对半定量进行讨论，以先经历线二向色性后经历线相位延迟为例，其叠加合成的缪勒矩阵如下[59]：

① 注意，式(5-114)为光入射各向同性光滑表面的反射缪勒矩阵。当样品表面具有各向异性或粗糙度时，缪勒矩阵的对称性将被破坏[64]。

$$
\boldsymbol{M}_R(\delta)\boldsymbol{R}(\alpha)\boldsymbol{M}_D\boldsymbol{R}(-\alpha)
=\begin{bmatrix}
m_{11} & Dc_2 & Ds_2 & 0 \\
Dc_2 & m_{11}c_2^2+p_xp_ys_2^2 & \frac{1}{4}(p_x-p_y)^2 & 0 \\
Ds_2\cos\delta & \frac{1}{4}(p_x-p_y)^2 s_4\cos\delta & \left(m_{11}c_2^2+p_xp_ys_2^2\right)\cos\delta & p_xp_y\sin\delta \\
-Ds_2\sin\delta & \frac{1}{4}(p_x)^2 s_4\sin\delta & -\left(m_{11}c_2^2+p_xp_ys_2^2\right)\sin\delta & p_xp_y\cos\delta
\end{bmatrix} \tag{5-115}
$$

式中，$m_{11}=\frac{1}{2}\left(p_x^2+p_y^2\right)$，$D=\frac{1}{2}\left(p_x^2-p_y^2\right)=D_{\mathrm{L}}>P_{\mathrm{L}}$，即棱模的转置对称性被破坏(在前面单独一种各向异性叠加的推导中，棱模的转置对称性未被破坏)。此时，有 $m_{14}=0$ 但 $m_{41}\neq 0$，若将矩阵相乘的次序颠倒，则缪勒矩阵为式(5-115)的转置，和本书前面的讨论一致。

从公式上看，叠加后缪勒矩阵的上棱二向色性没有受影响，这解释了 5.1.1 节 Lu-Chipman 分解中直接取上棱的合理性。此外，次序颠倒后矩阵转置解释了 5.2.2 节提到的 D_{L} 提取入射端的二向色性较多、P_{L} 提取出射端的二向色性较多的现象。

从公式上看，要让 m_{14} 和 m_{41} 取值接近 1，需要 $p_x=1$、$p_y=0$ 这样理想的线偏振片，以及相位延迟 $\delta=\pi/2$ 的半波片，让两者以夹角 45°叠加。这就是本书前面给出的圆检偏通道[式(5-67)]和圆起偏器[式(5-68)]的例子。

4. 单层各向异性散射介质产生的对称性破坏

均匀的单层散射介质通常满足倒易对称性，这是因为样品具有关于 xOy 面的镜像对称性，在正入射和正向探测时，刚好符合倒易对称的要求。

柱散射体是一种特殊的情况：当柱散射体倾斜非平凡的天顶角时，其散射光为圆锥面分布，如图 5.20 所示。

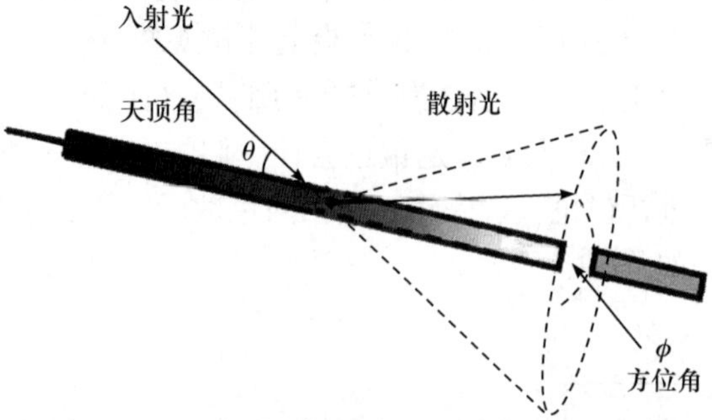

图 5.20　无限长圆柱散射时的散射光空间分布示意图

可见，柱散射前向和背向的散射光分布有明显差异。甚至当纯柱散射天顶角 $\theta \leqslant 45°$ 时，就完全没有背向散射光了。本书通过纯柱散射体系的蒙特卡罗模拟证实了以上结论，如图 5.21 所示。图中，柱半径 $r_c = 0.7\mu m$，90°散射系数 $\mu_c = 50cm^{-1}$，柱倾斜天顶角 $\theta = 50°$。

因此，对于含有柱的散射体系，可能出现单层样品也能破坏转置对称性的现象。

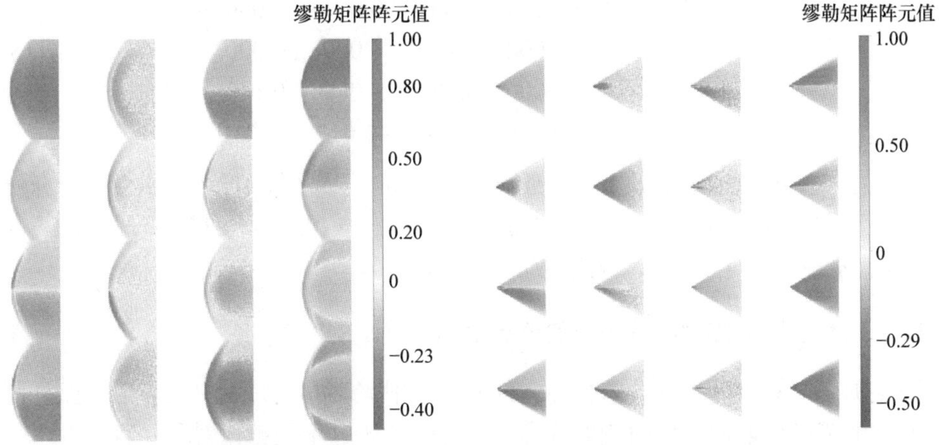

(a) 正前向探测到的缪勒矩阵　　(b) 正背向探测到的缪勒矩阵

图 5.21　蒙特卡罗模拟得到的纯柱散射的前向和后向缪勒矩阵空间花样图

由于缪勒矩阵随方位角转动的变化行为已经在前面研究透彻，本节将各向异性的方位角统一放置在 0°(x 轴方向)。在这种情况下，由于镜像对称性的约束，样品的缪勒矩阵为分块形式。蒙特卡罗模拟球-柱混合散射体系的前向和背向缪勒矩阵的花样平均后的结果均为如下形式：

$$\boldsymbol{M}_{柱\theta=90°} = \begin{bmatrix} m_{11} & m_{12} & 0 & 0 \\ m_{12} & m_{22} & 0 & 0 \\ 0 & 0 & m_{33} & m_{34} \\ 0 & 0 & -m_{34} & m_{44} \end{bmatrix} \tag{5-116}$$

当柱倾斜了非平凡的天顶角后，缪勒矩阵的转置对称性被破坏，可以说只剩下纵向镜像对称性的约束了：

$$\boldsymbol{M}_{柱\theta任意} = \begin{bmatrix} m_{11} & m_{12} & 0 & 0 \\ m_{21} & m_{22} & 0 & 0 \\ 0 & 0 & m_{33} & m_{34} \\ 0 & 0 & m_{43} & m_{44} \end{bmatrix} \tag{5-117}$$

由这种缪勒矩阵形式可以得出结论：柱散射介质同时有线二向色性和线相位延迟两种各向异性效应(后者在文献中又被称为形序双折射效应[46])，且两种各向异性的取向相同，因此没有破坏镜像对称性。

对于纯相位延迟，本书模拟使用的是单轴双折射晶体模型，因此倾斜天顶角后没有造成明显的转置对称性的破坏，其形式仍为单个线相位延迟器。当存在球散射和介质双折射混合时，也在蒙特卡罗模拟上观察到了转置对称性的破坏情况：

$$\boldsymbol{M}_{\text{柱双折射前向}} = \begin{bmatrix} 1.000 & -0.001 & 0.000 & 0.000 \\ 0.002 & 0.289 & 0.000 & 0.000 \\ 0.000 & 0.000 & 0.084 & 0.148 \\ 0.000 & 0.000 & -0.017 & -0.010 \end{bmatrix} \tag{5-118}$$

式(5-118)的模拟参数如下：介质厚度为 1cm，折射率 $n = 1.33$；双折射介质的折射率差$\Delta n = 0.0001$，光轴的空间取向$(x, y, z) = (0.5, 0, 0.866)$；球半径 $r_s = 0.6\mu m$，折射率 $n_s = 1.59$，散射系数$\mu_s = 10cm^{-1}$。

5.3.2　判断缪勒矩阵对称性破坏的偏振指标

根据 5.2.3 节的推导，若样品入射光和出射光不共线，则只有散射平面是可以研究的镜像变换面，此时判断样品是否符合关于这个面镜像对称，直接看缪勒矩阵是否满足式(5-89)右上和左下 2 × 2 分块阵元是否都为零即可。对于满足入射光和出射光共线的实验系统，有可能出现样品具有镜像对称面但镜像面的方位角不平凡(不等于 90°的整数倍)的情况，导致样品的缪勒矩阵不满足式(5-89)，但仍应满足形式(5-94)。此时，判断样品是否有镜像对称性(存在过 z 轴的镜像对称面)，就等价于在数学上判断缪勒矩阵能否通过转动变换分块对角化为式(5-89)。Li 等在其研究中[45]曾通过观察式(5-94)提出了分块对角化的一组必要(非充分)条件，即从不同的棱提取的方位角应相等(或允许刚好相差±90°，因为正负号约定具有不确定性)，并且不变量β、m_{14}、m_{41}取值都为零：

$$\alpha_p - \alpha_D = 0 \text{或} \alpha_p - \alpha_D \pm \frac{\pi}{2} \tag{5-119}$$

$$\alpha_q - \alpha_r = 0 \text{或} \alpha_q - \alpha_r \pm \frac{\pi}{2} \tag{5-120}$$

$$\beta = 0 \tag{5-121}$$

$$m_{14} = m_{41} = 0 \tag{5-122}$$

以上条件较为实用，但还不构成充要条件。要求式(5-95)～式(5-99)这 5 个方位角提取结果全都一致，这便构成样品有纵向镜像对称性的充要条件。

此外，样品的纵向镜像对称性不要求缪勒矩阵有转置对称性(即允许左棱和上棱有不同的模，但提取的方位角要相同)。缪勒矩阵的转置对称性和样品的横向镜像对称性、倒易对称性相关联。Li 等[58]在 2020 年的研究中进一步分析了这两类对称性，并连同前面讨论的转动对称性和纵向镜像对称一起，总结出了判断这 4 类对称性破坏的偏振指标，见表 5.4。

表 5.4　判断对称性破坏的缪勒矩阵偏振指标

指标	M_R	M_H	M_T	M_X	DD	RR	DR2	DR1
$m_{22} \neq m_{33}$	×				T	T	T	T
$m_{23} = m_{32} \neq 0$	×			×				T
$m_{23} = -m_{32} \neq 0$		×	×					
$\lvert m_{23}\rvert \neq \lvert m_{32}\rvert$	×	×	×	×	T	T	T	
$m_{14} = m_{41} \neq 0$		×	×					
$m_{14} = -m_{41} \neq 0$		×		×				T
$\lvert m_{14}\rvert \neq \lvert m_{41}\rvert$		×	×	×			T	
$P_L \neq D_L$	×		×	×			T	
$q_L \neq r_L$	×		×	×			T	
$\cos\alpha_{PD} \neq \pm 1$	×	×	×	×	T		T	
$\cos\alpha_{rq} \neq \pm 1$	×	×	×	×		T	T	

注：DD/RR 指线二向色性/线相位延迟效应以非平凡角度叠加；DR2/DR1 指线二向色性/线相位延迟均匀混合在两层或一层介质中；“×”表示被破坏；T 指该情况为真[58]。

参 考 文 献

[1] Parke III N G. Optical algebra. Journal of Mathematics and Physics, 1949, 28(1/4): 131-139.

[2] Gil J J. Polarimetric characterization of light and media: Physical quantities involved in polarimetric phenomena. European Journal of Applied Physiology , 2007, 40(1): 1-47.

[3] Lu S Y, Chipman R A. Interpretation of Mueller matrices based on polar decomposition. Journal of the Optical Society of America B, 1996, 13(5): 1106-1113.

[4] Ghosh N, Wood M F, Vitkin I A. Influence of the order of the constituent basis matrices on the Mueller matrix decomposition-derived polarization parameters in complex turbid media such as biological tissues. Optics Communications, 2010, 283(6): 1200-1208.

[5] Kumar S, Purwar H, Ossikovski R, et al. Comparative study of differential matrix and extended polar decomposition formalisms for polarimetric characterization of complex tissue-like turbid media. Journal of Biomedical Optic, 2012, 17(10): 105006.

[6] Gil J J, Ossikovski R. Polarized Light and the Mueller Matrix Approach. New York：CRC Press, 2016.

[7] Jones R C. A new calculus for the treatment of optical systems: Part Ⅶ. Properties of the nmatrices. Josa, 1948, 38(8): 671-685.

[8] Ossikovski R. Differential matrix formalism for depolarizing anisotropic media. Optics Letters, 2011, 36(12): 2330-2332.
[9] Ortega-Quijano N, Arce-Diego J L. Mueller matrix differential decomposition. Optics Letters, 2011, 36(10): 1942-1944.
[10] Ortega-Quijano N, Arce-Diego J L. Depolarizing differential Mueller matrices. Optics Letters, 2011, 36(13): 2429-2431.
[11] Ossikovski R, De Martino A. Differential Mueller matrix of a depolarizing homogeneous medium and its relation to the Mueller matrix logarithm. Journal of the Optical Society of America B, 2015, 32(2): 343-348.
[12] Cloude S R. Group theory and polarization algebra. Optik, 1986, 75(1): 26-36.
[13] Cloude S R. Conditions for the physical realisability of matrix operators in polarimetry// International Society for Optics and Photonics, 1990: 177-188.
[14] Manhas S, Swami M, Buddhiwant P, et al. Mueller matrix approach for determination of optical rotation in chiral turbid media in backscattering geometry. Optics Express, 2006, 14(1): 190-202.
[15] Guo Y, Zeng N, He H, et al. A study on forward scattering Mueller matrix decomposition in anisotropic medium. Optics Express, 2013, 21(15): 18361-18370.
[16] Qi J, He H, Ma H, et al. Extended polar decomposition method of Mueller matrices for turbid media in reflection geometry. Optics Letters, 2017, 42(20): 4048-4051.
[17] Ossikovski R, Anastasiadou M, De Martino A. Product decompositions of depolarizing Mueller matrices with negative determinants. Optics Communications, 2008, 281(9): 2406-2410.
[18] Ossikovski R, Vizet J. Polar decompositions of negative-determinant Mueller matrices featuring nondiagonal depolarizers. Applied Optics, 2017, 56(30): 8446-8451.
[19] Azzam R. Propagation of partially polarized light through anisotropic media with or without depolarization: A differential 4 × 4 matrix calculus. Josa, 1978, 68(12): 1756-1767.
[20] Barakat R. Exponential versions of the Jones and Mueller-Jones polarization matrices. Journal of the Optical Society of America B, 1996, 13(1): 158-163.
[21] Ossikovski R. Differential and product Mueller matrix decompositions: A formal comparison. Optics Letters, 2012, 37(2): 220-222.
[22] Li P, Lee H R, Chandel S, et al. Analysis of tissue microstructure with Mueller microscopy: Logarithmic decomposition and Monte Carlo modeling. Journal of Biomedical Optic, 2020, 25(1): 15002.
[23] Simon R. The connection between Mueller and Jones matrices of polarization optics. Optics Communications, 1982, 42(5): 293-297.
[24] Barakat R. Polarization entropy transfer and relative polarization entropy. Optics Communications, 1996, 123(4/6): 443-448.
[25] Brosseau C. Fundamentals of Polarized Light: A Statistical Optics Approach. New York: Wiley-Interscience, 1998.
[26] San José I, Gil J J. Invariant indices of polarimetric purity: Generalized indices of purity for n × n covariance matrices. Optics Communications, 2011, 284(1): 38-47.
[27] Gil J J, Bernabeu E. A depolarization criterion in Mueller matrices. Optica Acta: International

Journal of Optics, 1985, 32(3): 259-261.

[28] Tariq A, Li P, Chen D, et al. Physically realizable space for the purity-depolarization plane for polarized light scattering media. Physical Review Letters, 2017, 119(3): 33202.

[29] Aiello A, Woerdman J. Physical bounds to the entropy-depolarization relation in random light scattering. Physical Review Letters, 2005, 94(9): 90406.

[30] Gil J J. Characteristic properties of Mueller matrices. Journal of the Optical Society of America B, 2000, 17(2): 328-334.

[31] Jacques S L, Roman J R, Lee K. Imaging superficial tissues with polarized light. Journal of the American Chemical Society for Lasers in Surgery and Medicine , 2000, 26(2): 119-129.

[32] Jacques S L, Ramella-Roman J C, Lee K. Imaging skin pathology with polarized light. Journal of Biomedical Optic, 2002, 7(3): 329-340.

[33] Jiang X Y, Zeng N, He Y. Investigation of linear polarization difference imaging based on rotation of incident and backscattered polarization angles. Progress in Biochemistry and Biophysics, 2007, 34(6): 659.

[34] Zeng N, Jiang X Y, Gao Q, et al. Linear polarization difference imaging and its potential applications. Applied Optics, 2009, 48(35): 6734-6739.

[35] He H H, Zeng N, Du E, et al. A possible quantitative Mueller matrix transformation technique for anisotropic scattering media. Photonics & Lasers in Medicine, 2013, 2(2): 129-137.

[36] He H H, Sun M, Zeng N, et al. Mapping local orientation of aligned fibrous scatterers for cancerous tissues using backscattering Mueller matrix imaging. Journal of Biomedical Optic, 2014,19(10): 106007.

[37] Du E, He H H, Zeng N, et al. Mueller matrix polarimetry for differentiating characteristic features of cancerous tissues. Journal of Biomedical Optic, 2014, 19(7): 76013.

[38] He C, He H H, Chang J, et al. Characterizing microstructures of cancerous tissues using multispectral transformed Mueller matrix polarization parameters. Biomedical Optics Express, 2015, 6(8): 2934-2945.

[39] He H H, He C, Chang J, et al. Monitoring microstructural variations of fresh skeletal muscle tissues by Mueller matrix imaging. Journal of Biophotonics, 2017, 10(5): 664-673.

[40] Arteaga O, Garcia-Caurel E, Ossikovski R. Anisotropy coefficients of a Mueller matrix. Journal of the Optical Society of America B, 2011, 28(4): 548-553.

[41] Ushenko V, Sidor M, Marchuk Y F, et al. Azimuth-invariant Mueller-matrix differentiation of the optical anisotropy of biological tissues. Optics and Spectroscopy, 2014, 117(1): 152-157.

[42] Ushenko Y A, Prysyazhnyuk V, Gavrylyak M, et al. Method of azimuthally stable Mueller-matrix diagnostics of blood plasma polycrystalline films in cancer diagnostics. Proceedings of SPIE-The International Society for Optical Engineering , 2015, 9258: 925807.

[43] Pravdin A B, Yakovlev D A, Spivak A V, et al. Mapping of optical properties of anisotropic biological tissues. Proceedings of SPIE-The International Society for Optical Engineering, 2005, 5695: 303-311.

[44] Gil J J. Invariant quantities of a Mueller matrix under rotation and retarder transformations. Journal of the Optical Society of America B, 2016, 33(1): 52-58.

[45] Li P, Lv D, He H, et al. Separating azimuthal orientation dependence in polarization measurements of anisotropic media. Optics Express, 2018, 26(4): 3791-3800.

[46] Born M, Wolf E. Principles of Optics: Electromagnetic Theory of Propagation, Interference and Diffraction of Light. New York: Elsevier, 2013.

[47] 钟锡华. 现代光学基础. 北京: 北京大学出版社, 2012.

[48] van de Hulst H C. Light Scattering by Small Particles. New York: Dover, 1981.

[49] Sun M H, He H, Zeng N, et al. Probing microstructural information of anisotropic scattering media using rotation-independent polarization parameters. Applied Optics, 2014, 53(14): 2949-2955.

[50] Yun T, Zeng N, Li W, et al. Monte Carlo simulation of polarized photon scattering inanisotropic media. Optics Express, 2009, 17(19): 16590-16602.

[51] Li P, Liu C, Li X, et al. GPU acceleration of Monte Carlo simulations for polarized photon scattering in anisotropic turbid media. Applied Optics, 2016, 55(27): 7468-7476.

[52] Ramella-Roman J C, Prahl S A, Jacques S L. Three Monte Carlo programs of polarized light transport into scattering media: Part I. Optics Express, 2005, 13(12): 4420-4438.

[53] He H H, Chang J, He C, et al. Transformation of full 4× 4 Mueller matrices: A quantitative technique for biomedical diagnosis. Proceedings of SPIE-The International Society for Optical Engineering, 2016, 9707: 97070K-1-970701K-8.

[54] Xing Z F. On the deterministic and non-deterministic Mueller matrix. Journal of Modern Optics, 1992, 39(3): 461-484.

[55] He H, Liao R, Zeng N, et al. Mueller matrix polarimetry-An emerging new tool for characterizing the microstructural feature of complex biological specimen. Journal of Lightwave Technology, 2018, 37: 2534-2548.

[56] Chen Z, Yao Y, Zhu Y, et al. Removing the dichroism and retardance artifacts in a collinear backscattering Mueller matrix imaging system. Optics Express, 2018, 26(22): 28288-28301.

[57] Collett E. Field Guide to Polarization. Washington D.C.: SPIE Press, 2005.

[58] Li P, Tariq A, He H, et al. Characteristic Mueller matrices for direct assessment of the breaking of symmetries. Optics Letters, 2020, 45(3): 706-709.

[59] Li P, Lv D, Wang C, et al. Rotation-independent polarization parameters for distinguishing different anisotropic microstructures//International Society for Optics and Photonics, 2018: 106850A.

[60] Whitney C. Pauli-algebraic operators in polarization optics. Josa, 1971, 61(9): 1207-1213.

[61] Hurwitz H, Jones R C. A new calculus for the treatment of optical systems II: Proof of three general equivalence theorems. Josa, 1941, 31(7): 493-499.

第 6 章　全偏振成像应用

6.1　病理组织成像

随着精准医疗概念的发展和相关细胞内相互作用过程的新发现，在亚细胞层次(细胞器)等的结构变化也将为精确诊断提供重要辅助。目前精准诊疗对病变特别是癌变早期诊断、微创手术术中监测等提出了越来越高的需求。偏振散射方法具有无标记、无损伤的特点，能够提高浅表层组织成像图像质量，并提供更加丰富的生物组织微观结构特别是亚波长微观结构的信息，从而解决微观结构特征的活体动态精确定量测量时的瓶颈问题。利用缪勒矩阵等偏振成像可以对几十到几百微米范围内浅层组织的微观结构实现无标记多参数定量测量，不需要通过染色等操作即可突出显示特定微观结构。

如前所述，光的偏振态可用一个四维斯托克斯向量描述，特定偏振态的入射光与样品的散射相互作用可由一个 4×4 偏振变换矩阵即缪勒矩阵表征，其第一个矩阵元代表熟知的非偏振光学特征，其余 15 个阵元反映样品的不同偏振光学属性，即缪勒矩阵对样品完备偏振特征的测量。由此可见，偏振成像方法可提供的信息量超过所对应的非偏振光学方法。进一步研究发现，缪勒矩阵元对样品中的亚波长微观结构改变非常敏感，通过分析缪勒矩阵可以获取介质跨尺度的微观结构信息(图 6.1)。此外，光的偏振态调制器件(包括偏振片、波片)不影响光的传播方向，这意味着偏振方法与现有的成熟光学方法及仪器完全兼容。通过在光路中增加偏振器件，可在保持显微镜、内窥镜等原有设备工作方式不变的情况下大大拓展其获取样品微观结构信息的能力。基于这种思路可以设计得到多种基于缪勒矩阵测量的全偏振显微镜(图 6.2)。

病理诊断是绝大多数类型疾病确诊的金标准。目前，数字化病理诊断结果正在成为电子病历中的重要内容，是医疗大数据发展的重要组成部分之一。传统的病理诊断基于不同染色方法，突出组织的不同微观结构特征。通过观察这些染色的微观结构，病理医生可以做出相应的诊断。包括偏振在内的多种新的光学成像手段的出现，为病理组织的快速、无标记、定量成像提供了可能。通过将缪勒矩阵偏振成像方法与传统病理显微镜结合，能够记录组织微观结构引起的入射光偏振状态的细微改变，并以缪勒矩阵的形式数字化输出组织的偏振数据。通过人工智能等方式，有望找到基于染色的各种微观结构特征与偏振特征之间的关联，为辅助临床诊断提供更丰富的信息。

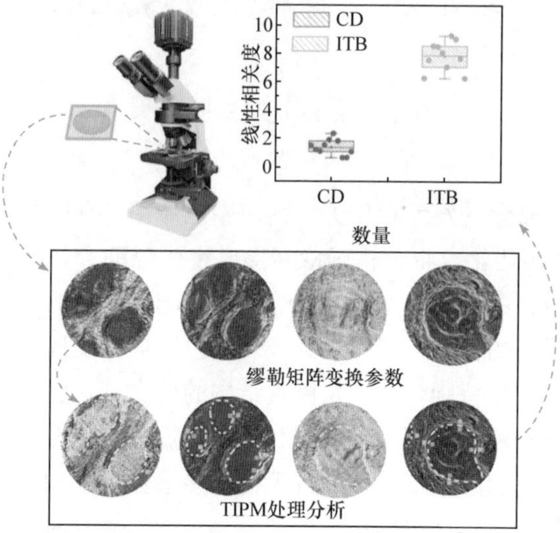

图 6.1　偏振成像技术对克罗恩病与胃肠道管腔结核的定量辅助诊断[1]

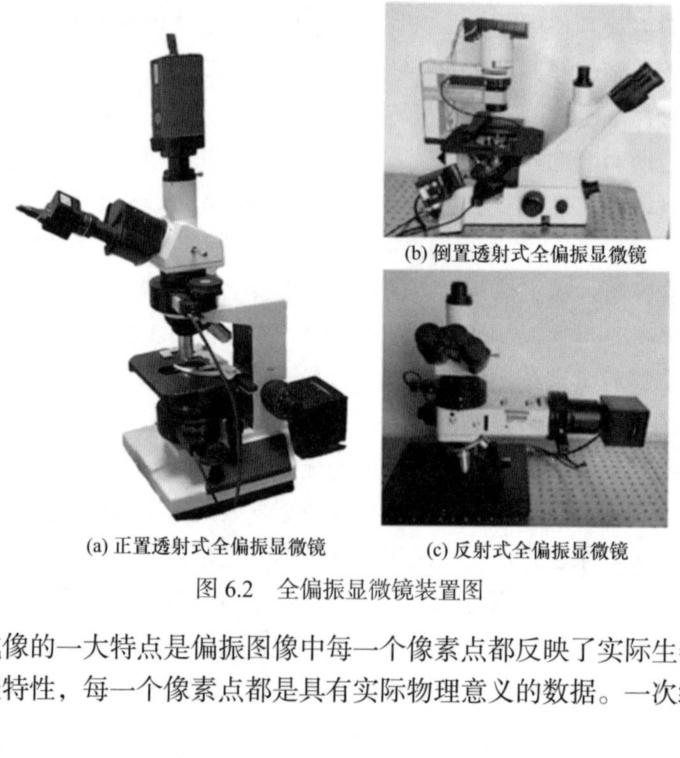

(a) 正置透射式全偏振显微镜

(b) 倒置透射式全偏振显微镜

(c) 反射式全偏振显微镜

图 6.2　全偏振显微镜装置图

偏振成像的一大特点是偏振图像中每一个像素点都反映了实际生物组织对应位置的偏振特性，每一个像素点都是具有实际物理意义的数据。一次缪勒矩阵偏振成像可以获得 16 幅图像，除了第一幅为样品的非偏振成像结果以外，其余 15 幅均代表样品的偏振属性，其中每一个像素点都反映了生物组织对应位置的偏振信息，利用大数据等方法对这 15 幅偏振图像中的相应像素点进行有效组合进而形成特异性参数，可以表征不同组织样本的微观特性，特别是细胞核亚细胞层次的结构信息和光学特性，如细胞核和各种细胞器的形态、吸收、双折射等信息，从而实现对生物组织微观结构的识别。偏振成像的这一特点使得其中每一个像素点都可以作为数据分析的样本，一方面使用者可以对偏振数据进行组合以形成特异性参数，获得丰富的偏振信息来定量表征生物组织的微观结构特征；另一方面可以利用图像处理的方法，以每一个像素作为样本，利用更自由的采样量来获得采样区域的图像信息，达到对目标区域的区分识别效果；将两种方法结合起来，同时运用机器学习方法寻找针对具体病理特征的特异性参数，可以进一步发挥偏振数据本身信息量大的特点，丰富地扩充偏振成像的表征能力，从而实现对组织样品不同微观结构的全方位偏振表征，进而达到对不同病理结构区分的目标(图 6.3)。

本节将展示缪勒矩阵结合显微成像技术应用于不同病理组织诊断的一些应用实例，并结合标准染色、蒙特卡罗模拟等手段对缪勒矩阵成像结果的对比度来源进行讨论。

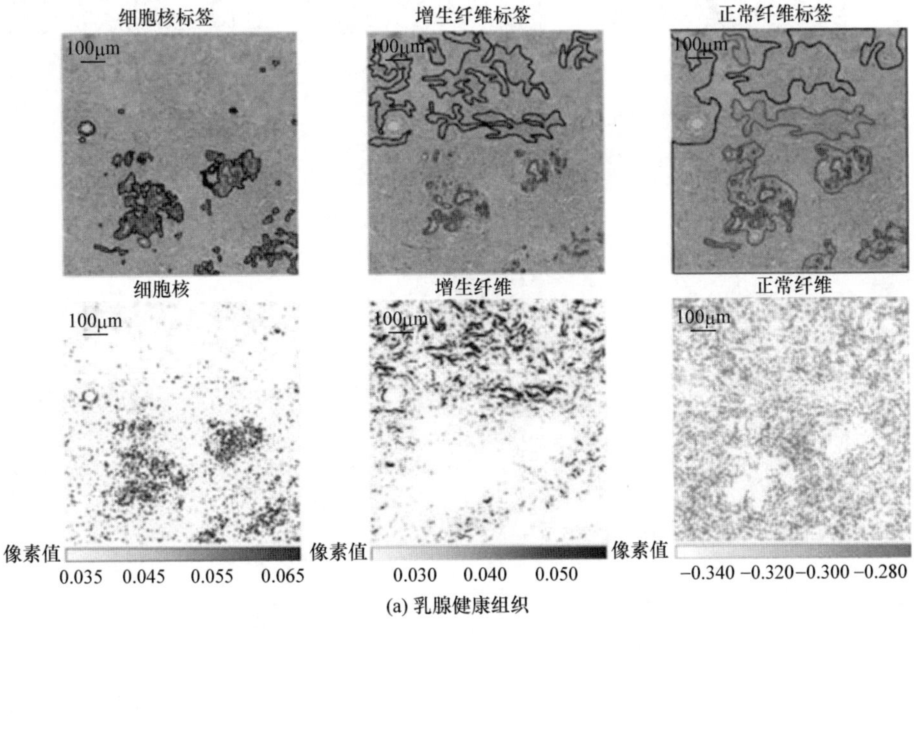

(a) 乳腺健康组织

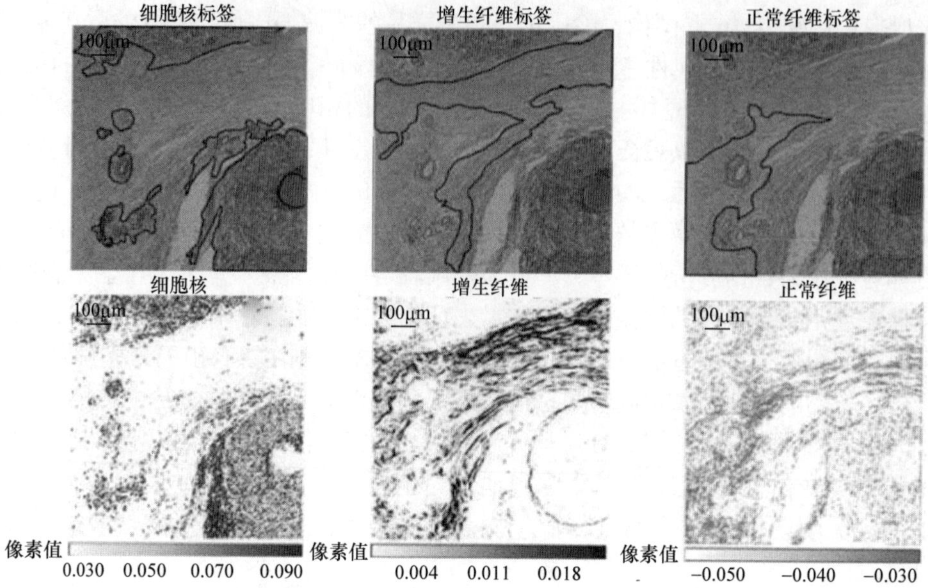

(b) 乳腺纤维瘤

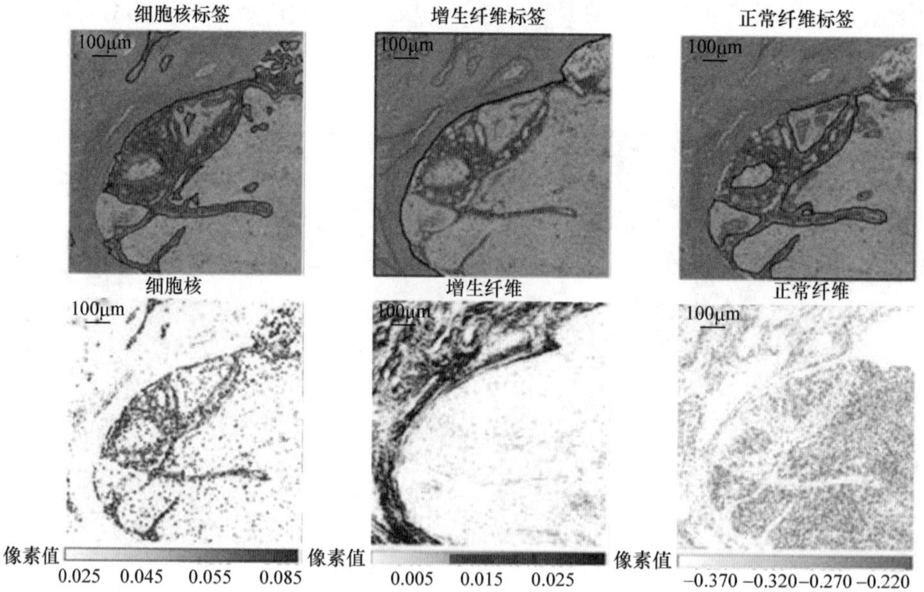

(c) 乳腺导管癌

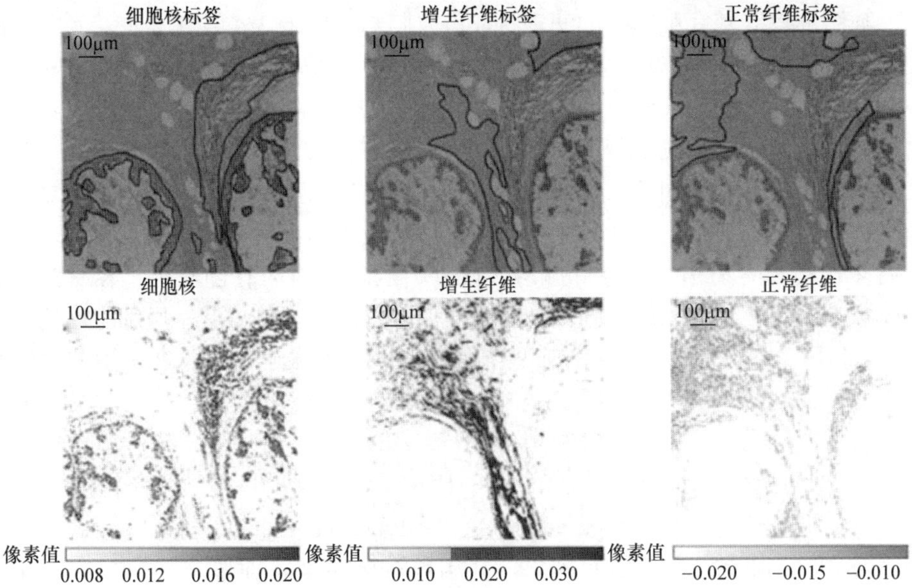

(d) 乳腺黏液癌

图 6.3　通过基于像素点的 LDA 监督学习算法优化出的 12 个特异性偏振参数对四种典型乳腺组织中三种病理结构的定量表征[2]

6.1.1　皮肤癌组织成像

1. 皮肤癌组织缪勒矩阵成像

皮肤癌是最常见的癌症类型之一，主要包括基底细胞癌、鳞状细胞癌和恶性黑色素瘤。其中，基底细胞癌是最为常见的皮肤恶性肿瘤，占皮肤癌发病率的 65%～75%[3]。皮肤基底细胞癌是以基底样细胞(生发细胞)呈小叶、圆柱、缎带或条索状增生为特征的一组恶性皮肤肿瘤。皮肤基底细胞癌多见于头部、面部、手背等部位，通常为单发，少见多发，表面呈丘疹或者是结节，常伴有溃疡或者糜烂。较其他恶性肿瘤而言，基底细胞癌相对较为良性，其生长缓慢，极少发生转移，病死率较低，但是若不及时治疗，则可向皮肤深部生长，进入皮下组织和骨骼，会对身体造成严重的损害。统计资料显示，基底细胞癌发病率有着明显的地区、人种、肤色差异，英国、美国、澳大利亚等地的发病率要远远高于中国等地的发病率，白种人的发病率远远高于非白种人，男性的发病率高于女性，年老者的发病率高于年轻人，基底细胞癌的发病率在我国近几年也持续升高[4]。基底细胞癌的发病原因大多与长期日光暴晒、X 线辐射及摄入或者接触砷制剂有关。

典型的皮肤基底细胞癌的病理特征可以归纳为以下 3 类：①表皮。大部分的皮肤基底细胞癌病例出现皮肤表皮的溃疡和糜烂。②真皮。癌细胞主要分布在真皮中上部，典型的癌细胞呈卵圆形或者梭形，核大，核分裂异常，胞核深染，胞浆少，无细胞间桥，癌细胞排列紊乱，极向消失，癌周细胞呈栅栏状排列，与周围间质可出现收缩性间隙。③浸润性生长。这是皮肤基底细胞癌基本特征之一。在临床上，基底细胞癌的诊断主要依赖病理活检来确诊，其临床表现和病理表现具有多样性，容易引起误诊和漏诊。此外，病理活检为有创检查，容易留下疤痕，影响美观。这里利用缪勒矩阵显微成像装置测量多例皮肤基底细胞癌切片样品。图 6.4 显示的是其中一例典型样品，(a)图为偏振成像测量所使用的厚度为 28μm 的无染色皮肤基底细胞癌切片，(b)图为相应的厚度为 4μm 的 HE 染色的皮肤基底细胞癌切片，(c)图为图(b)中的 HE 染色切片的普通光学显微图。从(c)图中可以清晰地观察到，有两块红色圆圈标记颜色较深的区域明显不同于其他区域。经过 HE 染色的切片病理诊断显示，染色较深(蓝色)的区域(即红色虚线标记的区域)为皮肤基底细胞癌变组织，其病理特征典型，即癌细胞核大，呈卵圆形，大小及染色无明显差异，胞核深染，无间变，核分裂异常，胞浆少。染色较浅(粉红色)的区域则是正常的皮肤组织。

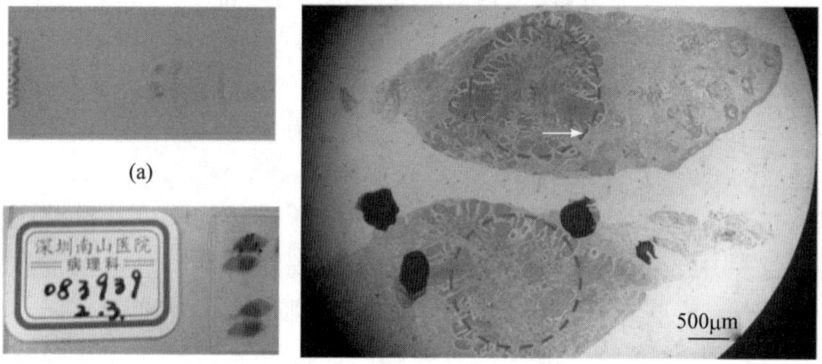

(a)　(b)　(c)

图 6.4　病例切片实物图

通过观察 HE 染色切片的显微图可以发现，皮肤组织的癌变区域与正常区域清晰可见，下面尝试使用偏振成像参数来观察能否很好地区分皮肤的癌变区域与正常区域。图 6.5 给出了厚度为 28μm 的无染色皮肤基底细胞癌切片的缪勒矩阵成像结果。从图中可以看到，样品的背向缪勒矩阵具有对角矩阵分布形式，非对角阵元的值为 0，对角阵元 m_{22} 与 m_{33} 相等，并且 m_{22}、m_{33} 阵元的强度值大于 m_{44} 阵元。皮肤基底细胞癌切片的缪勒矩阵特征与纯球散射体系的背向缪勒矩阵特征极为相似，并且体现的是粒径小于入射波长的小粒子偏振散射特征。

得到样品的缪勒矩阵之后，再通过计算得到偏振成像参数：DOP、缪勒矩

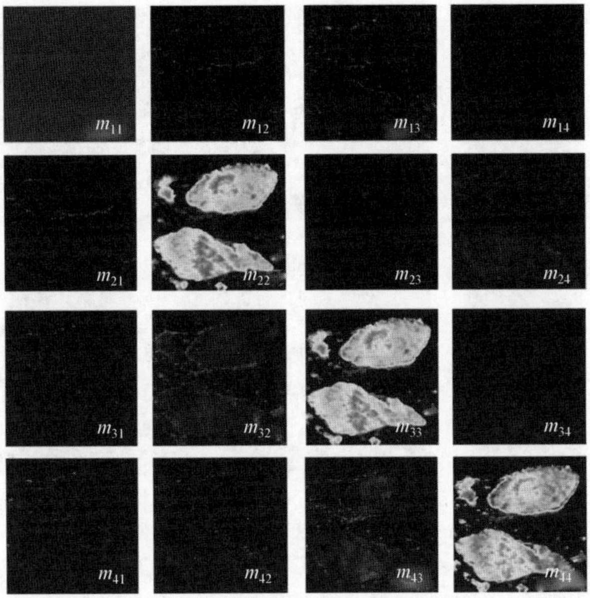

图 6.5　厚度为 28μm 的未染色皮肤基底细胞癌切片的缪勒矩阵(各个阵元均用 m_{11} 归一化)

阵变换参数(b、A)及缪勒矩阵分解参数(散射退偏Δ、二向色性 D、线性相位延迟 δ)，如图 6.6 所示。从图中可以看出，DOP、b、D 及Δ都有两块区域不同于其他区域。通过对比 HE 染色切片的显微图[图 6.4(c)]，可以看出这两块异常区域即皮肤基底细胞癌的癌变区域。DOP、b、D 在癌变区域比在正常区域大，而Δ在癌变区域的值比正常区域的值小。对于各向同性介质而言，m_{22} 阵元与 m_{33} 阵元相等，由前面章节可知，DOP = b = m_{22} = m_{33}。m_{22}、m_{33} 阵元与介质的保持线偏振能力相关，因此 DOP 和 b 反映的是样品的保持线偏振能力。Δ 反映的是介质的散射退偏(包括对线偏振光和圆偏振光散射退偏)能力。因此，DOP 和 b 对癌变区域和正常区域的变化规律和Δ是相反的。此外图 6.6 还表明，A 和δ均趋近于 0，不能区分癌变组织和正常组织。这是因为癌变组织和正常组织都呈现出各向同性介质特征，所以反映各向异性程度的 A 和δ都为 0。

图 6.7 给出了另外一例皮肤基底细胞癌样品，(a)图为成像使用的 28μm 厚未染色的皮肤基底细胞癌石蜡切片，(b)图为相应的 4μm 厚的 HE 染色切片，图中黑色标记处为显微病理观察后确定的癌变区域，(c)图为 HE 染色切片的普通光学显微图，其中红色虚线的矩形区域为皮肤基底细胞癌组织，红色区域外的组织为正常组织。

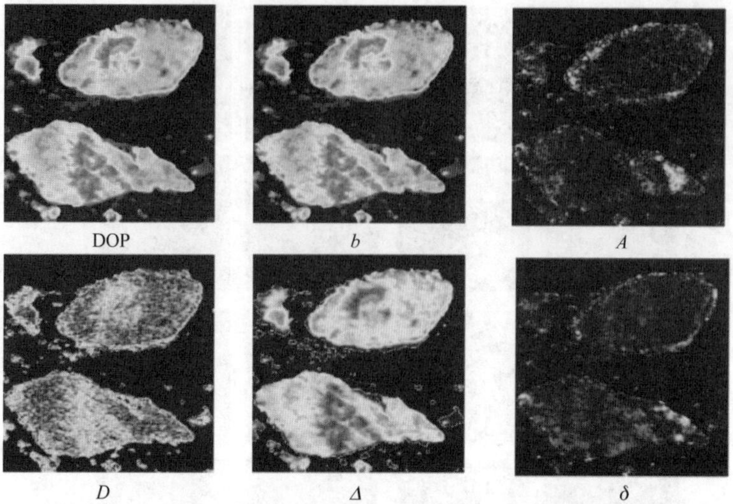

图 6.6　厚度为 28μm 的未染色皮肤基底细胞癌的偏振成像参数图

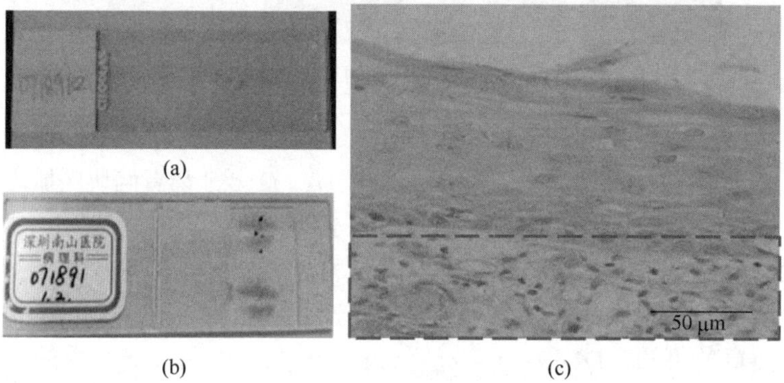

图 6.7　病例切片实物图

从图 6.7(c)中可以观察到，组织边界处出现一长条形的细胞核十分密集的区域(图中用红色虚线标记的区域)。根据组织病理学诊断，该区域为皮肤基底细胞癌组织，其病理特征与图 6.6 中皮肤基底细胞癌样品均表现为：皮肤基底细胞癌细胞的细胞核大，胞浆少，癌细胞密集，正常皮肤组织细胞的胞浆多。由于细胞核经 HE 染色后成蓝色，胞浆经 HE 染色后成红色，因此癌变区域整体显示出较深的蓝色，正常皮肤组织一般整体呈现出较浅的粉红色。图 6.8 为 28μm 厚未染色皮肤基底细胞癌切片的面光源照明缪勒矩阵，该样品的背向缪勒矩阵与图 6.7 中皮肤基底细胞癌切片样品的实验结果十分类似。图 6.8 显示的背向缪勒矩阵同样表现为各向同性特征，即为对角矩阵分布形式，非对角线的值为 0。通过测量样品的背向缪勒矩阵可以计算得到样品偏振参数的分布图。

图 6.9 为厚度为 28μm 的未染色皮肤基底细胞癌样品的偏振成像参数图。图 6.9 表明，DOP、b、D 图中有一异常的矩形区域的值明显比其他区域的值大，

而同样区域的$\varDelta$比其他区域的小，但是 A 和δ都接近于 0。通过对比偏振成像参数图和 HE 染色切片的显微图[图 6.7(c)]可知，图 6.9 中偏振成像参数 DOP、b 和二向色性参数 D 中异常区域正是皮肤基底细胞癌的癌变区域。这一实验结果与上一例皮肤基底细胞癌的结果是一致的。

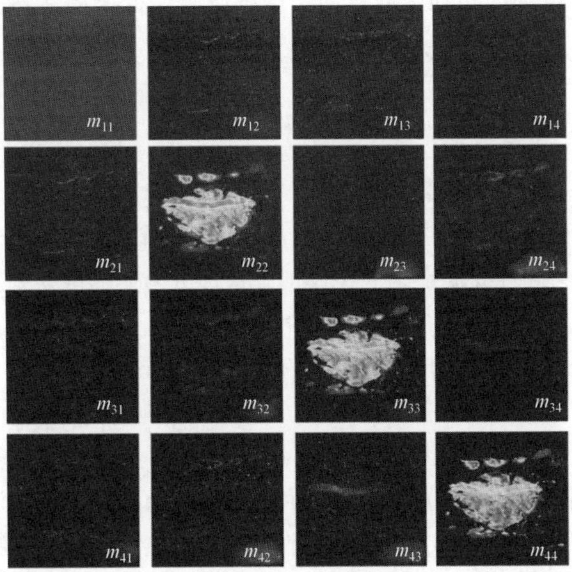

图 6.8　厚度为 28μm 的未染色皮肤基底细胞癌切片的缪勒矩阵，各个阵元均用 m_{11} 归一化

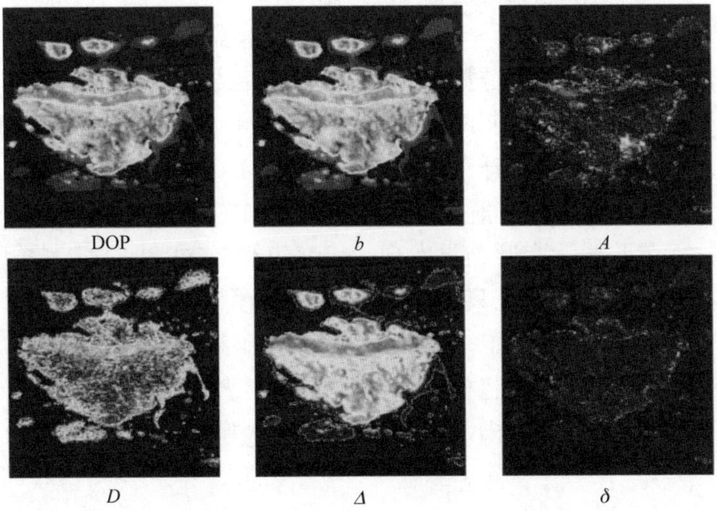

图 6.9　厚度为 28μm 的未染色皮肤基底细胞癌的偏振成像参数图

综合上述皮肤基底细胞癌病例的偏振成像结果可以发现，对于皮肤基底细胞癌而言，正常组织和癌变组织均为各向同性，因此反映各向异性的参数 A 和线性相位延迟 δ 参数均为 0，无法区分癌变组织和正常组织。DOP、b、D 及 Δ 则能很好地区分癌变区域和正常区域。为了更好地了解偏振成像参数在癌变组织与正常组织上的差异，这里利用蒙特卡罗模拟程序来研究偏振成像参数(DOP、b、Δ)与各向同性组织微观结构变化之间的关系。

2. 双组分球散射模型分析皮肤组织实验数据

未染色的皮肤基底细胞癌切片样品厚度仅有 28μm，属于皮肤的表皮组织，因此蒙特卡罗模拟程序只用单层介质来进行分析。前面的实验结果表明，皮肤基底细胞癌样品为各向同性介质，因此在模拟中，柱散射体的散射系数与介质的双折射率均设置为 0。模型中包含两种组分的球散射体，其中大球(直径为 8μm)代表组织中的细胞核(直径 5～10μm)，小球(直径为 0.5μm)代表组织中的细胞器，包括线粒体、核糖体、溶酶体等(直径约为几百 nm)。两种粒径的球散射体折射率设置为 1.45[5]，周围介质的折射率设置为 1.33。HE 染色的皮肤基底细胞癌组织切片的显微图[图 6.4(c)和图 6.7(c)]均显示出癌细胞的密集程度远远大于正常细胞，并且癌细胞的细胞核尺寸也大于正常细胞的细胞核。因此，蒙特卡罗模拟程序通过调节大球的尺寸及大球和小球的密度来模拟癌变组织的结构变化，从而得到偏振成像参数与组织结构变化之间的关系。

如图 6.10 所示，(a)图～(c)图分别为蒙特卡罗模拟得到的 DOP、b 和缪勒矩阵分解散射退偏 Δ 随大球直径、大球散射系数及小球散射系数的变化曲线。图 6.10(a)显示，当大球的直径增大时，DOP 和 b 略有下降，而 Δ 保持不变。图 6.10(b)表明，当大球散射系数增大时，DOP 和 b 迅速减小，而 Δ 增加。图 6.10(c)表明，当小球散射系数增大时，DOP 和 b 迅速增加，而散射退偏 Δ 参数减弱。对比实验结果发现，癌变组织 DOP 和 b 比正常组织的大，而 Δ 比正常组织的小，可见只有图 6.10(c)中的模拟结果与实验结果符合。结合模拟结果和实验结果可知，对于皮肤基底细胞癌组织而言，影响偏振成像对比度的主导因素不是细胞核增大和细胞核增多，而是细胞里的细胞器增多，即癌变组织中的小粒子(如线粒体、核糖体等)的增多对偏振测量的影响较大。

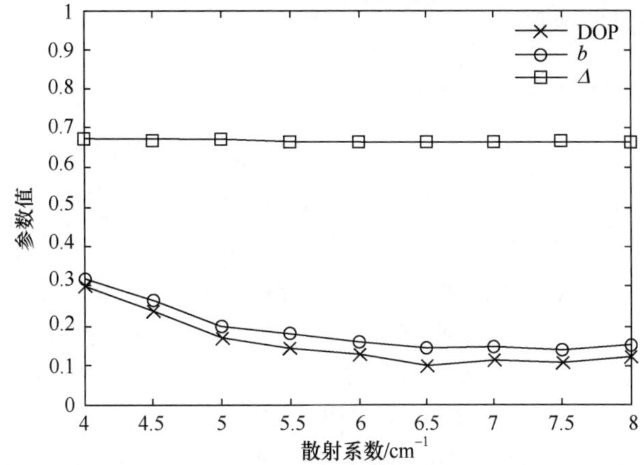

(a) 大粒子直径关系曲线

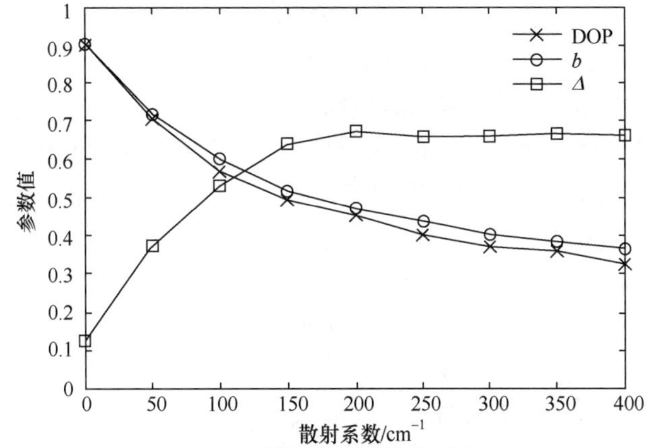

(b) 大粒子散射系数关系曲线

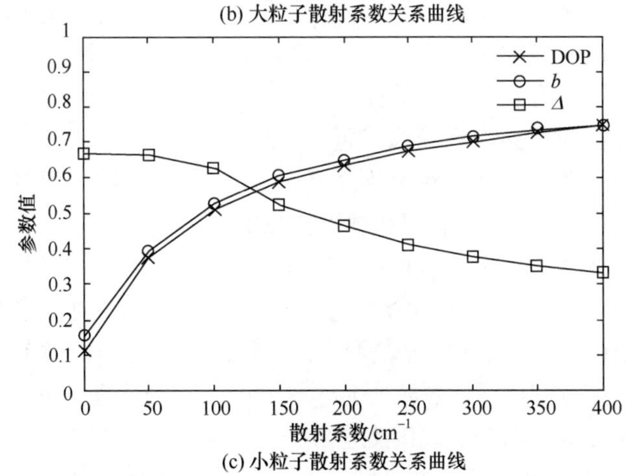

(c) 小粒子散射系数关系曲线

图 6.10　双组分球模型中 DOP、b、Δ 大粒子直径、大粒子散射系数、小粒子散射系数的关系曲线[6]

6.1.2 甲状腺癌组织成像

1. 甲状腺癌组织缪勒矩阵成像

甲状腺癌是内分泌系统最常见的恶性肿瘤之一。甲状腺癌大部分是原发性的，主要来源于滤泡上皮细胞，少数由滤泡旁细胞、血管内皮、淋巴组织或者其他部位的肿瘤转移所致。根据组织病理学类型，甲状腺癌可分为乳头状癌、滤泡状癌、髓样癌和未分化型癌。乳头状癌和滤泡状癌属于分化型甲状腺癌，占所有甲状腺癌的90%以上。乳头状癌恶性程度较低，手术治疗的预后较好，但容易发生淋巴结转移。滤泡状癌恶性程度高于乳头状癌，手术治疗的预后比乳头状癌差，容易发生血行转移至骨和肺。未分化型甲状腺癌在甲状腺癌中较为少见，其恶性程度最高，病情发展最迅速，即使经过积极治疗预后仍然较差。乳头状甲状腺癌(papillary thyroid carcinoma，PTC)在所有甲状腺癌中最为常见。统计资料表明，近年来甲状腺癌中乳头状癌的增长速度最快，而滤泡状癌、髓样癌及未分化癌的增长趋势不明显[7]。对于乳头状甲状腺癌而言，女性的发病率比男性高，发病较为年轻，高发年龄为 30～60 岁。乳头状甲状腺癌的病因和发病机制较为复杂，至今尚未完全清楚，可能与电离辐射、碘摄取异常、甲状腺自身免疫性病变、家族遗传等因素相关。

乳头状甲状腺癌的典型病理特征如下：①具有典型的有纤维血管轴心乳头结构；②具有特征性的核改变，包括核位于增厚的核膜下，核呈毛玻璃状，核大，重叠，核仁不明显，胞质陷入核内形成核内包涵体和核沟[8,9]。乳头状甲状腺癌通常需要进行活检穿刺病理检查确诊。乳头状甲状腺癌的临床和病理表现复杂，由于缺乏典型临床和病理特征，完全依赖于医生的临床和病理诊断经验，容易造成误诊和漏诊。此外，在手术中进行冷冻切片诊断往往非常困难，特别是局灶性微小乳头状甲状腺癌存在于较大的良性病变中时，诊断更为困难。大部分病例需要手术后广泛取材时才能得到确诊，而部分病例因漏诊几年后出现复发和转移，对患者造成极大痛苦。对乳头状甲状腺癌的微创快速检测尤为重要。

这里测量了 20 多例乳头状甲状腺癌样品的缪勒矩阵，图 6.11 所示为一例典型乳头状甲状腺癌样品切片。(a)图为 28μm 厚未染色的乳头状甲状腺癌石蜡切片，即偏振成像实验样品；(b)图为相应的 4μm 厚 HE 染色的乳头状甲状腺癌切片；(c)图为(b)图中 HE 染色切片左侧黑色标记区域的光学显微图；(d)图为(b)图中 HE 染色切片右侧红色标记区域的光学显微图。根据病理分析，(c)图的左侧为纤维组织，右侧为癌变组织，癌细胞呈乳头状结构，并且癌细胞具有不同程度的异型性，有病理性的核改变，为典型的乳头状甲状腺癌病理特征。(d)图与(c)图类似，左侧为乳头状甲状腺癌组织，右侧为纤维组织。仔细观察 HE 染色切片的显微图可以发现，乳头状甲状腺癌组织旁存在大量的纤维增生，并且形成了环状的纤维组织包裹着癌变组织，正常组织周围并没有出现纤维组织。

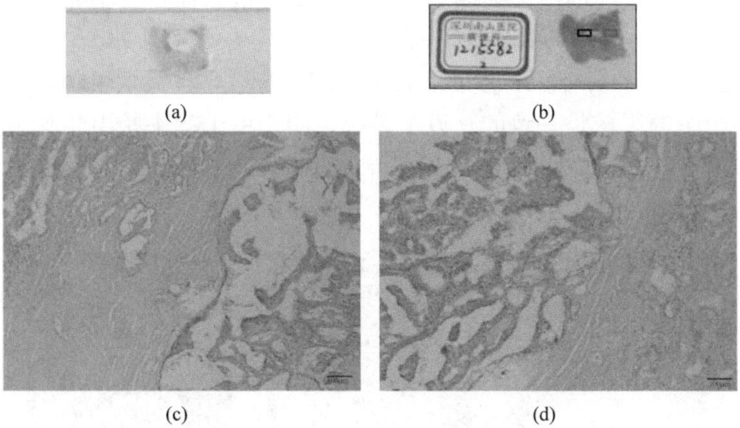

图 6.11　典型乳头状甲状腺癌样品切片

图 6.12 给出了厚度为 28μm 的未染色乳头状甲状腺癌切片面光源照明的背向缪勒矩阵。可以看到，样品的缪勒矩阵不同于皮肤基底细胞癌的缪勒矩阵，其非对角阵元不为 0，并且 m_{23}、m_{32}、m_{24}、m_{34}、m_{42} 和 m_{43} 的值较大，这一特征表明乳头状甲状腺组织为各向异性介质。接下来进一步计算偏振成像参数(DOP、b 和 A、D、Δ 和 δ)图像。如图 6.13 所示，对比 HE 染色切片的显微图，DOP、b、D、

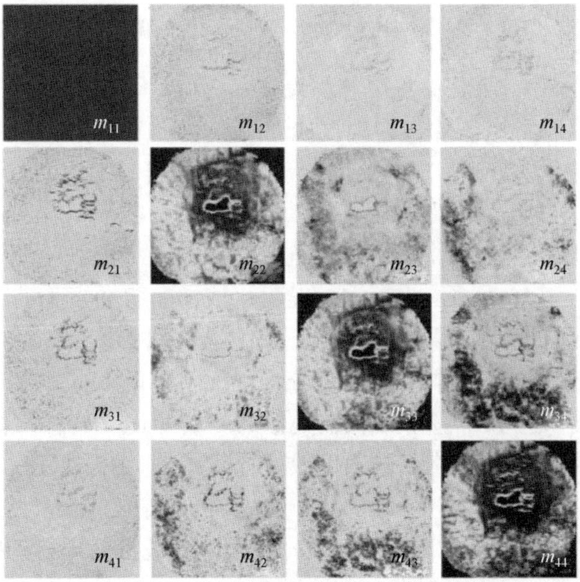

图 6.12　厚度为 28μm 未染色的乳头状甲状腺癌切片的面照明归一化背向缪勒矩阵

Δ及δ均无法区分癌变区域与正常区域。缪勒矩阵变换 A 图像中出现了一个值较大的环状结构。前面已经表明，有序排列的柱散射体具有很强的各向异性，并将导致 A 的值接近 1。在 HE 染色切片的显微图中可见癌变组织被一圈纤维组织所包裹(图 6.11)，而 A 强度值较大的环形区域与乳头状甲状腺癌组织旁环形状纤维组织的区域是一致的。以上结果表明，由于乳头状甲状腺癌伴随着纤维增生，而 A 对纤维增生产生的各向异性变化较为敏感，A 有望成为合适的特异性诊断参量。

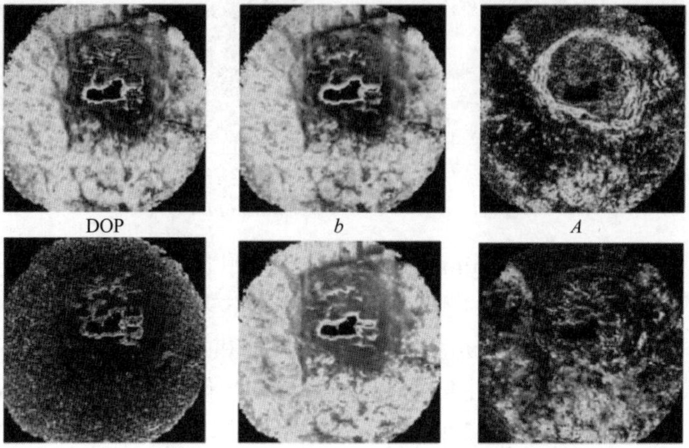

图 6.13　厚度为 28μm 未染色乳头状甲状腺癌的偏振成像参数图

图 6.14 所示为另一例乳头状甲状腺癌样品，(a)图为 28μm 厚未经过染色处理的乳头状甲状腺癌石蜡切片，即偏振成像的样品；(b)图为相应的厚度为 4μm 的 HE 染色处理的乳头状甲状腺癌切片；(c)图和(d)图为 HE 染色切片的普通光学显微图。(b)图中红色标记为癌变区域。可以看到，(c)图、(d)图和图 6.11 所示病例情况十分相似，都为乳头状癌变组织被一圈纤维组织包围，样本的缪勒矩阵测量结果如图 6.15 所示。图 6.15 表明，该样品缪勒矩阵的特征与图 6.12 类似，非对角阵元有比较明显的强度分布，值得注意的是，m_{23} 和 m_{32} 阵元存在强弱交替变化的环状结构，本书前面曾分析柱散射体的取向角度对缪勒矩阵阵元的影响，显示出 m_{23} 和 m_{32} 阵元存在类似的周期变化。这意味着图 6.14(c)和(d)中观察到的纤维结构取向排列的角度改变导致了图 6.15 所示 m_{23} 和 m_{32} 阵元的强度变化。

图 6.16 给出了将样品的背向缪勒矩阵各个阵元进行处理得到的偏振成像参数分布图。可以看到，A 在纤维分布的区域较大。这一现象与图 6.13 中的情况一致。图 6.14 所示的显微图也显示出乳头状甲状腺癌组织附近出现了纤维增生，

正常组织附近并不存在纤维增生，进一步验证了 A 可以作为检测乳头状甲状腺癌的特征性指标。

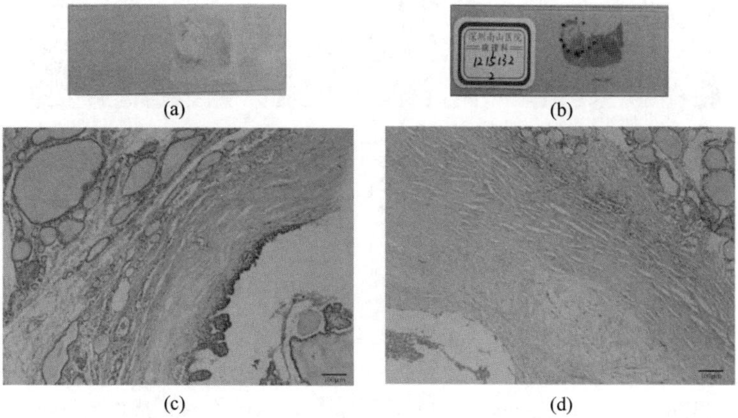

图 6.14　乳头状甲状腺癌病理切片及光学显微图

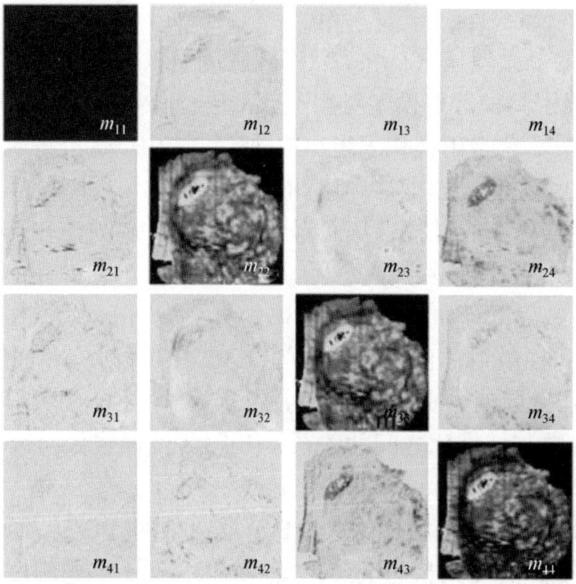

图 6.15　厚度为 28μm 未染色的乳头状甲状腺癌切片的归一化背向缪勒矩阵

由上述乳头状甲状腺癌组织的偏振测量结果可知，乳头状甲状腺癌导致的纤维增生为各向异性组织。利用 DOP、b、D 无法区分癌变区域和正常区域。对纤维结构较为敏感的 A 可以作为检测乳头状甲状腺癌组织的可能指标。为了进一步解释这一实验现象，下面利用蒙特卡罗模拟来研究偏振成像参数(DOP，b，A，Δ，δ)与各向异性组织微观结构变化之间的关系。

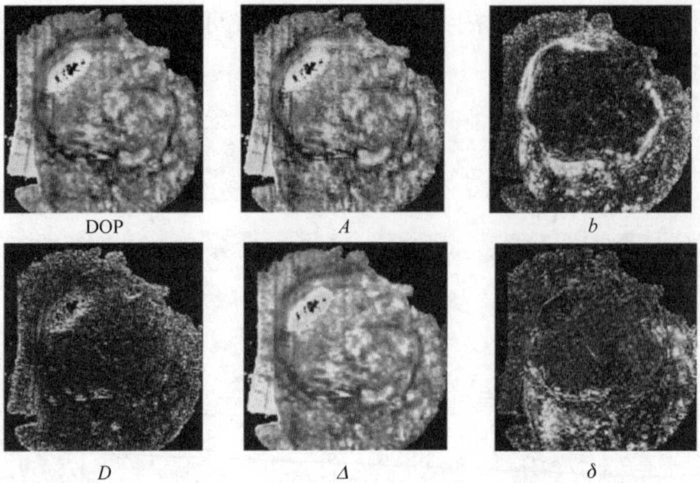

图 6.16 厚度为 28μm 未染色的乳头状甲状腺癌的偏振成像参数图

2. 球-柱散射模型分析甲状腺癌组织实验数据

HE 染色切片的显微图显示，乳头状甲状腺癌组织附近伴随出现了纤维增生现象，因此这里采用球-柱散射模型对实验数据进行分析，模型中球散射体代表组织细胞中的细胞核，柱散射体代表组织中的纤维结构。这里将通过改变柱散射体与球散射体的散射系数之比(即柱球比)和柱散射体的角度高斯分布的标准差来模拟癌变组织中纤维增生的过程，从而得到偏振成像参数(DOP、b、A、Δ、δ)随纤维增生的变化曲线。

模拟程序中的参数设置如下：球散射体的直径为 8μm，柱散射体的直径为 0.5μm，球散射体和柱散射体的折射率均为 1.45，球散射体和柱散射体的散射系数之和为 500cm^{-1}，周围介质的折射率为 1.33[10-12]。图 6.17 所示为模拟结果，(a)图为偏振成像参数与柱球比之间的关系，(b)图为偏振成像参数与柱散射体的角度分布涨落之间的关系。

由图 6.17(a)可以看出，当柱球比从 0.1 增大到 1 时，DOP、b 及δ均缓慢变大，Δ基本保持不变，而 A 则快速增大。模拟结果显示，当组织中有序纤维结构增多时，A 增长得最快。由图 6.17(b)可以看出，当柱散射体角度高斯分布标准差从 0°增大到 90°时，即柱散射体排列的有序度下降时，DOP、b 及δ略有减小，Δ基本保持不变，而 A 则快速减弱。上述模拟结果显示，A 对纤维增生最为敏感。此外需要指出的是，体系中各向异性柱散射体的增加除了使 A 增强以外，也会使得线性相位延迟略有增加，但是由于实验测量精度的限制，在实验上并未观察到线性相位延迟随纤维增生发生的微小变化。

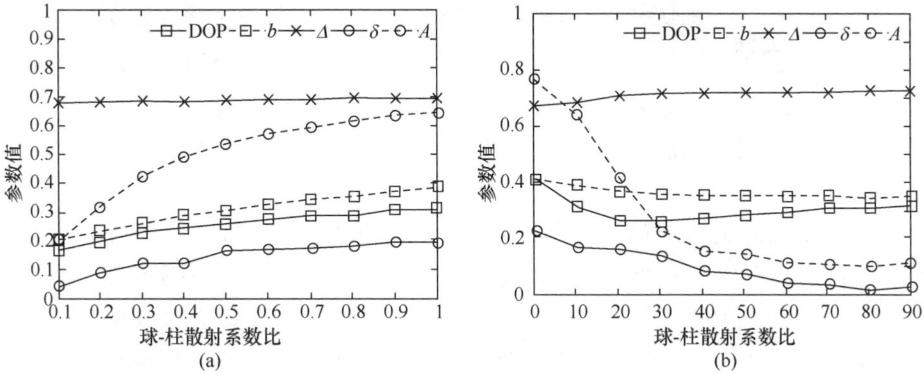

图 6.17　球-柱散射模型中偏振成像参数与柱球比及柱散射体角度分布的涨落之间的关系曲线

综合以上的模拟结果和实验结果可以发现，在偏振成像参数(DOP、缪勒矩阵变换参数和 MMPD 参数)中，A 对组织中纤维结构变化最为敏感，验证了 A 可能作为检测乳头状甲状腺癌的敏感指标。对于各向同性的皮肤基底细胞癌组织，DOP、b、D 能很好地区分癌变组织与正常组织，而对于各向异性的乳头状甲状腺癌组织，A 则能用来区分癌变组织与正常组织。

6.1.3　宫颈鳞状上皮癌组织成像

1. 宫颈鳞状上皮癌组织缪勒矩阵成像

人体的恶性肿瘤大部分起源于上皮组织，其中宫颈癌是严重威胁女性健康的常见肿瘤之一，其发病率仅次于乳腺癌，位居女性高发恶性肿瘤第二位。在我国，每年约有 13 万人患宫颈癌，5 万人死于宫颈癌，约占世界的三分之一。宫颈癌的发病率和病死率在不同国家和地区、人群分布都具有十分显著的差异。发展中国家和地区的宫颈癌发病率比发达国家和地区偏高。宫颈癌患者年龄分布呈现出高峰状，高发年龄在 46～55 岁，并且近年来发现宫颈癌的发病率有逐步年轻化的趋势。目前宫颈癌的发病机理尚不清楚，可能与人乳头瘤病毒感染、免疫缺陷、家族遗传等因素有关。宫颈癌从组织病理学分型上可分为鳞状上皮癌与腺癌两类，其中最常见的为宫颈鳞状上皮癌，占所有宫颈癌的 80%～85%。宫颈鳞状上皮癌多数起源于宫颈外口鳞状上皮和柱状上皮交界处[12,13]。

三阶梯诊断技术是目前国际上对宫颈癌诊断的公认标准，包括细胞学、阴道镜和组织病理学检查。细胞学检查包括传统的巴氏涂片法及液基细胞法，该方法取材方便、操作简单，对患者无损伤，诊断快速，但是假阴性率较高，并不能作为最终的确诊标准，只能作为一种筛查手段；阴道镜检查为辅助确定活检部位，但是所取组织较少、组织的深度不够等局限性，导致点式活检造成漏诊；对宫颈活检样本做组织病理学检查则是目前诊断宫颈癌的金标准，但是由于活体组织取材较为复杂，取材具有一定的盲目性和局限性，并且取材费用较高，导致对宫颈鳞状上皮内病变及早期浸润癌诊断的误诊和漏诊，对患者也造成很大的痛苦。

图 6.18 所示为本书使用的宫颈鳞状上皮癌样品切片。(a)为 28μm 厚未经染色的宫颈鳞状上皮癌石蜡切片，即偏振成像的实验样品。(b)为相应的 4μm 厚 HE 染色的宫颈鳞状上皮癌切片，其中黑色点线标出了正常区域和癌变区域的大致分界，上半部分呈现出较深颜色的是癌变组织，下半部分呈现出较浅颜色的是正常组织。(c)为 HE 染色切片中正常宫颈组织的显微图。(d)为 HE 染色切片中宫颈鳞状上皮癌变组织的显微图，可以看到癌细胞紧密呈片状排列，细胞多边形，大小不等，核深染，形态不规则，有核分裂相，具有典型的宫颈鳞状上皮癌的病理特征。

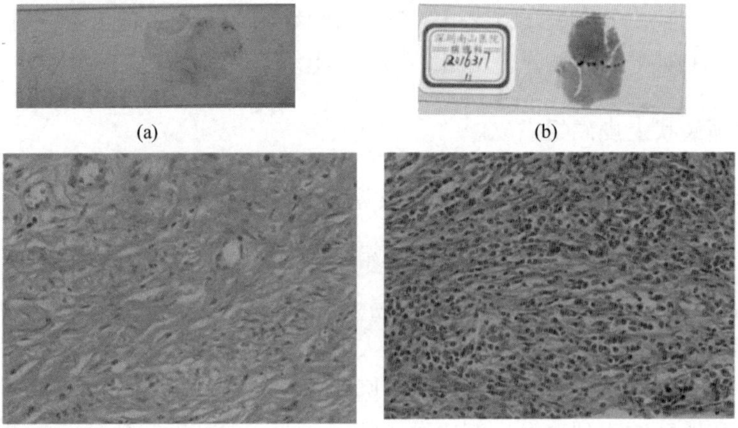

(a)　(b)　(c)　(d)

图 6.18　宫颈鳞状上皮癌样品切片

照明光斑的直径比样品小，因此实验中分两次对样品进行成像。对样品的左边区域进行成像，即图 6.19(a)中黑色圆圈所示区域。图 6.19(b)为成像区域内宫颈组织样品的面光源照明背向缪勒矩阵。可以看出，该样品的背向缪勒矩阵具有明显各向异性特征，其中 m_{24}、m_{34}、m_{42} 和 m_{43} 阵元的值较大。通过与前面的球双折射体系背向缪勒矩阵的特征对比分析可知，宫颈组织样品可能具有较强的双折射效应。

图 6.20 所示为经过缪勒矩阵各个阵元之间运算后得到的偏振成像参数图像。

通过与 HE 染色切片显微图对比可知，成像区域内样品左侧为正常的宫颈组织，样品右侧则是宫颈鳞状上皮癌组织[图 6.19(a)]。可以看到，图 6.20 中癌变区域的 A 参数和相位延迟δ参数比正常区域的值小，并且δ的对比度比 A 的对比度大，而其他偏振成像参数无法区分出癌变组织与正常组织。

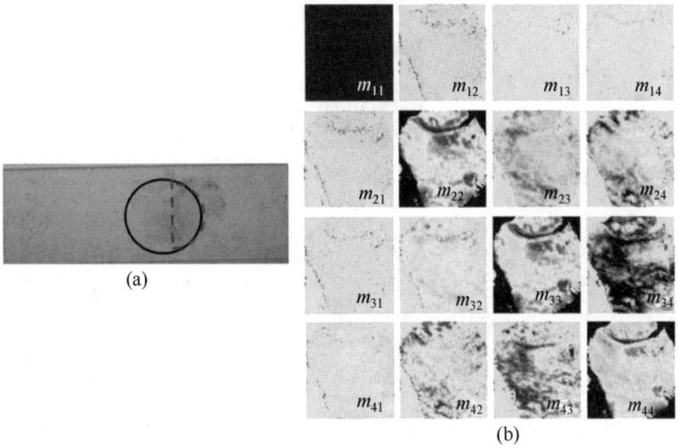

图 6.19　宫颈鳞片上皮癌切片成像实验

(a)厚度为 28μm 未染色的宫颈鳞状上皮癌切片，圆圈所示为成像区域，虚线区域大致为癌变区域，(b)样品面光源照明背向缪勒矩阵，各个阵元均用 m_{11} 归一化处理

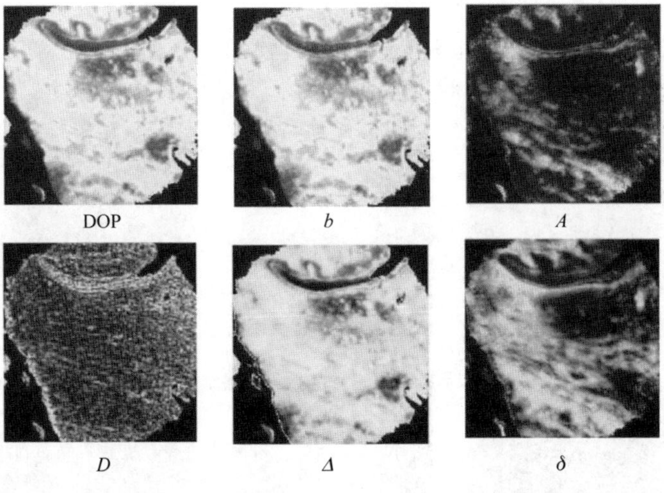

图 6.20　厚度为 28μm 未染色的宫颈鳞状上皮癌的偏振成像参数图

对图 6.18(a)所示样品的右边区域进行成像。图 6.21(a)28μm 厚未经染色的宫颈鳞状上皮癌切片，黑色区域为成像区域，虚线区域大致为癌变区域。图 6.21(b)为该

区域的面光源照明背向缪勒矩阵。各个阵元均用m_{11}进行了归一化处理，m_{24}、m_{34}、m_{42}和m_{43}阵元的值远小于图 6.21(b)中相应阵元的值。从图 6.21(b)中样品背向缪勒矩阵的特征可以看出，该组织样品的各向异性程度较低，接近于各向同性介质。下面通过对缪勒矩阵各个阵元进行运算，得到如图 6.22 所示的物理意义更为清晰的偏振成像参数图。

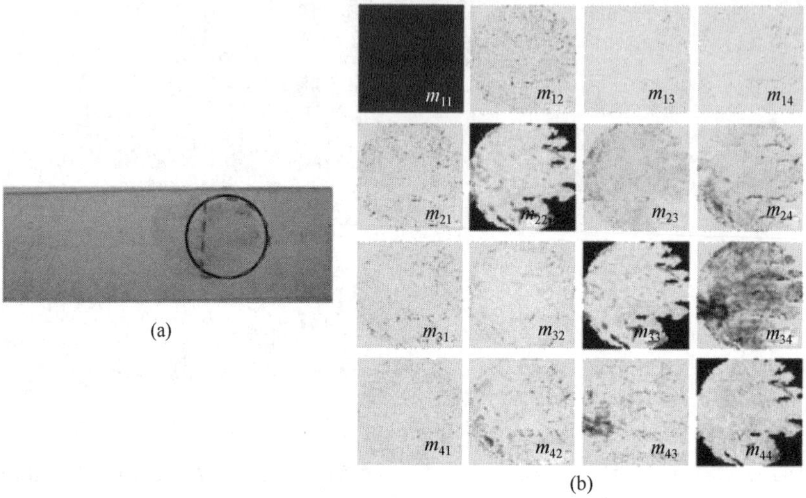

图 6.21　病例切片实物及缪勒矩阵成像图

由图 6.22 可以看到，A 和δ较小，基本趋近于 0。由成像区域的范围可知，该样品绝大部分都是宫颈鳞状上皮癌组织，只有右侧一小区域是正常的宫颈

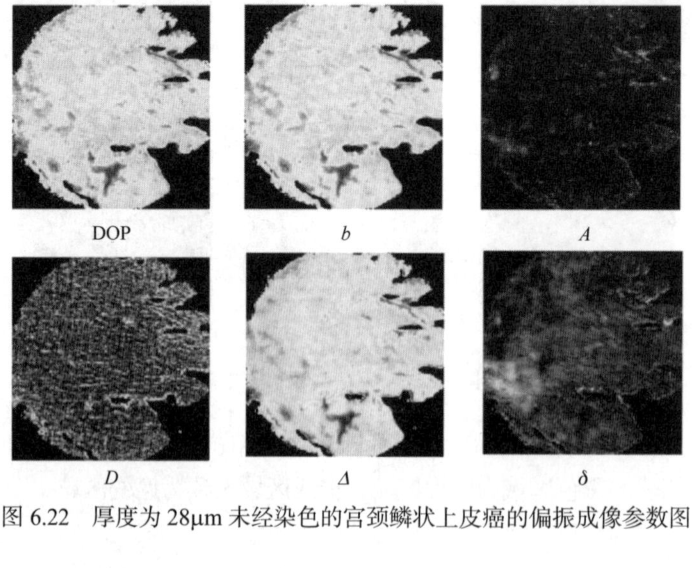

图 6.22　厚度为 28μm 未经染色的宫颈鳞状上皮癌的偏振成像参数图

组织。这正是δ的二维分布图(图 6.22)中左边有一小块区域的值明显比其他区域大的原因。DOP、b、D和Δ则无法区分正常组织和癌变组织。对比图 6.20、图 6.22 及 HE 染色切片显微图可知，δ和 A 均能很好地区分宫颈组织癌变区域和正常区域，癌变组织的δ和 A 远小于正常组织。其他的偏振参数则无法区分癌变组织与正常宫颈组织。

图 6.23 所示为另外一例宫颈鳞状上皮癌样品的切片。(a)图为未经染色的宫颈鳞状上皮癌组织的石蜡切片，其厚度为 28μm；(b)图为相应的 HE 染色宫颈鳞状上皮癌组织切片，其厚度为 4μm；(c)图为 HE 染色切片中正常宫颈组织的显微图；(d)图为 HE 染色切片中宫颈鳞状上皮癌组织的显微图。图 6.23(b)中黑色点线标出了正常区域和癌变区域的大致分界，对 HE 染色切片进行的病理诊断表明，染色较深的区域为宫颈鳞状上皮癌变组织，染色较浅的区域为宫颈正常组织。

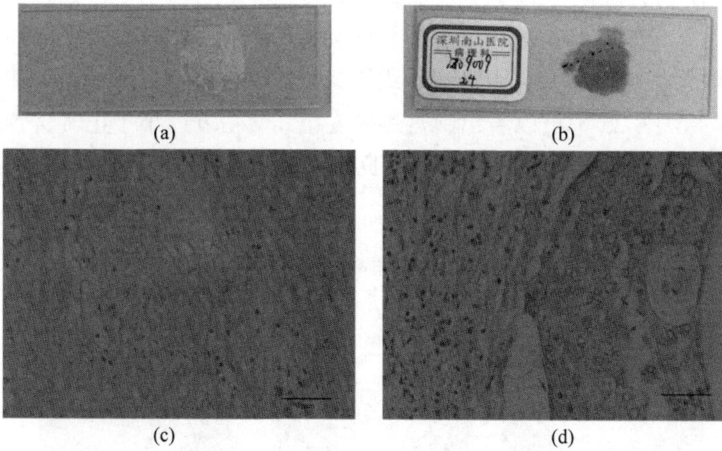

图 6.23　病例切片及光学显微成像图

图 6.24(a)为 28μm 厚未经染色的宫颈鳞状上皮癌组织切片，黑色圆圈区域为成像区域，虚线区域大致为癌变区域，图 6.24(b)为黑色标记区域样品的面照明背向缪勒矩阵，各个阵元均用 m_{11} 归一化处理。图 6.24(b)显示，对于成像区域的左侧组织，反映各向异性程度的阵元 m_{24}、m_{34}、m_{43}、m_{34} 的值为非 0，显示了左侧组织属于各向异性介质。对于成像区域的右侧组织，m_{24}、m_{34}、m_{43}、m_{34} 的值均趋近于 0，显示出右侧组织属于各向同性介质。这与之前的宫颈癌组织病例的偏振测量结果类似。

下面通过计算得到不同的偏振表征参数：DOP、b、各向异性程度 A、各向异性角度 x 及 D、Δ 、δ和双折射光轴角度θ。

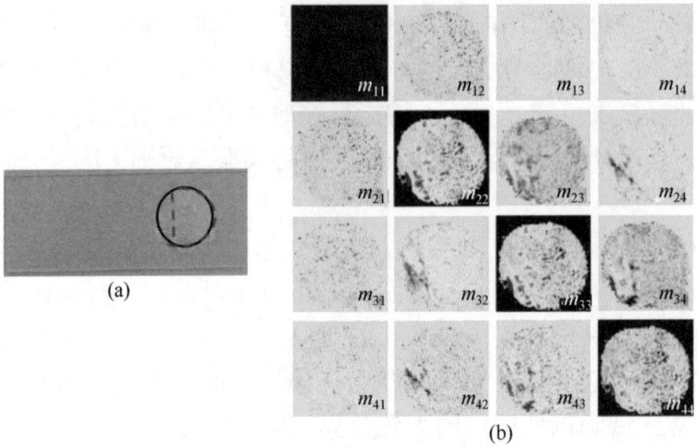

图 6.24　病例切片实物及缪勒矩阵成像图

图 6.25 所示为未染色的厚度为 28μm 的宫颈鳞状上皮癌偏振表征参数(DOP、b、A、D、Δ、δ)图。对比偏振成像参数图和 HE 染色切片的显微图可知，DOP、b、D 和 Δ 均无法区分癌变组织与正常组织，而 A 和 δ 显示出癌变组织和正常组织存在差异。从图 6.25 中可以看出，宫颈癌变组织 A 和 δ 远小于正常宫颈组织，表明癌变组织破坏了正常宫颈组织具有的良好各向异性结构。这一实验结果与上一例的宫颈癌切片一致。

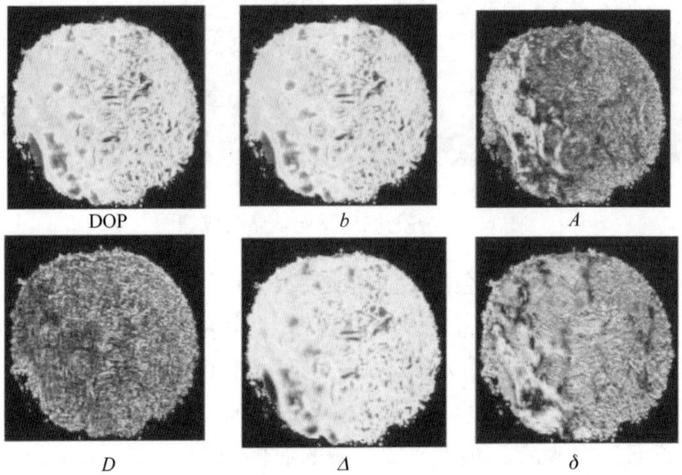

图 6.25　厚度为 28μm 未经染色的宫颈鳞状上皮癌的偏振成像参数图

此外，本书还研究了两个与纤维状结构取向角度相关的表征参数：缪勒矩阵变换 x 和缪勒矩阵分解 θ，前者可用来表征体系中各向异性的角度；后者可用来表征体系双折射光轴方向的角度。由图 6.26 可以看出，宫颈癌变组织的 x 与 θ 反映出其各向异性角度是混乱的，而正常宫颈组织的各向异性角度则较为有序，显示出 x 参数和 θ 参数可能用来区分宫颈癌变组织与正常组织。

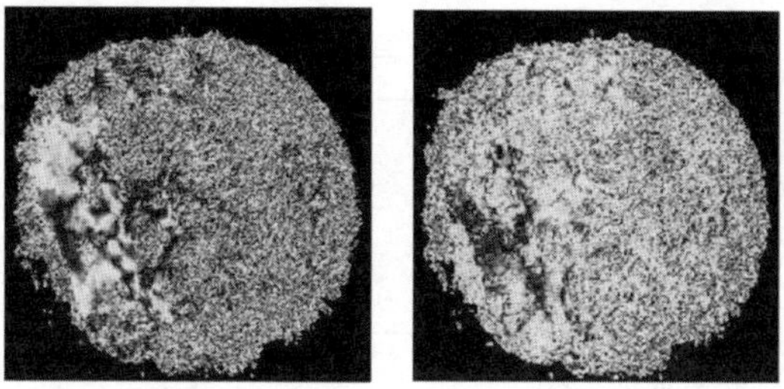

图 6.26　未染色的宫颈癌组织的偏振表征参数

综合以上实验结果可以得到如下结论：正常宫颈组织属于各向异性介质，而宫颈鳞状上皮癌变组织则属于各向同性介质。DOP、b、D 和 $\varDelta$ 无法区分宫颈鳞状上皮癌变组织和正常组织。A、δ、x 和 θ 可以很好地区分癌变组织和正常组织，这些参数可能成为检测宫颈组织早期癌变的指标参数。为了进一步了解这些偏振成像参数在癌变组织与正常组织上的差异，下面利用蒙特卡罗模拟来研究 DOP、b、A、$\varDelta$ 和 δ 与宫颈组织微观结构变化之间的关系。

2. 双组分球双折射模型分析宫颈鳞状上皮癌组织实验数据

本节采用双组分球双折射模型分析宫颈鳞状上皮癌，其中两种粒径不同的球散射体分别代表组织细胞中的细胞核和细胞器，散射体外周围介质的双折射则代表胞浆中存在的双折射效应。这里将通过减小体系中双折射的值、增大散射粒子的密度来模拟癌变过程中发生的细胞外双折射效应减弱及癌细胞密集变化，进而观察偏振成像参数(DOP、b、A、$\varDelta$、δ)的变化规律。

图 6.27 所示为模拟得到的偏振成像参数(DOP、b、A、$\varDelta$、δ)与双折射的值及大球散射系数之间的关系曲线。图 6.27(a)中模拟程序的参数设置如下：大球的直径为 8μm，散射系数为 150cm^{-1}，折射率为 1.45；小球的直径为 0.5μm，散射系数为 50cm^{-1}，折射率为 1.45；周围介质的平均折射率为 1.33，周围介质的折射率差从 1×10^{-3} 增大到 1×10^{-2}，参数设置同文献[10]和[14]。图 6.27(b)中模拟程序的参数设置如下：小球直径为 0.5μm，散射系数为 50cm^{-1}，折射率为 1.45；周围介质的平均折射率为 1.33，折射率差为 5×10^{-3}；大球直径为 8μm，散射系数从 0 增大到 400cm^{-1}，折射率为 1.45。

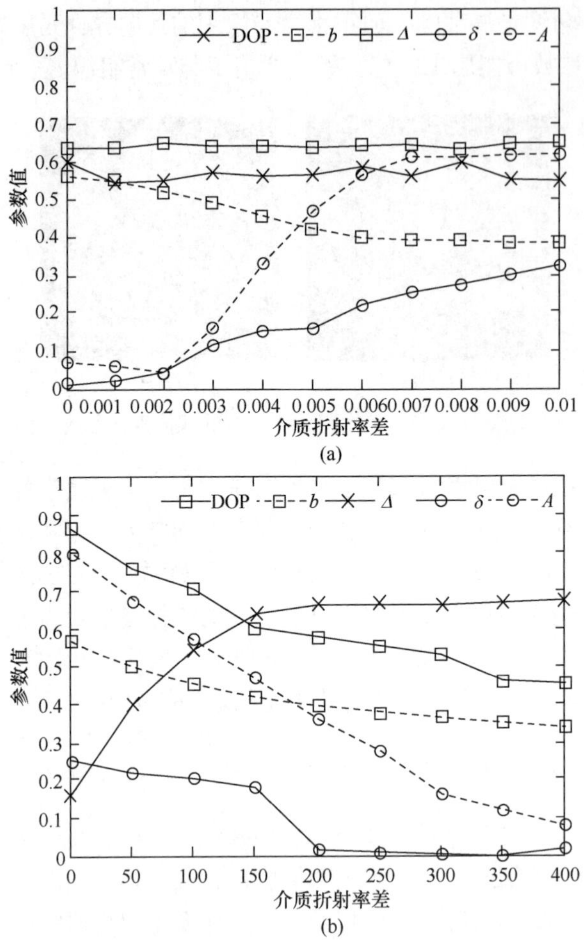

图 6.27　双组分球双折射模型中 DOP、b、$\varDelta$、δ和 A 与介质折射率差及大粒子的散射系数之间的关系曲线

图 6.27(a)表明，当介质的双折射值增大时，缪勒矩阵变换 b 和 A 及δ的变化最为显著，而 DOP 及$\varDelta$基本不受双折射变化的影响。图 6.27(a)中 A 和δ随着双折射减弱而减弱，当介质折射率差为 0 时，A 和δ也降为 0。图 6.27(b)显示，A 和δ随着大粒子散射系数的增大而减小，DOP 和 b 随着大粒子散射系数的增加而减小，$\varDelta$则随着大粒子密度增大而增大。

图 6.27 的模拟结果显示，当体系中双折射效应减弱及大粒子散射系数增加时，A 和δ会随之减弱到 0。结合之前的宫颈癌切片偏振参数分布图发现：宫颈鳞状上皮癌变组织 A 和δ小于正常组织，并且癌变组织的 A 和δ都趋近于 0。模拟结果和实验结果都表明，对于宫颈鳞状上皮癌而言，A 和δ对癌变过程产生的微观结构变化较为敏感。因此 A 和δ可能作为检测宫颈鳞状上皮癌的特异性指标

参数。

6.1.4　纤维化组织与偏振染色

1. 纤维化组织缪勒矩阵特点

病理医生使用普通显微镜观察染色切片，通过观察染色后的组织和细胞结构来评估组织病变情况，而对于未染色切片，普通显微镜几乎无法观测到任何有效信息，因为未染色切片几乎是透明的。然而，通过偏振显微镜观察未染色切片则可以得到大量微观结构信息，并能够区分正常区域和病变区域。本节使用 DoFP 偏振显微镜观察人类肝癌和宫颈癌等包含纤维化组织的切片，对其潜在应用领域进行测试。

图 6.28 显示了本节所用的两例脱蜡的癌症组织切片。图 6.28(a1)显示的是 12μm 厚的未染色人类肝脏组织切片，仅有光强图无法区分癌变区域和正常区域。图 6.28(a2)显示的是 4μm 厚的 HE 染色人类肝脏组织切片，癌变组织的图像清晰可见，图 6.28(a3)和(a4)分别显示了 HE 染色切片的两个不同病变区域。图 6.28(b1)显示的是 12μm 厚的未染色人类宫颈组织切片。图 6.28(b2)显示的是 4μm 厚的 HE 染色人类宫颈组织切片，癌变组织的图像清晰可见，图 6.28(b3)和(b4)分别显示了 HE 染色切片的两个不同病变区域。观察染色切片可以看到，两组切片都具有明显的纤维状结构，且癌变区域比正常区域的颜色更深。

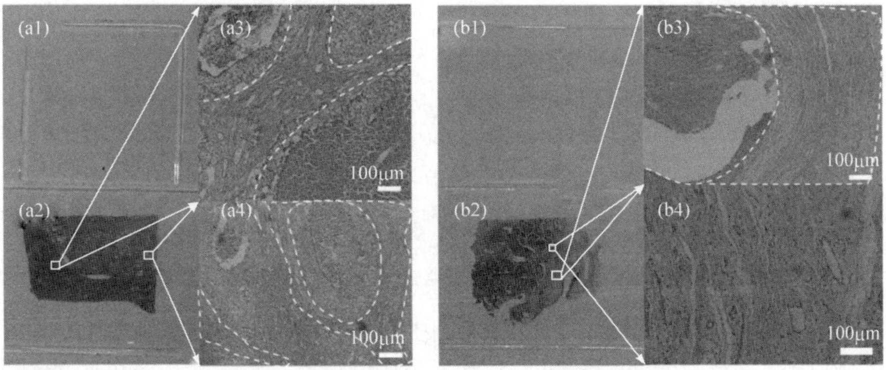

图 6.28　病理切片及光学显微成像图

上述两组切片中未染色切片和 HE 染色切片都从组织切面依次切下，是互相毗邻的，因此未染色切片的癌变边界应与 HE 染色切片相似，染色切片可以作为未染色切片的对照。然而，未染色切片和染色切片毕竟是不同的切片，加之未染色切片一般较厚，两者的大小、厚度甚至细微结构都不是完全相同的，癌变区域也不能保证完全相同，因此在实验中将未染色切片和染色切片对齐并对比较为困难。若切片上某些感兴趣的区域存在边界、空洞等特征明显的组织结构，则可以利用它们将未染色切片和染色切片对齐，否则将很困难。

利用常规显微镜观察光强图，在 HE 染色切片中组织的微观结构清晰可见，而在未染色切片中却极其难以辨认。下面将会看到，偏振显微图像能够有效地显示未染色切片的微观结构。图 6.29(a)、(b)是与图 6.28(a3)、(a4)对应的未染色肝癌切片不同区域的缪勒矩阵图像，图 6.29(c)、(d)是与图 6.28(b3)、(b4)对应的未染色宫颈癌切片的缪勒矩阵图像。缪勒矩阵左上角的第一个阵元为光强图像，从光强图像中几乎无法辨认组织内部任何纤维结构。缪勒矩阵的其他元素代表样品的偏振信息，某些阵元，尤其是 m_{24}、m_{34} 阵元中，纤维结构被异常清晰地展现出来了。

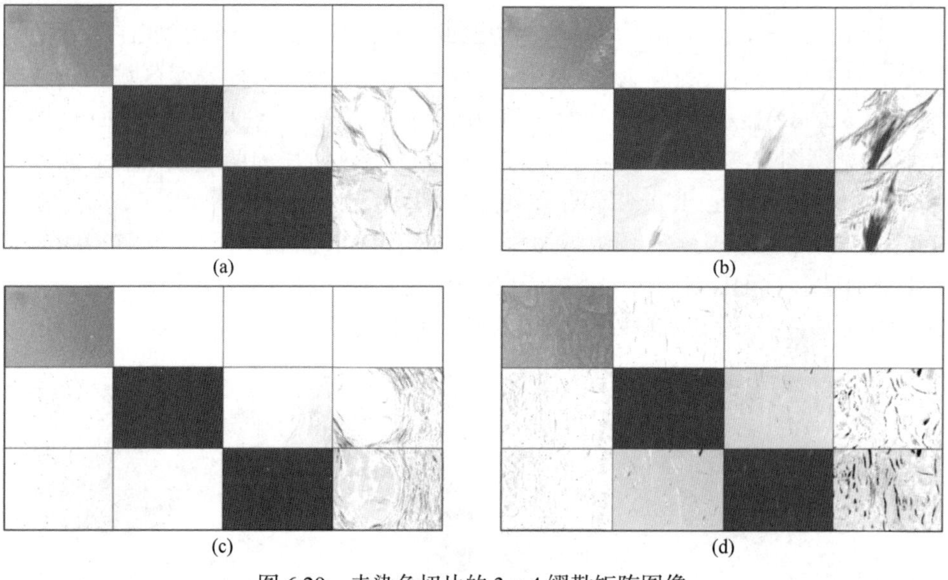

图 6.29　未染色切片的 3 × 4 缪勒矩阵图像

(a)、(b)为肝癌切片的不同区域，(c)、(d)为宫颈癌切片的不同区域。缪勒矩阵阵元都按照 m_{11} 进行归一化(除 m_{11} 外)，对角阵元的取值范围为[−1, 1]，为了更好地显示，非对角阵元的取值范围设为[−0.2, 0.2]

肝癌发病过程中经常伴随癌变细胞附近组织的炎症反应和纤维增生，在肝癌恶化过程中，纤维组织明显增生，纤维组织所占比例不断提高。因此，纤维化有望成为肝癌病变分区的一个定量指标[15]。由图 6.29 可以看出，(b)图对应区域的纤维化程度高于(a)图。另外，对于宫颈癌，其发病过程中经常破坏正常组织中排列规则的结构，使组织原有的各向异性结构变得更加杂乱无章。这种各向异性结构的破坏程度可以作为宫颈上皮内瘤样病变(cervical intraepithelial neoplasia, CIN)向宫颈癌发展的分期指标[16]。由图 6.29 可以看出，(d)图对应区域的各向异性结构的紊乱程度高于(c)图。

从图 6.29 中可以看到，缪勒矩阵的 m_{12}、m_{13} 和 m_{14} 阵元近似为 0，意味着缪勒矩阵不包含明显的二向色性，m_{21}、m_{31} 阵元近似为 0，意味着缪勒矩阵不具备明显的非偏振光起偏性质，而对角阵元都近似为 1，说明退偏较弱。同时，各向异性的纤维组织的信息主要体现在 m_{24} 和 m_{34} 阵元中，而其他阵元的现象很不明显甚至完全不可见，这种特征和线相位延迟的特征非常相符。在未染色薄病理切片的测量结果中发现微弱的相位延迟应由组织中的微纤维结构引起。对于相位延迟极其微弱的样品，其 m_{24}、m_{34} 阵元(及 m_{42} 和 m_{43} 阵元)的对比度明显高于其他阵元，如 m_{23} 和 m_{32} 阵元及 m_{22}、m_{33} 和 m_{44} 阵元。这是因为对于线双折射样品，m_{24}、m_{34} 阵元(及 m_{42} 和 m_{43} 阵元)与 $\sin\delta$ 成正比，而 m_{23} 和 m_{32} 及 m_{22}、m_{33} 和 m_{44} 阵元都与 $\cos\delta$ 成正比，δ为相位延迟的大小。当δ在很小范围内变化时(0°或 180°)，为了提高信噪比，应使用下式计算相位延迟和快轴角度：

$$\delta=\arcsin\left(\sqrt{m_{24}^2+m_{34}^2}\right),\quad \theta=\frac{1}{2}\arctan\left(\frac{-m_{24}}{m_{34}}\right) \tag{6-1}$$

当δ在 90°附近变化时，为了提高信噪比，应使用下式计算相位延迟和快轴角度：

$$\delta=\arccos\left(m_{44}\right)=\arccos\left(m_{22}+m_{33}-1\right),\quad \theta=\frac{1}{2}\arctan\left(\frac{-m_{24}}{m_{34}}\right) \tag{6-2}$$

由于生物组织的双折射率一般很小，薄切片的相位延迟大小一般较低，因此应使用式(6-1)计算相位延迟。不管是使用相位延迟和快轴角度，还是阵元本身，都能观测到薄切片丰富的微观结构信息。

散射较强，背向样品的缪勒矩阵的多数阵元都将含有信息，如对角线的退偏性质等。薄切片前向测量的结果和样品背向散射测量的结果非常不同，这将导致它们对测量本身的要求有差异。对于背向研究，仅测量 3 × 3 的缪勒矩阵即可对样品进行有效的偏振观测，而对于薄切片样品的前向测量，必须测量第 4 列或第 4 行的缪勒矩阵阵元。上述讨论暗含了一个信息，即在很多实际测量情形中，测量全缪勒矩阵是不必要的，应当根据不同样品、不同测量方式，着重测量样品最主要的偏振信息，例如针对缪勒矩阵的某些明显阵元，应进行有针对性的测量，这样既能提高测量速度，也能经过合理的仪器设计提高目标参数的信噪比。

2. 纤维化组织未染色切片的偏振染色同时性测量

通过测量缪勒矩阵发现，切片的偏振信息主要表现在 m_{24}、m_{34} 阵元中，它们包含组织重要的微观结构信息。此处测量缪勒矩阵使用了[−45° −19.6° 19.6° 45°]

起偏波片角度设置，当波片的角度转动到−45°和 45°时将产生左旋和右旋圆偏振光。例如在右旋圆偏振照明时，可以得到如下公式：

$$\begin{bmatrix} S_1(1) \\ S_2(1) \\ S_3(1) \end{bmatrix} = \begin{bmatrix} m_{11} & m_{12} & m_{13} & m_{14} \\ m_{21} & m_{22} & m_{23} & m_{24} \\ m_{31} & m_{32} & m_{33} & m_{34} \end{bmatrix} \cdot \begin{bmatrix} 1 \\ 0 \\ 0 \\ 1 \end{bmatrix} = \begin{bmatrix} m_{11}+m_{14} \\ m_{21}+m_{24} \\ m_{31}+m_{34} \end{bmatrix} \tag{6-3}$$

仅进行两次测量即可计算缪勒矩阵的第 1 列和第 4 列阵元。鉴于缪勒矩阵第 1 列的 m_{21}、m_{31} 阵元的值非常微弱，即完全非偏振光入射样品几乎不会起偏，同时 m_{14} 的值也非常微弱，即不存在明显的圆二向色性，如图 6.29 所示，可作如下近似：

$$m_{11} \approx S_1(1), \quad m_{24} \approx S_2(1), \quad m_{34} \approx S_3(1) \tag{6-4}$$

则式(6-1)变为

$$\delta = \arcsin\left(\sqrt{S_2(1)^2 + S_3(1)^2}\right), \quad \theta = \frac{1}{2}\arctan\left(\frac{-S_2(1)}{S_3(1)}\right) \tag{6-5}$$

式(6-5)表明，δ和θ包含的信息与 DoLP 和 AoP 本质上是相同的。这样，仅入射一种圆偏振光，即可观察到 m_{11}、m_{24} 和 m_{34} 中的大量信息，这样便实现了同时性的快速切片检查。

图 6.30(a1)、(b1)、(c1)和(d1)显示了未染色肝癌切片和未染色宫颈癌切片的光强图像，图 6.30(a2)、(b2)、(c2)和(d2)显示了未染色肝癌切片和未染色宫颈癌切片的偏振染色图像，它们使用前面介绍过的颜色编码。偏振染色图像包含 m_{24} 和 m_{34} 中的大量信息，而光强图片仅包含 m_{11} 的信息。偏振染色图像将不同密度及不同角度微纤维结构清晰地显示出来。

偏振染色图像和图 6.28 中的 HE 染色图像存在一定的相似度，但很显然，两者具有巨大差异。HE 染色图像能够观测到细胞核等微观结构，而偏振染色图像则主要将纤维结构凸显出来，其他结构都是不可见的。偏振测量看到的信息与常规光强图像包含的信息有巨大差异，在偏振图像中不易直接观测到细胞核等微观结构，分辨率较普通光强图像低，但偏振图像包含的信息经常能反映亚微米结构的信息[17]，这是偏振方法的特色。偏振染色图像将感兴趣的结构凸现出来，而忽略其他因素的干扰，使得它能够更准确地观察薄切片中的纤维结构。使用本书的测量方法，偏振染色图像是可以实时获取的。常规诊断使用 HE 染色，不仅需要等待很长的时间，而且仅能提供定性图像，需要有丰富经验的医生阅片，与 HE 染色不同，偏振染色提供的是可靠的定量信息，能够为癌症临床诊断提供额外的信息。

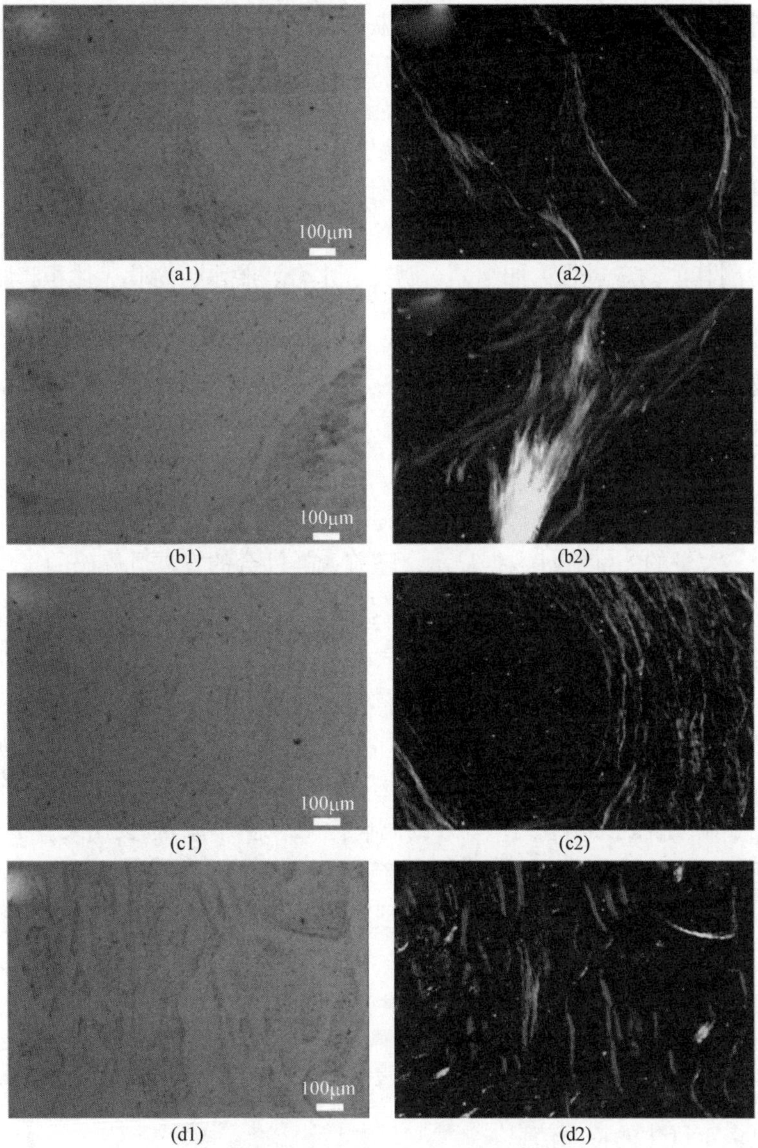

图 6.30　未染色切片的光强图

为了更好地显示，偏振染色图像的亮度提高了 5 倍，当然这样做也显现了一定的图像噪声

本书使用圆偏振态照明的另外一个优势是它避免了线偏振和椭圆偏振态的方向干扰。缪勒矩阵是与角度相关的，即使样品是固定的，使用不同角度的线偏振和椭圆偏振态，探测得到的偏振图像也将不同，这将严重地干扰切片诊断，使之丧失稳定性。将该优势应用于当前偏振内窥镜的研究，也凸显了使用圆偏振照明的技巧具有应用到偏振内窥镜设计中的潜力。

此外，切片长期保存势必沾染很多灰尘或杂物，这在光强图像中非常明显。然而，少量的灰尘等几乎不改变偏振性质，使用本节的颜色编码仅显示了偏振度和偏振角信息，因此偏振染色图像几乎能够滤除灰尘等杂点的干扰。

上述设计使用圆偏振照明，DoFP 偏振相机经过校准和 GPU 加速计算能够实现同时性的、准确的偏振成像。使用实时偏振显微系统可观测线虫的生命活动，例如观测其神经节的偏振性质变化等。除了生物诊断，该实时性偏振测量系统还可用于检测其他动态过程，如结晶、腐蚀、水合、脱水、融化、体积膨胀、薄膜生长[18]等过程。

6.1.5　乳腺癌组织成像

1. 不同阶段乳腺癌组织的缪勒矩阵成像

乳腺癌在世界范围内普遍存在，其死亡率占全世界女性癌症死亡率的15%[19-21]。大量的癌症统计数据显示，随着人类社会的发展乳腺癌的发病率迅速增加[22]。考虑到遗传和表观遗传变化的复杂性，目前有 20 多种不同的乳腺癌组织病理分型[23]。乳腺导管癌在临床上是一种主要的乳腺癌形式，根据肿瘤大小和显微结构特征可分为乳腺导管内原位癌和浸润性导管癌两个阶段[24]。与在最晚期诊断出癌症的患者相比，早期诊断出的乳腺癌患者的五年生存率增加了 6 倍左右[25]。因此，早期诊断对乳腺癌的治疗至关重要。目前，癌症诊断的金标准是使用光学显微镜观察病理组织切片的病理特征，这一过程需要用某些染料如 HE 对病理切片进行染色，并且要由有丰富经验的病理医师进行病理特征评估[26,27]。近年来，越来越多的光学技术被应用于乳腺癌组织样品，以提取特异性病理结构特征的可能指标。例如，一些研究表明，二次谐波(second harmomic generation，SHG)显微镜可以帮助确定不同类型乳腺癌组织中胶原超微结构的变化[28]。与传统光学显微镜和 SHG 显微镜成像相比，结构简单、成本低廉的缪勒矩阵显微镜与对纤维结构敏感的偏振参数可为具有特异性纤维结构排布模式的未染色病理样品提供更多定量化的特征信息。

本研究所使用的乳腺导管组织切片样品的制作步骤如下：首先取 2cm × 2cm × 0.2cm 大小的新鲜乳腺导管组织块，用生理盐水冲洗干净后放入 12%的中性福尔马林溶液进行固定。然后水洗 20 分钟左右，使用酒精进行彻底脱水。接着加入二甲苯透明剂使组织变成透明状。组织透明后，放入融化的石蜡内浸渍，待形成蜡块后用切片机将蜡块切出两片，一片为 12μm 厚的组织切片，另一片为 4μm 厚水洗的组织切片。这里对两种切片都进行脱蜡，之后对 4μm 厚的组织切片进行 HE 染色。这样就得到了两种乳腺导管组织切片样品：一种是用于缪勒矩阵成像的 12μm 厚非染色病理切片；另一种是用于光学显微镜对比成像的 4μm 厚 HE 染色病理切片。

HE 染色后的病理切片红蓝相映，并且层次深浅分明，不同组织形态结构的特征可以作为病理诊断的确切依据，即细胞核偏蓝色，胞质、肌纤维、胶原纤维和红细胞呈深浅不一的红色。临床上，不同病理阶段的乳腺导管组织的纤维结构在乳腺导管内外都有不同的分布比例和特征[29]。本书使用的乳腺导管组织切片样品包括健康乳腺导管组织(阶段 1)、乳腺导管内原位癌(阶段 2)和浸润性乳腺导管癌(阶段 3)。对于这三个不同病理期的乳腺导管组织，这里各选两个 12μm 厚的未染色切片样品进行 10 倍的光学显微镜成像，如图 6.31(a2)～(f2)所示。为了进行组织学比较，图 6.31(a1)～(f1)给出了对应的 4μm 厚的 HE 染色切片样品显微成像强度图像，可以根据 HE 染色的特性直接观察到不同阶段乳腺导管组织导管内外的结构特征。需要指出的是，未染色的病理切片在普通的光学显微镜下无法观察到不同阶段特征的区别，而缪勒矩阵成像无须对样品进行染色处理就可以区分出部分癌变特异性结构变化，这为非染色癌变组织检测技术提供了可能性。

为了验证缪勒矩阵成像方法用于表征不同病理期乳腺导管组织特征的能力，对图 6.31 所示的 12μm 厚未染色的乳腺导管组织切片进行缪勒矩阵成像。为了提取缪勒矩阵 16 个阵元包含的结构信息，这里使用从缪勒矩阵分解和缪勒矩阵变换中提取的具有明确物理意义的偏振参数，即缪勒矩阵分解中的线性相位延迟参数(δ)和角度参数(θ)，以及缪勒矩阵变换中能分别表示双折射大小和方向的 t 参数和 x 参数。实验结果和模拟结果表明，δ参数和 t 参数与纤维结构的密度密切相关，而θ参数和 x 参数代表组织切片中的纤维结构的角度取向[30,31]。δ参数和 t 参数的数值大小及θ参数和 x 参数的分布情况可以用来表征乳腺导管组织切片中纤维结构的密度和方向。虽然缪勒矩阵分解和缪勒矩阵变换参数都可以用于纤维的检测，但它们有不同的优势：先前的研究已经表明，缪勒矩阵分解参数对纤维结构更加敏感，而缪勒矩阵变换参数计算的方法更简单，速度更快[32]。

δ参数和 t 参数的二维图像如图 6.32 所示，其中阶段 1 的乳腺导管的界线由白色虚线标出。这里可以看到，围绕在导管组织周围区域的δ参数和 t 参数值略高于导管内部区域，表明导管周边组织的相位延迟比导管内部组织更为突出。同时可以观察到，样品 1 右上区域和样本 2 中下区域(黑色箭头指示)的δ参数和 t 参数有较大值，这表明这些区域存在较密的纤维。此外，在图 6.32 中θ参数和 x 参数的显微图像中，纤维的方向分布大致在导管周围呈圆形排列，这符合图 6.31 中 HE 染色切片中乳腺导管组织微观结构的描述。

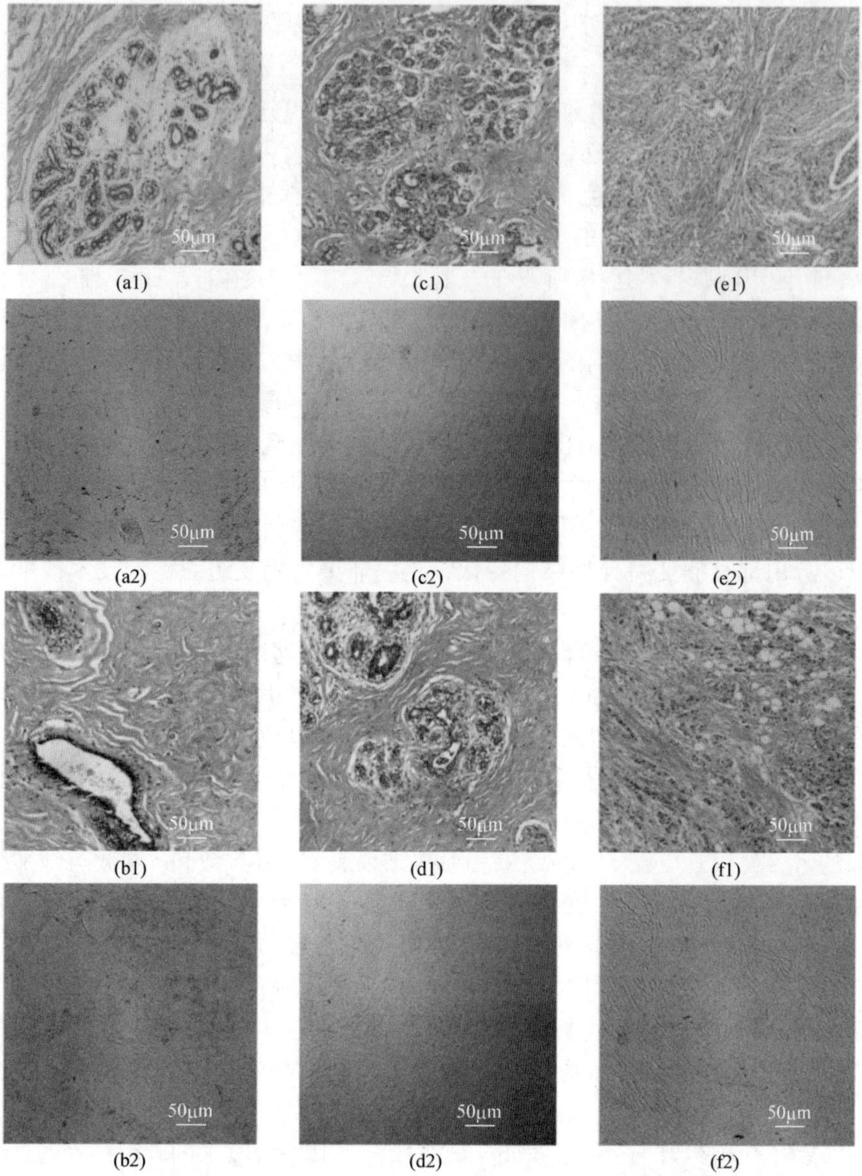

图 6.31　不同病理期乳腺导管组织 HE 染色切片的显微强度图像

(a1)图、(b1)图分别为阶段 1 的样品 1 和样品 2；(c1)图、(d1)图分别为阶段 2 的样品 3 和样品 4；(e1)图、(f1)图分别为阶段 3 的样品 5 和样品 6，以及 12μm 厚未染色的乳腺导管组织切片：(a2)图、(b2)图分别为阶段 1 的样品 1 和样品 2；(c2)图、(d2)图分别为阶段 2 的样品 3 和样品 4；(e2)图、(f2)图分别为阶段 3 的样品 5 和样品 6

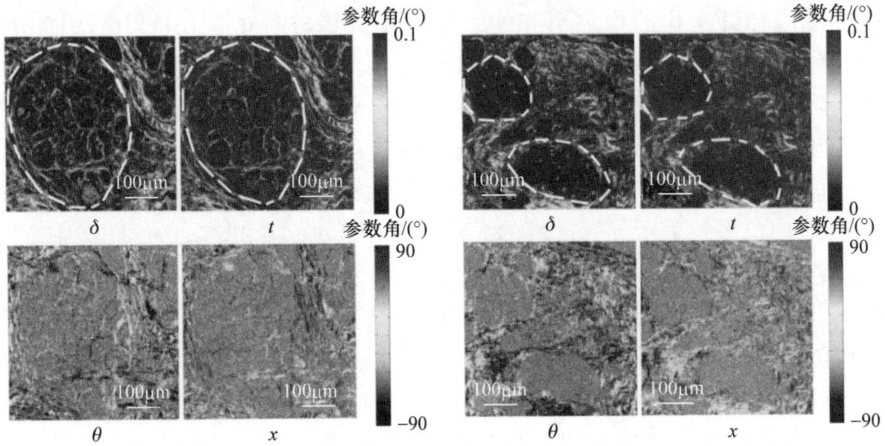

(a) 样品1　　(b) 样品2

图 6.32　阶段 1 中 12μm 厚未染色的健康乳腺导管组织切片缪勒矩阵分解和缪勒矩阵变换参数二维图像

实验中用缪勒矩阵显微镜分别测量图 6.31(c2)和(d2)所示的乳腺导管内原位癌组织切片样品 3 和样品 4。如图 6.33 所示，在δ参数和 t 参数的图像中阶段 2 的样品乳腺导管的边界由白色虚线标出。和阶段 1 相比，导管周围区域的δ参数和 t 参数的数值显著增加使这块区域的结构更加明显，这一过程是由癌细胞诱导

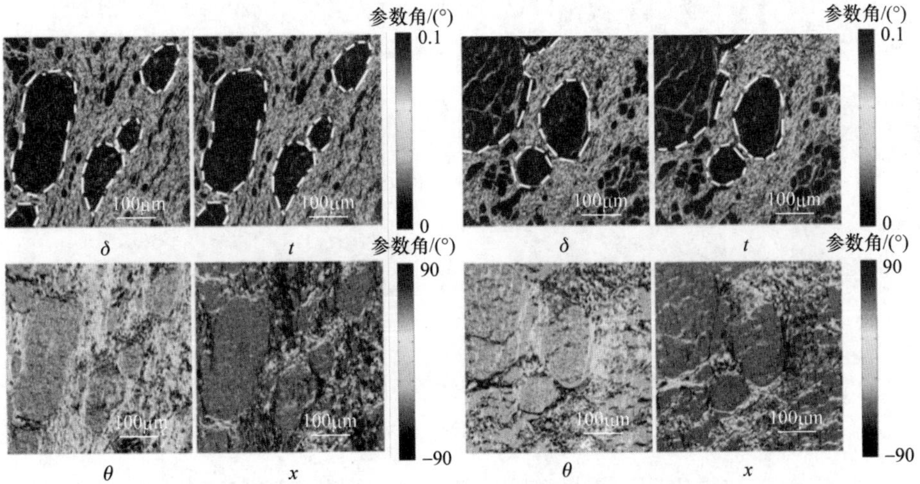

(a) 样品3　　(b) 样品4

图 6.33　阶段 2 中 12μm 厚未染色的乳腺导管内原位癌组织切片缪勒矩阵分解和缪勒矩阵变换参数二维图像

的炎症反应和纤维化的增加引起的，经比较，其与图 6.31(c1)和(d1)中相应的HE 染色切片显微图相一致。通过计算可知，样品 3 和样品 4 中纤维结构所占的比例比阶段 1 的样品高 3～4 倍。此外，从θ参数和 x 参数的图像中可以观察到，围绕在导管周围排列的纤维结构有清晰的圆周方向的变化。

下面对 12μm 厚未染色的浸润性乳腺导管癌组织切片进行缪勒矩阵成像。图 6.34 中白色虚线表示导管区域的大致边界。从δ参数和 t 参数的图像中可以观察到，它们的纤维分布与阶段 1 和阶段 2 相比非常不同，具有很高的相位延迟的结构不仅存在于导管周边，也在导管内部区域凸显出来。此外，阶段 3 中导管周围的相位延迟值相对于阶段 2 略有减少。也就是说，当导管癌组织发生浸润性扩散时，癌细胞突破边界向周围间质浸润，癌细胞周围的纤维间质增生，从而使导管内外都存在纤维。样品 5 和样品 6 中纤维总比例是阶段 1 的 2～3 倍。除此之外，θ参数和 x 参数的图像也证实了阶段 3 中的纤维分布更无序，角度方向更广泛。与图 6.31(e1)和(f1)中的 HE 染色图像对比可以看到，图 6.34 中癌细胞向周围组织扩散并穿透导管的基底膜，癌细胞之间的纤维间质增生。

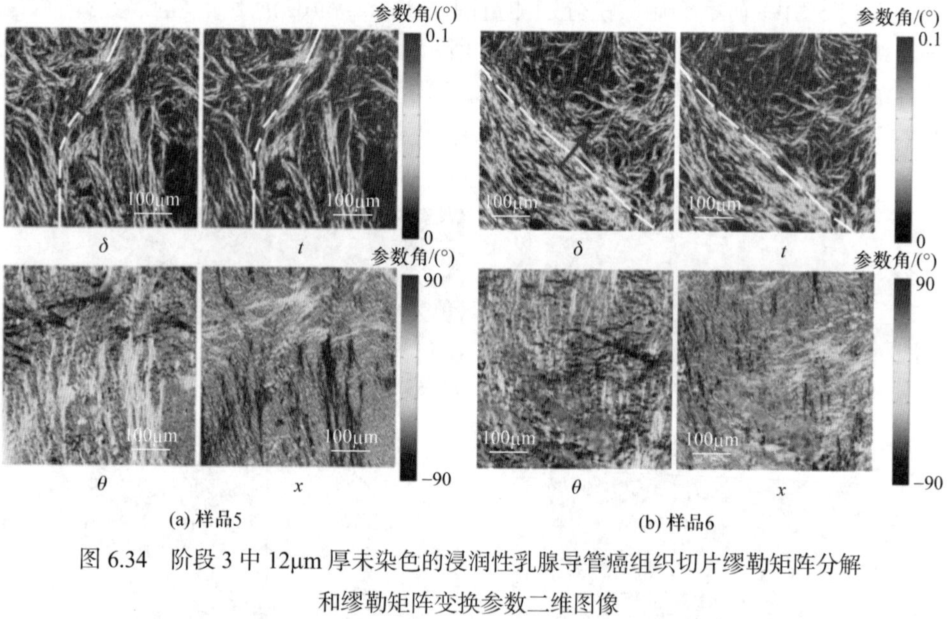

图 6.34　阶段 3 中 12μm 厚未染色的浸润性乳腺导管癌组织切片缪勒矩阵分解和缪勒矩阵变换参数二维图像

图 6.34 的结果表明，缪勒矩阵分解参数和缪勒矩阵变换参数的显微图像能为区分不同阶段的乳腺导管癌提供有用的信息。通过缪勒矩阵参数的二维图像可以清晰地检测到在癌变过程中导管内和导管周边区域的纤维特征分布和比例都发生了明显的变化。

2. 乳腺癌组织的偏振图像纹理特征分析

为了定量分析健康乳腺导管组织、乳腺导管内原位癌和浸润性乳腺导管癌的缪勒矩阵分解和缪勒矩阵变换参数二维图像之间的特异性差异，这里在之前工作的基础上引用了图像纹理特征提取的方法。回顾 50 多年来的发展历程发现，图像纹理特征提取领域已经发展了很多提取方法，如灰度共生矩阵法、灰度行程长度法、自相关函数法等。随着新理论如马尔可夫随机场理论、分形理论、小波理论等的引入及应用领域的不断扩大，纹理特征提取领域的研究变得缤纷多彩。一般根据不同图像纹理的微观异构性和复杂性，以及获取信息的需求来选用不同的图像纹理特征提取方法。

根据不同图像纹理特征提取方法基于的基础理论和研究思路的不同，一般将纹理特征提取方法分为如图 6.35 所示的四大类：统计方法、模型方法、信号处理方法和结构方法[32]。统计方法是一种基于像元及其邻域的灰度属性来研究图像纹理统计特性的方法。统计方法思想简单，易于实现。很多实践证明，灰度共

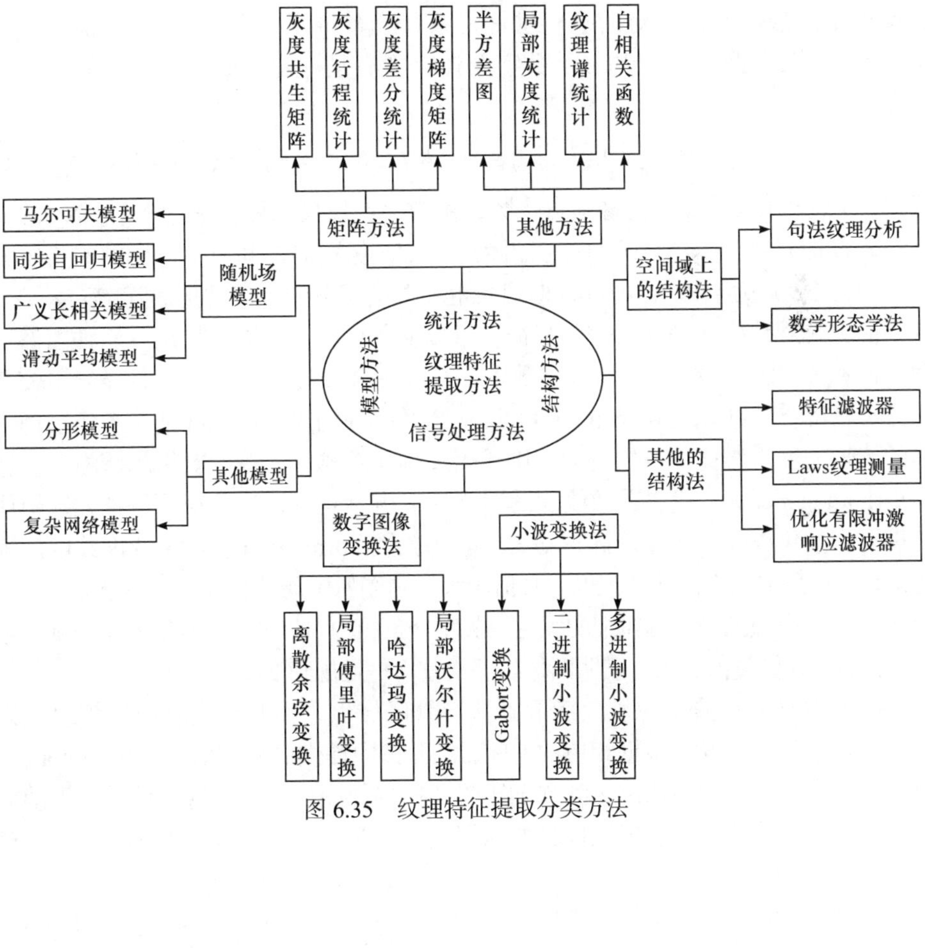

图 6.35　纹理特征提取分类方法

生矩阵方法在统计方法中一枝独秀，具有非常旺盛的生命力。模型方法主要是通过设置各种参数来对纹理图像建模，因此其核心问题是如何对模型参数进行估计。模型方法中最常用的是随机场方法和分形方法。信号处理方法建立在时频分析和多尺度分析基础上，用线性变换和滤波器将纹理转换到变换域，然后应用相应的方法提取纹理特征，常用的方法有数字图像变换法和小波变换法[33]。在结构分析方法中，具有规范关系的图像纹理基元构成了纹理，因此根据基元特征的和排列规则就可以进行纹理特征的提取和分割。该方法强调纹理的规律性，因此其应用没有另外 3 种方法广泛和深入。

根据对以上图像纹理特征提取方法的调研，结合乳腺导管组织切片缪勒矩阵成像的特点，以及对偏振图像纹理特征定量化描述的需求，这里选用统计方法中最具生命力的灰度共生矩阵方法来进行图像纹理特征的提取。

图像的纹理是由灰度分布在空间位置上的反复出现而形成的。在图像空间中相隔距离的两个像素之间会存在某些灰度关系，这就产生了图像中像素灰度的空间相关特性。灰度共生矩阵可以用来研究图像纹理中灰度级的空间依赖关系，它能反映不同灰度值像素对的空间位置关系和分布特性。设 $f(x,y)$是一幅大小为 $M \times N$、灰度级别为 Ng 的二维数字图像，则满足一定空间位置关系的灰度共生矩阵为

$$P(i,j) = \#\{(x_1,y_1),(x_2,y_2) \in M \times N | f(x_1,y_1) = i, f(x_2,y_2) = j\} \tag{6-6}$$

式中，$\#(x)$表示集合 x 中的像素点个数，由数字逻辑关系可知 $\boldsymbol{P}$ 为 Ng × Ng 的矩阵。若设像素点(x_1, y_1)与(x_2, y_2)之间距离为 d，像素对之间与坐标横轴的夹角为 α，灰度层分别为 i 和 j，则可以得到间距和角度相关的灰度共生矩阵 $P(i,j,d,\alpha)$。为了能更直观地描述图像纹理的特征，可以从灰度共生矩阵中导出 14 种图像纹理特征参数[34]。在这 14 种特征参数中，有 4 种特征是不相关的，且能给出较高的分类精度[35]：①对比度(contrast)，反映图像纹理沟纹深浅的程度及图像纹理整体的清晰程度。对比度数值越大，则代表纹理沟纹越深，视觉效果越清晰。②逆差矩(homogeneity)，代表图像纹理的同质性。也就是说，逆差矩数值越大，图像纹理局部变化越少，图像局部越均匀。③相关性(correlation)，度量灰度共生矩阵元素在行或列方向上的相似程度，其值越大，则图像中局部灰度相似性越大。④能量(energy)，反映图像纹理粗细的程度及灰度分布的均匀程度。当灰度共生矩阵元素集中分布时，能量值较大，表明图像纹理比较均一且规则变化。

病理学家通常需要在显微镜下确认导管区域以进一步检查乳腺导管组织样品。受此过程的启发，根据相应的 HE 染色图像中提供的病理信息，用 Matlab 中的 infreehand 函数对 MMPD 和缪勒矩阵变换参数图像中的导管区域进行手动分割，从而将一个乳腺导管组织样品的偏振图像分为导管内和导管外两个部分，然

后对这两部分区域的平均值(M)、标准差(S)和图像纹理参数进行分析。这里选用前面介绍的 4 个特征参数中的 3 个——对比度(Ct)、能量(Er)和相关性(Cr)来对不同病理阶段的乳腺导管组织样品的偏振图像纹理特征进行提取。在灰度共生矩阵中计算这些纹理参数的公式和方法可以参考文献[36]。这里的灰度共生矩阵是通过 Matlab 的 graycomatrix 函数得到的，通过 Matlab 的 graycoprops 函数可以得到基于灰度共生矩阵的图像纹理参数[36]。

由图 6.32～图 6.34 可以看到，δ参数 和 t 参数之间，以及参数θ和 x 参数之间具有非常相似的特异性特征，因此只对 MMPD δ参数和θ参数的定量化分析进行展示。根据 MMPD δ参数图像(所有样品δ的最大值小于 1rad)纹理的特点，将 graycomatrix 函数中用于将输入图像转换为相应的灰度级别的范围参数设为[0,1]；灰度级别的数量设为 20；两个像素之间的距离 d 设为 1，α 角设为 0°。θ参数图像(范围−90°～90°)被标准化到 0～1(−90°为 0，0°为 0.5，90°为 1)；灰度级别的数量设为 8；两个像素之间的距离 d 设为 1，α 角设为 0°。进而用 graycoprops 函数从得到的灰度共生矩阵中计算出所需要的图像纹理参数。这里对相应的缪勒矩阵变换参数图像纹理特征提取过程中灰度共生矩阵的参数进行相同的设置。

图像纹理分析的灵感来自图 6.32～图 6.34 中乳腺导管癌样品偏振参数(δ, θ, x, t)图像最初的视觉检测。通过人眼可以清楚地感知到不同病理阶段的样品可以通过图像的纹理(如图像局部的对比度、同质性等)很好地区分开来。例如，在 MMPD 参数δ图像中，由于导管肿瘤组织的浸润，病理阶段 3 的样品可以依据导管组织内异常高的图像纹理对比度和另外两个病理阶段的样品区分开；相比于病理阶段 1，病理阶段 2 的非导管区域由纤维化引起的双折射产生了更高的纹理对比度和更低的同质性。然而，这种感知是主观的，没有自动化定量区分的潜力。在这里，除了平均值和标准偏差，灰度共生矩阵图像纹理描述法可以提取出一系列的特征参数，作为一种表征所有样品偏振图像的定量方法，从而客观评估健康乳腺导管组织、乳腺导管内原位癌和浸润性乳腺导管癌之间的差异。基于这些纹理参数及平均值和标准偏差，有可能使判断乳腺导管癌组织阶段的过程自动化和定量化，从而加速诊断的过程，并且具有简化病理学家培训流程的潜力。

不同病理阶段的 18 个样品(每个阶段 6 个样品)相对应的图像纹理参数的值在在后面图中给出。这里选用 t-检验来比较不同病理阶段特征参数平均数的差异是否显著。t-检验是用 t 分布理论来推断两组数据差异发生的概率，分为单总体检验和双总体检验[37]。在本节中，用 Excel 中的 TTest(array1, array2, tails, type)函数来计算不同病理阶段的两组数据之间的 P 值(P 值为不同阶段两组实验数据之间的 t-检验数值)，$P < 0.05$ 代表两组数据之间有显著差异。TTest 函数参数设置如下：①array1 和 array2 分别为要进行比较的两组数据；②tails 代表分布曲线的尾数，tails 为 1 代表单侧检验，tails 为 2 代表双边检验，这里设 tails=2；③不同

type 数值代表不同的 t-检验类型，1～3 分别代表成对检验、双样本等方差假设和双样本异方差假设。在进行 type 类型选择时，先用 FTest 函数计算两组数据进行方差齐性判断，若计算出的数值小于 0.05 则说明两组数据的方差有统计学意义上的显著差异，此时设 type = 3，否则选 type = 2。

由于δ参数和 t 参数及θ参数和 x 参数具有高度相似的特征，例如，在特定的情况下，计算出病理阶段 1 中纤维区域的 MMPD 参数δ和缪勒矩阵变换参数 t 的平均值分别为 0.084 和 0.072，因此这里只展示参数δ和θ图像的定量表征结果。图 6.36 和图 6.37 分别为样品的δ和θ参数图像的分割结果。另外 12 个样品的缪勒矩阵分解和缪勒矩阵变换参数图像和图 6.32～图 6.34 中的 6 个样品非常相似。从图 6.38 中可以得出以下结论：①对于相位延迟参数δ，在导管周边区域(称为非导管区域)中，与病理阶段 1 相比，阶段 2 中的特征参数 M 和 Ct 增加，而 Er 显著下降($P = 2.85 \times 10^{-4}$)。和阶段 2 相比，阶段 3 中的特征参数 M 和 Ct 减少，而 Er 显著

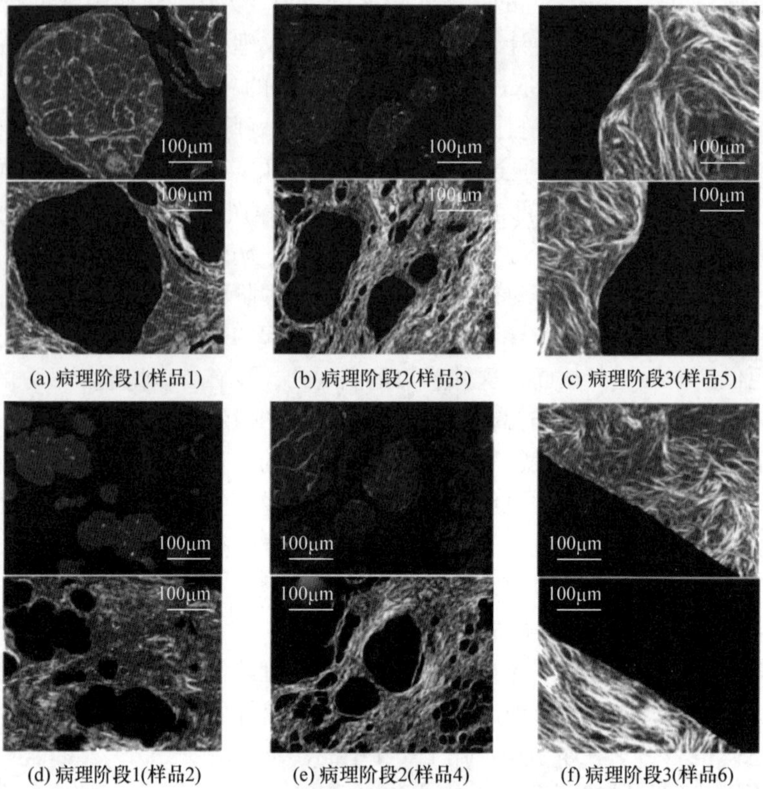

(a) 病理阶段1(样品1)　(b) 病理阶段2(样品3)　(c) 病理阶段3(样品5)

(d) 病理阶段1(样品2)　(e) 病理阶段2(样品4)　(f) 病理阶段3(样品6)

图 6.36　基于偏振参数δ对样品 1～6 灰度图像的导管内区域(第 1 行和第 3 行)和非导管区域(第 2 行和第 4 行)进行分割

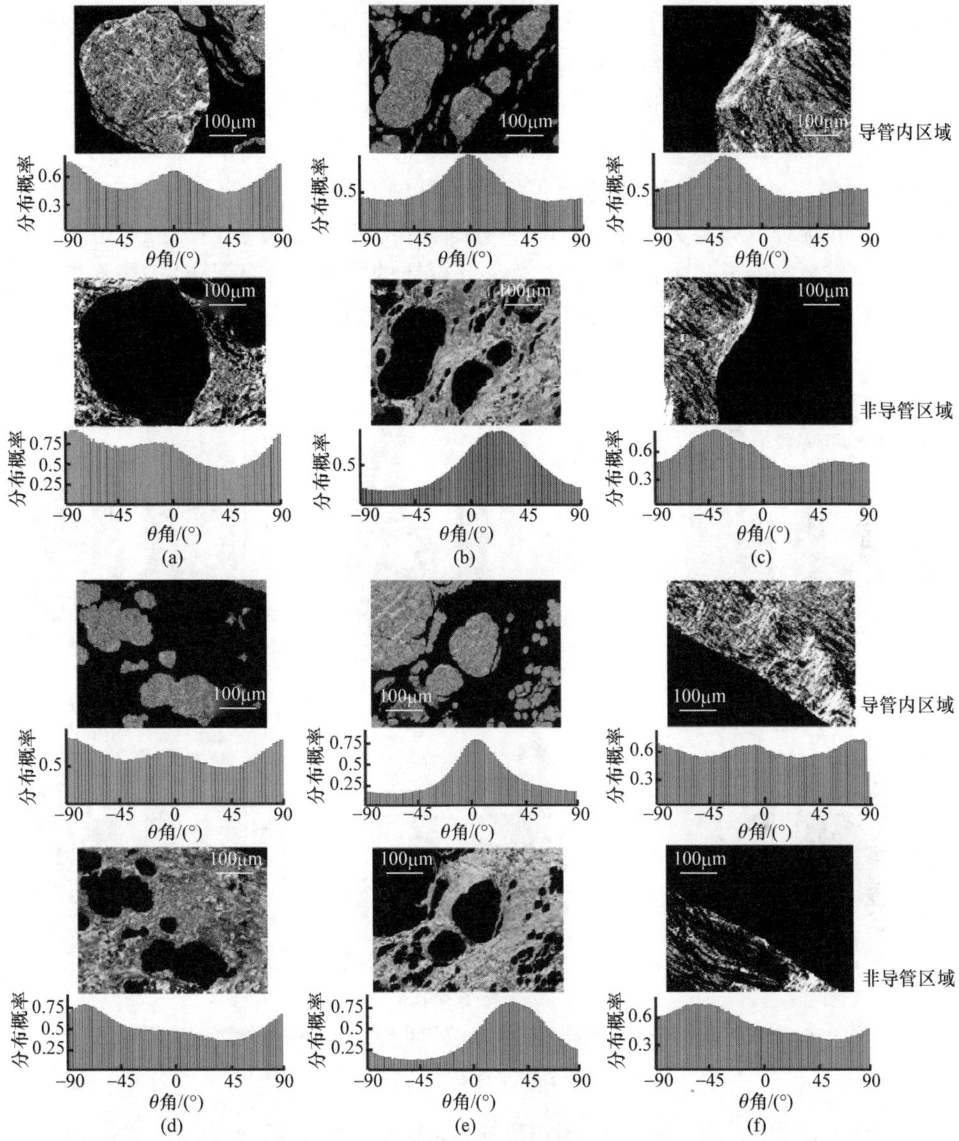

图 6.37　基于偏振参数θ对样品 1～6 灰度图像的导管区域(第 1 行和第 3 行)和非导管区域(第 2 行和第 4 行)进行分割

(a)、(d)为病理阶段 1(样品 1 和 2)；(b)、(e)为病理阶段 2(样品 3 和 4)；(c)、(f)为病理阶段 3(样品 5 和 6)。分割后的灰度图下面为相应的θ参数统计分布直方图

增加($P = 0.004$)。同时，与阶段 1 和阶段 2 中的导管区域的参数 M、Ct 和 Er 相比，阶段 3 中 M 和 Ct 增加，而 Er 几乎保持不变。②缪勒矩阵参数θ的标准差(S)和纤维排列的有序程度密切相关。如图 6.37 所示，标准差越大，代表统计分布直方图的分布越宽广，也就是说组织中有越多紊乱的纤维结构。在导管组织的周

边区域，阶段 2 的 S 值与阶段 1 和阶段 3 相比明显下降，意味着这个阶段中存在更多的排列有序且紧密的纤维结构。与此同时，与阶段 1 中的 Ct 和 Cr 值相比，阶段 2 中，不管导管内区域还是导管外区域 Ct 值都显著下降，其相应的 P 值分别为 0.005 和 0，而 Cr 值都显著增加，其相应的 P 值分别为 0.022 和 0.002。另外，在阶段 3，导管外区域的特征参数 Ct 值增加，而 Cr 值下降。此外，从不同病理阶段的参数 θ 的统计分布直方图中(图 6.37)可以看到，在乳腺导管内原位癌组织样品中，纤维的分布明显收敛到某些值，而对于健康的乳腺导管组织样品[图 6.37(a)和(d)]和浸润性乳腺导管癌组织样品[图 6.37(c)和(f)]，纤维的分布比较均匀和分散。

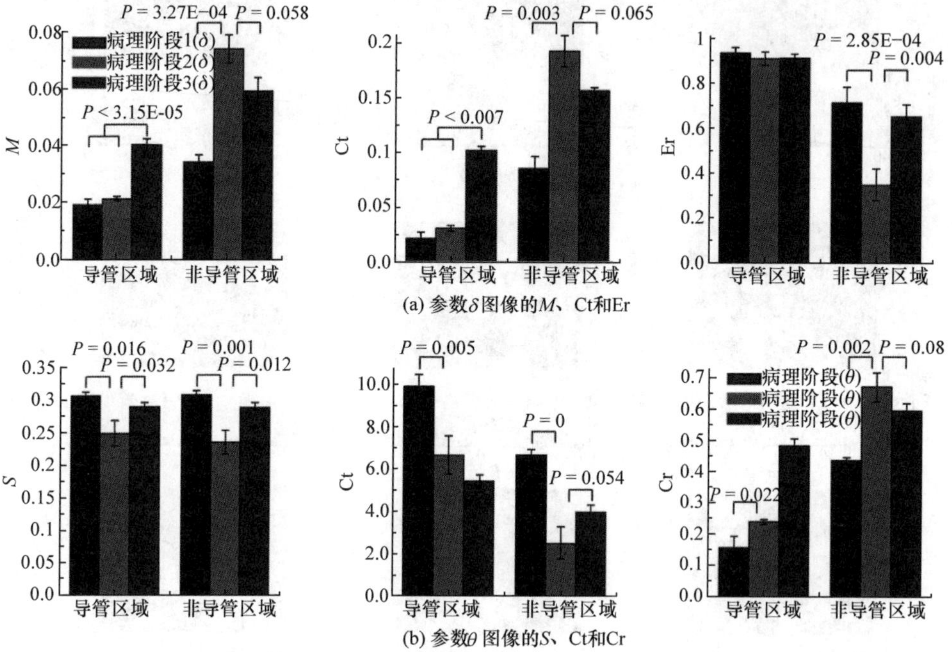

(a) 参数 δ 图像的 M、Ct和Er

(b) 参数 θ 图像的 S、Ct和Cr

图 6.38　不同病理阶段 18 个样品导管区域和非导管区域的图像纹理特征参数(每个阶段有 6 个样品)

上述分析结果表明，MMPD 中相位延迟参数 δ 图像的特征参数 M、Ct 和 Er 可以表征乳腺导管组织不同病理阶段。对于 MMPD 中角度参数 θ，参数 S、Ct 和 Cr 在健康乳腺导管组织、乳腺导管内原位癌组织和浸润性乳腺导管癌组织样品中有明显差异。虽然还需要更详细的研究，但是初步的实验结果表明，缪勒矩阵提取的参数和其相应的图像纹理参数有潜力成为定量判定不同病理阶段的乳腺导管癌的指标。

3. 乳腺癌组织的偏振参数表征机制的模拟分析

为了更好地解释缪勒矩阵获得的参数与乳腺导管癌组织病理特征之间的关

系，这里在球双折射模型的基础上进行了蒙特卡罗模拟，研究偏振光子在样品中传播时的行为[38]。在球双折射模型中，大球形散射体(直径为 8μm，散射系数为 150cm^{-1})代表细胞核，小球形散射体(直径为 0.5μm，散射系数为 50cm^{-1})代表细胞器[31]。之前的研究已经证明，薄切片中双折射效应对各向异性纤维结构的偏振成像对比度机制起着主导作用[16]。因此，在这个模型中，改变双折射值Δn 的值来模拟乳腺导管组织样品从病理阶段 1 到病理阶段 3 的癌变过程中纤维分布和比例的变化。对于乳腺导管组织样本，蒙特卡罗模拟中的参数设置如下[16]：介质的厚度为 12μm。介质和散射体的折射率分别为 1.33 和 1.45。在 x-y 成像平面上的光轴沿 x 轴方向。图 6.39 中的蒙特卡罗模拟结果表明，MMPD 参数δ和缪勒矩阵变换参数 t 的平均值随着双折射值Δn 从 0.003 增加到 0.007 而增加，并且光轴的角度或纤维排列方向的角度与参数θ和 x 计算出的数值一致。由图 6.39(a)可以看到，当双折射值 Δn 变化时，参数δ平均值的增加幅度明显大于参数 t，这意味着 MMPD 参数δ对双折射的变化更加敏感。在图 6.39(b)的模拟结果中，当双折射值 Δn 从 0.003 变化到 0.007 时，图中所示曲线几乎保持不变，表明参数θ和 x 对双折射值的变化不敏感。

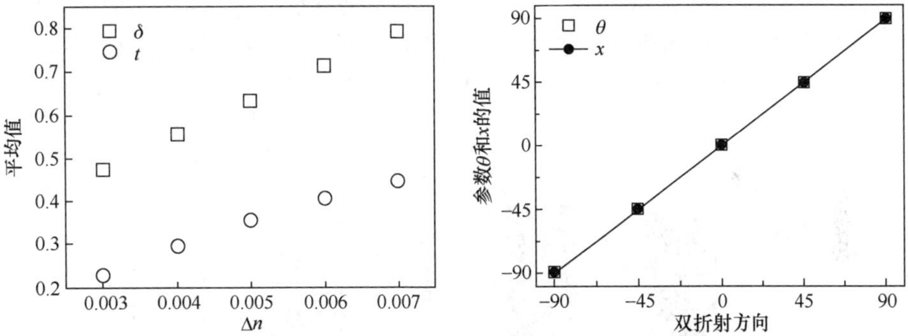

(a) δ参数和t参数　(b) θ参数和x参数

图 6.39　基于球双折射模型的蒙特卡罗模拟结果

实验结果和模拟结果具有很好的一致性表明，缪勒矩阵显微镜可用于不同病理阶段乳腺导管癌的区分。在癌变过程中，由于肿瘤引起的炎症反应，会有大量的纤维增生，而且不同病理期乳腺组织导管内和导管外纤维结构的分布特征不同。偏振参数δ和 t 的平均值及参数θ和 x 的标准差能够定量而精确地反映乳腺导管组织病理阶段 1～3 的病理学特征。虽然 MMPD 和缪勒矩阵变换方法都可以表征纤维的微观结构，但它们具有不同的优势：MMPD 参数对纤维结构更加敏感，而缪勒矩阵变换参数的计算速度比 MMPD 更快。缪勒矩阵显微技术为乳腺导管癌的诊断分期提供了有用的信息。

6.1.6　炎症性肠病组织成像

1. 克罗恩病和肠腔结核病理组织缪勒矩阵成像

炎症性肠病(inflammatory bowel disease，IBD)是一类发病机制尚不清楚的慢性肠道炎症性疾病，包括克罗恩病(Crohn’s disease，CD)和溃疡性结肠炎，临床表现包括腹痛、腹泻和黏液脓便血等症状。近些年来，炎症性肠病在我国的发病率迅速增长，并且表现出与经济的发展程度正相关的趋势。目前在我国南方部分相对发达的地区，炎症性肠病患者人数已经达到了 3 万～10 万人，同时患者年龄体现出年轻化的趋势。由于炎症性肠病的发病机制尚未明确，目前缺乏有效的治疗药物。相当一部分炎症性肠病患者病情反复发作，迁延不愈，需要进行终身治疗，伴随着病情的不断发展可能出现肠道致残性改变，包括肠梗阻、肠穿孔和肠癌等[39]。此外，由于缺乏临床诊断金标准，且炎症性肠病中的克罗恩病和溃疡性结肠炎中的肠腔结核(gastrointestinal tuberculosis，ITB)在临床表现上非常类似，因此克罗恩病和肠腔结核临床区分上十分困难，这极易造成误诊漏诊。克罗恩病和肠腔结核的具体治疗方式有所不同，因而误诊会导致患者病情的恶化，加重病患的痛苦。如图 6.40 所示，两种不同肠道类疾病的患者临床相关生理统计指标极为类似，可以看到克罗恩病和肠腔结核患者的临床数据统计中，年龄差别仅为 5.6%，预结核症状反应差别为 11.1%，腹痛临床反应差别为 10.2%，体重减

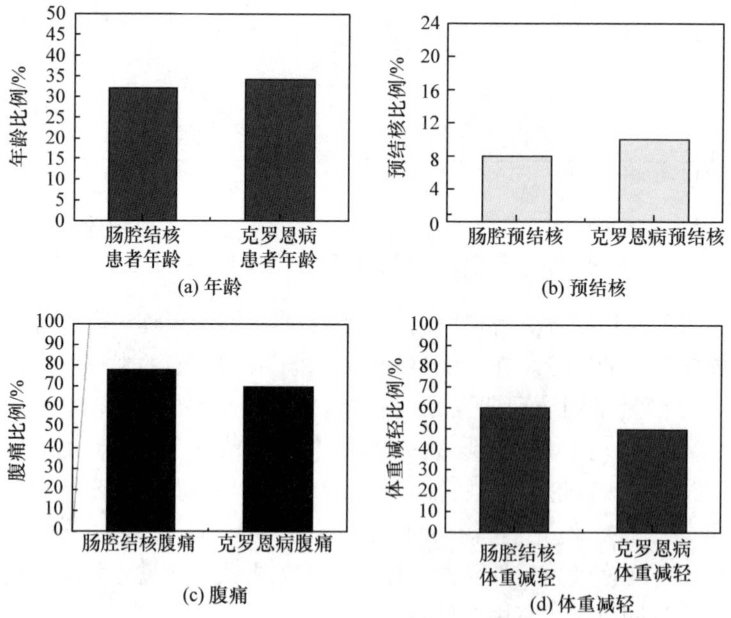

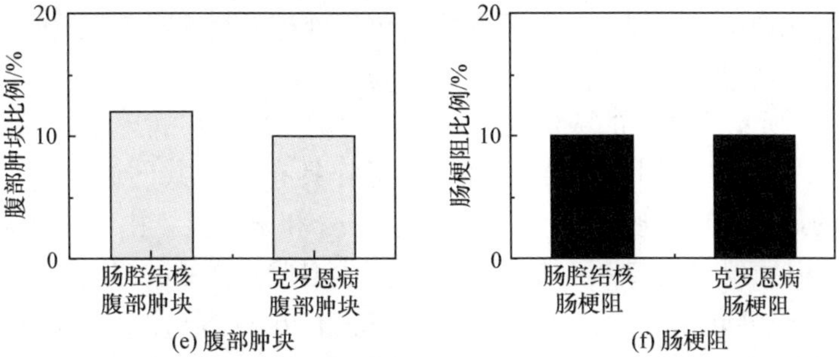

图 6.40　克罗恩病和肠腔结核患者临床反应数据统计

轻差别为 9.1%，腹部肿块的差别为 9.1%，肠梗阻没有差别[40]。基于此，临床上亟须一种能辅助医生进行克罗恩病和肠腔结核定量区分的新方法。

克罗恩病和肠腔结核在临床上具有共同的病理结构特征——肉芽肿，同时在肉芽肿区域周边密集分布着炎症反应形成的纤维结构。这里将尝试使用缪勒矩阵参数对克罗恩病和肠腔结核的肉芽肿区域及周围纤维结构进行定量表征与区分。

本节分别制备了 15 例克罗恩病病理组织切片和 15 例肠腔结核病理组织切片作为成像样品，样品为 12μm 厚的脱蜡未染色切片。同时为了进行临床病理诊断对照，本书还制备了对应组织的标准 4μm 厚 HE 染色组织切片。克罗恩病标准 HE 染色组织切片的显微图像如图 6.41(a1)和 6.41(a2)所示，肠腔结核标准 HE 染色组织切片的显微图像如图 6.41(a3)和(a4)所示，可以看到两者的病理结构特征如纤维、肉芽肿等非常类似。从图 6.41(b1)～(b4)所示的对应未染色组织切片普

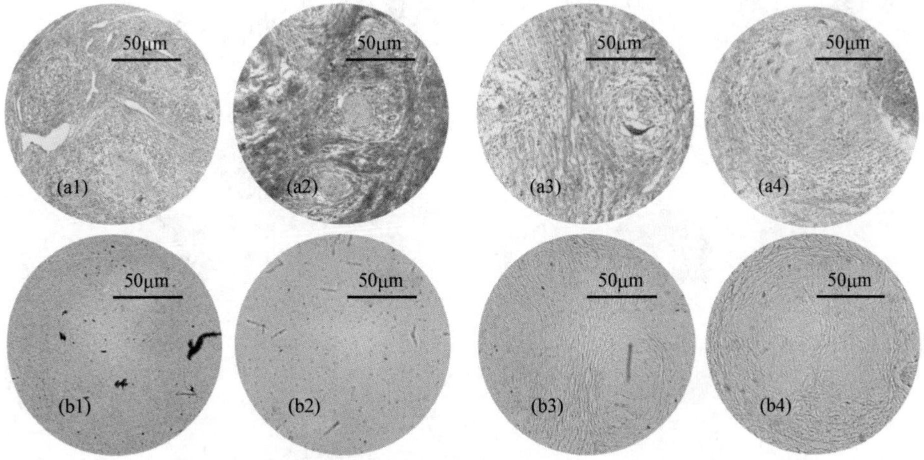

图 6.41　克罗恩病和肠腔结核组织 HE 染色切片和未染色切片显微图像

(a1)和(a2)为克罗恩病 HE 染色组织；(a3)和(a4)为肠腔结核 HE 染色组织；(b1)和(b2)为克罗恩病未染色组织；(b3)和(b4)为肠腔结核未染色组织

通光学显微成像结果可以看到，不使用染色剂处理的组织在普通光照明时无法获得有效的结构信息。

图 6.42 所示为选取的两例克罗恩病与两例肠腔结核病理组织的缪勒矩阵显微成像结果。可以看到这些样品的缪勒矩阵具有一些共同的特征。前面曾提到，样品的退偏性能反映在对角阵元 m_{22}、m_{33} 和 m_{44} 上，由于组织病理切片厚度有限，可以发现图 6.42 所示样品几乎不产生退偏。样品的二向色性主要反映在 m_{12}、m_{13}、m_{21} 和 m_{31} 阵元上，可以看出，在左上角这些阵元上，克罗恩病与肠腔结核组织均不存在明显的结构特征，表明对于病理组织切片，其二向色性、散射退偏能力都很小。从图 6.42 中可以发现，(c)图和(d)图所示的肠腔结核组织相较

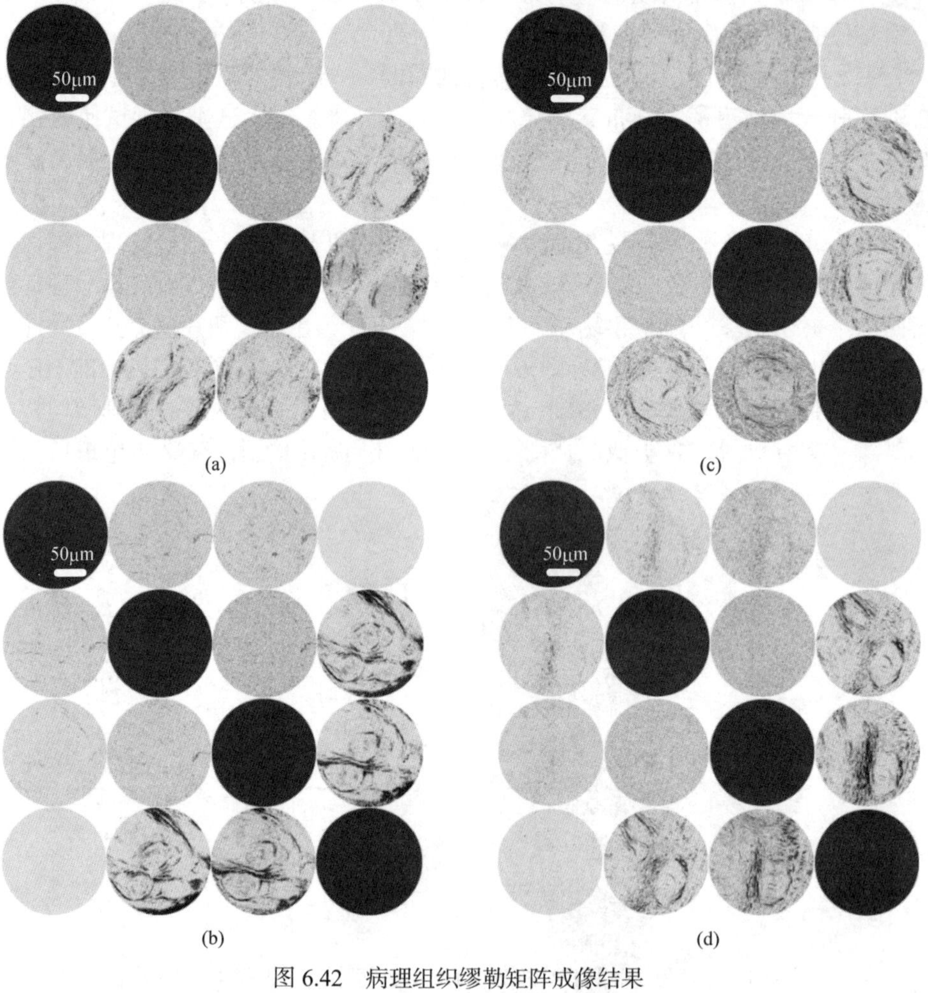

图 6.42　病理组织缪勒矩阵成像结果

(a)和(b)为克罗恩病，(c)和(d)为肠腔结核。对角阵元 m_{11}、m_{22}、m_{33} 和 m_{44} 的取值范围为−1～1，其他阵元的取值范围为−0.1～0.1。所有的阵元都经过 m_{11} 阵元归一化

于(a)图和(b)图所示克罗恩病组织，其 m_{12}、m_{13}、m_{21} 和 m_{31} 稍大，提示肠腔结核组织可能存在微弱的柱散射效应。图 6.42 所示克罗恩病与肠腔结核病理组织的主要结构特征体现在右下角阵元 m_{24}、m_{34}、m_{42} 和 m_{43} 上，表明样品均具有明显的双折射，这些双折射效应主要来源于肉芽肿区域周边的纤维结构。此外发现，(a)图和(b)图中右下角阵元的强度要稍大于(c)图和(d)图，表明克罗恩病组织肉芽肿周围区域的纤维可能比肠腔结核组织肉芽肿附近的纤维更加密集。通过对缪勒矩阵成像结果的定性观察发现，克罗恩病与肠腔结核组织结构存在一些差异。

为了清晰显示克罗恩病与肠腔结核组织的结构异同，这里进一步计算出这些样品的缪勒矩阵提取参数，如图 6.43 所示。(a)图和(b)图为克罗恩病组织切片的缪勒矩阵提取参数图像；(c)图和(d)图为肠腔结核组织的缪勒矩阵提取参数图像。其中，MMPD 参数Δ、δ和θ分别代表退偏、线性相位延迟和双折射取向。可以看到，由于样品厚度有限，退偏参数Δ很小。从相位延迟参数δ和双折射角度参数θ中可以发现，克罗恩病和肠腔结核组织存在以下结构特点与差异：

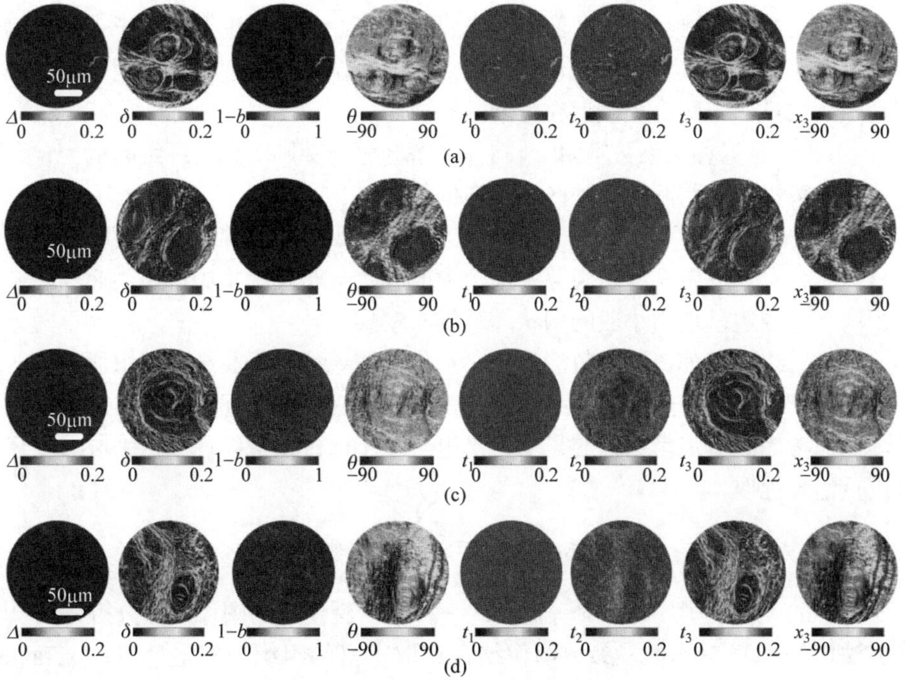

图 6.43　病理组织缪勒矩阵提取参数图像

(a)和(b)为克罗恩病；(c)和(d)为肠腔结核

① 从相位延迟参数δ图像中，无论是克罗恩病还是肠腔结核组织，都可以清晰地看到肉芽肿区域周围的纤维组织包裹，导致肉芽肿和纤维之间的边界非常明显。进一步观察还可以发现，克罗恩病组织肉芽肿周边大股纤维分布较为集中有序，而肠腔结核组织肉芽肿周边呈现出小股的网状纤维排布模式。

② 双折射角度参数θ也具有区分克罗恩病与肠腔结核组织的纤维和肉芽肿区域边界的能力。参数θ图像清晰地显示出有序排布的纤维走向。

③ 通过观察参数δ和θ发现，克罗恩病组织单一区域肉芽肿的数量略高于肠腔结核组织。

这里同样计算了样品的缪勒矩阵变换参数。如图 6.43 所示，缪勒矩阵变换参数包括 $1-b$、t_1、t_2、t_3 和 x_3，分别代表退偏、各向异性、二向色性、相位延迟和双折射角度取向。值得一提的是，在实际的成像检测过程中，缪勒矩阵变换参数计算时间要显著快于 MMPD 参数，而相应的参数成像对比度非常近似。这意味着在临床应用面临快速诊断需求或样本量较大的情况下，缪勒矩阵变换相比较于 MMPD 可能具有更好的应用前景。从缪勒矩阵变换参数图像中同样可以发现：

① 由于病理组织切片厚度有限，代表退偏和散射各向异性的缪勒矩阵变换参数 $1-b$ 和 t_1 值非常小。

② 在二向色性参数 t_2 图像中，肠腔结核组织的对比度要略高于克罗恩病组织。这表明肠腔结核组织病理切片中可能存在一定程度的柱散射作用，可为两种病理组织的进一步区分提供潜在帮助。

③ 相位延迟相关参数 t_3 和 x_3 同样具备区分肉芽肿区域和纤维的能力，利用这些参数可以准确判断肉芽肿区域所在的位置。

④ 从 t_3 和 x_3 参数图像中能发现克罗恩病组织中的肉芽肿数量要略多于肠腔结核组织，且克罗恩病组织肉芽肿周边大股纤维分布较为集中有序，而肠腔结核组织肉芽肿周边呈现出小股的网状纤维排布模式。

综上，缪勒矩阵提取参数清晰地显示出克罗恩病和肠腔结核组织所具有的结构特征及细微差异，这些定性结论可能为临床病理区分上述组织样本提供潜在帮助。然而考虑到对定量指标的需求，这里进一步通过图像纹理分析手段对上述参数进行信息提取。

2. 克罗恩病和肠腔结核病理组织缪勒矩阵图像的纹理分析

Tamura 方法是由 Tamura 等提出的一种被广泛使用的图像纹理分析方法[41]。该方法能与缪勒矩阵提取参数图像结合获取丰富的组织结构定量信息。Tamura 方法获取的纹理特征主要包括粗糙度(F_{crs})、对比度(F_{con})、方向度(F_{dir})、线性度(F_{lin})、规则度(F_{reg})和粗略度(F_{rgh})。下面简要介绍这 6 个指标。

① 粗糙度(F_{crs})：粗糙度表征图像纹理的粒度，当不同纹理的特征尺寸不同

时，图像中较小基元尺寸给人更加光滑的感受，若图像大小为 $2k \times 2k$ 个像素，那么它的图像平均强度值可由下式计算得到：

$$A_k(x,y)=\sum_{i=x-2^{k-1}}^{x+2^{k-1}-1}\sum_{j=y-2^{k-1}}^{y+2^{k-1}-1}\frac{g(i,j)}{2^{2k}} \tag{6-7}$$

式中，k=0, 1, 2, ⋯, 5 为不同位点的像素灰度值大小。对不同像素分别计算其正交且不重叠的区域，则可由式(6-8)计算出其平均强度：

$$\begin{aligned}E_{k,h}(x,y)&=\left|A_k\left(x+2^{k-1},y\right)-A_k\left(x-2^{k-1},y\right)\right|\\E_{k,v}(x,y)&=\left|A_k\left(x,y+2^{k-1}\right)-A_k\left(x,y-2^{k-1}\right)\right|\end{aligned} \tag{6-8}$$

在单一像素中设置合适的 E 值和 k 值，有 $S_{\text{beat}}(x, y) = 2^k$，则粗糙度可以通过计算整幅图像的 S_{beat} 平均值得到，即

$$F_{\text{crs}}=\frac{1}{m\times n}\sum_{m}^{i=1}\sum_{n}^{j=1}S_{\text{beat}}(i,j) \tag{6-9}$$

② 对比度(F_{con})：通过统计图像像素的分布表征不同图像给人的清晰与模糊的直观感受。对比度取决于图像黑白两极分化程度、灰度动态范围、模式周期及图像边缘锐度四个因素，如下所示：

$$F_{\text{con}}=\frac{\sigma}{\alpha_{1/4}^{4}},\quad \alpha_4=\frac{\mu_4}{\sigma^4} \tag{6-10}$$

式中，μ_4 为四次矩；σ^2 为方差。

③ 方向度(F_{dir})：方向度可定量化表征特定图像区域的纹理方向特征，即用数值大小表示图像在某一部分上的纹理是集中还是发散。方向度计算公式如下：

$$\begin{aligned}|\Delta G|&=\frac{(\Delta H+\Delta V)}{2}\\\Theta&=\arctan\left(\frac{\Delta V}{\Delta H}\right)+\frac{\pi}{2}\end{aligned} \tag{6-11}$$

式中，ΔV 和 ΔH 分别为正交方向上水平和垂直的变化量。得到变化量后，角度 Θ 可用直方图 H_D 表示并进行离散处理，最后统计大于阈值的像素 $|\Delta G|$。将得到的量化结果作图后，可发现图像峰值一般出现在具有方向性的像素区域，而没有明显方向性的图片则显得比较平坦，计算公式为

$$F_{\text{dir}}=\sum_{n_p}^{p}\sum_{\Phi\varepsilon W_p}\left(\Phi-\Phi_p\right)^2 H_D(\Phi) \tag{6-12}$$

④ 线性度(F_{lin})：当图像中一个方向及其相邻方向的纹理分布角度近似相等时，可认为这样的一组边缘点集属于一条线段。为了更加具象化描述线性度，可

建立起灰度共生矩阵 $\boldsymbol{P}_{Dd}$，同时将共生矩阵中同一方向用+1 表示，垂直方向用−1 表示，线性度的表达式为

$$F_{\mathrm{lin}}=\frac{\sum_{i}^{n}\sum_{j}^{n}P_{Dd}(i,j)\cos\left[(i-j)\frac{2\pi}{n}\right]}{\sum_{i}^{n}\sum_{j}^{n}P_{Dd}(i,j)} \tag{6-13}$$

式中，$\boldsymbol{P}_{Dd}$表示 $n\times n$ 大小的局部方向共生矩阵。

⑤ 规则度(F_{reg})：规则度的定义为

$$F_{\mathrm{reg}}=1-r(\sigma_{\mathrm{crs}}+\sigma_{\mathrm{con}}+\sigma_{\mathrm{dir}}+\sigma_{\mathrm{lin}}) \tag{6-14}$$

式中，r 为归一化因子，每一个 σ_{xxx} 都代表相应 f_{xxx} 的标准差，xxx 取 crs、con、dir、lin。在本节中，缪勒矩阵提取参数在规则度参数上的表征并不明显，因此在之后的计算中略去了规则度。

⑥ 粗略度(F_{rgh})：粗略度指图像的视觉粗糙与否，具体定义为

$$F_{\mathrm{rgh}}=F_{\mathrm{crs}}+F_{\mathrm{con}} \tag{6-15}$$

因此粗略度可视为粗糙度和对比度的综合表征。

通过分析发现，克罗恩病和肠腔结核组织的主要结构信息体现在与双折射相关的缪勒矩阵提取参数上。由于 MMPD 与缪勒矩阵变换参数具有类似的对比度，这里选择 MMPD 参数δ和θ来进行图像纹理分析。针对参数δ和θ所获结论同样适用于参数 t_3 和 x_3。首先将参数δ和θ进行灰度化处理，然后结合参数值与病理医生的判断结果划分出肉芽肿所在区域，结果如图 6.44 所示，其中虚线所示为肉芽肿区域边界位置，箭头指示肉芽肿区域。

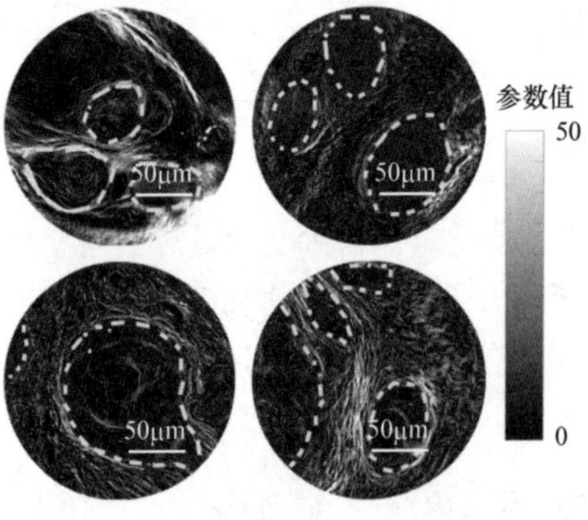

(a) 参数δ灰度图

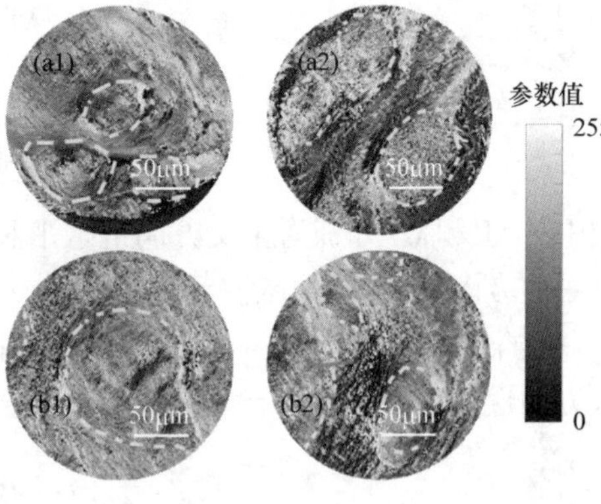

(b) 参数θ灰度图

图 6.44　参数δ和θ的灰度图

这里选取 10 例克罗恩病与 10 例肠腔结核组织病理切片的参数δ和θ进行分析。如图 6.44 所示，(a)图中(a1)和(a2)为克罗恩病组织参数δ归一化灰度图，(b1)和(b2)为肠腔结核组织参数δ归一化灰度图，(b)图中(a1)和(a2)为克罗恩病组织参数θ归一化灰度图，(b1)和(b2)为肠腔结核组织参数θ归一化灰度图。结合临床病理医生的辅助指导，在上述组织的纤维区域和肉芽肿区域分别随机选取 10 个范围为 50 × 50 像素大小的方形区域。取样后对数据点进行 Tamura 图像纹理特征分析计算。如式(6-16)所示，用代表纤维区域的指标数值 V_{fiber} 除以代表肉芽肿区域的指标数值 $V_{\text{tuberculosis}}$，进而得到一个比值 K_{value}。该比值将辅助定量比较不同指标在病理组织不同区域内的差异，其表达式为

$$K_{\text{value}} = \frac{V_{\text{fiber}}}{V_{\text{tuberculosis}}} \tag{6-16}$$

3. *克罗恩病和肠腔结核病理组织缪勒矩阵图像的定量诊断参数提取*

对于参数δ和θ，其对比度 F_{con}、方向度 F_{dir} 和线性度 F_{lin} 在克罗恩病和肠腔结核组织中具有显著且规律的区别。参数δ和θ的对比度、方向度和线性度分布如图 6.45 所示。由图中所示结果可以看出：

① 对于对比度参数，克罗恩病组织较肠腔结核组织分布更为集中，同时均值更小，表明肠腔结核样品典型区域的像素平均值和离散度对比强度要高于克罗恩病组织。

② 克罗恩病组织的方向度大于肠腔结核组织，代表克罗恩病组织的图像纹理分布更为集中。

③ 肠腔结核组织的图像纹理线性度高于克罗恩病组织，代表肠腔结核组织图像纹理相较于克罗恩病组织图像纹理具有更好的线性排列程度。

基于图 6.45 所示参数δ结果可获得以下结论：

① 对比度参数取值分布于 1～2 时样本更可能为克罗恩病组织，分布于 3～8 时样本更可能为肠腔结核组织。

② 方向度参数取值分布于 0.3～0.8 时样本更可能为克罗恩病组织，而分布于 0.1～0.4 时样本更可能为肠腔结核组织。

③ 线性度参数取值分布于 0～2.5 时样本更可能为克罗恩病组织，而分布于 6～9 时样本更可能为肠腔结核组织。

这里进一步对角度取向参数θ进行类似的 Tamura 图像纹理分析。图 6.46 所示为参数θ对比度、方向度和线性度 3 个指标的箱形图，从中可以得出如下结论：

① 对于对比度参数，克罗恩病组织同样要比肠腔结核组织分布密集且数值更小，代表克罗恩病组织图像纹理对比度强度较低。

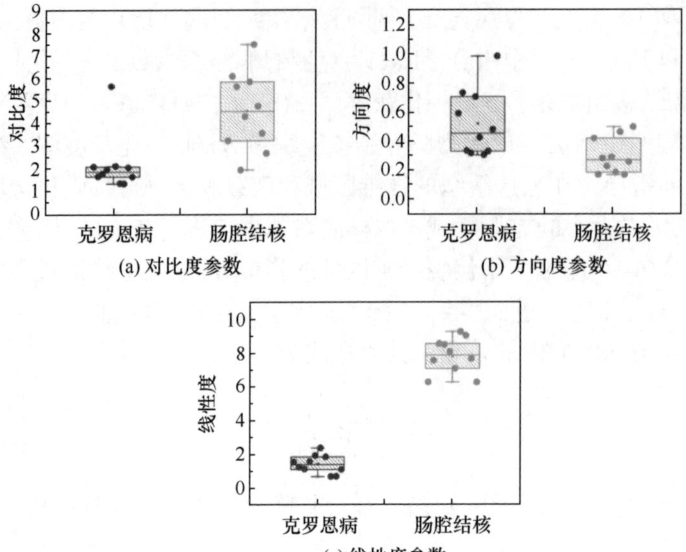

(a) 对比度参数　　(b) 方向度参数

(c) 线性度参数

图 6.45　参数δ灰度图像的 Tamura 纹理分析结果

深色箱形及数据点代表克罗恩病样品，浅色箱形及数据点代表肠腔结核样品，余同

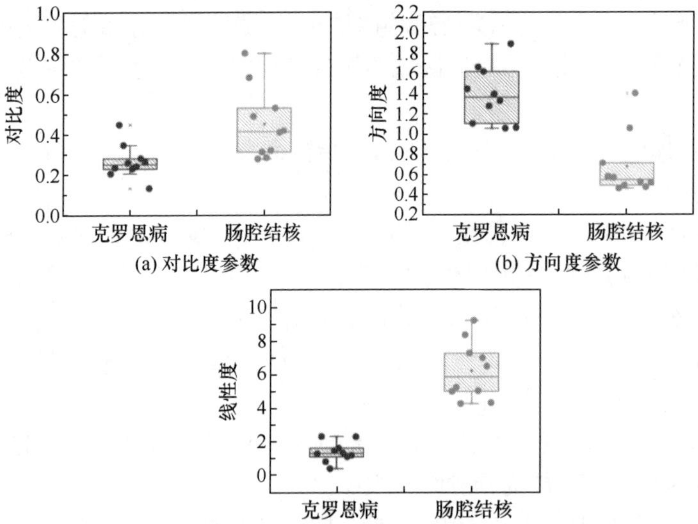

(a) 对比度参数　　(b) 方向度参数

(c) 线性度参数

图 6.46　参数θ灰度图的 Tamura 纹理分析结果

② 克罗恩病组织图像纹理的方向度分布和均值均显著大于肠腔结核组织图像，说明克罗恩病组织的图像纹理分布更加集中。

③ 肠腔结核组织图像纹理的线性度分布和均值均显著高于克罗恩病组织图像纹理，代表肠腔结核组织的图像纹理相较于克罗恩病组织而言更呈线性

排列分布。

基于图 6.46 所示参数θ结果可以得到如下定量区分结论：

① 对比度参数取值分布于 0.1～0.3 时样本更可能为克罗恩病组织，分布于 0.3～0.6 时样本更可能为肠腔结核组织。

② 方向度参数取值分布于 1.0～1.9 时样本更可能为克罗恩病组织，分布于 0.4～0.7 时样本更可能为肠腔结核组织。

③ 线性度参数取值分布于 0～2.5 时样本更可能为克罗恩病组织，分布于 4～9 时样本更可能为肠腔结核组织。

综合上述基于参数δ和θ的 Tamura 图像纹理分析发现，方向度 F_{dir} 和线性度 F_{lin} 具有最佳的区分克罗恩病组织与肠腔结核组织的能力，同时两个参数表征的结构特点紧密联系。为此本节尝试进一步通过线性度值 F_{lin} 除以方向度值 F_{dir}，得到图 6.47 所示的新参数。

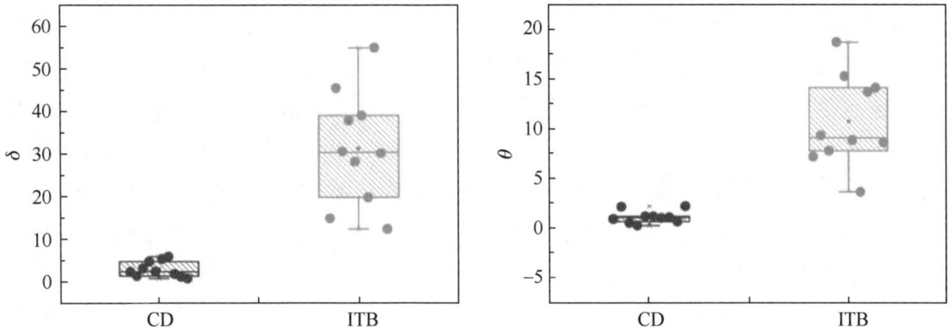

(a) 参数δ　　(b) 参数θ

图 6.47　参数δ和θ的 F_{lin}/F_{dir} 参数箱形图

通过对该参数箱形图的分析发现：

① 对于参数δ而言，克罗恩病组织的新对比参数均值要低于肠腔结核组织且分布更为集中，表明相比于克罗恩病组织，肠腔结核组织图像纹理呈线性排列。

② 对于参数θ而言，克罗恩病组织的新对比参数均值同样低于肠腔结核组织且分布集中，进一步确认了相比于克罗恩病组织，肠腔结核组织图像纹理的线性排列特点。

基于图 6.47 所示线性度与方向度比值 F_{lin}/F_{dir} 可得出如下定量区分结论：

① 参数δ的取值分布于 0～10 时样本更可能为克罗恩病组织，分布于 15～55 时样本更可能为肠腔结核组织。

② 参数θ的取值分布于 0～3 时样本更可能为克罗恩病组织，分布于 7～20 时样本则更可能为肠腔结核组织。

6.1.7 大数据分析方法用于病理组织缪勒矩阵信息提取

鉴于缪勒图像数据具有强烈的空间和偏振关联性，近几年各种大数据分析方法被用于寻找不同类型样本所具有的特异性偏振特征，例如利用支持向量机、线性支持向量机和支持向量机网络分析等大数据分析方法，利用现有偏振参量组合成新的特异性偏振参量，针对不同病理组织区分诊断的需求进行应用尝试。

数字化整张病理组织的全视野数字切片图像(whole slide image，WSI)的过程促使了数字病理学中机器学习的发展，以帮助完成各种病理诊断中的任务。结合缪勒矩阵测量技术和机器学习方法，这里提出一种新的线性或者非线性偏振特征参数(polarimetry basis parameter，PFP)提取方法，这些参数有潜力自动识别病理切片组织中的目标微观结构或者作为评估疾病病理分期的诊断指标，可成为组织病理学数字化和计算机辅助诊断的有力工具。

这里对健康乳腺组织、乳腺纤维瘤、乳腺导管癌和乳腺黏液癌等典型乳腺组织的 HE 病理切片进行显微缪勒矩阵成像。以缪勒矩阵分解得到的参数集和以前研究中的偏振参数集作为训练模型的输入数据 PBPs。算法模型框架如图 6.48 所示。输入为病理样品一系列的原有偏振参量，目标微观结构的 label 由经验丰富的病理医生提供，算法模型基于 LDA 的损失函数可以不断减少输入 PBPs 的个数，最后将个数减至最少，将识别目标微观结构准确率最高的 PBPs 组合的线性映射作为输出，即输出能够表征目标微观结构的新的偏振特征参数 PFP，PFP 是原有偏振参数 PBPs 的简化线性组合。这里可以获得 12 个 PFPs 来描述每个典型乳腺病理组织中与癌症相关的 3 个病理特征，即细胞核、排列整齐的胶原纤维和正常的胶原纤维，表征结果如图 6.48(b)所示。本节在 224 个感兴趣区域内完成了 PFP 的训练和测试，并以相应的 HE 图像为基础，对 PFPs 的性能进行验证。结果表明：①PFPs 在识别致癌相关微观结构方面的性能是令人满意的(AUC 为 0.87～0.94，准确度为 0.82～0.91，精度为 0.81～0.95，召回率为 0.80～0.98)，它有可能使诊断过程自动化，并预测患者的生存和预后；②PFP 是具有物理意义的 PBP 的简化线性函数，为目标病理特征提供定量表征，并允许对物理解释进行深入分析；③受益于偏振成像(对亚波长微结构敏感，对成像分辨率不太敏感)的优势，高灵敏度的 PFPs 具有在低分辨率、宽视场系统中快速扫描和定量分析整个病理切片的潜力。

为了定量表征更具有特异性的微观结构，这里根据目标微观结构特征和相应的偏振特性设计了一个神经元网络，输出更为复杂的非线性 PFPs。图 6.49 为用于非线性特异性偏振参数提取的神经元网络框架图。这里利用贝叶斯决策理论和条件概率模型，在不断增加的给定条件下(对应于更具体的乳腺病理微观结构)，从 PBPs 中寻找非线性组合。之前的工作中推导出了可以表征乳腺组织中所有类

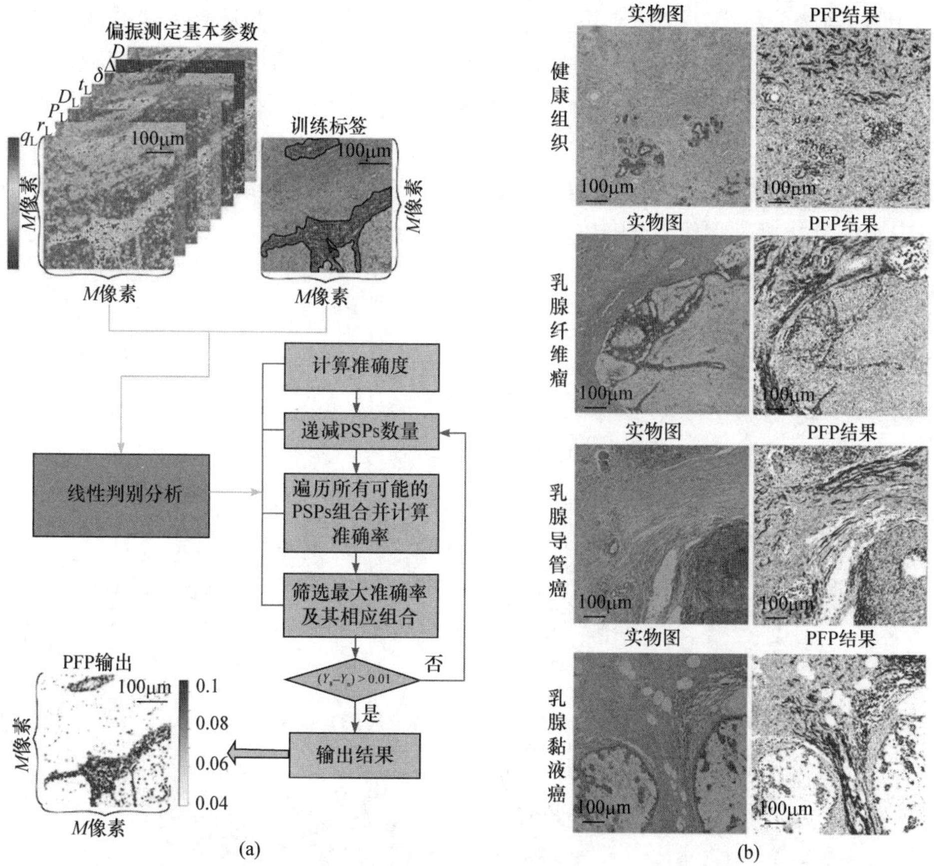

图 6.48　线性分类器应用算法流程及效果图

(a)为基于线性分类器提取线性偏振特征参数算法流程图；(b)为线性 PFPs 表征不同乳腺组织中的特异性微观结构。蓝色像素点表征细胞核，红色像素点表征增生纤维，橙色像素点表征正常纤维

型细胞核的 PFPs，作为 PBPs 最简单的线性组合，这里称为 *P*(cell)。为了进一步提取能够表征癌细胞核的 PFPs，本书在假设所有像素都是细胞的条件下，利用 Lasso 回归方法提取一个临时 PFP 作为 PBPs 的线性组合 *P*(cancer cell | cell)，以区分正常细胞和癌细胞。根据贝叶斯理论，*P*(cell)和 *P*(cancer cell | cell)相乘得到最终的非线性 PFP，即 *P*(cancer cell)，可以定量描述复杂乳腺组织中癌细胞核的偏振特征。同样，通过继续添加神经元(每个神经元都是一个条件概率模型)，这里分别提取两个非线性 PFPs，这两个 PFPs 在定量描述乳腺组织中高分化程度的癌变细胞和低分化程度的癌变细胞方面具有很大潜力。如图 6.49 所示，*P*(cancer cell)可以定量表征乳腺组织中的癌变细胞，*P*(low level cancer cell)和 *P*(high level cancer cell) 分别用于从复杂乳腺组织中定量识别高分化程度和低分化程度的乳腺癌变细胞。这项技术为临床上癌细胞的初步筛查和定量分级铺平了道路。和

MLP 等网络分析方法相比，设计的网络模型每一层结构都具有一定的物理和微观结构可解释性。和传统的病理诊断相比，本节提出的方法不依赖于细胞结构形态学对细胞的癌化程度进行诊断，而是通过寻找不同癌变细胞所具有的特异性偏振特征对其进行表征，因此提取出来的非线性 PFPs 具有在低分辨率宽视场系统中定量识别不同癌变细胞的潜力。例如，图 6.50 显示了非线性 PFPs 表征乳腺组织中不同分化级别癌细胞的能力。

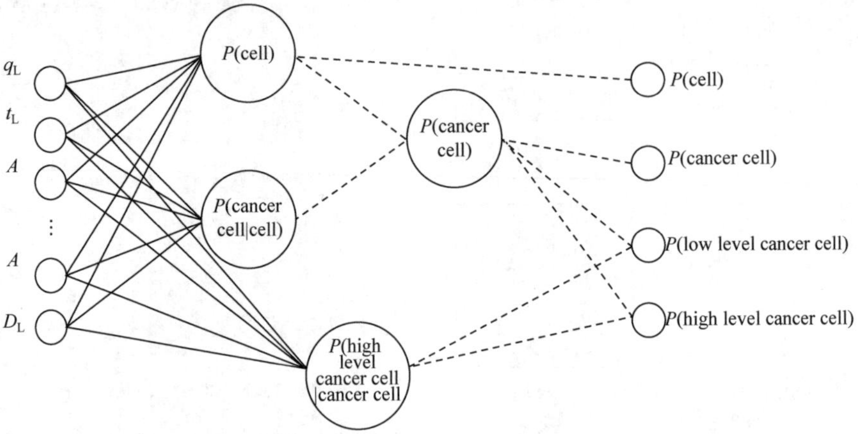

图 6.49　用于非线性特异性偏振参数提取的神经元网络框架图

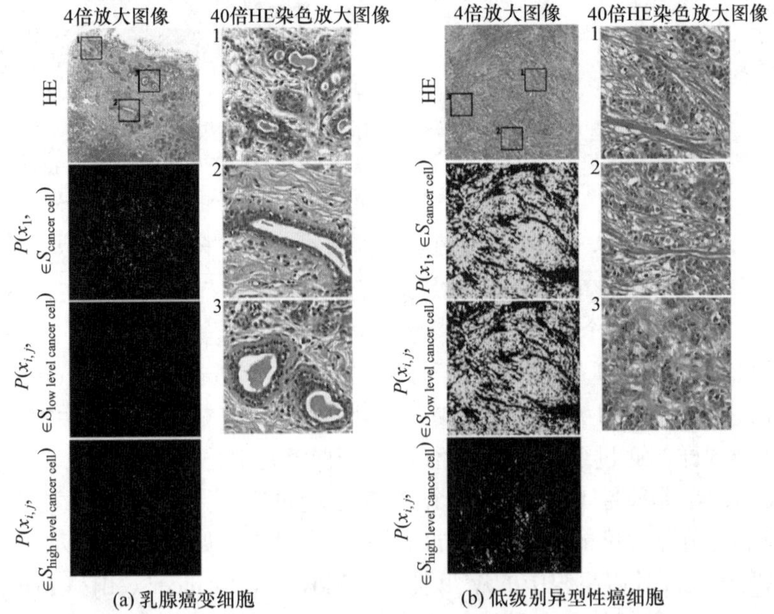

(a) 乳腺癌变细胞　(b) 低级别异型性癌细胞

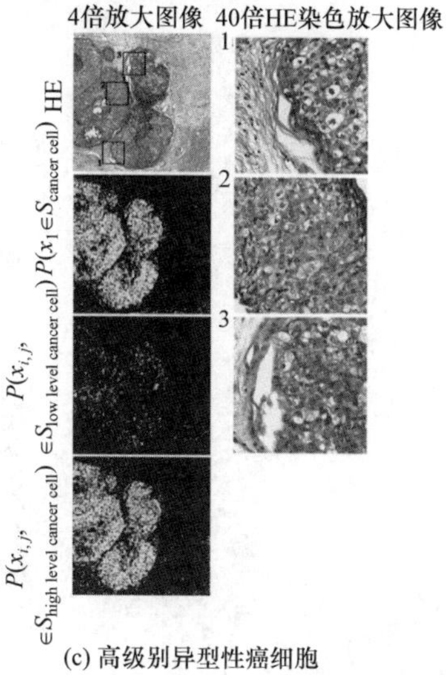

(c) 高级别异型性癌细胞

图 6.50　非线性 PFPs 表征乳腺组织中不同分化级别的癌变细胞

除此之外，基于偏振特征对病理切片进行诊断的方法还可以与现有的图像技术相结合，充分提取病理样品的结构信息，扩展 PFP 提取方法及探索 PFP 在病理诊断中更多的应用前景。例如，本节提出了一个缪勒成像和传统显微成像相结合的框架，构建了一个分类结果精确且具有泛化性能和物理可解释性的双模态机器学习框架。这里使用宫颈上皮内瘤变分级任务证明了所提框架的可行性，该框架提取了一个 PFP 来定量表征在 HE 病理切片中随着宫颈癌前病变进展特异性微观结构的变化，从而为宫颈上皮内瘤变病理分级提供定量指标。图 6.51 展示了双模态机器学习模型框架图：①在宫颈组织样本的 HE 图像中，使用 U-net 深度学习模型分割上皮区域-宫颈上皮内瘤变诊断的目标区域。通过配准矩阵 T 变换，生成掩模 M，直接投影选择 PBPs 中的目标像素，即选择宫颈组织中上皮区域内的偏振特征；②将标记为正类别的正常宫颈组织样本和标记为负类别的宫颈上皮内瘤变样本的 PBPs 中目标像素作为基于统计距离的机器学习分类器的输入数据。本书通过设计分类器的损失函数，使导出的 PFP 充分利用宫颈上皮内瘤变偏振数据的特点，更加符合临床诊断需求。PFP 是具有物理意义的 PBPs 的简化线性函数。通过分析 PFP 的统计特征，如平均值、标准差、峰度、偏度等，将 PFP 的分布与宫颈癌前组织病变进展过程中特定微结构变化密切关联起来。这种密切关系有可能将宫颈病理标本定量区分为正常、宫颈上皮内瘤变 1、宫颈上皮内瘤变 2 或宫颈上皮内瘤变 3。

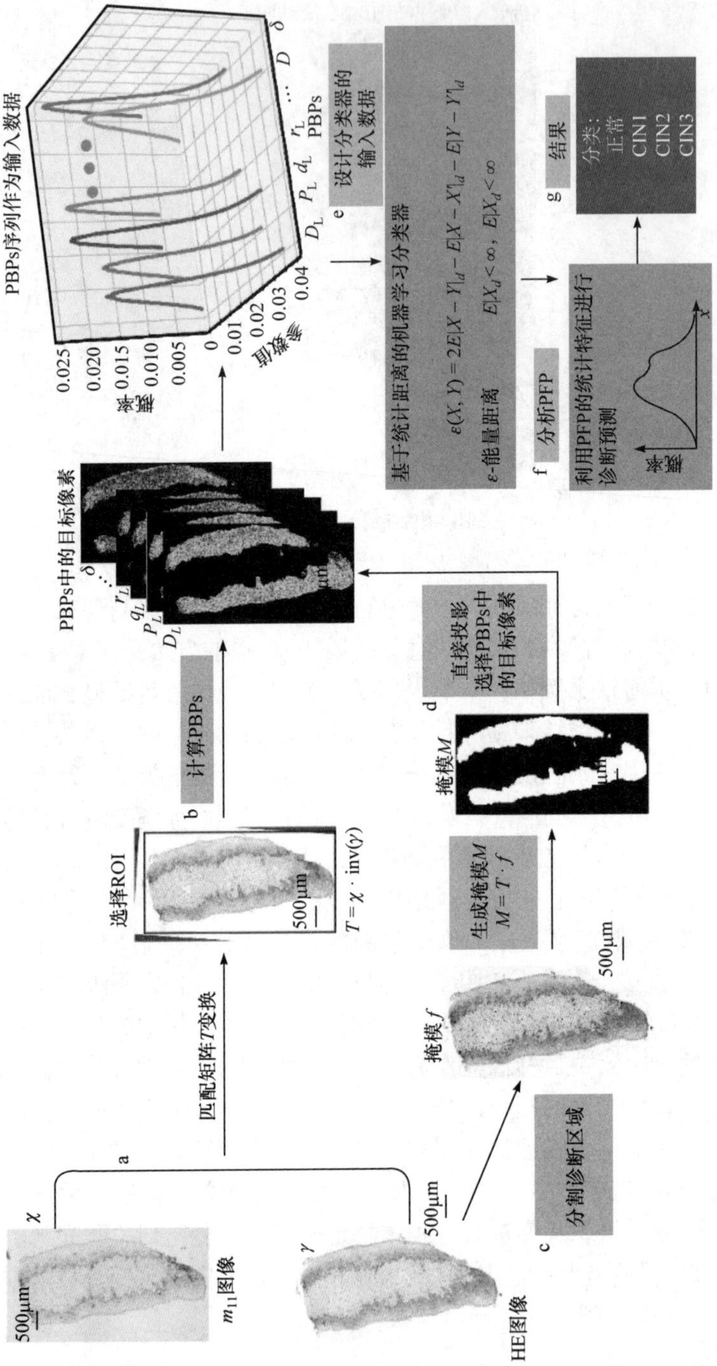

图6.51　基于偏振成像机器学习框架对宫颈癌前病变的定量诊断

该示意图概述了从宫颈组织样本的缪勒矩阵图像和HE图像的输入到PFP的输出获取宫颈上皮内瘤变诊断指标的步骤

该模型采用常规图像技术对病理图像进行宏观结构识别和目标区域分割，采用新兴的偏振方法提取目标区域的微观结构信息。通过病理图像与组织样本偏振信息的互补，提取用于病变诊断的定量指标，在低分辨率、宽视场系统中实现了对宫颈癌前病变的可解释、定量诊断，提高了诊断的灵敏度和准确性。本书所提框架旨在扩展当前图像密集型数字病理学，为定量医学诊断带来新的可能性。

6.2　厚组织及在体成像

偏振成像与检测技术可以抑制来自深层组织的扩散光子对图像的影响，提升浅层组织的成像质量[42-44]；同时，对散射光子偏振态的测量与分析可以获取散射组织的微观结构信息。由于以上两个特点，偏振光成像与检测技术在生物医学领域得到越来越多的应用[45-49]，如获取有关浅层组织细胞核大小、密度和形态等组织病理学中的关键参数[50]。特别地，将偏振成像与内窥镜相结合，有利于充分发挥偏振成像的两大特点：提升生物组织浅表层成像质量，获得更丰富的病理结构信息。许多癌变都是在器官内腔表面真皮层内产生，因此缪勒内窥成像对癌变早期诊断有诱人的应用前景。目前国际上多个研究组正在致力于缪勒矩阵内窥镜的研究且取得了重要进展：偏振内窥硬镜包括 3 × 3[51]和 4 × 4 缪勒矩阵内窥镜[52]；基于光谱差分测量的可弯曲软性缪勒矩阵内窥镜[53]实现了点扫描方式获得缪勒矩阵图像[54]；基于多个多模可弯曲光纤组合的柔性缪勒矩阵成像内窥镜能够准确地测量生物组织的 3 × 3 缪勒矩阵[55]。本节将展示一些将缪勒矩阵成像方法应用于厚组织及在体成像方面的工作。

6.2.1　皮肤紫外线损伤过程的定量监测

皮肤组织由弹性纤维、胶原纤维和蛋白质多糖构成的基质组成。若长期暴露在紫外线辐射(UVR)中，它的结构很容易受到损害[56-58]。人们采用许多方法来预防由每日紫外线照射引起的皮肤老化和疾病，如各种防晒霜的使用。然而，由于缺乏无损伤非接触地获取皮肤组织结构信息的有效方法，很难实时地判定紫外线照射对皮肤的损伤程度及防晒霜的使用效果[59]。因此，一种非接触和低成本的定量检测皮肤组织结构变化的技术将有助于护肤品和皮肤健康的监测。在过去的几十年中，非侵入性的光学技术，如激光共聚焦扫描和光学相干断层成像(OCT)已被应用于人体皮肤成像[60,61]。许多研究表明，OCT 是一种通过对表皮和真皮浅层在体成像来评估紫外线对皮肤损伤的很有前景的技术[62]。通过 OCT 技术能够无创检测由紫外线损伤引起的皮肤结构改变和炎症反应[63,64]。偏振成像作为一种非接触的组织微观结构原位在体测量技术有很多独特的优势。它不仅能够提高浅表层组织成像的对比度，而且对组织微观结构的变化非常敏感，尤其适用于检测胶原和弹性纤维的结构变化[65]。除此之外，缪勒矩阵和斯托克斯偏振测量技术具有很好的兼容性，能和其他的光学技术结合，从而提供更多组织微观结构的信息。研究证明，偏振分辨二次谐波显微镜能够用来判断不同组织中胶原纤维的变化[27]。因此，缪勒矩阵成像技术在生物组织检测中的应用越来越广泛。

1. 皮肤样品及紫外线损伤过程

本节(如图 6.52 中的方框标出)为了对皮肤样品诱导产生能够自我修复的紫外线损害，连续三天对裸鼠背部区域进行每天五分钟的紫外线照射(0.05J/cm^2)。暴露于 0.05J/cm^2 的紫外线照射下能够在一定程度上损害裸鼠的皮肤[66]。例如，用 0.05J/cm^2 剂量的紫外线照射 30 周，每周三次，则 27%～33%的裸鼠皮肤样品将会生成黑色素瘤而不能完成自我修复。紫外照射装置的光源是两个型号为 F15T8 的 UV-B 灯管(波长为 290nm)。UV-B 灯管与裸鼠皮肤的距离约为 30cm。样品表面区域的功率密度约为 170μw/cm^2。在这种照射过程中，皮肤的微观结构遭到破坏。每次紫外线损伤后，测量得到样品的背向散射缪勒矩阵，并定量研究缪勒矩阵变换参数和皮肤微观结构变化之间的关系。同样，在随后的自我修复阶段，相同皮肤区域的缪勒矩阵在三到四天的时间内每间隔 24 小时测量一次，直到皮肤样本几乎恢复到原来的状态。为了避免数据采集过程中因皮肤运动而产生的实验误差，对裸鼠注射了水合氯醛(10%)以确保它们在测量过程中保持静止。为了确保每次测量和分析都是裸鼠背部区域的同一位置，在第一次缪勒矩阵成像之前用黑色标记笔将裸鼠背部皮肤的成像区域画上正方形进行标记。此外，本节也制备了相应的裸鼠皮肤样品 HE 染色的组织切片来进行组织学病理观察。

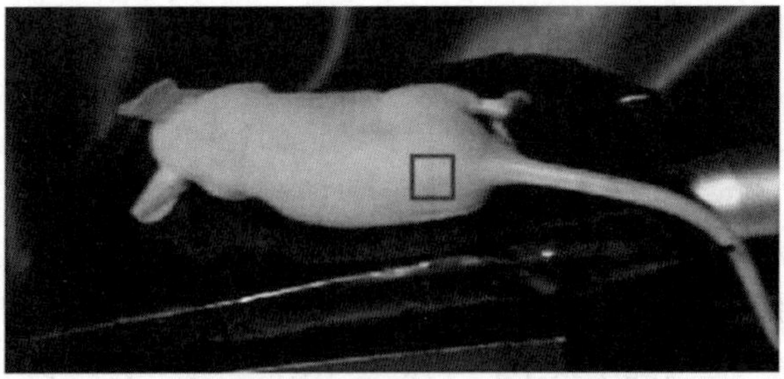

图 6.52　实验中选择的裸鼠皮肤样品

入射光垂直照射在方框(1.5cm × 1.5cm)所标记的区域

2. 皮肤样品的缪勒矩阵及参数成像

图 6.53(a1)～(a3)为在皮肤紫外损伤与自我修复过程中，裸鼠皮肤样本在不

同测量时间的背向散射缪勒矩阵的二维图像：紫外线损伤之前[图 6.53(a1)]；经过 3 天的紫外线照射最严重的紫外线损伤之后[图 6.53(a2)]；自我修复完成之后[图 6.53(a3)]。基于以前的研究，可以从图中得出以下两个结论：首先，m_{22} 和 m_{33} 之间的差异及突出的非对角阵元表明了正常裸鼠皮肤样品的各向异性。由图 6.53(a2)可以观察到 m_{22} 和 m_{33} 之间的差异及非对角阵元的大小，在严重的紫外线损伤之后变得非常小，这表明其各向异性的程度随着紫外线损伤的加深而减少。其次，大多数元素的大小和符号从图 6.53(a1)到图 6.53(a3)都发生了变化，意味着在皮肤紫外线损伤和自我修复过程中纤维结构的排列方向发生了变化。

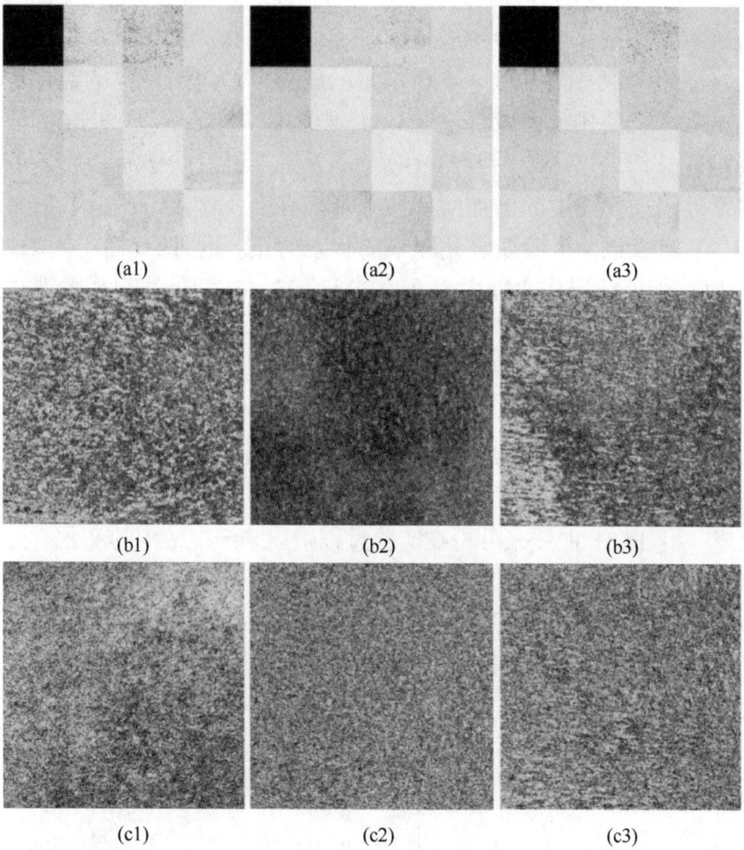

图 6.53　缪勒矩阵和缪勒矩阵变换参数

(a1)～(a3)图中，所有阵元都进行了 m_{11} 归一化。阵元 m_{11}、m_{22}、m_{33} 和 m_{44} 的取值范围为−1～1，其他阵元的取值范围为−0.1～0.1。(b1)～(b3)图中取值范围为 0～1。(c1)～(c3)图中，取值范围为−90°～90°

为了定量提取缪勒矩阵阵元二维图像中隐含的样品微观结构的信息，这里应用缪勒矩阵变换参数来对样品结构进行表征——代表样品各向异性的 A 参数和描述纤维结构排列角度的 α 参数[67,68]。图 6.53(b1)～(b3)和(c1)～(c3)为在不同的测量时间，来自裸鼠皮肤样品的参数 A 和 α 的二维图像。从图中可以清楚地看出，与(b1)图(紫外线损伤之前)和(b3)图(自我修复完成之后)相比，(b2)图(最严重的紫外线损伤之后)参数的平均值最小，这表明裸鼠皮肤样品各向异性的程度随着紫外线损伤的加深而减小，在自我修复过程中又逐步恢复。另外，对于 α 参数，(c2) 图(最严重的紫外线损伤后)中所示其分布更加离散和均匀。相较之下，(c1)图(紫外线损伤之前)和(c3)图(自我修复完成之后)的参数会趋向于某些值集中分布。这些结果表明，参数 α 的分布在裸鼠皮肤紫外线损伤过程中变得更加离散，在自我修复的过程中会逐渐恢复到损伤之前的初始状态。

本节对 20 只裸鼠样品进行紫外线损伤和自我修复实验。20 只裸鼠的缪勒矩阵变换参数 A 和 α 在重复性实验中表现出了相似的变化。这里从 3 只没有使用防晒霜的裸鼠样品中各取一块 400 × 400 像素的成像区域进行具体的数据展示和定量分析。测试表明，使用裸鼠背部皮肤 400 × 400 像素(0.8cm × 0.8cm)的成像区域能够提供稳定的分析结果。如图 6.54(a)所示，3 只裸鼠皮肤样品参数 A 的平均值随着 3 天的紫外线损伤程度的增加而单调下降。在自我修复阶段，参数 A 的平均值逐渐增加，直到 3 或 4 天后恢复到原来的状态为止。此外，(a)图中裸鼠样品参数 A 的平均值在紫外线损伤之前大多在 0.26～0.32，在紫外线损伤最严重之后降低到了 0.20～0.23，在自我修复完成后又几乎增加到初始值。由图 6.55(a)可以看出，虽然由于裸鼠样品的个体差异，参数 A 的起始值不同，但是受损的和健康的皮肤样本可以清楚地被区分。

如前所述，缪勒矩阵参数的频数分布直方图(frequency distribution histogram，FDH)能够以更为清晰的图形形式展示样品的主要结构特点[69]。因此，将参数 α 的二维图像转化成一组 FDH 曲线来分析在实验过程中皮肤纤维结构的变化。参数 α 代表纤维结构的角度，这意味着其 FDH 曲线的标准差和纤维排列的整齐程度密切相关：较大的标准差代表更多紊乱的纤维结构。图 6.54(d)展示了一只裸鼠皮肤样本 α 参数在 3 个时间点的 FDH 曲线。由于每次测量时样品放置的角度取向不

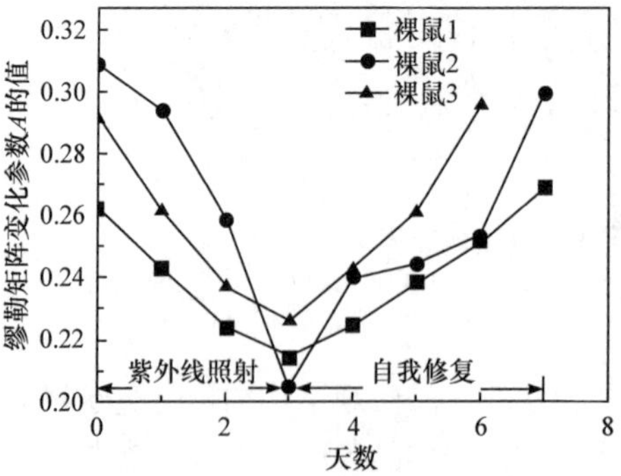

(a) 不使用防晒霜

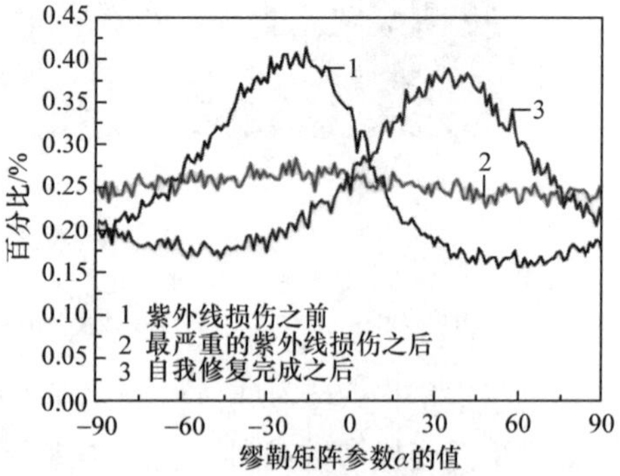

(d) 不使用防晒霜

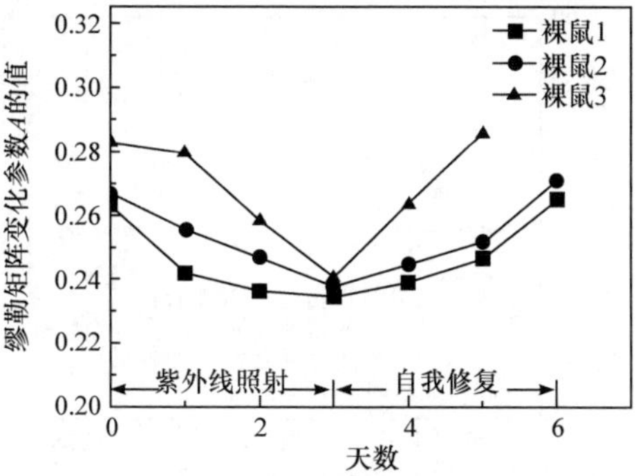

(b) 使用防晒霜

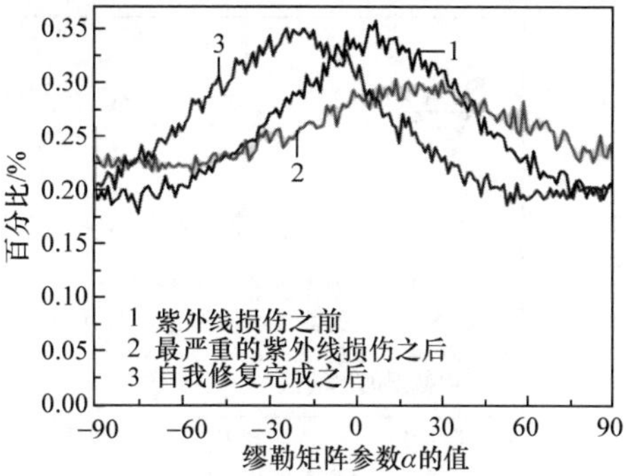

(e) 使用防晒霜

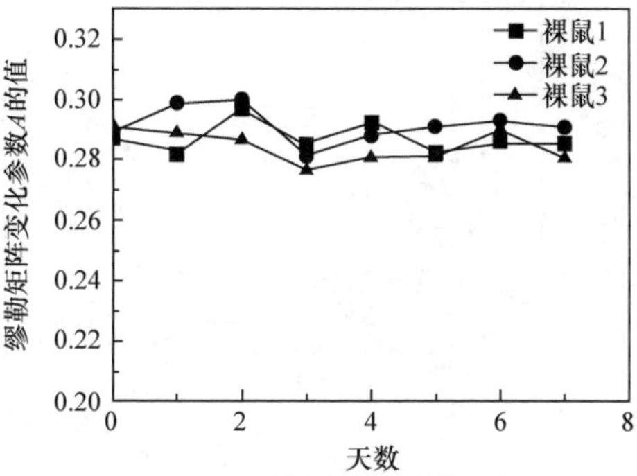

(c) 没有进行紫外线照射

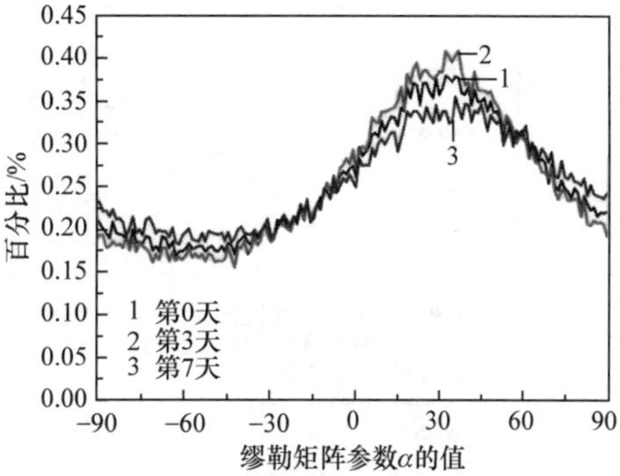

(f) 没有进行紫外线照射

图 6.54　使用防晒霜前后的裸鼠皮肤样品

(a)～(c)图为缪勒矩阵变换参数 A 的平均值：对于不同处理条件下的 3 只裸鼠皮肤样品的测量和计算。水平轴表示实验开始以来的天数。(d)、(e)图为缪勒矩阵变换参数 α 的 FDH 曲线：对于不同处理条件下的单只裸鼠皮肤样品，在不同时间点的测量和计算。(f)图为没有进行紫外线照射的单一裸鼠皮肤样品缪勒矩阵变换参数 α 的 FDH 曲线。FDH 曲线下面积归一化为 1

同，FDH 曲线的峰值位置是不同的。然而，曲线的分布宽度与峰值位置无关，因此被用来作为确定纤维紊乱程度的一项指标。很明显，在紫外损伤最严重的情况下，参数 α 的分布比紫外损伤之前和自我修复完成后变得宽很多。为了定量分析，这里计算了所有 20 只裸鼠参数 α 的标准差，如图 6.55(d)所示。这 20 只裸鼠皮肤样品标准差的平均值在紫外线损伤最严重时(45.44°～54.23°，平均值为 51.02°)比健康皮肤(21.14°～38.06°，平均值为 27.99°)增加了约 23°。此外，完成自我修复后，标准差又近似回到了初始值(21.33°～38.64°，平均值为 28.28°)。这些结果表明，严重的紫外线照射可能损伤正常皮肤组织中有序的纤维，导致纤维的角度取向变得混乱。纤维结构在自修复过程中重新排列，直至恢复到原来的有序度。不同裸鼠皮肤样品的缪勒矩阵参数 A 和 α 随时间变化的特征相似，表明这些偏振参数可以作为定量监测皮肤紫外损伤和自我修复过程中微观结构变化的潜在工具。

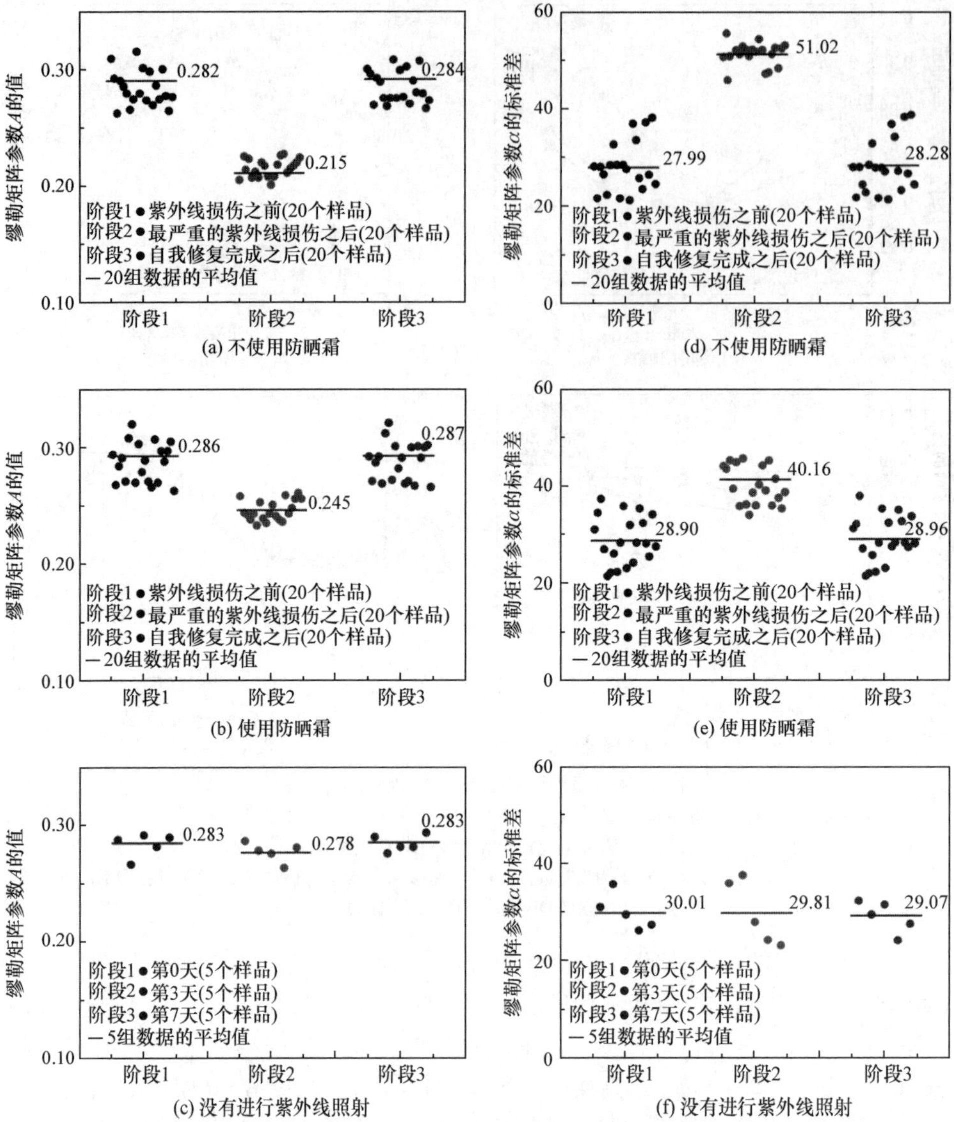

图 6.55　使用防晒霜前后的裸鼠皮肤样品

(a)、(b)图为缪勒矩阵变换参数 A 的平均值：对于不同处理条件下的 20 只裸鼠皮肤样品，在不同的时间点的测量和计算。(c)图为缪勒矩阵变换参数 A 的平均值：对于没有进行紫外线照射的 5 只裸鼠皮肤样品的测量和计算。(d)、(e)图为缪勒矩阵变换参数 α 的标准差：对于不同处理条件下的 20 只裸鼠皮肤样品，在不同的时间点的测量和计算。(f)图为没有进行紫外线照射的 5 只裸鼠皮肤样品缪勒矩阵变换参数 α 的标准差

本节对另外 20 只使用了防晒霜的裸鼠皮肤样本进行缪勒矩阵分析。防晒霜的主要成分及其浓度为阿伏苯宗(3%)、胡莫柳酯(8%)，辛水杨酯(5%)、氰双苯丙烯酸辛酯(7%)，氧苯酮(4%)、氧化锌(4%)、钛(IV)和氧化物(6%)。紫外线防护系

数为 SPF 50，PA+++。根据说明书的指导，在进行紫外线照射前 30 分钟将防晒霜作用于裸鼠皮肤样品上。本研究中使用的防晒霜剂量为 2mg/cm²。图 6.54(b)和(e)分别展示了 3 只使用了防晒霜的裸鼠皮肤样品缪勒矩阵变换参数 A 的平均值和其中一只的 α 参数在 3 个时间点的 FDH 曲线。对于有防晒霜保护的裸鼠皮肤样品，在紫外线损伤的前 3 天参数 A 平均值的下降幅度比没有防晒霜防护的皮肤样品[图 6.54(a)]小。而且，在皮肤紫外线损伤过程中，参数 α 的标准差增加幅度比较小，皮肤样品完成自我修复的时间也更短(两天或三天)。如图 6.55(b)和(e)所示，在这项研究中，所有使用防晒霜的 20 只裸鼠参数 A 的平均值在紫外线损伤阶段减少了 0.03～0.04 个单位。与健康的皮肤样品相比，参数 α 的标准差增加了约 10°，这些参数的变化幅度都低于不使用防晒霜的皮肤样品变化幅度的 50%。

为了排除实验中皮肤结构自然变化对缪勒矩阵变换参数的影响，另外选择了 5 只裸鼠作为实验的对照组。图 6.54(c)和(f)、图 6.55(c)和(f)表明，对于不进行紫外线照射的裸鼠，参数 A 的平均值和 α 的标准差在实验过程中都比较稳定。这些数据表明，通过非接触式的背向缪勒矩阵成像技术对裸鼠皮肤微观结构的定量评估，表明防晒霜对皮肤具有一定的紫外线防护作用。初步实验结果证实，正确使用 SPF 50 的防晒霜能明显减少紫外线对皮肤微观结构的损伤，这个结论也符合预期。

3. 皮肤样品紫外损伤过程微观结构变化的模拟

为了验证微观结构的变化与缪勒矩阵参数之间的关系，这里准备了裸鼠皮肤在紫外线损伤之前、最严重的紫外线损伤之后和完成自我修复之后[图 6.56(a1)～(a3)]的 HE 染色切片。在图 6.56(a2)所示的紫外线损伤区域，纤维出现解体紊乱，炎性细胞增多且向紫外线损伤最严重的皮肤表面附近聚集，并且角质层因紫外线损伤反应而增厚。相反，紫外线损伤前[图 6.56(a1)]和自我修复完成之后[图 6.56(a3)]的皮肤 HE 染色切片中有大量排列相对整齐的纤维和少量的炎性细

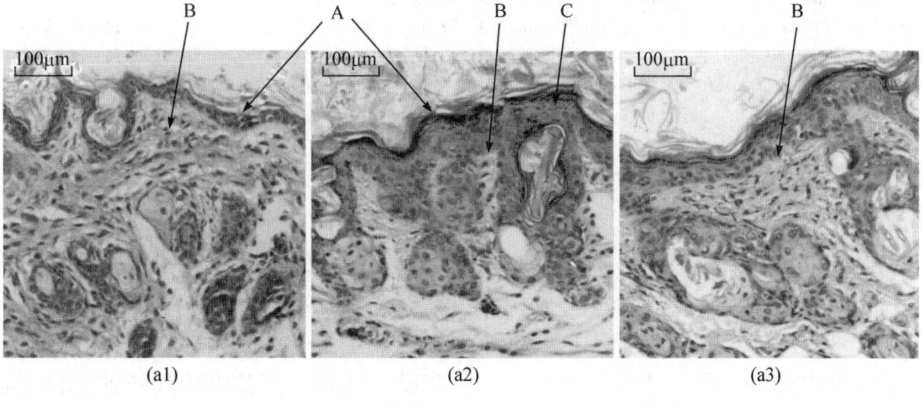

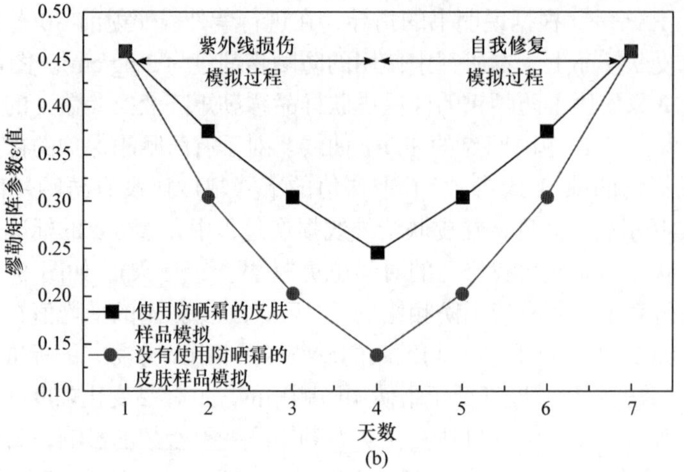

(b)

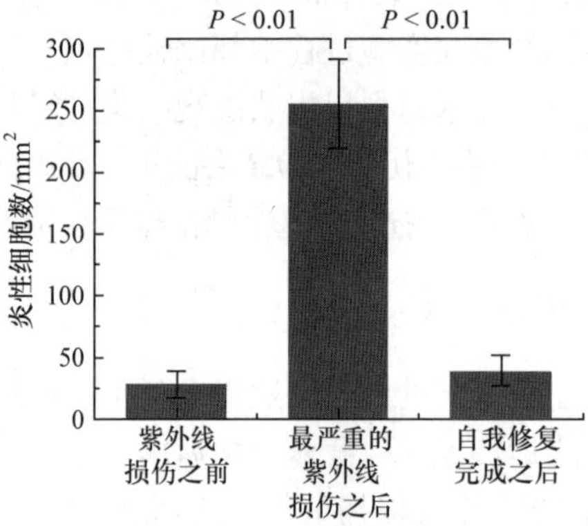

(c)

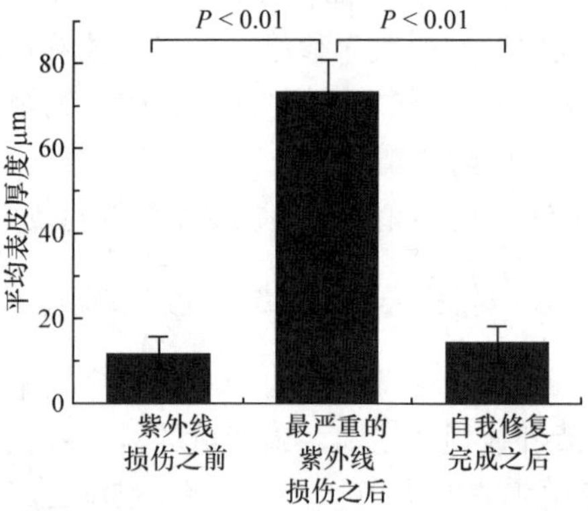

(d)

图 6.56　皮肤组织学检测和蒙特卡罗模拟

(a1)～(a3)图为不同状态的裸鼠皮肤组织 HE 染色切片显微图像：(a1)图为紫外线损伤之前；(a2)图为最严重的紫外线损伤之后；(a3)图为自我修复完成之后。箭头所示为皮肤表面(A)、胶原纤维(B)和炎性细胞(C)。(b)图为对没有使用防晒霜(圆圈)和使用防晒霜(方块)的裸鼠皮肤缪勒矩阵参数 A 的蒙特卡罗模拟结果。对于不使用防晒霜的裸鼠皮肤，柱散射体角度分布的标准差分别为 10、14、18 和 22。球-柱散射系数比分别为 20∶180、30∶170、40∶160 和 50∶150。对于使用防晒霜的裸鼠皮肤，柱散射体角度分布的标准差分别为 10、12、14 和 16。球-柱散射系数比分别为 20∶180、25∶175、30∶170 和 35∶165。(c)和(d)图为 18 只裸鼠皮肤样品在不同阶段的组织学定量检查结果：(c)图为炎性细胞数；(d)图为平均表皮厚度

胞。因此，上述缪勒矩阵分析的结果得到了组织学数据的证实，其中在紫外线严重损伤的皮肤样本切片中，有非常明显的纤维减少和炎性细胞增多的现象。

临床上，紫外线辐射引起的皮肤损伤主要是通过皮肤镜和过敏试验进行诊断。皮肤科医生根据这些测试的结果对皮肤状况进行定性评估。对于严重的损伤应进行进一步的组织学检查，这些检查可以提供定量的诊断指标，如炎性细胞的数量和表皮的厚度[70]。本实验选取 18 只年龄、性别和实验组相同的裸鼠将其随

机分为 3 组，进行不同的组织学检查(紫外线损伤之前 6 只，紫外线严重损伤之后 6 只，自我修复之后 6 只)。如图 6.56(c)和(d)所示，在紫外线严重损伤后，裸鼠皮肤样品中炎性细胞的平均数从 $28/mm^2$ 增加到 $254/mm^2$，平均表皮厚度从 12μm 增加到 74μm。在自我修复之后，这两个指标分别下降到 $38/mm^2$ 和 15μm。这些定量的组织学检查结果证明了缪勒矩阵成像方法具有表征皮肤微观结构状态的潜力。

为了给上述实验结果提供更详细的解释，本节进行了基于球-柱双折射模型的蒙特卡罗模拟。由于自我修复过程(模拟过程 2)是紫外线损伤的逆过程(模拟过程 1)，这里着重分析在皮肤紫外线损伤过程中的模拟参数 A。之前的实验结果和模拟结果表明，组织的各向异性可能来源于光的双折射效应和柱散射体的散射，这两种因素可以通过缪勒矩阵不同阵元的特性来进行区分。以上实验结果表明，各向异性的变化主要是由样品中纤维结构的散射改变引起的。模拟参数设置如下：双折射的值 Δn 为 0.0001；介质厚度为 0.05cm；散射体和介质的折射率分别为 1.4 和 1.33；柱和球散射体的直径分别为 1.5μm 和 0.2μm，分别用来模拟裸鼠皮肤样品中的纤维状散射结构及细胞核和细胞器[31]。

在皮肤紫外线损伤过程中，紫外线辐射能够增强透明质酸酶和弹性蛋白酶的效果，从而导致皮肤组织中弹性纤维变性，胶原纤维大量减少和基质消失[71,72]。裸鼠皮肤的散射系数约为 $200cm^{-1}$[73]，同时组织中纤维变性降解的过程可近似用纤维结构密度和有序度的降低来描述[74]。图 6.56(a1)和(a2)的结果表明，紫外线损伤过程中，皮肤组织中发生了炎性细胞增多、纤维降解紊乱及角质层增厚等变化。值得注意的是，在紫外线损伤和自我修复过程中，组织的散射系数也随着球和柱散射体的分布而变化。然而，与球-柱散射系数比值的影响相比，这种变化对结果的影响相对较小，参数 A 和 α 的变化主要受球-柱散射系数比和柱散射体角度取向分布的影响。因此，为了简化各向异性组织的蒙特卡罗模拟，在研究中保持总的散射系数不变，同时增加柱散射体角度分布的标准差和球柱散射系数比值来模拟皮肤微观结构中纤维的有序度和密度的降低。

由于没有使用防晒霜的样品紫外线损伤比使用防晒霜的样品更为严重，这里将使用防晒霜的皮肤样品的模拟参数在更广泛的范围内进行模拟变化。对于没有使用防晒霜的皮肤样本，将球-柱散射系数比按照从 20：180 到 30：170、40：160 和 50：150 进行变化；同时，对柱散射体角度分布的标准差从 10°开始每隔 4°增加一次，一直增加到 22°。对于使用了防晒霜的皮肤样本，球-柱散射系数比的变化范围为从 20：180 到 25：175、30：170 和 35：165，柱散射体角度分布的标准差从 10°到 22°，每隔 2°增加一次。这项研究中的球-柱散射系数比和柱散射体角度分布的标准差是根据实验观察和病理医生的建议来确定的。如图 6.56(b)所示，对于没有使用防晒霜的皮肤样品，模拟参数 A 随着紫外线损伤的加深比使用防晒霜的皮肤样品下降的幅度大。模拟结果与实验结果的相似性证实，缪勒矩阵提取的参数可以为无损定量表征皮肤组织微观结构的特征提供监测指标。

目前，皮肤结构变化的检测通常是根据光学显微镜观察的皮肤活检组织病理分析来进行的[75]。然而，这种方法非实时且有损。在日常生活中，皮肤组织很容易受到紫外线的损伤。许多方法已经被研发用来保护皮肤免受紫外线辐射的伤害，包括各种防晒霜的使用。因此，发展一种非接触和低成本的技术来实时定量评估紫外线损伤程度和防晒霜的效果将为护肤品开发和皮肤健康领域带来巨大的帮助。本节中使用防晒霜前后的裸鼠皮肤样品之间的对比表明，这些缪勒矩阵参数有实时评估防晒霜对皮肤保护效果的潜力。实验数据和模拟数据的一致性表明，缪勒矩阵成像技术在护肤品效果评价和皮肤健康监控领域具有良好的应用前景。

6.2.2　骨骼肌水解过程的定量检测

皮骨骼肌组织在人体内大量分布，占全部身体重量的 30%～40%。它们负责一些重要的生理功能，包括运动、体温维持及营养储备[76]。骨骼肌组织是由基本成分为肌原纤维的肌纤维组成的。深入了解肌原纤维的微观结构可以发现，骨骼肌组织中有不同折射率的周期性肌小节[77,78]，从而导致骨骼肌组织有突出的散射特征[79]。肌原纤维微观结构的变化与肌肉功能密切相关，并且最终可以被用来作为骨骼肌疾病的诊断指标[80]。在过去的几十年中，人们尝试利用多种方法来提取肌纤维的结构信息。例如，考虑到在肌小节中折射率分布不同，人们提出耦合波理论并应用于骨骼肌组织中[81,82]。

之前的研究已经证明，新鲜骨骼肌样品在尸僵和蛋白质分解过程中，缪勒矩阵变换参数随时间变化的特性有潜力作为判别骨骼肌组织不同结构状态的指标[74]。本节用波长从 500nm 到 650nm 每隔 30nm 变化一次的入射光照明样品来测量新鲜牛骨骼肌样品在 24h 内水解过程中的多波长背向散射缪勒矩阵图像。将缪勒矩阵阵元的二维图像降维为多波长频数分布直方图。此外，这里使用多波长缪勒矩阵变换参数来定量分析骨骼肌微观结构特性。

1. 骨骼肌组织背向缪勒矩阵成像

本节所用缪勒矩阵反射式实验装置的原理图如图 6.57(a)所示。入射光源为白光卤素灯，首先通过带有 6 个带通滤波片(FWHM = 10nm)的转轮，然后通过转动滤波片转轮滤出波长为 500nm 到 650nm 的范围内以 30nm 间隔变化的入射光，接着不同波长的入射光通过偏振态发生模块(PSG)照射在样品上，最后样品的散射光通过偏振态分析模块(PSA)后被 CCD 接收成像。通过测量空气和其他标准样品的缪勒矩阵进行校准后，实验装置的最大误差约为 1%。这里选用新鲜牛骨骼肌组织制备成样品。如图 6.57(b)所示，在样品组织上平铺放置一个玻璃薄片从而确保测量表面的平坦。为了研究多波长偏振参数与骨骼肌组织微观结构之间的关系，在尸僵和蛋白质分解的 24h 内，每隔 4h 用波长从 500nm 到 650nm 每隔 30nm 变化一次的入射光测量牛骨骼肌样品的缪勒矩阵图像，然后将它们转换成缪勒矩阵元多波长的 FDH 及缪勒矩阵变换参数 A 和 b。

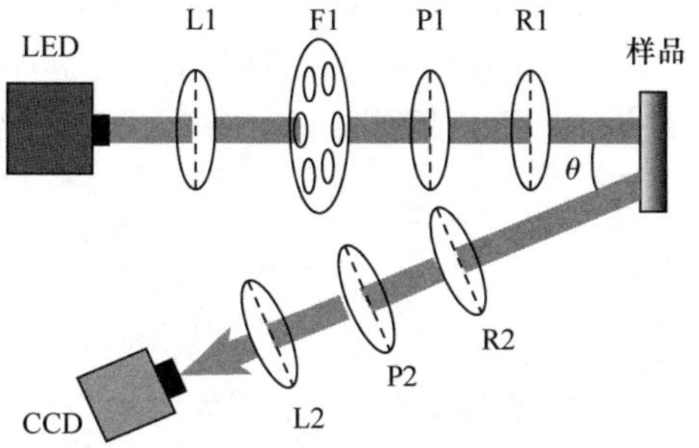

(a) 缪勒矩阵反射式实验装置的原理图

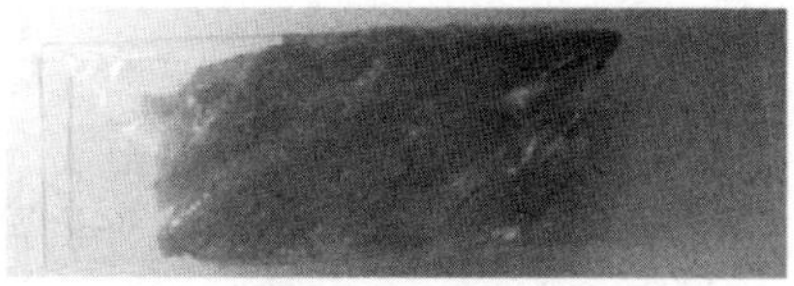

(b) 实验中使用的牛骨骼肌样品

图 6.57　缪勒矩阵测量实验装置及样品图

F1 为包含不同波长滤波片的滤波片转轮；P1 和 P2 为偏振片；R1 和 R2 为 1/4 零级波片；L1 和 L2 为透镜。斜入射角度θ约为 15°，用来避免样品表面的反射光对散射光产生影响；光斑面积约为 1.8cm^2

图 6.58 所示分别为开始实验后的 0h、12h、24h 测量得到的红光照明牛骨骼肌组织背向缪勒矩阵的二维强度分布图像，图 6.59 为相应的 FDH 分布曲线。

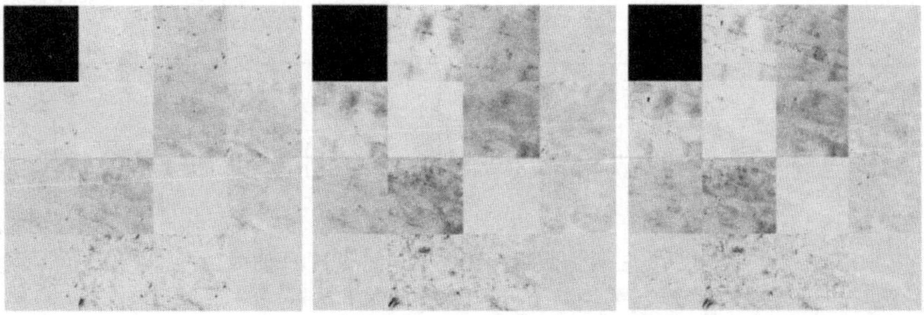

(a)　(b)　(c)

图 6.58　牛骨骼肌组织在 0h、12h、24h 的背向缪勒矩阵成像结果

首先，从图 6.58 所示缪勒矩阵及图 6.59 所示 FDH 图像中看出，牛骨骼肌样品的对角线 m_{22} 和 m_{33} 的值存在明显差异，表明样品的各向异性显著，并且在 0h、12h、24h 时刻，m_{22} 和 m_{33} 的峰值差异分别为 31%、43%、38%，这表明牛

骨骼肌组织的各向异性有可能随着时间表现出先上升后下降的特征趋势。其次，从缪勒矩阵二维分布和 FDH 曲线中可以看到 m_{12}、m_{21}、m_{31}、m_{13} 非对角阵元随时间改变，而阵元 m_{24}、m_{34}、m_{42}、m_{43} 基本上无变化。这意味着，牛骨骼肌组织各向异性的时间变化主要来源于其内部微观结构的散射，而非双折射。最后，缪勒矩阵图像和 FDH 也反映出牛骨骼肌组织退偏能力的变化特征。对 FDH 的分析表明，在 0h、12h、24h 时刻，对角线 m_{22} 和 m_{33} 峰值的比值逐渐由 0.081/0.056 增加为 0.120/0.068 及 0.131/0.081，表明在整个过程中样品的退偏能力有可能不断在下降。除了上述基本特性之外，从图 6.58 中还可以获得更多细节信息，例如 m_{12}、m_{21}、m_{31}、m_{13} 非对角阵元强度分布显示出骨骼肌纤维取向，而 m_{24}、m_{34}、m_{42}、m_{43} 非对角阵元表明骨骼肌组织存在离散的双折射，在整个实验过程中双折射分布相对稳定。

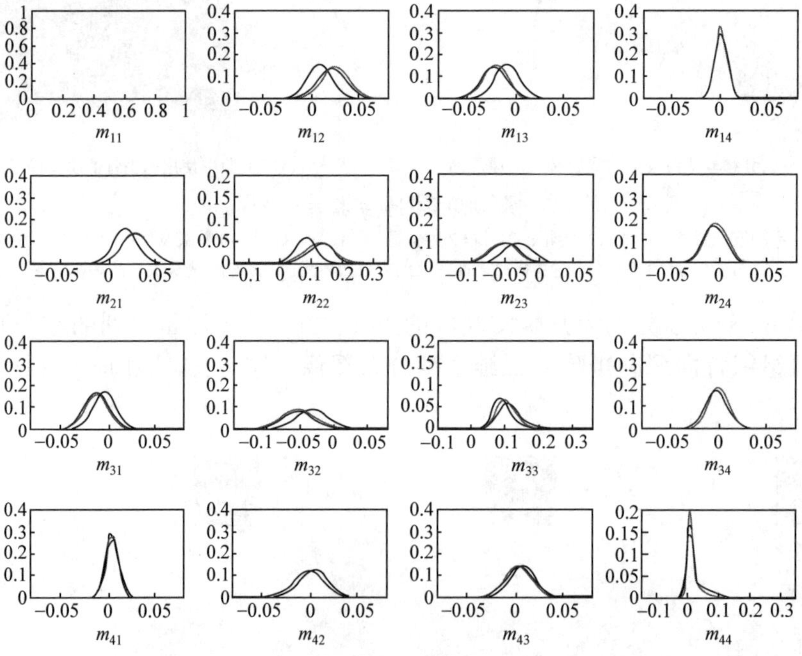

图 6.59 牛骨骼肌组织在 3 个时刻的 FDH 曲线

—— 0h; —— 12h; —— 24h; 横坐标为缪勒矩阵阵元值; 纵坐标为总数百分比

这里计算得到了牛骨骼肌组织的缪勒矩阵变换和缪勒矩阵分解参数图像。图 6.60 所示为缪勒矩阵变换参数 A 及缪勒矩阵分解参数 δ，图 6.61 所示为缪勒矩阵变换参数 b 及缪勒矩阵分解参数 Δ 在 3 个时间点的图像。

图 6.60 和图 6.61 表明，在 0h、12h、24h 三个时刻，牛骨骼肌组织的各向异性程度与散射退偏均在发生改变，其中 12h 的各向异性最大，0h 的散射退偏最

明显。此外，所示结果再次证实了缪勒矩阵变换和缪勒矩阵分解参数存在的关联：A 参数与 δ 参数正相关，而 b 参数与 Δ 参数负相关。为了更进一步地对缪勒矩阵变换参数与骨骼肌组织微观结构时间变化特征之间的关系进行定量研究，这里将 24h 内测量所获的参数 A 和 b 的均值与方差以曲线的形式画出。图 6.62 所示为三块结构较均匀的区域骨骼肌组织的结果，图 6.63 所示为对多块骨骼肌组织进行整体分析的结果。

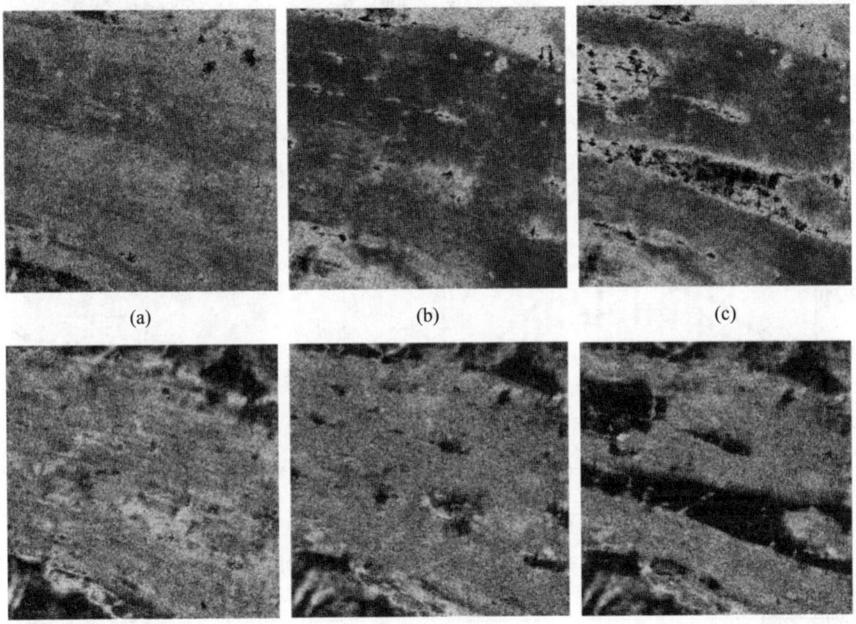

(a)　(b)　(c)　(d)　(e)　(f)

图 6.60　牛骨骼肌组织的缪勒矩阵参数成像

(a)、(b)、(c)图分别为牛骨骼肌组织缪勒矩阵变换参数 A 在 0h、12h、24h 三个时刻的图像；(d)、(e)、(f)图分别为缪勒矩阵分解参数 δ 在 0h、12h、24h 三个时刻的图像

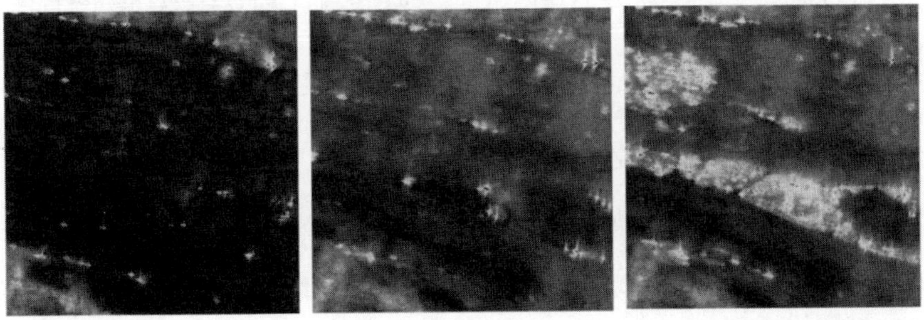

(a)　(b)　(c)

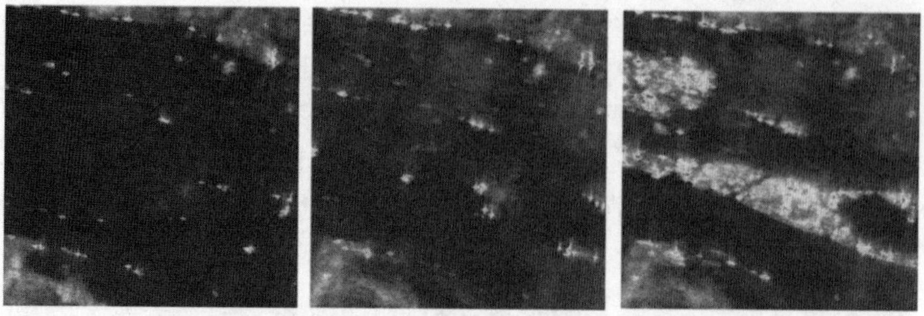

(d)　　　　　　　　(e)　　　　　　　　(f)

图 6.61　(a)、(b)、(c)图分别为缪勒矩阵变换参数 b 在 0h、12h、24h 三个时刻的图像；(d)、(e)、(f)图为分别为缪勒矩阵分解参数Δ在 0h、12h、24h 三个时刻的图像

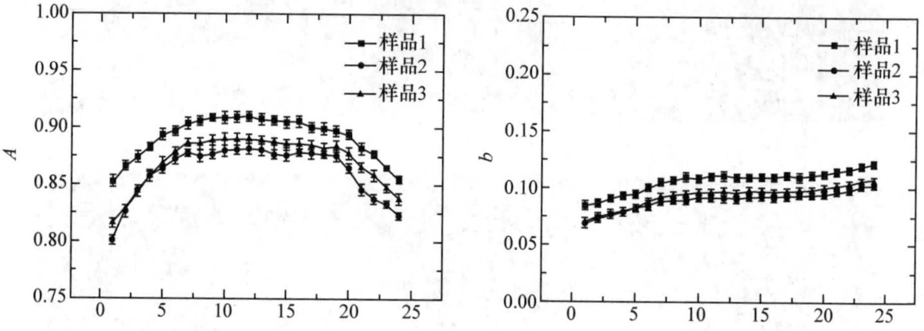

(a)　　　　　　　　(b)

图 6.62　缪勒矩阵变换参数 A 及参数 b 在 24h 内变化的均值和方差

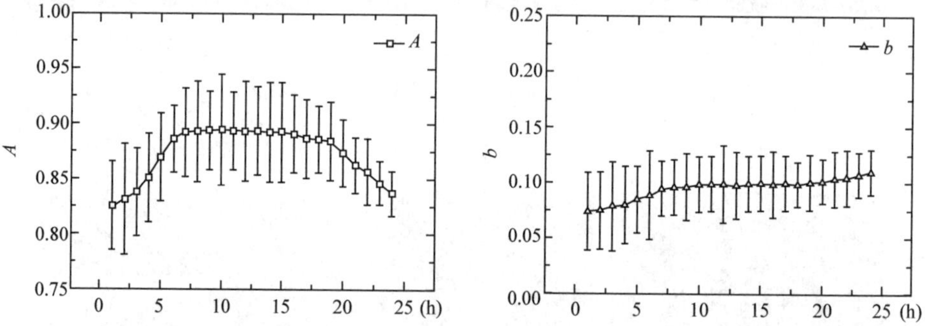

(a)　　　　　　　　(b)

图 6.63　10 个样品的缪勒矩阵变换参数 A 及参数 b 在 24h 内变化的均值和方差

由图 6.62 和图 6.63 可以看到，在 24h 内缪勒矩阵变换参数 A 与 b 的变化呈现出特征性规律，根据规律可将 24h 分成三个阶段：0～6h 为第一阶段，在此阶段内 A 与 b 参数均单调上升；6～18h 为第二阶段，在此阶段内 A 与 b 参数基本

保持不变；18～24h 为第三阶段，在此阶段内 A 参数下降而 b 参数上升。这些特征的变化与骨骼肌内部结构的尸僵、水解等过程有关，可用于肉质新鲜程度的判断。

2. 骨骼肌组织背向多波长缪勒矩阵成像参数分析

下面进一步尝试通过改变不同波长来分析缪勒矩阵参数与微观结构之间的关系。图 6.64 展示了在水解过程的 0h，入射波波长分别为 500nm、590nm 和 650nm 时，牛骨骼肌样品的多波长缪勒矩阵阵元的 FDH。实验结果和模拟结果已经表明，通过分析缪勒矩阵阵元 FDH 曲线的峰值位置、宽度和形状，这里能够得到骨骼肌样品丰富的结构信息和光学特性。从图 6.64 中可以看到，缪勒矩阵的 FDH 曲线是非对角矩阵，而且对角阵元 m_{22} 和 m_{33} 存在差异性，表明了骨骼肌样品的各向异性。另外，随着波长的增加，阵元 m_{22} 和 m_{33} 之间的差异越来越大，说明骨骼肌样品各向异性的程度逐渐增加。这里同时可以看到，代表着纤维结构散射特性的阵元 m_{12}、m_{21}、m_{13} 和 m_{31} 的 FDH 曲线随着波长的增加变化显著，而

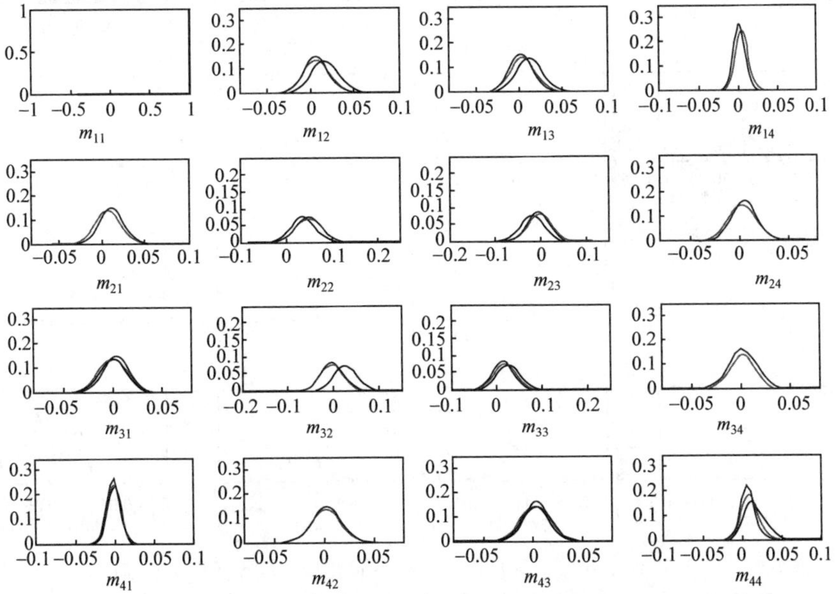

图 6.64　水解过程 0h 处，牛骨骼肌组织不同波长缪勒矩阵阵元的 FDH 曲线

——500nm;——590nm;——650nm

FDH 曲线下的区域面积归一化为 1。横坐标为缪勒矩阵阵元值；纵坐标为总数百分比

和双折射相关的阵元 m_{24}、m_{42}、m_{34} 和 m_{43} 的 FDH 曲线随着波长的变化几乎保持一致，证明了骨骼肌水解过程中各向异性的改变主要是由散射引起。除此之外，阵元 m_{22} 和 m_{33} 绝对值随着波长的增加而变大说明样品的退偏能力在逐渐下降。

与图 6.64(0h)相比，图 6.65(12h)和图 6.66(24h)中的 FDH 曲线在实验过程中有不同的变化规律：①在图 6.66 中，阵元 m_{22} 和 m_{33} 之间差异的变化相对较小，这意味着随着波长的增加，24h 后骨骼肌组织各向异性的增加小于 0h 和 12h 后的样品；②在图 6.65 中，阵元 m_{22} 和 m_{33} 的绝对值随着波长从 500nm 到 590nm 的变化而增加，然而当波长从 590nm 继续增加时，两个阵元的绝对值开始下降，这表明 12h 后牛肉骨骼肌样品的退偏能力随着波长的增加先下降后上升。图 6.66 中的曲线表明，24h 后样品的退偏能力随波长的增加而增大，这和尸僵阶段样品的退偏能力随波长增加的变化趋势相反。

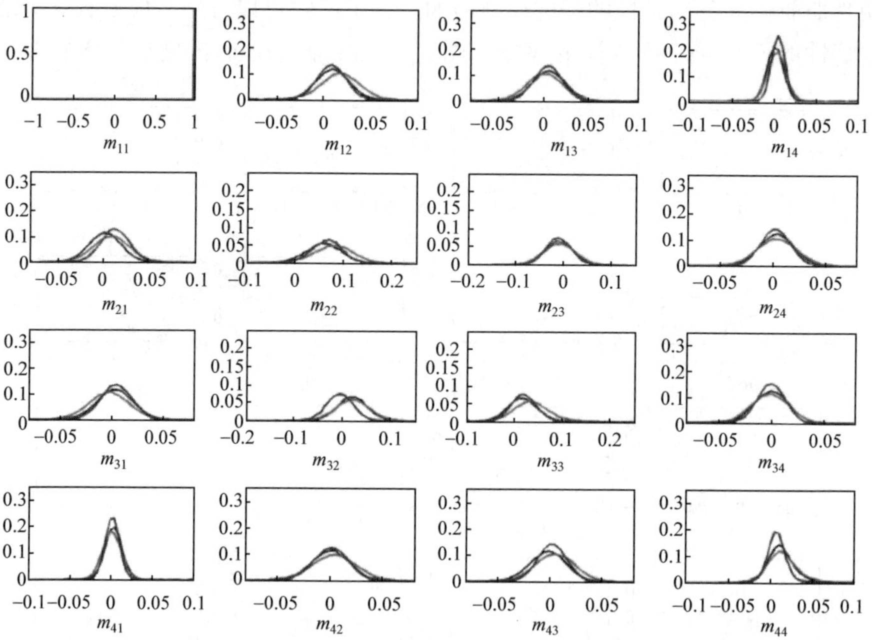

图 6.65 水解过程 12h 后，牛骨骼肌组织不同波长缪勒矩阵阵元的 FDH 曲线

——500nm;——590nm;——650nm

FDH 曲线下的区域面积归一化为 1。横坐标为缪勒矩阵阵元值；纵坐标为总数百分比

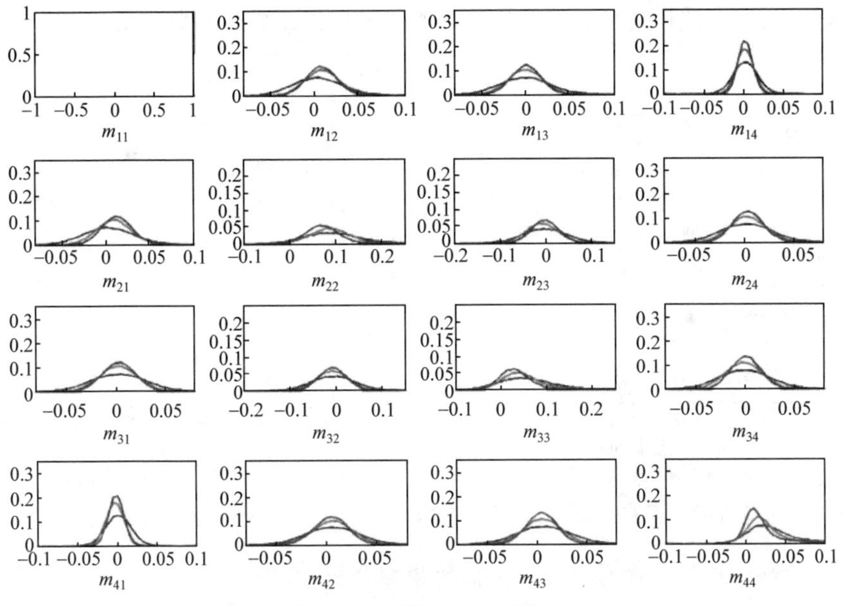

图 6.66 水解过程 24h 处，牛骨骼肌组织不同波长缪勒矩阵阵元的 FDH 曲线

FDH 曲线下的区域面积归一化为 1。横坐标为缪勒矩阵阵元值；纵坐标为总数百分比

在之前的研究中，已经证明缪勒矩阵变换参数 A 和 b 随时间的变化特性可以将骨骼肌组织在水解过程中的结构变化划分为三个特征周期：尸僵阶段(0～8h)、稳定阶段(8～16h)和蛋白质分解阶段(16～24h)。从图 6.67 中可以明显观察到，在稳定阶段中多波长参数 A 的平均值最大，说明在尸僵阶段骨骼肌样品的各向异性逐渐增大，在蛋白质分解阶段又开始下降。另外，多波长参数 b 的平均值从尸僵阶段到蛋白质分解阶段是逐渐增加的，说明骨骼肌样品的退偏能力随着水解时间的增加而下降。这和前面缪勒矩阵变换参数随骨骼肌组织水解时间增加的变化趋势是一致的。图 6.67(a)表明，随着入射光波长从 500nm 增加到 650nm，参数 A 的平均值在所有阶段都是增加的。然而，在 0h 和 12h 参数 A 的增加值约为 0.11，而在 24h 后参数 A 的增加值只有 0.062 左右，这意味着在尸僵阶段和稳定阶段牛骨骼肌样品各向异性增加的程度几乎是蛋白质分解阶段的两倍。图 6.67(b)中参数 b 在三个阶段具有明显不同的变化趋势：在尸僵阶段，它随着波长的增加而增加，说明骨骼肌样品的退偏能力下降。在稳定阶段，它随着波长从 500nm 到 590nm 的变化而增加，然后随着波长的继续上升而急剧下降。在蛋白质分解阶段，当入射波长增加时，其显著下降，表明骨骼肌样品的退偏能力逐渐增强。缪勒矩阵变换参数不同波长的变化特征与骨骼肌组织在水解三个阶段中的吸收特性密切相关。实验结果表明，在骨骼肌水解的不同阶段，缪勒矩阵变换参数 A 和

b 具有不同的多波长特征，这为快速判断骨骼肌组织的生理状态提供了一个潜在的工具。

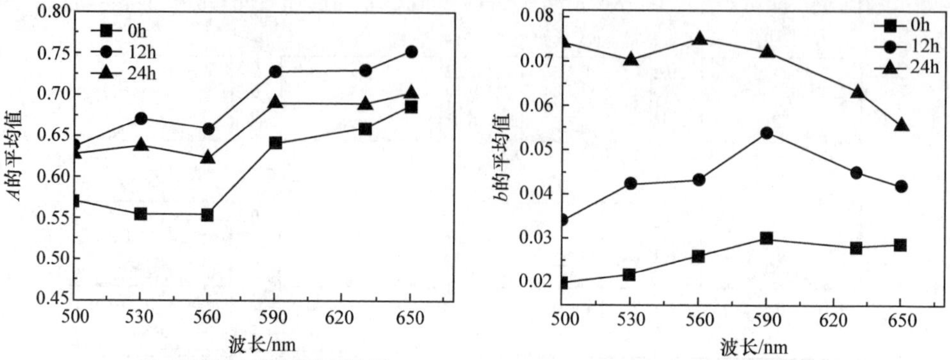

(a) A在不同水解阶段的平均值　　(b) b在不同水解阶段的平均值

图 6.67　多波长缪勒矩阵变换参数 A 和 b 在水解不同阶段的平均值

3. 骨骼肌组织背向缪勒矩阵成像的模拟分析

为了清楚了解骨骼肌微观结构改变与缪勒矩阵变换参数变化之间的关系，本节尝试通过模拟的方法对肉质水解过程进行研究。在整个过程中样品的双折射基本保持不变，因此在球-柱双折射模型中设定固定的折射率差。蒙特卡罗模拟中使用的参数包括：折射率差为 0.001，代表细胞器和肌纤维的球和柱散射体的直径分别为 0.2μm 和 1.5μm，散射体和介质折射率分别为 1.4 和 1.33，组织厚度为 1cm，总散射系数为 $200cm^{-1}$。

将 24h 实验分成三个过程，第一个过程 A、b 参数均上升，可称为尸僵状态；第二个过程 A、b 参数基本保持不变，可称为稳定状态；第三个过程 A 参数下降，b 参数继续上升，可称为组织破坏或水解状态。由于第二阶段组织结构相对稳定，模拟中主要对第一、三阶段进行分析。针对第一阶段的结构变化特点，这里将模拟中球-柱散射体的散射系数比从 30∶170 逐步增加为 25∶175、20∶180、15∶185，最后到 10∶190。在模拟过程中柱散射体的角度分布涨落固定为 5°。图 6.68 所示为模拟第一阶段的结果，可以看到模拟结果与实验结果符合，即 A 和 b 参数的值随着柱散射体比例的增加而增加。结合生理学分析，本节可以对尸僵过程中骨骼肌组织微观结构变化做出推断：肌小节在尸僵过程中发生收缩，导致了更明显的各向异性柱散射(A 参数上升)，同时组织的散射效应降低(b 参数上升)。

在经历了第二阶段的稳定状态后，组织在第三阶段开始水解，内部结构逐渐从有序变为杂乱。因此，模拟中增加了柱散射体的涨落，同时增加了球-柱散射体散射系数比。如图 6.69 所示，5 个数据点对应的柱散射体角度分布涨落分别为：20、35、50、65 和 80，球-柱散射体的散射系数比分别为 40∶160、70∶130、100∶100、130∶70 和 160∶40。结合生理学分析，这里可以对水解破坏过程中骨骼肌组织微观结构变化做出推断：溶酶体在水解过程中释放出大量自噬酶，导致了肌小节等结构的破坏，从而使原本有序的各向异性结构变得杂乱，形成了较小的各向异性柱散射(*A* 参数下降)及散射效应(*b* 参数上升)。

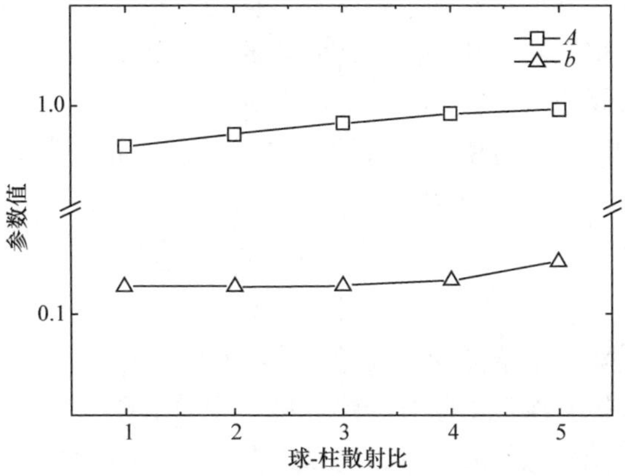

图 6.68　骨骼肌组织随时间变化第一阶段的蒙特卡罗模拟结果

A 和 *b* 参数 5 个数据点分别对应于球-柱散射体散射系数比为 30∶170、25∶175、20∶180、15∶185 和 10∶190

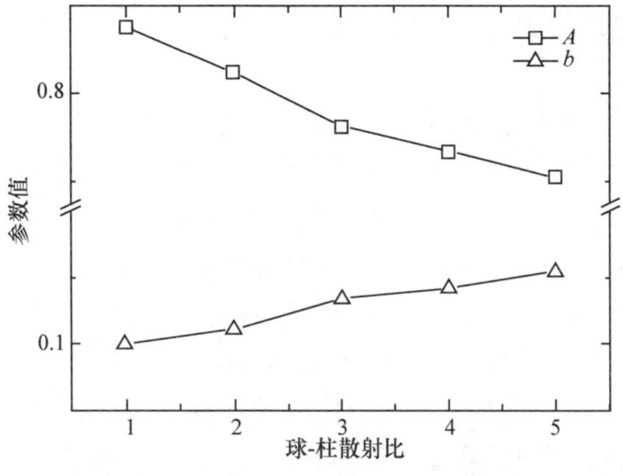

图 6.69　骨骼肌组织随时间变化第三阶段的蒙特卡罗模拟结果

A 和 *b* 参数 5 个数据点分别对应于柱散射体角度分布涨落为 20、35、50、65、80，球-柱散射体散射系数比为 40∶160、70∶130、100∶100、130∶70、160∶40

本节将缪勒矩阵二维强度分布-FDH 曲线缪勒矩阵变换参数等缪勒矩阵分析方法结合起来，作为工具对新鲜牛骨骼肌组织的水解过程进行了定性—半定量—定量的系统研究。通过对骨骼肌样品进行 24h 的缪勒矩阵成像，并结合模拟发现在 24h 内骨骼肌组织微观结构变化可分为三个特征阶段：第一个阶段，尸僵过程中肌纤维的基本单位肌小节发生收缩，导致了更明显的各向异性柱散射效应，使得 A 参数上升，同时组织的散射退偏效应降低，导致了 b 参数的上升；第二个阶段，骨骼肌组织结构达到稳定状态，A 和 b 参数都基本保持不变；第三个阶段，在水解过程中细胞内溶酶体释放出大量自噬酶，破坏了肌小节等结构，使原本有序的各向异性柱散射结构变得杂乱，导致了较小的各向异性柱散射(A 参数下降)及散射退偏效应(b 参数上升)。此外，缪勒矩阵变换参数 A 和 b 不同的多波长变化特征具有表征样品不同生理状态的潜力。偏振参数的多波长特性和骨骼肌组织的结构特征及吸收特性密切相关。这些初步的研究结果表明，缪勒矩阵二维强度分布-FDH 曲线-缪勒矩阵变换参数构成的缪勒矩阵分析方法具有提取骨骼肌样品特异性结构信息的能力，有望在未来的肉质检测等食品安全应用领域发挥作用。

6.3 本章小结

近年来包括肿瘤在内的各种疾病发病率呈现出日益上升趋势，面对这一问题，发展新方法以提升医学诊断与治疗的精准度与治愈率非常重要。个体化精准诊疗技术能极大降低病患的死亡率，提高生存质量，同时减轻个人、家庭和社会负担。对于精准诊疗而言，精准的概念和实践要求贯穿医学全过程，包括对风险的精确预测；对疾病的精确诊断；对病变的精确分类；对药物的精确应用；对疗效的精确评估；对预后的精确监控。通过科学的检测，对整个疾病的发生发展过程做到心中有数。

目前针对肿瘤的诊断主要依赖于影像学和病理学，而其中针对组织的染色图像进行病理学分析是最终确诊的金标准。随着精准医疗概念的发展和相关细胞内相互作用过程的新发现，事实上在亚细胞层次(细胞器)等的结构变化也将为精确诊断提供重要辅助。目前精准诊疗对病变特别是癌症早期诊断、微创手术术中监测等提出了越来越高的需求。偏振散射方法具有无标记、无损伤的特点，能够提高浅表层组织成像图像质量，并提供更加丰富的生物组织微观结构特别是亚波长微观结构的信息，从而解决微观结构特征的活体动态精确定量测量时的瓶颈问题。从本章介绍的研究进展可以看到，利用缪勒矩阵全偏振成像可以对几十到几百微米范围内浅层组织的微观结构实现无标记、多参数、定量测量，不需要通过染色等操作即可突出显示特定微观结构。进一步地将偏振成像技术与内窥成像系统结合，可以针对体内器官充分发挥偏振方法对浅层组织中特异性微观结构进行高分辨、高对比度成像的特点，在人体器官内腔上皮组织中发现微小病灶，有望成为病变，特别是癌变早期在体诊断的有力工具。通过发展全偏振显微成像、内窥成像技术和相应的偏振图像定量分析及大数据分析方法，将有望解决偏振成像技术涉及的一系列核心科学问题，逐步促使偏振光散射成像基础研究成果走向精准诊疗临床应用。

参 考 文 献

[1] Liu T, Lu M, Chen B, et al. Distinguishing structural features between Crohn's disease and gastrointestinal luminal tuberculosis using Mueller matrix derived parameters. Journal of Biophotonics, 2019, 12(12): e201900151.

[2] Dong Y, Wan J, Si L, et al. Deriving polarimetry feature parameters to characterize microstructural features in histological sections of breast tissues. IEEE Transactions on Biomedical Engineering, 2020, 68(3): 881-892.

[3] 张晖. 皮肤癌病因及流行病学研究现状. 中华今日医学杂志, 2003, 3(4): 84-85.

[4] 王文鑫，王晓彦. 皮肤鳞状细胞癌及基底细胞癌的治疗进展. 内蒙古医学杂志，2008, 40(11):1346-1349.

[5] Maeda T, Arakawa N, Takahashi M, et al. Monte Carlo simulation of spectral reflectance using a multilayered skin tissue model. Optical Review, 2010, 17(3): 223-229.

[6] Du E, He H, Zeng N, et al. Mueller matrix polarimetry for differentiating characteristic features of cancerous tissues. Journal of Biomedical Optics, 2014, 19(7):076013.

[7] 敖小凤, 高志红. 甲状腺癌流行现状研究进展. 中国慢性病预防与控制, 2008, 16(2):217-219.

[8] 路平，虞积耀，王嘉羚，等. 卵巢原发性乳头状甲状腺癌临床病理分析. 诊断病理学杂志，2006, 13(6):421-423.

[9] 麦海浪. 甲状腺癌 25 例临床病理分析. 云南医药, 2006, 27(1): 20-21.

[10] Tuchin V V, Wang L H, Zimnyakov D A. Optical Polarization in Biomedical Applications. Berlin: Springer, 2007.

[11] Hidovíc-Rowe D, Claridge E. Modeling and validation of spectral reflectance for the colon. Physics in Medicine and Biology, 2005, 50(6):1071-1093.

[12] 郝敏, 王静芳. 宫颈癌流行病学研究与调查. 国外医学妇幼保健分册, 2005, 16(6):404-406.

[13] 张晓金, 归绥琪. 宫颈癌发病机制的研究进展. 中国妇幼健康研究, 2008, 19(1):56-59.

[14] Tuchin V V, Wang L H, Zimnyakov D A. Tissue Structure and Optical Models. New York: Springer, 2006.

[15] Wang Y, He H, Chang J, et al. Differentiating characteristic microstructural features of cancerous tissues using Mueller matrix microscope. Micron, 2015, 79:8.

[16] He C, He H, Chang J, et al. Characterizing microstructures of cancerous tissues using multispectral transformed Mueller matrix polarization parameters. Biomedical Optics Express, 2015, 6(8):2934.

[17] Sankaran V, Walsh J T, Maitland Jr D J. Comparative study of polarized light propagation in biologic tissues. The Journal of Biomedical Optics, 2002, 7(3):300.

[18] Weaver R. Rediscovering polarized light microscopy. American Laboratory, 2003, 55.

[19] Siegel R, Ma J, Zou Z, et al. Cancer statistics.A Cancer Journal for Clinicians, 2014, 64(1):9-29.

[20] Jemal A, Ward E, Thun M J. Recent trends in breast cancer incidence rates by age and tumor

characteristics among U.S. Women. Breast Cancer Research, 2007, 9(3):R28.

[21] Ginsburg O, Bray F, Coleman M P, et al. The global burden of women's cancers: A grand challenge in global health. Lancet, 2017, 389(10071): 847-860.

[22] Lakhani S R, Ellis I O, Schnitt S J, et al. World Health Organization classification of tumors of the breast. International Agency for Research on Cancer (IARC), Lyon, 2012.

[23] National Comprehensive Cancer Network. Breast cancer clinical practice guidelines in oncolog. Journal of the National Comprehensive Cancer Network, 2003, 1(2):148.

[24] 皋岚湘 ,丁华野. WHO 乳腺肿瘤组织学分类(2003). 临床与实验病理学杂志, 2004, (1): 3-4.

[25] Strader D B, Wright T, Thomas D L, et al. Diagnosis, management, and treatment of hepatitis C. Hepatology, 2004, 39(4):1147-1171.

[26] Saikia B, Gupta K, Saikia U N. The modern histopathologist: In the changing face of time. Diagnostic Pathology, 2008, 3(1):25-29.

[27] Golaraei A, Kontenis L, Cisek R, et al. Changes of collagen ultrastructure in breast cancer tissue determined by second-harmonic generation double Muller polarimetric microscopy. Biomedical Optics Express, 2016, 7(10):4045-4068.

[28] Burke K, Tang P, Brown E, et al. Second harmonic generation reveals matrix alterations during breast tumor progression. The Journal of Biomedical Optics, 2013, 18(3):031106.

[29] Villiger M, Lorenser D, McLaughlin R A, et al. Deep tissue volume imaging of birefringence through delineation of breast tumor. Scientific Reports, 2016, 6:28771.

[30] Sun M, He H, Zeng N, et al. Probing microstructural information of anisotropic scattering media using rotation-independent polarization parameters. Applied Optics, 2014, 53(14):2949-2955.

[31] Wang Y, He H, Chang J, et al. Muller matrix microscope: A quantitative tool to facilitate detections and fibrosis scorings of liver cirrhosis and cancer tissues. The Journal of Biomedical Optics, 2016, 21(7):071112.

[32] 刘丽, 匡纲要. 图像纹理特征提取方法综述. 中国图象图形学报, 2009, 4:622-635.

[33] Randen T, Husoy J H. Filtering for texture classification：A comparative study. IEEE Transactions on Pattern Analysis and Machine Intelligence, 1999, 21(4):291-310.

[34] Haralick R M, nmugnm K, Dinstein I. Textural features for image classification. IEEE Transactions on Systems, Man and Cybernetics, 1973, 3(6):610-621.

[35] Ulaby F T, Kouyate F, Brisco B, et al. Textural information in SAR Images. IEEE Transactions on Geoseience and Remote Sensing, 1986, 24(2) :235-245.

[36] 陈美龙, 戴声奎. 基于 GLCM 算法的图像纹理特征分析. 通信技术, 2012, 45(2): 108-111.

[37] Kim T K. T test as a parametric statistic. Korean Journal of Anesthesiology, 2015, 68(6): 540-546.

[38] Yun T, Zeng N, Li W, et al. Monte Carlo simulation of polarized photon scattering in anisotropic media. Optics Express, 2009, 17(19):16590-16602.

[39] Tian Y, Xu J, Li Y, et al. MicroRNA-31 Reduces inflammatory signaling and promotes regeneration in colon epithelium, and delivery of mimics in microspheres reduces colitis in mice. Gastroenterology, 2019.

[40] Patel N, Amarapurkar D, Agal S, et al. Gastrointestinal luminal tuberculosis: Establishing the diagnosis. Journal of Gastroenterology & Hepatology, 2004, 19(11): 1240-1246.

[41] Tamura H, Mori S, Yamawaki T. Textural features corresponding to visual perception. IEEE Transactions on Systems, Man Cybernetics, 1978, 8(6): 460-473.

[42] Ghosh N, Vitkin I A. Tissue polarimetry: Concepts, challenges, applications, and outlook. The Journal of Biomedical Optics, 2011, 16(11): 110801.

[43] Qiu L, Pleskow D K, Chuttani R, et al. Multispectral scanning during endoscopy guides biopsy of dysplasia in Barrett's esophagus. Nature Medicine, 2010, 16(15): 603-607.

[44] Gurjar R S, Backman V, Perelman L T, et al. Imaging human epithelial properties with polarized light-scattering spectroscopy. Nature Medicine, 2001, 7(11): 1245-1248.

[45] Tuchin V V. Polarized light interaction with tissues. The Journal of Biomedical Optics, 2016, 21(7): 071114.

[46] Wang L, Cote G L, Jacques S L. Guest Editorial: Special section on tissue polarimetry. The Journal of Biomedical Optics, 2002, 7(3): 278.

[47] Tuchin V V, Wang L, Zimnyakov A. Special secton guest editorial-polarized light for biomedical applications. The Journal of Biomedical Optics, 2016, 21(7): 071001.

[48] Qi J, Elson D S. Muller polarimetric imaging for surgical and diagnostic applications: A review. Journal of Biophotonics, 2017, 10(8), 950-982.

[49] He H, Liao R, Zeng N, et al. Muller matrix polarimetry: An emerging new tool for characterizing the microstructural feature of complex biological specimen. Journal of Lightwave Technology, 2019, 37(11): 2534-2548.

[50] Sokolv K, Drezek R, Gossage K, et al. Reflectance spectroscopy with polarized light: Is it sensitive to celluar and nuclear morphology. Optics Express, 1999, 5(13): 302-317.

[51] Qi J, Ye M, Singh M, et al. Narrow band 3 × 3 Muller polarimetric endoscopy. Biomedical Optics Express, 2013, 4(11): 2433-2449.

[52] Qi J, Elson D S. A high definition Muller polarimetric endoscope for tissue characterization. Scientific Reports, 2016, 6: 25953.

[53] Vizet J, Manhas S, Tran J, et al. Optical fiber-based full Muller polarimeter for endoscopic imaging using a two-wavelength simultaneous measurement method. Journal of Biomedical Optics, 2016, 21(7): 71106.

[54] Rivet S, Bradu A, Podoleanu A. 70kHz full 4 × 4 Muller polarimeter and simultaneous fiber calibration for endoscopic applications. Optics Express, 2015, 23(18): 23768-23786.

[55] Forward S, Gribble A, Alali S, et al. Flexible polarimetric probe for 3 × 3 Muller matrix measurements of biological tissue. Scientific Reports, 2017, 7(1):11958.

[56] Kim J, Lee C W, Kim E K, et al. Inhibition effect of Gynura procumbens extract on UV-B-induced matrix-metalloproteinas expression in human dermal broblasts. Journal of Ethnopharmacology, 2011, 137:427-433.

[57] Shindo Y, Witt E, Han D, et al. Enzymic and non-enzymic antioxidants in epidermis and dermis of human skin. Journal of Investigative Dermatology, 1994, 102:122-124.

[58] Berneburg M, Plettenberg H, Krutmann J. Photoaging of human skin.Photodermatology, Photoimmunology & Photomedicine, 2000, 16:239-244.

[59] Maritza A, et al. Oral polypodium leucotomos extract decreases ultraviolet-induced damage of

human skin. Journal of the American Academy of Dermatology, 2004, 51:910-918.

[60] Neerken S, Lucassen G W, Bisschop G W, et al. Characterization of age-related effects in human skin: A comparative study that applies confocal laser scanning microscopy and optical coherence tomography. Journal of Biomedical Optics, 2004, 9:274-281.

[61] Gambichler T, Boms S, Stücker M, et al. Acute skin alterations following ultraviolet radiation investigated by optical coherence tomography and histology. Archives of Dermatological Research, 2005, 297:218-225.

[62] Barton J K, Gossage K W, Xu W, et al. Investigating sun-damaged skin and actinic keratosis with optical coherence tomography: A pilot study. Technology in Cancer Research & Treatment, 2003, 2: 525-535.

[63] Korde V R, Bonnema G T. Using optical coherence tomography to evaluate skin sun damage and precancer. Lasers in Surgery and Medicine, 2007, 39:687-695.

[64] Gambichler T, Künzlberger B, Paech V, et al. UVA1 and UVB irradiated skin investigated by optical coherence tomography in vivo: A preliminary study. Clinical and Experimental Dermatology, 2005, 30:79-82.

[65] Martin V, Dirk L, Robert A M, et al. Deep tissue volume imaging of birefringence through fibre-optic needle probes for the delineation of breast tumour. Scientific Reports, 2016, 6:28771.

[66] Muramatsu S, Suga Y, Mizuno Y, et al. Differentiation-specific localization of catalase and hydrogen peroxide, and their alterations in rat skin exposed to ultraviolet B rays. Journal of Dermatological Science, 2005, 37:151-158.

[67] He H, Chang J, He C, et al. Transformation of full 4 × 4 Muller matrices: A quantitative technique for biomedical diagnosis. Proceedings of SPIE, 2016: 9707.

[68] Dong Y, He H, Sheng W, et al. A quantitative and non-contact technique to characterize microstructural variations of skin tissues during photoaging process based on Muller matrix polarimetry. Scientific Reports, 2017, 7:14702.

[69] He C, He H, Li X, et al. Quantitatively differentiating microstructures of tissues by frequency distributions of Muller matrix images. Journal of Biomedical Optics, 2015, 20:105009.

[70] Zhu X B, Zeng X W, Zhang X D, et al. The effects of quercetin-loaded PLGA-TPGS nanoparticles on ultraviolet B-induced skin damages in vivo. Nanomedicine-Nanotechnology Biology and Medicine, 2016, 12:623-632.

[71] Yamaguchi L F, Kato M J, Di Mascio P. Bifavonoids from Araucaria angustifolia protect against DNA UA-induced damage. Phytochemistry, 2009, 70:615-620.

[72] Rabe J H, Adam J M, Patrick J S, et al. Photoaging: Mechanisms and repair. Journal of the American Academy of Dermatology, 2006, 55:1-19.

[73] Chen D, He H, Ma H, et al. Muller matrix polarimetry for characterizing microstructural variation of nude mouse skin during tissue optical clearing. Biomedical Optics Express, 2017, 8:3559-3570.

[74] He H, He C , Chang J, et al. Monitoring microstructural variations of fresh skeletal muscle tissues by Muller matrix imaging. Journal of Biophotonics, 2017, 10:664-673.

[75] Bosset S, Bonnet D M, Barré P, et al. Photoageing shows histological features of chronic skin

inflammation without clinical and molecular abnormalities. British Journal of Dermatology, 2003, 149:826-835.

[76] Saladin K S. Anatomy and Physiology. New York: McGraw Hill, 2010.

[77] Huxley A F, Niedergerke R. Measurement of the striations of isolated muscle fibres with the interference microscope.The Journal of Physiology , 1958, 144(3):403-425.

[78] Bonnemann C G, Laing N G. Myopathies resulting from mutations in sarcomeric proteins. Current Opinion in Neurology, 2004, 17(5):529-537.

[79] Xia J, Weaver A, Gerrard D E, et al. Monitoring sarcomere structure changes in whole muscle using diffuse reflectance. Journal of Biomedical Optics, 2006, 11(4):040504.

[80] Laing N G, Nowak K J. When contractile proteins go bad: The sarcomere and skeletal muscle disease. Bioessays, 2005, 27(8):809-822.

[81] Rüdel R, Zite-Ferenczy F. Interpretation of light diffraction by cross-striated muscle as Bragg reflexion of light by the lattice of contractile proteins.The Journal of Physiology, 1970, 290(2):317-330.

[82] Thornhill R A, Thomas N, Berovic N. Optical diffraction by well-ordered muscle fibres. European Biophysics Journal, 1991, 20(2):87-99.

第 7 章 全偏振检测应用

7.1 大气颗粒物分析中的偏振光散射技术与方法

光散射方法是颗粒物测量方法中发展较为迅速的一种，这得益于光源和探测技术及加工精度的提升。光散射颗粒测量方法的基本原理是用一个或几个光源发出的光照射至被测颗粒上，通过分析空间分布散射光的信号，获得相应的被测颗粒的平均直径、粒径分布、散射系数等参数。光散射主要原理为 Mie 散射理论，并由此延伸出的夫琅禾费衍射理论和光通量等测量理论。光散射过程中的偏振信息对散射粒子形貌、折射率及微观结构和光学属性敏感，因此偏振光散射微粒识别技术在大气光学、细胞分类及海洋生物等领域发挥着至关重要的作用。

7.1.1 大气颗粒物偏振散射测量仪器

单颗粒物与入射光的相互作用中，非偏振光学测量获取的是粒子对光散射强度的改变，此时光学信号和粒子的光学特征描述均为一维。若对光的入射偏振态进行调制，同时对光的出射偏振态进行解调，则相应的粒子光学特征描述为一个矩阵。若附加角度信息，则粒子的光学散射特征可以提取为一个高维度矩阵组。这种基于单颗粒物在线光学测量的多角度偏振矢量分析的高通量大数据集，可提升光学特征的提取能力，为粒子复合属性反演提供信息维度上的可行性。一种基于封闭腔负压方式的颗粒物偏振检测设备原理图如图 7.1 所示。

实验装置中为保证颗粒物与光子仅发生单次散射，需设计进样气路、聚焦气流来聚焦颗粒物，使其以稳定速率经过光测量区。颗粒物发生分散装置主要作用是产生不同粒径分布的标准颗粒物样本，再通过液体或气体对颗粒物分散和稀释，达到封闭腔内测量颗粒数的要求，同时保证其运动方向的规律性和可预测性。颗粒物发生器根据原理不同分为喷雾法、扬尘法和冷凝法发生器。喷雾法主要应用于标准的聚苯乙烯微球、水溶性盐类和海盐等溶于水或需要水分散的颗粒物；扬尘法主要应用于沙尘、炭黑、金属氧化物等不溶于水且性质较稳定的颗粒物，发生的粒径范围较大。图 7.2 为两种气溶胶生成方法的装置示意图和组装流程图。

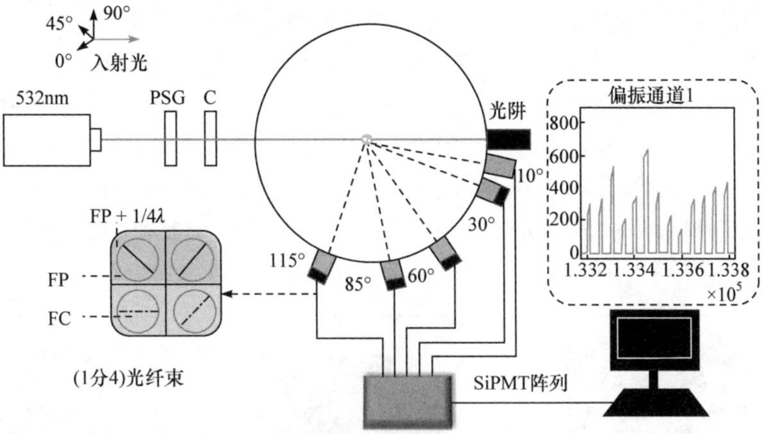

图 7.1　实验装置原理图(俯视图)

PSG-偏振态调制器；C-柱透镜；FP-薄膜偏振器；FC-纤芯；1/4λ-1/4 波片；SiPMT 阵列-硅光电倍增管阵列

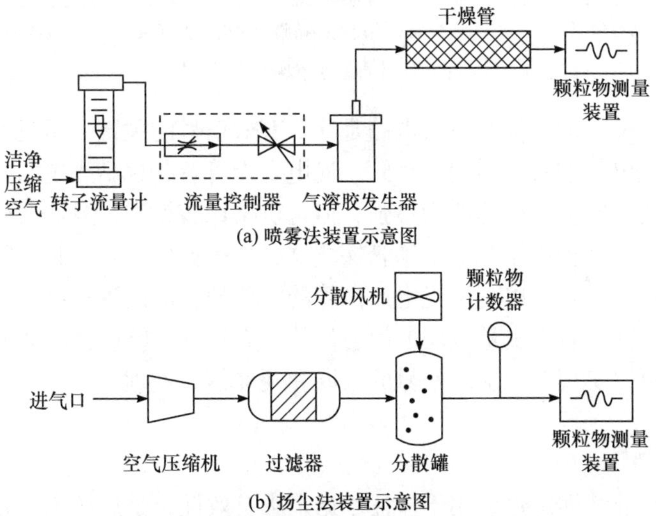

图 7.2　喷雾法和扬尘法装置示意图

光电模块包括测量颗粒物的光路和收集光信号的探测器和采集卡，主要实现颗粒物的散射过程、偏振信号的接收和提取。光源线偏振度在99%以上，波长为532nm。起偏采用二分之一波片使激光偏振方向发生偏转，光阑可避免杂散光进入封闭腔导致入射光强不稳定，同时也避免腔内的杂散光被波片反射而重新计入入射光强中。

测量腔的设计需要保证气密性，不受外界温度、湿度等因素影响及保证内外杂散光不影响其测量，见图 7.1 所示的测量腔。其上面集成颗粒物进气装置、激光器、检偏器、光阱，还满足四个角度的探测要求。未与颗粒物粒子发生散射作用的激光进入光阱被吸收，以降低光室内杂散激光的反射作用。

检偏器由三部分组成，分别是检偏片、机械件和光纤束。每个偏振分量的检偏片都位于光纤束前端起检偏作用，检偏方向如图 7.3 中虚线所示，其中 FBI 为光纤束集合头，FP 为偏振薄膜，FB 为光纤束，在 90°检偏下还装有一块 1/4 波片，用于获取圆偏振分量。机械件用于固定检偏薄膜和对齐光纤束。光纤束(200 根/束)用于传递检偏后的散射光偏振分量及增加探测端的灵活性，其弯曲损耗率在 35%以下。

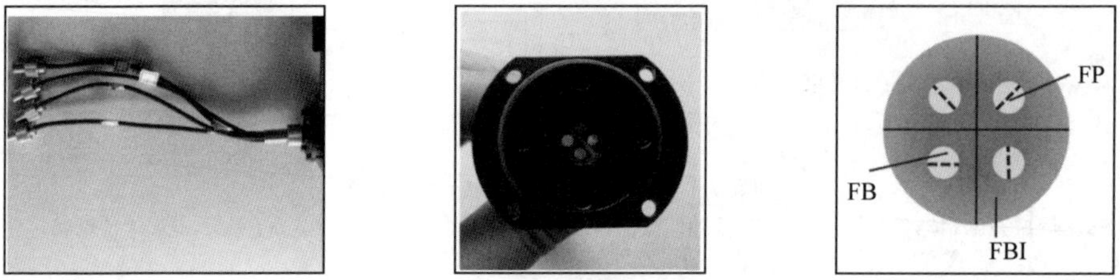

(a) 检偏器整体图　　(b) 检偏器前段偏振贴膜和对应的光纤束　　(c) 检偏部件示意图

图 7.3　检偏器外观及结构图

探测器及配套的去噪和放大电路是获取有效信号的关键。常见的微弱光信号探测器件有光电倍增管、雪崩二极管、光电二极管及 PIN 型光电二极管等，其中光电倍增管的微弱信号探测能力最强，但是价格比较昂贵，且需要较高的电压；雪崩二极管灵敏度稍逊于光电倍增管探测器，价格比较便宜，且不需要很高的电压驱动；光电二极管、PIN 型光电二极管的性能相比前两种探测器差距较大。通过对比可知，前两者对测量较弱的散射信号具有较好的响应性，搭配合适的去噪和放大电路可以实现对散射弱信号的获取和硬件信号处理。

7.1.2　系统校准

仪器的校准和标定过程用于保证数据采集有效性，是后续定量和定性分析的基础。同时，校准过程能保证多台仪器的一致性，为在多个位置布点采样，建立多种气溶胶源谱，准确识别气溶胶种类具有重要意义。在四象限偏振检偏器安装在整机系统之前，采用偏振测量仪对检偏器性能进行鉴定，如图 7.4 所示。由激光器和偏振态发生器产生稳定的线性偏振光，之后经过安装好的 PSA 的每个象限，由偏振测量仪测量出射光的斯托克斯向量，只有偏振态方向跟设定值偏差不超过 2°的 PSA 才会被挑选出来安装到仪器中，其记录 PSA 的误差参数，为后期数值校准。

仪器的校准和标定首先将标准粒径的聚苯乙烯球作为被测对象(PSL，复折射率 m = 1.59)，并测量前向 10°的光强值，不同粒径的测量值如图 7.5 的星号所示。理论曲线为 Mie 散射模拟强度随粒径变化的曲线。可以看出，测量结果跟理论值吻合得较好，同时可以观察到，前向 10°角的散射光强度随粒径的增大而增大，因此可以根据单粒子的散射光强值大致判断粒子的范围区间。

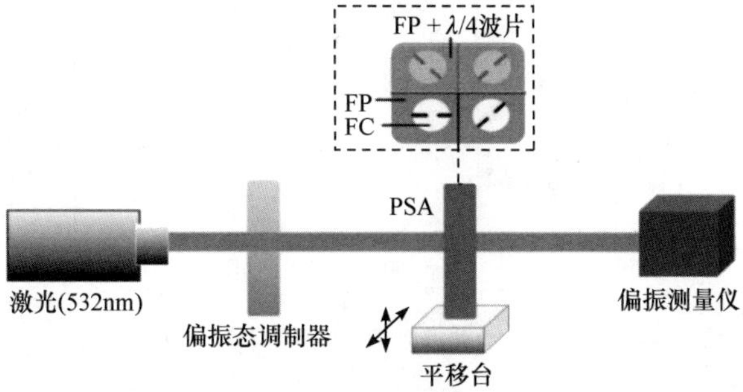

图 7.4　四象限偏振检偏器检验示意图

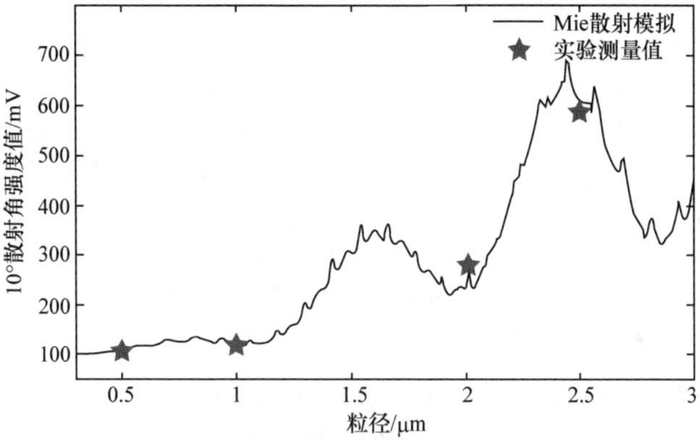

图 7.5　前向 10°散射角的标定结果

随后将整台仪器，包括各通道偏振片的组合及后面的光纤束、硅光电倍增作为一个整体进行校准。通入多分散聚苯乙烯球，并测量得到它的斯托克斯向量值，如图 7.6 所示。其中，图 7.6(a)中的插图为多分散 PSL 的粒径分布谱，同时利用动力学粒径谱仪测量得到多分散聚苯乙烯的粒径分布谱，结合平均 Mie 理论可得到沿散射角的理论曲线。

7.1.3　大气颗粒物的光学属性建模和仿真

颗粒物的大小、形态、结构和复折射率等物理属性均会对偏振散射结果造成影响。若希望通过偏振散射指标来区分不同的颗粒物，则可以通过偏振散射指标来反映不同的物理属性，再根据这些物理属性区分不同的颗粒物。由于实验中存在诸多不可控因素，不容易看出单一属性对偏振散射结果的影响。采用模拟计算可以轻易地控制变量，从而观察偏振散射指标随颗粒物属性参数的变化。

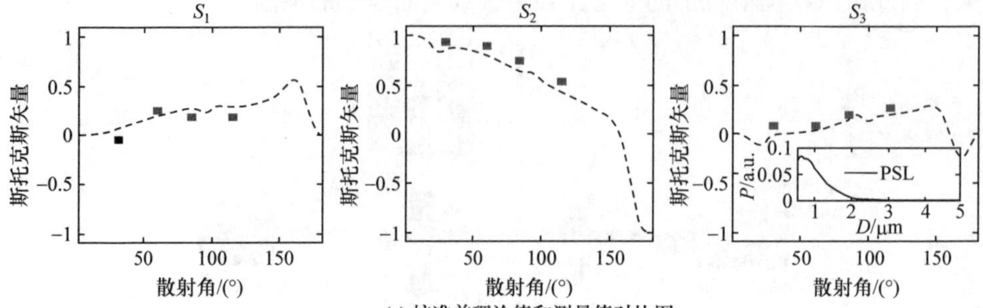

(a) 校准前理论值和测量值对比图

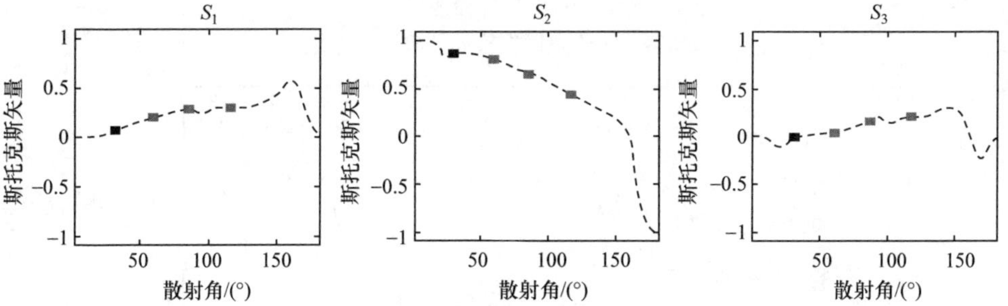

(b) 校准后理论值和测量值对比图

图 7.6　采用多分散聚苯乙烯球校准结果图

---PSL的理论模拟曲线；■校准前PSL的测量值

个体颗粒物的偏振散射理论计算结果有两种：一种是特定角度下的缪勒矩阵，另一种是特定偏振指标下的散射角度谱。图 7.7 模拟了不同复折射率粒子其缪勒矩阵阵元值随散射角度变化的情况。

可以看到，偏振矩阵阵元随角度的变化呈现振荡的趋势。根据不同复折射率粒子偏振曲线的差异性，可以选取合适的散射角作为探测角。图 7.8 选取 4 种代表性的物质炭黑、棕炭、沙子和硝酸铵，模拟它们在几种不同粒径和不同散射角度的缪勒矩阵。因为单个颗粒物测量的时间极短，一般只有几个微秒，一次只能获得一种入射偏振态下的响应。实际应用中斯托克斯矢量通常根据具体情况作归一化。

为实现颗粒物复杂形貌属性下的偏振光学测量的理论预测，需要研究复杂形态颗粒物在任意取向下的光散射行为。光散射的模拟计算方法非常多， 其主要原理和差异见表 7.1。

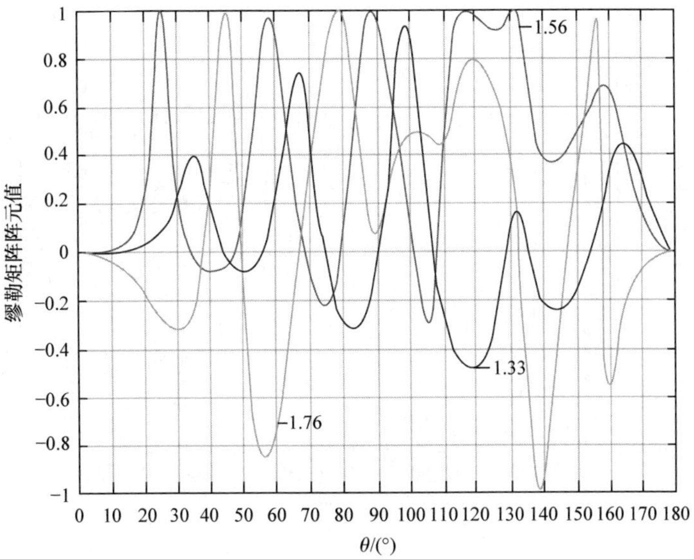
1
0.8
0.6
0.4
0.2
0
−0.2
−0.4
−0.6
−0.8
−1
0 10 20 30 40 50 60 70 80 90 100 110 120 130 140 150 160 170 180
缪勒矩阵阵元值
θ/(°)
1.56
1.33
1.76

(a)

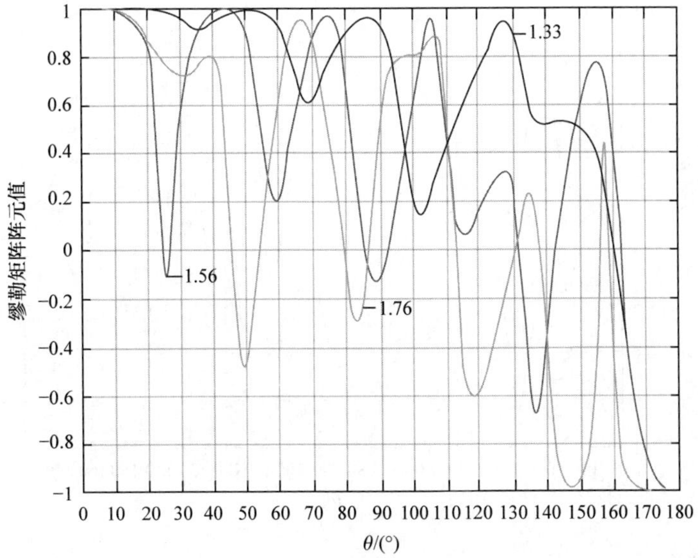
1
0.8
0.6
0.4
0.2
0
−0.2
−0.4
−0.6
−0.8
−1
0 10 20 30 40 50 60 70 80 90 100 110 120 130 140 150 160 170 180
缪勒矩阵阵元值
θ/(°)
1.33
1.56
1.76

(b)

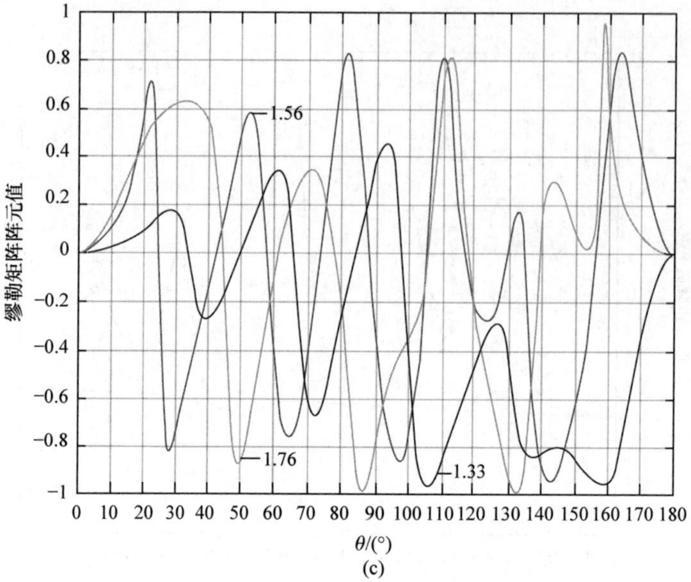
1
0.8
0.6
0.4
0.2
0
−0.2
−0.4
−0.6
−0.8
−1
缪勒矩阵阵元值
1.56
1.76
1.33
0 10 20 30 40 50 60 70 80 90 100 110 120 130 140 150 160 170 180
θ/(°)
(c)

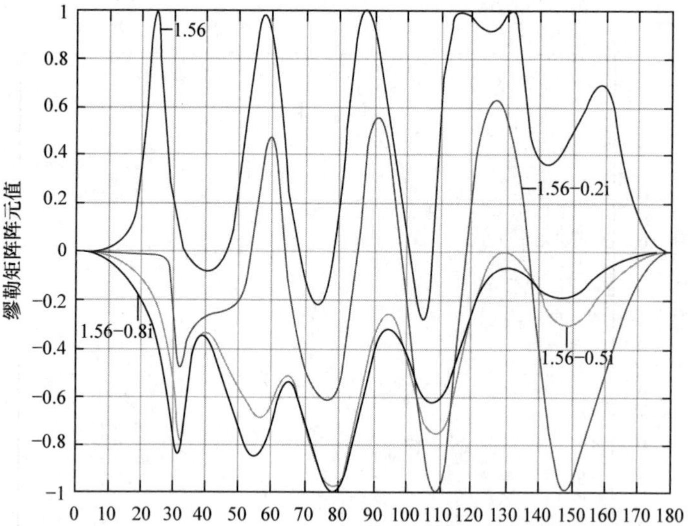
1
0.8
0.6
0.4
0.2
0
−0.2
−0.4
−0.6
−0.8
−1
缪勒矩阵阵元值
1.56
1.56−0.2i
1.56−0.8i
1.56−0.5i
0 10 20 30 40 50 60 70 80 90 100 110 120 130 140 150 160 170 180
θ/(°)
(d)

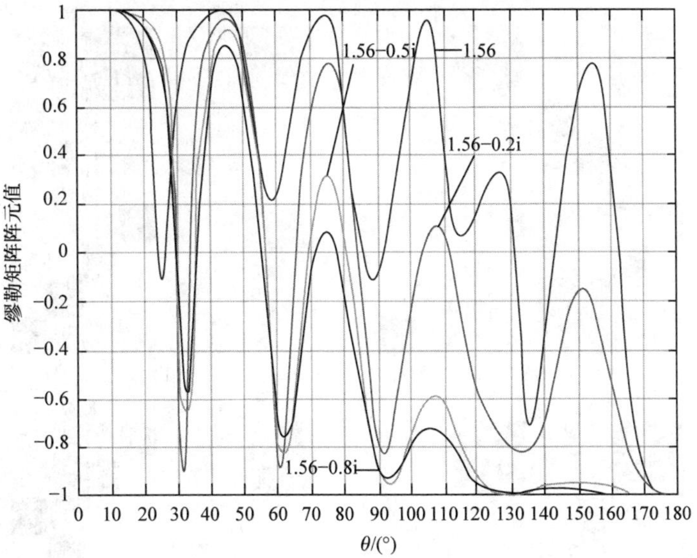

(e)

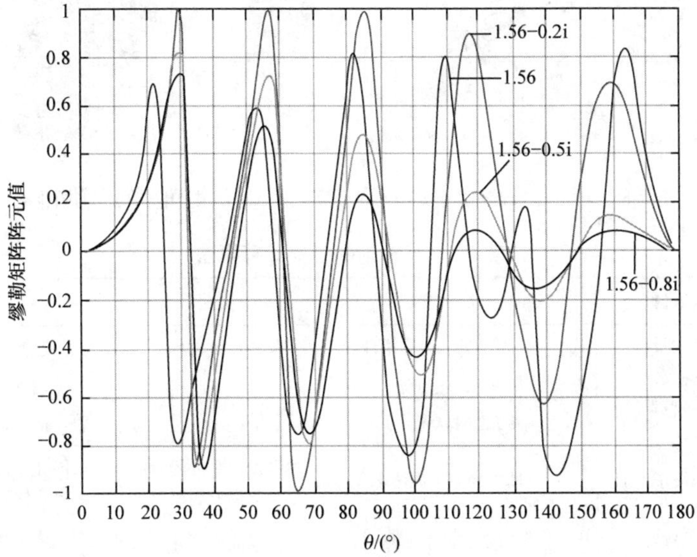

(f)

图 7.7　不同复折射率的颗粒物区分度较大的散射角度

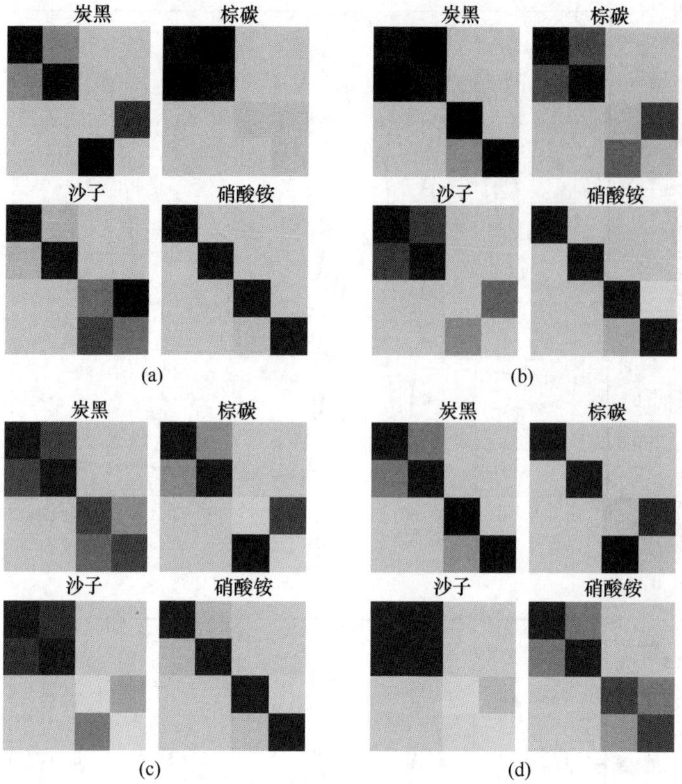

图 7.8　4 种代表性的物质在不同粒径和不同散射角度的缪勒矩阵

表 7.1　光散射的模拟计算方法

方法名称	处理手段	劣势	优点
支持向量机	分离变量、边界条件	只能计算椭球等	速度快、精度高
有限时域差分	差分、格点解麦克斯韦方程	边界问题难以处理	能得到随时间变化的整体信息、任意形态
离散偶极子近似	抽象为多个偶极子	速度慢、精度随着偶极子数提升缓慢	能计算任意形态、边界条件自动满足
米氏散射	解麦克斯韦方程	只能计算球	精确

基于 DDA 理论，模拟计算球、长椭球、扁椭球、长方体、圆柱 5 类典型形态的偏振散射矩阵阵元的角度谱，特定探测角下的典型非规则形态散射体的散射缪勒矩阵如图 7.9 所示。借助这一形貌特征理论仿真，可以对特定偏振指标的形貌表征能力进行预测和解释，并进行对比分析，为实验装置中的偏振指标选取和优化提供重要依据。

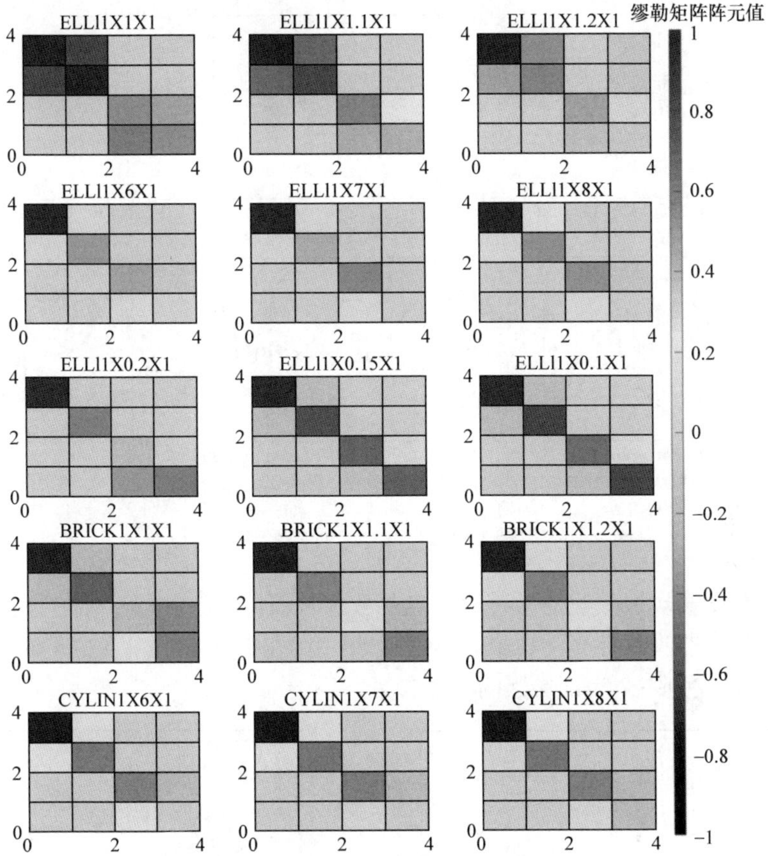

图 7.9　115°角下不同形态平均散射矩阵

7.1.4　大气颗粒物特定属性下的偏振表征指标

以炭黑颗粒物的识别为例，从理论仿真上分别对非偏振入射、水平线偏振入射、45°线偏振入射下，光强归一化的偏振矢量参数进行分析。如图 7.10 所示，三种入射偏振光中，只有 45°线偏振光对三种颗粒物的区分度最明显，故选取该线偏振作为实测表征的入射光偏振态。为选取合适的偏振参量和探测角度，既要

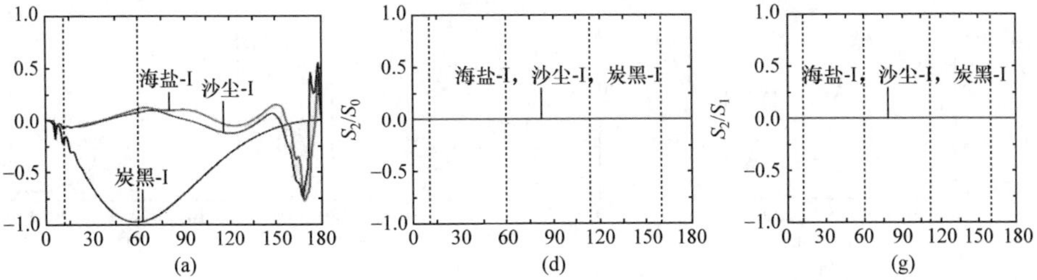

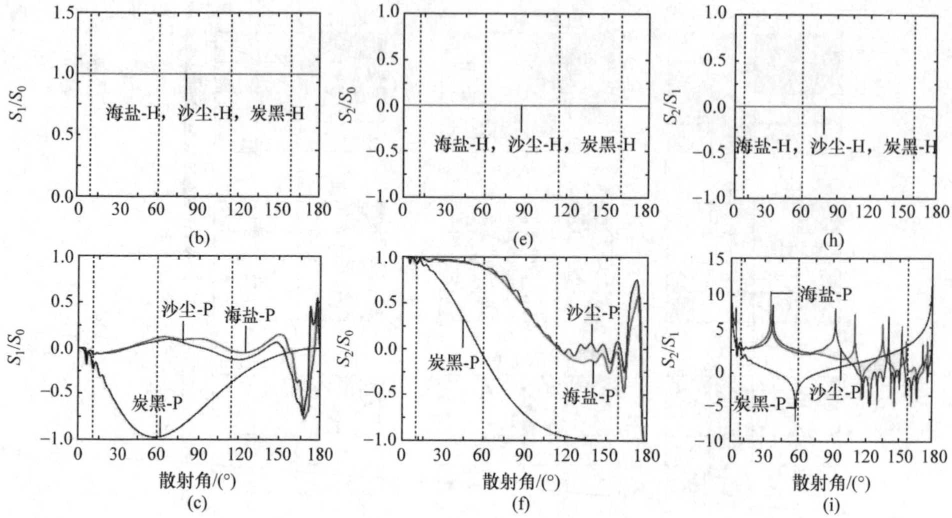

图 7.10　三种入射偏振光对三种颗粒物的区分度

考虑偏振参量对炭黑吸收的敏感性，也要考虑对颗粒物的粒径、分布宽度变化、折射率等其他非吸收性光学参量的不敏感性。由图 7.11 和图 7.12 可知，115°角的 S_2/S_1 可以成为一个表征炭黑的有效参量。

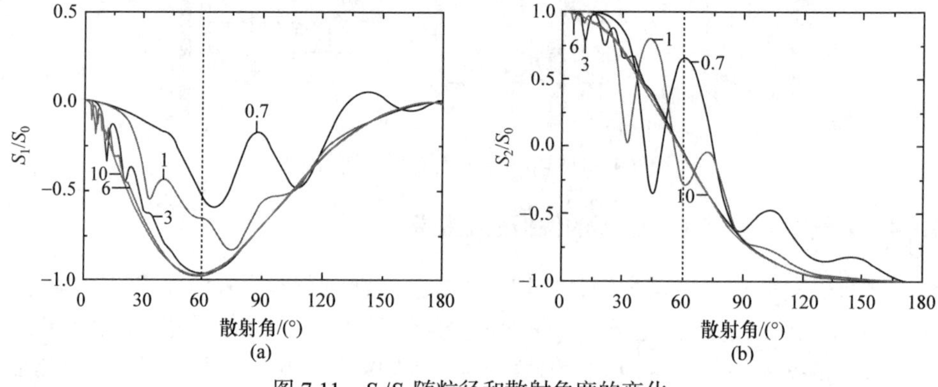

图 7.11　S_2/S_1 随粒径和散射角度的变化

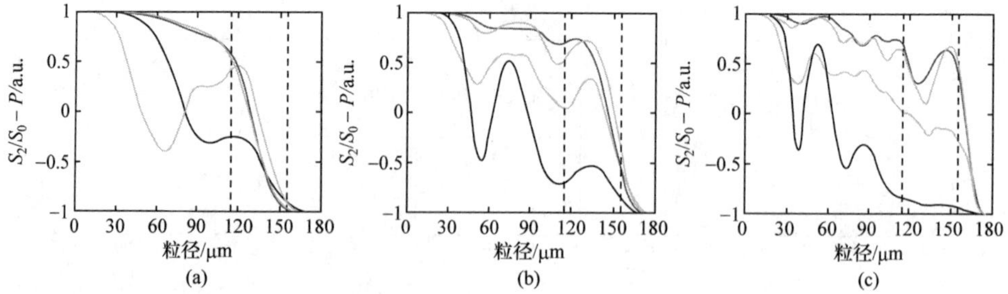

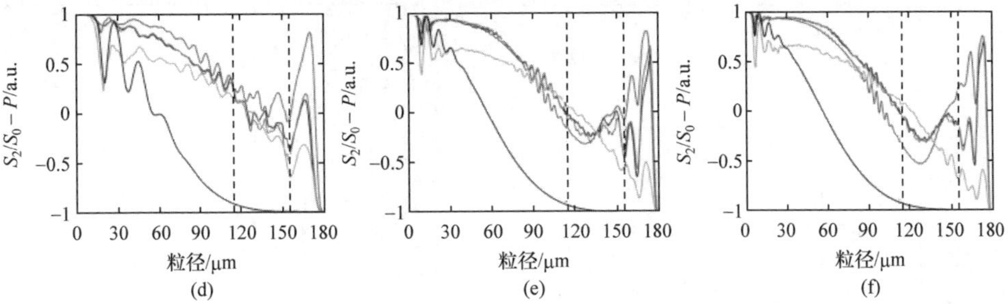

图 7.12　S_2/S_1 针对五类颗粒物的变化

— 硫酸钠；—海盐；— 二氧化硅；— 氧化铝；—炭黑

为在实验中验证上述模拟结果中炭黑颗粒物特异性偏振表征指标的可行性，图 7.13 和 7.14 演示了石墨、二氧化硅和硫酸钠三种颗粒物成分的偏振实测区分实验。模拟结果和实验结果验证了归一化偏振指标 S_2/S_0 对炭黑型颗粒物的特异性表征能力，为进一步探讨 S_2/S_0 表征所具有的定量可行性，分别将石墨与二氧化硅和硫酸钠以一定质量浓度比例混合，得到如图 7.14 所示的结果。图中方块是双组分按照前述质量浓度得到的实验结果，圆点是单组分时各个颗粒物样本的实验值理论预测得到的计算结果。

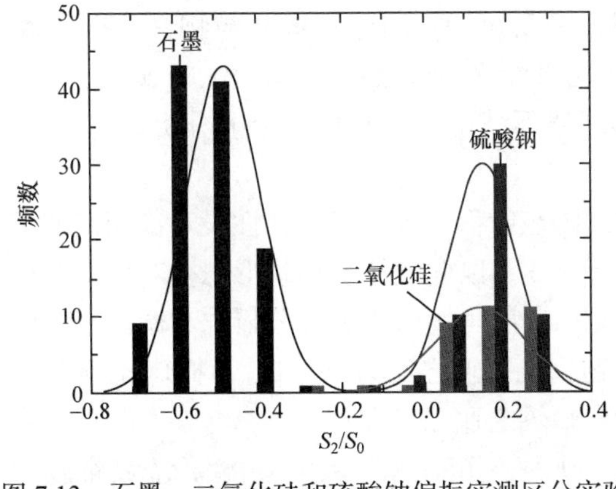

图 7.13　石墨、二氧化硅和硫酸钠偏振实测区分实验

进一步考察不同形态属性颗粒物的偏振散射建模仿真结果，并据此进行偏振表征指标选取。当散射颗粒物为中心对称形貌时，在取向平均的情况下，其偏振散射性质可由缪勒矩阵表征，即

$$\begin{bmatrix} I_s \\ Q_s \\ U_s \\ V_s \end{bmatrix} = \frac{1}{k^2r^2}\begin{bmatrix} a_1 & b_1 & 0 & 0 \\ b_1 & a_2 & 0 & 0 \\ 0 & 0 & a_3 & b_2 \\ 0 & 0 & b_2 & a_4 \end{bmatrix}\begin{bmatrix} I_i \\ Q_i \\ U_i \\ V_i \end{bmatrix} \tag{7-1}$$

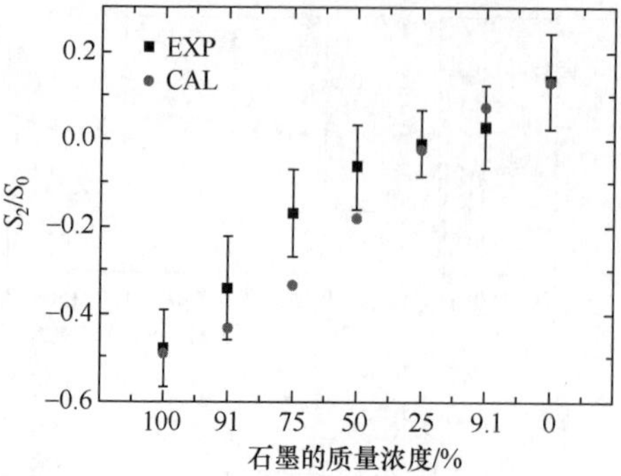

(a) 与二氧化硅混合

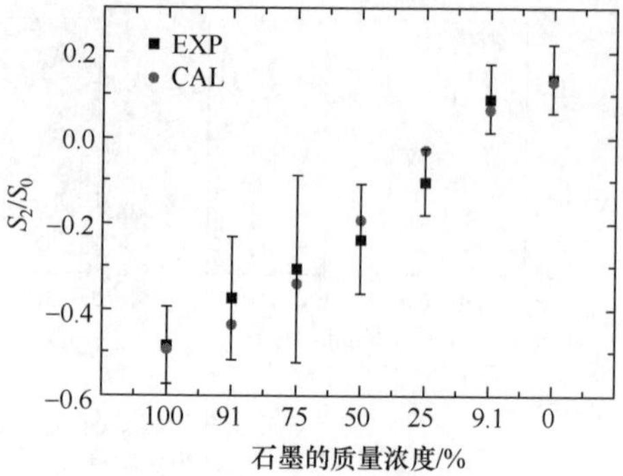

(b) 与硫酸钠混合

图 7.14　石墨与二氧化硅和硫酸钠以一定比例混合得到的实验结果

根据T矩阵理论，不同物理属性的颗粒物与偏振光散射相互作用后的偏振变化行为不同，完整的变换规律体现在单颗粒物散射的全偏振缪勒矩阵中，而缪勒矩阵阵元本身并不能直接给出物理解释或者表征依据，需要借助理论计算和建模来分析不同的形态，如球、椭球及柱的偏振散射鉴别指标及其鉴别规律。由式(7-1)可见，在中心对称散射颗粒物取向随机的情况下，其缪勒矩阵具有 6 个自由度，分别为 a_1、a_2、a_3、a_4、b_1、b_2，其他矩阵元都始终为零。根据对颗粒物单次散射缪勒矩阵的一般性分析可知，对于球形颗粒物，平行于散射面的偏振态入射时，即水平线偏振入射时，在散射面上不退偏，即 $a_1 = a_2$。对于偏离中心对称的颗粒物，这一保偏规律不满足，因此从理论上分析，a_2/a_1 可能一个对颗粒物形态较为敏感的参数。

模拟中设定散射体在体积、折射率等属性设定都相同的情况下，对椭球散射体模型的长短轴进行改变，以此模拟颗粒物形态上对中心对称形态的偏离，从相应的各缪勒矩阵阵元的散射角度谱中展开分析，考察偏振散射指标表征形态的潜力，对于球形颗粒物，长短轴之比为 1∶1，而椭球比例设置为标准样本羟基磷灰石即 HA 粒子的长短轴之比 2.7∶1。

由图 7.15 可知，归一化矩阵元参数 a_2/a_1 对形态特征较为敏感，是一种可以考虑的颗粒物形态表征参量。从特异性较好的角度选取上来分析，在侧向散射位置，两类形态下散射体偏振指标有较大差异，因此选择 90°散射角附近区间作为参数 a_2/a_1 的空间提取位置较为合适。

另外，从实际测量的角度考虑，矩阵元 a_2 的独立提取需要至少两个不同的线偏振入射条件才能实现，这就意味着该指标不是一个可以多偏振同时性测量能够获取的指标，而为了体现参数 a_2/a_1 对形态特征的变化规律，一种可行的替代方法是提取矩阵元表达式$(a_2+b_1)/(a_1+b_1)$，即水平线偏振入射后散射斯托克斯向量的归一化 S_1 项，从偏振光学定义来看，可以理解为水平线偏振的保偏度指标。该指标在球颗粒物时理论值为 1，而对于非球形各向异性形态则会取值偏离数值 1，而从测量方式来看，属于单一水平线偏振入射下借助同步分通道偏振检测可以提取的偏振指标，符合研究对象悬浮动态状态的测量要求。

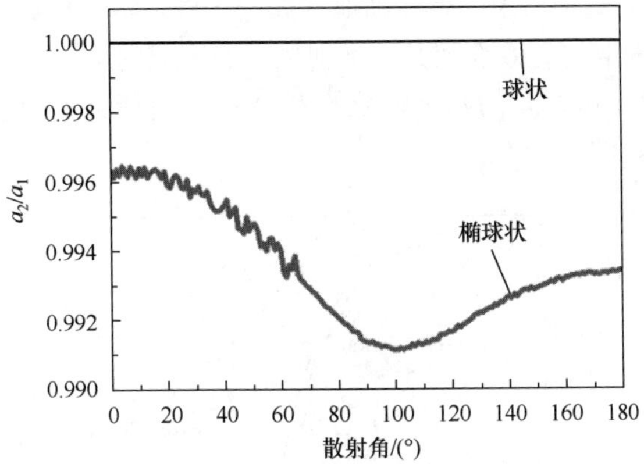

图 7.15　不同形态颗粒物的 a_2/a_1 随散射角度变化

随后针对不同形貌散射体又做了对$(a_2 + b_1)/(a_1 + b_1)$矩阵元的模拟计算，为简便起见，以下称该参数为 K_2。通过考察该指标表征形貌信息的有效性(图 7.16)可以发现，该指标在侧向 90°附近散射位置对形态信息极为敏感。

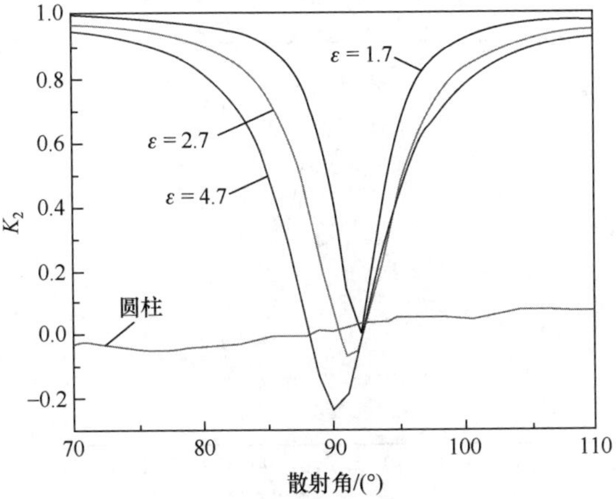

图 7.16　不同形态颗粒物的 K_2 随散射角度的变化

考虑到真实悬浮颗粒物的复合属性包含粒径、折射率、形态等多个因素，尤其是尺寸和折射率因素对颗粒物的散射过程至关重要。因此，对于一个表征形态的偏振指标， 除了具备对形态属性的敏感性及同步实测较为容易外，还希望该指标对颗粒物粒径、折射率等信息不敏感。因此，图 7.18 和图 7.19 进一步探讨

并对比了 K_2 指标对粒径、折射率等信息的敏感程度。

如图 7.16～图 7.18 所示，K_2 指标对散射体形态在 70°～110°散射角敏感。为此后续实验选取了 85°探测角。同时 K_2 指标的偏振散射角度谱在 85°附近随粒径和折射率变化并不明显。为了更准确地从理论计算和实验数据两方面验证 85°散射角下 K_2 指标提取的有效性及其对散射体形态表征的可行性，这里同时在实验中测量了 10°和 85°散射角的两种颗粒的 K_2 指数。K_2 指数在两个散射角度的实验结果和理论结果如图 7.19 所示。

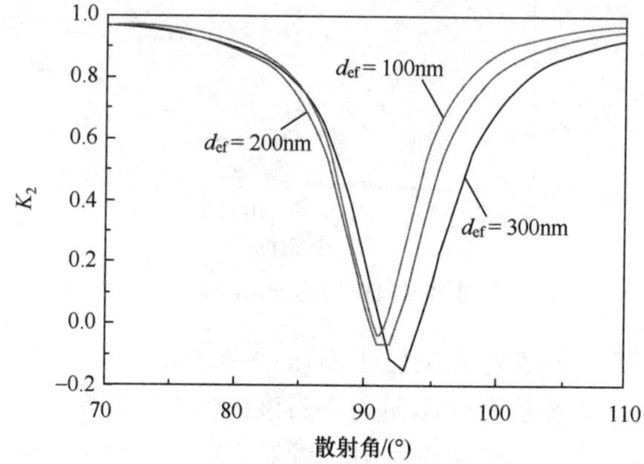

图 7.17　K_2 指标对颗粒物粒径改变的敏感程度

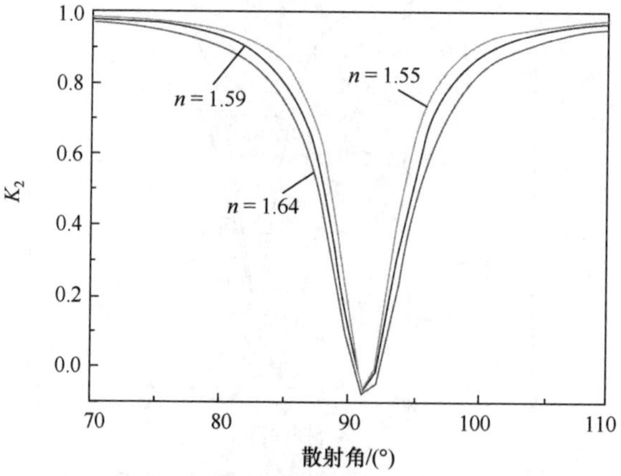

图 7.18　K_2 指标对指标散射角度谱随颗粒物折射率改变的敏感程度

根据图 7.19，球形散射体理论计算值与实验值分别为 1 和 0.965，椭球形散射体理论计算值与实验值分别为 0.740 与 0.739，柱形散射体理论计算值与实验值分别为 0.646 与 0.625，可以发现三类形态下散射体的 K_2 指标理论值与实验值最大误差不超过 3.5%。球、椭球与柱样本内单个散射体的偏振指标方差分别为 0.018、0.015 与 0.047。对于非规则形态散射体，实验中单个散射体 K_2 指标会有较大方差，由散射过程中散射体在悬浮状态下随机取向不同造成。因此，对球、椭球及圆柱三类不同形态散射体实验结果和理论对照不仅表明了 K_2 指标表征颗粒物形态信息的特异性，也显示了理论计算的有效性和该散射角度的可行性。

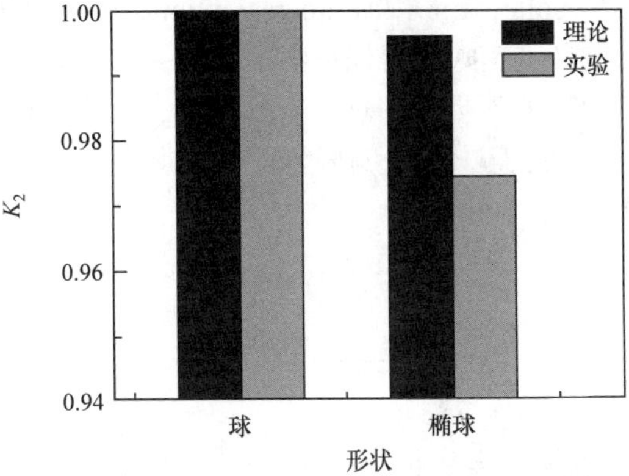

(a) 10°散射角

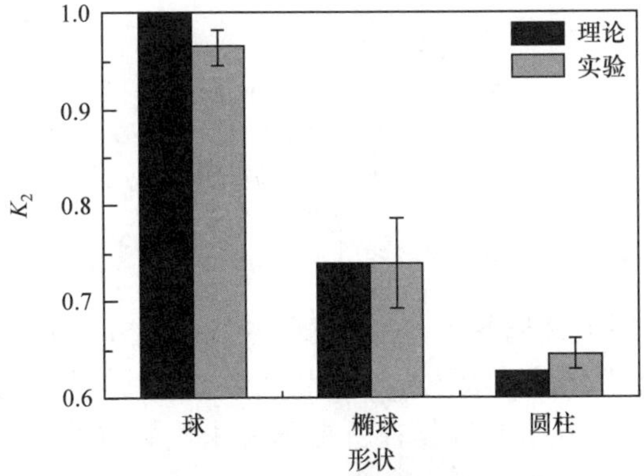

(b) 85°散射角

图 7.19　K_2 指数在两个散射角度的实验结果和理论结果

7.1.5　大气颗粒物的偏振数据谱系及其应用

为研究大气颗粒物的基本性质，前期积累了大量的偏振实验数据。据此建立了不同颗粒物样本的多维偏振指标中心谱和偏振分布谱。大气颗粒物外场实测环境中的偏振表征将基于这两种新的偏振数据体系，实现气溶胶组成占比的精准识别。

图 7.20(a)是连续采集到的多种单颗粒的 P-Hdop(60°)偏振信号，其中括号里面的 60°表示在散射角 60°处测量的偏振指标。可以看出，信号在−1 到 1 都有分布，导致不能直观地对单颗粒逐个开展类识别。这种测量值的离散性是由气溶胶

的粒径分布、悬浮粒子的空间动态行为及光与粒子作用点的不确定性综合引起的。为了获取单一组分气溶胶的偏振散射信号规律，这里对连续采集的粒子信号进行平均处理。图 7.20(b)是约 300 个粒子信号平均后的信号，此时三种气溶胶信号短周期内的中心取值能明显区分，且随着长周期时间变化数值稳定。本书引入偏振特征分辨率(polarization feature resolution，PFR)指标，取值为两倍的方差，PFR 指标从定义上反映测得偏振指标在同一气溶胶组分内的取值分布宽度，如图 7.20(c)所示。显而易见，这一宽度越窄，意味着该指标对此类气溶胶组成的聚类效果越好，也意味着该偏振特征有望增强此类气溶胶的鉴别能力，即 PFR 指标数值越小，误判率越小。

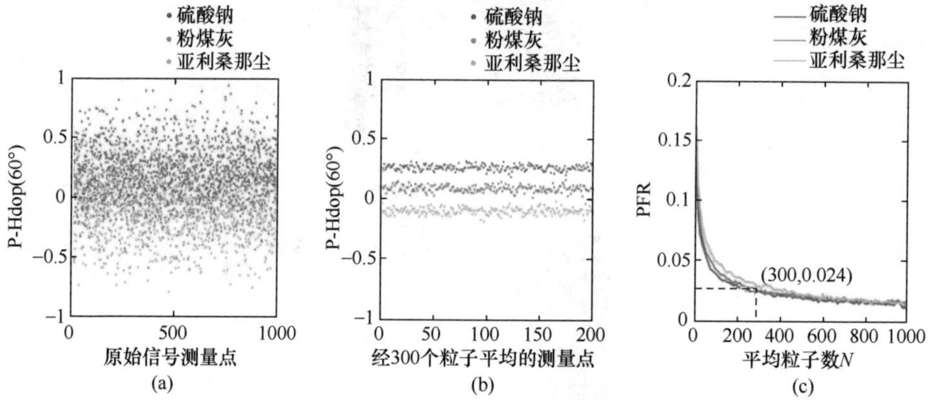

图 7.20　不同气溶胶的单颗粒偏振测量信号及其分析

为了从实验结果中直观评估上述指标的性能和区分能力，9 种不同的气溶胶样本(分为折射率属性样品、吸收属性样品、形态属性样品)分别由气溶胶发生器产生，并被多维偏振指标测量装置所探测并采集数据集合，样品的具体特性如表 7.2 和图 7.21 所示。

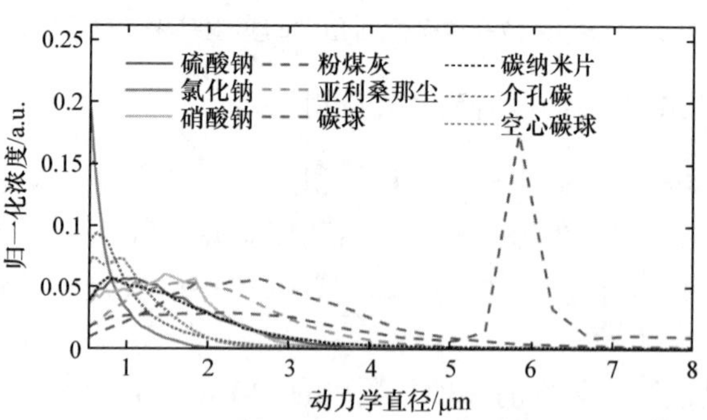

图 7.21　由空气动力学粒径谱仪(TSI，3321)测量的气溶胶粒径分布图

表 7.2　气溶胶的特性

气溶胶种类	复折射率	气溶胶发生装置	形态	参考文献
硫酸钠	1.48–0.001i	Met One 255 atomizer	近球形散射体	[1]
氯化钠	1.544–0.001i			
硝酸钠	1.587–0.001i			
粉煤灰	1.57–0.01i	TSI-3400A	近球形散射体	[2]
亚利桑那尘	1.54–0.02i	TSI-3400A	近球形散射体	[3]
碳球			近球形散射体	[4]
碳纳米片	1.67–0.27i	TSI-3400A	由相应单体构成的具有高度不规则的团聚体	[4]
介孔碳				
空心碳球				

如图 7.21 所示，每种气溶胶都具有自己特定且宽粒径范围的分布，气溶胶的粒径分布本身也是一个区分不同类型气溶胶的重要途径。对于本书探讨的 9 类样本来说，显然仅仅通过气溶胶的粒径分布不足以区分所有的气溶胶种类。这说明这 9 种气溶胶的类识别，还需要引入更高维度的测量数据组合，以便更好地反映粒子的折射率、吸收和形态等复合因素。

图 7.22 是仪器测量得到的 9 种气溶胶的 24 维偏振中心谱，横坐标表示偏振指标的编号，从 1 到 24 分别对应 H-Hdop(30°)、H-Pdop(30°)、H-Hdop(60°)、H-Pdop(60°)、H-Hdop(85°)、H-Pdop(85°)、H-Hdop(115°)、H-Pdop(115°)、P-Hdop(30°)、P-Pdop(30°)、P-Hdop(60°)、P-Pdop(60°)、P-Hdop(85°)、P-Pdop(85°)、P-Hdop(115°)、P-Pdop(115°)、R-Hdop(30°)、R-Pdop(30°)、R-Hdop(60°)、R-Pdop(60°)、R-Hdop(85°)、R-Pdop(85°)、R-Hdop(115°)、R-Pdop(115°)，括号里面的数据表示在相应度数散射角处测量的偏振指标。不同的气溶胶种类具有不同的偏振中心谱，且都具有很小的 PFR。图 7.23 表明，不同气溶胶类别具有各自的指纹型特征多维偏振指标中心谱响应，既自身稳定，且彼此错开不会重合。由于本书中同步探测所得偏振指标的维度高，且对不同气溶胶的区分能力各异，在实际应用中，可将得到的未知气溶胶的偏振中心谱与数据库中已知气溶胶的偏振中心谱比对，对未知气溶胶的种类进行判别。未来建立更多种类气溶胶的实测偏振中心谱，可以大大提高气溶胶种类识别的可行范围。

偏振中心谱是粒子多维度偏振指标的短时平均值，如图 7.23(a)所示，而偏振分布谱是粒子偏振指标的概率分布曲线，如图 7.23(b)所示。两种偏振谱系均随着气溶胶种类的不同而有明显差异。与中心谱相比，偏振分布谱能够提供更多气溶胶特征的信息。例如，如图 7.23(b)所示，硫酸钠气溶胶的特征是准球形粒子和具有窄粒径分布，其分布谱呈现高斯分布和具有大峰度特征；粉煤灰的特点是具有宽粒度分布，其分布谱是宽胖的高斯形状特征；二氧化钛纳米纤维的分布谱具有不规则形状的轮廓，这是因为该气溶胶具有空间形状不规则且取向随机的特性。

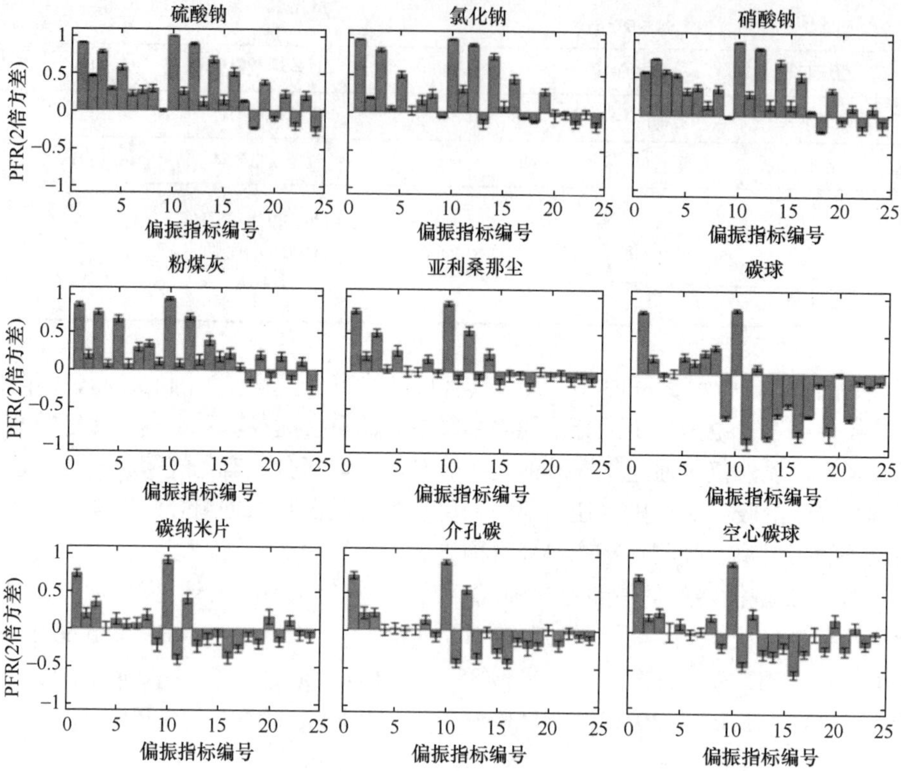

图 7.22　9 种气溶胶样品的偏振中心谱

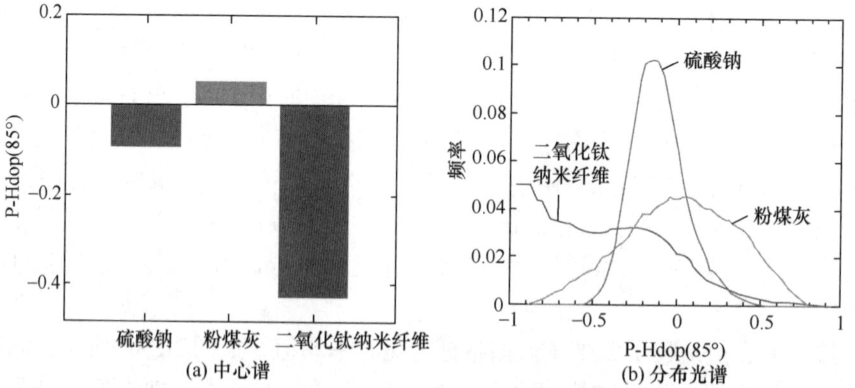

图 7.23　3 种典型气溶胶在偏振指标 P-Hdop(85°)下的中心谱和分布光谱的特性比较图

为解析不同污染来源的气溶胶对混合气溶胶的贡献比例，需要获得一系列纯受体气溶胶的单组分谱。为探讨不同指标谱系用于气溶胶混合组分识别的适用性，选取 6 种纯气溶胶硫酸钠、粉煤灰、亚利桑那尘、碳纳米片、二氧化钛纳米纤维、介孔二氧化硅作为混合气溶胶的受体源。这里采用一台 45°线偏振光入射的装置，并实时测量气溶胶的 8 维偏振指标[分别为 P-Hdop(30°)、P-Hdop(60°)、P-Hdop(85°)、P-Hdop(115°)、P-Pdop(30°)、P-Pdop(60°)、P-Pdop(85°)、P-Pdop(115°)]。6 种纯气溶胶的 8 维偏振中心谱和分布谱分别如图 7.24 和图 7.25 所示。每种气溶胶都有各自特定且稳定的谱系分布，该分布特点可作为每种气溶胶特有的指纹特征。图 7.24 中的误差条和图 7.25 的阴影部分分别表示 50 次同类别测量后中心谱的方差和分布谱的可能离散度，两者均表明同类别气溶胶样本多次谱测量的偏差很小。因此，基于偏振指标谱系的多组分气溶胶数据处理思路，将偏振中心谱和分布谱作为气溶胶类特征识别依据，通过对已有的气溶胶建立数据谱库信息，对未知气溶胶进行分类识别并量化评估混合气溶胶的各组分贡献占比。

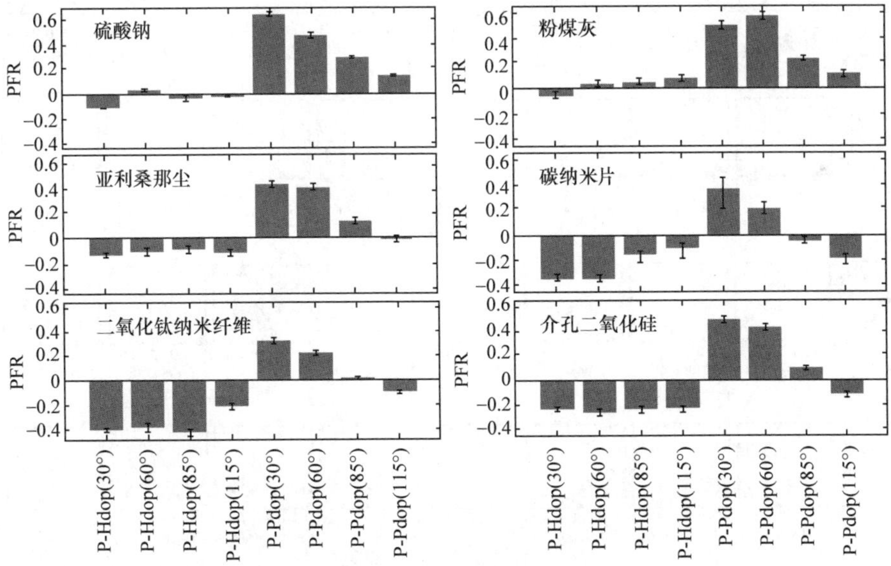

图 7.24　6 种气溶胶的多维偏振中心谱

利用偏振中心谱和分布谱，分别实现混合气溶胶分类解析(图 7.26)，进而量化评估各种气溶胶占比贡献率。来自不同来源的混合气溶胶粒子系列β可写为如下形式：

$$\beta=(\beta_1,\beta_2,\cdots,\beta_n),\quad f_j=\frac{\text{个数}(\beta_j)}{\text{个数}(\beta)} \tag{7-2}$$

式中，β_j 为来自纯气溶胶源 j，相对总的受体混合气溶胶β具有$\beta \times f_j$ 个粒子。首先对这未知组分比例的混合气溶胶进行单颗粒多维偏振指标的数据测量，并分别建立其分布谱和中心谱。由于本书中的方法是基于单颗粒测量，以及中心谱和分布谱本身的定义特点，未知混合气溶胶的分布谱和中心谱 d_i 可表示为已知数据库的源谱 α_{ij} 和未知源贡献比例 f_j 的乘积之和。该解析模式包含一系列线性方程组，可表示为如下形式：

$$d_i=\sum_{j=1}^{n}\alpha_{ij}f_j \tag{7-3}$$

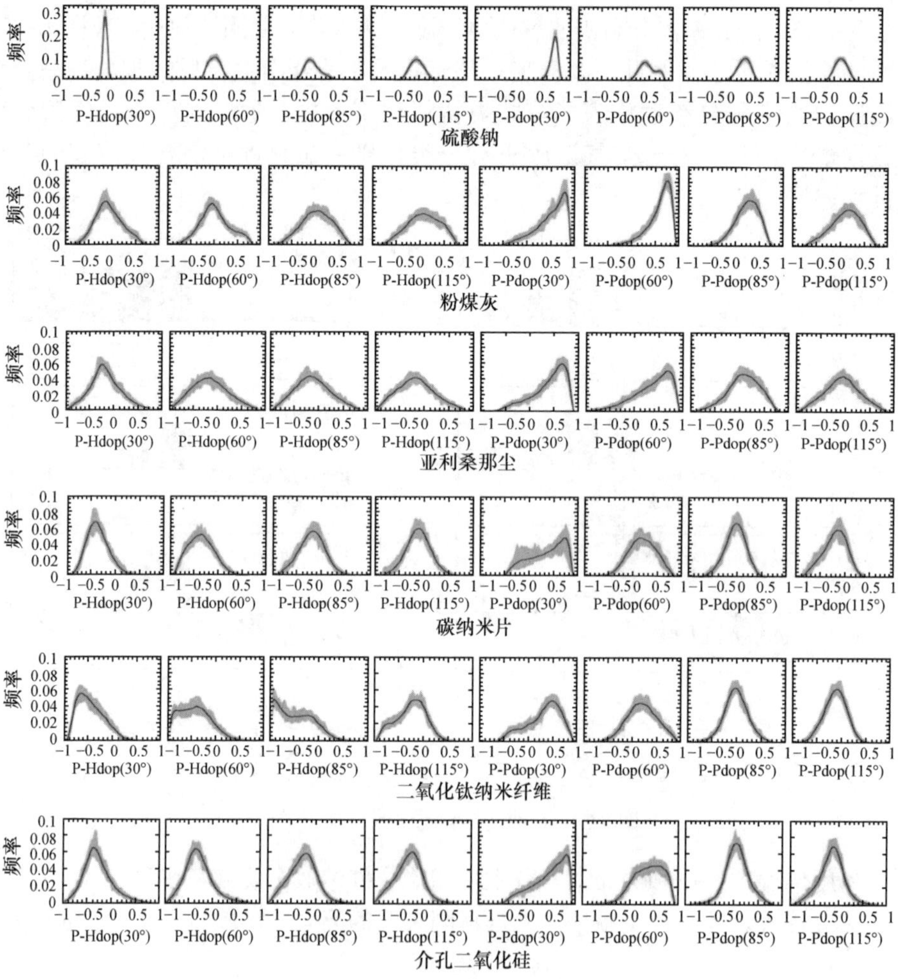

图 7.25　6 种气溶胶的多维偏振分布谱

黑实线表示测量的平均分布谱；阴影区域表示测量结果覆盖的区域

式中，n 为数据库已知源的总数；i 为数据谱的特征点。对于偏振分布谱，i 的取值范围为 1～$m \times k$，即式(4-2)由 $m \times k$ 个线性方程组组成；对于偏振中心谱，i 的取值范围为 1～m，即式(4-2)由 m 个线性方程组组成。通过求解这一系列线性方程组，可得出各个混合源的贡献比例 f_j'。本书采用的是非负线性最小二乘法，其表达式为

$$\min_{f} \left\| \alpha f - d \right\|_2^2, \quad f \geqslant 0 \tag{7-4}$$

为了验证本节解析方法的准确度，这里采用残差平方和(sum of squared error，SSE)来描述，定义为预设的成分比例减去计算的成分比例的平方和，即

$$\mathrm{SSE}(\%)=100\sum_{j=1}^{n}(f_j - f_j')^2 \tag{7-5}$$

式中，f_j 为每个源气溶胶的真实贡献占比；f_j' 为每个源气溶胶的解析贡献占比。较低的 SSE 值表明，估计值越接近真实值，越具有更好的识别准确率。

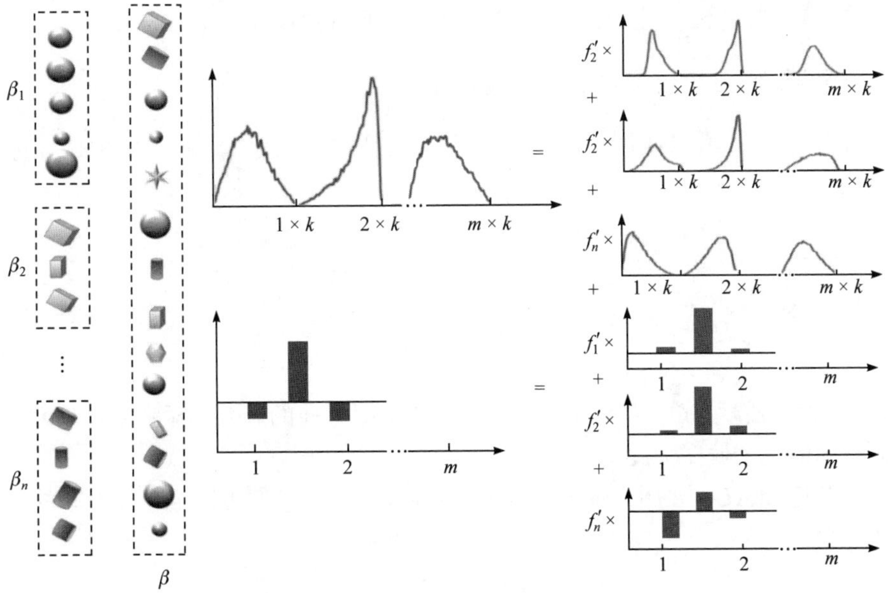

图 7.26　基于分布谱和中心谱的混合气溶胶解析方法示意图

m 为采用偏振指标的个数；k 为分布谱线在−1 和 1 之间的个数

7.2　水体颗粒物分析中的偏振散射测量技术与应用

颗粒物在自然水体中扮演着重要角色。例如，微藻提供了水体初级生产力，

悬浮泥沙的输运与沉积可能改变地貌，微塑料干扰水体生态的健康等。水体悬浮颗粒物反映了水体生态系统的状态，并对自然环境产生巨大影响。发展水体颗粒物的探测方法对水体生态监测、环境污染控制等方面具有重要意义。

水体中悬浮颗粒物具有种类多、变化大等特点，需要大数据量、细致分类的方法。偏振光技术具有数据量大、对细微结构敏感，易与现有光学仪器结合等优点。水体颗粒因细微结构、形态、吸收等所产生的退偏、各向异性及其他偏振参量差异，为提高微粒识别率提供了可能。偏振光技术在水体颗粒物分析方面具有很大的潜力。

这里在实验室发展了颗粒物偏振散射测量装置，实现水体悬浮颗粒物的单个测量，用偏振光照射样品并完全测量后向(120°)散射角的散射光偏振态。同时，这里利用实验室装置探索了对蓝藻伪空胞、海藻吸附微纳塑料颗粒过程的表征。实验结果表明，偏振参数对颗粒(细胞)内、外结构变化敏感，可以表征颗粒的结构特征。同时，这里发展了偏振散射测量的样机，主要用于研究水体悬浮颗粒物对偏振激光的散射效应，对颗粒物进行识别和分类，并监测颗粒物的数量变化，以期作为赤潮预警、泥沙输运监测与水体微塑料检测的工具。

7.2.1　悬浮颗粒 120°全斯托克斯测量装置

简洁而言，可以使用式(7-6)中定义的斯托克斯向量 $\boldsymbol{S}$ 来表示偏振光的偏振状态。

$$\boldsymbol{S}=\begin{bmatrix} I \\ Q \\ U \\ V \end{bmatrix} \tag{7-6}$$

式中，I 为总强度；Q、U 分别为 0°和 45°线偏振方向的剩余偏振强度；V 为右旋偏振方向的剩余偏振强度。

一般将 Q、U、V 用光强 I 归一化后得到 q, u, v，它们可以组合成不同的偏振表征参数：

$$q=\frac{Q}{I},\quad u=\frac{U}{I},\quad v=\frac{V}{I} \tag{7-7}$$

偏振度(DOP)是偏振光在总光强中所占的比例或光束偏振光部分的光强与总光强的比值，能够表示偏振光散射后的退偏程度。偏振光被颗粒散射后 DOP 越小，说明颗粒的散射光退偏程度越大。DOP 的表达式为

$$\text{DOP}=\frac{Q^2+U^2+V^2}{I^2} \tag{7-8}$$

实验装置能逐个地测量水体中悬浮颗粒在 120°的散射斯托克斯向量，如图 7.27 所示。由调制器件产生的偏振光照亮样品池中的单个悬浮颗粒，然后发生散射。分析器件将收集的散射光作为脉冲，同时测量相应的斯托克斯向量。散射体积减小到 0.01uL 以下。当粒子浓度小于 10^5/ml 时，散射体积中平均只有一个粒子，悬浮颗粒将被单独测量，受浓度影响较小。

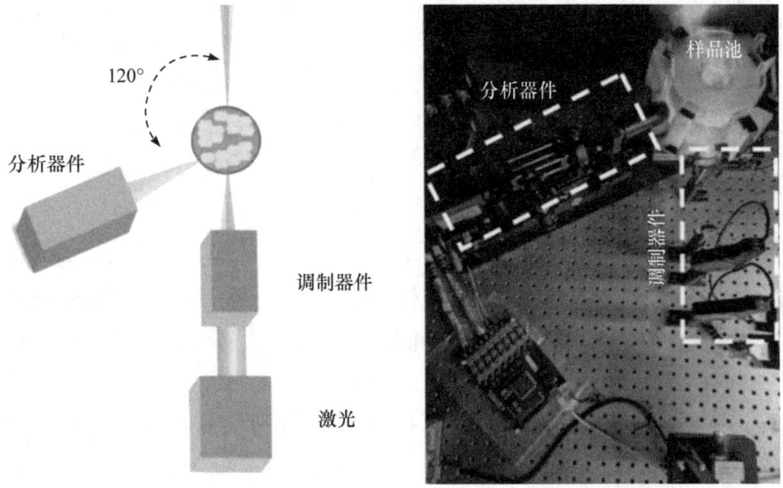

(a) 原理图　　(b) 实物图

图 7.27　悬浮颗粒 120°全斯托克斯偏振测量实验装置

7.2.2　偏振散射用于表征蓝藻细胞的伪空胞状态

蓝藻是地球上最古老的生物之一，对塑造今天的生物圈有重大影响[5,6]。然而，蓝藻的过度生长常常在自然环境中形成有害的蓝藻水华，对水生生态系统和人类造成的威胁日益严重[7,8]。由于受有效磷、氮[9,10]、气候变化、水温升高[11,12]、pH 值、日照时长[13]等多种自然环境变化的影响，有害蓝藻水华的爆发难以预测。此外，许多浮游蓝藻具有能够提供浮力并参与浮力调节的基本结构——伪空胞[14]，在淡水、河口和海洋生态系统中，蓝藻通过伪空胞调节自身浮力进行垂直迁移，以得到适宜的光能和充足的营养盐等，从而获得适宜的生长条件使其成为优势藻种[15]，能够在数小时内形成密集的水华[7,16]。因此，通过观察伪空胞的状态变化有望能对蓝藻细胞的垂直迁移进行原位监测，可以帮助预测自然环境中的蓝藻水华爆发，减少其所带来的负面影响。

静压处理是研究蓝藻细胞及其伪空胞特性的重要方法之一，在此过程中蓝藻细胞暴露于静止的液体或气体施加的压力下。静压处理的优点通常是只破坏蓝藻细胞内的伪空胞，而保留细胞内的有机物[17,18]，有助于研究伪空胞对蓝藻细胞固有光学特性的影响。实验装置可以逐个地对悬浮细胞进行全斯托克斯测量，将太湖采集的野外微囊藻作为实验样本，研究蓝藻细胞在不同伪空胞状态下的偏振响应。不同静压会对微囊藻细胞的伪空胞产生不同程度的破坏，所有的伪空胞会在0.7MPa 压力下全部塌缩[18]。

为了找出一组最优的对伪空胞状态变化敏感的斯托克斯线性组合，利用线性判别分析(LDA)训练出微囊藻对照组(0MPa)和 0.7MPa 加压处理组的数据的线性组合 x，即可认为 x 是特异性表征伪空胞变化的偏振参数。其他压力处理组利用同样的线性组合 x 进行变换，即可进行比较。同时，为了能够定量地表征蓝藻细胞在不同伪空胞状态下的偏振参数分布情况，这里定义参数 R 来量化分布之间的差异，具体表达式为

$$R = 1 - \ln\left(\frac{2P}{F_1 + F_2} + 1\right) \tag{7-9}$$

式中，P 为两个偏振分布峰值之间的距离，代表类间差异；F_1 和 F_2 为两个偏振分布的半峰全宽，代表类内差异。R 值越接近 1，代表两个偏振分布越相似。

将采集的微囊藻样品充分地摇匀混合后，倒入 7 个离心管中。设置静压梯度为 0MPa、0.1MPa、0.3MPa、0.4MPa、0.5MPa、0.6MPa、0.7MPa，利用加压装置处理后，将各离心管中的样品摇晃混合，送入实验装置的样品池中进行全斯托克斯测量。随后，利用 LDA 找出最优线性组合 x 后，将所有实验组的数据进行转换，并计算各组与对照组之间的 R 值。

图 7.28 为不同压力处理后微囊藻 R 值的变化。从图中可以看出，压力处理会明显导致 R 值不断下降，并呈现出单调下降趋势。R 值在 0.1～0.4MPa 范围内斜率减小，在 0.4～0.5MPa 范围内斜率明显增大，在 0.5～0.7MPa 范围内变化趋于平缓。结果表明，R 值与施加在微囊藻细胞上的静压正相关，并且存在一个临界压力使微囊藻的 R 值急剧变化。

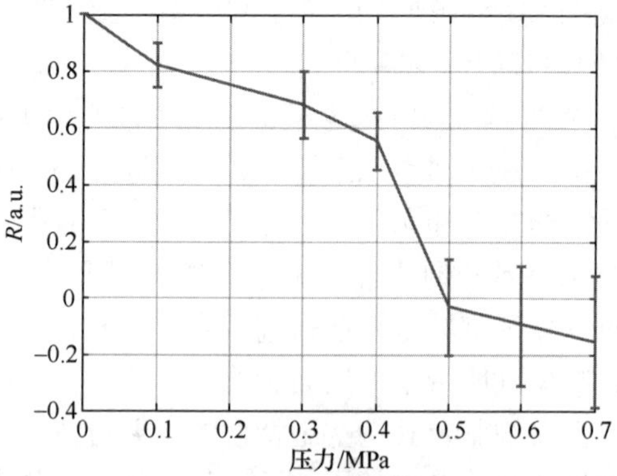

图 7.28　不同静压处理后微囊藻的 R 值变化

观察不同静压处理后的微囊藻样品的浮沉表现，如图 7.29 所示。0.1～

0.2MPa 压力处理下的样品与对照组样品相似，大部分细胞漂浮在水面上。在 0.3MPa 的压力处理下，大部分细胞处于悬浮状态，部分细胞沉到底部。在 0.4MPa 的压力处理下，水体表面不存在明显的细胞聚集，但大部分细胞悬浮在靠近水体底部的底层。在 0.5～0.7MPa 的压力处理下，几乎所有细胞都沉到底部。这证实了静压处理导致微囊藻细胞的伪空胞塌陷，导致细胞失去浮力并下沉。当压力增加到 0.5MPa 及以上时，水体底部的细胞比例增加，表面细胞较少。因此，0.4～0.5MPa 的处理压力可以认为是使样品细胞的伪空胞明显塌缩并导致下沉的临界压力。回顾图 7.28 所示的 *R* 值，当压力达到 0.5MPa 时，*R* 值急剧下降，这证实了 *R* 值可以作为微囊藻细胞浮沉状态的指标。

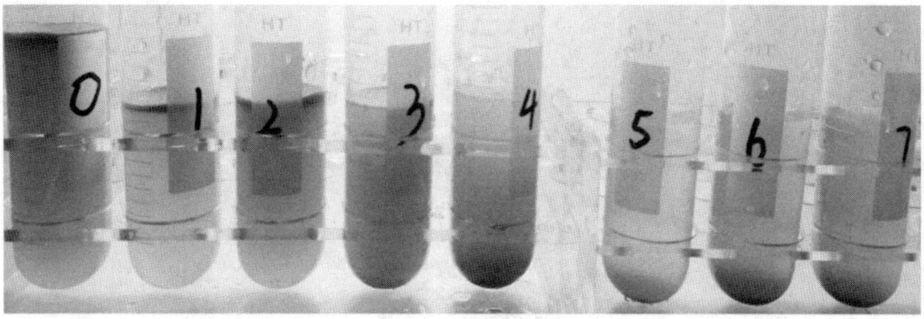

图 7.29　不同静压处理后微囊藻细胞的浮沉表现

在不搅拌的情况下，把所有静压处理后的实验组在 25℃和 1500lx 辐照下培养 72h，分别在 0h、12h、24h、36h、48h、72h 测量样品的偏振参数。为了更好地比较受压的微囊藻细胞内伪空胞随时间的变化情况，这里仍然使用上述得到的 x 来转换微囊藻细胞在恢复培养期间的数据。

图 7.30 为不同静压处理后培养期间微囊藻的 *R* 值变化情况。本节可以发现，对照组的分离程度始终在一个较低的水平波动。0.1MPa 处理组和 0.3MPa 处理组

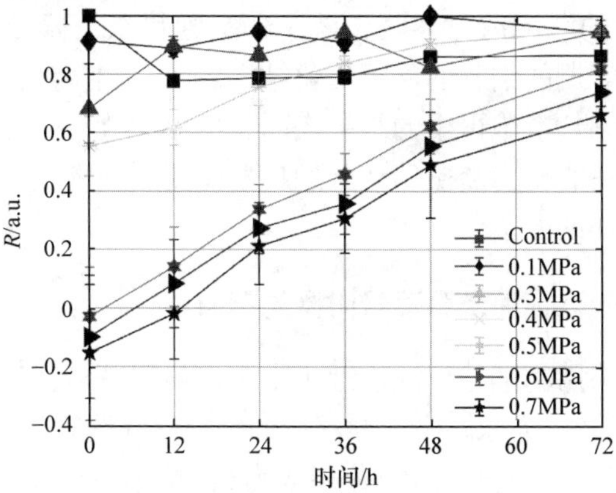

图 7.30　不同静压处理后培养期间微囊藻的 *R* 值变化

的 R 值随着培养时间的增加在 0.8～1 波动，与对照组没有明显的区分。0.4MPa 处理组的 R 值随着培养时间的增加而增加，24h 后进入对照组的波动范围，即样品恢复到与初始样品相似的状态。同样，0.5～0.7MPa 处理组的 R 值随培养时间的增加而单调增大。

观察微囊藻细胞在 0.7MPa 处理后培养恢复期间的浮沉表现，如图 7.31 所示。在 24h 时，微囊藻细胞基本沉降在水体底部。在 48h 时，悬浮液变浑浊，但大部分微囊藻细胞仍分布在底部。在 72h 时，大部分细胞再次分布在水柱中，少量细胞停留在底部。在 96h 时，水体表面出现了明显的细胞漂浮聚集。

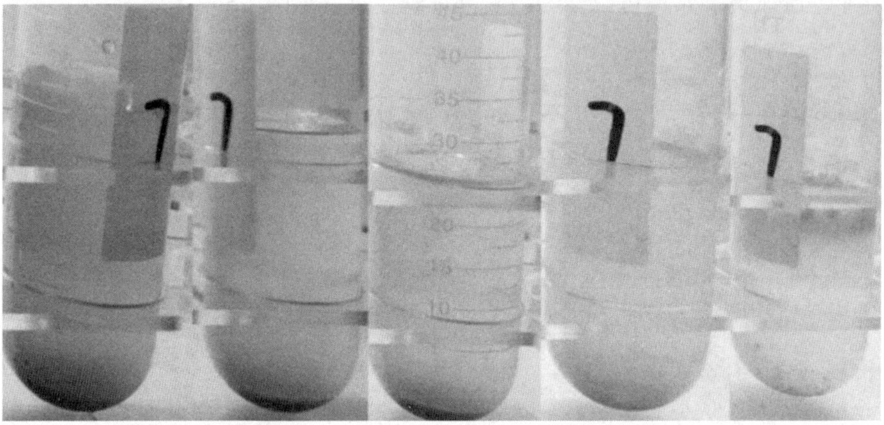

图 7.31 微囊藻细胞在 0.7MPa 处理后培养恢复期间的浮沉表现

从左到右分别为 0h、24h、48h、72h、96h

静压处理是一种可以破坏蓝藻细胞内伪空胞的有效方法，而对其他细胞结构的损伤很小，不同的静压有助于控制细胞内伪空胞的变化。本节利用偏振光散射测量方法，对不同静压处理下的微囊藻样品进行全斯托克斯测量。梯度压力实验及不同加压处理后的浮沉情况表明，蓝藻伪空胞状态是偏振参数变化的主导因素。再生实验及培养期间细胞的浮沉变化结果表明，偏振参数可用于蓝藻伪空胞再生的表征和监测。伪空胞再生的结果表明，偏振参数与蓝藻细胞的垂直迁移密切相关，预示该方法有望为蓝藻伪空胞的现场监测和细胞垂直迁移趋势的预测提供一种快速、无损伤的方法。

7.2.3 偏振散射用于表征海洋微藻吸附微纳塑料

塑料在全球的应用越来越广泛，近年来年产量超过 3 亿吨，其中 480 万至 1270 万吨进入海洋[19]，全球海洋里漂浮着的塑料碎片约有 5 万亿个(超过 25 万吨)[20]。在自然环境中，塑料降解与分裂成为微塑料(microplastic，MP)(直径小于 5mm)[21]乃至纳米塑料(nanoplastic, NP)(直径小于 1um)[22,23]。这种类型的污染无处不在，在世界海洋中持久存在，并威胁海洋生物群[24]。海洋中常见的塑料之一是聚苯乙烯，这是一种高产量的材料，全球市场价值超过 300 亿美元[25]。海洋微藻是食物链基础上的初级生产者，是海洋生物化学循环最基础、最重要的一环[26]。研究表明，微纳塑料会吸附在海洋微藻上，对微藻的光合作用、生长等生理活动造成影响，还会通过食物链在人体内富集[23,27,28]。

现阶段的微塑料检测方法除目视法外通常费时费力、成本高昂；各方法均须分离和纯化样品，无法在悬浮状态下检测微塑料[28]。可以采用原位检测方法来克服分离和纯化的局限性，原位检测方法可以提供较大的时空尺度和较高的时空精度。为了监测微塑料和纳米塑料对环境和生态的影响，以及评估其在海水中的浓度、大小和类型，微塑料和纳米塑料的原位检测已成为迫切需要解决的问题。

为了解决这些问题，这里采用基于偏振光散射的方法。该方法利用三角褐指藻(Phaeodactylum tricornutum，PT)吸附纳米塑料时对偏振光响应的变化，从而检测出它们在水中的存在和丰度。

k-means 聚类由于其简单和高效而成为广泛使用的聚类算法。在通常的 *k*-means 算法中，给定一个整数 k 和一组数据点，目的是选择 k 个中心，使每个点与其最接近的中心之间的平方距离之和最小化[29]。在这项研究中，使用 *k*-means 算法将数据集分为两组，标记数据组，并将其替换为 LDA 的输入以获得最佳投影轴 f。最后，将三维数据$[q\ u\ v]$投影到一维参数 X。

本实验中使用的浮游植物是PT，PT是硅藻的一种。实验参数的设置如表 7.1 所示。对照组由正常培养基中的 PT 组成。将 PT 培养超过 7 天，并且在 750nm 波长下获得的光密度(OD_{750})为 0.03～0.3。在实验组 1 中，将 PT 混合在浓度为 0.01mg/L、0.1mg/L、0.5mg/L、1mg/L、5mg/L、10mg/L 和 20mg/L 的直径为 250nm 的不同 PS 培养基中培养。在实验组 2 中，使用与实验组 1 相同的浓度，将不同浓度的直径为 250nm 的 PS 添加到成熟 PT 的培养基中(OD_{750} = 0.3)，培养 24h。在实验组 3 中，将直径为 250nm 的定量 PS 加入浓度为 5mg/L 的成熟 PT 培养液中。培养 10min、40min、2h、4h 和 24h 之后进行实验。

利用 *k*-means 联合 LDA 求得最佳投影线为 $X=0.3263q-0.9333u-0.1501v$。实验组 1 的实验结果如图 7.32 所示。图 7.32(a)给出了光强的直方图分布，可以看出光强分布的峰值变大，而且分布宽度变大。图 7.32(b)中横坐标为投影线 X，纵轴是偏振统计分布；可以发现吸附了 PS 的 PT(记为 PS-PT)的偏振分布在 PT 的右边，并且峰的位置随着 PS 浓度的上升而右移。把曲线峰的所在横坐标 X 随 PS 浓度的关系绘制成图，如图 7.32(c)所示。可以发现，PT 的偏振在此投影轴下分布在−0.32 附近，而 PS-PT 的偏振分布峰位置均在−0.19 以上，最大至 0.07，趋势为偏振参数 X 随浓度的升高而增大，浓度达到 5mg/L 后偏振参数变化不大。

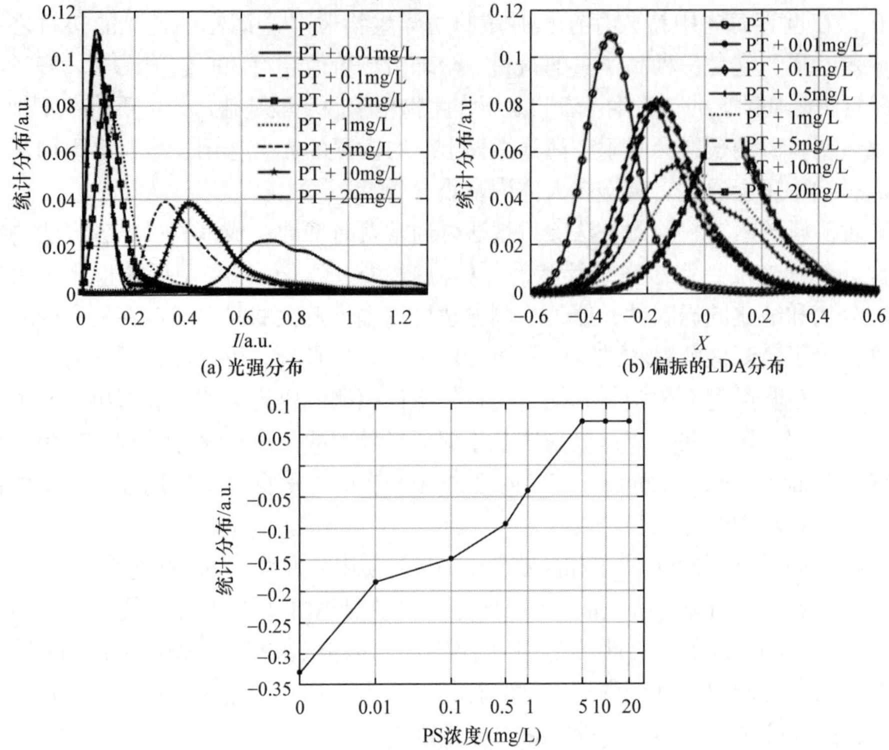

(a) 光强分布　　(b) 偏振的LDA分布

(c)偏振LDA分布的峰位置变化

图 7.32　PT 与 PS-PT

微藻会遇到微纳颗粒突然出现的场景，如排污、人类活动等，此时水体中的微藻会重新适应新环境，为此本节设计了实验组 2，结果如图 7.33 所示。受颗粒在散射体积中的位置和取向不同、光源波动等影响，光强毫无规律。从图 7.33(b)中可以发现，PS 浓度在 1mg/L 及以上培养的 PS-PT 的偏振 LDA 投影曲线有两个峰，左峰分布在−0.36～−0.28，右峰分布在−0.01～−0.09，这说明实验样品中有两种主要成分，这两种成分在偏振表达上差异明显，表明海藻吸附 PS 微粒后偏振参数 X 增大。随着 PS 浓度的升高，右峰在逐渐上升，同时左峰逐渐下降，两种成分此消彼长。定义 R 值为曲线在 X 取−0.36～−0.28(位置如左框所示)的纵坐标平均值与 X 取−0.09～−0.01(位置如右框所示)的纵坐标平均值的比值。如图 7.33(c)所示，R 值随浓度的增长呈上升趋势。PS 浓度小于 5mg/L 时，$R<1$，左峰高于右峰；PS 浓度等于 5mg/L 或 10mg/L 时，$R=1$，左右峰等高；PS 浓度大于 10mg/L 时，$R>1$，右峰高于左峰。

接下来设计实验组 3 以研究 PS 吸附后随时间发生的变化。实验结果示于图 7.34。由图 7.34(a)可以看出光强毫无规律的。由图 7.34(b)可以看出，吸附时间在 10min 时的偏振参数分布的第一峰位于−0.36～−0.28，第二峰位于−0.01～

–0.09。随着吸附时间的增加，偏振参数分布的第一个峰高度逐渐减小，而第二个峰高度逐渐增大。当吸附时间达到 2h 时，出现第二个峰，偏振参数的分布随着培养时间而逐渐增加。如图 7.34(c)所示，*R* 值随着培养时间的增加而增加。该结果与实验组 2 的结果相似，这也表明 PT 的偏振参数 *X* 在吸附 PS 后增加。从图 7.34(b)中可以看到，分布随时间变化，并且在 24h 之后，该分布仍然有两个峰值。右侧峰与图 7.32(b)中唯一的主峰相似，具有相同的 NP 浓度(5mg/L)。这意味着即使在 24h 后，吸附仍会继续，并且悬浮液中仍有一些 NP 未被 PT 吸附。

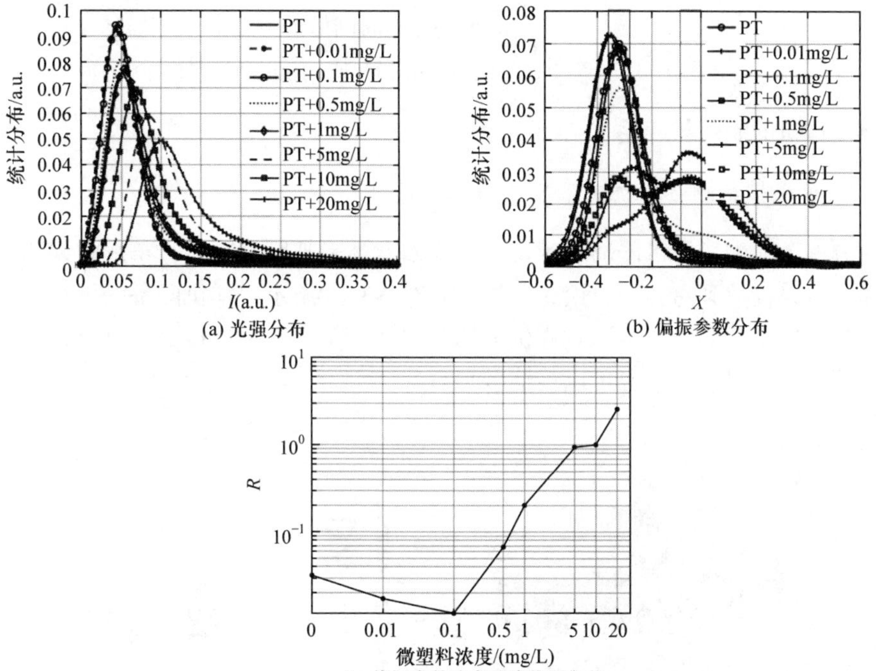

(a) 光强分布　(b) 偏振参数分布

(c) 偏振参数分布的峰位置变化

图 7.33　干净 PT 与不同浓度 PS 环境下(24h)PT

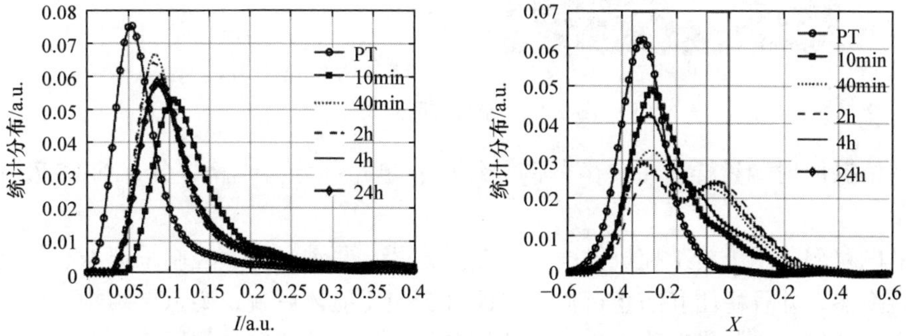

(a) 光强分布　(b) 偏振参数分布

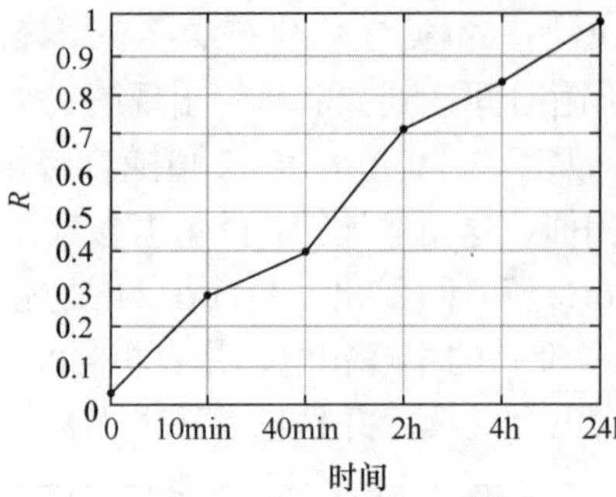

(c) PS-PT在水中的占比

图 7.34　干净 PT 与不同吸附时间(5mg/L)下的 PS-PT

7.2.4　样机的制备与应用

1. 偏振散射测量样机测量原理与总体设计

偏振散射测量样机能够利用偏振激光对水体悬浮颗粒物进行单颗粒探测，当前样机可以投放到 3000m 水深工作。如图 7.35(a)所示，样机配备的可充电电池输出为 12V，容量为 50AH。样机有两个水密接头，一个连接电池供电，另一个八芯接头既可以供电，也可以传输数据。

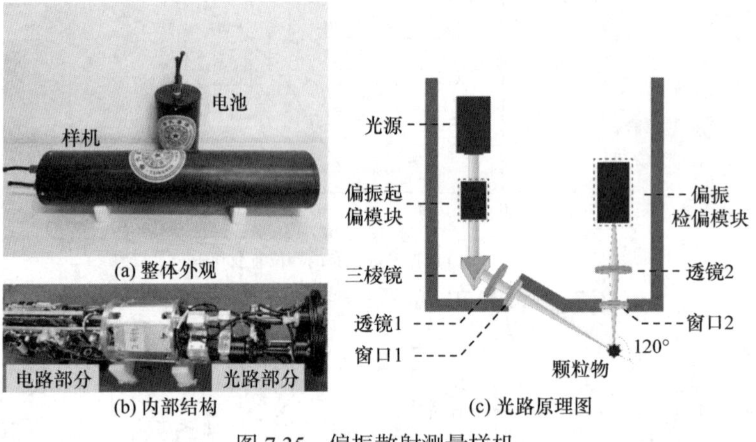

图 7.35　偏振散射测量样机

偏振散射测量样机主要由两部分组成：电路部分与光路部分，如图 7.35(b)所示。

电路部分用于给工控机供电、控制激光器、驱动马达、控制采集卡、控制光电转换器，并且稳压和防止过流。电路部分位于舱体后端，为三层结构。第一层包含工控机、两芯供电稳压板、马达控制器、细分器。第二层用于放置采集卡。第三层包含电源管理模块、光电转换器稳压板、光源控制板。电路部分的后端有网线，供电线接到端盖上。

光路部分如图 7.35(c)所示，由发射端和接收端构成。发射端的光源能发出 532nm 的绿光，经过偏振起偏模块后变为完全偏振光。偏振起偏模块由偏振片和 1/4 波片组成，可以生成任意入射偏振态。光束的功率、采集周期和占空比可以通过控制卡调节。光束经过三棱镜折射以获得 120°的后向散射光，透镜 1 将光束聚焦到一个小点来照亮水体中的单个悬浮微型颗粒物。窗口 1 和窗口 2 采用不影响光束偏振态的透明陶瓷材料。透镜 2 收集探测颗粒的散射光，汇入偏振检偏模块。偏振检偏模块由 4 通道偏振分光笼构成(进行同时性偏振测量)，结合仪器矩阵可求出 I、Q、U、V 共 4 个偏振参量。

探测区域由透镜 1 和透镜 2 的数值孔径决定，并且被限制到 0.01μL。当水体颗粒物浓度为 10^5/mL 以下时，能实现对单个颗粒的探测，这和大多数仪器进行整体测量有所不同。样机能对 0.5～200μm 的微型颗粒物进行有效探测。

2. 偏振散射测量样机功能与指标

偏振散射测量样机通过偏振激光照射水体悬浮颗粒，并接收单个颗粒的散射光，实现对水体颗粒的分类与监测。采集到的 4 通道数据是时序脉冲信号，选择合适的信噪比提取脉冲，将脉冲的平均高度作为脉冲强度，左乘仪器矩阵的逆矩阵后就能将 4 通道数据转换为斯托克斯向量。

偏振散射测量样机利用 LDA 可以对探测到的颗粒数据进行分类。利用 LDA 可以将两类微型颗粒物的 I、q、u、v 四维数据投影到一维，以直观地展示它们的可区分程度。定义 L 值，如式(7-10)所示，以两个 LDA 分布中心之间的距离 P 除以两个分布的半高宽 F 的平均值，作为判断两种微粒能不能分开的标准，数值越大，代表区分效果越好。

$$L = \frac{2P}{F_1 + F_2} \tag{7-10}$$

这里利用偏振散射测量样机对泥沙、藻和微塑料进行测量并分析。图 7.36 是 SiO_2 和塔玛亚历山大藻(Alexandrium tamarense，AT)光强 I 和每个偏振分量 q、u、v 单独的统计分布特征。可以看出，SiO_2 和 AT 在光强 I 下区分不明显，而在偏振分量 q、u、v 下有更好的区分效果。

图 7.37 是利用 LDA 将 SiO_2 和 AT 的 I、q、u、v 四维特征数据降维的结果，横坐标 x 为四维空间的点投影向一维的最佳方向，是 I、q、u、v 的线性组合。SiO_2 和 AT 的 L 值为 2.0732，颗粒的区分效果得到了明显提升。

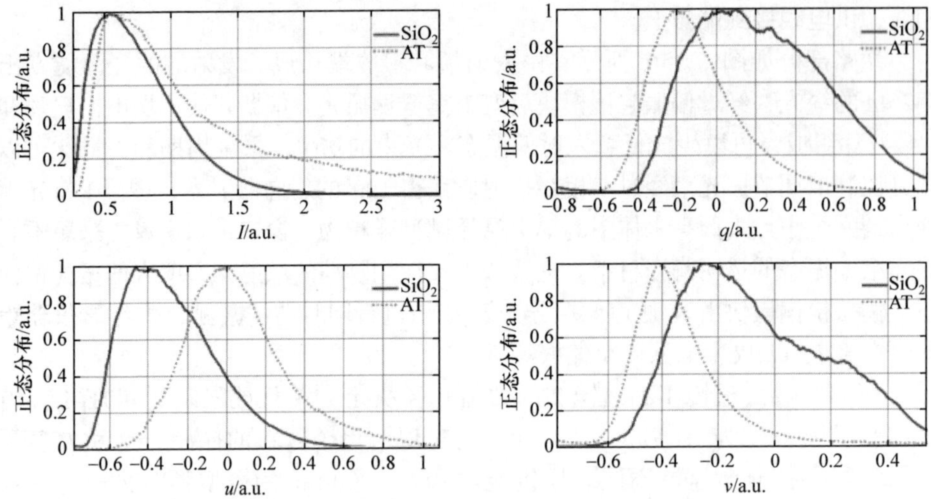

图 7.36　I、q、u、v 归一化后的分布特征图

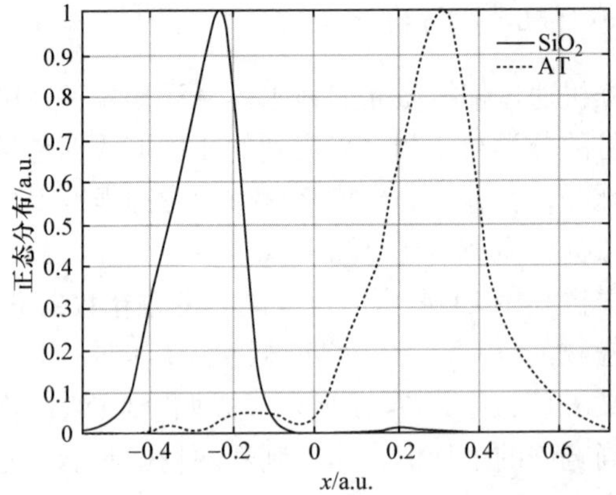

图 7.37　四维数据利用 LDA 降维后的区分效果

可以利用机器学习的方法提升偏振散射测量样机的颗粒识别效果。BP(back propagation)神经网络是一种多层前馈神经网络，具有很强的非线性映射能力和柔性的网络结构，绝大部分的神经网络模型都采用 BP 网络及其变化形式。利用 BP 神经网络对已知颗粒种类的 I、q、u、v 数据进行训练后，就能对不同的悬浮颗粒进行有效区分。

SiO_2是泥沙的主要成分，折射率为 1.46，能较好地代表泥沙的颗粒特性。PS 是常见的塑料成分，折射率为 1.6，PS 小球被广泛应用于微塑料的研究中。AT 分布较广，在较暖的海域里发生赤潮的频率较高，因此成为科学家的重点观察对象。利用样机对 10μm SiO_2 小球、10μm PS 小球和 AT 进行单独探测实验和混合探测实验。

图 7.38 为上述单独探测的 SiO_2、PS 和 AT 在 I、x_1、x_2 三维空间的点图分布。其中，x_1 是 SiO_2 和 PS 的 q、u、v 根据 LDA 得到的最佳投影方向，x_2 是 PS 和 AT 的 q、u、v 根据 LDA 得到的最佳投影方向，如式(7-11)所示。可以看出，在三维空间里这三类区分度较高，且 AT 的分布较宽，这是因为 SiO_2 和 PS 是规则的标准微球，而 AT 的形状更加多样。

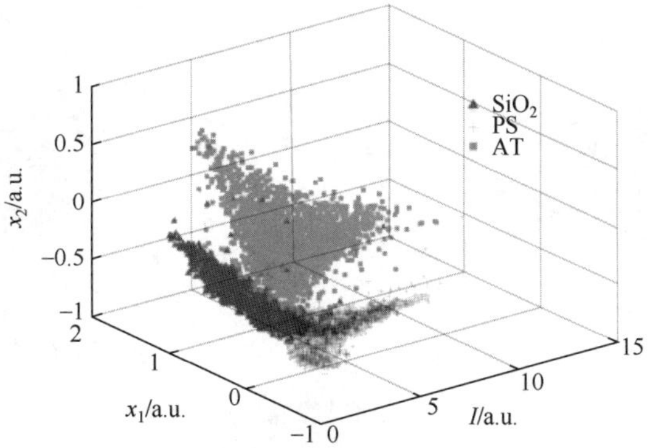

图 7.38　SiO_2、PS 和 AT 在 I、x_1 和 x_2 三维空间的点图分布

$$
\begin{aligned}
x_1 &= 0.9504q + 0.2633u - 0.1653v \\
x_2 &= -0.2013q + 0.8059u - 0.5568v
\end{aligned}
\tag{7-11}
$$

将上述单独探测的 SiO_2、PS 和 AT 的特征参数 I、x_1、x_2 作为训练集，利用 BP 神经网络对三类混合数据进行训练，搭建好分类模型，得到如图 7.39 所示的分类模型准确率。其中，PS 和 AT 的训练结果较好，正确率在 94%以上，而 SiO_2 的训练正确率为 89.6%，这是因为 SiO_2 的训练集点数相对较少，且 SiO_2 在 I、x_3、x_4 三维空间中部分和 PS 重叠。

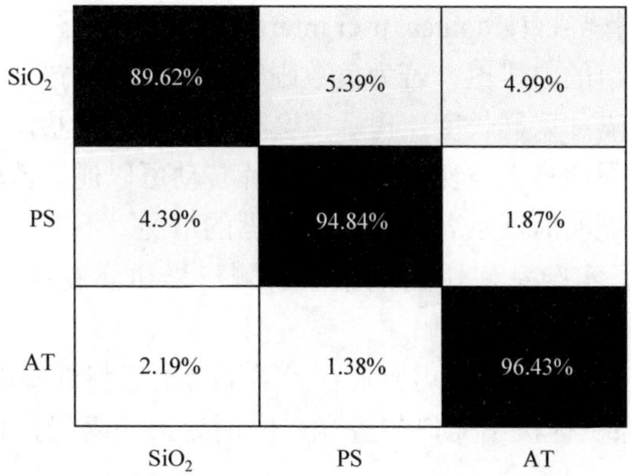

图 7.39　基于 BP 神经网络的分类模型准确率

将 SiO_2、PS 和 AT 三类样品混合在一起，用样机测量，并将得到的所有颗粒的数据点绘制在上述 I、x_1、x_2 三维空间中，如图 7.40(a)所示。利用搭建好的 BP 神经网络分类模型对混合样品数据进行分类，结果绘制在三维空间中，如图 7.40(b)所示，其与图 7.38 相似度很高，训练结果可信度高。

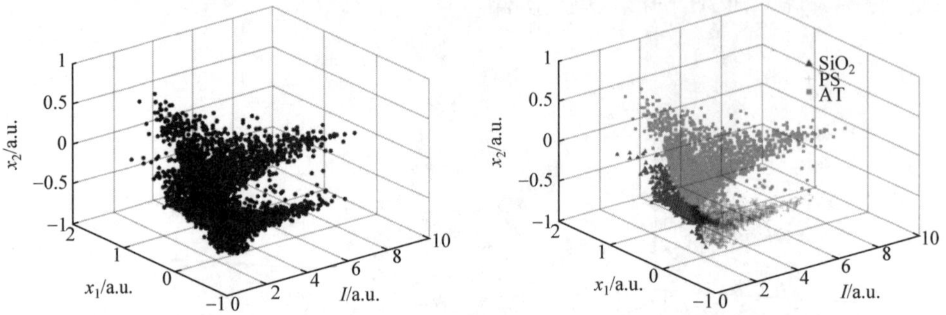

(a) SiO_2、PS和AT三类混合样品的探测结果　　(b) BP神经网络的训练结果

图 7.40　混合样品测量与分类

当前偏振散射测量样机可探测颗粒粒径为 0.5～200us，浓度小于 10^5 个/ml，探测速度小于 10^3 个/s，可持续工作 12h，激光最大功率为 600mW，工作深度可定制至全海深。

3. 偏振散射测量样机操作方法

偏振散射测量样机的上位机与下位机之间通过网线进行链接，通过远程控制软件实现上位机和下位机之间的通信和数据传输。首先进行 IP 地址设置，远程设置电脑的 IP 为 192.168.1.102(仅为具体实例，可以改变)。在“运行”中输入“mstsc”打开远程，点击“连接”进行远程。

软件的图像操作界面(graphical user interface，GUI)如图 7.41 所示，通道电压反映了采集卡各通道的电压值，若为负数则表示采集卡出错。可以设置采集卡的采样频率、采样间隔和采样长度，提示窗会显示采集卡的状态。光源设置部分能够改变激光光源的周期、占空比与强度。波片转动可以通过该软件进行手动控制或自动控制。GUI 能实时展示各通道采集数据的情况。

图 7.42 展示了实验室使用的偏振散射测量样机实物图。具体流程与规范如下：

(1) 用亚克力支座将样机平坦放置在光学平台上，将棉签蘸上酒精(或用擦镜纸与擦镜液)轻轻擦拭样机出光口与进光口的两处透明陶瓷窗口，注意不要刮花窗口。

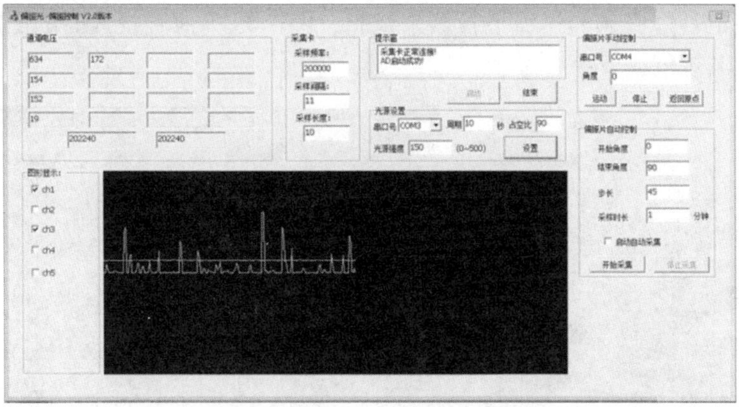

图 7.41　偏振散射测量样机的 GUI

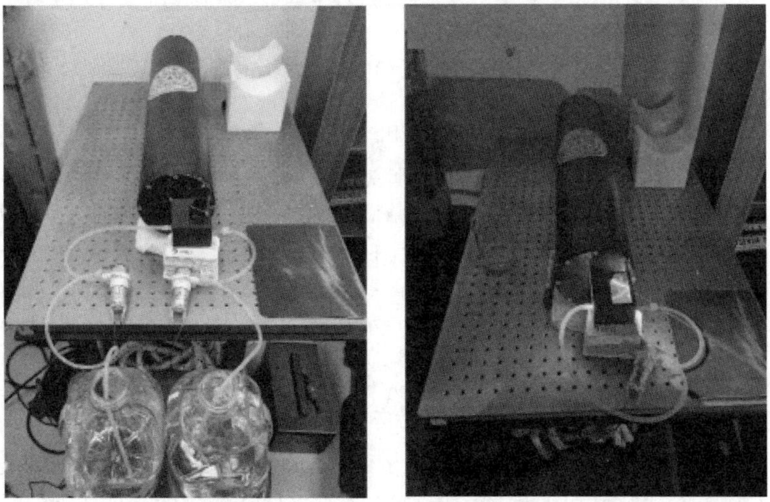

(a) 样品盒清洗　　(b) 实验测量

图 7.42　偏振散射测量样机的实物图

(2) 将样品盒用水中胶固定在样机光路端的合适位置，水中胶需密合相接处，以防漏水。

(3) 待水中胶凝固时，用纸箱纸片或其他物件支撑住样品盒，利用双电机给样品盒清洗。样机开机，打开 GUI 采集程序，清洗至每个文件夹中脉冲数小于 3 即可。

(4) 向样品盒中滴入待测样品，用单电机使盒内水体循环流动。罩住样机与样品盒，排除外界光的干扰。设置好采集参数，开始采集。

(5) 一般采集 2000 个脉冲点即可结束采集，测量下一个样品前需再次清洗样品盒。

样机的性能必须经过海上投放来检验，图 7.43 为海上投放时的照片。海试使用流程与规范如下：

(a) 海试准备　(b) 仪器投放

图 7.43　偏振散射测量样机的海试

(1) 海试必备物件包括放行条、样机、电池、八芯总缆、调试线、电源线、电池供电线、网线、排插、架子(含固定端盖和螺丝垫片)、绳子×3、喉箍、十字螺丝刀、一字螺丝刀、六角螺丝套、剪刀、偏振片、尖嘴钳、堵头、卷尺、透明胶、绝缘胶布、泡沫锡纸减阻、劳动手套、锌块及固定螺丝、电动螺丝刀、扎带。其他物件包括户外电源、路由器(含电源插头)、雾化硅油、多合一器、测量绳、直尺、光功率计。

(2) 将样机、架子、工具等运达后，清点物件是否齐全、完好。

(3) 给架子上端缠上泡沫，用透明胶固定好，防止装入样机时刮花样机表面。

(4) 将样机缓缓装入架子里，需至少两人合作，防止样机剐蹭到铁架。样机装入后，观察并调整样机的位置，保证激光不会被其他物件遮挡反射。使用固定端盖和螺丝垫片固定好样机上端。

(5) 用三根喉箍将电池固定在架子上，样机和电池顶端都装上锌块。喉箍的拧紧可使用电动螺丝刀，操作人员应戴好手套。注意喉箍的头部不能划伤电池外壁。

(6) 接好电源线与调试线，打开样机，连接电脑，测试各项功能是否正常。启动 GUI 采集程序，样机射出激光，改变光源电压，若光源强度也改变，则光源控制正常；用偏振片盖住出光口，在 GUI 上将电机转动 360°，若光斑出现两明两暗，则说明电机控制正常；若能够实时保存采集的数据文件，则说明采集正常。

(7) 将两根绳子固定在架子顶端两侧。若要用到电池充电线，则需要将电池充电线绑在一根绳子上，并保证充电线是可松动的。用扎带将电源线、缆线固定好，接口端应留有余量，防止受力。

(8) 将样机投入海水中，若样机能正常工作并采集到脉冲数据，则说明水下各项功能正常。

(9) 样机回收。用淡水冲洗样机与架子，拆装运回后在淡水中浸泡 24h。

参考文献

[1] Tang I N. Chemical and size effects of hygroscopic aerosols on light scattering coefficients. Journal of Geophysical Research Atmospheres, 1996, 101(D14):19245-19250.

[2] Wyatt P J. Some chemical, physical, and optical properties of fly ash particles. Applied Optics, 1980, 19(6):975-983.

[3] Jiang R T, Acevedobolton V, Cheng K C, et al. Determination of response of real-time SidePak AM510 monitor to secondhand smoke, other common indoor aerosols, and outdoor aerosol. Journal of Environmental Monitoring Jem, 2011, 13(6):1695-1702.

[4] Alexander D T, Crozier P A, Anderson J R. Brown carbon spheres in East Asian outflow and their optical properties. Science, 2008, 321(5890):833-836.

[5] Paerl H W, Paul V J. Climate change: Links to global expansion of harmful cyanobacteria. Water Research, 2012, 46: 1349-1363.

[6] Boegehold A G, Johnson N S, Kashian D R. Dreissenid (quagga and zebra mussel) veligers are adversely affected by bloom forming cyanobacteria. Ecotoxicology and Environmental Safety, 2019, 182: 109426.

[7] Huisman J, Codd G A, Paerl H W, et al. Cyanobacterial blooms. Nature Reviews Genetics, 2018, 16: 471-483.

[8] Schaefer A M, Yrastorza L, Stockley N, et al. Exposure to microcystin among coastal residents during a cyanobacteria bloom in Florida. Harmful Algae, 2020, 92: 101769.

[9] Paerl H W, Xu H, McCarthy M J, et al. Controlling harmful cyanobacterial blooms in a hyper-eutrophic lake (Lake Taihu, China): The need for a dual nutrient (N&P) management strategy. Water Research, 2011, 45: 1973-1983.

[10] Shen Y, Huang Y, Hu J, et al. The nitrogen reduction in eutrophic water column driven by Microcystis blooms. The Journal of Hazardous Materials, 2020, 385: 121578.

[11] Cha Y, Cho K, Lee H, et al. The relative importance of water temperature and residence time in predicting cyanobacteria abundance in regulated rivers. Water Research, 2017, 124, 11-19.

[12] Griffith A W, Gobler C J. Harmful algal blooms: A climate change co-stressor in marine and freshwater ecosystems. Harmful Algae, 2019, 91: 101590.

[13] Yamamoto Y, Nakahara H. The formation and degradation of cyanobacterium Aphanizomenon flos-aquae blooms: The importance of pH, water temperature, and day length. Limnol, 2005, 6: 1-6.

[14] Oliver R, Walsby A. Buoyancy and suspension of planktonic cyanobacteria. Methods Enzymol, 1988, 167, 521-527.

[15] Clark A E, Walsby A E. The development and vertical distribution of populations of gas-vacuolate bacteria in a eutrophic, monomictic lake. Archives of Microbiology, 1978, 118, 229-233.

[16] Pearl H W. A comparison of cyanobacterial bloom dynamics in freshwater, estuarine and marine environments. Phycologia, 1996, 35(6S):25-35.

[17] Walsby A E. The pressure relationships of gas vacuoles. Philosophical Transactions-Royal Society. Biological Sciences, 1971, 178: 301-326.

[18] Huang Y, Chen X, Li P, et al. Pressurized Microcystis can help to remove nitrate from eutrophic water. Bioresource Technology, 2018, 248: 140-145.

[19] Jambeck J R, Geyer R, Wilcox C, et al. Plastic waste inputs from land into the ocean. Science, 2015, 347: 768-771.

[20] Eriksen M, Lebreton L C, Carson H S, et al. Plastic pollution in the world's oceans: More than 5 trillion plastic pieces weighing over 250,000 tons afloat at sea. PLoS One, 2014, 9(12):e111913.

[21] McCormick A, Hoellein T J, Mason S A, et al. Microplastic is an Abundant and distinct microbial habitat in an Urban River. Environmental Science & Technology, 2014, 48(20):11863-11871.

[22] Gigault J, ter Halle A, Baudrimont M, et al. Current opinion: What is a nanoplastic? Environmental Pollution, 2018, 235:1030-1034.

[23] van Cauwenberghe L, Devriese L, Galgani F, et al. Microplastics in sediments: A review of techniques, occurrence and effects. Marine Environmental Research, 2015, 111:5-17.

[24] Ivar do Sul J A, Costa M F. The present and future of microplastic pollution in the marine environment. Environmental Pollution ,2014, 185: 352-364.

[25] Sjollema S B, Redondo-Hasselerharm P, Leslie H A, et al. Do plastic particles affect microalgal photosynthesis and growth? Aquatic Toxicology, 2016,170: 259-261.

[26] Richard S. Microalgae. The potential for Carbon capture. BioScience, 2010, 60(9): 722-727.

[27] Bhattacharya P, Lin S, Turner J P, et al. Physical adsorption of charged plastic nanoparticles affects algal photosynthesis. Journal of Physical Chemistry C114, 2010, 114: 16556-16561.

[28] Zhang C, Chen X H, Wang J T, et al. Toxic effects of microplastic on marine microalgae Skeletonema costatum: Interactions between microplastic and algae. Environmental Pollution, 2017, 220: 1282-1288.

[29] Arthur D, Vassilvitskii S. K-means++: The advantages of careful seeding. Proceedings of the Eighteenth Annual ACM-SIAM Symposium on Discrete Algorithms, 2007, New Orleans, 1027-1035.